지리사상사 ^{제2판}

Tim Cresswell 지음

박경환, 류연택, 심승희, 정현주, 서태동 옮김

Σ 시그마프레스

지리사상사, 제2판

발행일 | 2024년 9월 5일 1쇄 발행

지은이 | Tim Cresswell
옮긴이 | 박경환, 류연택, 심승희, 정현주, 서태동
발행인 | 강학경
발행처 | (주)시그마프레스
디자인 | 김은경, 우주연
편 집 | 김은실, 윤원진
마케팅 | 문정현, 송치헌, 김성옥, 최성복

등록번호 | 제10-2642호
주소 | 서울특별시 영등포구 양평로 22길 21 선유도코오롱디지털타워 A401~402호
전자우편 | sigma@spress.co.kr
홈페이지 | http://www.sigmapress.co.kr
전화 | (02)323-4845, (02)2062-5184~8
팩스 | (02)323-4197

ISBN | 979-11-6226-479-9

Geographic Thought: A Critical Introduction, 2nd Edition

＊ 책값은 책 뒤표지에 있습니다.

제2판 저자서문

초판본『지리사상사』가 출간된 지 10년이 되었다. 그동안 많은 사상이 출현했다. 그러나 지리 이론의 발달에 관한 기본적인 이야기는 본질적으로 변하지 않았다. 2013년 초판이 출간된 때까지의 지리 이론의 역사는 여전히 그 전이나 지금이나 같다. 스트라본, 알렉산더 폰 훔볼트, 엘렌 셈플이 그들의 작업을 했던 사실에는 변함이 없다. 그들은 역사에서 사라지지 않았다. 이 때문에 어떤 면에서 2판 작업은 초판 때보다 훨씬 어렵다. 지리 이론에 관한 나의 이야기에 자신을 끼워 넣는 것이 더욱 어려웠다. 내가 말하고 싶었던 것을 이미 말했는데, 2판이 무슨 소용이란 말인가? 그러나 뒤늦게 알게 되었지만, 2판을 쓰게 된 데에는 그럴 만한 충분한 까닭이 있다. 우선 분명히 10년 동안 많은 일이 일어나고 있다. 이 판의 가장 큰 변화는 책 후반부에 있다. 2개 장이 4개 장으로 대체되었는데, 여기에는 "자연 너머의 지리학"과 "인간 너머의 지리학", 그리고 (지리학에서의 배제에 관한 장으로 더 이상 뭉뚱그려지지 않게 된) 포스트식민, 탈식민, 반식민 지리학 및 흑인 지리학에 관한 2개의 장이 포함된다. 이 후반부의 장들은 내가 개정판을 쓴 둘째 이유, 곧 이 책에서 다루고 있는 지리학자들을 좀 더 다양하게 하려는 나의 결연한 시도이기도 하다. 이런 의미에서 나는 이 책과 (그리고 나 자신을) "탈식민화"한다고 칭하기를 주저하기는 하지만(그 이유는 14장에서 분명히 밝히고 있다), 서로 다른 위치성을 대표하는 여러 목소리를 찾아내고 발견하기 위한 협력적 노력이다. 곧 지리사상에 관한 이야기가 덜 백인석이고 덜 남성석이기를 추구했다. 이를 위해서 나는 지리사상에 관한 이야기를 전하는 데에 상당히 깊이 교류해 온 저자들에 특별한 주의를 기울였다. 나는 이러한 다양화의 과정이 10년 전보다 좀 더 풍부하고 더 울림이 있는 이야기를 만들어냈다고 확신한다.

　개정판에서는 4개 장이 추가되었을 뿐만 아니라, 기존의 2개 장을 제외한 모든 장을 업데이트하고 개선했다. 이에 따라 불가피하게도 다른 모든 개정판처럼 이 책의 내용도 길어졌다. 이전에 없었던 내용 중 무엇을 포함할 것인지를 인식하는 것은 상대적으로 쉽지만, 이전에 포함할 가치가 있다고 생각했던 것을 제거하기란 훨씬 어렵다. 이 책도 마찬가지이지만 매우 절제되었다. 초판 때와 마찬가지로, 지리사상을 교과서로 쓸 때 몇 가지 흥미로운 도전에 직면한다. 이 책을 지리학 전공 교육과정의 일환으로 읽는 학생들에게는 충분히 접근가능한 내용이어야 한다는 점은 분명하다. 그러나 이와 동시에 이 책 자체가 책의 주제인 지리사상의 일부라는 점도 인식하지 않을 수 없다. 교과서는 지리사상사를 생산하는 아상블라주의 중요한 구성 요소다. 학계라는 맥락에서 가장 널리 읽힐 뿐만 아니라 학문의 지배적인 (그리고 타자의) 서사를 창출하는 것과 연관되어 있다. 때로는 이것이 상당히 무거운 책임처럼 느껴진다. 지리학에서 주요한 이론적 접근을 이야기하면서도, 그 이야기에 포함되지 않은 것들이 배제되어 있다는 것을 동시에 인식하는 것 말이다. 그러나 나는 우리가 아무리 비판적인 경향이 있다고 할지라도, 우리를 현재의 지점으로 이끌었던 주요 사상을 이해하는 것이 우리 모두에게 중요하다고 여전히 확신한다. 또한 내가 이야기하지 않은 다른 이야기들이 있다는 것도 알고 있다. 이 책을 읽는 독자들이 그러한 이야기를 찾아보길 권하고 싶다.

학술대회에서 내게 이 책의 집필을 설득하고 독려했던 와일리출판사의 저스틴 보건에 대한 감사를 전하고 싶다. 이 책의 초판본을 점잖게 (또는 점잖지 않게) 지적해 준 다양한 비평가와 논평가에게 감사한다. 그중에는 이제 고인이 된 로널드 존스톤과 재니스 몽크, 에든 킨케이드, 로렌 프리치, 존 폴 존스 3세 등이 있다. 〈비판적 개론〉의 편집자로 활동하고 있는 존 폴 존스 3세는 원고에 대해 세심히 살펴주었을 뿐 아니라 내가 깊이 생각해야 할 많은 사항을 적어 주어 놀라울 정도로 큰 도움을 받았다. 정말 감사한다. 나의 모험가 가족들에게 영원히 감사한다. 아내 캐롤 그리고 더 이상 어린이가 아닌 오웬, 앨리스, 매디에게 감사한다. 색인을 재작업해 준 캐롤 제닝스에게도 특별한 감사를 전한다!

초판 저자서문

언젠가 블랙웰 출판사의 저스틴 보건(Justin Vaughan)이 나를 찾아와 이 책의 집필을 요청했었다. 일이 간단할 것이라고 생각했다. 나는 웨일스대학교에서 지리사상사를 2년째 강의하고 있는 중이었고, 강의노트를 모아 정리하는 일은 그리 오래 걸릴 것 같지 않았으며, 이 일이 나에게는 좋은 연습이 될 것이라고 생각했기 때문이었다. 그리고 이 책이 완성되어 출판되면 내 강의 교재로 사용하려고 했다. 그래서 나는 이 요청을 흔쾌히 수락했다. 그러나 그때가 언제였는지 지금은 기억할 수 없다. 출판계약서를 꺼내어 쳐다볼 용기조차 없었다. 최소한 6년 전이었던 것 같고, 이 책의 출간은 예정보다 4년이나 늦어진 것이다. 지난 6년 동안 나는 매년 미국지리학대회에서 저스틴을 만났다. 처음 그를 만났을 때는 샌프란시스코의 분위기 좋은 레스토랑에서 근사한 점심을 나누었지만, 몇 년이 지난 후에는 맥주 한 잔 하는 것으로 변했고, 그다음 해에는 커피 한 잔을 나누는 것으로, 그리고 마지막에는 아무것도 없이 썰렁하게 만났다. 나는 그에게 큰 빚을 졌다. 세월이 오래 흘러서 나는 지금은 다른 대학으로 자리를 옮겨 강의하고 있고, 블랙웰 출판사는 와일리 출판사에 합병되었다. 이 책의 분량은 당초 기획했던 것보다 두 배나 많아지게 되었다. 그리고 집필하는 동안에도 수많은 지리적 사상들이 태동했다.

오랜 시간이 걸린 만큼, 이 책은 나에게 매우 중요한 것이 되었다. 이 책을 쓰면서 나는 내가 무엇을 알고 있는지 그리고 무엇을 모르는지를 깨달을 수 있었다. 내 강의노트를 정리하는 것만으로는 이 책을 완성할 수 없었다. 그래서 나는 학부를 졸업한 후로는 읽지 않았던 많은 책들을 다시 곱씹어 읽어야만 했다. 아울러 나는 한 번도 접한 적이 없는 많은 책들을 읽어야만 했다. 이를 통해 나는 지리학자로서 새롭게 교육을 받게 되었다. 이런 과정이 끝나는 시점에 이르자 나는 내가 그동안 얼마나 무지했던가를 깨닫게 되었다. 한편, 지리사상이라는 주제를 중심으로 글을 읽고 쓰는 과정을 통해서, 나는 내가 그토록 사랑해 왔던 지리학이라는 학문과 나 자신과의 관계성에 새로운 활기를 불어 넣게 되었다. 나는 독자 여러분들이 이 책에서 지리학에 대한 나의 뜨거운 열정을 느낄 수 있기를 바란다.

나는 이 책의 집필이 끝날 때까지 나를 끊임없이 채찍질했던 저스틴 보건에게 감사의 빚을 지고 있다. 그리고 지리학이라는 주제를 중심으로 지난 수년 동안 나에게 직간접적으로 많은 가르침과 영감을 주었던 지리학자들에게 크게 감사한다. 또한, 대학원생들은 나의 지적인 안전지대(comfort zone) 너머에 있는 낯선 사상가들과 철학을 소개해 줌으로써 나를 긴장케 하였고 큰 영감을 불어넣어 주었다. 나는 그들에게도 감사의 말을 전한다. 끝으로 언제나 그렇듯 나의 식구인 (내 원고를 끝까지 읽어준) 캐롤, 그리고 오웬, 샘, 메디에게 감사한다.

초판 역자서문

이 책은 미국 애리조나대학교의 존 폴 존스 III(John Paul Jones III) 교수가 총괄해서 간행하고 있는 일련의 지리학 개론서 시리즈 중 영국 출신의 지리학자 팀 크레스웰(Tim Cresswell)이 2013년에 출간한 *Geographic Thought: A Critical Introduction*을 우리말로 옮긴 것이다. 크레스웰은 이 책을 집필할 때만 하더라도 영국 로열홀러웨이대학교(Royal Holloway, University of London) 인문지리학 교수로 재직하고 있었지만, 이 책이 출간된 직후 미국 보스턴에 있는 노스이스턴대학교로 자리를 옮겨 역사학 및 국제관계학 분야에서 강의하고 있다. 크레스웰이 이 책의 마지막 장(章)에서 자신의 학술적 성장 과정을 자전적으로 서술한 바와 같이, 그는 런던칼리지대학교를 다니던 중 이-푸 투안과 앤 버티머 등의 인본주의 지리학자들의 저술에 매료되어 대학원에 진학하기로 결심했다. 그는 졸업 후 1986년에 미국 위스콘신-매디슨대학교 지리학과로 옮겨 가서 이-푸 투안을 지도교수로 삼아 석사 및 박사학위를 취득했다. 크레스웰은 1992년에 「장소 안에서/장소 밖에서 : 지리, 이데올로기, 위반(*In Place/ Out of Place: Geography, Ideology and Transgression*)」이라는 논문으로 박사학위를 취득했고, 이는 1996년에 단행본으로 출간되기도 했다. 크레스웰은 박사학위를 취득한 이후 줄곧 '장소'를 키워드로 하는 인본주의적 관점에 연구 토대를 두어 왔지만, 점차 마르크스주의, 포스트구조주의, 페미니즘, 행위자-네트워크 이론(ANT) 등 다양한 사회이론과 접점을 형성해 나가면서 활발한 학술 활동을 하고 있다. 특히 최근에는 장소 형성과 이동성(mobility)과의 관계에 주목하는 연구 프로젝트를 수행하고 있다. 저자의 대표 저서로는 *Place: A Short Introduction*(2004)과 *On the Move: Mobility in the Modern Western World*(2006)가 있으며, 편저로서 *Geographies of Mobilities: Practices, Spaces, Subjects*(2011)가 있다. 이 중 *Place*는 심승희 교수가 이미 3년 전에 한국어로 번역하여 한국 독자들에게 소개한 바 있다.

크레스웰이 서문에서도 밝히고 있듯이, 원래 저자가 이 책의 집필을 수락했을 때에는 2년 기한을 염두에 두었다. 그러나 저자 특유의 자기 성찰적 글쓰기 스타일로 인해 많은 문헌들을 다시 읽고 사유해야 했던 탓에, 이 책이 최종적으로 출판되기까지는 당초 계획보다 4년이나 더 늦어지게 되었다. 그만큼 이 책은 저자가 많은 고민과 자료를 축적한 가운데 출간한 노작(勞作)이라고 할 수 있다.

  2000년대 이전까지만 하더라도 영어권에서는 지리사상사 관련 개론서들이 간헐적으로 출간되곤 했다. 지리학계에서 가장 대중적으로 읽혔던 저술로는 폴 클록(Paul Cloke)과 클리스 필로(Chris Philo)의 *Approaching to Human Geography*(1991), 론 존스톤(Ron Johnston)과 제임스 시더웨이(James Sidaway)의 *Geography and Geographers*(1996, 5th edition), 리처드 피트(Richard Peet)의 *Modern Geographic Thought*(1998)와 더불어 ('지리사상사의 지리'라는 점에서 이와는 성격이 약간 다르지만 지리사상사의 걸작인) 데이비드 리빙스턴(David Livingstone)의 *The Geographical Tradition*(1993) 등을 들 수 있을 것이다. 이미 1990년대 초반부터 지리학계에서는 마르크스주의나 페미니즘뿐만 아니라 포스트마르크스주의 및 비판이론, 구조화이론, 실재론, 포스트모더니즘, 포스트구조주의 등 다양한 사회이론이 소개된 상태였지만, 당시만 하더라도 지리학의 거대한 흐름을 한 권의 책으로 요약해 출간하는 것이 가능할 정도로 개별 연구 분야의 전문화와 분절화가 그렇게 지배적이지는 않았다. '패러다임'의 틀로 지리학사를 재현하는 것이 여전히 가능했고 또한 정치적으로 적절하기도 했던 시기였으므로, 이른바 '인문지리학계의 거장(巨匠)'들이 지리사상사 개론서나 방대한 인문지리학 이론서를 출간하는 것이 정형적이었다.

  그러나 2000년대 이후 지리학은 엄청난 내파(內破)를 경험하면서 이론적, 경험적 측면 모두에서 매우 이질적이고 분산적인 지적 지류들을 형성해 왔다. 그 이유로 크게 세 가지를 들 수 있겠다. 우선 1990년대 초반 사회과학의 공간적 전환 이후 부상한 다양한 사회이론이 2000년대에 들어서면서 그 외연(外延)과 깊이가 폭발적으로 확장되었다는 점을 들 수 있다. 곧, 앞서 언급했던 1990년대의 사회이론과 더불어, 사회구성주의와 담론 분석, 포스트/식민 이론과 서발턴(subaltern) 연구, ANT, 정신분석이론과 정신지리학(psychogeography), (페미니스트) 입장이론, 포스트식민주의 페미니즘과 주체 형성 이론, 정치생태학과 환경 정치, 포스트개발주의, 복잡성 이론, 비재현이론(NRT) 등이 학계에서 점차 저변을 확대해감에 따라 지리학계의 이론적 지형이 훨씬 복잡한 양상으로 전개되었다. 또한 인문지리학 내에서 장소, 스케일, 영역, 신자유주의와 제국, 초국가주의와 시민권, 이동성, 네트워크, 위상학과 관계적 지리, 위치성 및 교차성의 정치 등 지리학계의 핵심 개념에 대한 새로운 접근과 비판적 논의가 활발하게 부상했다는 점도 지리사상의 발산적 경향을 강화한 요인이었다. 마지막으로 자본에 대한 학계와 학문의 종속이 심해짐에 따라 지리학 내의 하위 분야들은 자본과 노동시장의 요청에 부합하는 방식으로 변모하게 되었다. 선진 자본주의 국가를 중심으로 지식의 '생산성'을 향상하려는 다양한 제도적 변화로 인해, 지리학 내 개별 전공 분야의 연구 주제와 방법이 고도로 전문화되어 가고 있고 심지어 배타적인 경향마저도 띤다. 또한 많은 지리학과들이 '준비된 구직자'를 배출하라는 대학 및 시장의 압력으로 인해, 지역 개발 및 계획이나 환경 관련 분야 등 보다 실용적인 분야들과 통합되는 사례가 늘어나고 있다. 이로 인해 지리적 지식을 과거와 같이 '사조(思潮)'라는 레이블로 범주하는 것이 인식론적 측면에서나 존재론적 측면에서나 또는 윤리적 측면에서나 모두 매우 어려운 실정이다. 이런 점에서 나이젤 스리프트(Nigel Thrift)가 이 책의 추천사에서 "오늘날 지리사상은 다채로운 빛과 같아서 종래의 방식으로는 그 실체를 포착하는 것이 불가능하다."고 말한 것은 매우 정확한 지적이다.

　이 책은 바로 이런 학술적 상황과 지정학적(知政學的) 국면에서 출간되었다는 점에서, 곧 달리 말해 지리사상의 '다채로운 빛'을 한 명의 지리학자가 한 권의 책에서 검토하는 것 자체가 힘든 상황에서 출간되었다는 점에서 높이 평가되어야 한다. 크레스웰이 이처럼 '불가능'해 보이는 지리사상의 체계적 정리라는 과제를 마칠 수 있었던 것은, 스트라본과 프톨레마이오스와 같은 고대 지리학자에서부터 현대 인문지리학에 이르는 방대한 지리사상을 이른바 '지리학의 핵심 질문'을 중심으로 추적하고 있기 때문이다. 곧, 세부적이고 사실적인 사항에 대해서는 과감한 생략을 시도하면서도, 역사를 관통하는 지리학의 핵심 흐름에 있어서는 매우 정교하게 주장을 펼쳐 나가기 때문이다. 저자는 이 책의 서문에서 "이 책을 쓰면서 나는 내가 무엇을 알고 무엇을 모르는지를 깨달을 수 있었다. … 그래서 나는 학부를 졸업한 후로는 읽지 않았던 많은 책들을 다시 곱씹어 읽어야 했다. 아울러 나는 한 번도 접한 적이 없는 많은 책들을 읽어야 했다. 이를 통해 나는 지리학자로서 새롭게 교육을 받게 되었다. 이 과정이 끝나는 시점에 이르자 나는 내가 그동안 얼마나 무지했던가를 깨닫게 되었다."라고 언급하면서, 이 책을 완성하기까지의 어려움을 고스란히 표현하고 있다. 물론, 나중에 "지리사상이라는 주제를 중심으로 글을 읽고 쓰는 과정을 통해서, 나는 내가 그토록 사랑해 왔던 지리학이라는 학문과 나 자신과의 관계성에 새로운 활력을 찾게 되었다."고 이 책을 집필한 후의 소회를 밝히고 있기는 하지만 말이다. 그만큼 이 책에는 저자의 지적 수고와 깊은 지리적 성찰이 묻어난다.

전체적으로 이 책은 지리사상을 알기 쉬우면서도 설득력 있게 소개하고 있고, 지리학의 주요 사상가들과 이론적 발전을 시공간적 맥락의 특수성 속에서 탐구하고 있다. 이 책은 지리학이 처음으로 출현했던 시기에 살았던 스트라본과 에라토스테네스 등의 고전 지리사상에서부터 비재현이론과 같은 현대 지리사상에 이르기까지 넓은 범위에 걸쳐서 지리학의 발전 과정을 추적하고 있다. 또한 이 책은 이론적 기초에서부터 현행의 방법론까지 탐색함으로써, 지리학이 인간과 에쿠메네(인간 거주 세계)의 복잡한 관계성을 어떻게 이해하는지에 대해 깊은 통찰력을 제시하고 있다. 이 책을 통해 독자들은 지리학 이론의 주요 발전 과정을 이해할 수 있을 뿐만 아니라, 지리학이 우리의 삶 곳곳에 영향을 끼치는 심오한 학문이라는 것을 깨닫게 될 것이다. 이 책은 오늘날 자본주의가 고도화 된 상황 속에서 우리가 지리학자로서 어떻게 '선량한' 삶을 살 것인지 그리고 불평등과 정의(正義)라는 화두를 어떻게 사유할 것인지에 대한 실마리를 보여준다.

이 책은 모두 13개 장으로 구성되어 있다. 저자는 고대 그리스와 로마의 지리학에서부터 지리학의 역사를 추적하고 있는데, 사실적인 정보나 역사를 나열하는 데 주력하기보다는 과거의 지리사상에서 오늘날 여전히 유효한 (그리고 반복되는) 지리적 사상을 찾아내고 그 이론적 함의를 도출하는 데 초점을 둔다. 그 핵심은 지역지리학(특수성)과 계통지리학(일반성) 간의 치열한 변증법적 관계, 그리고 이 관계를 둘러싼 당대의 정치적, 사회적 맥락이라고 할 수 있다. 그래서 연대기적 서사를 따르면서도 시간적 차이를 넘나들며 여러 지리사상의 공통점과 차이점을 추적하기 때문에, 지루하기보다는 오히려 독자들에게 상당한 지적 흥미를 불러일으킨다. 이런 흥미로운 서사는 이 책 전반에 걸쳐 뼈대를 이루고 있다. 학부생 시절의 크레스웰을 가르치기도 했던 영국의 선구적 문화지리학자인 피터 잭슨(Peter Jackson)은, 이 책의 추천사에서 "책이 지녀야 할 모든 요소를 이 책은 골고루 갖추고 있다. 허심탄회하면서 솔직하고, 지적이면서 재치가 넘치며, 읽기 쉬우면서 매혹적인 책이다. … 이 책은 지리학계의 풍부하면서도 논쟁적인 지성사(知性史)를 거침없이 그리고 대담하게 요약함으로써, 지리사상이 세계 속에서 인류 공통의 휴머니티와 삶의 장소들을 이해하는 데 얼마나 중요한 가치를 지니고 있는지를 보여준다."고 평가하고 있다.

오늘날 자본주의 체제와 맞물려 기술적, 계산적, 기능적 형태의 지리적 지식의 요구가 거세짐에 따라 다른 학문과 마찬가지로 지리학 또한 전례 없이 강한 시장의 압력을 받고 있다. 달리 말해, 지리학 또한 이윤 창출에 기여할 것을, 생산성 및 효율성 향상에 부응할 것을, 자본 축적 과정에 능동적으로 참여할 것을 요구받고 있다. 그러나 크레스웰에 따르면 지리사상의 역사는 언제나 이런 '외부로부터의 도전'에 대한 응전(應戰)의 역사였으며, 지리학은 이런 역사 속에서 내적 일관성을 유지하며 발전해 왔다. 저자가 지적하는 것처럼, 지리학은 헤로도토스의『역사』에까지 그 기원을 소급할 정도로 2,000년 이상의 오랜 역사를 지니고 있는 최고(最古)의 학문이기 때문에 (스트라본이 주장한 것처럼) 최고(最高)의 학문임을 잊어서는 안 될 것이다. 이 책은 지리학의 실용적 측면이나 기술적 측면보다는 지리학의 본질, 지리학의 역사, 지리적 사유와 문제의식의 핵심에 충실하면서, 지리사상이 어떤 궤적을 거쳐서 발전해 왔고 앞으로 어디를 향해 나아갈지를 조심스럽게 그려내고 있다.

한국에도 이미 지리사상사와 관련된 좋은 책들이 몇 권 출간된 바 있지만, 출간 이후 상당한 시기가 지난 탓에 현대 지리사상의 다양한 흐름이 미처 반영되어 있지 않다. 또한, 지리사상을 낱낱이 설명하는 책은 대개 저자의 목소리가 생략된 채 3인칭 시점에서 서술되어 있어서 독자들이 읽기에 비교적 딱딱하며 지치기도 쉽다. 반대로 저자의 목소리가 비교적 뚜렷하며 쉽고 재미있게 읽히는 책은 지리사상의 핵심을 통찰력 있게 짚어 나가지만 독자들이 참고할 수 있는 세부 정보가 부족한 편이다. 그런 점에서 이 책은 이런 양극단 사이에 적절한 타협 지점을 잘 선택해서 나름대로의 독창성을 유지해 나간다. 이 책과 같은 노작을 한국의 독자들에게 전달할 수 있는 기회를 갖는 것 자체만으로 번역의 수고로움이 많이 상쇄되었던 것 같다. 모쪼록 지리학을 전공한 학생 및 연구자들이 이 책을 통해 지리사상의 흐름과 그 본질을 다시 한 번 성찰해보고 지리사상의 외연을 보다 확장하고 그 깊이를 보다 심화하는 데 기여할 수 있기를 기대해본다.

2015년 역자진을 대표하여
박경환

차례

페미니스트 지리학

제 **1** 장

서론

- 왜 이론이 중요한가?
- 이론이란 무엇인가?
- 이론, 글쓰기 그리고 어려움
- 이론과 지리학사

즐거운 저녁 시간입니다. 어려운 청취 시간에 오신 것을 환영합니다. 거칠고 이해하기 힘든 "어려운 청취" 채널에 고정하십시오. 자, 이제 딱딱한 등받이 의자에 꼿꼿이 앉으시고, 맨 위 단추도 잠그십시오. 그리고 어려운 음악을 조금 들어볼 준비를 하시기 바랍니다. (Laurie Anderson‒"Difficult Listening Hour," from "Home of the Brave," 1986)[1]

일반적으로 이론을 적대시한다는 것은, 타인의 이론을 반대하고 자신의 이론을 망각한다는 것을 뜻한다. (Eagleton 2008: xii)

어떤 주제든 과학적으로 탐구하는 것이 철학자의 본업이라고 한다면, 우리가 제시하려는 지리학이라는 과학은 틀림없이 상위를 차지해야 마땅하다 ⋯ (Strabo 1912 [AD 7‒18]: 1)

---

1   로리 앤더슨(Laurie Anderson, 1947~)은 미술과 음악을 넘나드는 미국의 전위적 공연 예술가이며,《홈 오브 더 브레이브》는 그녀가 1986년에 발표한 콘서트 영화로서 위의 인용문은 콘서트 중 대사의 일부분을 발췌한 것이다. (역주)

Geographic Thought: A Critical Introduction, Second Edition. Tim Cresswell.
© 2024 John Wiley & Sons Ltd. Published 2024 by John Wiley & Sons Ltd.

지리학은 심오한 학문이다. 어떤 사람은 이 말이 모순적이라고 할 것이다. 심오한 지리학이라고 하면 "군사정보학" 같은 것이 떠오르기 때문이다. 영국에서 지리학은 종종 농담거리가 된다. 대학에서 막 순수 수학을 전공으로 선택했던 친구는 내가 선택한 전공을 "상식의 학문"이라고 했었다. 나는 예전에 미국에서 라디오 퀴즈 쇼에 출연했던 적이 있다. 그때 사회자가 내게 무슨 일을 하냐고 물었고, 나는 지리학과 학생이라고 대답했다. 그는 지리학자들이 해야 할 일이 뭐가 더 남았냐고 물었다. 그도 그럴 것이, 우리는 밀워키가 어디에 있는지 이미 확실히 알고 있지 않은가? 나는 해명을 위해 중얼거려야 했다. 택시 기사들은 [내가 지리학자라고 말하면] 나한테 세계에서 두 번째로 높은 산의 이름을 물어본다. 내가 진짜 지리학자인지를 판별하기에 제일 높은 산은 너무 쉬운 질문이기 때문이다. 나의 부모님은 내가 기상예보관이 되리라고 생각하셨다. 그렇다면 지리학은 왜 심오한가? 도대체 고대 그리스/로마의 학자인 스트라본(Strabo)은 왜 지리학이 "상위"를 차지해야 마땅하며, 왜 지리학은 "철학"의 일부라고 주장했을까? (스트라본에 대해서는 2장 참조)

이런 질문에 대해 스트라본은 명망 있는 많은 "철학자"와 "시인"들이 지리 공부에 주된 노력을 쏟았다는 사실에서부터 지리학이 제대로 된 정부와 국정운영에 없어서는 안 될 것이라는 사실에 이르기까지 수많은 대답을 제시했다. 그중 다음이 가장 심오한 대답일 것이다.

> 지리학은 사회생활과 통치술 측면에서도 엄청나게 중요하지만, 우리는 지리학을 통해 천문 현상을 알 수 있고, 육지와 바다 위에 어떤 것들이 있는지 알 수 있으며, 지표 구석구석에 서식하는 식생과 과일과 특산물에 대해서도 알 수 있다. 지리학은 땅을 경작하는 사람들로 하여금 삶과 행복이라는 거대한 문제 앞에 신실해지도록 만든다. (Strabo 1912 [AD 7 –18]: 1–2)

"삶과 행복이라는 거대한 문제". 이는 철학과 이론의 핵심 문제였고 지금도 그러하다. 우리는 어떻게 행복한 삶을 영위하는가? 좋은 삶(good life)이란 무엇으로 구성되는가? 사람들은 어떻게 비인간 세계와 관계를 맺어야 하는가? 우리는 어떻게 우리의 삶을 의미 있게 만드는가? 이것들이 심오한 문제이고 바로 지리적인 문제이다.

지리학은 심오할 뿐만 아니라 어디에나 있다. 우리의 지리적 질문이 심오하다는 것은, 지리적 관심의 일상성에도 불구하고 심오하다는 의미가 아니라, 바로 그 지리적 관심의 일상성 때문에 심오하다는 의미이다. 다음의 구절은 문화지리학자인 데니스 코스그로브(Denis Cosgrove)의 에세이에서 발췌한 것인데, 이를 잘 설명하고 있다.

토요일 아침에 나는 (의식적으로) 지리학자가 아니다. 나는 가족들과 함께 인근의 상가에 간다. 나와 연령대와 생활방식이 비슷한 다른 사람들처럼 말이다. 상가는 특별한 장소가 아니다. 조명이 설치된 여러 층의 주차장이 있고, 누구나 예측 가능한 체인점들(W.H. Smith, Top Shop, Boxters, Boots, Safeway 등)이 들어서 있으며, 단정하게 차려입은 손님들이 북적이며, 가족 단위의 소비자들에게 편안한 곳이다. 잉글랜드의 거의 어디서나 이와 똑같은 풍경을 발견할 것이다. 만약 상점들의 간판만 바꾼다면, 이는 서유럽과 북아메리카에서도 전형적인 모습일 것이다. 이런 곳이 지리학자들에게 흥밋거리가 될 것이다. 예를 들어, 그 쇼핑센터가 어떻게 도시 안에서 지대(地貸)가 가장 높은 곳에 임지할 수 있는지, 소매업 연구의 일환으로 상점의 넓이가 얼마이며 할인 중인 상품은 무엇인지, 또는 쇼핑센터가 도시의 형태에 어떤 영향을 주었는지 등을 궁금해하면서 말이다. 그러나 나는 쇼핑을 하고 있다.

그러다가 문득 나는 이곳에 다른 무엇인가가 동시에 일어나고 있음을 알아차린다. 무엇인지 확신할 수는 없지만, 알고 싶은 생각이 든다. 길모퉁이를 돈다. 거기서는 나이 많은 기독교인이 전단지를 나누어주고 있다. 상가 앞 공터에는 창문에 대는 단열용 널판들이 쌓여 있다. 거리의 시각적 조화로움을 망가뜨리면서 말이다. 상가를 꾸미고 있는 장식용 나무 주변에는 다종다양한 색깔의 모히칸 머리 모양을 하고 금속단추를 붙인 팔찌를 찬 한 무리의 십대 청소년들이 서성대고 있다. 이따금씩 중년의 소비자들을 향해 경멸적인 눈빛을 보내면서 말이다. …

결국 이 상가는 여러 층의 의미로 구성된, 매우 섬세한 결을 지닌 장소이다. 이 상가는 분명 소비자를 위해 설계된 장소이므로, 소매업 지리 연구의 대상이라고 쉽게 생각할 수 있다. 그럼에도 불구하고 이곳의 지리는 이런 편협하고 제한적인 관점을 넘어서 있다. 이 상가는 수많은 문화가 만나고 심지어 충돌하기도 하는 상징적 장소인 것이다. 토요일 아침에조차 나는 여전히 지리학자인 것이다. 지리학은 어디에나 있다. (Cosgrove 1989: 118–119)

여기서 코스그로브는 지리학이 얼마나 삶의 평범한 일상성과 밀착되어 있는지를 성찰하고 있다. 우리는 단 하루는 물론, 단 한 시간도 지리적 질문과 맞닥뜨리지 않을 수 없다. 영국의 중간 규모의 도시들에 있는 쇼핑센터는 (예를 들어 우주의 기원에 대한 질문과 비교해 보았을 때) 특별히 심오해 보이지 않지만, 사실은 심오하다. 쇼핑센터는 지리로 가득 차 있다. 그러나 이런 지리가 언제나 쉽고 분명히 드러나는 것은 아니다. 이는 공원 벤치나 상점의 진열대처럼 그저 거기에 있는 것이 아니다. 이를 보려면, 볼 수 있는 도구를 가져야 한다. 우리는 "최고 지대(地貸) 지점"이 왜 중요한지 그리고 "상징적 장소"가 무엇인지를 알아야 한다. 그리고 이것을 알기 위해서는, 지리를 이론적으로 생각할 수 있어야 한다. 그래서 지리학은 "심오하면서" 동시에 일상적이다. 이론 물리학이나 문학 이론과 달리, 지리학을 피하는 것은 사실상 불가능하다. 만약 당신이 지리학자라면, 특히 이론에 관심이 있는 지리학자라면, 당신은 항상 지리학자이다. 지리 이론이 특별한 힘을 가진 이유는, 바로 이런 심오함과 일상성이 결합되어 있기 때문이다.

이 책은 핵심적인 지리적 문제에 초점을 두었다. 이 책은, 지리학은 심오하며 지리적 사고가 가장 중요한 사고들에 속한다는 나의 믿음을 토대로 한다. 다음에 이어지는 장들이 다소 어려워 보일 수도 있는데, 이는 지리학자 등 여러 사람이 논문이나 책에서 다루었던 주장을 다시 내 말로 바꾸어 서술했기 때문이다. 무엇보다 중요한 것은 핵심 질문들이다. 이 질문들은 우리가 어떻게 좋은 삶을 영위할 수 있는가라는 실존적 차원에서도 중요하지만 평등, 정의, 자연세계와의 관계 같은 보다 세속적인 주제와 관련해서도 중요한 것들이다. 우리는 어떻게 세계 속에 집을 만들 수 있는가, 그리고 무엇이 좋은 삶을 구성하는가 같은 추상적으로 보이는 질문들은 (종의 멸종, 기후 변화, 구조적 인종주의, 전지구적 팬데믹, 여전히 진행 중인 식민주의 등을 포함하여) 2020년대를 살아가는 데 긴급하고도 현실적인 이슈들의 선구자격인 질문으로서 매우 중요하다. 나는 지리학의 이론적 이슈를 통한 사고가 우리 자신, 세계, 세계와의 관계에 대한 인식을 높여줄 수 있다고 확신한다. 또한 이러한 사고를 통해 현재 인류가 직면한 소위 난제(wicked problem)[2]에 대한 통찰을 얻을 수 있다.

지리적 문제가 이 책의 중심이지만, 이 책에서 어떤 완결된 주장을 하는 것은 아니다. 타 학문의 많은 학자들과 마찬가지로 지리학자들도 끊임없이 어떤 생각을 주장해 왔다. 어떤 주장을 하고 있는 사람들은 그 주장에 동의하는 것으로 간주된다. 우리는 서로 충돌하고 있는 경쟁적 주장을 옹호하는 사람들의 생각에 익숙하다. 이런 주장들 속에서, 많은 사람들은 "실증주의자"라든지 아니면 "마르크스주의자"라든지 등 어떤 집단으로 묶인다. 그러나 이런 사람들의 주장을 면밀히 살펴보면, 사실 이들은 끊임없이 실증주의란 무엇이고 마르크스

---

2 도시계획가 리틀과 웨버(Rittel & Webber)는 실증, 증거, 추론 등을 통해 해결될 수 있는 과학자들의 "유순한(benign)" 문제와 구분하여, 도시계획가들이 다뤄야 하는 문제 중 본질적으로 해결하기 어려운 문제를 "악랄한(wicked)" 문제로 명명했다. 이 "wicked problem"을 보통 "난제"로 번역하는데, 이들이 제시한 난제의 몇 가지 특성을 제시하면, ① 문제를 명료하게 정의하는 것이 불가능하다, ② 해결책을 찾는 과정이 끝이 없다, ③ 해결책은 참이냐 거짓이냐의 문제가 아니라 좋고 나쁨의 문제이다 등등이다. (역주)

주의는 무엇인지 그 의미를 놓고 서로 주장하고 있음을 알게 된다. 이 책이 이런 주장들을 각각 모두 재검토하여 서술할 것이라고 기대하지는 마시라. 그렇게 하려면 아마 몇 권짜리 백과사전이 될 것이다. 이 책에서 나는 지리 이론이 대답하고자 하는 본질적 질문이 무엇인지를 전달하고자 한다. 곧, 우리가 세상을 이해하는 데 도움을 주기 위하여 우리 일상생활에 적용할 수 있는 질문이 무엇인지를 설명하는 것이다. 이런 작업은 필시 나의 동료 지리학자들이 중요하다고 생각하는 일부 연구나 지리학의 방대한 연구 성과를 간과하는 것일 수도 있다. 이 책에는 나의 사상적 이끌림과 선호의 정도가 반영되어 있다. 인문지리학 이론은 여기서 내가 제시하는 것보다 훨씬 다층적이고 복잡하다. 이같은 복잡함에 맞서 고투할 수 있도록 추천문헌 목록을 제시했는데, 각 장의 말미에 있는 참고문헌 중 *로 표시된 문헌들이다. 이 책은 로드맵이 되어줄 것이다. 그러나 로드맵의 길과 연결되어 있지 않은 마을이나 소도시, 심지어 대도시도 있을 것이다. 이를 찾기 위해서는 때때로 당신이 로드맵을 벗어나야 할 것이다.

　이 책은 의례적 측면에서도 중요한 역할을 할 것이다. 지리학을 전공하는 학부생이나 대학원생은 (특히 인문지리학 전공 학생은) 교육과정 중 지리 이론, 지리사상, 또는 철학과 지리 중 하나를 반드시 수강해야 할 것이다. 이는 일종의 통과의례다. 많은 학생들에게 있어서 이는 앞서 로리 앤더슨이 말했던, 거칠고 이해하기 힘든 "어려운 청취 시간" 같을 것이다. 학생들은 1주일에 2~3시간 동안 자신만의 논리와 전문용어로 무장한, 아찔할 정도로 많은 이론과 철학에 맞닥뜨리게 될 것이다. 그리고 하나의 "주의(主義, ism)"가 이해되고 나면 곧바로 새로운 주의가 나타날 것이다. 당신은 여태껏 알고 있다고 생각하던 "주의"가 유용하지 않다거나, 틀렸다거나, 혼란스럽다거나 아니면 놀라울 정도로 너무 단순하다고 선언할 것이다. 많은 사람들에게 있어 이런 의례는 실제 지리학을 하는 것과는 동떨어진 것으로 보일 수 있다. 이런 의례 때문에 우리가 지리 공부에 몰입하지 못하고 한눈을 팔게 될 수도 있다. 그러나 어떤 사람들에게는 (그리고 여기서는 나 자신도 포함된다) 이런 의례가 있기 때문에 지리학이 살아남을 수 있는 것이다. 이 의례가 어렵다는 것은 틀림없다. 그러나 이 의례를 통과해야만 지리학의 다른 부분들을 이해할 수 있고, 나아가 우리의 연구를 지리학 및 인접 학문의 거대한 사상적 흐름과 연결시킴으로써 그 깊이를 더할 수 있을 것이다.

왜 이론이 중요한가?

이 의례는 중요하다. 왜냐하면 모든 지리적 연구는 항상 이론과 철학에 의해 형성되기 때문이다. 이론과 철학에 의해 형성된 것 같지 않아 보이는 연구도 다 마찬가지다. 문학이론가인 테리 이글턴(Terry Eagleton)의 표현을 빗대어 말하자면, 자신은 이론을 좋아하지 않는다고 말하는 사람이 있다면 그 사람은 어느 누구의 이론을 좋아하지 않는 것이고 자기 자신의 이론을 모른다는 의미이다. 그렇다면 이론이 어떻게 지리적 연구를 형성하는 것일까?

첫째, 이론은 우리가 **무엇을** 연구할지를 선택할 때 작동한다. 우리가 집이라는 작은 스케일의 공간을 들여다보기로 선택했다면, 지리학자들로 하여금 사적 공간을 진지하게 들여다보도록 만든 페미니즘 이론이 작동한 것이다. 우리가 공적 공간의 구조화를 연구하기로 했다면, 거기에는 ("공간"의 의미는 말할 것도 없고) "공적"이라는 용어의 의미와 관련된 수많은 이론가들의 주장이 존재한다. 우리가 이런 분야의 학자들을 모르고 그들로부터 직접 영향을 받지 않은 것이 사실이라 하더라도, 이론은 여전히 다양한 수준에서 항상 작동한다. 우선 페미니즘 이론가들에 대해 우리가 들어본 적이 있든 없든 간에, 페미니즘 이론은 이런 프로젝트가 지리적 연구로 받아들여지는 데 기여했다. 예를 들어 집이라는 공간의 지리는 아마도 1960년대였더라면 대부분의 지리학과에서 타당하고 실행 가능한 연구로 인정받지 못하고 묵살되었을 것이다. 이 주제로 연구비를 신청했다면 정중하게 거절하는 편지를 받았을 것이다. 사실 지금도 상당수는 여전히 거절되고 있을 것이다! 둘째, 우리가 이런 프로젝트를 결정한 것 자체가 이론을 직접적으로 실천하는 셈이다. 우리는 엄청나게 복잡한 세계에서 가능한 모든 프로젝트 중 우리에게 무엇이 중요한지를 결정한다. 여러 질문 가운데 특정 질문을 우선시한다. 그리고 세계의 여러 지역 중 어떤 지역을 중요하고 흥미로운 지역으로 선택한다. 이런 선택은 (부분적으로) 이론적이다.

이론이 지리 연구를 형성하는 두 번째 방식은 우리 연구에 무엇이 포함되어야 하고 무엇이 무시되어야 하는지를 선택하는 데 있다. 가사 공간을 탐색하기로 결정했다면, 우리는 이 연구를 수행하기 위한 작업을 해야 한다. 우리는 이 연구에 무엇을 포함할지를 결정해야 한다. 어떤 유형의 가사 공간인가? 어디에 있는가? 얼마나 많은가? 공간 내의 "사물"에 초점을 둘 것인가 아니면 사람이 하는 일에 초점을 둘 것인가? 이 주제는 어떤 시간 단위에서 관찰해야 하는가? 하루 단위? 1주일 단위? 아니면 1년 단위? 아이들의 세계에 주목할 것인가 아니면 어른들에 주목할 것인가? 이 연구를, 집을 떠나 있는 가족 구성원이 머무는 공간은 어떤 공간인지에 대한 연구와 연결시킬 것인가? 이런 질문은 끝이 없다. 이런 질문은 (부분적으로는) 이론적이다.

이론이 지리 연구를 형성하는 세 번째 방식은 정보 수집 방법을 선택하는 데 있다. 이론은 방법론 및 **인식론**(epistemology, 우리가 알고 있는 것을 파악하는 방식)을 매개로 연구 방법과 연결되어 있다. 수천 개의 가구를 조사하면 연구 문제에 대한 답을 얻을 수 있는가? 이런 계량적 접근은 "과학적"이고 일반화가 가능한 것인가? 아니면 생활 세계의 깊이와 풍부함을 얻기 위해 소수의 가구를 장기간 연구해야 하는가? 이런 이슈와 관련된 과거 기록물이나 타 지역의 기록물에 접근할 수 있는가? 물론 이는 우리가 어느 정도의 돈, 시간, 전문 지식, 에너지를 갖고 있는지와 관련된 실제적 질문이기도 하다. 그러나 동시에 이런 질문은 우리가 중요하다고 생각하는 것이 무엇인지 그리고 일반화의 가능성과 연구의 깊이 중 무엇에 보다 관심을 두는지와 관련된 이론적/철학적 질문이다. 이처럼 연구 방법도 이론적이다.

이론이 지리 연구를 형성하는 네 번째 방식은, 우리가 자신의 연구를 다른 사람들에게 어떻게 보여줄지를 선택하는 데 있다. 얼핏 이에 대한 대답은 간단해 보인다. 글이나 그래프로 작성한 후 학술지에 논문으로 싣거나 단행본으로 출간하는 등 말이다. 그러나 우리는 글을 어떻게 쓸지를 질문해야 한다. 인상적인 방식으로 쓸 것인가 아니면 엄밀성을 추구하며 쓸 것인가? 어떤 유형의 지도나 차트를 사용할 것이며 왜 그런가? 논문은 어느 학술지에 실을 것인가? 학계를 넘어 외부에서는 이 논문을 어떻게 활용할 것인가? 그럴 필요는 있는가? 이는 모두 이론적인 질문들이다.

이처럼 이론은 지리 연구의 모든 단계와 연관되어 있다. 우리는 이론이 어떻게 이 단계들과 연관되어 있는지 분명히 알지 못할 수 있다. 그러나 이는 엄연한 사실이다. 나는 이런 사실도 모른 채 희희낙락하는 것보다는, 최소한 어느 정도는 알고 있는 것이 낫다고 확신한다.

이론 없는 주장(이런 주장이 자주 있다)은 망상일 뿐이다. 이론은 어디에나 있으며, 우리가 하는 모든 것에 존재한다. 이론이 없다면 (굳이 지리학만이 아니라) 삶은 혼돈 상태가 될 것이다. 이 책의 목적 하나는 지리 연구에 어떤 이론(들)이 내재되어 있는지에 대한 인식을 높이려는 것이다. 즉, 지리적 실천 속에서 이론을 보다 분명하게 밝히고자 한다. 또한 이 책은 당신이 어떤 이론을 좋아하고 싫어하는지 그리고 어떤 이론을 신뢰하고 불신하는지 등을 결정하는 데 도움이 될 것이다. 그밖에도 이 책은 당신과 주변 사람들이 어떤 삶을 살고 있는지를 스스로 분석할 수 있도록 자극하는 사유 방식을 보여줄 것이다. 부디 당신이 이 책을 통해 어려운 생각하기를 두려워하지 않았으면 좋겠다.

이론이란 무엇인가?

이론의 중요성을 다소 성급하게 말한 것 같다. 왜냐하면 이론이 왜 중요한지를 말하려면 우선 이론을 정의할 필요가 있기 때문이다. 이론이라는 용어는 상당히 위협적이고 우려스러우리만치 모호해 보일 수 있다. 가장 일반적인 수준에서 볼 때, 이론이란 우리의 마음속에서 벌어지는 꽤 많은 것을 가리킨다. 이론은 다소 위압적인 어감을 가지고 있지만, 사실 우리가 일상적으로 자주 사용하는 용어다. 우리는 "팀(Tim)은 그에 대한 이론이 있어."라거나 "이론적으로는 그럴싸하지만 실제로는 그렇지 않아." 따위의 말을 한다. 여기에서 이론은 생각의 영역(realm of ideas)을 가리킨다. 이론은 대체로 "실재(reality)"를 의미하는 "실천(practice)"의 반대말로 간주된다. 곧, 이론은 생각이고, 실천은 행동이라는 식으로 말이다. 이런 대립구도 때문에, 많은 사람들은 이론이 비실제적이며 비현실적이라고 생각한다. 그래서 이론은 이따금 비하의 용어로 사용되기도 한다. 그러나 사실 우리 머릿속에 존재하는 거의 대부분은 "이론"이 아니다. 사상이나 사고는 희망, 꿈, 추측, 공포 등 여러 정신 현상으로서, 엄밀하게는 또는 완전하게는 이론이라고 할 수 없다. 학술적인 의미에서 이론은 이런 충동적인 사고가 아니라 조직화되고 유형화된 사고의 집합을 의미한다. 이론은 우리가 마음속으로 세계에 조직적으로 질서를 부여하고 이를 다른 사람들과 공유하는 방식이다. 따라서 이론은 집합적이며 지적(知的) 특질을 갖는다.

　분명 우리는 시각, 청각, 미각, 촉각, 후각을 사용해서 세계를 다양한 방식으로 지각한다. 우리가 세계 속에서 움직일 때에는, 우리 신체가 감지하는 여러 지각(知覺)들의 집중 포화에 노출된다. 잠시 붐비는 도로를 건너는 일상 행동을 생각해보자. 우리는 제한속도를 넘어 달리는 차량도 보고, 배기가스 냄새도 맡으며, 도로 위에 남아 있는 빗물도 볼 수 있다. 또한 사람들이나 차량 주변에서 나는 소리도 듣는다. 우리는 어떻게 도로를 건너는가? 도로 반대편에 도착한다는 것이 기적적인 일은 아닐까? 우리는 왜 도로 한가운데에 선 채로 엔진 소리나 각양각색의 풍경 등 신체가 지각하는 일련의 흐름에 경이로워하지 않는가? 왜냐하면 우리가 그것들을 지각하려면 우리의 감각에 분명히 명령을 내려야 하기 때문이다. 그런데 도로 한복판은 멈춰서 경이로움을 느끼기에 적합한 장소가 아니다. 우리가 아주 어린 아이였을 때는 이런 사실을 알지 못했다. 그렇지만 점점 성장하면서 알 수밖에 없게 되었다. 우리는 감각이 전달해주는 것을 수용하고 그 수용된 지각들에 질서를 부여하고 우선순위를 매기고 조합해서 세계를 이해함으로써 마침내 도로 맞은편에 도달할 수 있게 되는 것이다. 사실 우리는 이런 일에 매우 익숙해서 특별히 생각하지 않고도 이를 수행하는 것처럼 보인다.

바로 이것이 이론의 시작이다. 곧, 복잡한 세계를 더 명료하게 만드는 것, 다시 말해 세계에 질서를 부여하고 우선순위를 매기는 것이다. 덕분에 우리는 죽음을 피할 수 있다. 실제로 도로를 건널 때 관련되는 정신적 과정을 이론이라고 말하는 사람은 없을 것이다. 그러나 이는 이론이 우리를 위해 무엇을 할 수 있는지를 이해하기 위한 첫걸음이다.

"렌즈"는 이론을 설명할 때 자주 사용하는 은유다. 이론이란 우리가 무엇을 분명하게 볼 수 있게 도와주는 렌즈라고 생각해보자. 렌즈가 흐릿한 대상에 초점을 제공하는 것처럼 이론은 복잡한 현실에 개념적 질서를 부여한다. 이론은 지각되고 경험된 세계를 "해석된 세계"로 전환시킨다. 이는 매우 다양한 방식으로 일어나며, 지리학자들 사이에서 상당히 논쟁적인 주제다. 사람들은 동일한 대상을 다르게 보기 위해 다른 렌즈를 사용한다. 그리고 나서 그에 대해 주장한다. 어떤 사람들은 이 논쟁에서 "사실"만 제시하면 된다고 생각할 것이다. 대체로 이런 관점은 (이런 주장의 옹호자들이 동의하든 안 하든) **경험주의**(empiricism)라고 불리는 이론적 접근에 해당한다. 이는 논의 대상에 바짝 다가서려는 접근이며, 추상화를 부정하는 접근이다. 그러나 우리는 과연 "사실"만을 제시할 수 있을까? 그리고 어떤 사실을 제시할 것인가? 그리고 어느 선까지 제시할 것인가? 우리의 주장과 관련된 사실은 무엇이고, 주변적이거나 불필요한 사실은 무엇인가? 이런 질문에 답하려면 일정한 형태를 갖춘 렌즈, 곧 "질서 부여하기"가 필요하다. 우리에게는 이론이 필요한 것이다.

요컨대, 가장 기본적인 의미에서 이론이란 복잡한 날것의 경험과 "사실"에 질서를 부여하는 형식이다. 이론이 있어야만 우리는 (앞서 언급했던) 맞은편에 도달할 수 있다. 그러나 분명한 것은 이론의 종류도 다양하고, 이론에 대한 해석도 다양하며, 심지어 이론에 대한 이론조차 다양하다는 점이다.

이론의 의미가 무엇인지는 우리가 어떤 종류의 이론을 선택했는지에 따라 다르다. 인문지리학자와 자연지리학자는 이론에 대해 이야기하는 방식이 확실히 다르다. 자연지리학은 자연과학으로서 사회과학과 인문학 분야의 이론보다 훨씬 구체적이다. 적어도 지식인 사회에 있어서, 이론은 세계에 체계적으로 질서를 부여하는 방식, 곧 세계의 구성요소들이 어떻게 연결되어 있는지에 대한 일련의 명제 집합을 가리킨다. "이론"이란 종종 광범위한 사회생활 영역을 추상적, 개념적으로 진술하려는 보편적 시도를 지칭하는 데 사용되기도 한다. 이런 용법은 인문학과 사회과학에서 보다 보편적이며, 특히 "철학"과 관련되어 있다. 예를 들어 존재의 의미는 무엇이고, 인간으로 산다는 것은 무엇인지와 같은 질문에 대한 사고의 방식과 관련되어 있다.

이론이 무엇인지는 이론이 제기되는 맥락에 따라 다르다. 우리가 일상적으로 ("팀은 그것에 대해 자기 나름대로의 이론이 있어."라고 말할 때처럼) 이론이란 단어를 사용할 때에는, 우리가 몇몇 사실에 착안함으로써 왜 그런 결과가 발생할 수밖에 없었는지에 대한 나름대로의 결론에 도달했음을 의미한다. 예를 들어 나는 왜 모닝사이드대학교(진짜 대학 이름은 아니다)가 롱 교수(이 이름도 진짜가 아니다)를 채용했는지에 대한 이론이 있다고 말한다고 가정해보자. 조너선 컬러(Jonathan Culler)가 주장하듯 이때의 이론은 "추론(speculation)"을 가리킨다(Culler 1997). 이는 단순한 추측(guess)과는 다르다. 추측이란 내가 아직 모르고 있지만 정답이 분명 존재한다는 것을 의미한다. 반면, 내가 이론을 갖고 있다는 것은 일정 수준의 복잡성을 갖추고 그럴듯하게 설명했다는 것을 말한다. 쉽사리 증명되거나 오류로 밝혀질 수 있는 설명이 아니라, 그럴듯한 설명을 지칭한다. 또한 컬러는 이론이 종종 직관에 어긋나는 설명, 곧 자명한 인식을 벗어나는 설명을 제공하기도 한다는 점에 주목했다. 롱 교수가 해당 직무에 최적임자였기 때문에 채용되었다고 말하는 것과, 롱 교수가 조만간 큰 규모의 연구비를 받게 되어 있다거나 모닝사이드대학교 교무처장과 내연관계이기 때문에 채용되었다고 말하는 것에는 차이가 있다. 첫 번째 설명은 거의 이론이라고 할 수 없다. 그러나 후자의 두 설명은 추론적이지만 자명하지는 않다. 따라서 후자의 설명은 이론이라고 할 수 있다.

학계에서는 이론이라는 용어를 보다 전문적으로 사용하는데, 이 세계에서는 이론이 다의적(多義的)인 용어로 사용된다. 이론은 여러 수준에서 나온다. **마르크스주의**(Marxism)는 지리학뿐 아니라 사회과학 및 인문학 전체에 걸쳐 활용되고 있는 이론적 접근이다. 그렇다면 마르크스주의는 이론인가? 글쎄, 일반적인 의미에서만 이론이다. 이 책의 7장을 보면, 마르크스주의는 일관성 있는 철학으로 귀결되는 여러 이론의 집합체이다. 곧, 마르크스주의에는 역사가 어떻게 발생하는지에 관한 이론(역사유물론), 사물이 어떻게 가치를 갖게 되는지에 관한 경제 이론(노동가치론), 사람과 상품과의 관계에 관한 이론(상품물신주의) 등과 같이 인간 생활의 여러 영역을 설명하려는 많은 이론이 포함되어 있다. 이것들을 다 묶으면 강력한 정치 철학이 된다. 이 이론들은 꽤 특별하면서도 논리적으로 일관성을 갖고 있다(그 논리가 비록 오류라고 할지라도 말이다). 이 이론들은 자연과학에서와 같은 방식으로 검증될 수 없다. 따라서 이 이론들은 쉽사리 오류가 입증될 수 없다. 지리 이론의 역사에서도 인간과 지표 간의 여러 상호작용의 양상을 설명하려는 이론들이 있다. **공간과학**(spatial science)은 **실증주의**(positivism) 철학을 전제로 하면서(5장 참조) **중심지이론**(central place theory)이나 **공간적 상호작용 이론**(spatial interaction theory) 등 많은 이론을 포함하고 있다. 이런 이론들은 특정한 대상과 패턴과 프로세스를 설명하기 위한 구체적인 이론들이다.

21세기에는 **사회이론**(social theory)으로 불리는 사상적 집합체가 출현했다. 자연스럽게 사회이론은 사회학의 일부를 형성했다. 이름 그대로 사회이론은 사회에 대한 이론을 제시한다. 그러나 사회이론은 빠른 속도로 학제적인 이론이 되었다. 사회학자뿐만 아니라 철학자, 인류학자, 문학이론가, 인문지리학자 등도 사회이론으로 연구하고 있다. 사회이론은 사회가 어떻게 구조화되어 있고 어떻게 변동하는지를 다룬다. 이 책을 순서대로 읽다 보면 **계급**(class)이나 **젠더**(gender) 등 사회적 구분(distinction)의 변화와 재생산이 우리가 지리적인 것이라 부르는 **공간**(space), **장소**(place), **영토**(territory) 등의 요소와 (종종 또는 언제나) 관련되어 있음을 알게 될 것이다. 이는 그리 놀라운 일이 아니다. 그래서 적어도 1970년대 이래로 지리학자들은 사회이론을 끌어들여 연구에 적용하는 데 열성적이었다. 사실 역사적으로 좀 더 소급하자면, 일부 지리학자들은 19세기부터 사회이론이라 불릴 만한 연구의 핵심에 있었다. 엘리제 르클뤼(Elisée Reclus)와 표트르 크로포트킨(Peter Kropotkin)의 연구에 내재된 **무정부주의**(anarchism) 이론이 그 예이다(3장 참조).

1970년대 이후 적어도 인문지리학자들은 "이론"이란 용어를 새로운 방식으로 사용하기 시작했다. 이 새로운 접근은 (노동가치론이나 공간적 상호작용 이론 등과 같이) 무엇에 대한 이론이 아니라, 그냥 "이론"을 일컫는다. 이런 새로운 이론 사용법은 인문지리학에서만의 고유한 접근이 아니라 문학연구, 문화연구, 대륙철학[3] 등 다양한 분야에서 수입되고 (공유되고) 있는 접근이다. 사실 "이론"은 여러 분야를 넘나들며 사유하는 사람들에게 유용해 보이는 연구를 언급할 때 사용된다. "이론"은 여러 학문 분야의 밑바탕에 깔려 있는 많은 상식적 가정들에 도전한다. 내개 이론을 이던 의미에서 말할 때 미셸 푸코(Michel Foucault), 롤랑 바르트(Roland Barthes), 자크 데리다(Jacques Derrida), 뤼스 이리가레이(Luce Irigaray) 같은 유

---

3 19세기와 20세기에 걸쳐 유럽 대륙 철학자들의 영향을 받은 여러 철학적 전통을 가리키는 용어로서, 독일 관념론, 현상학, 실존주의에서부터 해석학, 구조주의, 포스트구조주의, 비판이론 등에 이르는 폭넓은 철학적 스펙트럼을 총칭한다. (역주)

럽 대륙의 사상가들을 연상한다. 푸코와 같은 학자를 어떤 분야에 속한다고 말하기는 매우 어렵다. 그의 연구는 여러 학문 분야를 관통한다. 따라서 푸코의 이론은 소규모의 특정 인간 집단에 한정한 공간적 상호작용 이론과는 매우 다르다. "이론"은 사람들의 공간상에서의 이동 요인 등 특정한 부분에만 관심을 두지 않는다. 컬러가 지적한 것처럼 이론은 "태양 아래 모든 것에 대한" 것이다(Culler 1997: 3).

대개 이론은 자명하게 정치적이다. 확실히 비판적 사회이론들의 전통은, 단순히 세계를 이해하려는 것이 아니라 마르크스가 주장한 것처럼 세계를 변화시키려는 것이었다. 분명히 마르크스와 관련된 여러 이론은 처음에는 세계가 왜 이런가를 이해하는 데 목적이 있었지만, 그다음에는 보다 나은 (다시 말해 보다 공정한) 대안을 만들어내고자 했다. 페미니즘 이론의 핵심 또한 사회 속에서 여자 대 남자 간의 불평등한 지위에 관심을 두고 그 상황을 변혁하려는 것이다. 대개 **비판이론**(critical theory)이란 용어는 현 상태를 비판하고 보다 나은 상태로 만들기 위한 사고 집합체를 가리킨다. 인종, 젠더 등을 연구하는 흑인[4] 페미니스트인 벨 훅스(bell hooks)는, 흑인 여성이 이론을 사용하는 것이 무엇을 의미하는지에 대한 훌륭한 논문을 썼다. 훅스는 이론이 무의미하다는 주장에 자주 직면했다. 심지어 그녀는 이론은 본질적으로 "백인의 것"이거나 "남성적"이라거나, "주인의 도구를 사용해서 주인의 집을 부술 수는 없다."라는 말도 들었다. 앞서 말한 바와 같이, 여기서 이론은 다시 실천과 대비되고 있다. 이때 실천은 정치적 실천을 뜻한다. 훅스는 이에 대한 대답으로 이론이란 해방적 실천이고, 사람들의 기운을 돋아 분노케 하며, 상식에 도전하고, 그 상식 저변에 깔린 권력의 실체를 드러내는 것이라고 열렬히 주장했다. 그녀는 이론은 실천이라고 주장했다. 그리고 의도적으로 배제하거나 혼란을 일으키지 않도록 잘 만들어진 이론은 삶을 바꿀 수 있고 사회를 변혁할 수 있는 긍정적 힘이 될 수 있다고 주장했다(hooks 1994). 이처럼 어떤 사람들에게 있어서 이론은 정치적 실천과 관련되어 있다. 이론은 우리가 지금 살고 있는 세계보다 더 평등하고 공정한 세계를 추구하려는 것이다.

자연지리학자들에게는 이런 "이론" 이야기가 낯설 것이다. 자연지리학에서 이론은 (몇 가지 예외가 있긴 하지만) 성격이 매우 다르다(13장 참조). 자연지리학 이론에 대한 최근 교재 중 하나는(이런 책은 인문지리학과 비교할 때 비교적 드문 책이다), 이론이란 "우리가 생각하는 현실이 어떤 모습인지 그리고 이를 연구하려면 어떻게 접근해야 하는지를 안내하는 사

---

4 15장 흑인 지리학의 각주 1에서 저자가 밝힌 표현 의도에 따라 본 번역서에서는 고딕체로 표기하였다. (역주)

고의 틀"이라고 정의한다(Inkpen 2005: 36). 보다 구체적으로, 어떤 학자는 자연지리학에서 이론이란 연역적 관계들로 구성된 가정들이 체계적으로 정리된 집합체라고 정의한다(Von Englehardt and Zimmerman 1988). 여기서 이론이란 일종의 높은 수준의 가정을 지칭한다. 이론은 보다 작은 스케일에서 특정한 사실들을 예측하고 설명하는 가정들을 모아 놓은 집합체의 맨 꼭대기에 위치하는 거대 가정인 것이다. 자연지리학 연구는 대체로 실증주의적 틀에서 이루어지므로 자연지리학의 이론들은 검증 가능한 경향을 띤다. 전체적으로 자연지리학자들은 지식이 (설명되어야 할) 이전부터 존재해온 실재(자연 세계)의 일부와 연결될 수 있다고 믿는다. 꽤 최근까지, 자연지리학자들은 자신들이 기술하는 현실을 구성하는 데 지식이 어떤 역할을 하는지에 거의 관심을 갖지 않았다.

이론, 글쓰기, 그리고 어려움

지리학 등 여러 분야에서 이론을 공부하는 학생들은, 자신들이 읽는 문헌의 글쓰기 방식에서 큰 어려움을 느낀다. 어떤 글은 그야말로 형편없다. 또 어떤 글은 의도적으로 혼란스럽게 만든다. 언젠가 자연지리학을 전공한 동료는 "긴 문장이 아무 질서도 없이 나란히 붙어 있다."고 솔직하게 표현한 적이 있다. 이런 일이 발생하는 데는 많은 이유가 있다. 사실 글의 내용이 단순할 경우에 이런 식의 글쓰기는 저자가 똑똑한 것처럼 보이게 만든다. 역사학자 패트리샤 리머릭(Patricia Limerick)은 이를 다음과 같이 표현했다.

> 일상생활의 경우 듣는 사람이 말하는 사람의 말을 이해하지 못할 때, 대개 다음과 같은 교환이 이루어진다.
>
> 듣는 사람 : 나는 당신이 하는 말이 이해가 안 돼요.
> 말하는 사람 : 그럼 좀 더 분명하게 말해 볼게요.
>
> 그런데 20세기 후반의 학술적 글쓰기에서는 이와는 다른 규칙이 적용된다. 이는 암묵적 교환이나.
>
> 독자 : 나는 당신이 하는 말이 이해가 안 돼요.
> 학술 저자 : 저런, 안 됐군요. 당신은 공부도 부족하고 훈련이 안 된 독자군요. 좀 더 똑똑

했더라면 내 말을 이해할 수 있을 텐데요.

이 교환은 암묵적이다. 독자는 "당신이 좀 더 똑똑했다면 이해할 수 있을 텐데요."라는 말이 정말 사실이 될까봐 두려워하기 때문에 어느 누구도 "그건 전혀 말도 안 되는 얘기"라고 말하고 싶어 하지 않는다. (Limerick 1993: 3)

리머릭은 교수들 또한 이따금 학생들처럼 형편없는 글쓰기를 한다는 것을 보여주기 위해 교수들이 쓴 글 중에서 두 사례를 뽑아 제시했다. 이 중 하나는 지리학자 알란 프레드(Allan Pred)의 글이다. 첫째 단락은 프레드의 글이고, 둘째 단락은 리머릭이 프레드의 글을 비판한 것이다.

생산 및 재생산 노동의 성별 분업이 지리적·역사적으로 어떻게 변화했는지, 그리고 지금 시점에서 여성 임금노동의 국지적, 지역적 차이 및 공식경제 밖에서의 여성 노동에 대해 그리고 가정 내에서와 밖에서 여성들의 일상생활 내용의 실질적 차이에 대해서 이해하는 것이 정말로 중요한 것이라고 한다면, 우리는 상당한 수준에서 이런 변화와 관련된 어떠한 육체적 실천도 시공간 특수적인 언어적 실천으로부터 그리고 지시, 명령의 전달, 역할 묘사와 규칙 작동 뿐만 아니라 조절하고 통제하며 반감, 조롱, 비난의 전달을 통해 허용선의 한계를 규범화하고 해석하는 언어로부터 분리될 수 없다는 것을 인식해야만 한다.

위 사례의 경우 많은 생각을 담은 124개의 단어(역주 : 원문의 단어 숫자임)들이 한 문장 속에 잔뜩 채워져 있다. 이 문장을 읽은 사람 중 누군가가 공황 상태에 빠지며 외친다. "제발 창문 좀 활짝 열어. 누가 산소 탱크를 가져다 줘!" 또 다른 사람도 다음처럼 소리치려고 한다. "이 단어들과 생각들로 질식할 것 같아. 밖으로 좀 꺼내줘!" 학술 문헌을 읽는 독자들이라면 이처럼 절망적으로 빽빽하고 복잡한 문장을 접하는 것이 익숙할 터인데, 여전히 독자들은 이 같은 공황 상태를 참는 법만을 배울 뿐이다. (Limerick 1993: 3)

리머릭의 말이 완전히 맞지는 않을 것이다. 그러나 최상의 글쓰기는 민주주의를 익히는 것이다. 곧, 글쓰기는 생각을 공유하려는 것이다. 생각이 분명히 표현되지 않는다면 공유될 수 없다.

그러나 이런 주장에는 이면이 있다. 왜냐하면 어떤 생각은 그야말로 어렵기 때문이다. 아무리 분명하게 글을 쓴다고 해도 생각 자체가 여전히 어려울 수 있다. 수학자나 물리학자가 새로운 정리(定理)를 제시하는 시나리오를 생각해보자. 제시된 방정식이 어려울 것 같다. (그러나 궁극적으로 이 방정식은 설명 가능하며, 미학적으로 아름답기까지 하다) 숙달된 과학자조차 이를 이해하는 데 어려움을 느끼고 초보 학생은 전혀 이해할 수 없을지 모른다. 나도 어디서부터 시작해야 할지 모른다. 그렇지만 이 정리를 제시한 학자에게 쉽게 이해할 수 있도록 더 간단하게 바꾸어 달라고 요청할 사람은 없을 것이라고 생각한다. 과학자들은 자신들의 과학이 어렵다는 사실을 감수하며 살아가야 한다. 당신은 그 정리를 이해할 정도로 숙달되어야 한다. 그 정리를 이해하기 위해 최선을 다해야 하며, 그렇게 하면 그 정리가 보다 명료해질 것이다. 그렇다면 지리학은 도대체 왜 다른 것인가? 아마도 많은 사람들은 인문지리학이 상식의 영역 안에 속한다고 믿기 때문이다. 그러나 초보 물리학자가 복잡한 과학을 이해하는 데 숙달되어야만 하듯이, 초보 지리학자도 이론을 이해하려면 이론 강좌를 들어야 한다. 어려운 내용을 읽을 때는 특히 이론 강좌를 들어야 한다. 이런 어려운 내용 중 일부는 실제로 글쓰기가 형편없을 수 있다. 그러나 어떤 내용은 단지 어려울 뿐이다.

프레드의 문장에 대한 리머릭의 비판은 공정치 않은 측면도 있다. 프레드는 일생 전체를 글쓰기로 보낸 지리학자였다. 그의 일생은 생각들로 가득 차 있었다. (우리는 다음 페이지에서 그중 일부를 발견하게 될 것이다) 그는 자신이 말하려는 바를 더 잘 표현할 수 있는 새로운 글쓰기 방식을 개발하려고 지속적으로 노력했다. [프레드는 문화이론가 발터 벤야민(Walter Benjamin)에게서 차용한 "몽타주" 문제로 유명하다.] 이와 같은 실험이 이따금 실패했었던 것은 틀림없다. 나는 종종 그의 글쓰기를 불만스러워했고, 결국에는 읽는 것을 포기하기도 했다. 그런데 최근 들어 나는 프레드의『과거는 죽지 않았다(*The Past Is Not Dead*)』(2004)를 처음부터 끝까지 완독하게 되었다. 조롱할 만한 문장이나 단락을 찾아내기는 쉬웠지만, 책 전체의 영향력은 매우 강력했으며 (외견상 핵심 사상이 끝없이 반복되는 전략이 포함되어 있다) 나 역시 실험적 글쓰기의 가치를 확신하게 되었다.

문체뿐만 아니라 전문용어(jargon)의 문제도 있다. 이 문제는, 글쓰기란 전문용어로 채우는 것이라고 보는 저자의 안이한 글쓰기를 가리킨다. 전문용어는 대개 경멸적인 뜻으로 쓰인다. 어떤 글을 전문용어라고 부르는 것은 독자가 그것을 이해하지 못한다는 것을 뜻한다. 그러나 사실 전문용어란 전문화된 언어를 지칭할 뿐이다. 이런 의미에서 "드럼린"이란 단어는 전문용어다. 빙하 환경에서 형성된 매끄럽고 둥그린 형태의 땅덩어리를 가리키는 전문화된 언어이기 때문이다. 기초 자연지리학을 수강하지 않은 대부분의 사람들은 드럼린을 모를 것이다. 간단하게 "작은 언덕"이라고 부르면 왜 안 되는 것인가? 당연하게도, 작은 언덕에는 온갖 다양한 종류가 있고 모든 작은 언덕들이 빙하의 특정 작용에 의해 만들어진 것은 아니기 때문이다. 이와 동일한 대답을 인문지리학에도 적용할 수 있다.

이론의 영역에서의 글쓰기는 종종 생소한 단어를 사용할 수밖에 없다. 생소한 단어 중에는 신조어도 있다. 예를 들어 다음의 지리 텍스트를 읽고 생각해보자.

> 나는 새로운 단위로서 공간과 시간(*SPace ANd Time*)을 하나로 묶은 스팬트(spant)란 용어를 제안한다. 1스팬트의 크기는 경도, 위도, 날짜와 시간을 정확히 보여주는 아래첨자를 사용해서 기록할 수 있다. … 역사는 이 스팬트들을 연구하는 것이다. 부모가 어린이한테 "여기는 그런 행동을 하는 때나 장소가 아냐."라고 말할 때, 이 양육 활동은 하나의 스팬트에 초점을 둔 것이다. (M. Melbin, Billinge 1983: 409에서 재인용)

"쉬운 영어"를 사용하는 것이 독자에게 훨씬 더 간단하고 친절하다면, 왜 굳이 새로운 단어를 사용하는 것일까? 종종 신조어는 불필요한 혼란을 야기한다. 마크 빌린지(Mark Billinge)는 이 신조어에 격분하면서 1980년대에 나타난 지리학계 전체의 글쓰기 방식을 비판한 바 있다. 스팬트에 대한 그의 반응은 다음과 같다.

> 이런 종류의 신조어 전문용어는 정말로 불필요하다. 두 번째 단락 마지막 문장의 주장은 함축된 확실성에도 불구하고 정말로 그런지 매우 의심스럽다. 이를 액면 그대로 받아들인다고 하더라도, 이를 실행하는 것은 매우 우스꽝스러운 짓이다. 역사학자들이라면 자신의 연구가 정말로 스팬트 연구인지를 궁금해할지도 모르겠다. 그러나 이런 재미는 곧 사라져 버릴 것이다. 또한 인류는 스팬트라는 용어 없이도 시간과 공간에 대한 이해를 계속 다루어 왔다. 인간이 해결하지 못한 어떤 미스터리도 스팬트라는 단어를 사용한다고 해서 해결될 것 같지는 않다. 정말로 이런 종류의 전문용어는 무가치한 것이다. 이 용어는 우리의 사고 표현 능력에 아무 보탬도 되지 않으므로, 결과적으로 살아남지 못할 것이다. 다시 말해 이 용어는 제한적인 "스팬트"가 될 것이다. (Billinge 1983: 409)

이 글이 쓰인 지 40년이 지난 지금, 스팬트라는 용어가 사라졌다고 확정할 수 있다. 그렇지만 여러 이유에서 이런 방식이 혁신적일 때도 있다. 우리가 매일 사용하는 단어가 가지고 있는 문제는, 대부분의 경우 그 의미를 우리가 이미 알고 있다고 생각한다는 점이다. 예를 들어 "문화"와 "자연" 같은 단어는 아주 흔하게 사용된다. 우리는 이 단어의 의미를 막연하게 생각할 따름이다. 그리고 우리는 일상생활 속에서 이 단어에 질문해볼 충분한 시간을 갖지 않는다. 사실 이 두 단어는 문학이론가인 레이먼드 윌리엄스(Raymond Williams)가 영어의 어휘 중에서 가장 복잡한 단어라고 했던 것이다. 하지만 우리는 이 단어들이 매우 자명하다고 생각한다. 윌리엄스는 문화의 의미를 이해하고 설명하기 위해 여러 권의 책을 썼으며, 그 과정에서 "감정의 구조(structure of feeling)"라는 용어를 만들어냈고 "헤게모니" 같은 용어를 사용했다(Williams 1977). 또 다른 문화이론가인 피에르 부르디외(Pierre Bourdieu)는, 문화에 대해 사고할 때 사용할 "독사(doxa)", "아비투스(habitus)", "성향(disposition)" 같은 많은 새로운 용어를 만들거나 끌어들였다(Bourdieu 1990). 우리가 이런 용어를 접하면 어떻게 될까? 우리 대부분은 아마도 저자가 말하려는 것을 안다고는 바로 생각하지 못할 것이다. 우리는 일상적 태도에서 벗어나 저자가 새로운 용어를 통해 무엇을 말하려는지 생각해야 한다. 결과적으로 우리는 성찰적일 수밖에 없다. 따라서 잘 만들어진 신조어는 우리를 사유하게 하고 새로운 통찰력을 제시하는 힘을 갖고 있다. 빌린지가 제시한 또 다른 "나쁜 글쓰기"의 예를 가지고 생각해보자.

> 우호적인 물리적 환경하에서, 개인의 시-공간 일상과 신체-발레(body-ballets)는 보다 넓은 전체 속으로 녹아들면서 장소-발레(place-ballet)라는 공간-환경 역동성을 창조한다.
> (David Seamon, Billinge 1983: 408에서 재인용)

빌린지는 이를 두고 "새롭지만 불필요한 용어를 만들었다"고 기술했다(Billinge 1983: 408). 그러나 "스팬트"라는 용어가 불운하게 사멸한 것과 달리, 시-공간 일상, 신체-발레, 장소-발레 등의 용어는 모두 살아남았다. 사실 이 용어들은 6장에서 많이 다루어진다. 위에 인용된 문단이 실려 있는 원문 전체를 읽은 독자라면, 이 용어들을 쉽게 그리고 충분히 이해할 수 있을 것이다. 이 용어들은 많은 지리학자들이 발전시켜 온 장소 개념을 보다 새롭고 다양하게 이해하는 데 도움을 준다.

인문지리학자들만이 전문용어를 사용하거나 신조어를 활용하는 것은 아니다. 나는 앞에서 "드럼린"이 어떻게 전문용어로 간주되는지 설명했다. 자연지리학의 발전에 있어 가장 중요한 학자 두서너 명중 한 명인 윌리엄 모리스 데이비스(William Morris Davis)의 경이로운 경력을 생각해보자.

> 데이비스는 끊임없이 새로운 용어를 고안함으로써 자신의 지리적 언어를 풍부하게 만들었다. 그는 150개 이상의 전문 용어들을 만들어냈다. … 많은 용어들이 쟁탈 팔꿈치(elbow of capture), 눈썹 단애(eyebrow scarp), [하천쟁탈로 하천의 목이 잘린] 하천단두(beheading) 등과 같이 해부학적 특성을 띠었다. 모르방(morvan)이나 모나드녹(monadnock : 殘丘) 같은 용어는 이런 지형이 전형적으로 나타나는 지명에서 유래한 것이었다. 이 중 어떤 용어는 반발을 야기하기도 했지만, 대부분의 용어는 데이비스의 방법론에 대한 보편적 호감을

높였다. … 몇몇 용어들은 사멸했지만 대부분은 살아남았으며, 일부는 일상적 어휘로 전파되었고 심지어 현대 시에도 전파되었다. 오든(W. H. Auden)의 시 〈불안의 시대(Age of Anxiety)〉에 나오는 다음 문장 "오 저 준평원 위에 / 완고하게 서 있는, 고루한 모나드녹이여"를 데이비스가 읽었다면 아마 우쭐했을 것이다. (Beckinsale 1976: 455)

이론과 지리학사

지리 이론을 책으로 쓰거나 읽는 한 가지 방법은 지리학사라는 관점에서 접근하는 것이다. 사실 대부분의 지리학과에서 학생들이 "듣기 어려워하는" 핵심 강좌들은 대개 이론에 대한 개관과 지리학사를 겸하고 있는 강좌들이다. 그 이유중 하나는 이론이 연대순으로 설명되는 경향이 있기 때문이다. 시간의 경과는 사상에 내러티브를 덧입힘으로써 그것을 이해하기 쉽게 만들어준다. 어떤 사상이 출현하면 그것은 설명의 진보로 보일 수 있는데, 새로운 사상이 도전받고 다른 사상으로 대체되는 방식이기 때문이다. 그래서 결국 우리는 낡고 단순하며 열등했던 과거의 사상이 더 낫고, 더 올바르며, 더 예리하고, 더 영리한 오늘날의 사상으로 발전해 왔다고 생각한다. 지리 이론을 이해하려면 지식체(body of knowledge)로서 지리학의 중요한 학문적 역사를 이해해야 한다. 그러나 지리 이론과 지리학사가 똑같은 것은 아니다. 지리학은 지리학의 이론 그 이상이다. 따라서 지리학사는 국가 제도의 발전, 핵심 인물들의 전기(傳記), 기술적 발전, 지리학과 국가의 관계 등 많은 흥미로운 요소들을 포함한다.

지리 이론에 대한 이야기가 단순한 진보의 이야기라고 생각하는 것도 오해다. 과거를 잊은 채, 과거의 것을 그저 포장만 바꾸어서 "새로운" 사고를 만들어낸 지리학자들의 사례는 무수히 많다. 이와 유사하게, 지리학에 핵심적 기여를 한 이론들 대부분은 새로운 이론의 도전에도 불구하고 쉽게 사라지지 않았다. (자연환경이 인간의 삶과 문화를 결정한다는 사고인) **환경결정론**(environmental determinism)처럼 광범위한 도전을 받았던 이론조차 여전히 지지자를 보유하고 있다.

지리학 이론의 발전이 더 광범위한 역사 내에서 존재한다는 것을 인식하는 것은 중요하다. 이 책의 초판이 출판되고 10년이 지나 다시 읽어보면서, 지리 이론에 대한 내 지식이 얼마나 백인, 영국인, 시스젠더 남성, 영국과 미국에서 교육받은이라는, 내가 서있는 지점에 의해 한정되어 있는지 확인하고는 큰 충격을 받았다. 이 개정판의 마지막 장에 이 한계를 인정하려는 시도를 했지만 충분치는 않다. 지난 수십 년간, 지리학 (그리고 인접 학문)은 유력한 용의자들(여기서 말하는 유력한 용의자란 나처럼 **백인성**, 남성성, 일반적으로는 서구/글로벌 북부에서 교육받은 데서 나온 특권을 포함한 양육과 교육의 요소를 공유하고 있는 사람들을 말한다)을 벗어난 학자들의 관점과 이론을 가지고 결연히 연구해왔다. 내가 말하고자 하는 핵심은 이에 대해 사과하는 것이 아니라, 그에 대한 것을 연구하고 실천한다는 것이다. 부분적으로 이것은 내 책을 "탈식민지화한다"는 의미다. 지리적 사고 방식이 모든 면에서 불평등과 연루되어 있다는 점을 인식할 뿐만 아니라(이 책의 초판도 꽤 잘 인식한 부분이 있다고 생각한다), 보다 더 다양한 카스트에 속한 이론가들의 목소리와 생각을(단순히 인용만 하는 것이 아니라) 가지고 지리적 사고에 대한 설명을 하려고 했다. 어떤 이들은 지리적 사고에서 고전이 된 인물들의 사고에 대해 반드시 공부할 필요는 없다고 주장할 것이다. 즉 칼 사우어, 엘렌 셈플, 알렉산더 폰 훔볼트, 데이비드 하비에 대해 말하지 않고도 이 책을 쓸 수 있다고 주장할 것이다. 그들은 이 지리학자들의 저작을 공부하는 것이 위험하기조차 하다고 주장할 것이다. 왜냐하면 이들의 저작에 대해 공부하게 되면 지금까지와 같은 관습적 사고 방식으로 직행하여 특권을 재생산할 뿐이기 때문이다. 그러나 나는 여전히 현재의 지리학이라는 학문을 이해하기 위해서는 이들(그리고 이들 같은 더 많은 지리학자들)의 연구를 이해하는 것이 필수적이라고 믿는다. 내가 이 책의 다음 장들에서 하려는 것은 초판에서 들었던 목소리보다 더 넓은 범위의 목소리들을 더 적극적으로 다루려 한다는 것이다. 사파티스타 운동(Zapatista movement)[5]의 사고를 끌어온 탈식민주의 이론가들은 개념적 **다원성** (pluriverse) ─ 많은 세계의 공존을 인식하는 것 ─ 에 대해 쓰는데, 이는 글로벌 북부의 학계에 의해 만들어진 보편성이란 주장에 대해 이의를 제기하게 한다(EZLN 1996). 이 책에서 다룬 지리적 사고의 역사 중 많은 부분이 식민주의적 기획의 일부로서 세계를 구성하려 했다는 점을 인식하는 것이 중요하다. 나는 지리적 사고의 계보가 사실은 (다른 곳의 다른 계보들도 그렇듯이) 식민주의적 기획의 핵심부에 있었던 특정 장소들에만 해당한다는 것을 명확히 밝히고 싶다.

인간 의식의 발전은 지리 이론의 역사에 반영되어 있다. 이 역사를 어떻게 관련시킬지가

---

5 1994년 발표된 북미 자유 무역 협정에 반대하는 멕시코의 반자본주의 운동으로, 멕시코 남부 치아파스 주의 마야계 원주민들이 중심이 된 운동이다. (역주)

내게는 어떤 문제들을 제기한다. 지리 이론에 대한 책을 쓰는 방식은 많으며, 이미 존재하는 훌륭한 책도 많다. 여기서는 지리적 사고의 발달에 핵심적인 인물들의 사고에 대해 설명하는 방식으로, 즉 전기적인 방식으로 쓸 것이다. 리터가 르클뤼를 만났고, 하비가 스미스의 지도교수였으며, 산토스는 촘스키와 공동연구를 했다라는 식으로 말이다. 지리학자들의 가계도가 어찌 흥미롭지 않을 수 있겠는가? 이 책의 초반부에서는 19세기 말부터 20세기 초반의 시기 동안 영향력 있는 지리학자들이 어떻게 지리사상을 발전시켰는지를 검토할 것이다. 이런 유형의 설명은 이어지는 장에서도 반복될 것이다. 또한 이론들이 태동한 곳에 초점을 두고 장소를 통해서 지리 이론의 발전을 설명할 것이다. 예를 들어 19세기 말과 20세기 초에는 독일 지리학이, 매사추세츠의 클라크대학교에서는 급진적 이론이, 워싱턴대학교에서는 공간과학이, 심지어 웨일스의 램피터에서는 신문화지리학이 발전했다는 식으로 말이다. 이처럼 나는 장소를 언급하려고 한다. 또한 패러다임 개념을 통해서도 접근할 것이다. 여기 하나의 사상적 집합체가 오랜 기간 지배하다가 또 다른 사상의 집합체에 도전을 받고 결국 대체된다는 식으로 말이다. 예를 들어 지역지리학은 공간과학에 의해 대체되었으며, 공간과학은 인본주의와 마르크스주의 지리학에 의해 대체되었다. 이것이 패러다임적 설명은 아니지만, 거의 사상들이 출현했던 순서대로 소개하고 있다. 그러나 이론들이 서로 대체되었다고 주장하려는 의도는 아니다. 이 이론들은 열렬한 지지자들과 비판자들을 거느린 채 생생하게 살아있는 사상적 전통이다. 또한 나는 지리사상사를 맥락적으로도, 즉 (제국주의, 종교, 전쟁 같은) 지리학 바깥에서 발생한 힘들로 인한 역사적 사건, 사회적 맥락 등 세계에서 발생하고 있는 다른 일들과의 관계 속에서 지리사상의 발전을 기술할 것이다. 이에 대해서는 계속주의 깊게 살펴볼 것이다. 그렇지만 이 책에서 가장 중요한 것은 지리학자들이 던졌던 핵심 질문, 즉 지리학자들이 깊이 숙고하고 논쟁해왔던 핵심적 사고이다. 이외의 것은 모두 부차적이다. 우리 지리학자들은 세상에 줄 것이 많다. 지리학은 심오한 학문이기 때문이다.

참고문헌

Beckinsale, R. P. (1976) The international influence of William Morris Davis. *Geographical Review*, 66, 448−466.

Billinge, M. (1983) The Mandarin dialect: An essay on style in contemporary geographical writing. *Transactions of the Institute of British Geographers*, 8, 400−420.

Bourdieu, P. (1990) *The Logic of Practice*, Stanford University Press, Stanford, CA.

Cosgrove, D. E. (1989) Geography is everywhere: Culture and symbolism in human landscapes, in *Horizons in Human Geography* (eds D. Gregory and R. Walford), Barnes and Noble, Totowa, NJ, 118 −135.

Culler, J. D. (1997) *Literary Theory: A Very Short Introduction*, Oxford University Press, New York. 조규형 역, 2023, 『문학이론』, 교유서가.

Eagleton, T. (2008) *Literary Theory: An Introduction*, University of Minnesota Press, Minneapolis. 김현수 역, 2006, 『문학이론 입문』, 인간사랑.

EZLN (1996) *Fouth Declaration of the Lacandona Jungle*. Ejército Zapatista de Liberación Nacional/ Zapatista Army of National Liberation. http://schoolsforchiapas.org/library/fourth-declaration-lacandona-jungle/(accessed June 11, 2022)

hooks, b. (1994) *Teaching to Transgress: Education as the Practice of Freedom*, Routledge, New York. 윤은진 역, 2008, 『벨 훅스, 경계 넘기를 가르치기』, 모티브북.

Inkpen, R. (2005) *Science, Philosophy and Physical Geography*, Routledge, London.

Limerick, P. N. (1993) Dancing with professors: The trouble with academic prose. *New York Times Book Review*, October 31.

Pred, A. R. (2004) *The Past Is Not Dead: Facts, Fictions, and Enduring Racial Stereotypes*, University of Minnesota Press, Minneapolis.

Strabo (1912 [AD 7−18]) *The Geography*, G. Bell and Sons, London.

Von Englehardt, W. and Zimmerman, J. (1988) *Theory of Earth Science*, Cambridge University Press, Cambridge.

Williams, R. (1977) *Marxism and Literature*, Oxford University Press, Oxford. 박만준 역, 2013, 『마르크스주의와 문학』, 지식을만드는지식.

제 2 장

초기 지리학

- 고전 지리학 이론
- 중세 지리학
- 근대 지리학을 향하여
- 결론

옛날에는 인간, 동물 및 영혼 간에 구분이 없었다. 땅, 하늘, 물의 모든 것들이 연결되어 있었고, 모든 존재들이 그 사이를 자유롭게 다닐 수 있었다. 까마귀(Raven)는 초자연적 힘을 지닌 트릭스터(trickster)였다. 그는 할아버지 나샤키얄한테서 태양을 훔쳐서 달과 별을 만들었다. 까마귀는 호수와 강을 만들고 땅을 나무로 가득 채웠다. 그는 밤과 낮을 나누었고, 주기적인 조수의 리듬도 만들었다. 그는 시원한 물로 개울을 가득 채웠고, 연어와 송어의 알을 흩뿌렸으며 숲속에 동물을 놓았다. 최초의 인간은 거대한 조개껍데기 안에 숨어 있었는데 까마귀가 그를 해변에 풀어 놓았고, 인간에게 불을 주었다. 까마귀가 사라지자 인간과 소통하고 연결하는 영혼 세계의 힘도 사라져 버렸다. (https://web.archive.org/web/20120611074256/http://www.ucalgary.ca/applied_history/tutor/firstnations/haida.html accessed June 12, 2022)

위 이야기는 오늘날 캐나다 브리티시컬럼비아주 서쪽 해안의 하이다과이(Haida Gwai)에 살고 있는 하이다(Haida)족의 여러 창조 이야기 중 하나다. 이는 세계가 어떻게 탄생했는지에

Geographic Thought: A Critical Introduction, Second Edition. Tim Cresswell.
© 2024 John Wiley & Sons Ltd. Published 2024 by John Wiley & Sons Ltd.

대한 이야기이다. 이와 동시에 수백 년 동안 구전되어 온 지리사상의 한 사례이기도 하다. 이처럼 원주민 문화의 창조 이야기는 전 세계에 걸쳐 다양한 형태로 존재한다. 인간은 장소에 존재하며, 다른 생명체 및 비생명체와의 관계 속에 존재한다. 생각하는 존재인 한, 인간은 지리적으로 생각해 왔다. 그럼에도 불구하고, 지리사상에 관한 설명은 (이 책을 포함해서) 주로 지리학계에서 비롯된 사상에 집중하는 경향이 있다. 이 이야기를 하는 이유는, 이 책이 '모든' 지리사상을 아우르는 것이 아님을 명확히 하기 위해서다. 이 책은 지리학 분야 내에서의 지리사상에 관한 것이다. 이는 지난 수백 년에 걸쳐 주로 유럽과 북아메리카에서 형성되었으며, 이는 다양한 형태의 제국주의 및 식민주의 덕분에 지리사상의 주류적 방식이 되었다. 이러한 인식은 단순히 세상에는 다양한 종류나 전통의 지리사상이 존재한다는 것을 의미하는 것이 아니다. 좀 더 나아가 이 책에 포함된 아이디어는 다른 지리적 사고방식을 억압하거나 때로는 멸절하는 데까지 관여했다는 사실을 인정한다. 최근 지리학계의 연구는 다른 형태의 지리사상의 존재를 매우 진지하게 받아들이기 시작했다. 이 점은 이 책의 말미에서 다시 살펴볼 것이다. 그러나 학문으로서 지리학의 역할이 다른 앎의 방식을 소멸하는 데 관여했다고 할지라도, 나는 그 이야기를 계속 전하고자 한다. 이는 주로 백인, 서양, 북반구를 중심으로 하는 지배와 억압이 여러 사상과 어떻게 공모해 왔는지를 보여주기 위해서이며, 이와 동시에 이러한 사상에는 찬란하고 심오한 사상도 포함되어 있고 악의적 목적 외에 선을 위해서 사용된 아이디어도 포함되어 있기 때문이다. 6장에서 살펴볼 철학자인 마르틴 하이데거는 비록 나치당원이었지만 일부 비판 이론가들은 그의 사상 중 일부를 여전히 중시하고 있다. 다음 장에서 만나게 될 알렉산더 폰 훔볼트는 자신의 이론을 구축하기 위해 세계를 여행하면서 분명 식민주의적 활동에 관여했지만, 그는 (우리가 살펴보게 될 것처럼) 그 과정에서 반식민주의 사상을 창출해냈다. 이 책은 선과 악을 흑백으로 이야기하지 않는다. 대신 좀 더 섬세하고 맥락적인 이야기를 전하려고 한다. 그러나 내가 처음부터 분명히 인정하고 싶은 점은, 지리학이라는 학문은 유용하고 심오한 사상의 본향이고 "이와 동시에" 유럽-미국의 본토 밖에 존재하는 다른 사상을 말살하려는 시도에 전적으로 관여해 온 사업이었다는 것이다. 이 책의 목적은 이 두 가지 모두 사실이라는 것을 추적하고 밝히는 것이다. 그러나 19세기에 유럽에서 지리학이 학문 분야로서 부상하기 이전에도 많은 형태의 지리사상이 존재했다는 것을 기억할 필요가 있다. 이는 지리학계 내의 지리사상에 관한 이야기이므로, 다른 대부분의 학계와 비슷하게 고대 지중해 세계를 이야기의 출발점으로 한다.

라이스 존스(Rhys Jones)는 「어느 시대의 인문지리학인가?(What time human geography?)」

라는 논문에서 인문지리학이 오랜 세월 속에서 어떻게 현재에 이르게 되었는지를 추적한 바 있다(Jones 2004). 오늘날 지리학자들은 대략 1800년대 이후의 세계에 초점을 두고 있다. 그러나 꼭 그랬던 것만은 아니다. 예를 들어 1950년대의 지리학자들은 1800년 이전 시기에 주목하곤 했다. 1956~1960년 사이 「영국지리학회지(*Transactions of the Institute of British Geographers*)」에 실린 인문지리학 분야의 논문 중 31%는 1800년 이전 시대에 관한 연구였다. 그러나 1996년부터 2000년 사이에 이 비율은 11%로 줄어들었다. 과거의 정보를 수집하는 것은 언제나 어려운 일이지만, 이런 어려움이 60년 전에 비해 지금 더욱 커졌다고 할 수는 없을 터이다. 이처럼 인문지리학이 역사적 근시안(近視眼)에 빠지게 된 원인으로서, 존스는 역사지리학자들이 점차 분과학문으로서의 지리학사에 초점을 두어 왔다는 점을 지적한다. 왜냐하면 분과학문으로서의 지리학은 19세기에 들어서야 성립되었기 때문이다. 원인이 무엇이든지 간에, 존스는 인문지리학에서 나타난 이런 시대 인식이 학문으로서의 지리학을 점차 빈약하게 만들어 왔다고 본다. 과거는 지리적으로 중요하다. 왜냐하면 현재의 지리는 언젠가는 과거가 될 것이고, 과거의 지리는 한때 현재의 지리였기 때문이다. 우리는 우리가 어떤 과정을 거쳐서 현재에 이르게 되었는지를 알아야 한다. 존스의 주장은 주로 지리학자들의 (국가, 제국, 경관 등과 같은) 연구 대상에 초점을 둔 것이지만, 이는 지리 이론에서도 동일하게 적용된다. 이는 두 가지 측면에서 그렇다. 지리 이론과 관련된 책들은 대개 1945년 이후 시기를 이론적 논의의 출발점으로 삼고 있다(Peet 1998; Hubbard 2002; Aitken and Valentine 2006). 인문지리학 그 자체와 마찬가지로, 지리학의 이론적 연구 또한 근시안적으로 변해온 것이다. 이는 두 번째의 측면과도 연관되어 있다. 곧, 우리가 현재의 장소를 그 장소의 역사적 측면을 고찰하지 않고서는 제대로 이해할 수 없는 것과 마찬가지로, 현대 지리학의 이론 또한 어떠한 과거를 거쳐 탄생했는지를 생각하지 않고서는 제대로 이해할 수 없다. 이 장에서는 아주 오래전 과거를 다루지만, 이 장에서 탐구하는 질문들은 넓은 측면에서 볼 때 현대 지리학자들이 탐구하는 질문으로 충분히 대체될 수 있다. 이 질문은 다음과 같다. 곧 인간의 삶은 자연계와 어떤 관계를 맺고 있는가? 장소 간의 유의미한 차이는 어디에서 비롯되는가? 보편성과 일반성은 특수성과 어떤 관계를 맺고 있는가? 이런 질문은 "삶의 의미는 무엇인가?"와 같이 심오한 수준의 질문은 아니지만, 매우 지리적이고 철학적인 대답을 요구하는 깊이 있는 질문임에 틀림없다. 이런 질문은 이 책의 전체를 꿰고 있는 핵심 고리다.

　　우리는 지리학의 오랜 과거를 이해함으로써 역사적으로 계속 반복되어 온 핵심 질문을 재발견할 수 있어야 한다. 오늘날의 지리학자들과 20년 전의 지리학 사이에는 거의 교류가 없는 듯하다. 아마 어떤 지리학자들은 과거의 사실을 재발견한 후 놀라움을 금치 못할 것이다. 예를 들어 내가 최근에 읽었던 한 논문에 대해 생각해보자. 나는 누가, 언제 이 논문을 썼는지 앞서 말하지 않도록 하겠다. 단지 이 논문의 핵심 주장만 요약하겠다. 그리고 이 지리학자가 누구인지는 나중에 밝히려고 한다.

　이 논문의 저자는 인문지리학자들이 주요 관심사를 재편해야 한다고 주장하고 있다. 저자의 주장에 따르면, 지난 세기 동안에 이루어진 학문의 성립 과정에서 인류의 지식은 오히려 위기를 맞고 있다. 저자는 대학의 교수진이 예술과 과학 분야로 분리됨에 따라 지리학자들은 지리학이 서야 할 뚜렷한 위치를 제시하기 어려워졌으며, 결과적으로 스스로 지리학을 불편하고 불안하다고 느끼면서 지리학 자체에 대해서 확신을 잃게 되었다고 주장한다. 또한 저자는 근대 지리학이 너무 물질적 세계와 사물의 세계에만 초점을 두고 있다고 주장한다. 이 결과 지리학은 사물의 형태, 곧 "과거에 어느 누구도 연구의 가치가 있다고 생각하지 않았던" 대상물의 형태학(形態學)을 지나치게 강조하게 되었다는 것이다. 저자는 우리 모두가 익숙하게 생각하고 있는 지리적 개념들, 특히 **지역**(region), **영역**(영토, territory), **경관**(landscape)에 주목한다. 그리고 저자는 이런 개념들이 너무 대상적이고 메말라 있으며, 지나치게 경직되어 있다고 비판한다. 저자는 "지역이란 화석화된 결과물이 아니라 능동적이고 생성 중에 있는 실체다. 왜냐하면 지역을 구성하고 있는 사람들 자체가 항상 움직이고 일하며 생각하는 존재이기 때문이다."라고 주장한다. 따라서 저자는 지리학자들이 경계와 불변성 그리고 심지어 패턴이나 네트워크와 같은 것을 강조할 것이 아니라, "살아 움직이는 인간과 사물"에 초점을 두고 보다 역동적인 지리적 관점을 가져야 한다고 주장한다. 많은 측면에서 이런 주장은 아주 최근에도 찾아볼 수 있다. 도린 매시(Doreen Massey)는 장소란 장소 내에서 그리고 장소 간의 지속적인 흐름을 통해 생산되는 것이라고 보면서, 장소를 언제나 역동적인 상태에 있는 것으로 이해할 것을 주문하고 있다. 최근 인문지리학에서 부상하고 있는 이런 "모빌리티 전환(전향, mobility turn)"은 앞선 저자가 말하고 있는 것처럼 "살아 움직이는 인간과 사물"에 초점을 둘 것을 촉구하고 있다(Cresswell and Merriman 2010). 그러나 이 논문은 스코틀랜드 출신의 지리학자인 크로위(P. R. Crowe)가 1938년에 쓴 것이다. 크로위는 우리에게 잘 알려진 지리학자는 아니지만, 그의 주장은 우리가 현재의 시점에 이르기 훨씬 전에 이미 여러 차례 반복되었다. 이처럼 과거의 지리는 현재를 살아가는 우리에게 매우 유용하다.

　지리학이 (더 정확하게는 지리 이론이) 언제 그리고 어디에서 시작되었다고 말하는 것은 불가능하다. 어떤 의미에서 우리는 모두 지리학자다. 왜냐하면 우리 모두는 어디에서 살지, 무엇을 먹을지, 밤길에 어디를 조심해야 하는지, 휴일에 어디로 나들이 갈지 등에 대해 의사 결정을 하며 살고 있기 때문이다. 1947년에 지리학자 존 라이트(John Kirtland Wright)는 지리적 상상력 내지 지리적 지식을 의미하는 "지관념론(地觀念論, geosophy)"이라는 용어를 창안했다(Wright 1947). 당시 라이트는 지리학자들이 (어부, 트럭 기사, 농부, 간호사 등과 같이) 학계 외부에 있는 사람들의 일상적 지리 지식을 탐구함으로써 세계에 대한 사람들의 앎의 방식이 어떻게 일상생활에 영향을 끼치는지를 이해할 수 있다고 보았다. 라이트가 말하는 것은 결국 우리 모두가 지리학자이자 지리 이론가라는 것이었다. 모든 사람들은 무질서해 보이는 세계에 대해 지리적 방식으로 각자 나름대로의 의미를 부여하며 세계를 알아가기 때문이다. 따라서 지리 이론이 지리학자만의 이야기라고 생각하는 것은 잘못된 생각이다. 그리고 만약 우리 모두가 지리 이론을 갖고 있다고 한다면, 응당 아주 오래전에 살았던 사람들도 (예를 들어, 어느 곳에 먹을 것이 풍부하며 어느 곳이 맹수의 공격으로부터 안전한지 등에 관한) 지리 이론을 가지고 있었을 것이다.

베로니카 델라 도라(Veronica della Dora)는 지리 이론이 연속적이라는 사실을 분명히 하기 위해서 오랜 세월에 걸친 개념적 은유인 지구의 "망토(외피, mantle)"에 대해 언급한다. 그녀는 이를 통해 이 개념이 여러 지리적 상상에 공통적으로 나타난다고 말한다.

> 바빌로니아인들은 하늘을 일종의 망토라고 상상했다. 이집트인들은 실제로 지구를 감싸고 보호하는 여신인 넛(Nut)의 형상을 한 "살아있는 망토"를 고안했다. 이와 비슷하게 인도의 신화에서는 지표면에서 떨어진 높은 언덕 위의 여신에 관해서 언급하는데, 이는 인드라(Indra)의 분노와 공격으로부터 지역 주민과 동물을 보호하는 망토의 역할을 하는 것으로 그려진다. 중앙아프리카의 신화에서는 지구가 "매트처럼 펼쳐져" 있다고 설명하고, 코란은 지구를 알라가 펴놓은 양탄자에 비유하며 "단단한 산"이 무게나 말뚝으로 작용하여 양탄자 끝을 잡아준다고 한다. 마오리 전통에서는 응가우리(Nga Uri) 망토를 지구의 보살핌과 보호의 상징으로 여기며, 미국 원주민의 신화에서는 여름의 탄생이 어머니 지구 위의 빛나는 자(Shining One)가 펼쳐놓은 "신록(新綠)의 밍도(new cloak of green)" 때문이라고 설명한다. 그리고 "지구가 모든 꽃과 새로 아름다워진" 후에는 검푸른 색깔의 부드러운 망토를 하늘 위에 펼쳐놓아서 하늘에 많은 별이 반짝이고 깜박이게 되었다고 한다. (della Dora 2021: 18-19)

이처럼 델라 도라는 망토라는 개념의 생성적 은유를 여러 공간과 시간을 가로지르며 추적하면서, 지리적 사고는 연속적으로 그리고 (흔히 우리가 지리학계라고 생각하는 범위 외부에 있는) 많은 장소에서 발생한다는 사실을 상기시킨다.

고전 지리학 이론

헤로도토스와 에라토스테네스

현재까지 알려진 지리학 문헌 중 가장 오래된 저술들은 고대 그리스의 철학자와 역사학자에 의해서 집필되었다. 이들은 학술적 기획으로서의 지리학의 토대를 형성하는 데 기여했다. 고대 그리스인들은 당시에 알고 있던 여러 장소를 장소학적으로(topographically) 세밀하게 기술하는 데 역점을 두었다. 이런 기술에는 기후나 토양의 비옥도와 같은 자연 조건에 대한 내용뿐만 아니라 문화와 생활양식에 관한 내용도 포함되었다. 예를 들어 "역사학의 아버지" 라 불리는 할리카르나소스(Halicarnassus)[1]의 헤로도토스(Herodotus, 485~425 BC)는 나일 강의 흐름에 대해서 기술하면서 킬리만자로 산 정상부의 만년설에서 발원(發源)할 것이라고 추정했다(물론 이는 사실은 아니지만 그럴듯한 이론이다). 헤로도토스는 이집트에 대한 내용을 쓰기 위해서 방대한 지역을 답사했을 뿐만 아니라, 오늘날 "면담조사"라 불리는 방법을 통해 각 지방의 성직자들이나 도서관 사서들의 이야기를 수집했다. 그는 이런 관찰을 통해서 각 지방의 자연환경에서부터 주민들의 풍습과 신앙에 이르는 방대한 내용을 기록할 수 있었다. 예를 들어, 헤로도토스는 아래의 인용문에서와 같이 기후부터 성에 따른 외모와 행태의 차이까지 세밀하게 기술하고 있다.

> 이집트인들은 다른 지역에서 볼 수 없는 독특한 기후 조건과 다른 하천에서는 나타나지 않는 하천 환경에 따라 살고 있다. 이 사람들은 모든 측면에서 다른 지역과 정반대의 생활방식과 관습을 만들어냈다. 이집트에서는 대개 여성들이 시장에 나가 장사를 하고, 남성들은 집에 머물며 베를 짠다. 다른 곳에서는 베를 짤 때 씨실을 위로 쳐 올리지만, 이집트인들은 씨실을 아래쪽으로 쳐 내린다. 남성들은 짐을 머리 위에 얹고 다니지만, 여성들은 짐을 어깨에 짊어지고 다닌다. 여성들은 일어선 채 소변을 보지만, 남성들은 웅크리고 앉아

---

1   고대 그리스의 도시로 현재는 튀르키예의 보드룸에 해당하는 지역이다. 헤로도토스의 출신지이다. (역주)

서 소변을 본다. 대변은 집에서 보지만, 음식은 길거리에서가 아니면 먹지 않는다. 그들의 설명을 따르자면, 흉하지만 불가피한 것은 비밀스럽게 해야 하고, 흉하지 않은 일은 공개적으로 해야 한다. 남신(男神)을 숭배하든 여신(女神)을 숭배하든 모든 사제직은 남성이 맡아야 한다. 아들은 부모를 봉양해야 하는 의무는 없지만, 딸은 싫더라도 반드시 부모를 봉양해야 한다. 다른 지역들의 경우 성직자는 머리를 길게 기르지만, 이집트의 성직자는 삭발을 한다. 다른 지역에서는 가까운 사람이 사망하면 애도 기간 동안 머리카락과 수염을 자르지만, 이집트에서는 평상시에 짧게 깎던 머리카락과 수염을 이 기간 동안 길게 자디고 니미러 둔다. (Herodotus 2007 [450 BC]: npn)

헤로도토스는 기원전 490년부터 479년 사이에 벌어진 페르시아 전쟁사를 9권에 걸쳐서 집필했다(2006년에 제작된 영화 〈300〉을 상기해보자). 헤로도토스는 페르시아 전쟁의 원인을 규명하기 위해서 당시에 알고 있던 여러 세계를 자세하게 설명하려고 했다. 이집트에 관한 위의 인용문은 제2권에 실려 있는 부분이다. 헤로도토스는 식생과 동물에서부터 하천의 흐름과 주민의 배변 습관에 이르기까지 이집트에 대해 알 수 있는 모든 것에 대해 상세하게 기록하고자 했다. 독자는 제5권에 이르러서야 비로소 최초의 "역사"적 사건에 대한, 곧 수적으로 압도적 열세에 놓인 그리스인들이 페르시아 제국의 군대를 무찌르는 페르시아인과 그리스인 사이의 전쟁에 대한 이야기를 대면하게 된다. 서양이 동양을 쳐부순다. 헤로도토스는 거의 전반부 4권 반에 걸친 분량에서 이 주제를 피하려는 듯이 보인다. 아니, 이 주제를 분명히 회피했다고 볼 수도 있지 않을까? 사실 전반부의 내용에서 헤로도토스는, 페르시아가 어떻게 일련의 정복을 통해 막강한 제국으로 부상했는지를 지리적, 지정학적 측면에서 설명하고 있다. 이 부분에서는 특히 페르시아 제국이 어떠한 "자연" 조건하에서 성장하게 되었는지가 핵심 내용을 이룬다. 헤로도토스는 페르시아 제국이 오늘날 아시아라 불리는 동양에 속하는 세계였기 때문에, 그리스를 합병하여 서양까지 뻗어 나가려고 함으로써 "비자연적인" 상태가 되어 버렸다고 말한다. 이집트에 관한 헤로도토스의 설명은 인류의 삶이 자연 환경 위에서 어떻게 펼쳐져 있는지를 보여주는 많은 이야기 중 일부다. 이는 곧 자연이 (또는 환경이) 문화를 결정한다는 것을 함의한다. 페르시아의 팽창은 한 민족이 다른 민족에 대한 정복이라기보다는 자연에 대한 정복과 같다. 헤로도토스에 따르면, 페르시아의 군인들은 강물을 마셨기 때문에, 강이 없는 곳에서는 강을 만들고자 했다. 군인들이 스스로 식량을 자급할 수 없을 정도로 군대의 규모가 방대해졌던 것이다. 페르시아의 군대가 가장 크게 타격을 입었던 것은 페르시아의 함선들이 아테네를 향해 진격할 때 큰 폭풍을 만나 모두 파괴되었

을 때다. 페르시아 제국은 결국 자신의 자연적 극한에 도달했고, 그로 인해 "유럽"으로 진입
할 수 없었다. 그렇게 페르시아 제국의 운명은 막을 내리게 되었다. 우리는 헤로도토스에게
서 **환경결정론**(environmental determinism)과 그리스에서의 비극이 절묘하게 조합된 것을 볼
수 있다. 그리고 이는 곧 치명적인 실수는 반드시 (그리고 운명적으로) 몰락을 가져온다는 것
을 말해준다. 이것은 지리 이론이다. 역사는 지리에 의존한다.

헤로도토스가 자신의 여행기를 세밀하게 기술하면서 자연과 인간 세계에 대한 이론을 펼
쳐냈다면, 어떤 사람들은 더욱 체계적인 지리학을 정립하려고 했다. 알렉산드리아의 도서
관장이었던 에라토스테네스(Eratosthenes, 276~194 BC)는 지구의 둘레를 처음으로 계산했
을 뿐만 아니라 오늘날 위성항법장치(GPS)의 근간이라 할 수 있는 경·위도 좌표 체계를 창
안한 사람이었다. 에라토스테네스가 지구의 둘레를 추정했던 방식은 관찰과 이론을 창의적
으로 결합해낸 결과였다. 에라토스테네스는 직접적인 경험과 관찰 그리고 기존의 지식을 바
탕으로 이미 많은 것을 알고 있었다. 예를 들어 그는 북회귀선 근처에 위치한 마을인 시에네
(syene)에서는 하지(夏至)의 정오 때 태양의 위치가 (머리에서 수직으로 위에 있는) 천정(天
頂)에 도달한다는 것을 알고 있었다. 이와 동시에, 알렉산드리아에서는 태양고도가 천정의
정남쪽으로 1/50로 기울어져 있음을 알고 있었다. 따라서 에라토스테네스는 알렉산드리아
가 시에네의 정북쪽에 있기 때문에 시에네와 엘렉산드리아의 거리는 지구 둘레의 1/50에 해
당될 것이라고 보았다. 그리고 두 도시의 거리는 약 5000스타디움(stadium은 당시 거리측정
단위인 stadia의 복수형, stadia=0.185km)이므로 최종적으로 지구의 둘레는 25만 스타디움
(46,250km)이라는 결론을 얻게 되었다(이 값은 오늘날 추정하는 실제 지구의 둘레보다 약
16% 정도 크다). 에라토스테네스의 계산 방식은 불과 수백 년 전까지도 계속 활용되었으며,
이는 실제 지구의 둘레에 매우 근접한 수치다(그림 2.1 참조).

헤로도토스와 에라토스테네스의 지리학은 그 자체로서도 놀랍지만, 오늘날 지리 이론이
작동하는 두 가지 핵심적인 방식을 예시하고 있다는 측면에서 더욱 놀랍다. 헤로도토스는
자신이 여행하고 들어본 지역들에 대한 지식을 면밀하게 목록화하는 데 심혈을 기울였던 반
면, 에라토스테네스는 세계를 어떻게 측정할 것인지 그리고 항해의 기준점들을 어떤 체계
로 제시할 것인지에 몰두했다. 또한 헤로도토스는 여러 지역이 (비록 환경과 운명에 대한 일
반적 이론의 틀 속에서 제시되었지만) 얼마나 독특한지 그리고 이런 독특성이 어떻게 형성
되었는지에 매료되었다. 반면 에라토스테네스는 전체 지구를 하나의 통일적인 좌표 체계로
묶을 수 있는 방식을 도출하는 데 관심을 두고 있었다. 그는 보편적, 수리적 지리학을 발전

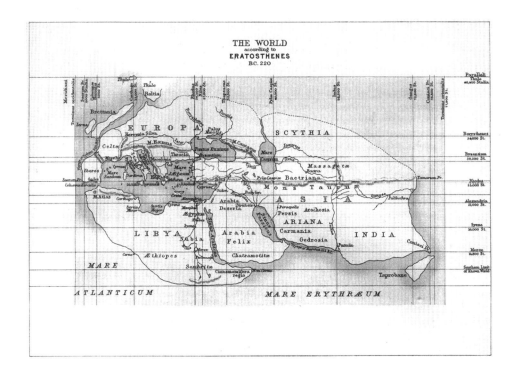

그림 2.1 에라토스테네스가 추정한 세계. 출처 : *Cram's Universal Atlas: Geographical, Astronomical and Historical* (1895).

시켰다. 그렇기 때문에 어떤 장소의 특징은 무엇이고 그 장소는 다른 장소들과 어떤 점에서 다른지와 같은 지역의 특수성에 대해서는 일차적으로 관심을 두지는 않았다. 그러나 이 두 인물은 각자 질서정연한 관점을 통해 세계를 이해하고자 했고, 자신이 살던 곳의 국지적 한계를 넘어 사람들이 거주하고 있는 전체 세계에 관심을 두었다는 측면에서 공통적이다. 그리스인들은 이런 세계를 "인간 거주 세계(inhabited earth)"를 의미하는 용어로서 **오이쿠메네**(oikoumene)라고 [그리고 좀 더 나중에는 **에쿠메네**(ecumene)라고] 불렀다. 장소에 대한 (헤로도토스의) 관심과 객관직 공간에 대한 (에라토스테네스의) 관심이 2,000년 이후에 빌어진 논쟁을 미리 예견한 것처럼, 전 지구적 에쿠메네라는 개념도 오늘날 여전히 영향력을 갖고 있다. 왜냐하면 오늘날 지리학자들이 관심을 두는 세계가 바로 에쿠메네이기 때문이다. 궁극적으로 볼 때 결국 인류는 지구 표면의 얇은 층 위에 손재하고 있다. 이 층이 바로 지리학의 층이다. 지리학의 층을 넘어 올라가게 되면 천문학의 세계에 접어드는 것이고, 지리학의 층 아래로 깊이 내려가게 되면 지질학의 영역 속으로 들어가게 된다. 지리학을 에쿠메네에 대한 학문이라고 정의하는 것은 그리 나쁜 방식이 아니다.

케논, 코라, 토포스

헤로도토스와 에라토스테네스의 지리학은 초창기 지리학의 대표적인 사례로 자주 언급된다. 왜냐하면 이들의 지리학은 근대 이후 지리학이란 무엇인가에 대한 질문, 다시 말해 지리학은 장소에 관한 지식인가 아니면 공간에 대한 과학인가라는 질문과 조응하기 때문이다. 그러나 많은 측면에서 볼 때, 현대 지리 이론의 토대는 이들이 아닌 다른 그리스 학자들로부터 비롯되었다. 이런 사례로서 플라톤과 아리스토텔레스의 케논(kenon), **코라**(chora), **토포스**(topos)라는 개념에 대해 생각해보자.

먼저 케논이란 개념은 모든 사물이 존재하는 빈 공간으로, 등질적이고 무차별적인 영역을 지칭한다. 케논은 어떤 사물을 그 주변의 것들로부터 분리해서 추출해낼 때에 도달한다. 케논은 순수한 연장(延長, extension)이다. 영원한 공허를 지칭하는 이 개념은 오늘날 공간에 대한 과학적, 추상적 관념의 토대가 되었다. 특히 데카르트와 뉴턴은 이 개념을 보다 발전시킴으로써, 모든 과학은 공간이라는 추상적 관념에 의존한다고 주장하면서 과학의 토대를 구축했다.

코라는 플라톤(428~348 BC)이 생성(生成, becoming)의 과정을 논의하는 데서 비롯되었는데, 존재가 케논이라는 빈 공간으로부터 어떤 형상을 갖추어 나가는 방식을 지칭한다. 플라톤에 따르면, 생성은 세 가지 요소를 동반하는 과정인데, 생성되는 것, 생성되기 위한 모델, 그리고 생성을 위한 장소 또는 환경이 그것이다(Casey 1997). 이 중 마지막 요소를 바로 "코라"라고 한다. 코라는 공간의 범위를 가리킴과 동시에 그 공간에서 생성의 과정 중에 있는 사물을 지칭한다. 코라는 종종 처소(處所, receptacle)라고도 통용되는데, 언제나 그 내부에 어떤 사물이 있음을 지칭한다는 측면에서 빈 공간을 가리키는 케논과는 다르다. 코라는 비어 있지 않다. 플라톤은 코라 대신 **토포스**라는 용어를 자주 혼용하지만, 코라에 비해 **토포스**는 훨씬 구체적이다. 많은 경우 **코라**는 생성의 과정 중에 있는 장소를 지칭하는 반면, **토포스**는 (그런 생성의 과정이 끝난 후) 최종적으로 달성된 장소를 지칭한다. 이후에 아리스토텔레스는 **코라**를 국가를 기술할 때 사용했던 반면, **토포스**는 국가 내의 특정한 지역이나 장소를 기술할 때 사용했다. 그리고 마침내 **코라**와 **토포스**는 각각 (지역에 대한 학문을 의미하는) 지역학(chorology)과 (지표면의 형태를 의미하는) 장소학(topography)이라는 지리학의 용어로 발전하게 되었다. **코라**와 **토포스**는 어떤 특수한 것을 의미한다는 측면에서 허공을 의미하는 **케논**과는 다르다. 공간보다는 장소에 보다 가까운 개념들이다. **케논**은 무한한 공간이지만, **코라**와 **토포스**는 유한하며 그 내부에 무엇인가를 담고 있다(Casey 1997; Malpas 1999).

플라톤의 제자였던 아리스토텔레스(384~322 BC)는 지리학의 가장 기본적인 개념인 "장소"와 관련하여 중요한 논의를 남겼다. 아리스토텔레스에게 장소란 (무한과 허공을 지칭하는) 공간뿐만 아니라 이동과 변화를 모두 이해하기 위한 필연적인 출발점이었다. 아리스토텔레스는 장소란 "모든 사물들에 선행한다"고 했다(Casey 1997: 51). 예를 들어 아리스토텔레스는 어떤 변화나 움직임을 이해하기 위해서는 우선 "가장 일반적이고 기본적인 변화는 이른바 전위(轉位, locomotion)라고 불리는 장소에서의 변화"라는 점을 반드시 받아들여야만 한다고 보았다(Casey 1997: 51). "어디"라는 지리적 질문은 아리스토텔레스에게는 의심할 바 없이 근본적인 것이었다. 왜냐하면 존재하는 모든 것들은 어디엔가 위치할 수밖에 없기 때문이다. 아리스토텔레스는 "어느 곳에도 없다는 것은 존재하지 않는다는 것과 같다. 예를 들어 염소사슴(goat-stag)이나 스핑크스는 어디에 있는가?"라고 되묻는다(Casey 1997: 51에서 재인용). 아리스토텔레스에게 장소는 모든 것에 선행한다. 왜냐하면 존재하는 모든 것은 장소를 가질 수밖에, 곧 반드시 어디엔가 위치할 수밖에 없기 때문이다. 따라서 장소는 "어떠한 것이 존재하기 위해 반드시 필요한 조건일 뿐만 아니라, 다른 모든 것들이 존재하기 이전에 존재하므로 가장 선행할 수밖에 없다"(Casey 1997: 52). 이처럼 우리는 아리스토텔레스에게서 장소에 대한 탄탄한 철학을 찾을 수 있다. 장소는 모든 존재의 가장 근본적인 것이라는 주장, 곧 모든 존재하는 것들의 출발점이라는 주장보다 지리학을 더 드높일 수 있는 다른 주장이 과연 무엇이 있겠는가?

우리는 (플라톤이나 아리스토텔레스의 지리적 사유보다는) 헤로도토스의 기나긴 여행과 에라토스테네스의 지구에 대한 과학적 측정이 "지리학"에 더욱 가깝다고 생각하는 경향이 있다. 그러나 사실 오늘날의 인문지리학은 이집트의 일상생활에 대한 관찰 기록보다는 **장소**(place)란 무엇인가에 관한 다양한 성찰의 총체에 좀 더 가깝다. 이런 점에서, 헤로도토스나 에라토스테네스와 마찬가지로 플라톤이나 아리스토텔레스도 지리학자였다. 이집트에 대해 세밀히 기술하고, 지구를 측정하며, 장소의 근본성에 대해 면밀히 사고하는 행위 모두 지리학임에 틀림없으며, 이 모든 행위들은 오늘날 우리가 "이론"이라고 부를 만한 요소를 포함하고 있다. 그러나 이들 중 어느 누구도 자신이 했던 작업을 지리학이라고 일컫지는 않았다.

최초의 지리학자들?

> 그러나 지구의 기술(記述)에 바쁜 사람은 현재의 사실뿐만 아니라 때로는 과거의 사실
> 에 대해서도 (특히 주목할 만한 사실이라면) 말할 수 있어야 한다. (Strabo, *The Geography*,
> Book 6.1.2)

아주 오래전 옛날부터 지리학 이론가라고 할 만한 사람들이 있었지만, 서양의 경우 지리학
에 대해서 최초로 (그리고 현존하는) 기록을 남긴 사람은 아마시아(Amasia)에 살았던 스트라
본(Strabo, 64 BC~AD 23)이었다는 것이 일반적인 사실이다. 스트라본은 그리스 시민이었
지만 원래 튀르키예 북쪽 지역에서 태어났다. 스트라본의 집안은 부유했기 때문에 교육을
받기 위해서 로마와 알렉산드리아까지 먼 여행을 할 수 있었다. 그리고 그가 "지리학"을 집
필했던 시기에는 로마 시민으로서 로마에 살았을 것이라고 추측된다(Dueck 2000; Koelsch
2004). 스트라본의 『지리학(*Geography*)』은 17권으로 구성된 방대한 저술로서, 고대 그리스
와 로마 시대의 사람들이 생각하고 있던 "오이쿠메네(oikoumene)"를 설명하는 내용으로 구
성되었다. 스트라본이 지리학이라는 용어를 처음으로 사용한 사람은 아니었다는 것은 분명
하다. 왜냐하면 스트라본은 자신의 책에서 당대 이전의 지리학 관련 저술에 대해 (비록 오늘
날 현존하지 않아서 그 내용을 확인할 수는 없지만) 언급하고 있기 때문이다.

　스트라본이 책을 썼던 당시의 로마 제국은 아우구스투스 황제의 통치하에서 상대적으로
평화로운 번영을 구가하고 있었다. 스트라본이 오이쿠메네를 로마 시민들에게 설명하려고
했던 것은 이런 시대적 맥락에서였다. 스트라본은 그리스 출신이라는 자신의 위치를 바탕
으로 로마인들에게 그리스의 사상을 번역해서 소개하고자 했다. 스트라본의 지리학 중심부
에는 당시 로마인들이 구가하던 평화와 공존하고 있는 전체 세계를 알고자 하는 염원이 담
겨 있다. 스트라본은 지리와 세계에 대한 이해가 차이와 타자성에 대한 관용의 토대라고 생
각했던 것이다. 한편 스트라본의 『지리학』에는 수리적 내용이 상당히 포함되어 있다. 그래
서 후세에 어떤 사람들은 스트라본을 사물의 측정자 또는 공간 지리학자(geographer of space)
라고 불렀다(Livingstone 1993). 스트라본은 에라토스테네스와 마찬가지로 지구에 대한 측정
결과와 여러 장소들 간의 거리를 알려주는 데 큰 관심을 두고 있었다. 실제 17권으로 구성된
전체 저술 중 상당 부분이 수많은 장소 목록과 그 상대적 위치를 보여주는 데 할애되어 있다.
이 때문에 스트라본에 관한 많은 연구들은 그가 제시했던 장소들의 위치와 거리의 측정 결
과가 어느 정도 정확한지에 집중했다.

그러나 이와 동시에 (그리고 아마 더욱 중요한 측면으로서) 스트라본은 장소에 대한 지리학자로서 사람들이 살고 있는 곳에 관심을 두었다. 스트라본은 "지리학자만의 특수한 임무"는 "우리 인간의 거주 세계"를 설명하는 것이라고 주장했다(Koelsch 2004). 이런 의미에서 스트라본은 문화지리학자이기도 했다. 다음의 인용문을 생각해보자.

> 루카니아(Leucania) 지방에 접하고 있는 이 해안지역은 시칠리아 해협에 이르기까지 1,350 스타디움에 걸쳐 길게 뻗어 있는데, 이곳은 브레티(Brettii) 국가가 차지하고 있다. 안티오쿠스가 저술인『이탈리아에 대하여(On Italy)』에 따르지면, 이 영토는(이 영토는 안디오쿠스가 기술하고 있다고 말하는 영토와 같다) 오래전에는 오이노트리아로 불리기도 했지만 이탈리아라고 불렀다. 안티오쿠스는 우선 티레니아(Tyrrhenian) 해 일대의 이탈리아 영토를 라우(Laüs) 강까지로 표시했는데, 이것은 내가 브레티인의 나라라고 표시한 것과 경계가 같다. 안티오쿠스는 그다음으로 시칠리아 해 일대의 경계는 메타폰티움(Metapontium)까지로 표시했다. 그렇지만 메타폰티움과 경계가 맞닿아 있는 나라인 타란티니(Tarantini)는 이탈리아 영토 밖에 표시했고, 이곳에 사는 사람들을 이아피게스(Iapyges)인이라 칭했다. 안티오쿠스에 따르면, 아주 오래전 "이탈리아인"과 "오이노트리아인"이라는 용어는 시칠리아 해협 쪽 사면에 위치하고 있는 나라 내의 지협 일대에 살고 있는 사람들에게만 해당되었다. (Strabo, *The Geography*, Book 6.1.4)[2]

우리는 이 인용문에서 스트라본이 오늘날 이탈리아의 지역과 장소에 대해 백과사전식으로 상세하게 기술하고 있음을 볼 수 있다. 그러나 스트라본의 문화지리는 단순히 지역과 장소를 기술하는 데 그친 것이 아니라, 이를 종합하여 여러 장소 간의 상호관계를 이해하려는 것이었다. 이는 제국에 관한 연구의 일환으로, 주변부들이 중심부와 어떠한 관계를 맺고 있는지에 중점을 둔 것이었다. 쾰쉬(Koelsch)는 "우리는 책 한 권 한 권의 세부적인 내용에 골몰해서는 안 된다. 비록 스트라본이 많은 문헌 자료에 의존하기는 했지만(…), 그의 천재적 독창성은 이런 문헌 자료의 여러 부분을 면밀하게 재조직해서 종합적으로 서술했다는 데 있다. 그는 각각의 지역 기술(記述)들을 체계적으로 종합해 여러 지역을 상호 비교하고자 했고, 이를 통해 오이쿠메네에 대한 보편적인 지리학을 도출하려는 일반론적인 계획을 추진했다."라고 말한 바 있다(Koelsch 2004: 508). 스트라본은 로마제국 최초의 황제가 살던 당시에 있어서 여러 장소 간의 관계성과 제국의 광내한 공간적 잉역을 파악하고자 했다. 달리 말해 그

---

2 http://www.perseus.tufts.edu/cgi-bin/ptext?lookup=Strab.+6.1.4 참조.

는 글로벌한 것이 로컬한 것과 어떻게 상호작용하는지를 알고자 했던 것이다. 그리고 이런 문제의식은 21세기 오늘날 지리학에 있어서도 여전히 핵심적인 과제로 남아 있다.

또한 스트라본의 『지리학』은 특정 장소에서 현재와 과거의 관계성에 대한 것이기도 하다. "지구를 기술하는 데 열중하는 사람은 현재의 사실뿐만 아니라 때로는 과거의 사실에 대해서도 말할 수 있어야 한다."는 스트라본의 주장은 시간에 따른 변화에 관심을 두고 있었음을 반영한다. 지리학사를 연구한 19세기의 역사가인 번버리(Bunbury)는 과거에 대한 스트라본의 이런 성찰을 "지엽적"이라고 표현했지만(Bunbury 1879), 스트라본을 연구한 또 다른 학자인 클라키(Clarke)는, 스트라본이 현행의 장소 정체성이 과거에 대한 기억을 토대로 어떻게 구성되어 있는지에 주목했다고 보면서 스트라본의 주장에 공감을 표현한 바 있다(Clarke 1999). 여러 가지 이유로 인해 번버리와 같은 몇몇 학자들은 스트라본의 이런 장소 역사에 관한 서술이 군사 전략가들이 그토록 중요시했던 장소에 대한 세부적 기술, 위치, 거리만큼이나 중요하다는 것을 파악하지 못했다. 그렇지만 스트라본에게는 장소에 관한 설명이 가장 중요한 부분을 차지했다는 것은 틀림없는 사실이다. 클라키는 스트라본의 『지리학』 제14권에서 "유명한 장소들의 경우 이처럼 따분한 지리적 설명을 참을 필요가 있다."는 진술을 인용한다(Clarke 1999: 202). 이때 "이처럼"이란 공간에 대한 측정 정보와 수리적 내용을 지칭한다. 스트라본에게 있어서 이런 "수리지리학"은 정확성의 문제였다. 왜냐하면 스트라본은 "장소에 대해 정확하게 기술해야 하는 사람은 그 장소가 천문학적, 기하학적 관계에서 어떠한 특수성을 갖고 있는지에 대해, 곧 장소의 범위, 거리, 위도, '기후'와 같은 내용에 대해 세심하게 설명해야 한다."고 생각했기 때문이었다(Strabo 1912 [AD 7~18]: 13).

많은 사람들은 스트라본을 지리학과 국가의 공모 관계를 보여주는 사례라고 해석해 왔다(Smith 2003). 아우구스투스 치하의 로마제국에서 스트라본이 국가 통치에 지리학이 중요하다고 생각했던 것은 틀림없는 사실이다.

> 우리가 살고 있는 바다와 육지는 우리의 활동 무대다. 이는 인간 활동을 제약하는 한계이지만, 동시에 원대한 활동을 가능케 할 만큼 광대하다. 이는 우리의 모든 행위를 담고 있는 위대한 활동의 현장으로, 이른바 우리의 "거주 가능 세계"를 구성한다. 위대한 장군들은 여러 민족과 왕국을 정복하여 이를 단일한 왕권과 단일한 정치적 통치하에 복속시킴으로써 육지와 해양에 대한 지배력을 획득해 왔다. 결국 모든 정치적 과업에 있어서 지리학이 필수적이라는 것은 자명하다. 왜냐하면 우리는 지리학을 통해 거주 가능한 대륙과 바다와 대양의 위치를 알 수 있기 때문이다. (Strabo 1912 [AD 7~18]: 15-16)

클래런스 글래컨(Clarence Glacken)이 볼 때, 스트라본은 인간 거주 세계에 관심을 가진 원형적 문화지리학자였다(Glacken 1976). 스트라본은 자연지리를 인간 활동의 무대라고 생각했다. 자연환경과 인간 세계의 상호작용에 대한 스트라본의 글은, 자연 세계에 대한 인간의 적응 및 개조 능력을 연구하고 있는 오늘날의 상황을 훨씬 앞서서 예견하고 있다. 글래컨은 스트라본의『지리학』제2권에서 다음과 같은 장문의 내용을 인용한다.

> 예술품, 정부 형태, 생활양식 등은 사람들이 처한 기후 여건과 무관하게 인간의 [내적] 원천에서부터 비롯된다. 그렇지만 기후는 고유한 영향력을 갖고 있다. 그렇기 때문에 어떤 특수성은 그 국가의 자연에 기인하기도 하고, 또 다른 특수성은 제도나 교육의 결과이기도 하다. 아테네인들이 웅변술을 기를 수 있었던 것은 자연 조건에 따른 것이라기보다는 교육에 의한 것이었던 반면, 스파르타인들의 경우는 그렇지 않다. 테베인들의 경우는 이보다 좀 더 가깝지만, 마찬가지로 그렇다고 할 수 없다. 바빌론인이나 이집트인의 철학 또한 자연에 의한 것이라기보다는 자신들의 제도와 교육에 의한 것이었다. 이와 마찬가지로, 말과 소와 같은 가축의 우수성 또한 단순히 그들의 서식처에 따른 결과일 뿐만 아니라 그들이 사육되는 방식의 결과이기도 하다. (Strabo; Glacken 1976: 105에서 재인용)

또한 스트라본의『지리학』은 (특히 제1권과 제2권은) 자연환경에 대한 이론을 곳곳에 포함하고 있다. 스트라본은 대륙과 해양 간의 관계 변화에 깊이 매료되었다. 그는 똑같은 홍합이 왜 수백 마일 떨어진 내해에서도 발견되는지를 궁금해하면서, 아우구스투스 황제 치하의 로마 이전에는 대륙과 해양의 위치가 달랐을 것이라고 결론을 맺었다. 또한 스트라본은 부분적으로 이를 설명하기 위해서 파랑 작용과 침식에 대해서 언급하기도 했다.

> 따라서 파랑은 외래 물질을 축출할 수 있는 충분한 힘을 가지고 있는 셈이다. 사람들은 이를 바다의 "정화 작용"이라고 부르는데, 이는 파랑에 의해 바다의 사체나 잔해들이 육지까지 떠밀려오는 과정을 가리킨다. 반면 썰물은 해변가에 부유하는 사체나 나뭇가지 또는 심지어 코르크와 같이 지극히 가벼운 물질조차도 (일단 한 번 육지까지 떠밀려 온 다음에는) 다시 바다 한가운데로 끌어당길 만큼 충분한 힘을 갖고 있지는 않다. 바로 이런 이유로 인해, 강을 따라 흘러온 실트와 혼탁해진 물이 파랑에 의해 축출되는 것이다. 실트의 무게와 파랑의 작용으로 인해 실트는 넓은 바다로 퍼져나가지 않고 육지 쪽 해변 말단부에 퇴적된다. 사실, 하천의 운반력은 하류의 강어귀를 벗어나자마자 얼마 안 되어 순식간에 사라져 버린다. (Strabo 1912 [AD 7~18]: 1.3.9)

스트라본의 지리학은 클라우디오스 프톨레마이오스(AD 90~168)와 자주 대비되곤 한다. 프톨레마이오스는 천문학자, 점성학자, 수학자, 지리학자로서 (스트라본과 유사하게도) 로마 시민이 되기 이전에 이집트에서 태어났을 것으로 추정된다. 프톨레마이오스의『지리학 (*Geographia*)』은 모두 8권으로 구성되어 있는데, 장소에 대한 백과사전식 설명이나 파랑의 작용 등에 관한 내용은 거의 없다. 오히려 프톨레마이오스의 관심은 보다 일반론적인 데 있었다. 특히 지구의 크기, 경위도의 측정, 지도 투영법 등에 초점을 두었다. 프톨레마이오스의『지리학』은 마치 세계지도와 같다. 왜냐하면 책 전체가 일련의 지도들, 각 지도에 덧붙여져 있는 여러 장소들의 목록, 그리고 각 장소의 경·위도 좌표로 구성되어 있기 때문이다. 프톨레마이오스의『지리학』은 당시 로마인들에게 알려져 있던 전체 세계를 담고 있는데, 이 범위는 서쪽으로는 카보베르데(Cape Verde)에서 동쪽으로는 중국 중부에 이른다. 프톨레마이오스는 이 알려진 세계 전체에 걸쳐 경·위도 좌표 체계를 고안해냈다(그림 2.2 참조). 위

그림 2.2 좌표체계를 갖춘 프톨레마이오스의 세계지도. 출처 : http://commons.wikimedia.org/wiki/ File:Ptolemy_Cosmographia_1467_-_world_map.jpg (accessed May 31, 2012). 원본은 폴란드 국립도서관에 소장되어 있음.

도는 적도를 기점으로, 경도는 당시 알려진 세계의 최서단을 기점으로 했다. 또한 프톨레마이오스는 투영법과 위치 체계를 사용해서 지도를 과학적으로 만드는 방법에 대한 지침도 제시하고 있다. 이런 지침은 후대에 지도학의 근간이 되었다.

헤로도토스, 에라토스테네스, 플라톤, 아리스토텔레스, 프톨레마이오스의 저술로부터 우리는 지난 2,000년 동안의 지리 이론을 형성해온 지리학의 핵심 질문이 무엇이었는지를 대략적으로 파악할 수 있다. 자연환경은 인류의 삶을 과연 어느 정도 결정짓는가라는 질문, 보편적인 질서와 진리를 추구하는 것과 달리 특수한 지역이나 장소에 대한 연구가 과연 얼마나 중요한가라는 질문, 현실 세계에 있어서 과연 공간과 장소의 역할이 무엇인가라는 질문, 그리고 보다 구체적인 (나일강의 발원지나 파랑의 작용 등에 대한) 일련의 이론과 가설 등 모든 질문을 이들의 저술에서 찾아볼 수 있다. 그러나 이런 지리사상의 역사는 진보적인 궤적을 따르지 않았다. 오히려 이런 지리사상의 대부분은 유럽의 경우 수백 년 동안 의도적이거나 우연한 계기로 인해 무시되거나 잊혀 왔다.

중세 지리학

중세에는 교회 권력이 고전 지식을 몰아내었고 신 중심적인 세계관이 부상하게 되었다. 이는 중세의 지도인 마파문디(Mappa Mundi)에 잘 드러나 있다. 중세에는 인간 거주 세계를 과학적으로 지도화하려는 시도는 사라졌으며, 대신 세계는 예루살렘을 중심으로 하는 편평한 원반처럼 그려졌다(그림 2.3 참조). 고전 학문과 비교할 때, 유럽 등 여러 지역의 중세는 대체로 무시되어 온 것이 사실이다. 중세 유럽에서는 지리학이 다른 많은 "과학"과 마찬가지로 정체되었다고 보는 견해가 일반적이었다. 키스 릴리(Keith Lilley)는 이러한 시각이 오류라고 지적하면서, 오히려 중세의 (널리 알려졌던) 지리학과 오늘날의 지리학 사이에는 중요한 연속성이 있다고 주장한다(Lilley 2011). 그에 따르면, 지리학계 밖에서는 특히 역사학자들의 경우 오랫동안 중세 지리학의 세계에 상당한 관심을 두어 왔지만, 지리학계의 경우 20세기 초반 몇몇 지리학자들이 중세 지리학의 중요성을 강조했던 것을 끝으로 지금껏 중세 지리학을 무시해 온 것이 사실이다.

그림 2.3　헤리퍼드 성당(Hereford Cathedral)에 소장되어 있는 AD 1300년경의 마파문디.
출처 : 헤리퍼드 마파문디 보호소 및 헤리퍼드 성당 지구장 및 총회.

이처럼 요동치는 학문적 지형으로 인해, 오늘날 지리학의 역사를 말하는 지리학자들은 몇
몇 도전에 직면하고 있다. 지리학자들은 중세 지리학의 역사를 이대로 "비(非)지리학들"
이 쓰도록 내버려 두어야 할까? 중세 지리학의 텍스트가 (그리고 이미지가) 유럽 현지어와
고전 언어로서 갖는 해석적 어려움을 고려하면, 어쩌면 이러한 전문가들이 가장 자격이
있는 사람일 수 있다. 그러나 이렇게 되면 분명히 지리학의 중세 계보가 많은 지리학자가
쓰고 있는 (현대) 지리학의 역사에서 더욱 멀어지게 될 것이다. 이제는 이를 포함할 공간을
마련해야 할 때이다. 게다가 학문적 이슈와 전통이 서로 다르다는 점을 고려한다면, 역사
학자가 쓴 (만일 가능하다면) 중세 지리학의 역사가 "논쟁적 사업"으로서 지리학의 과거에
관한 지리학자들의 최근 논쟁과 어떻게 호응할 수 있겠는가? (Lilley 2011 : 149-150)

릴리의 주장에 따르면 지리학자들은 중세를 방치함으로써 중요한 연구 영역을 다른 학문에

넘겨주었고, 나아가 지리학이 기껏 근대 초기가 되어서야 시작된 학문이라는 생각을 퍼뜨렸다. 이 "오만함은 분명히 극복되어야 하며, 이를 통해 지리학의 역사가 재고(再考)되어야만 한다."고 주장한다(Lilley 2011: 150).

릴리의 논문에 대해 베로니카 델라 도라는, 중세 지리학에 대한 이해를 통해 지리학의 역사를 더욱 완전하게 이해할 수 있을 뿐만 아니라, 근대적인 시각과는 다른 새로운 렌즈를 통해서 지구를 사유할 수 있다고 말한다. 이런 의미에서, 그녀의 주장은 유럽-미국 지리학의 규범 외부에 존재하는 세계에 대한 앎의 방식을 진지하게 받아들여야 한다는 주장과 흡사하다. 델라 도라는 릴리와 마찬가지로 "우리가 전승, 연결, 지속의 지리보다 "단절", "혁명", "재발견"을 계속 강조하는 한, 지리사상의 복잡성은 계속 간과되고 지리사상사는 캐리커처로만 남을 위험에 처할 것"이라고 말한다(della Dora 2011: 165). 또한 그녀는 "중세의 공간 인식에 관한 연구는 지난 20년간 인문지리학에서 언급했던 근대 '지도학적 패러다임'에 대한 유용한 대척점을 제공할 것"이라고 주장한다(della Dora 2011: 165). 델라 도라는 중세 지리학을 단순히 지리학사에서 중요하지만 무시되어 온 부분이라고만 보지 않고, 오히려 이를 "'지리적 매혹(geographical enchantment)'의 계보를 위한 시작점이자 지구-쓰기(earth-writing)의 시학(詩學)을 탐구하기 위한 대안적 모델이나 렌즈"로 생각할 수 있다고 주장한다(della Dora 2011: 165).

베로니카 델라 도라는 이러한 자신의 주장을 근간으로 『지구의 망토(*The Mantle of the Earth*)』이라는 책에서 "망토(mantle)" 개념(또는 은유)을 연대순으로 추적함으로써, 지구와 인간의 장소를 매혹적으로 인식할 수 있는 신성한 방식과 세속적 방식을 연결한다. 그러한 사고방식은 지리적 사고에 대한 고전적, 중세적, 근대적 방식을 연결한다고 주장한다(della Dora 2021). 델라 도라의 설명에 따르면, 마파문디는 단지 부정확한 지도에 불과한 것이 아니다.

> 상징과 학문적 해석(exegesis) 간의 긴장은, 서양 중세 문화의 가장 특징적인 시각적 표현 중 하나인 마파문디(지구의 기독교화된 이미지)가 발달할 수 있는 선행조건을 창출했다. 서양의 마파문디는 문자 그대로 "세계의 천(world cloths)"[3]으로, 본질적으로 창조의 경이로움과 다양성을 찬양하며 그 속에서 창조주의 위치를 극찬하는 "시각적 백과사전"이었다. 마파문디는 이러한 지리적 매개를 통해 신학적, 지리적 질문에 대해 암시적으로 대답

---

3 라틴어로 mappa는 '천조각', mundi는 '세계'라는 의미이다. (역주)

했다. 다시 말해, 마파문디는 당대의 신학 대전(大典, summae)과 일반 백과사전이 문자로 달성했던 것을 그림으로 달성했다. (della Dora 2021: 58)

델라 도라의 설명에 따르면, "세계의 천"으로서 **마파문디**는 세계 내 인간의 장소를 망토, 주름장식, 표면에 관한 관념 등을 통해 설명해 온 인간의 오랜 역사적 계보 중 하나에 속한다. 가령 아메리카 원주민의 우주론의 경우 "빛나는 자"가 새로운 대지 위에 펼쳐놓은 "신록(新綠)의 망토(new cloak of green)"를 특징으로 하는 것처럼, 중세의 마파문디도 이러한 계보와 연결되어 있다. 이러한 연속성을 추적하는 작업은 델라 도라가 "지구 쓰기의 시학(詩學)"이라고 부른 것을 가능케 한다.

델라 도라의 호소처럼 전달과 연속성을 염두에 두면, 유럽의 알베르투스 마그누스(Albertus Magnus)와 같은 학자들의 지리적 상상과 북아프리카의 무슬림 학자들의 놀라운 학문적 위업을 동시에 살펴보는 것이 가능하다. 심지어 신학적 우주론의 맥락에서도, 일부 학자들은 고전학자들의 지식을 계속 살려 이들을 근대 초기까지 전파하려고 했다. 알베르투스 마그누스는 이런 인물 중 한 명이었는데, 그는 독일의 도미니크회 수사(修士)였고 토마스 아퀴나스의 스승이기도 했다. 그가 특별히 주목할 만한 인물인 이유는 끊임없이 신학을 과학과 결합하려고 했고, 철학 속에 (특히 아리스토텔레스의 저술과 관련시켜) 뿌리를 내리려고 했기 때문이다. 지리학과 관련된 그의 핵심적인 저술은 『장소의 본질(De Natura Locorum)』이라는 책이다. 이 책에서 마그누스는 지표면 위에서의 인류의 삶은 점성학적인 힘과 국지적인 힘 둘 다의 영향을 받는다고 주장했다. 그는 특정 장소에 미치는 우주적, 환경적 영향력에 초점을 둠으로써 보편적인 것과 특수적인 것을 종합하려고 했다. 모든 장소에는 이런 영향력이 결합되어 독특한 특성으로 나타나기 때문에, 장소에서 인간의 삶 또한 독특할 수밖에 없다. 우리는 이런 측면에서 마그누스의 환경결정론적 시각을 포착할 수 있다. 또한 그는 피부색과 같이 사람들 간의 가시적 차이 또한 환경의 영향력에 기인한 것이라고 보았다. 다음의 구절을 보자.

바위가 많고 평탄하며 춥고 건조한 곳에서 태어난 사람들은 매우 강인하다. 동시에 골격이 튼튼하고 살집이 적어서 관절 형태가 겉으로 훤히 드러난다. 또한 이들은 매우 키가 크고 전쟁에 노련하고 기민하다. 팔과 다리의 골격도 잘 발달되어 있다. 이들은 거친 습성을 갖고 있으며, 온몸이 마치 단단한 돌로 되어 있는 듯하다. 그러나 습하고 추운 곳에서 태어난 사람들은 겉모습이 아름답고 온화한 얼굴을 갖고 있고, 골격이 훤히 드러나 있지는 않

다. 또한 이들은 살집이 많고 뚱뚱한 편이며, 키는 그렇게 크지 않은 대신 배가 나온 편이
다. 이들은 강렬한 감정을 갖고 있기 때문에 대담무쌍하지만, 맡은 일을 할 때에는 쉽게 느
슨해진다. 전쟁을 할 때에는 열성이 부족하다. 얼굴색은 하얗거나 노란색이다. 한편 산악
지대의 경우에는 물에 점액 성분이 과다하기 때문에, 그런 지역의 주민들은 대개 목이 짧
고 굵으며 목구멍이 넓다. (Albertus; Glacken 1976: 169–170에서 재인용)

마그누스는 사람들의 특성이 자신이 태어난 곳과 밀접하게 관련되어 있다고 믿었다. 장소는
인간의 삶에 배라을 제공하므로, 인간이 삶은 자신을 양육하는 장소의 특질을 반영한다는
것이다. 또한 사람들은 자신이 태어난 장소를 떠나서 살게 되면 자신의 고유한 특성이 점차
약화된다고 보았다. 이는 동물과 식물에도 적용되었다. 심지어 그는 돌멩이들조차 원래의
위치에서 옮겨지게 되면 그 특성이 약화된다고 주장했다.

그러나 마그누스는 전형적인 환경결정론자는 아니었다. 왜냐하면 그는 인간이 자유의지
를 통해 환경을 변화시킴으로써 특정 장소를 거주에 더 유리하게 만들 수 있다고 보았기 때
문이다. 예를 들어 그의 주장에 따르면 산림 지역은 나무들로 인해 공기와 공기 중 수분이 잘
순환되지 않기 때문에 건강에 좋지 않은 환경이다. 그러나 사람들은 벌목을 통해 나무를 제
거함으로써 이런 장소의 특징을 보다 거주에 유리한 환경으로 개선한다고 보았다.

그러나 고전 지리학 이론이 융성했던 것은 유럽에서가 아니라 아랍 세계에서였다. 10~14
세기 사이에 아랍의 많은 무역상과 학자들은 유럽인들의 유명한 지리적 탐험 시기보다 앞서
널리 여행을 다녔다. 이들의 방대한 여행은 탄탄한 고전 지리학 지식과 결합되어 상당히 주
목할 만한 지리학적 업적을 남겼다(Alavi 1965).

AD 982년경에 출판된『세계의 한계(Hudúd al-Alam)』는 익명의 페르시아 학자가 저술한
것으로, 당시 페르시아인들에게 알려져 있던 세계의 여러 지역에 관한 지리서였다(Bosworth
1970). 이 책은 주요 산맥, 해양, 섬, 하천, 사막에 대한 내용으로 시작한 후, 동쪽으로는 중
국과 서쪽으로는 스페인까지에 이르는 방대한 인간 거주 세계에 대해서 설명하고 있다. 이
처럼 오늘날의 이란과 이라크 일대는 과거에 방대한 지리적 지식이 집중된 중심지였으며,
이런 지식은 대개 천문학적 내용과 세계에 대한 추상적, 수리적 설명까지 아우르면서 수많
은 장소 목록과 각 장소의 정확한 위치 정보를 담고 있었다. 이 책은 여러 측면에서 프톨레마
이오스의 지리학과 흡사하다. 9세기에서 10세기에 이르는 시기 동안 측량, 항해, 지도학 분
야는 과학적으로 크게 발달했다. 예를 들어 무함마드 알 파르가니(Muhammad b. Kathír al-
Farghání)는 세계를 7개 기후대에 따라 기술한 바 있는데, 이는 그 이후 유럽의 르네상스까지

[특히 로저 베이컨(Roger Bacon)의 저술에] 영향을 끼쳤다. 무슬림 학자들은 프톨레마이오스와 같은 고전 학자의 저술에 대해 깊은 지식을 갖추고 있었으며, 인도와 중국에서 발달했던 우주론에 대한 지식도 자신들의 연구에 통합시키고자 했다.

이븐 바투타(Ibn Battutah, 1304~1368)는 오늘날 모로코에 위치한 탕헤르 출신의 학자로서 무려 28년에 걸쳐 당시에 알려져 있던 세계 대부분을 여행하면서 기록을 남긴 사람이다. 이븐 바투타는 인도에서 수년을 머무른 후 중국까지 여행했을 뿐만 아니라, 아프리카 해안을 따라 남쪽 깊숙이 여행을 하면서 사하라 이남의 아프리카는 너무 더워서 인간이 거주할 수 없다는 그리스인들의 생각이 틀렸음을 증명했다(Ibn Battutah and Mackintosh-Smith 2002). 또 다른 무슬림 지리학자인 이븐 할둔(Ibn Khaldun, 1332~1406)은 집단의 응집력과 문명의 성쇠를 통찰력 있게 설명함으로써 사회과학의 아버지라고 알려져 있다. 특히 7권으로 구성되어 있는 『역사서설(*Muqaddimah*)』은 이븐 할둔의 핵심 저술로서, 사회적 갈등은 역사의 전개 과정에서 핵심적이며 공간과 시간은 이런 전개 과정에서 중요한 역할을 한다는 주장을 담고 있다. 그리고 도시를 중심으로 하는 정착민과 사막 일대에 거주하는 유목민 간의 갈등과 역사적 전개 과정에는 지리가 핵심적이라는 주장을 지도와 함께 제시하고 있다. 그의 주장에 따르면, 이른바 (사회적 응집력, 집단적 결속력, 연대의식 등을 뜻하는) 아사비야(asabiyah)는 친족 또는 부족 네트워크를 통해 형성되며 종교적 믿음에 의해 지탱된다. 그러나 사회·경제적 영역에서 나타나는 불가피한 갈등으로 인해 아사비야는 점차 소멸하게 되고, 뒤이어 새롭고 젊으며 강한 아사비야를 갖춘 집단이 출현하여 지배하게 된다. 이런 패턴은 끊임없이 반복되며, 역사는 이런 반복의 결과이다.

> ··· 어떤 부족이 집단적 감정(아사비야)에 힘입어 어느 정도 우월한 지위를 이루게 되면, 그에 상응하는 부(富)에 대한 통제권을 얻게 된다. 그리고 이 부족은 이런 부의 원래 소유자들과 함께 부족의 번영과 풍요를 공유한다. 이런 부의 공유는 그 부족이 통치 왕조에 대해 어느 정도의 힘과 유용성을 갖고 있는지에 따라 다르다. 만약 어떤 사람도 감히 왕조 권력을 빼앗거나 일부를 공유할 생각을 하지 못할 정도로 통치 왕조가 강력하다면, 부족은 왕조 통치에 복종한다. 그리고 부족은 왕조가 자신들에게 분배하는 부가 어느 정도이든 간에 그리고 왕조가 자신들의 세율을 얼마로 정하든 간에 그에 만족해한다. ··· 부족의 구성원들은 단지 번영과 풍요와 자신의 몫에만 관심을 둔다. 이들은 통치 왕조의 그늘 아래서 편안하고 여유로운 삶을 구가하는 데 만족하고, 왕실의 관습을 자신들의 건축물과 옷차림에 적용하려고 한다. 이 속에서 사람들은 더 많은 자긍심을 가지고, 더 많은 사치와 풍요를

누리고자 하며, 사치와 풍요와 관련된 모든 다른 것들까지도 누리고자 한다.

이 결과 사막 생활의 고달픔은 사라져 버린다. 집단적 감정과 용기가 점차 약화된다. 부족 구성원들은 신이 부여한 풍요로움 속에서 흥청망청한다. 그리고 이들의 자녀와 후손은 자만에 빠져 자기 자신을 돌보고 자신의 필요를 충족시킬 수 있는 능력을 상실한다. 또한 이들은 집단적 감정을 유지하는 데 필연적인 것들을 경멸하게 된다. … 집단적 감정과 용기는 세대를 거쳐 가면서 점차 약화된다. 그리고 마침내 집단적 감정은 파국을 맞게 된다. … 결국 다른 민족에 의해 집어 삼켜지는 것이다. (Khaldun 1969 [1377]: 107)

이런 역사 이론은, 사막의 유목민은 위대한 문명을 이룸에 따라 점차 정착민이 되어간다는 지리적 사고로 이어진다. 종국적으로 정착민의 문명은 쇠퇴하게 되고, 한때는 예술과 문학과 지식으로 가득한 자신들만의 "문명"을 구가했던 민족이 결국 또 다른 외부의 야만인(곧 유목민)에 의해 정복당하게 된다. 정복자가 된 유목민들이 정착을 택하면서 점차 유순하게 변하게 되고, 마침내 새로운 외부의 침입자들에 의해 정복되는 것이다. 이것은 (유목민의 야만적 공간인) 사막과 (정착 문명인) 도시 간의 이분법을 중심으로 하는 역사에 대한 뚜렷한 지리 이론이다. 그리고 정착과 유목에 대한 이런 이분법은 그 이후 지리 이론의 일부로서 줄곧 이어지게 되었다. 특히 이는 지리학자를 비롯한 많은 사람들이 대체로 고정적이고 정착적이라고 할 수 있는 "장소"의 사회문화적 의미와 이에 대해 위협과 기회를 가져왔던 (그리고 마찬가지로 나름대로의 사회문화적 의미를 가진) "이동"의 중요성을 설명하려는 시도에서 두드러진다.

그리스와 로마의 지리학이 계승되고 발전될 수 있었던 것이 아랍 세계에서였다고 한다면, 유럽에서는 신정(神政)이 계속되면서 성경적이지 않은 지식이나 학술적 업적이 배척되었다. 그러나 이런 지식은 르네상스를 계기로 다시 중심 무대로 등장할 수 있었다. 르네상스 시기에는 고전 지식이 재발견되었고 이는 새로운 학술적 의제로 부상하게 되었다. 르네상스가 가능했던 것은 이런 지식이 아랍 세계에서 무려 400년 이상 계승, 발전되어 왔기 때문이었다. 1410년에 고전 지식 부흥 사업의 일환으로 프톨레마이오스의『지리학』이 라틴어로 번역되었다. 스트라본의『지리학』은 교황 니콜라스 5세의 명령으로 1450년에 라틴어로 번역되었다. 우주와 그 속에 위치한 세계에 대한 지식은 이탈리아 북부에서 시작된 새로운 **인본주의**(humanism)에 핵심적이었기 때문에, 프톨레마이오스와 스트라본우 르네상스의 지식과 예술적 재현(再現)에서 핵심 인물이 되었다. 예를 들어 1509년 라파엘로의 걸작인 〈아테네

그림 2.4 라파엘로, 〈아테네 학당〉, 1509/1510. 출처 : pyty/Adobe Stock.

학당(*The School at Athens*)〉에서 스트라본과 프톨레마이오스는 손에 지구의(地球儀)와 천구의를 들고 있는 모습으로 재현되어 있다(그림 2.4의 하단의 오른쪽 모서리를 주목할 것).[4]

콜럼버스와 같은 탐험가들은 탐험 여행을 계획하는 데 프톨레마이오스의 지도를 토대로 했다. 프톨레마이오스는 중국을 실제보다 동쪽과 남쪽으로 훨씬 더 넓게 뻗어 있는 모습으로 그렸기 때문에, 콜럼버스는 서쪽으로 나아가면 반드시 아시아에 도착할 것이라고 확신했다. 1569년 메르카토르가 새로운 세계지도를 고안해냈는데, 이는 오늘날에 이르기까지 지구를 2차원 평면으로 재현하는 토대가 되었다.

---

4 천구의를 든 사람과 자구의를 든 사람이 각각 누구인지에 대해서는 상이한 견해가 존재한다. 예를 들어 이 〈아테네 학당〉을 그린 화가 라파엘로가 지구의를 든 사람과 천구의를 든 사람이 누구인지 명시적으로 밝힌 바가 없기 때문에 이에 대한 해석에 상이한 견해가 존재한다. 이 책의 저자인 크레스웰은 지구의를 든 사람은 스트라본, 천구의를 든 사람은 프톨레마이오스라고 생각한 것 같다. 그런데 예를 들어 미술사학자 J. Sykes(2009, "The terrestrial globe in Raphael's 'The School of Athens'," Globe Studies, 55, 53–72)는 지구의를 들고 있는 사람이 프톨레마이오스이고 그와 마주보면서 천구의를 들고 있는 사람은 조로아스터(즉 짜라투스트라)라고 본다. 또한 미술사학자 C. L. Toost-Gaugier(1998, "Ptolemy and Strobo and their conversation with Appelles and Protogenes: Cosmography and Painting in Raplael's School of Athens", Renaissance Quaterly, 51(3), 761–787)는 지구의를 든 사람이 프톨레마이오스, 그와 마주보면서 천구의를 들고 있는 사람은 스트라본이라고 본다. (역주)

근대 지리학을 향하여

15세기부터 16세기까지 이루어진 고전 지식의 재발견은 19세기에 지리학이 완전한 하나의 분과학문으로 부상할 수 있는 밑거름이 되었다. 그러나 프톨레마이오스와 스트라본에 대한 재발견만이 이런 발전을 추동한 것은 아니었다. 이런 지리 지식은 지리상의 발견과 탐험이라는 실천에 있어서도 중요한 밑거름이 되었고, 세계에 대한 기식을 제국주의적, 식민주의적 권력의 틀 속에서 재구성하는 데 중요한 역할을 했다.

특히 이탈리아 북부, 벨기에, 네덜란드 일대의 플랑드르에서는 상업 자본주의가 부상하면서 새로운 사회적 관계가 나타났는데, 이런 관계는 무역을 경제적 토대로 삼고 있던 도시들의 공통적인 특징이었다. 이런 비단이나 향신료와 같이 값비싼 상품의 교역으로 인해 암스테르담이나 베네치아와 같은 도시는 세계 곳곳(특히 동남아시아와 동아시아)으로 연결될 수 있었다. 무역에 종사하는 사람은 교회의 권력에 기대지 않고서도 새로운 방식으로 부를 축적하고 영향력을 행사할 수 있게 되었다. 이들의 영향력은 교회나 귀족층이 형성한 사회의 계층구조에 기반을 둔 것이 아니라 무역과 자본에서 비롯된 것이었다. 또한 이 새로운 계급은 새로운 상상의 지리를 갖고 있었는데, 이는 새롭게 떠오르기 시작한 세계의 여러 시장에 대한 착취적 관계에서 비롯된 것이었다. 세계 다른 편에 위치한 곳들과의 교역에 성공하기 위해서는 그 지역을 자세하게 파악하고 있어야 했고, 그곳으로 항해할 수 있어야 했으며, 그곳에 살고 있는 주민을 통제할 수 있어야 했다. 이 결과 지도학과 항해술이 발전했다. 이는 특히 오랫동안 잊혀 왔던 광학(光學)의 재발견에 크게 힘입었다. 왜냐하면 광학으로 인해 지도 제작자들이 세계의 여러 장소를 가능한 한 "객관적으로" 지도 위에 그려 넣을 수 있게 되었기 때문이었다. 그리고 이 덕분에 무역업자들은 A에서 B까지 성공적으로 도착할 수 있었다. 또한 지도는 토지에 대한 통치와 소유를 상징하는 장식품으로도 널리 애용되었다.

요하네스 베르메르의 작품인 〈지리학자(*The Geographer*)〉(1668~1669)를 보자(그림 2.5). 이 그림은 지리학자가 사용하는 도구들로 둘러싸인 방 안의 창가에 서서 한 남자가 깊이 숙고하고 있는 모습을 담고 있다. 방 안에는 지구의도 있고, 벽에는 지도가 걸려 있으며, 남자의 손에는 컴퍼스가 쥐어져 있다. 이 남자가 바라보고 있는 지도의 지리는 햇볕이 쏟아져 들어오는 창문 너머의 세계와 연결되어 있다. 이 그림은 새로운 지식을, 특히 지리학자의 지식

그림 2.5 요하네스 베르메르, 〈지리학자〉, 1668/1664. 출처 : ⓒ DeAgostini Picture Library/Scala, Florence.

을 경축하고 있다. 베르메르는 주요 인물들을 그리는 데 흥미가 있었기 때문에, 당시 지리학과 지리학자는 상당히 중요하게 여겨졌을 것이다. 베르메르의 다른 작품에서 표현된 천문학이나 음악과 더불어, 지리학적 지식과 지도학적 지식은 이 새로운 세계의 중심에 위치했던 것이다. 그만큼 지도를 만드는 사람들은 중요했다.

암스테르담에서 태어나고 활동했던 빌렘 얀스존 블라우(Willem Janszoon Blaeu, 1571~1638)는 그런 지도 제작자 중 한 명이었다. 그는 부유한 수산물 판매상의 아들이었는데, 성장하면서 천문학과 수학의 재발견에 큰 관심을 갖게 되었다. 1596년경 그는 지구의와 지도 제작 자격증을 취득하게 되었고, 자신이 만든 지도를 사람들에 팔기 위해 자기 소유의 인쇄소도 차렸다. 이 시기에 지도와 지구의는 부유층의 귀중한 소장품이었다. 즉 지구의와 지도는 단지 어떤 장소의 위치가 어디고 그곳에 어떻게 갈 수 있는지를 알기 위한 기능적 필요를 위한 것만이 아니었다. 오히려 이들은 소유자의 지식과 권력을 상징하는 것이었기 때문에 집안을 장식하고 손님에게 전시하기 위한 용도로 많이 사용되었다. 이처럼 지도와 지구의는 당시 새롭게 떠올랐던 상상의 지리에 핵심 물품이었고, 이들은 과학을 예술 및 상업과 연결하는 구실을 했다. 지도 제작자로서 블라우의 명성은 가히 대단했다. 덕분에 그는 당시 세계에서 가장 강력한 무역ㆍ운수회사였던 네덜란드 동인도회사의 지도 제작자로 임명되었다. 그리고 네덜란드 동인도회사로 인해 네덜란드는 강력한 무역 제국으로 부상할 수 있었다.

당시 네덜란드인들은 오늘날 인도네시아와 유럽 사이 향신료 무역을 둘러싸고 포르투갈인과 직접적인 갈등 관계에 놓여 있었다. 양쪽 모두 광대한 무역 제국을 구축하려고 했다. 1600년경까지 포르투갈인은 유럽과 인도네시아 간 무역로에 대한 지식을 기반으로 수익성이 매우 높은 향신료 무역을 독점하고 있었다. 1596년 4척의 선박으로 구성된 네덜란드인 탐험대가 인도네시아로부터 엄청난 규모의 향신료를 들여오는 데(비록 선원 중 절반은 사망했지만) 성공했으며, 그 이듬해부터 더 많은 네덜란드계 회사들이 진출하기 시작하면서 수익성 높은 무역을 점유해 나갔다. 1603년 수많은 네덜란드계 회사들이 합쳐진 네덜란드 동인도회사가 출범했고, 이 회사는 정부로부터 21년간의 무역 독점권을 부여받았다. 그 이후 100년 동안 이 회사는 세계에서 가장 거대하고 강력한 회사로 성장하여 아시아 전역에 기지를 구축했고, 그 사이 1만여 명의 상비군과 30척의 전함도 보유하게 되었다. 무역과 군사력은 불가분의 관계에 있었다. 이 회사는 세계 최초의 다국적기업이었다고 할 수 있을 만큼, 당시 대부분의 국가들보다 힘과 영향력에서 압도적인 우위를 확보하고 있었다. 이 회사는 세계 최초로 주식을 발행한 기업이기도 했다.

블라우가 지도 제작자로 이 회사에 취직했던 당시의 세계는 바로 이런 모습이었다. 그는 사실상 세계에서 가장 강력한 무역업체의 지도 제작자였다. 그의 지도는 네덜란드 동인도회사가 추진했던 자본주의와 제국주의적 힘의 결합에 있어서 핵심 역할을 했다. 블라우는 공격적인 글로벌 자본주의와 제국주의가 형성한 새로운 세계에서 핵심 인물이었다. 결국 당시 탐험과 (지도학적) 재현을 통해 구축한 세계에 대한 지식은 권력의 한 형태라고 할 수 있다.

블라우의 인생 말엽, 그의 동료 중 베르나르두스 바레니우스(Bernhardus Varenius, 1622~1650)라는 젊은이가 있었다. 어떤 사람들은 베르메르의 작품 〈지리학자〉의 주인공이 바레니우스라고 주장하기도 했다. 바레니우스는 네덜란드의 라이덴(Leiden)에서 의학을 공부했으며, 암스테르담에서 의사가 되고 싶어 했다. 그러나 암스테르담에서 바레니우스는 블라우를 만나 교분을 쌓게 되었고, 그와 더불어 많은 유명한 네덜란드의 탐험가들과 항해가들을 알게 되었다[이 중에는 "태즈메이니아" 지명의 유래가 되었던 네덜란드의 탐험가 아벨 태즈만(Abel Tasman)도 있었다]. 바레니우스가 지리학에 관심을 갖게 된 것은 이 즈음이었 다. 비록 바레니우스는 28세의 젊은 나이로 요절하기는 했지만, 마지막 몇 년 동안 많은 지 리학 저술을 집필했다. 여기에는 일본 지역지리에 관한 책도 있고, 그의 사후 역사상 최초로 널리 읽힌 지리학 저술이 되었던 『일반지리학(Geographia Generalis)』(1650)도 있다. 바레니 우스는 『일반지리학』에서 지리학이라는 과학에 대하여 모든 것을 망라하여 설명하고자 했 다. 그는 "일반지리학"을 절대지리학, 상대지리학, 비교지리학의 3개 분야로 구분했다. 그 의 주장에 따르면, 절대지리학은 세계에 대한 수리적 사실로서 지구의 크기, 태양으로부터 거리, 형태 등에 관한 내용이 포함된다. 상대지리학은 (지구의 운동이나 지구와 태양계 내 다 른 행성과의 관계로 인하여 나타나는) 지표면 위의 여러 상이한 지역 간의 관계에 관한 내용 이다. 따라서 상대지리학은 왜 장소마다 계절이나 낮의 길이가 다른지를 설명하는 분야다. 비교지리학은 지표에 관한 연구, 여러 장소의 위치, 그리고 특정 장소로 이동하는 방법에 관 한 내용을 포함한다. 바레니우스의 지리학은 그의 사후 1세기 동안 유럽에서 가장 영향력 있 는 저술이 되었으며, 아이작 뉴턴(Sir Isaac Newton)은 케임브리지에서 이 책을 두 차례에 걸 쳐 개정하여 출간하기도 했다. 세계에서 가장 저명한 물리학자가 지리학 저술을 번역, 편집 해서 출판하는 것은 오늘날의 시각에서 이상하게 보이지만, 바레니우스에게 지리학은 수학 의 한 분야와 같았다. 지리학은 "수학이 섞여 있는 과학, 지구의 [지구의 형태, 위치, 크기, 운 동, 천체(天體) 현상 (또는 행성) 및 기타 관련 주제 등과 같은] 계량적 상태에 대해서 그리고 지구의 각 부분에 대해서 가르치는 과학"이었다(Warntz 1989: 172). 『일반지리학』이 당시 교재로 널리 사용되었다는 것은 틀림없는 사실이며, 심지어 뉴턴조차도 지리학 강좌를 가르 칠 때 『일반지리학』을 "지정 교재"로 사용했다. 바로 이 대목에서 우리는 대학 교육 체계가 갖추어지기 시작했던 당시에 지리학이 매우 중요한 역할을 했었음을 찾아볼 수 있다. 물론 지리학이 별도의 독자적인 학문 분야로 굳혀지지는 않았지만, 지리 이론은 근대 대학이 체 계적으로 정립될 때 핵심 위치에 있었으며, 이는 대개 바레니우스의 저술에 의한 것이었다.

바레니우스의 지리학은 과학의 역할에 나타났던 큰 변화를 반영했는데, 곧 이성과 합리성 에 대한 새로운 신념의 출현을 반영한 것이었다. 그의 지리학은 (베이컨, 갈릴레이, 데카르 트의 저작에서 찾아볼 수 있는) 과학과 인문학 등 모든 분야에서 나타났던 발전과 그 흐름을 같이 한다. 이런 새로운 **인본주의**에서 인간의 이성은 존재의 토대가 되었다. 베르메르의 《지 리학자》가 경축했던 것은 바로 이런 이성, 특히 이런 "지리적" 이성이었다.

바레니우스의 저술은 (오늘날에 이르기까지 계속되어 온) 보편적인 것에 대한 관심과 특수한 것에 대한 주목이라는 지리학의 양대 흐름을 반영한다.

> 지리학 그 자체는 두 가지로 구분되는데, 하나는 일반적인 것이요 다른 하나는 특수한 것이다. 전자는 지구 일반을 다루면서 지구의 여러 부분과 일반적인 성질에 대해 설명한다. 특수지리학이라고 할 수 있는 후자는, 일반적 규칙을 관찰하면서 개별 지역의 사례에서 각 지역의 위치, 하위 지역, 경계 등 우리가 알 필요가 있는 사항을 다룬다. 그러나 지금까지 지리학에 대해서 글을 씼던 학자들은 기껏해야 득수지리학에 내해서만 논의했었을 따름이다. … 그리고 그들은 일반지리학과의 관계에 대해서는 거의 설명하지 않았으며, 바로 이것이 오랫동안 무시되거나 간과되어 온 지점이다. … 지리학 그 자체는 과학으로서의 자격을 거의 확보하지 못하고 있는 상태다. (Varenius in Unwin 1992: 67)

바레니우스의 핵심적인 주장은 지리학이 보다 "과학적"이어야 한다는 것이며, 일반지리학도 바로 이런 이유에서 필요한 것이었다. 바레니우스의 지리학에서는 특수지리학이 일반지리학에 대한 각주와 같다는 점이 뚜렷하게 드러난다.

일반지리학은 절대지리학, 상대지리학, 비교지리학이라는 세 가지 요소로 구성되어 있다. 바레니우스의 주장에 따르면, 이런 지리학은 추론 및 측정 기술, 수학, 기하학 등의 특수한 방법론에 의해 연구되어야 한다. 이는 베르메르의《지리학자》에서도 이성의 근간으로서 명시적으로 드러난다. 절대지리학은 21개의 장으로 구성되어 있는데, 이는 기하학, 지구 전체의 (크기 및 운동과 같은) 특징, 산맥의 유형, 조석(潮汐), 하천, 기상과 같은 주제를 포함하고 있다. 상대지리학은 9개의 장으로 구성되어 있는데, 낮의 길이, 계절, 일출, 여러 기후대 등에 대한 내용을 포함한다. 마지막의 비교지리학은 10개 장으로 구성되어 있으며, 선원과 선박의 필요성, 항해에 관한 내용, 여러 장소 간의 경·위도 상대값에 관한 내용으로 이루어져 있다. 이 마지막 장은 특히 네덜란드의 새로운 장거리 무역과 식민주의적 활동을 직접적으로 겨냥하고 있다.

반면, 특수지리학은 코라아 토포스에 가가 어원을 두고 있는 **지역학**(chorography, the regional)과 **장소학**(topography, the local)을 이해하기 위한 관찰에 토대를 두고 있었다. 지리학자가 이런 수준에 도달하는 지점에서야 비로소 인문 세계가 지리학의 연구 범위에 들어오게 된다고 보았다. 그러니 바레니우스는 특수지리학에 대해서 글을 쓰기 전에 사망했으며, 다만『일반지리학』에서 특수지리학의 개요에 대해 서술했다.『일반지리학』의 제일 마지막 부분에 이르러서야 비로소 우리는 "정치 체제", "도시", "풍습과 악습"이라는 제목을 달고 있는 인문지리 내용을 접하게 된다. 그리고 바레니우스는 우리가 인문적 세계를 이해하기 위해서는 순수한 이성이나 수학이 아니라 감각적 증거를 이용해서 이해해야 한다고 말했다. 따라서 특수지리학은 주제적 측면에서뿐만 아니라 방법론적 측면에서도 일반지리학과 뚜렷한 차이가 있다.

바레니우스의 지리학은 스트라본과 프톨레마이오스와 같은 학자들이 발전시켰던 기존의 성취를 반영한다. 또한 바레니우스는 베르메르, 블라우, 테즈먼 등의 인물과 맥락을 같이 한다. 그의 지리사상이 어떻게 출현하게 되었는지를 이해하기 위해서는, 바레니우스가 살았던 북서부 유럽에서 당시 네덜란드 동인도회사라는 새로운 무역 제국이 부상하는 데 지도가 얼마나 중요했는지를 고려해야만 한다. 이 시기는 세계 곳곳의 소식이 네덜란드의 델프트나 암스테르담의 안방까지 전달되던 시기였다. 탐험, 무역, 항해, 제국의 시기였던 것이다. 지도는 벽면을 장식하기 위해 걸려 있던 귀중품이었고, 지리학자들은 순수 예술의 주체였으며, 지리학은 정치적 통치와 상업과 깊은 관계를 맺고 있었다. 바레니우스의 저술에는 독특한 지리학적, 지도학적 상상이 배어 있다. 그것은 곧 세계를 수학 법칙으로 이해하려는 상상이었다. 모든 것을 포괄하는 것, 곧 일반적인 것에 대한 상상이었다. 바레니우스의 지식이 새로운 무역 제국의 중심부에서 태동했다는 것은 우연이 아니다. 세계에 대한 이런 사고방식은 통치와 무역이라는 계산하에 세계의 다양한 지역을 아우르려는 욕망 위에 포근하게 얹혀 있었다.

결론

이 장에서는 지난 1,500년 동안의 지리 이론을 포괄적으로 살펴보았다. 당시에는 이 외에도 많은 것들이 진행되었음이 틀림없지만, 초기 지리학을 간략하게나마 살펴봄으로써 그 이후의 이론적 성취가 어떻게 이 영향을 받았는지를 알 수 있다. 지리학에서 핵심적인 이론적 문제들 중 상당한 부분이 이미 1500년 이전에 논의되었던 것들이다. 우선, 지리학 이론의 역사는 (거리, 측량, 지도, 경도, 위도와 같은) 일반적 형태의 지리적 지식과 (스트라본에게서 볼 수 있는 특정 장소에 대한 세밀한 기술과 같은) 특수한 형태의 지리적 지식 모두를 특징으로 한다는 점을 주목하기 바란다. 일반적인 것과 특수한 것 사이의 이런 긴장은 오늘날까지 계속되고 있는 지리적 논의의 중심부에 서 있다. 이런 긴장의 형태는 시대에 따라 상이하게 나타났다. 예를 들어 바레니우스의 저술에서는 특수지리학과 일반지리학의 구분이라는 형태로 나타났지만, 그 이후 (5장에서 볼 수 있는 것처럼) 개성기술적인 것과 법칙추구적인 것에 대한 주장으로 나타나기도 했고, (6장에서 볼 수 있는 것처럼) 인본주의 지리학에서는 공간과 장소를 구별하는 형태로 나타나기도 했으며, (9장에서 볼 수 있는 것처럼) 포스트모던 지리학자들의 보편 이론에 대한 비판으로 나타나기도 했다.

둘째, 이런 초기 지리학은 인문 세계와 자연 세계 간의 관계성에 대한 문제의식도 포함하고 있다. 앞서 살펴본 어떠한 저술도 인문지리학과 자연지리학을 뚜렷하게 구별하지는 않았다. 헤로도토스에서 이븐 할둔에 이르기까지 많은 학자들은 자신의 지리학을 피력할 때 인문 세계와 자연 세계 모두를 설명하고자 했다. 그리스 사상에 있어서 **에쿠메네**(ecumene)라는 개념의 발전은, 그 이후 (사람들이 세계를 어떻게 자신의 집으로 바꾸며, 어떻게 자연경관이 문화경관으로 변형되는지 등과 같이) 인간의 "거주"를 탐구하는 데 중요한 무대가 되었다. 이런 질문은 20세기 초반 문화지리학의 핵심이었으며, 1970년대와 1980년대 인본주의 지리학자들에게도 중요한 질문이었다. 오늘날 인문지리학의 유명한 저널인 「문화지리(*Cultural Geographies*)」는 1993년에 창간될 당시에 에쿠메네(Ecumene)라는 제목을 달고 있었다.

셋째, 우리는 초기 지리학을 통해 지리사상의 발전에 역사적, 지리적 맥락이 중요하다는 것을 알 수 있다. 예를 들어 스트라본의 지리학이 로마 제국이 상대적으로 평온했던 시기에 집필되었다는 점을 생각해보자. 제국을 통치할 때 제국 내부의 세계를 이해하는 것, 위치와 거리 등 수리적 지리를 이해하는 것, 제국 내에 살고 있는 다양한 사람들의 관습과 풍속을 이해하는 것은 매우 중요한 부분이다. 중심부는 주변부를 계속 통치하려고 하기 때문에, 지리학은 제국의 심장부에 위치한다. 스트라본은 지리적 지식이 국가의 통치 전략에 핵심적인 역할을 수행한다고 생각했다. 10세기부터 14세기까지는 이슬람 세계의 지리적 팽창기였기 때문에, 이 기간 동안 지리학은 지식, 무역, 순례를 가치 있게 여기던 문화권인 북아프리카와 중동 지역에서 융성하게 되었다. 바레니우스는 급속하게 글로벌화되었던 무역 세국의 중심부에 살았던 인물이며, 이 시기 동안 지리적 지식은 장거리 항해를 통해 먼 곳의 땅을 식민화하는 데 결정적인 역할을 했다. 아울러 여행은 스트라본에서 이븐 할둔과 바레니우스까지를 관통하는 핵심 주제였다. 무역과 순례는 둘 다 장거리 이동을 수반한다. 스트라본과 프톨레마이오스는 로마 제국 당시 새로운 곳에 정착한 그리스인들이었다. 헤로도토스 또한 지중해 일대의 세계를 여행했던 인물이었다. 이븐 바투타와 이븐 할둔 또한 먼 거리를 거쳐 메카로 순례를 다녀왔다.

18세기에 이르는 동안, 지리학은 근대 학문 분야로서 주요 대학에서 하나의 과목으로 가르치기 위한 토대가 마련되었다. 다음 장에서도 살펴보겠지만, 새롭게 출범했던 근대 지리학의 이론적 사고와 질문들은 이미 수천 년 전부터 지리학자들이 연구해 왔던 것이라는 측면에서 뚜렷한 역사적 연속성이 있다.

참고문헌

Aitken, S. C. and Valentine, G. (2006) *Approaches to Human Geography*, Sage, London.

Alavi, S. M. Z. (1965) *Arab Geography in the Ninth and Tenth Centuries*, Dept. of Geography, Aligarh Muslim University, Aligarh.

*Battutah, I. and Mackintosh-Smith, T. (2002) *The Travels of Ibn Battutah*, Picador, London. 이븐 바투타 여행기의 아랍어 원전 번역서는, 정수일 역, 2001, 『이븐 바투타 여행기』 1~2, 창비.

Bosworth, C. E. (ed.) (1970) *Hudud Al-'Alam; "the Regions of the World"; a Persian Geography*, 372 A.H.-982 A.D (trans. V. Minorsky), Luzac, London.

Bunbury, E. H. (1879) *A History of Ancient Geography among the Greeks and Romans: From the Earliest Ages Till the Fall of the Roman Empire. By E. H. Bunbury, … With Twenty Illustrative Maps. In Two Volumes*, John Murray, Albemarle Street, London.

Casey, E. S. (1997) *The Fate of Place: A Philosophical History*, University of California Press, Berkeley, CA. 박성관 역, 2016, 『장소의 운명: 철학의 역사』, 에코리브르.

Clarke, K. (1999) *Between Geography and History: Hellenistic Constructions of the Roman World*, Oxford University Press, Oxford.

Cresswell, T. and Merriman, P. (eds.) (2010) *Geographies of Mobilities: Practices, Spaces, Subjects*, Ashgate, London.

Crowe, P. R. (1938) On progress in geography. *Scottish Geographical Magazines*, 54, 1-18.

*della Dora, V. (2011) Is geography the eye of (pre-modern) history? Looking back at and looking through medieval geographies. *Dialogues in Human Geography*, 1(2), 163-188.

della Dora, V. (2021) *The Mantle of the Earth: Genealogies of a Geographical Metaphor*, University of

참고문헌의 * 표시는 저자가 독자들의 심화학습을 위해 추천하는 문헌목록임(모든 장에 적용).

Chicago Press, Chicago, IL.

Dueck, D. (2000) *Strabo of Amasia: A Greek Man of Letters in Augustan Rome*, Routledge, New York.

* Glacken, C. J. (1976) *Traces on the Rhodian Shore; Nature and Culture in Western Thought from Ancient Times to the End of the Eighteenth Century*, University of California Press, Berkeley, CA. 심승희 외 역, 2016, 『로도스섬 해변의 흔적: 고대에서 18세기 말까지 서구 사상에 나타난 자연과 문화』 1~4, 나남출판.

Herodotus (2007 [450 BC]) *An Account of Egypt*, Wikisource, The Free Library, http://en.wikisource.org/w/index.php?title=An_Account_of_Egypt&oldid=370023 (accessed July 12, 2007)

Hubbard, P. (2002) *Thinking Geographically: Space, Theory, and Contemporary Human Geography*, Continuum, New York.

Jones, R. (2004) What time human geography? *Progress in Human Geography*, 28, 287–304.

Khaldun, I. (1969 [1377]) *The Muqaddimah, an Introduction to History*, Princeton University Press, Princeton, NJ. 김호동 역, 2003, 『역사서설』, 까치.

* Koelsch, W. A. (2004) Squinting back at Strabo. *Geographical Review*, 94, 502–518.

*Lilley, K. (2011) Geography's medieval history: a neglected enterprise. *Dialogues in Human Geography*, 1(2), 147–162.

Livingstone, D. N. (1993) *The Geographical Tradition: Episodes in the History of a Contested Enterprises*, Blackwell, Oxford.

Malpas, J. E. (1999) *Place and Experience: A Philosophical Topography*, New Cambridge University Press, York. 김지혜 역, 2014, 『장소와 경험: 철학적 지형학』, 에코리브르.

Peet, R. (1998) *Modern Geographical Thought*, Blackwell, Oxford.

Smith, N. (2003) *American Empire: Roosevelt's Geographer and the Prelude to Globalization*, University of California Press, Berkeley, CA.

Strabo (1912 [AD 7–18]) *The Geography*, G. Bell and Sons. London.

* Unwin, P. T. H. (1992) *The Place of Geography*, Longman Scientific Technical, Harlow.

Warntz, W. (1989) Newton, the Newtonians, and the Geographia Generalis Verenii. *Annals of the Association of American Geographers*, 79, 165–172.

Wright, J. K. (1947) Terra incognitae: the place of the imagination in geography. *Annals of the Association of American Geographers*, 37, 1–15.

제 **3** 장

근대 지리학의 출현

- 알렉산더 폰 훔볼트(1769~1859)와 카를 리터(1779~1859)
- 다윈, 라마르크, 지리학
- 환경결정론
- 무정부주의적 대안
- 결론

비록 17세기에 들어 바레니우스의 지리학이 성공을 거두고 대학에서 지리학 강의가 시작되었지만, 지리학이 본격적으로 부활하게 된 것은 18세기 후반 독일에서부터였다. 이를 기반으로 해서 근대 지리학은 수백 년 동안 발전을 거듭해 왔다. 이 시기 주요 인물은 독일의 철학자 임마누엘 칸트(Immanuel Kant, 1724~1804)이다. 칸트는 철학 분야에서 가장 중요한 인물이기도 하지만 자연지리학도 강의했다. 칸트는 1756년부터 1796년까지 40년 동안 지리학을 강의했다. 칸트는 자연지리학 분야의 저서를 출간하지는 않았지만, 수강생들이 그의 강의를 필기하여 강의노트를 간행했다(Elden 2009).

칸트의 지리학은 그의 광범위한 철학적 연구와 연관시켜 이해할 필요가 있다. 데이비드 리빙스턴(David Livingstone)은 자신의 저서 『지리학의 전통(*The Geographical Tradition*)』에서, 칸트의 자연지리학에 있어서 중요한 점은 세부적인 자연지리학 강의 내용이 아니라 "신은 존재한다는 여러 주장을 공격"했다는 사실이라고 말한 바 있다(Livingstone 1993: 115).

Geographic Thought: A Critical Introduction, Second Edition. Tim Cresswell.
© 2024 John Wiley & Sons Ltd. Published 2024 by John Wiley & Sons Ltd.

칸트는 "실체(nuomena)"와 "현상(phenomema)"을 구분했다. "실체"는 개별 인간의 정신 너머에 있는 세계인 외적 실재(reality)를 뜻하며, "현상"은 우리가 지각을 통해서 이해하게 되는 세계의 표상(appearance)을 말한다. 우리는 사물을 지각함으로써 사물을 (보이는 그대로) 알 수는 있지만, 우리는 순수한 형태의 사물은 결코 알 수 없다. 칸트의 사상에 따르자면, 수많은 "현상"은 우리가 세상의 다른 모든 것을 지각하게 되는 토대인 셈이다. 현상 중에서도 가장 일차적인 것이 바로 공간과 시간이다. 공간과 시간은 그 자체로 사물은 아니며, 다만 우리가 사물을 지각하는 방식일 따름이다. 그렇지만 공간과 시간은 우리가 세계를 알게 되는 가장 일차적인 방식이다. 공간과 시간은 혼돈으로부터 질서를 가져온다. 이 말이 의미하는 바를 다음 리빙스턴의 인용문을 통해 상세히 살펴보자.

> 칸트는 정신과 세계 사이의 메울 수 없는 틈을 열어젖혔고, 외적 실재의 영역과 지식을 분리했다. 따라서 과학은 오직 "현상적" 영역에서만 타당하다. 왜냐하면 과학은 관찰, 인과관계, 시공간적 속성을 다루기 때문이다. 과학은 결코 어둠 속에 있는 실체의 세계로 나아갈 수 없다. 왜냐하면 과학자들은 (우리가 실제로 어떤 대상과 사건을 이해하고자 할 때 그 태도를 결정짓는) 각 개인의 정신적 색안경으로부터 결코 자유로울 수 없기 때문이다. 달리 말하자면 정신이 세계를 반영하는 것이 아니라 세계가 정신을 반영하는 것이다.
> (Livingstone 1993: 116)

리빙스턴에 따르면, "실세계(real world)"로의 접근이 불가능하다는 이런 믿음은 신이 존재한다는 주장도 마찬가지로 불가능함을 뜻한다. 왜냐하면 세계의 "원인과 목적"에 대한 모든 법칙은 저기 밖의 세계에 자명하게 존재하는 것이 아니라 다만 인간 개인의 지각의 반영에 불과한 것이기 때문이다. 신이 존재한다는 것을 자연계에 대한 과학적 연구를 통해서 증명할 수 없다면, 과학은 (특히 지리학은) 신학과 분리되어야 한다. 왜냐하면 "산맥은 자연법칙을 따라 형성되므로, 지리학자들의 임무는 산맥을 조사하는 것이지 신의 섭리에 있어서 산맥의 역할을 사유하는 것은 아니다"(Livingstone 1993: 117). 프랑스의 철학자 미셸 푸코(Michel Foucault)는 지식 체계에 있어서 인간의 지각을 중심부로 돌려놓고자 했다. 푸코는 "인간(man)"을 앎의 주체라고 상정했기 때문이다. 데릭 그레고리(Derek Gregory)는 "'인간'이 앎의 대상이자 앎의 주체로 구성된 것은 바로 그 당시(1775년부터 1825년까지)였다. 그리고 그 과정을 통해서 유럽의 지식은 '와해'되고 '분쇄'되고 해체된 후 완전히 새로운 형태의 지식으로 탈바꿈했다."고 말한다(Gregory 1994: 26).

공간과 시간은 우리가 세계를 지각하기 위한 근본적 범주라는 칸트의 믿음으로 인해, 지리학과 역사학은 지식의 위계에서 각별한 중요성을 갖게 되었다. 지리학은 공간을 다루었고 역사학은 시간을 다루었다. 한편, 어딘가가 존재해야만 비로소 어떠한 것이 존재할 수 있다는 (결국 "어딘가"가 가장 선행한다는) 아리스토텔레스의 믿음 또한 칸트의 **존재론** (ontology)에 반영되었다. 역사는 공간 속에서 발생한다. 따라서 지리학은 모든 지식의 "토대", 곧 "세계 지식에 있어서 첫 번째 장"을 차지한다(Elden 2009: 9에서 재인용). 역사는 지리적 범위에 의해 정의된다. 따라서 칸트는 "이런 토대 없이는 역사와 동화를 구별하는 것이 거의 불가능할 것이다."라고 기술했다(Elden 2009: 11에서 재인용). 칸트는 지리학을 여러 하위 분야로 나누었는데, 이 중 자연지리학을 다른 모든 지리학의 기반이라고 생각했다. 더나아가 칸트는 수리지리학, 도덕지리학, 정치지리학, 상업지리학, 신학지리학 등의 여러 하위 범주를 정의한 바 있다. 이는 지리학이라는 공식적인 학문이 존재하고 있지 않았다는 시공간을 고려하면 상당히 놀라운 일이다. 이런 세부 구분은 신학지리학을 제외하고, 오늘날 우리가 알고 있는 문화지리학, 경제지리학, 정치지리학과 같은 분야와 상당히 유사하다. 또한 칸트는 바레니우스가 제시했던 틀에 따라 지식을 스케일별로 구분했다. 곧, 지리학은 전체 세계에 대한 기술이고, 지역학은 지역에 대한 기술, 장소학은 장소에 대한 기술이라고 정의했다.

칸트와 같은 철학적 거장이 자연지리학 강의를 했다는 사실은 (위대한 물리학자인 뉴턴이 바레니우스의 지리학을 번역하고 가르쳤던 것과 마찬가지로) 오늘날에는 이상하게 보일 수 있을 것이다. 그러나 뉴턴의 지리학에 대한 관심이 지리학은 일종의 수학이라는 자신의 믿음에서 비롯되었던 것처럼, 칸트의 지리학은 "세계의 여러 사람들과 그들의 세계에 대해 자신의 학생들을 계몽시킴으로써 그들이 (도덕적으로뿐만 아니라 실생활에 있어서도) 보다 나은 삶을 살게 만들려는 노력"에 있어서 지리적 사유가 중요한 요소라는 믿음에서 비롯되었다(Louden 2000: 65). 칸트는 학생들이 철학을 탐구하기 전에 지리학을 (그리고 지리학과 함께 가르쳤던 인류학을) 아는 것이 필수적이라고 생각했다. 지리학은 보다 형이상학적인 탐구로 나아가기 위한 현실적, 도덕적 토대였던 것이다.

이미 리빙스턴이 연구했던 바와 같이, 산맥이나 하천에 대한 칸트의 강의는 구체적으로 살펴보면 특별하게 흥미로운 내용은 없으며, 대체로 바레니우스나 다른 사람들로부터 전승되어 온 지식이었다. 그리고 칸트가 자신의 고향 쾨니히스베르크를 거의 한 번도 벗어나지 않았다는 유명한 사실로 미루어 볼 때, 칸트가 어떤 주목할 만한 답사를 떠나지도 않았을 것이다! 그럼에도 칸트 철학의 일부는 오랫동안 지리학을 배회하고 있다. 특히 "신칸트주의"라는 용어는 비하조로 사용되어 왔는데, 이는 지리학의 경우 **절대적 공간**(absolute space)이라는 개념 때문이었다.

> "절대적 공간"은 어떤 행위에 주어진 장(場)이다. 자연적, 사회적 사건과 과정은 "공간 내에서" 발생하기 때문에, 그 위치는 일정한 좌표 체계에 따라 측정될 수 있다. 절대적 공간은 철학적으로 데카르트와 칸트에서 유래되었다. 실제적 의미에서 절대적 공간은 사유재산의 공간, 국가 영토의 공간으로 이해될 수도 있다. 뉴턴의 물리학의 공간과 국민국가가 만드는 공간은 사실상 같은 공간이며, 19세기 유럽의 팽창과 식민주의가 만들어낸 공간이나 유클리드의 기하학적 공간도 마찬가지다. 서양의 경우 절대적 공간은 상식적인 공간이 되어 버렸다. (Smith 2003: 12)

위 인용문에서 닐 스미스(Neil Smith)는 [20세기 초반 미국의 유명한 정치지리학자였던 아이지아 보우만(Isiah Bowman)[1]의 일생에 관한 이야기를 통해] 칸트에게서 비롯된 "공간은 그 공간에 담긴 사물보다 선행하기 때문에 공간은 기하학적 연장으로서 객관적이고 과학적으로 이해될 수 있다"는 절대적 공간 개념을 비판적으로 서술하고 있다. 더 나아가 스미스는 **국민국가**(nation-state)와 사유재산 등 많은 것들이 절대적 공간 개념에 빚지고 있다고 주장한다. 분명 스미스의 입장에서 볼 때 절대적 공간은 좋은 것이 아니다. 그러나 스미스만이 칸트가 이론적으로 중대한 과오를 저질렀다고 보는 것은 아니다. 에드워드 소자(Edward Soja) 또한 공간을 "절대적"이라고 이해하는 칸트와 그 지지자들을 불편한 시선으로 바라본다.

> 그러나 철학적 정당성과 정교화와 관련된 가장 강력한 근원은 칸트다. 칸트가 주장한 이율배반적 범주 체계는 지리학과 공간분석에 학문적으로 명시적이고 지속 가능한 존재론적 처소를 마련해주었다. 그리고 그 이후 계속된 공간에 대한 신칸트주의의 해석은 이를 보다 정교하게 지켜오고 있다. 선험적 공간 관념이라는 칸트주의 유산은 근대 해석학 전통의 모든 측면에 만연해 있고, 공간성에 대한 마르크스의 역사적 접근에 스며들어 있으며, 19세기 후반 근대 지리학이 태동한 이후 줄곧 지리학의 핵심을 차지하고 있다. 절대적 공간 개념이 야기하는 인문지리학의 비전은, 결국 현상에 대한 정신적 (직관적으로 주어진 또는 여러 상이한 "사고방식"을 통해 상대화된) 질서화를 통해 공간 조직을 투영하는

---

1 아이지아 보우만(Isiah Bowman, 1878~1950)은 침식윤회설을 주장한 데이비스의 제자로, 미국지리학회(AAG)의 회장을 역임했다. (역주)

지리학이다. (Soja 1989: 125)

여기에서 소자가 문제 삼는 것은 칸트의 사상이 어떤 정치적 함의를 갖는지가 아니다. 오히려 소자는 우리가 어디서나 찾을 수 있다는 "초월적인 공간적 관념론"을 문제 삼는다. 소자에 따르면 칸트에게 있어서 공간은 일종의 사상의 범주로 축소되어 공간이 "실세계"에는 발붙일 곳이 없게 되어 버린다는 점이 문제다. 칸트의 철학은 **관념론**(idealism)과 관련되어 있다. 관념론은, 우리가 "실제"의 본질을 알 수 있는 방법이 없기 때문에, 우리는 사물이 관념의 세계에 존재한다고 말할 수밖에 없다는 주장을 가리킨다. 칸트에게 있어서는 심지어 절대적 공간이라는 개념조차도 외부의 세계에 있는 것이라기보다는 세계에 대한 우리 사유의 모습을 나타낸다. 곧 우리가 세계를 이해하는 방식인 셈이다. 칸트에게 있어서 사유 범주는 전적으로 인간 의식 내부에 있으며, 이 범주들은 선험적이고 보편적이다. 인간은 시간과 공간 범주를 통해 세계를 지각하지 않을 수 없게 되어 있다. 이런 사고방식을 따르게 되면 우리는 어떤 사상을 지리적, 역사적 특수성 속에서 이해해야 한다고 주장하는 것이 불가능하게 된다. 어떤 것이 "사회적으로 만들어졌다"고 말하는 것은 불가능하다. 이처럼 칸트의 사상은 (공간은 우리가 세계를 이해하는 데 근본적이라는) 한 가지 지리 이론을 강화하는 대신, 또 다른 수준에서 (장소라는 맥락은 사물들을 설명하는 데 근본적이라는) 또 다른 지리 이론은 약화시킨다.

공간에 대한 칸트의 생각은 그동안 오해를 받기도 했고 와전되었을 수도 있다. 스튜어트 엘든(Stuart Elden)은 공간에 대한 칸트의 철학을 재고한 바 있다. 그는 "우리는 칸트의 공간적 관점이 전체론적이고, 데카르트적 기하학을 기초로 하며, 뉴턴적 의미에서 절대적이라는 것을 일반화된 전제로 받아들인다. 그래서 우리는 일련의 형용사적 쌍에서 공통점을 찾는다. 칸트적 공간은 데카르트적이고, 뉴턴적이며, 심지어 때로는 훨씬 초역사적이고 유클리드적이라고 말이다"(Elden 2009: 18)(일련의 형용사 쌍들이 실제 어떤 효과를 지니는지는 앞에서 인용했던 스미스의 글을 살펴보길 바란다). 엘든의 주장에 따르면, 칸트는 생애 후반기에 들어 뉴턴적 공간 개념을 넘어서기 위해 많은 시간을 보냈다. 그리고 칸트는 이런 과정에서 공간에 대한 상대적 개념을 제안했던 철학자인 라이프니츠를 알게 되었다. 라이프니츠는 공간이 사물들 간의 관계의 산물이라고 보았다. 라이프니츠의 관점에서 볼 때, 공간은 그 속에 담긴 사물들에 앞서서 존재하는 것이 아니라 반대로 사물이 존재한 후에야 비로소 나타난다. 절대적 (뉴턴적) 공간 개념하에서는 우리가 공간의 "생산"에 대해서 말하는 것은 어불

성설에 불과하다. 왜냐하면 공간은 필연적으로 모든 것에 앞서서 존재하기 때문이다. 그러나 상대적 공간의 개념하에서는 공간은 언제나 산물이다. 왜냐하면 공간은 사물들이 자리를 잡은 후에야 나타나기 때문이다. 그러나 칸트는 공간이 대상이 아니라 직관이라고 보았다는 점을 상기하자. 달리 말해 칸트는 공간이란 지각의 한 방식으로서 인간 개인의 두뇌에 이미 프로그램화되어 있다고 보았던 것이다. 절대적 공간은 세계의 모습이 아니라 우리가 세계를 이해하는 방식의 모습이다. 그러나 칸트는 (혼란스럽게도) 자신의 대표작인 『순수이성비판(The Critique of Pure Reason)』에서 공간은 경험 이전에 존재하며, 공간은 우리가 무엇을 경험하기 위해서는 반드시 필요하다고 주장한다. 공간은 "모든 직관의 토대이며 … 표상이 드러나기 위한 조건이지, 표상에 따른 결과물이 아니다"(Elden 2009: 20에서 재인용). 이처럼 칸트는 공간이 지각의 한 범주라고 보면서도 때로는 지각의 토대라고 주장한다. 요컨대 엘든은 공간에 대한 칸트의 여러 저술을 살펴보면서 칸트가 "절대적" 공간 개념을 고수했다고 분명하게 말할 수는 없다고 주장한다.

> 이처럼 공간과 시간은 뉴턴적 의미에서와 같이 절대적이지도 않고, 데카르트적 기하학이 세계를 있는 그대로 표현하지도 않는다. 오히려 그것들은 우리에게 드러난 세계에 접근하는 방식들이다. 그래서 칸트의 결론은 '당연히 시간과 공간에는 객관적인 실재가 있다. 그러나 그 실재는, 인간의 인식과 사물 간의 관계 외부에서 사물에 부속되어 존재하는 것이 아니다. 오히려 오직 그 관계 속에서만 그리고 감각의 형식을 통해서만 존재할 따름이며, 그렇기 때문에 오직 표상으로서만 존재한다'는 것이다. (Elden 2009: 21)

이제까지 살펴본 바와 같이 칸트의 공간 개념은 (모든 것의 위치를 정할 수 있는) 저기 바깥에 놓인 격자와 같은 것이 아니라, 생각하고 지각하는 인간 육체의 산물이다. 이런 의미에서 볼 때, 이런 공간은 (5장의) 공간과학에서 다루는 절대적 공간보다는 (6장의) 인본주의적, 현상학적 전통이 다루고 있는 공간과 더 많은 공통점을 갖고 있다.

알렉산더 폰 훔볼트(1769~1859)와 카를 리터(1779~1859)

독일에서는(보다 정확하게는 프로이센에서는) 19세기 초반에 지리학이 크게 번성했다. 알렉산더 폰 훔볼트(Alexander von Humboldt, 1769~1859)의『코스모스(*Kosmos*)』와 카를 리터(Carl Ritter, 1779~1859)의『에르트쿤데(*Erdkunde*)』는 지리학의 학문적 근간을 이루는 두 저서이다. 훔볼트는 자연과학을 (특히 지질학을) 기반으로 하여 많은 학문을 두루 섭렵한 권위자였던 반면, 리터는 보다 철학적이고 인문주의적 접근을 택했고 1820년 베를린대학교에서 최초의 지리학 교수가 된다.

훔볼트는 (여러 학자들 가운데에서도 특히 칸트의 사상 속에서 교육을 받은) 지식인 계급에 속했으며 여행가였다. 그는 중부유럽에서 잠시 광산책임자로 일하는 동안 직접적인 관찰과 정확한 측량이 얼마나 중요한지를 깨닫게 되었다. 이런 관심은 그가 1799년부터 1804년까지 남아메리카를 답사하고, 1829년 60세의 나이로 시베리아를 답사할 때까지 줄곧 계속되었다. 훔볼트는 철학과 여행과 여러 실용적 기술을 두루 섭렵했기 때문에 이따금 완벽한 학자라고 언급되곤 한다. 훔볼트는 지구 표면 중 아주 미세한 부분들에 초점을 맞추면서도 그것들을 전체 세계 속에서 연결시켜 일관되게 설명하는 데 능했다. 그는 작은 식물의 오묘함에 주목하면서도 지구 전체의 아름다움과 복잡성을 동시에 깨닫고자 했다. 자연계의 총체성에 대한 미학적인 평가야말로 훔볼트의 위대한 지리적 기획의 핵심이라고도 할 수 있다 (Livingstone 1993: 135).

훔볼트는 70세[2]가 되어서 "우주의 자연적 특징에 대한 스케치"인『코스모스(*Kosmos*)』를 총 5권 분량으로 집필하기 시작했다. "우주"는 누구에게나 그렇듯 훔볼트에게 있어서도 너무나 버거운 주제였고, 결과적으로 그의 작업은 라틴 아메리카에 관한 내용으로 마무리된다. 이 책은 (부제목에서 제시하고 있듯이) 지질학과 생물학에 기반을 둔 자연지리학 저술이다. 이 책이 자신의 야망과 어울리지 않았던 것은 분명하다.[3]

> 무모하게도 나의 계획은 한 권의 책을 통해 우주의 물리적 전체를 묘사하려는 것이다. 성운에서부터 이끼와 화강암 바위에 이르기까지 우리가 알고 있는 천체와 지표를 모두 망라할 것이다. 그리고 우리의 느낌을 자극하고 일깨울 수 있도록 생생하게 기술할 것이다. 이

---

2 훔볼트가『코스모스』를 저술하기 시작한 때에 대해서는 책마다 다양한 의견이 제시되고 있다. 권정화의『지리사상사 강의노트』에서는 80세, 이희연의『지리학사』에서는 65세에 이르러 저술하기 시작했다고 기술되어 있다. (역주)

3 『코스모스』는 우주에 대한 하나의 총체적 과학을 제공하려는 대담한 구상 아래, 그 편재는 기본적으로 전래의 우주지를 따랐다. 이는 그리스, 로마의 고대지리학의 체계로 회귀한 것이다. 이런 의미에서『코스모스』는 한편으로 광범위한 자연과학을 포괄하는 내용으로 온전한 지리학적 저술이라고 보기는 어렵다(권용우·안영진, 2001, 지리학사, 한울아카데미, pp.86-87). (역주)

> 책에 담긴 모든 위대하고 중요한 생각들은 낱낱의 사실들 옆에 나란히 기록하고자 한다. … 나는 이 책의 제목을 **코스모스**라 붙인다. (von Humboldt, Livingstone 1993: 136에서 재인용)

훔볼트의 기획이 대단했던 이유 중 하나는 그가 일반적인 것과 특수한 것을 통합하려고 했다는 점에 있다. 즉 "위대하고 중요한 생각"과 상대적으로 하찮은 "사실들"을 통합하려고 했던 것이다. 훔볼트는 "지구 내적인 힘에 의해 역동적으로 살아 숨 쉬는" 자연이라는 전체 속에서 "자연 현상을 이해하려고" 했다(Livingstone 1993: 137에서 재인용). 리빙스턴은 훔볼트가 우리들에게 수많은 "훔볼트적 실천들"을 남겼다고 표현한다. 이런 실천들에는 측정(훔볼트는 구체적인 기구를 사용해서 경험적으로 측정함으로써 지리적 현상을 정량화하는 것을 중시했다), 지역의 중시(훔볼트가 세계는 자연 지역으로 나눌 수 있으며 이는 동식물상을 통해 확인할 수 있다고 믿었다), 그리고 공간적 분포 자료를 기록하기 위한 지도화 작업이 있다.

　　그러나 훔볼트는 측정가이자 지도 제작자 그 이상이었다. 그는 또한 시학을 실천한 사람이기도 했다. 베로니카 델라 도라(Veronica della Dora)는 훔볼트가 자신의 작품에 시적 감성을 불어넣어 그가 유명한 지도 제작 및 측정과는 다르지만 "보는 방식(way of seeing)"을 제공했다고 말했다.

> 괴테와 마찬가지로 훔볼트도 자연에 대한 시적 관조를 장려했다. 훔볼트는 시적 관조가 자연의 자유로운 환희를 위협하는 현대 과학의 차가운 기계론적 시선에 대한 해독제라고 생각했다. 훔볼트는 안데스 산맥에 시의 베일을 씌움으로써 낭만주의적 숭고미를 교육받은 부르주아 세대에게 그 먼 풍경(그리고 지구에 대한 지식)을 접근 가능하게 하고자 했다. (della Dora 2021: 154)

델라 도라는 훔볼트의 말을 길게 인용한다.

> 키가 크고 가느다란 야자수가 주변의 잎이 무성한 베일을 뚫고 깃털과 화살처럼 생긴 가지를 높이 휘날리며 마치 "숲 위의 숲"을 이루는 코르디에라스(Cordilleras)의 깊은 계곡을 떠올리곤 한다. 또는 하얗게 눈부신 층운형 구름이 보이는 평야에서 분석구(cone of cinders)를 분리한다. 갑자기 상승하는 흐름이 구름 베일을 뚫고, 여행자의 시선이 분화구 가장자리에서 포도 나무로 덮인 오로타바(Orotava)의 경사면을 따라 해안을 스치는 오렌지 정원과 바나나 숲에 이르기까지 다양할 수 있는 테네리페 정상을 설명한다. 이런 장면에서는 경관의 특징, 시시각각 변하는 구름의 윤곽, 매끄럽고 빛나는 거울처럼 우리 앞에 펼쳐지

든 아침 안개 사이로 희미하게 보이든 바다의 수평선과 어우러지는 모습에 마음이 움직인
다. … 감동은 마음의 다양한 움직임에 따라 변하고, 우리는 행복한 착각에 이끌려 자신이
쏟아놓은 외부 세계로부터 받는다고 믿게 된다. (Humboldt, della Dora 2021: 154-155에
서 재인용)

훔볼트는 자연과학에 기반을 두었음에도, 단순히 자연 세계에 대한 냉정한 관찰자가 아니었
다. 그는 측정의 정밀성과 면밀한 관찰을 오히려 인간이 사는 세계의 신비와 웅장함에 대한
폭넓은 감가가 통합했다.

훔볼트는 지리학 교수라는 공식적인 학문적 지위를 갖지 않았다. 그는 부유했기 때문에
답사에 소요되는 비용을 스스로 충당할 수 있었다. 또한 훔볼트는 리터와는 달리 학생들을
가르친 적이 없기 때문에 그의 학문적 영향력은 널리 분산되어 있고 추적하는 것이 어렵다.
그는 학계 외부에 훨씬 더 큰 영향을 끼쳤다. 찰스 다윈(Charles Darwin)은 훔볼트의 저술
을 읽고 내용을 뚜렷이 이해하고 있었다.[4] 또한 훔볼트는 라틴아메리카를 답사하던 중 미국
의 대통령이었던 토머스 제퍼슨(Thomas Jefferson)을 만났다. 그리고 훔볼트의 생각은 미국
의 "변방"을 향한 서부 개척 운동에 분명히 영향을 미쳤고, "명백한 숙명(manifest destiny)"[5]
개념을 과학적으로 정당화하는 데도 활용되었다. 지도에 대한 훔볼트의 애착은 특히 공간
상에서 같은 값을 지닌 점들을 선으로 연결하는 작업에 집중되었다. 이의 대표적 사례는 기
온이 같은 지점을 연결한 선인 "등온선"이다. 이런 작업은 주요 문명의 위치를 역사적으로
예견하려는 이론적 체계 구성에도 이용되었다. 유럽 식민주의자들은 북아메리카를 가로질
러 서부를 개척해 나아가면서, 서부 개척은 아메리카가 필연적으로 인류의 최종적인 문명
이 될 수밖에 없다는 "명백한 숙명"에 따른 것이라고 주장했다. 콜로라도 준주 최초의 주지
사였던 윌리엄 길핀(William Gilpin)은 이런 주장을 뒷받침하기 위해 훔볼트의 "등온선대역
(isothermal zodiac)" 개념을 끌어들였다. 등온선대역은 역사적으로 볼 때 동쪽에서 서쪽 방향
으로 일련의 (중국에서부터 인도, 페르시아, 그리스, 로마, 에스파냐, 영국에까지 이르는) 거

---

4 다윈은 비글호가 출발할 때부터 항해하는 내내 훔볼트의 『남미답사기』를 읽었다(권정화, 2005, 지리사상사 강의노
트, 한울아카데미, p.65). (역주)

5 1840년대 미국의 영토확장주의를 정당화한 이념이다. 이 이념은 같은 시기에 만연하기 시작했던 자연적 성장의 개
념, 즉 젊고 건강한 국가는 왕성한 식욕을 가진다는 주장에 의해 뒷받침되었다. 이런 도덕적 표준에 입각해서 미국인
은 리오그란데 강 이북의 멕시코 땅을 빼앗는 것을 신의 십리를 완성하기 위한 사명의 일환으로 간주했으며, 아메리
카 대륙 서부, 나아가 태평양으로의 팽창에도 동일한 도덕적 표준을 적용했다(Z. 브레진스키 저, 김명섭 역, 2000, 거
대한 체스판, 삼인, p.20). (역주)

대한 제국이 연속적으로 출현했던 북위 40° 대역을 가리키는 용어였다. 이를 근거로 하여 길핀은 유럽의 아메리카 정복과 식민화가 제국과 문명의 역사에서 볼 때 필연적인 역사적 정점이라고 보았다.

훔볼트는 식민지 중심부에서 세계의 먼 곳을 여행하고, 측정하고, 재현하고자 했던 탐험가이자 여행가였던 시대의 산물임이 분명하다. 그의 유산은 다소 논쟁의 여지가 있다. 메리 루이스 프랫(Mary Louise Pratt)의 저서 『제국의 시선: 여행기와 문화횡단(*Imperial Eyes: Travel Writing and Transculturation*)』에서는 제국주의 프로젝트의 핵심 인물로 훔볼트와 그의 실천을 소개했다(Pratt 1992). 프랫은 훔볼트가 제국주의 지식 생산의 측면에서 문명/문화의 장소인 유럽과 근본적으로 다른 라틴 아메리카를 "자연"으로서, 탐험, 관찰, 소유, 착취의 대상으로 설정했다고 주장한다. 훔볼트는 분명히 식민지 기획들과 관련이 있었다. 그의 답사는 때때로 에스파냐 왕실의 후원을 받기도 했다. 훔볼트 사상의 가치와 그를 어떻게 기억해야 하는지에 대한 논쟁은 현재에도 계속되고 있다. 훔볼트 포럼(Humboldt Forum)은 베를린에 있는 새로운 박물관으로, 비유럽(종종 식민지 시대의) 물건과 유물을 전시하는 곳이다. 이 건물은 알렉산더 폰 훔볼트와 그의 형 빌헬름 폰 훔볼트[6]의 이름을 따서 명명되었다. 많은 사람이 알렉산더 폰 훔볼트가 에스파냐 왕실이 식민지화 작업을 더 효과적으로 수행할 수 있도록 정보를 제공한 식민주의자라는 점을 들어 박물관 이름에 이의를 제기했다. 압력 단체인 노훔볼트21(NoHumboldt21)은 다음과 같이 표현했다.

> 유럽의 "연구자"들에 의한 세계와 인구에 대한 탐험은 오랜 기간 동안 식민지 프로젝트였으며 오늘날까지도 글로벌 남부의 연대와 착취에 영향을 미치고 있다. 새 박물관 이름으로 기리고자 하는 두 사람 중 한 명인 알렉산더 폰 훔볼트는 이 프로젝트에 크게 관여했다. 학살과 노예제도를 기반으로 한 에스파냐 왕족과 해외 식민지 정권은 특히 남미와 중남미 탐험의 성과에 관심이 많았고, 최선을 다해 그를 지원했다. 이렇게 매장된 시체를 훔쳐 유럽으로 운반하기까지 한 프로이센 사람이 식민지 지배를 구체화한 "아메리카의 진정한 발견자"였다. 훔볼트는 박물관 이름으로 붙이기에 적절한 인물이 아니다. (NoHumboldt21 2013: npn)

일부 저자들은 훔볼트의 연구에 대한 좀 더 미묘한 접근을 요구하며, 심지어 그를 반식민주

---

6 독일의 철학자, 교육학자, 언어학자, 정치가이며 베를린대학교의 공동설립자이다. (역주)

의 사상가로서 그의 사상이 현재 우리가 "정치생태학"이라고 부를 수 있는 분야에 중요한 디딤돌이 되었다고 보기도 했다(Sach 2006). 역사학자 안드레아 울프는 훔볼트가 에스파냐가 추진했던 원주민 땅 식민지화를 비판하고, 자연 착취에 반대하는 목소리를 냈던 장면들을 보여주었다(Wulf 2016).

훔볼트가 직접적인 실천을 기반으로 한 자연계 측량의 달인이라고 평가받는다면, 카를 리터는 다소 공상적이었고 인문지리적이었다고 평가받는다. 리터는 훔볼트가 생각했던 것처럼 전체 세계는 각 부분들의 총합보다 크다는 믿음을 공유한다. 그러나 리터는 인간 세계와 자연계는 분리될 수 없다는 믿음으로 일관하면서 인문적, 사회적 세계에 보다 주목했다. 그는 "지구와 그 위에 거주하는 인간들은 지극히 밀접한 호혜적 관계에 있으며, 양자 중 어느 하나는 다른 하나와의 관계를 말하지 않고서는 완전히 이해될 수 없다. 따라서 역사와 지리는 언제나 불가분의 관계에 있다."고 기술했다(Unwin 1992: 17에서 재인용). 그리고 훔볼트는 자연계에 과학적 통일성이 있다고 믿었지만, 리터는 다양성 속의 통일성을 지닌 지구의 모습이 신성(神性)의 증거라고 보았던 점에서 보다 신비적이었다. 리터는 신의 **목적**이 사물들의 질서로 표현된다고 보았다. 이런 사고방식을 목적론적이라고 한다. **목적론**(teleology)은 어떤 것을 미래에 다가올 무엇에 의해 설명하는 방식을 지칭한다. 우리가 일반적으로 생각할 때, 단순히 인과관계의 법칙을 따른다면 어떤 원인 사건은 그 결과로 발생한 사건보다 먼저 일어나야 한다. 목적론적 설명은 이 시간적 순서를 뒤바꾼다. 곧, 어떤 사물과 사건은 그것이 발생해야 하는 목적이 있기 때문에 발생한다는 것이다. 대개의 종교적 설명들은 이런 형식을 취한다. 어떠한 사건은 신성한 계획을 달성해야 하기 때문에 발생한다는 것이다. 그러나 생물학 그리고 (흔히 목적론과 정반대라고 일컬어지는) 진화론에도 부분적으로 이런 목적론적 요소가 (또는 기능주의적 설명이) 있다. 왜 새의 날개는 뼛속이 비어 있는가? 왜냐하면 새가 날기 위해서다. 사건은 설명에 선행한다.

리터는 앞선 선구자들과 마찬가지로 지리학이 장소에 대해 무미건조한 사실들만을 나열하는 것에 맞서 싸우고자 했다. 스트라본이 지리학은 "지루한 부분"을 견뎌야 한다고 불평했던 것처럼 말이다. 리터에게 있어서 지리학은 단지 생명 없는 사실들의 나열만이 아니라 살아있는 것이었다. 리터는 사실들의 나열로 가득한 지리학을 바꾸고자 했다. 이를 위해서 리터는 개별 장소에 대한 세부 기술에 초점을 맞추는 대신, 새롭고 과학적인 설명을 통해 인간과 자연의 상호연결성을 포착하는 데 (즉 다양성 속에서 통일성을 도출하는 데) 초점을 두었다. 그리고 이를 위해 리터는 (훔볼트와 마찬가지로) **귀납적**(inductive) 방법을 택했다. 귀납적 추론은 구체적인 관찰에서 시작해서 점차 이론과 법칙을 세워나간다. [이와는 달리 **연역적**(deductive) 설명에서는 세밀한 관찰이 기존의 이론과 법칙을 증명 또는 부정하기 위해 이용된다]. 따라서 리터에게는 (구체적인 것에서 시작해서 일반적인 것을 도출하려는) 과학적 실천과 자신이 관찰한 통일성은 신의 계획에 따른 것이라고 설명했던 목적론적 믿음 간의 분명한 내적 긴장이 있었다.

리터가 이후의 지리학의 발전에 남긴 뚜렷한 영향은 그가 지역을 강조했다는 점에 있다. 리터는 전체 세계가 하나의 통일된 총체라고 생각했지만, 이와 동시에 전체 세계는 여러 요소들(예를 들어 자연적, 생물적, 인문적 요소) 간의 통일성을 지닌 보다 작은 지역들로 구성되어 있다고 보았다. 그리고 이 개별 지역들 또한 상호관계에 있다고 보았다. 이런 믿음은 리터 이후 인문지리학자들이 지역지리와 **지역 차**(areal differentiation)를 지리학 전면으로 부상시킴에 따라 영향력을 갖게 되었다(4장 참조). 특히 리터가 지리학 교수로서 지도했던 많은 학생이 그의 사상을 유럽과 대서양을 건너 아메리카에까지 확산시킴에 따라, 리터 사후에도 그 학문적 영향력은 오랫동안 지속될 수 있었다.

훔볼트와 마찬가지로 리터도 세계의 지리를 여러 권으로 집필하려는 거대한 기획에 착수했다(리터의 시대 이후 지리학자들에게서는 이런 야심을 결코 찾아볼 수 없다). 이 결과 1817년부터 1859년까지 19권으로 구성된 『에르트쿤데』가 출판되었다. 이 책은 아프리카와 아시아에 초점을 맞추었으며, 유럽과 아메리카까지는 도달하지 못하여 미완성으로 남았다.

훔볼트와 리터에게서 우리는 보편지리학에 도달하려고 했던 마지막 두 시도를 볼 수 있다(물론 그 이후 르클뤼도 있지만 말이다). 이 두 인물은 많은 공통점이 있다. 이들은 세계를 지역적 관점에서 이해하고자 했다. 또한 이들은 세계 속에서 단일한 (물론 그 통일성에 대한 설명은 서로 다르지만) 통일성을 발견하고자 했으며, 자연지리학과 인문지리학을 함께 연구해야 한다고 믿었다. 한편 이들에게는 차이점도 있다. 훔볼트는 답사와 측량의 중요성을 확고하게 믿고 있었던 세계적 여행가였다. 리터는 앞선 학자들과 마찬가지로 다른 사람들의 관찰을 즐거이 활용했다. 이들은 인문적 세계와 자연계를 동시에 바라보았지만, 훔볼트는 자연과학을 바탕으로 성장했기 때문에 자연계에 초점을 두었던 반면 리터는 보다 인문적 세계와 인류 역사의 중요성에 관심을 가졌다. 훔볼트는 동시에 근대 계통지리학의 아버지라고 기술되는 반면, 리터는 지역지리학의 아버지라고 불린다(Unwin 1992).

다윈, 라마르크, 지리학

아마도 근대 지리학의 발달에 가장 큰 영향을 미친 것은 진화론일 것이다. 진화론의 핵심 인물에는 찰스 다윈과 장 바티스트 라마르크(Jean Baptiste Lamarck)가 있다(Stoddart, 1966, 1986; Livingstone, 1993). 리빙스턴에 따르면, 지리학계에 진화론이 도입된 것은 지리학의 학문 정체성을 유지하기 위해 이론적 통일성을 확보하고자 했기 때문이다. 스드라본 이후 지리학자들의 저술은 세계에 대한 그리고 세계 속의 모든 것을 다루었기 때문에, 각각의 학자들이 생각하는 지리학의 모습은 각양각색이었다. 예를 들어 바레니우스나 칸트의 전통 아래에서 지리학을 배운 사람이 지리학을 수학이나 철학의 한 분야로 간주했던 것도 바로 이런 이유에서였다. 그러나 19세기에 들어서면서 지식은 점차 다수의 별개 학문들로 분할되어 나갔다. 이 시기는 주요 대학들에서 지리학 담당 교수가 채용되고 지리학과가 만들어지던 때였다. 국가적 학문 세계의 중축으로서 지리협회들이 창립되었다. 독일에서는 1828년에 베를린지리협회가 창립되었고, 1820년 리터를 시작으로 해서 모든 프로이센의 대학들에 지리학 교수가 임명되었다. 영국에서는 1830년에 왕립지리학회가 창립되었고, 1833년에 마코노키(Maconochie)[7]가 런던칼리지대학교(UCL)에서 영국 최초의 지리학 교수로 임명되었다. 미국에서는 일찌감치 1818년에 육군사관학교가 지리·역사·윤리학과를 설치했다. 그리고 1851년에는 미국지리·통계협회가 창립되었다. 과학적 전문성은 전문화되고 제도화되었다. 리빙스턴의 주장에 따르면, 지리학자들이 지리학을 학문으로서 그럴싸하게 만들 수 있는 지적 토대를 찾으려고 했던 것은 바로 이런 맥락에서였다.

19세기 후반의 지성계에서 가장 튼튼한 개념적 토대는 진화론에서 가져올 수 있었다. 리빙스턴에 따르면, 지리학자들은 진화에 초점을 맞춤으로써 "자연과 문화를 단일한 개념적 우산 아래에" 둘 수 있었다(Livingstone 1993: 177). 그러나 이런 사상적 흐름이 일방적인 것

---

7 알렉산더 마코노키(Alexander Maconochie, 1787~1860)는 영국 해군장교이자 지리학자이며 형벌개혁론자다. 1830년 7월 16일 1회 모임에서 영국 왕립지리학회장에 선출되었다. 6년간 회장을 맡아 학회를 운영하며 학회지의 간행 및 판매, 강의와 모임, 도서 간행과 지도 수집 업무와 많은 후원금을 모아 영국인 탐험대를 지원했다. 「샌드위치 제도의 식민지 진실에 관한 고찰」이라는 논문을 통해 하와이(샌드위치 제노)를 냉국의 식민지로 삼아 북태평양으로 진출하려는 러시아 세력을 저지해야 한다고 주장했지만, 그의 주장은 받아들여지지 않았고 결국 하와이는 미국 영토가 된다. (역주)

은 아니었다. 다윈은 훔볼트의 여행과 사상에 큰 영향을 받았을 뿐만 아니라 1838년에 왕립
지리학회에 회원으로 가입했다.

다윈은 자연선택이라는 과정을 토대로 오랜 세월에 걸쳐 진화론을 만들어냈다. 1859년에
출간된『종의 기원(*The Origin of Species*)』은 근대에 이루어진 모든 이론적 업적 가운데 가장
중요한 저술 중 하나다(Darwin 2006 [1859]). 진화론만큼 모든 지성계에 두루 영향을 미친
(그리고 그것을 넘어선) 사상은 찾아보기 어렵다. 다윈의 이론적 핵심은, 정상에서 벗어난
특정 변이를 지닌 생물체는 자신이 속한 환경에 적응하는 데 다른 개체들보다 유리할 수 있
다는 주장에 있다. 그리고 이런 돌연변이 개체들은 살아남을 가능성이 높고 후손에게 자신
의 변이를 물려줄 것이다. 다윈은 이를 "적자생존" 또는 (보다 과학적인 용어로) "자연선택"
이라고 지칭했다. 다윈은 이런 차이가 시간이 지남에 따라 점차 커지게 되어 그 결과 새로운
종이 탄생하게 된다고 보았다. 진화가 발생하는 것이다.

다윈의 사상은 다른 학자들이 인간 사회에서의 차이를 설명하는 데도 빠르게 퍼져나갔다.
흔히 이는 "사회적 다윈주의"라 불린다. 다윈의 진화론은 (종종 은유적으로) 인간의 사회적,
정치적, 경제적 장(場)으로 번역되어 나갔다. 이를 따르면 자본주의 사회에서의 삶도 "적자
생존"의 사례가 될 수 있다. 또한 민족들 간의 경쟁도 진화론적 용어를 통해 이론화될 수 있
다. 어떤 산업이나 개별 기업의 성패 또한 마찬가지로 설명될 수 있을 것이다. 생물학은 이런
식으로 사회이론 속으로 수입되었다.

진화에 관한 이론에서 다윈에 가장 강력한 경쟁자는 라마르크였다. 라마르크와 "신(新)라
마르크주의자"들은 형질은 어떤 개체의 생애 중에도 "획득될" 수 있다고 믿었다. 이에 따르
면, 진화는 다윈의 이론에서와 같이 돌연변이 같은 우연적 행위의 오랜 결과라기보다는, 어
떤 유기체가 생애 중에 획득한 특성은 다음 세대에 계승될 수 있으므로 진화가 훨씬 급속히
진행된다는 것이다. 이를 따르자면, 예를 들어 과학자들은 어떤 종의 밀이 이듬해에 웃자라
지 못하게 하려면 그 종의 특성을 간단히 바꿀 수 있다. 이런 생각은 "적자생존" 개념보다는
공산주의 이데올로기 속으로 훨씬 쉽게 스며들어 소련에 적용되었지만, 이는 파국적 결과를
가져왔다. 또한 신라마르크주의자들은 환경이 자연적인 변이에 직접적인 영향을 끼친다고
믿었다. 이는 인간과 환경 간의 관계를 연결하려는 이론적 틀을 찾고 있던 지리학자들에게
매우 매혹적인 것이었다. 이런 사상의 영향력은 **지정학**(geopolitics)의 발전과 **지형학**의 기원
에서 가장 뚜렷하게 찾아볼 수 있다.

지정학

분명 지리학은 정치와 전쟁이라는 실천에 핵심적이다. 특히 스트라본은 "국가 통치 (statecraft)"에서 지리적 지식이 중요하다고 생각했다. 세계에 대한 지식은 세계를 다스리고 통제하기 위해서 반드시 필요하다. 어떤 측면에서는, 세계를 안다는 것은 멀리 떨어진 곳들에 대한 내용을 단순히 세부적으로 서술하고 이를 목록으로 만드는 작업을 지칭한다. 그곳에 어떤 자원이 있는가? 그곳에 어떤 사람들이 살고 있는가? 그곳을 정복하고 통치하는 데 자연적 장벽은 있는가? 그러나 또 다른 측면에서 볼 때, 넓은 세계를 대상으로 하는 지리적 지식과 정치적 실천은 보다 개념적인 관계에 있기도 하다. 이런 관계가 "지정학"이라는 이름하에 포괄적으로 이론화되었던 것은 19세기 말이었다(Dodds and Atkinson 2000; Dodds 2007). 지정학을 이론화하는 데 핵심적으로 기여했던 두 인물은 영국의 지리학자 해퍼드 매킨더(Halford Mackinder, 1861~1947)와 독일의 지리학자 프리드리히 라첼(Friedrich Ratzel, 1844~1904)이었다. 매킨더는 1887년에 옥스퍼드대학교에서 지리학 교수가 되었고, 라첼은 1875년에 뮌헨대학교에서 지리학 교수가 되었다.

　매킨더가 옥스퍼드대학교에서 최초로 지리학 교수가 되었다는 것은 지리학이 비로소 학문으로서 성공적으로 안착하게 되었음을 의미한다(물론 영국 전체에서 최초로 지리학 교수가 되었던 것은 런던칼리지대학교의 알렉산더 마코노키였다). 매킨더의 지리학은 이전의 다른 학자들과는 달랐다. 그는 지리학자는 탐험가라는 마초적 생각이 몸에 밴 사람이었고, 1899년에 케냐 산(Mount Kenya)을 등정하기도 했다. 하지만 매킨더의 지리학은 여행과 기술(記述)의 단순한 결합 그 이상이었다. 그는 독일의 지리사상에 대해 이미 잘 알고 있었고 지리학을 경험적으로뿐만 아니라 이론적으로 사유하려는 강한 동기를 갖고 있었다. 그리고 이런 지리학을 이른바 "신(新)지리학"이라고 지칭했다(Kearns 1997; Heffernan, 2000). 헤퍼넌(Heffernan 2000: 32)이 언급한 바와 같이, 매킨더의 주요 관심사는 "세계 전체의 지정학적 구조에 있어서 그 하위 요소인 각 국가들과 지역들은 어떠한 상호관계를 형성하고 있는지를 이해하려는 것"에 있었다. 대영제국은 그 정점에 있을 때였고, 매킨더는 영국이 세계의 최강대국으로서의 지위를 유지하기를 바랐다. 우리는 스트라본이 그리스 제국이 전체적으로 안정을 이룬 시기에 책을 집필했음을 앞에서 살펴보았다. 바레니우스 또한 네덜란드의 동인도회사가 세계에서 유례없이 가장 거대한 제국을 구축했던 시기에 저술을 간행한 인물이다. 이와 마찬가지로 매킨더 또한 제국의 지리학자였다. 매킨더는, 제국의 권력을 위해서는 제국의 시민이 필요하고 제국의 시민은 제국의 지리를 잘 알고 있어야 한다고 생각했다.

그렇다면 이런 지리학은 어떤 내용으로 구성되어 있어야 할 것인가? 이는 중요한 질문이다. 매킨더는 당시 많은 지식인과 마찬가지로 이제 세계는 대부분 밝혀졌다고 생각했다. 매킨더는 1830년 영국 왕립지리학회에서의 연설에서 이제 탐험의 시대는 거의 끝났다고 말했다. 그리고 지리학은 이제 탐험으로부터 "치밀한 조사와 철학적 종합이라는 목적"으로 이행해야 한다고 말했다(Mackinder 1904). 매킨더는 그런 종합을 향해 나아갔다.

매킨더의 주장에 따르면, 탐험의 시기 덕분에 유럽 열강은 큰 노력을 들이지 않고도 지구 도처를 향해 뻗어나갈 수 있었다. 그리고 유럽 열강들은 아프리카와 아시아 대부분을 식민화함으로써 서로 충돌하는 것을 피할 수 있었다. 결국 매킨더는 이제 사실상 세계는 닫혀 버렸고 유럽 열강은 분리되었으므로, 향후 유럽 열강들은 자국의 경계와 유럽 내의 상대 국가를 향해 관심을 돌릴 것이라고 보았다.

> 우리를 둘러싼 미지의 공간과 미개한 혼돈 속에서 사회적 힘이 흩어져 소멸되지는 않을 것이다. 대신 그 힘은 지구 저편으로부터 거세게 메아리쳐 올 것이며, 그 결과 세계라는 정치적, 경제적 유기체 속의 취약한 부분들은 산산이 부서질 것이다. (Mackinder 1904: 422)

또한 매킨더는 향후 새로운 세계에서는 해양 세력의 중요성이 쇠퇴할 것이라고 주장했다. 예를 들어 영국과 네덜란드는 인접한 다수의 땅들로 구성된 육상 제국이 아니라 해양에 널리 흩어진 땅들이 연결되어 있는 해양 제국이라는 것이다. 매킨더는 미래가 육지 제국에 있다고 주장했다. 이제 빠른 철도로 광대한 대륙을 가로질러 자원을 실어 나름으로써 육상 제국을 건설할 수 있게 되었다. 이 중 가장 광활한 땅이 아시아에 펼쳐져 있기 때문에, 매킨더는 세계의 미래가 아시아에 의해 결정된다고 보았다. 그리고 매킨더는 이를 역사의 "추축(pivot)"이라고 지칭했다(그림 3.1 참조). 이때 매킨더가 말한 아시아는 유라시아 대륙을 가리킨 것이었다. [그리고 이런 종류의 땅은 언제나 정복하기 어렵지만 잠재적으로 가장 이익이 많은 땅이라는 것을 "리스크(Risk)" 게임[8]을 해 본 사람은 잘 알 것이다!]. 매킨더는 유럽과 아시아를 포함한 광활한 땅을 "세계 섬(World-Island)"이라고 지칭했다. 매킨더는 세계에서 유럽인들만이 능동적 행위자라는 관점을 가졌으며, 결코 (아마도 일본은 제외한) 아시아는 스스로 제국을 건설할 수 있다고 생각하지 않았다. 매킨더는 아시아를 둘러싼 유럽의 열

---

8 서양에서 오랫동안 유행해 온 보드게임의 하나로 군사력을 통한 세계 영토 정복이 최종적인 게임의 목표이다. 1959년 프랑스에서 처음 발매된 이후 영국, 미국 등에서 여러 형태의 리스크 게임 버전이 등장하여 오늘날까지 계속되고 있다. (역주)

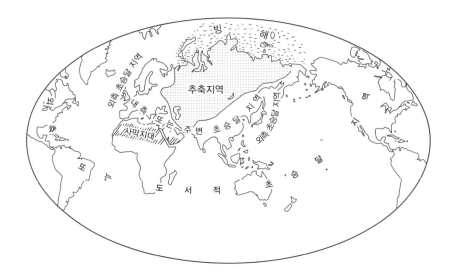

그림 3.1 1904년 매킨더의 세계 지정학 지도. 출처 : Mackinder(1904)

강들을 대상으로 하여, 이 중 어떤 국가가 이 "세계 섬"을 지배할 수 있을 것인지 의문을 품었다. 매킨더는 만약 독일과 러시아가 동맹을 형성하여 아시아를 성공적으로 통치할 수 있게 된다면, 영국은 이 새로운 세계 체제에서 주변으로 밀려날 수밖에 없다고 보았다. 따라서 독일과 러시아가 동맹을 형성하지 못하도록 하는 것이 영국이 해야 할 일이라고 주장했다. 이렇게 세계 정치는 지리를 토대로 한다.

1919년 매킨더는 제1차 세계대전의 결과를 목격하면서 자신의 견해를 다소 수정할 수밖에 없었다. 이제는 독일의 분할과 러시아가 위협이라고 주장했다. 그는 ("추축"을 가리키는 새로운 용어인) "심장지역"을 지향하는 동부유럽과 "해안지역"에 해당되는 서부유럽 사이에 틈이 있다고 보았다. 이 틈은 제2차 세계대전 후에 나타난 "철의 장막"과 매우 흡사한 것이었다. 결과적으로 매킨더는 동부유럽이 관건이라고 주장했다.

> 동부유럽을 지배하는 자가 심장지역을 지배하고,
> 심장지역을 지배하는 자가 세계 섬을 지배하며,
> 세계 섬을 지배하는 자가 세계를 지배한다.
>
> (Mackinder 1919: 194)

매킨더는 영국과 동맹국들이 독일과 러시아의 동맹을 방지하기 위해 두 지역 사이에 "완충 국가"를 만들어야 한다고 주장했다. 그래야만 "세계 섬"이 독일과 러시아의 지배에서 자유 로울 수 있다는 것이었다.

이론 지정학의 성립에 기여한 또 다른 핵심 인물은 독일 지리학자 라첼이다. 라첼은 **생활 공간**(lebensraum)이라는 개념을 발전시킨 학자로 잘 알려져 있다. 이 개념에는, 국가는 강한 이웃 국가에 의해 제약받지 않는다면 "자연적으로" 팽창한다는 생각이 담겨 있다. 생활공간 이라는 용어는 원래 생물학 분야, 특히 다윈과 사회적 다윈주의자인 허버트 스펜서(Herbert Spencer)의 저술에서 차용되었다(Keighren 2010). 본래 이 용어의 뜻은 영어에서 "서식지 (habitat)"와 상응한다. 라첼은 자연과학을 배웠고 다윈주의의 지지자였기 때문에, 생물학적 개념을 번역해서 지리학으로 도입하는 것은 쉬운 일이었다. 다윈은 개별 생물체나 종의 생 존 투쟁을 말했으나, 라첼은 이를 공간을 차지하기 위한 투쟁으로 치환했다. 라첼은 공간을 차지하기 위한 인간의 투쟁은 생물학적인 것이며, 국가의 형성은 결국 자연에서 비롯된 것 이라고 보았다(Heffernan 2000). 국민국가는 일종의 유기체로서 생명과 습성을 지니고 있다. 유기체는 자연적인 것이므로, 유기체의 습성은 필연적이고 정상적일 수밖에 없다. 이때 정 상적이라는 것은, 일반적으로 나타난다는 것과 도덕적으로 옳다는 것을 동시에 의미한다. "국가는 살아있는 지정학적 힘으로서, 토양에 뿌리를 두고 있고 그 토양에 의해 빚어진 것이 다. 국가는 대중들의 의지가 물리적으로 체현되어 있는 유기체적 총체이며, 수 세기에 걸친 인간과 자연환경의 상호작용의 산물이다"(Heffernan 2000: 45). 라첼과 몇몇 학자들이 발전 시킨 **생활공간** 개념을 따르자면, 국민국가는 그 주변의 공간으로 뻗어 나갈 수밖에 없는 운 명에 있다고 보았다. 이는 특히 (라첼에 따르면 독일과 같이) "강대한" 인구, 사회, 경제를 갖 고 있지만 공간이 제약되어 있는 국가의 경우에 더욱 그러하다. 반대로, (당시 오스만 제국과 같이) "약한" 인구, 사회, 경제를 가진 국가의 경우, 이웃 국가들이 그 국가의 공간을 "자연적 으로" 잠식함에 따라 결국 수축될 수밖에 없다. 국가가 확장되면서 결국 공간적 범위의 최적 지점에 도달하게 된다. 이 최적 범위를 넘어서게 되면 그 이웃 국가들이 침입하게 되어 있다. 우리 대부분은 (적어도 영국에서는) 학교 교육을 통해 생활공간이란 개념이 제2차 세계대전 의 서곡임을 알고 있다. 히틀러는 독일이 1939년에 (오늘날 체코공화국 영토의 일부인) 주 데텐란트(Sudetenland)와 오스트리아를 침공한 것을 정당화하기 위해서 이런 생각을 이용했 다. 라첼이 그 결과에 동의할지는 모르겠지만, 어쨌든 그의 생각은 나치의 인종차별주의적 사고와 깊게 관련되어 있었다(Bassin 1987). 이와 같이 다윈주의적 사고는 인문지리학에 영향을 끼쳤을 뿐만 아니라, 자연지리학의 핵심 분야인 지형학의 탄생에 영감을 주었고 그 토대를 이루었다.

지형학

윌리엄 모리스 데이비스(William Morris Davis)는 근대 자연지리학 발전에 있어서 핵심 인물이다. 데이비스가 지리 이론에 가장 크게 기여한 점은 지형이 순환적인 과정을 거쳐 발전된다는 사고였다(Davis 1899, 1902). 곧 지형은 유년기에서 시작해서 장년기를 거쳐 노년기로 이행한다는 생각이었다. 지형이 "진화"한다는 것이다. 이 침식윤회설은 지형학이라는 새로운 과학을 가르치는 데 있어서 전 세계적으로 (독일을 별개로 하고) 오랜 세월 동안 핵심을 차지했다. 나 또한 고등학교(1981~1983년)에서 2년간 자연지리학을 이런 식으로 배웠다. 데이비스의 침식윤회설이 다윈에게 영향을 받은 것은 분명하다. 자연선택과 돌연변이 등 다윈의 핵심 개념에 의존하지는 않았지만, 미리 정해진 진화의 단계를 거쳐서 지형이 발전한다는 것은 지극히 다윈적인 생각이다. 데이비스의 생각은 다른 곳에도 영향을 미쳤다. 예를 들어 헤켈(Haeckel)은 진화의 단계가 인간 배아의 성장 과정에서도 관찰할 수 있다는 진화론적 생각을 발전시켰다. 그래서 인간 배아는 최종적으로 인간이 되기 전에 진화의 모든 단계를 거치게 된다. 다른 생물체의 배아도 최종 단계에까지 이르지는 못하지만 인간과 유사한 패턴을 따른다. 이런 과정은 "정향(定向)진화"라 불린다. 라마르크주의적 관점이 이런 생각에 영향을 끼치기도 했다(Livingstone 1993; Inkpen 2005). 예를 들어 유기체는 미리 예정된 경로를 따라 진화하지만, 이는 "(후천적으로) 획득된 형질"에 의해 중단될 수 있고, 그 진화의 속도가 느려지거나 빨라질 수 있다는 것이다.

데이비스는 모든 지형이 그 지형 발달 과정의 단계에 따라 유년기, 장년기, 노년기로 분류될 수 있다고 믿었다.

> 이론 내부에, 곧 진화론적 모델 내에 이미 설명이 내포되어 있었다. 관찰은 특정 경관이나 지형이 이런 이론적 틀 내에서 어디에 해당하는지를 단순히 확인하는 것에 불과했다. 각각의 단계 자체는 경관상에 무엇이 발생하는지를 말하는 것이 아니라 설명 그 자체였다. 그러나 이 단계 모델은 경관에 나타나는 안정과 변화를 설명하는 것이 중요하다는 점을 강조했다. 경관의 안정과 변화는 똑같은 이론적 틀에 의해 설명할 수 있었다. 변화는 진화의 본질적 특징이었던 반면, 안정은 인간이 경관 변화가 발생하는 (장기적인) 시간 스케일을 지각하지 못하기 때문에 갖게 되는 일종의 환상과 같은 것이었다. (Inkpen 2005: 17)

진화론은 데이비스의 생각에 과학이라는 빛을 비추었다. 당시 진화론은 가장 중요한 과학 이론이었기 때문에, 진화론을 자연지리학 속으로 번역해 들여옴으로써 자연지리학을 (특히 지형학을) 과학적인 것처럼 만들 수 있었다. 그러나 재미있게도, 사실 데이비스의 과학은 매우 질적인 접근을 기반으로 했으며, 계산이나 실험보다는 손으로 모식도를 세밀하고 아름답게 그리는 작업을 통해 이루어졌다(그림 3.2).

한편, 침식윤회설의 근간인 진화론적 사상은, 자연적[또는 지문학적(physiographic)] 세계와 생물적[또는 존재학적(ontographic)] 세계의 관계에 대한 데이비스의 생각에서도 찾아볼 수 있다. 데이비스는 자연의 통제력과 그에 대한 인간의 대응이라는 도식을 품고 있었다. 이는 데이비스가 1909년에 제2차 미국지리학대회에서 했던 미국지리학회장 기념 연설에 뚜렷

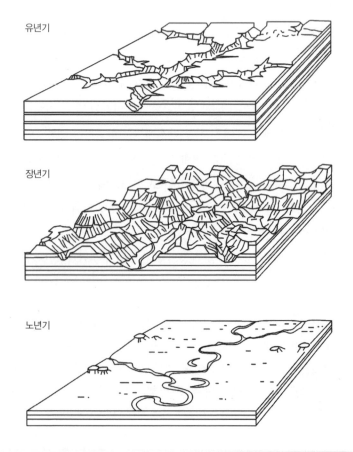

그림 3.2 데이비스의 침식윤회설. 출처 : Geographical Essays (1909)/Public Domain.

하게 드러난다.

> 나는, 우리가 살고 있는 지구에서 통제력을 행사하고 있는 비유기체적 요소와 (그에 대한 대응으로서 지표 위에 거주하고 있는) 유기체적 생명체들의 존재나 성장이나 행태나 분포와 같은 요소가 서로 어떤 관계에 있는지를 설명하는 모든 진술은 지리학적 진술이라고 말하고 싶습니다. 달리 말해서, 누군가가 어떤 비유기체적 통제 요소와 그에 대한 어떤 유기체적 대응 간에 일정한 관계가 있다고 설명한다면 그 진술은 지리적입니다. [Davis 1909; hrrp://www. colorado.edu/geography/giw/davis-wm/1909_gc/1909_gc_ch01_body. html(2008년 12월 3일에 접속)]

데이비스는 지리학이란 지구의 비유기체적 요소와 유기체적 요소 간의 인과관계에 관한 학문이라고 주장했으며, 이런 생각을 뒷받침하기 위해서 라첼과 르클뤼의 저술에서 도움이 되는 부분들을 참고하기도 했다. 비록 데이비스는 주로 자연지리학자로 기억되고 있지만, 그는 자신이 "올바른" 지리학을 하지 못했던 점을 애통해했다고 전해진다. 이것은 데이비스가 자신의 제자였던 (추후 미국의 저명한 정치지리학자가 되었던) 보우만에게 보냈던 편지에서 잘 드러난다. 이 편지에서 데이비스는 "내가 자네에게 강조하려는 점은, 지문학과 존재학이 올바로 결합되어 있는 올바른 지리학을 이제 자네가 발전시켜야만 한다는 것일세. 내가 이미 너무나도 많이 해 왔던 단순한 지문학이 아니란 말일세."라고 적었다(Beckinsale 1976: 448, Livingstone 1994). 이후 데이비스주의 지형학은 진지한 과학이라기보다는 지리학자들의 문화적 추구로 여겨지게 된다. 지형학자 도로시 색(Dorothy Sack)은 1950년경에 아서 스트랄러(Arthur Strahler)와 같은 젊은 과학 지리학자들이 자연지리학에 대한 수학적인 시스템 기반 접근법을 주장하기 시작하면서 패러다임이 어떻게 변화했는지 보여주었다(5장 참조) (Sack 1992). 이 새로운 접근 방식은 지질학자이자 지형학자인 G.K. 길버트(G.K. Gilbert)와 관련이 있다. 길버트는 자연 지형을 이해하는 접근 방식을 진화에 기초하지 않고 관찰 가능한 현상 간의 관계를 발견하는 데 중점을 두었다. 그의 연구는 역학(力學)에 대한 이해를 바탕으로 이루어졌으며, 경관 형성에서 지속적인 기계적 프로세스를 강조했다. 데이비스와 길버트의 공통점은 자연 경관에 대한 이론을 강화하기 위해 "과학"과 과학적 실천으로 간주되는 것에 의존했다는 점이다. 1960년대에 이르러 데이비스의 지형학은 시대에 뒤떨어진 것으로 취급되었다. 다만, 데이비스의 사상은 지형학을 넘어 다양한 분야에 막대한 영향을 미쳤다. 그 이유는 데이비스가 환경 결정론의 가장 열렬한 옹호자 중 한 명이 된 엘스워스 헌팅턴

(Ellsworth Huntington)을 비롯한 다양한 제자들을 끌어들인 훌륭한 스승이었기 때문이다.

환경결정론

19세기부터 20세기 초반 사이에 지리학의 핵심 문제는 대체로 자연과 인간과의 관계성에 관한 것이었다. 이 문제는 사람들의 생활 모습이 기후에 따라 다르다는 생각 하에 기후지역 개념을 정교하게 발전시켰던 고대와 중세에 살았던 초창기 지리학자들도 주목했던 것이었다. 이런 "인간-자연"의 관계에 대한 쟁점은 오늘날에도 여전히 지리학의 핵심 분야로 자리 잡고 있다. 예를 들어 북아메리카 대학들의 지리학과에 있어서 "인간-환경" 관계는 교육과정에서 중요한 영역을 차지하고 있다. 지리학자들은 스스로를 "인간-환경" 지리학자라고 표현한다. 인간이 자연과 정확히 어떤 관계를 맺고 있는가라는 문제는 오늘날에도 여전히 논란이 많은 질문이다. 이 질문에 대한 대답은, 환경이 인간의 삶을 결정한다는 대답에서부터 자연은 그 자체로 "사회적으로 구성된 것"이라는 대답에 이르기까지 실로 다양하다.

그러나 아마 100년 전이라면, 우리의 생각은 **환경결정론**(environmental determinism)이 지배하고 있을 것이다. 어떤 설명이 "결정론적"이라는 의미는, 어떤 하나가 다른 하나에 선형적이고 일방향적인 결과를 가져온다는 것을 말한다. 환경결정론은 인간과 문화의 세계가 자연환경에 의한 결과이며 자연환경에 의해 설명될 수 있다는 믿음을 가리킨다.

리빙스턴의 주장에 따르면, "기후에 따른 도덕 원리"는 20세기 중반에 이르기까지 제국주의적, 인종차별적인 상상에 있어서 핵심적인 부분이었다. 계속 반복해서 말하건대, 교과서를 읽는 수많은 어린 학생들과 대학생들 그리고 지리 잡지의 구독자들은 기후지역에 따라 개별 인종집단의 도덕이 다르다는 관념에 완전히 종속되어 있었다. 1866년에 스코틀랜드 지질학자 조세프 톰슨(Joseph Thompson)이 영국협회에서 했던 연설의 내용을 살펴보자.

> 니제르 강의 상류를 따라 기후가 점차 쾌적해진다는 점은 주목할 만한 사실이다. … 여행자들은 기후가 좋아질수록 주민들의 인간성도 점차 고차적인 수준을 지닌다는 점을 발견하게 된다. 보다 질서정연한, 보다 안락한, 보다 산업이 발달된 커뮤니티를 만나게 되는 것이다. 이처럼 (상류로 갈수록) 주민들의 생활상이 점차 개선된 이유가 보다 쾌적한 환경 때문이라는 사실에는 의심의 여지가 없다. 다원적 본능을 지닌 학생들이라면, 이 지역

의 인간과 자연 간의 관계에 관한 연구를 통해 매우 중요한 교훈들을 얻을 수 있을 것이다. (Livingstone 1994: 139)

여기서 톰슨은 다윈을 끌어들임으로써 기후가 "질서"와 "산업"과 같은 것들에 결정적인 영향을 끼친다고 주장한다. 우리는 60년 이후에 오스틴 밀러(Austin Miller)의 기후학 교과서에서도 이와 유사한 감상을 발견할 수 있다.

> 열대 지역의 단조로운 기후는 사람을 무기력하게 만든다. 그리고 풍부한 먹거리를 쉽게 구할 수 있어서 사람들은 게으르고 나태할 수밖에 없다. 이들은 어딘가에 고용되어 노동을 할 의욕이 없으므로, 과거 노예제에서 극명히 드러난 것처럼 압제를 받을 수밖에 없었다. (Livingstone 1994: 141)

위 인용문에서는 노예제에 대한 책임이 기후에 (그리고 노예가 된 원주민들 자신에게) 있다. 리빙스턴의 주장에 따르면, 이런 믿음은 백인들이 열대 지역에서 육체노동을 하는 데 적합하지 않으므로 유색인종이 대신 노동을 해야 한다는 주장을 하는 데 이용되었다. (1950년대까지만 하더라도 이런 주장이 여전히 지리 교과서에 실려 있었다.)

환경결정론의 핵심 인물은 미국의 지리학자인 엘렌 셈플(Ellen Semple)과 헌팅턴, 그리고 오스트레일리아의 지리학자인 그리피스 테일러(Griffith Taylor)라 할 수 있다. 다른 많은 학자와 마찬가지로 이들의 사상적 기저에는 다윈이 있었다. 다윈은 라첼과 (다음 절에서 살펴볼) 크로포트킨에서와 같이 기존과는 매우 다른 지리사상에 영향을 미쳤다. 라첼은 1889년에 출간된 『인류지리학(*Anthropo-Geographie*)』에서, 인간의 행위는 가장 우선적으로 자연환경에 의해(특히 기후에 의해) 결정된다고 주장했다. 칸트도 자연지리학의 "기반"과 관련하여 이와 유사한 주장을 한 바 있다. 라첼을 존경하는 여러 학생 중 한 명이 바로 셈플이었다(Keighren 2010).

셈플은 인류지리학 속에 담긴 라첼의 사상을 북아메리카의 정서에 맞게 번역하고자 했다. 그녀의 저서 『지리적 환경의 영향(*Influences of Geographic Environment*)』의 정식 제목은 『라첼의 인류지리학을 토대로 본 지리적 환경의 영향(*Influences of Geographic Environment on the Basis of Ratzel's System of Anthropo-Geography*)』이었다(Semple 1911). 이 책에서 그녀는 세계를 (산, 강, 해안 등과 같은) 핵심적인 환경 유형으로 나누고, 각 환경 유형에 거주하고 있는 사람들의 특징을 세밀히 기술했다. 그녀는 서문에서 책의 저술 목적이 라첼의 사상을 영어

권으로 도입하는 데 있다는 것을 분명하게 밝힌다. 이는 "평생 나의 스승이자 친구였고 사후에도 나의 영감이 되어주는 위대한 지도교수"(viii)라는 구절에서 잘 드러난다. 비록 셈플이 라첼의 사상에 영감을 받은 것은 분명하지만, 1911년 무렵은 "이미 대부분의 사회학자들의 사회유기체설을 폐기하는 상황이었기 때문에" 라첼의 이론을 영어로 옮기는 과정에서 사회유기체설과 관련된 모든 내용은 제거해 버렸다(vii). 셈플은 자신의 의도를 책의 첫머리에 분명하게 밝히고 있다.

> 인간은 지표면의 산물이다. 이는 단순하게 인간이 지구의 자식이며 지구라는 몸체의 한 부분임을 의미하는 것이 아니다. 오히려 보다 나아가 지구는 인간을 어머니처럼 보살피고, 먹을 것을 주고, 해야 할 임무를 부여하고, 인간의 생각을 이끌고, 육체를 지혜롭게 만들기 위해 난관에 직면하게 하고, 항해를 할 때나 개간을 할 때에 문제를 제시하면서도 이를 해결할 수 있도록 힌트를 속삭여준다. 지구는 인간의 뼈와 살과 정신과 영혼에 스며들어 있다. 산악 지역의 경우 지구는 인간에게 급경사를 오를 수 있는 강인한 다리 근육을 선사했다. 해안 지역의 경우 지구는 인간에게 연약한 다리 근육을 주었지만 힘껏 노를 저을 수 있도록 발달된 근육과 강한 팔을 선사했다. 하천 계곡의 경우 지구는 인간에게 기름진 토양을 선사했지만, 그 대신 단조로운 일상의 반복으로 인간의 생각과 야망을 꺾었고 가혹한 임무를 부여했으며 인간의 식견을 좁다란 지평선 내로 한정시켜 버렸다. (Semple 1911: 1)

비록 셈플은 자신의 책이 "지리적 결정론"을 주장하는 것은 아니라고 말하지만, 책의 나머지 부분은 자연환경이 인간 생활을 어떻게 조건지었는지를 살펴보는 데 할애하고 있다. 셈플은 이런 주장의 연역적 근거로서 지리는 역사에 앞선다는 칸트의 말을 인용한다. 즉 "칸트는 "지리와 역사 중 무엇이 먼저인가?"라고 질문했다. 그리고 칸트는 이에 대해 "지리는 역사의 토대다"라고 대답했다. 양자는 "분리할 수 없다"는 것이다"(Semple 1911: 10). 셈플은 자연환경이 인간의 생활에 미치는 영향을 크게 네 가지로 개관했다.

1. 환경이 육체에 직접적으로 미치는 영향 : 기후, 격해도(隔海度), 해발 고도 등의 자연적 요인은 키, 피부색, 머리카락의 색깔과 같은 인간의 특징에 영향을 미친다(셈플은 고도가 높을수록 머리카락 색깔이 옅어진다고 보았다).
2. 환경이 정신에 미치는 영향 : 환경은 종교, 문학, 사상 등 인간 생활의 문화적 측면에 영향을 끼친다. "에스키모들이 생각하는 지옥은 어둡고, 폭풍이 몰아치며, 극도로 추운 곳

인 반면, 유태인들이 생각하는 지옥은 불구덩이다. 부처는 히말라야의 무더운 산록부에서 태어난 까닭에 무덥고 습한 날씨에 따른 무기력감과 맞서 싸웠으며, 이로 인해 열반(涅槃)이라 일컫는 천국은 모든 활동과 개인적 생활이 중단된 상태라고 묘사했다"(Semple 1911: 40-41).

3. 환경이 경제적, 사회적 발전에 미치는 영향 : 셈플은 인간 생활에 필수적인 기초 자원의 총량에 따라 사회의 발전 수준이 (유목에서 도시 문명에 이르기까지) 다르다는 것을 도표로 보여준다.

4. 환경이 인간 이주에 미치는 영향 : 자연환경은 인간의 이동을 제약하는 (산맥과 같은) 장벽과 인간의 이동을 가능케 하는 (하천과 같은) 통로를 제시한다.

셈플의 책에서 환경의 영향은 엄청난 범위에 걸쳐 있다. 이는 고대의 사상가들이 주장했던 것처럼 단순히 기후에 따라 인종의 특성이 다르다는 주장을 훨씬 넘어선다. 예를 들어 미국의 남북전쟁 당시 사람들이 왜 노예제에 대해 상이한 태도를 가졌는지도 환경에 의해 설명 가능하다고 보았다. 뉴잉글랜드 지역이 노예제에 반대한 이유는 "뉴잉글랜드 지역의 토양과 바위가 흩어져 있는 들판"에 의해 설명 가능하며, 남부가 노예제에 찬성했던 이유는 "버지니아 해안 지대의 부유한 플랜테이션과 미시시피 저지대의 비옥한 토지"에 의해 설명될 수 있다(Semple 1911: 11). 또한 그리스와 같이 작고 고립된 곳은 뻗어나가지 못하고 좁은 곳에 모여 있으므로 화려한 문명이 발전할 수 있다. 그러나 이와 반대로, "사방이 열려 바람을 피할 수 없는 러시아의 경우 대자연이 인간을 양육할 수 있는 요람이 없으므로 훈육을 받지 못한 많은 동종의 무리들이 끝없이 펼쳐진 평원 위에 살고 있으며, 이들은 유럽의 부유한 식탁에서 떨어진 문화적 부스러기들을 먹고 살아간다"(Semple 1911: 12). 산악 환경은 문화적 발전에 불리한 반면, 하천 유역에서는 철학과 시학이 발달한다. 스위스에서는 장엄한 자연에 압도되어 "정신이 마비된" 탓에 어떤 예술적, 철학적 발전도 없었다. "자신의 고향 근처에 살고 있는 프랑스의 문학가들은 산악 지대를 거의 찾아볼 수 없는 비옥한 하천 유역과 평원의 산물이다"(Semple 1911: 19). 산악 지역은 천재성이 싹트는 것을 막아버린다. 왜냐하면 산악 지역은 하천 유역을 따르는 위대한 인물과 사상의 흐름으로부터 멀리 떨어져 고립, 단절되어 있기 때문이다. (Semple 1911: 20)

셈플이 "인종"에 관한 사고나 글쓰기에 있어서의 어려움에 민감했다는 것은 분명하다. 셈플은 유전을 토대로 한 인종 이론을 넘어서기 위해 인종에 대한 환경의 영향을 강조했다. 셈플은 유사한 환경에 처한 상이한 "민족 무리들"에는 (문화, 산업, 사회관계 등에 있어서) 유사성이 있으며 이는 "인종에 따른 것이 아니라 환경에 의한 것"이라고 주장했다(vii). 그러나 책 전체적으로는, 온대 기후의 주민들은 부지런하고 절약하는 특징이 있는 반면, 열대 기후의 주민들은 게으르고 낭비가 심한 경향이 있다고 결론을 내린다. "자연"이라는 대용물을 통해 셈플에게 인종적 사고가 되살아난다.

이는 1927년에 출판된 헌팅턴의 『인종의 특성(*The Character of Races*)』에도 잘 나타난다. 이 책에서 헌팅턴은 유럽인의 특징에 대해 유명한 학자들이 어떻게 생각하는지를 설문조사를 실시했다. 그는 이 결과를 바탕으로 자연환경의 기후 에너지 지도 위에 "천재성", "건강", "문명" 등의 특성을 분포로 나타냈다(Livingstone 1994). 셈플은 다수의 환경 요인들(기후, 장벽, 통로 등)이 인간 생활에 미친 영향을 추적했지만, 헌팅턴은 특히 기후의 영향에 초점을 두었다. 헌팅턴은 열대에서는 "진화가 정체되었으며", 이곳에 거주하는 사람들(특히 아프리카의 흑인들)은 미개한 상태로 남아 있다고 주장했다.

> 나아가 헌팅턴은 "이들의 모습은 인간이 유인원으로부터 분화되어 나무 위에서 처음으로 내려왔을 때의 원초적 모습과 같다. 이런 사람들이 높은 문명을 이룩할 것이라고는 생각하지 않는다."고 기술했다. 이처럼 열대는 역사의 도덕적 변방으로 추방되었고, 열대의 주민들은 인간 진화의 주류에서 밀려났다. (Livingstone 1994: 231)

그런 사고는 오스트레일리아의 지리학자였던 테일러에게서도 반복되어 나타난다. 테일러는 유명한 탐험가인 로버트 스콧(Robert Scott)의 비운의 제2차 남극탐험에 동행했던 인물로서, 인간 생활이 기온과 습도에 따라 어떻게 다른지를 설명하기 위해 "클라이모그래프"라 불리는 정교한 지도를 창안, 제작했다.

테일러는 1920년에 시드니대학교에서 오스트레일리아 최초의 지리학 교수가 되었다. 원래 그는 남극 대륙의 빙하에 대해 연구했지만, 오스트레일리아를 사례로 기후와 인간 정주와의 관계를 연구한 것으로 유명하다. 당시 오스트레일리아 정부는 자국이 1억 이상의 인구를 수용할 수 있다고 예견하고 인구 유입을 촉진하는 중이었는데, 테일러는 기후 여건을 고려할 때 최대로 수용할 수 있는 인구는 3,000만 명이 한계라고 주장했다. 이런 주장으로 인해 테일러는 점차 평판을 잃어 갔고, 1928년 마침내 시카고대학교로 이직했다. 테일러의 대표 저작은 『환경과 인종 : 진화, 이주, 정주, 인종적 지위에 관한 연구(*Environment and Race: A Study of Evolution, Migration, Settlement and Status of the Races of Man*)』이다(Taylor 1927).

이 책에서 테일러는 이른바 구역과 지층(zones and strata) 이론을 발전시켰다. 일단 어떤 곳에서 진화가 일어나게 되면,

> 그리고 적당한 시간이 지나면, 여러 상이한 계층이 구역별로 배열됨으로써 … 일련의 (동심원 형태의) 구역들에서 가장 미개한 계급은 맨 끝의 주변부로 그리고 가장 진보한 계급은 가장 중심부를 차지하게 될 것이다. 이 결과 가장 초창기의 계급은 이주를 통해 가장 넓은 면적을 차지하게 될 것이다. 그러나 먼 과거의 증거들은 가장 깊은 지층에서 발견될 것이며, 가장 최근의 지층은 진화의 중심부에 놓여 있을 것이다 (Taylor 1951: 447)

이처럼 일련의 (진화의 정도에 따른) 인간 집단들은, 가장 진화된 집단이나 인종이 "중심부"에 남는 반면, 진화 단계에서 보다 뒤처진 집단들은 주변부로 밀려나는 방식으로 이주하게 된다. 따라서 가장 진화가 덜 된 집단은 동심원상의 구역들 중 가장 바깥쪽에서 발견할 수 있다. 테일러는 맨 가장자리는 아프리카이며, 이곳에서 가장 "미개한" 사람들을 찾을 수 있다고 보았다. 그리고 흑인은 네안데르탈인에 가장 가깝다고 주장했다.

테일러는 결정론에 대한 자신의 믿음에 달리 변명하려고 하지 않았다.

> 필자는 결정론자다. 필자는 어떤 나라가 선택할 수 있는 최선의 프로그램은 이미 대자연이 대부분 결정한 것이며, 지리학자의 임무는 바로 이 프로그램을 해석하는 일이라고 믿는다. 인간은 어떤 나라의 발전 과정을 빠르게 하거나, 느리게 하거나, 중단시킬 수 있는 능력이 있다. 그러나 인간은 (제아무리 현명한 인간이라고 하더라도) 이미 자연환경이 예정한 방향을 벗어나서는 안 된다. 가능론자들이 인식하지 못하는 것은, 바로 대자연이 이미 세상의 "마스터플랜"을 다 짜 놓았다는 점이다. 이는 절대 바뀔 수 없는 사실이다. 비록 인간이 사막의 1~2%를 개조해서 거주 면적을 조금 확장할 수 있다고 할지라도 말이다. 지리학자들의 임무는 대자연의 계획을 연구함으로써 자국의 영토가 기온, 강수, 토양 등의 한계에 따라 어느 정도 발전할 수 있는지를 이해하는 것이다. 이런 한계는 일반적인 의미에서 사실상 우리의 통제를 벗어나 있다. (Taylor 1951: 160-162)

테일러와 데이비스를 연결한 것은 다인주의적 접근법만이 아니었다. 데이비스와 미찬가지로 테일러도 현장 스케치에 능숙했고 자신의 주장을 뒷받침하는 생생한 시각 자료를 제작했다. 헤더 윈로우(Heather Winlow)는 테일러가 정교한 도표와 지도를 사용하여 자신의 인종차별적 사상에 존경할 만한 과학의 외피를 입힌 방법을 보여주었다. 그녀는 테일러의 "인종의 이주 구역(zone) 분류"를 다음과 같이 설명한다(그림 3.3). "테일러의 '구역과 지층(계급,

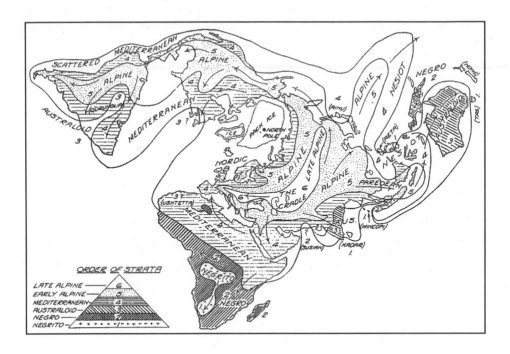

그림 3.3 인종의 이주 구역 분류. 출처 : Taylor (1937)/University of Toronto Press.

strata)' 이론은 '인종의 이주 구역 분류'라는 제목의 지도(…)에서 알 수 있듯이 특이한 지도 제작을 통해 정교화되었다."고 지적한다. 지도 왼쪽 하단의 삼각형 모양은 그의 인종 분류를 나타내며, 니그리토 족에서 후기 알파인 종에 이르는 여러 "지층"으로 표시된다(Winlow 2009: 398). 윈로우는 테일러의 지도에서 등치선(일반적으로 날씨 지도와 관련된 동일한 값의 선 연결점)을 사용하는 등 "과학적" 기호를 사용한 것을 예로 들며, 이러한 기호가 잘못된 인종차별적 사상에 기여하는 정당성의 언어를 구성하는 데 어떻게 사용되었는지를 설명한다. 즉, 지도는 "인종"을 기록한 것이 아니라 인종과 인종 차이에 대한 관념을 구성한 것이다. 이는 "지층", "파쇄대(shatter belts)" 등 지질학에서 유래한 언어가 뒷받침했다.

　　제임스 블라우트(James Blaut)의 주장을 따르자면, 많은 지리학자와 지리 교과서들은 환경결정론이 마치 지금은 완전히 추방된 불미스러운 과거였던 것처럼 가정한다(Blaut 1999). 그렇지만 새로운 형태의 환경결정론이 사실 지금도 살아있다. 오늘날 지리학자 가운데 아마 가장 유명한 UCLA 지리학과의 재레드 다이아몬드 교수는 자신의 대표작 『총, 균, 쇠(Guns, Germs and Steel)』에서 결정론을 제시하고 있다. 이 책에서 그는 유럽 사회가 여러 환

경 요인들로 인해 다른 지역들의 희생을 대가로 성공할 수밖에 없는 운명이었다고 주장한
다(Diamond 1997). 다이아몬드는 자신의 주장을 통해 이런 운명이 인종적 우월성 때문이라
는 주장을 축출하려고 했다. 그러나 그는 이런 주장을 자연(인종)이 아니라 환경에 의한 것이
라고 단순히 대체한다는 점에서 그 이전의 결정론자들과 마찬가지다. 또한 "생물지역주의
(bioregionalism)" 등 일부 환경 이론에서도 환경결정론을 찾아볼 수 있다(4장 참조). 생물지
역주의에 따르면 세계는 유역권과 같은 자연적 특징에 따라 여러 지역으로 나눌 수 있으며,
인간 공동체들은 이런 자연 지역에 부합해서 살아야 한다고 주장한다. 테일러와 같은 환경
결정론자들은 환경·녹색정치의 많은 지지자들에게 영웅으로 남아 있다. "인간은 너무나 소
란스럽게도 '대자연을 정복'하는 반면 자연은 너무나도 고요히 인간에 막대한 영향을 끼치
기 때문에, 그동안 인류의 발전 방정식에서 지리적 요인들은 간과되어 왔다."는 셈플의 주장
에 대해 오늘날 많은 환경 운동가는 진심 어린 마음으로 동의할 것이다(Semple 1911: 2). 최
근에는 훨씬 더 정교한 환경 결정론의 새롭고 구체적인 형태인 "기후 결정론"이 부상하고 있
다. 기후변화는 이 시대의 가장 중요한 이슈로 여겨지고 있다. 기후변화가 인류에게 미치는
현재 및 잠재적 영향을 설명하는 것은 때때로 회의적인 대중을 앞혀서 주목하게 만드는 데
사용되는 주장의 핵심이었다. 이러한 주장은 종종 아프리카와 글로벌 남부의 다른 지역을
사례로 들며 자신들의 의견을 펼친다. 사라 래드클리프 등(Sarah Radcliffe et al. 2010: 100)이
주장했듯이, 이러한 강조는 "기근, 분쟁 및 토지 부족에 대한 학문적 이해에서 오랫동안 영
향력을 행사해 온 정치적 해석을 간과"하게 만들 수 있다. 겉보기에 "자연스러운" 문제를 아
프리카에서 찾는 것은 다른 곳에서 "자연"을 보고 글로벌 북부가 중심적으로 연루된 복잡한
역사를 지우는 식민주의적 오류를 반복하는 것이다. 래드클리프 등이 지적한 것처럼, 환경
또는 기후 결정론은 단순하고 보편적으로 보이기 때문에 매력적이며, 다양한 지역 상황에
대한 하나의 강력한 설명을 제공한다.

> 지리학이라는 학문이 글로벌 기후변화와 그 다양한 지역 및 지역적 파급 효과(극지방의 빙
> 하가 녹는 것부터 사헬 지대의 농업 변화까지)를 설명하는 한, 지리학 역시 이러한 매력적
> 인 단순화의 힘에 얽매여 있다. 다시 말해, 연구의 한 분야로서, 공공 기금의 청구인으로
> 서, 도구 지향적 시대의 "관련성 있는" 과목으로서 지리학의 위상은 부분적으로는 글로벌
> 기후변화 논쟁에 기여한 지리학의 자격 증명에 달려 있다. 지리학의 과제는 종합적인 설
> 명을 놓치지 않으면서도, 세계에 대한 설명을 단순화하지 않고 복잡성을 반영하는 학문을
> 만드는 데 있다. (Radcliffe et al. 2010: 100)

단일하고 결정적인 원인으로서 기후에 초점을 맞추는 것은 기후변화 부정의 형태를 반박하는 데 도움이 될 수 있기 때문에 강력하다. 그러나 지리학은 (공개 토론에서 섹시한 용어가 아닌) 뉘앙스와 맥락을 주장할 수 있으며, 자연적 과정을 정교하고 지역적으로 구체적인 방식으로 사회적, 경제적, 문화적 요인과 가식적으로 연결시킬 수 있다.

무정부주의적 대안

지리학 이론은 분명 엘리트 집단을 위해 복무해 왔다. 제국주의적 지배, 전쟁, 자본주의의 팽창, 지표 대부분에 대한 식민화는 지리학의 등장과 함께 나타났다. 이제까지 논의했던 지리학 사상의 거의 대부분은 권력의 중심부에서 (즉 고대 그리스 및 로마에서, 중세에 급속히 팽창했던 이슬람 세계에서, 그리고 영국, 프랑스, 독일 등 제국주의 권력 속에서) 형성된 것이다. 어떤 의미에서 사상은 사실을 반영한다. 제국은 식민지에 대한 상세한 지식이 필요했다. 지표면을 구성하는 여러 독특한 부분들에 대한 세부적 지식과 전체 세계를 수학적 원리로 단순화하려는 일반적 지식 모두는 (지배를 통해 새로운 기회를 얻음으로써 이익을 추구했던) 무역업자들뿐만 아니라 군사적 실천을 위해서도 활용되었다.

 이는 지리학이 국가 통치의 중요한 도구라는 스트라본의 말을 상기시킨다. 그러나 19세기에는 어엿한 "대안" 지리학이 부상하게 된다. 국가의 외부에서 발생했으며 현상 유지를 타파하려고 했던 지리사상이 나타난 것이다. 19세기와 20세기 초반의 유럽은 제국의 팽창기였을 뿐만 아니라 엄청난 갈등과 격변이 나타난 시기였다. 노동자들은 집단으로 결속하여 고용주들과 국가의 권력에 도전했다. 일련의 (특히 프랑스와 러시아에서 나타난) 혁명 운동들로 인해 큰 소요와 사회적 변혁이 일어난 시기였다. **무정부주의**(anarchism)는 이런 운동 중 하나였다. 지리학이 성숙한 형태의 사회·정치 이론을 만드는 데 핵심적인 역할을 했던 경우는 아마 무정부주의의 출현 외에는 없을 것이다. 무정부주의는 지리학과 지리학자들을 핵심으로 했던 주요 정치 운동으로서 유일하다. 이는 실로 중요했던 두 사상가인 엘리제 르클뤼(Elisée Reclus, 1830~1905)와 표트르 크로포트킨(Peter Kropotkin, 1842~1921)의 저작에서 잘 드러난다.

 철학과 이론으로서 무정부주의는 많은 오해를 받곤 한다. 특히 무정부주의는 혼란을 야기하고 폭력을 일으킨다는 고정관념을 상기시킨다. 사실 무정부주의는 여러 형태를 띠지만 대체로 교회, 국가, 직장 등 제도화된 권위에 반대한다. 무정부주의자들은 이런 권력이 (보다 근본적인 의미에서) 인간의 협동과 창의성을 가로막는 방해물이라고 생각한다. 무정부주의자들은 거대한 스케일의 권력을 집단적 의사결정과 작은 지리적 스케일에서의 공동체적 생활로 대체하고자 한다.

르클뤼는 프랑스 남부의 기독교 집안에서 태어났다. 그의 아버지는 성직자였다. 그는 리터의 강의를 수강하고 아일랜드 기근을 목격했다. 또한 1857년 73일간의 파리코뮌에 참여했다가 곧바로 스위스로 추방되었고, 거기에서 표트르 크로포트킨을 만났다. 그는 19권으로 된『신 보편 인문지리학(*The New Universal Human Geography*)』과 6권으로 된『인간과 대지(*Man and Earth*)』를 출간했다(Reclus, 1876a, 1876b). 그는 어떻게 세계 자원이 인간 모두의 이익을 위해 재분배될 수 있는지 그리고 국경을 초월한 연대가 어떻게 제국주의 국가의 권력을 물리칠 수 있는지를 보여주고자 했다. 이브 라코스트(Yves Lacoste)는 르클뤼의 연구가 "지리사상의 발전에 있어 인식론적 전환점"을 대표한다고 말한 바 있다. 라코스트의 주장에 따르면, 르클뤼에게 있어서 그동안의 지리학은 "본질적으로 국가기구와 연결되어 있는 권력의 도구이자 이데올로기적 재현이며 정치적 선전물이었기 때문에, 르클뤼는 이 도구를 국가기구와 압제자들과 지배계급에 맞서 싸우는 데 사용하고자 했다"(Reclus *et al.* 2004: 61에서 재인용).

르클뤼 사상의 핵심은 인간과 자연과의 관계성에 있었다. 그는 "인간은 자각하는 자연"이라고 주장한다. 그의 연구는 인간 존재(자연적인 생활 조건)와 인간의 사회세계("인위적인 존재 영역")보다 선행하는 자연적 세계에 초점을 두었다. 자연계는 사실상 필연적인 것이지만, 인간 존재와 인간의 사회적 세계는 인간 스스로에 의해 무한히 적응할 수 있다. 르클뤼는 "자연에 관한 (피할 수 없는) 사실, 인위적 세계에 속하는 사실, 그리고 생략하거나 완전히 무시할 수 있는 사실"을 구분한 후, "토양, 기후, 노동 및 식단의 유형, 친족 및 결혼 관계, 집단의 조직 방식 등은 개별 동물이나 인간의 역사에 일정한 영향을 끼치는 원초적 사실들이다. 그러나 임금, 소유, 상업, 그리고 국가에 대한 한계 등은 이차적 사실들이다."라고 주장했다(Reclus *et al.* 2004: 24). 그리고 자연적인 생활 조건과 인위적인 존재 영역은 **지역**(region)이라는 개념 속에서 상호작용한다고 보았다(4장 참조). 지역은 자연적으로 형성되는 과정에서 (르클뤼는 지역 그 자체는 자연에 의해 정의된다고 보았다) 인간의 생활과 사회에 영향을 끼친다. 그리고 이 결과 경관으로 가시화되는 뚜렷한 지역의 문화가 만들어진다. 이런 측면에서 르클뤼의 사상은 현대의 **정치생태학**(political ecology)과 특히 생물지역주의 사상에 큰 영향을 미쳤다. 또한, 다소 모순되기는 하지만, 그는 지구상의 여러 인간적 속성들이 점차 "하나"로 수렴되어 간다고 믿었다. 르클뤼는 (오늘날 우리가 글로벌화라고 일컫는) 교통 및 통신의 발달에 따른 효과를 이미 인식하고 있었다. 그러나 르클뤼는 글로벌화를 글로벌 경제의 발전이라고 이해하기보다는 글로벌 의식의 발전이라고 (즉 보편적 인간성을 지각함으로써 갖게 되는 전 지구적 시민성의 형성이라고) 받아들이려 했다.

> 지구상의 경계들이 급속히 해체됨에 따라, 우리는 똑같은 공업 제품들을 사용할 수 있는 혜택을 누리고 있다. 우편 및 전신 서비스의 끊어짐 없는 네트워크 덕분에, 우리는 서로의 생각을 주고받을 수 있는 신경 체계의 발달로 더욱 풍요로워지고 있다. 지구는 공통의 자오선과 공통의 시간대를 요구하고 있으며, 지구 위 사방에서 보편 언어를 발명하려는 사람들이 나타나고 있다. 전쟁으로 인한 원한에도 불구하고, 세습되어 온 증오감에도 불구하고, 모든 인류는 점차 하나가 되어 가고 있다. 우리의 기원지가 수많은 곳 중 그 어디라고 할지라도, 이런 통합은 빠른 속도로 이루어지고 있고 매일매일 활기에 활기를 더하는 현실이 나타나고 있다. (Reclus *et al.* 2004: 55)

크로포트킨은 러시아 귀족이었으며(그래서 그의 별명은 아나키스트 프린스다), 자연지리학을 공부했고 시베리아의 지형과 핀란드의 빙하 퇴적물을 두루 연구했다. 크로포트킨은 이런 연구를 진행하면서 자신과 함께 생활하며 일했던 사람들에 점차 매료되어 갔다. 크로포트킨은 특히 시베리아의 코사크족에 심취하게 되었다. 그는 코사크족이 유목 생활을 영위하면서 국가의 통제 없이 살아가는 방식에 감탄했다. 크로포트킨은 상트페테르부르크대학교의 지리학 교수직을 제안받지만, 이를 거절하는 대신 자신만의 사유를 더욱 발전시켜 나갔다. 그 이후 그는 혁명운동에 가담하게 되는데 이로 인해 러시아와 프랑스에서 체포되어 투옥된다. 당시 지리학자로서 그의 명성은 매우 높았기 때문에, 영국의 왕립지리학회에서는 그의 석방을 위해 탄원서를 보냈다. 이후 크로포트킨은 석방되어 영국으로 건너갔으며, 사후 그의 장례식에는 10만 명에 달하는 추모객들이 운집했다.

크로포트킨은 단순히 지리를 기술하려 하기보다는 지리를 변혁하고자 했다. 그는 (의사결정과 권력이 국지화되어 있고 공동체 구성원들이 서로에 대해서 잘 알고 지낼 수 있는) 소규모의 공동체적 생활에 기반을 둔 지리를 신봉했다. 나아가 이런 사회조직은 자신들이 자연환경에 끼치는 영향에 더욱 주목하게 된다고 크로포트킨은 주장했다. 크로포트킨의 (그리고 르클뤼의) 사상은 오늘날 지역생태주의적 사고에 영감을 불러일으키고 있다(4장 참조). 크로포트킨의 전형적인 사상은, 자본주의하에서의 대규모 경제조직은 자연적으로 형성된 모든 협동적 형태의 사회생활을 파괴함으로써 소외를 야기한다는 믿음에 토대를 두고 있었다. 공장은 인간을 인간으로부터 그리고 인간을 생산과정으로부터 소외시킨다. 크로포트킨은 자신의 저서 『내일의 들판, 공장, 일터(*Field, Factories and Work-shops Tomorrow*)』(1899)에서 이를 아래와 같이 기술한다.

> 지금까지 정치경제학은 주로 분업을 주창해 왔다. 우리는 통합을 선언한다. 그리고 우리는 노동이 통합되어 있고 협동적인 사회야말로 이상적인 사회라고 주장한다. 우리 사회는 이미 그런 방향을 향해 나아가고 있는 중이다. 이런 사회에서 각 개인은 육체노동과 정신노동 모두를 생산한다. 이런 사회에서 능력을 갖춘 모든 개인은 노동자이며, 개별 노동자는 들판에서뿐만 아니라 공장의 일터에서도 일한다. 이 사회에서 일정한 수의 개인들로 이루어진 집단은 다양한 천연자원을 얻을 수 있을 정도로 충분히 큰 (예를 들어 민족일 수도 있고 지역일 수도 있는) 규모로 구성되어 있으며, 각 집단은 자신들이 필요로 하는 농산품과 공산품의 대부분을 생산하고 소비할 수 있게 되어 있다. (Kropotkin, Blunt and Wills 2000: 11에서 재인용)

크로포트킨은 인간 협동에 대한 자신의 이론을 정당화할 수 있는 "과학적" 사례를 제시하기 위해서 **상호부조**(mutual aid)에 관한 이론을 발전시켰다. 크로포트킨의 상호부조론은 사회란 본래 협동적이라는 주장을 담고 있다. 크로포트킨은 데이비스나 셈플 등과 마찬가지로 다윈에게서 영감을 받았지만, 그들과는 매우 다른 방식으로 전개했다. 사회적 다윈주의자들은 다윈의 연구를 토대로 하여, 인간 또한 다른 종들과 마찬가지로 적자생존의 법칙이 지배하는 생존경쟁의 장에 놓여 있다고 주장했다. 그러나 상호부조론은 다윈의 연구를 다른 방식으로 새롭게 해석하고자 했다. 크로포트킨은 다윈의 이론에 큰 감명을 받았지만, 동종의 구성원들끼리는 본질적으로 협동을 중요시한다고 『상호부조(*Mutual Aids*)』에서 주장했다.

> 한 떼의 반추동물이나 말떼는 늑대의 공격에 대항하기 위해 원형을 취한다. 이런 행동이 사랑에서 비롯되는 것도 아니요, 동정심에서 비롯되는 것도 아니다. 늑대가 사냥을 하기 위해서 무리를 형성하는 것 또한 사랑에서 비롯된 것이 아니다. 새끼고양이들이나 양들이 함께 장난치거나 가을철에 새들이 떼를 지어 다니는 것 또한 서로 사랑하기 때문이 아니다. 프랑스만큼 넓은 영역에 걸쳐 흩어져 지내던 수천 마리의 사슴들이 강을 건너기 위

해 몇십 개의 무리를 이루어 특정 지점을 향해 행군하는 것 또한 사랑이나 동정심에서 비롯된 것이 아니다. 그것은 사랑이나 개별적인 동정심보다 훨씬 더 폭넓은 감각에서 비롯된 것이다. 그것은 동물이나 인간이 지극히 오랜 진화의 과정 속에서 천천히 발전시켜 온 본능에서 비롯된 것이다. 이 본능으로 인하여, 인간이나 동물은 상호부조와 협동의 실천으로부터 힘을 이끌어내고 자신들의 사회적 생활에서 기쁨을 얻는 방법을 터득했다. (Kropotkin 1972: 21)

시베리아에서 코사크족과 함께 보낸 시간은 크로포트킨에게 큰 영감을 주었다. 크로포트킨은 그들 속에서 상당한 수준의 자기 조직화와 집단적 투쟁을 발견했고, 이를 토대로 하여 인간 생활의 핵심은 개인 간의 경쟁이 아니라 협동이라는 결론을 내리게 되었다. 일단 그런 관점을 갖게 되자, 그는 자연의 (개미떼에서부터 말이나 늑대 무리에 이르는) 모든 종들에서 이런 협동을 발견하게 되었다. 그는 상호부조론이야말로 진화의 핵심이며 이를 기반으로 사회에 관한 이론적 토대를 구축할 수 있다고 믿었다.

우리는 상호부조의 실천에서 최초의 진화가 어떻게 시작되었는지를 추적할 수 있고, 우리의 윤리적 개념들에는 긍정적이고 굳건한 기원이 있음을 알 수 있다. 그리고 우리는 인류의 윤리적 진보에서는 (상호투쟁이 아닌) 협동이야말로 주된 부분이었음을 확인할 수 있다. 이를 보다 확장해본다면, 우리는 (심지어 오늘날에 있어서도) 인류라는 종이 보다 한층 높은 단계로 진화했다는 확신을 가질 수 있다. (Kropotkin 1972: 251)

크로포트킨의 대표적 연구인 『상호부조』는 협동의 발달을 진화론적 시각에서 설명하고 있다. 이 책은 동물의 세계에서 시작하여 "야만인", "미개인", "중세 도시"로 이어지며 마지막은 "우리 자신들의 상호부조"로 끝난다. 이런 책의 내용은 시대와 진화의 정도에 따라 구성되어 있어서 쉽게 예상할 수 있게 되어 있지만, 크로포트킨은 종종 미개하고 원시적인 생활에서도 높은 수준의 집단생활이 나타난다는 점을 지적하면서 이런 계층적 위계를 문제시하기도 한다. 반대로 상호부조는 노동조합이나 가족이나 현대 도시의 가혹한 슬럼에서도 살펴볼 수 있다. 국가의 개입은 이런 여러 협동심을 약화시킨다는 것이 크로포트킨의 주장이다. 하지만 그는 결론을 사뭇 고무적으로 맺고 있다.

요컨대, 제아무리 중앙집권적인 국가의 압제적 권력이나 (과학이라는 이름으로 치장한 상냥한 철학자들과 사회학자들이 주장하는) 상호 적개심과 무자비한 투쟁의 가르침이라고 할지라도 결코 인간의 연대감을 뿌리 뽑을 수 없을 것이다. 인간의 연대감은 오래전부터

계속되어 온 진화의 과정 속에서 양육되어 왔기 때문에 인간의 정신과 마음속 깊이 박혀
있다. (Kropotkin 1972: 245).

데이비스가 진화론을 도입함으로써 지형학을 과학적으로 보이도록 만들었던 것처럼, 크로
포트킨 또한 진화 개념을 사용하여 무정부주의라는 사회 이론의 "과학적" 토대를 구축했다.
만약 생물학 연구가 협동이 자연적이라는 것을 밝혀낸다면, 이런 협동을 가로막는 (예를 들
어 제도화된 권위와 같은) 힘은 "비자연적"이라고 말할 수 있을 것이다.

무성부주의 지리학(환경결정론이나 지정학과 같은)은 지리학의 역사에서 "근대 초기"에
만 국한된 것이 아니다. 무정부주의는 19세기 후반 이후 지리학의 주요 접근 방식이 아니었
지만, 최근 멕시코의 사파티스타 운동과 2011년에 등장한 월가 점령 시위와 같은 아나키스
트의 영향을 받은 정치 운동이 가시화되고 영향력이 커지면서 다시 부상하고 있다. 이는 콜
린 워드(Colin Ward), 하킴 베이(Hakim Bey), 제임스 C. 스콧(James C. Scott)과 같은 지리
학 외부의 주요 무정부주의 학자 및 저자들에 의해서도 알려졌다. 사이먼 스프링거(Simon
Springer)는 반식민, 반국가, 반자본주의 지리학의 실천에서 아나키즘의 중요성을 주장하
면서 무정부주의는 "새로운 형태의 권위, 소속 기준의 강제, 엄격한 영토적 구속을 도입하
는 법이나 주권적 보증이 아니라 모든 면에서 개인들이 자유롭게 연대하고 상호 존중하면서
동등하게 협력하는 사회를 만들고자 하는 이론이자 실천"이라고 주장했다(Springer 2012:
1606). 그러나 스프링거는 크로포트킨과 르클뤼의 초기 무정부주의를 특징짓는 과학(다윈
주의 등)에 대한 의존을 거부하고, 대신 자연 세계의 환상적 토대에 의존하지 않는 포스트 무
정부주의를 주장한다.

무정부주의 사상과 정치의 잠재력에 대한 논의에서 제니 피커릴(Jenny Pickerill)은 자본주
의나 국가라는 제국 바깥에 함께 존재하는 방식인 "예시적 정치(prefigurative politics)"를 주
장한다.[9]

> 여기에는 생태적 공동체, 불법 점유 건물, 온라인 공간, 팝업 스토어, 세속 공간
> (secularhalls), 소셜 센터 등 다양한 포스트/비/발사본주의 공간이 활용될 수 있지만, 사람
> 들의 집이나 마을 회관, (시에서 대여한) 주말 농장, 상점 위나 자선 사무실 안의 회의 공간
> 등 지역 커뮤니티 공간과 같은 비공식 공간도 사용될 수 있다. (Pickerill, Araujo *et al.* 2017:

---

[9] 예시적 정치란 단순히 어떤 정치적 이념의 정당성을 주장하는 것이 아니라, 그 이념에 부합하는 실천과 운동을 현실
속에서 병행하여 그 이념을 구현해나가는 정치를 일컫는다.

633에서 재인용)

이러한 존재 방식은 종종 작고 눈에 보이지 않는 것처럼 보이지만, 피커릴은 지배적인 존재 방식에 대한 중요한 무정부주의적 대안을 제시한다고 주장한다.

> … 세상에는 자본주의 침범의 가장자리에 존재하고 번성하는 많은 것들이 있다. 이러한 "보이지 않는" 공간에서 급진적인 공간 개입뿐만 아니라 가정과 직장의 일상 생활에서도 대안적 상상력이 구축되고 실험적인 아이디어가 테스트된다. 창의적이고 새로운 존재 방식과 행동 방식이 실천된다. (Pickerill, Araujo *et al.* 2017: 633에서 재인용)

이는 "기존 질서에 정당성을 부여하는 소비주의적 패턴, 국가주의적 관행, 위계적 지위에 참여하는 것을 즉각적으로 거부하고 대신 직접 행동, 비상품화, 상호부조를 중심으로 하는 '스스로 하기(DIY)' 문화에 참여할 수 있다."는 가능성을 인정하며 사고와 행동에서 "지금 여기"를 수용해야 한다는 스프링거의 주장을 반영한다(Springer 2012: 1616). 무정부주의 지리학자와 지리학의 재발견은 페데리코 페레티(Federico Ferretti, 2019)가 "다른 지리적 전통"(Other Geographical Traditions, OTG)이라고 부른 것과 이네스 키그렌(Innes Keighren)이 말한 "우리의 감탄을 자아내고 미래의 가능성에 신호를 보내는"(Keighren 2018: 15) 능력을 가진 것에 참여하려는 일반적인 움직임에 기여해 왔다.

결론

환경결정론은 19세기 후반과 20세기 초반에 상당한 지지를 받았지만, 그 이후에는 과학적인 단순함과 인종차별적 함의로 인해 대부분 거부되어 왔다. 한편, 환경결정론은 "자연"과 "자연적인"이라는 개념을 인간 세계에 대한 지리적 논의 속으로 도입해 들여왔다. 이런 점에서 환경결정론은 (모든 지리적 이론을 구조화하고 있는) "인간-자연"에 대한 심층적 사고방식의 근거가 되기도 한다. 특히 생물학은 이런 은유적 진출의 강력한 토대가 되어 왔다. 라첼에게 있어서 국민국가는 "유기체"였다. 크로포트킨에게 있어서 인간 사회의 본질인 필연적 협동은 새나 벌의 행태에 뿌리를 두고 있었다. 이런 사고는 (20세기 전반기에 형성되어 오늘날까지 지리학에 영향을 끼치고 있는) 시카고 사회학파들의 "생태적" 사고에까지 영향을 주었다.

　이런 사고의 위험성은 무엇일까? 왜 인간이나 도시나 국가를 유기체와 비교하는 것일까? 우리는 "자연"이라는 어휘의 애매함으로부터 하나의 대답을 찾을 수 있다(Castree 2005). 흔히 무엇이 자연적이라고 할 때, 그것은 단지 "있는 그대로의 모습"을 말한다. 그동안 자연은 (적어도 서양에 있어서는) 비인간을 지칭하는 개념으로, 달리 말해 인간의 통제를 벗어난 세계를 지칭해 왔다. 자연은 우리의 간섭이 있을 필요가 없다. 자연은 단지 있는 그대로다. 이런 의미 위에는 또 다른 의미가 놓여 있다. 대개 자연적이라는 것은 정상적인 것을 의미하며, 정상적이라는 것은 도덕적으로 옳다는 것을 의미한다. 따라서 자연은 도덕 이론의 토대를 형성한다. 자연적인 것은 "있는 그대로의 모습"을 뜻함과 동시에 "그래야만 하는 모습"을 뜻하기도 한다. 따라서 강한 국가는 약한 국가를 향해 팽창한다고(즉 약한 국가를 침략한다고) 말하는 것은, 마치 그것이 불가피할 뿐만 아니라 도덕적으로 정당한 것처럼 보이게 한다. 마치 우리가 (그것을 중단시키려고 할지라도) 절대로 중단시킬 수 없는 일인 것처럼 보이게 한다. 만약 누군가가 (칸트나 셈플 등이 그랬던 것처럼) 어떤 인종이 "열등하다"고 주장한다면, 그들은 환경 때문에 "자연히 열등할 수밖에 없다"고 말하는 것은 모든 학대적 행위가 도덕적으로 정당하다고 말하는 것과 같다. 이 외의 다른 주장은 곧 자연에 반하는 주장일 따름이다.

　사회이론이 자연과학에 뿌리를 내린 또 다른 이유는 인문과학이 자연과학과 마찬가지로 모조리 과학적이어야 한다는 믿음 때문이었다. 사람들은 흔히 과학이란 중립적이고 객관적이며 가치중립적이라고 말한다. 따라서 인간 생활에 관한 연구가 자연과학을 더 많이 닮으면 닮을수록 그리고 자연과학적 이론과 방법론을 더 많이 차용하면 차용할수록 인간 생활에 관한 연구는 더욱 중요하게 다루어질 것이라고 생각한다. 과학적인 것과 관련된 내용은 1960년대 후반 공간과학의 발달(5장 참조)에 관한 부분을 중심으로 해서 좀 더 논의하도록 하겠다.

참고문헌

Araujo, E., Ferretti, F., Ince, A., Mason, K., Mullenite, J., Pickerill, J., Rollo, T., and White, R. J. (2017) Beyond electoralism: reflections on anarchy, populism, and the crisis of electoral politics. *ACME: An International E-Journal for Critical Geographies*, 16(4), 607–642.

Bassin, M. (1987) Race contra space: the conflict between German geopolitik and National Socialism. *Political Geography Quarterly*, 6, 115–134.

Beckinsale, R. P. (1976) The international influence of William Morris Davis. *Geographical Review*, 66, 448–466.

Blaut, J. (1999) Environmentalism and Eurocentrism. *Geographical Review*, 89, 391–408. 블라우트의 이 논문 관련 국내 번역서로는 박광식 역, 2008, 『역사학의 함정 유럽중심주의를 비판한다』, 푸른숲, 8장을 참조.

* Blunt, A. and Wills, K. (2000) *Dissident Geographies: An Introduction to Radical Ideas and Practice*, Longman, Harlow.

Castree, N. (2005) *Nature*, Routledge, London.

Darwin, C. (2006 [1859]) *On the Origin of Species by Means of Natural Selection, or, the Preservation of Favoured Races in the Struggle for Life*, Dover publications, Mineola, NY. 장대익 역, 2019, 『종의 기원』, 사이언스북스.

Davis, W. M. (1899) *The Peneplain. American Geographer*, 23, 207–39.

Davis, W. M. (1902) *Elementary Physical Geography*, Ginn, Boston, MA.

Davis, W. M. (1909) An inductive study of the content of geography, in *Geographical Essays* (ed. D. W. Johnson), Ginn, Boston, MA, 3–22.

della Dora, V. (2021) *The Mantle of the Earth: Genealogies of a Geographical Metaphor*, University of Chicago Press, Chicago, IL

Diamond, J. M. (1997) *Guns, Germs, and Steel: The Fates of Human Societies*, W. W. Norton & Co., New York. 김진준 역, 2005, 『총, 균, 쇠』, 문학사상사.

Dodds, K. (2007) *Geopolitics: A Very Short Introduction*, Oxford University Press, Oxford. 최파일 역, 2023, 『지정학』, 고유서가.

Dodds, K. and Atkinson, D. (eds) (2000) *Geopolitical Traditions: A Century of Geopolitical Thought*, Routledge, London.

Elden, S. (2009) Reassessing Kant's geography. *Journal of Historical Geography*, 35, 3–25.

Ferretti, F. (2019) Rediscovering other geographical traditions. *Geography Compass*, 13(3), e12421.

Gregory, D. (1994) *Geographical Imaginations*, Blackwell, Oxford.

Heffernan, M. (2000) Fin de siecle, fin de monde? On the origins of European geopolitics, 1890–

1920, in *Geopolitical Traditions: A Century of Geographic Thought* (eds K. Dodds and D. Atkinson), Routledge, London, 27–51.

Huntington, E. (1927) *The Character of Races as Influenced by Physical Environment*, Scribner's Sons, New York.

Inkpen, R. (2005) *Science, Philosophy and Physical Geography*, Routledge, London.

Kearns, G. (1997) The imperial subject: geography and travel in the work of Mary Kingsley and Halford Mackinder. *Transactions of the Institute of British Geographers*, 22, 450–472.

* Keighern, I. M. (2010) *Bringing Geography to Book: Ellen Semple and the Reception of Geographical Knowledge*, I. B. Tauris, London.

Kropotkin, P. A. (1972) *Mutual Aid: A Factor of Evolution*, Allen Lane, London. 김영범 역, 2005, 『만물은 서로 돕는다-크로포트킨의 상호부조론』, 르네상스.

* Livingstone, D. (1994) Climate's moral economy: science, race and place in post-Darwinian British and American geography, in *Geography and Empire* (eds A. Godlewska and N. Smith), Blackwell, Oxford, 132–154.

* Livingstone, D. N. (1993) *The Geographical Tradition: Episodes in the History of a Contested Enterprise*, Blackwell, Oxford.

Louden, R. B. (2000) *Kant's Impure Ethics: From Rational Beings to Human Beings*, Oxford University Press, Oxford.

* Mackinder, H. (1994) The geographical pivot of history. *Geographical Journal*, 23, 421–442.

Mackinder, H. J. S. (1919) *Democratic Ideals and Reality: A Study in the Politics of Reconstruction*, Henry Holt and Company, London. 임정관, 최용환 역, 2022, 『심장지대 · 매킨더의 지정학과 지리의 결정력』, 글항아리.

NoHumboldt21 (2013) *Stop the Planned Construction of the Humboldt Forum in Berlin Palace!* https://www.nohumboldt21.de/resolution/english/(accessed June 28, 2022).

Pratt, M. L. (1992) *Imperial Eyes: Travel Writing and Transculturation*, Routledge, New York. 김남혁 역, 2015, 『제국의 시선-여행기와 문화횡단』, 현실문화.

Radcliffe, S. A., Watson. E. E., Simmons, I., Fernández-Armesto, F., and Sluyter, A. (2010) Environmentalist thinking and/in geography. *Progress in Human Geography*, 34(1), 98–116.

Reclus, E. (1876a) *The Earth and Its Inhabitants: The Universal Geography*, J.S. Virtue, London.

Reclus, J. J. Â. (1876b) *Nouvelle Gâeographie Universelle*, Hachette, Paris.

Reclus, E., Clark, J. P., and Martin, C. (2004) *Anarchy, Geography, Modernity: The Radical Social Thought of Elisée Reclus*, Lexington Books, Lanham, MD.

Sachs, A. (2006) *The Humboldt Current: Nineteenth-Century Exploration and the Roots of American Environmentalism*, Viking, New York.

Sack, D. (1992) New wine in old bottles: the historiography of a paradigm change. *Geomorphology*, 5, 251–263

Semple, E. C. (1911) *Influences of Geographic Environment on the Basis of Ratzel's System of Anthropo-Geography*, Holt, New York.

Smith, N. (2003) *American Empire: Roosevelt's Geographer and the Prelude to Globalization*, University of California Press, Berkeley.

Soja, E. W. (1989) *Postmodern Geographies: The Reassertion of Space in Critical Social Theory*, Verso, New York. 이무용 외 역, 1997, 『공간과 비판사회이론』, 시각과 언어.

* Springer, S. (2012) Anarchism! What geography still ought to be. *Antipode*, 44(5), 1605-1624

Stoddart, D. (1966) Darwin's impact on geography. *Annals of the Association of American Geographers*, 56, 638-698.

Taylor, T. G. (1927) *Environment and Race: A Study of the Evolution, Migration, Settlement and Status of the Races of Man*, Oxford University Press, Oxford.

Taylor, T. G. (1937) *Environment, Race, and Migration*, University of Chicago Press, Chicago, IL

Taylor, T. G. (1951) *Geography in the Twentieth Century: A Study of Growth, Fields, Techniques, Aims and Trends*, Methuen, London.

* Unwin, P. T. H. (1992) *The Place of Geography*, Longman Scientific & Technical, Harlow.

* Winlow, H. (2009) Mapping the contours of race: Griffith Taylor's zones and strata theory. *Geographical Research*, 47(4), 390-407.

Wulf, A. (2016) *The Invention of Nature: The Adventures of Alexander von Humboldt, the Lost Hero of Science*, John Murray, London. 양병찬 역, 2021, 『자연의 발명-잊혀진 영웅 알렉산더 폰 훔볼트』, 생각의 힘.

제 4 장

지역에 대한 사고

- 지역에 대한 접근
- 지역에 대한 비판
- 신지역지리
- 비판 지역주의
- 결론

지 역 개념은 지리학의 핵심이다. 이 개념은 지표면이 뚜렷한 특징을 가진 영역들로 구분될 수 있고, 특정 장소에서 나타나는 현상들의 복잡한 패턴과 결합은 하나의 전체(ensemble)로 독해될 수 있는 의미를 지니고 있음을 함축한다. 각각 개별적으로 이루어진 모든 부분들과 프로세스들에 대한 연구에 이 전체라는 개념이 덧붙여짐으로써, 우리는 부가적인 관점을 가지고 보다 깊이 이해할 수 있다. 이처럼 지표면에 대한 좀 더 완결된 이해를 위해 특정 장소들에 주목하는 것은, 여러 시대를 걸쳐 지리적 연구에서 지속되어 온, 결코 중단된 적이 없는 테마였다. (James, 1929: 195)

지난 2,000년 동안 다른 무엇보다도 두 가지 질문이 지리적 사고를 자극해 왔다. 그것은 "인문세계와 자연세계는 어떻게 연결되어 있는가?"와 "우리기 어떻게 공간적 차이를 설명할 수 있는가?"였다. 이 중 후자의 질문은 바레니우스가 "특수지리학(special geography)"이라고 부른 것의 핵심인데, 지표면의 특정 영역에 초점을 맞추고 이 영역을 주변의 다른 영역

Geographic Thought: A Critical Introduction, Second Edition. Tim Cresswell.
© 2024 John Wiley & Sons Ltd. Published 2024 by John Wiley & Sons Ltd.

과 다르게 만든 특성을 밝히는 것이었다. 이는 20세기 전반기 이후 인문지리학의 핵심을 차지해온 탐구 분야다. 이런 탐구에서 핵심적 개념이 바로 **지역**(region)이다. 지역이라는 개념을 처음 접하면 매우 모호한 개념처럼 들린다. 예를 들어 "구역(area)"과 유사어로 생각될 수 있다. 지역과 관련해서 즉각 떠오르는 질문 하나는 지역은 어떤 스케일로 존재하는가다. 지역은 일상 언어로 사용되는 단어로, 종종 무언가 큰 구획을 가리킨다. 예를 들어 지역 예술(regional art)은 미국 중서부처럼 국가 내의 일정 범위를 차지하는 스케일에서 이루어지는 예술적 실천, 스타일, 작품 등을 의미한다. 국가 역시 대륙이나 지구의 일부로서 하나의 지역이지만, 우리는 국가적 예술 형태에 "지역적"이라는 이름표를 붙이려 하지는 않는다. 우리가 주택의 응접실이나 라운지를 "전면 지역(front region)"으로, 공적 이용을 위한 공간이 아닌 주방이나 침실을 "후면 지역(back region)"으로 설명하는 어빙 고프먼(Erving Goffman)의 작업(Goffman 1956)을 통해 사회학적 훈련을 받았다면, 주택이란 특정한 "지역"들로 이루어진 곳이라 생각할 수도 있을 것이다. 지역은 좀 더 큰 것의 부분일 뿐만 아니라 하위 지역, 입지, 장소 등 보다 작은 단위들을 포함한 것으로 보이기도 한다. 결국 지역에 대한 사고에는 "사이성(in-betweenness)"을 암시하는 무언가가 있다. 그러나 그것은 모호하다. 영국은 "사우스이스트"나 "이스트앵글리아" 같은 여러 하위 지역을 갖고 있다. 동시에, 영국은 북서유럽, "서양", "글로벌 북부"라 불리는 지역의 일부다. 그렇다면 개념으로서의 지역은, 보다 큰 전체의 일부이면서 그 안에 작은 단위를 포함하고 있는, 쉽게 규정할 수 없는 크기의 영역을 의미한다. 우리가 언급할 지역으로 무엇을 선택할 것인지는 우리가 이야기하고 있는 지역이 도대체 무엇인지에 주로 달려 있다.

　내가 당신에게 어디에 살고 있고 어디서 태어났는지를 묻는다면, 당신은 그 지명을 바로 말해줄 것이다. 나는 케임브리지에서 태어났고 에든버러에서 살고 있다. 당신이 태어나거나 사는 곳을 내가 모른다면, 당신은 그 지명을 대지 않을 것이다. 대신 당신은 내가 들어본 적이 있는 지역, 예를 들어 미국 태평양연안 북서부의 어떤 곳이라고 말해줄 것이다. 그러나 내가 질문을 바꿔서, 당신이 살고 있는 "지역"이 어떤 곳이냐고 묻는다면, 당신은 약간 어리둥절할 것이다. 그런 질문이 가진 문제는 확정된 답이 없다는 것이다. 나는 에든버러에 살고 있는데, 에든버러는 스코틀랜드의 센트럴 벨트에 속한다. 그리고 또 이 스코틀랜드의 센트럴 벨트는 북서 유럽에 속하는데, 유럽에서 "서쪽"과 "북쪽"이 어디인지는 당신이 가진 세계 개발 지리학의 관점에 달려 있다. 또한 에든버러는 여러 지역으로 나뉜다. 나는 에든버러 남부(내가 참정권을 행사하는 국회의원 선거구이다)에, 그중에서도 모닝사이드라는 근린지역에 살고 있다. 이곳은 에든버러의 다른 곳들과는 매우 다르다. 지역에 대해 사고하는 한 가지 방법은, 정치지리학에서 흔히 쓰이는 것처럼, 지역을 행정이나 규정 등에 의해 정해진 형식적 영역으로 간단하게 정의하는 것이다. 이런 의미에서 보자면, 모닝사이드는 실제로는 존재하지 않는다. 나의 지방정부는 에든버러 시이다. 에든버러 시는 미들로디언 카운티에 속했고, 미들로디언은 1921년까지 에든버러셔로 알려졌던 곳이다. 나의 시민권은 스코틀랜드 의회의 의원과 영국 의회의 의원 둘다에 의해 대표된다. 내가 무슨 지역에 살고 있는지에 대한 하나의 정답은 없다. 이처럼 지역은 파악하기 힘든 개념이다.

이론적으로 보면 우리가 지역에 대해 생각하고 쓰고 이야기할 때 수많은 문제가 있다. 아마도 핵심적인 문제는 특수한 것과 구체적인 것에 대한 사고의 가치를 어떻게 평가할 것인가의 문제이다. 이론은 수많은 사례를 관통해서 일반화할 수 있는 능력을 지칭하곤 한다. 지역에 관심을 갖고 있다고 하면서 단지 각 지역에는 고유한 특색이 있다고 말하는 데 만족하고 그 고유성을 기술하는 데 행복해한다면, 이같은 지역에 대한 관심은 비이론적으로 보인다. 이 문제는 인문지리학에서뿐만 아니라 대부분의 인문학적 사고에 내재한 핵심적 긴장을 보여준다. 곧, 보편적인 것과 특수한 것 간의 긴장인 것이다. 한편에는 진정한 과학적 사고는 보편적인 것에서만 존재할 수 있다고 주장하는 사람들이 있다. 우리가 어떤 고유한 것에 맞닥뜨렸을 때, 이것은 대상을 보편적으로 이해하게 해주는 법칙의 발전에 어떤 토대도 되지 않는다. 우리가 물은 섭씨 0°에서 언다고 말할 때에는, 어떤 특정한 물웅덩이가 얼 것이라고 말하는 것이 아니라 어디에나 있는 모든 물이 얼 것이라고 말하는 것이다. 우리가 중력 이론을 상정할 때에는, 어떤 한 개의 사과가 나무에서 왜 떨어졌는지에 대한 이론이 아니라, 지구상의 모든 사물이 (물론 그 외의 다른 힘은 전혀 작용하지 않았다는 전제하에서) 왜 땅으로 떨어지는지에 대한 것이다. 다른 한편에는, 지역의 특정한 고유성은 어느 정도 기본적인 것이며, 지리학은 학문 내에서 지역이 가지는 중심성 때문에 특권적 위치에 있다고 주장하는 (뒤에 나올 리처드 하트숀 같은) 사람들이 있다. 물론 이 긴장은 우리가 앞 장에서 추적해온 일반지리학과 특수지리학의 전통이 확장된 것이다.

우리는 이 장에서 이 긴장을 추적하겠지만, 이 긴장은 이 책 전체에 걸쳐 다시 나타나게 될 것이다. 지역 개념과 관련된 또 하나의 뚜렷한 긴장은, 지역이 세계 내에 실제로 존재하는 것인지 여부의 문제다. 즉 지역이란 사람들에게 인식되기를 기다리고 있는 실재인가 아니면 단순히 "사회" 또는 지리학이라는 학문의 임의적 구성물인가의 문제다. 지역은 사물인가 아니면 관념인가? 일부 사람들에게 있어, 지역 개념과 관련된 주요한 문제는 지역이 실제로 인식가능한 어떤 명확한 "것"과 관련되어 있지 않다는 것이다. 1954년까지만 해도 더웬트 위틀지(Derwent Whittlesey)는 "지역은 그곳에 대한 관심이나 문제와 관련된 특징은 선택하되 나머지 무관한 특징들은 무시함으로써 창조된 것으로, 사고를 목적으로 한 지적인 개념이다."라고 말했다(Whittlesey 1954: 30). 곧, **본질주의**(essentialism, 사물들은 지금의 모습을 만든 특징들의 특정한 집합으로 구성된 객관적인 실체를 가지고 있다는 믿음)와 **사회구성주의** (social constructionism, 사물은 사회 속 특정 사람들에 의해 발명되고, 생산되며, 또는 구성된다는 믿음)라는 문제는 이 책의 나머지 부분에서도 반복해서 등장한다. 세 번째 질문은 지역은 고유하고 특수하며, 내적으로 동질적이라는 바로 그 사고와 관련되어 있다. 1960년대 후반부터 계속되어 온 지역지리에 대한 비판은, 보편적인 것을 희생시켜 전망 없는 특수한 것에 관심을 갖는다는 것을 골자로 해 왔다. 최근의 지역 이론가들은 지역이 어떻게 내적으로 다양하게 분화되어 있고, (더욱 중요하게는) 지역이 어떻게 지역 외부에 존재하는 것들과 다양한 관계로 연결되어 있으며, 어떤 의미에서는 이 연결관계들로 인해 새롭게 창조되는지에 주목하고 있다. 우리는 이 장의 말미에서 지역에 대한 이와 같은 **관계적 접근**을 탐구할 것이다. 그러나 또 다른 수준에서는 지역이 한때는 고유했고 내적으로 거의 동질적이었을 수 있지만, 근대성과 자본주의라는 힘이 이 차이들을 이론상으로가 아니라 실질적으로 균등화시켰다는 주장이 빈번하게 등장하고 있다. 간단히 말해서 지역은 과거보다는 덜 중요하다. 마지막으로 정치의 문제가 있다. 어떤 사람들은 **비판 지역주의**(critical regionalism)를 주장하는데, 이는 특수성을 토대로 현대의 글로벌 자본주의의 보편화 경향에 도전하는 것이다. 여기서 지역은 저항의 지리로 설정된다. 그러나 다른 사람들은 지역주의가 필연적으로 반동적이고 배타적일 수밖에 없으며, 특수한 것으로의 후퇴라고 주장해 왔다. 이때 지역주의는 민족주의, 심지어 파시즘의 형태와 관련되어 있다. 우선 20세기를 대표하는 지역적 사고의 전통 일부를 탐색해보자.

지역에 대한 접근

지리학사에 대한 대부분의 책은, 지역지리학은 20세기 전반기 동안 지리학 전체를 지배했지만 그 이후 보다 "과학적인" 지리학이 도전함에 따라 대대적으로 숙청당했던, 특수하고 익숙한 종류의 지리학이라고 말할 것이다. 그러나 내가 이 책에서 주장하는 바는, "지역"이라 불린 것에는 다양한 버전의 관심사들이 존재했으며 이 관심은 지금도 지속되고 있다는 것이다. 20세기 전반기에 지배적이었던 지역지리의 전통은 대개 기술적(記述的)이었다. 지역에 대한 전형적인 설명은 자연환경의 특징, 지배적인 기후 조건, 건축 형태, 경제활동 유형, 문화 및 종교와 풍습 등을 포함한다. 또한 지역과 관련된 음식의 종류, 의복 양식, 여가와 의례 등도 포함된다. 이런 설명의 주된 목적은 지역이 얼마나 고유하며, 다른 지역들과 어떻게 다른지를 보여주려는 것이었다. 마이클 치솜(Michael Chisholm)이 쓴 것처럼, "경계가 분명하고 상대적으로 작은 영역을 선택함으로써 지리학자들은 현상의 전체성과 상호관계성을 이해하고자 했다"(Chisholm 1975: 33). 이는 특정한 대상이나 관심을 가진 프로세스에서 출발한 다음(예를 들어 이민의 수준, 한 경제 내 외국인 투자의 규모 같은), 이런 현상이 지리적 또는 지역적으로 어떻게 달라지는지를 기술했던 프로세스와는 다른 것이었다. 이 두 번째 접근에서도 여전히 지역은 제 역할을 하고 있다. 다만 무엇이 탐구되고 있는지가 다를 뿐이다. 이 경우 지역에 대한 다른 모든 측면(기후, 음식, 의례 등)은 기껏해야 부수적일 따름이다.

첫 번째 유형의 분석은 20세기 초반 여러 지리적 연구 사업의 핵심이었다. 그러나 이는 매우 상이한 방식으로 진행되었다. 아래에서는 지역에 관한 널리 알려진 전통 중에서 주요 네 가지 전통에 대해 살펴보고자 한다. 이 네 가지 전통이 모든 것을 망라하는 것은 아니지만, 지역적 사고가 제공해야 할 풍부한 가능성을 보여줄 수 있다. 이 네 전통은 지역 개념을 핵심으로 한다는 면에서 공통적이지만, 지역에 대한 접근에 있어서는 뚜렷한 차이를 갖고 있다.

비달 드 라 블라슈와 프랑스의 지역지리학

> … 다른 과학으로부터 받은 도움에 대한 맞교환이라는 측면에서 지리학이 공동의 보고(寶庫)로 이끌 수 있는 것은, 사물들이 지구의 지표면 전체 환경에 위치하든, 특정한 지역적 환경에 위치하든 간에, 사물들의 조화와 상호 연관을 이해하기 위해, 자연이 모아 놓은 것을 분리시키지 않는 능력이다. (Martin *et al.* 1993: 193)

폴 비달 드 라 블라슈(Paul Vidal de la Blache, 1845~1918)는 뛰어난 프랑스 지리학자였다. 그는 동료 및 제자들과 함께, 19세기 후반과 20세기 초반 프랑스의 지리에 대한 독특한 사고 방식을 발전시켰다. 그는 프랑스가 어떻게 기후에서부터 음식에 이르기까지 모든 것이 인접 지역과 구분되는 독특하고 고유한 지역들로 나뉘는지를 보여주고자 했다. 비달은 프랑스 지리학에서 핵심 인물이었다. 그는 리터, 라첼, 훔볼트 같은 독일의 지리적 전통에 큰 영향을 받았다. 비달은 라첼의 작업 중 **생활환경**(*milieux de vie*)이라는 개념을 발전시켰다(3장 참조). **생활양식**(genres de vie)은 문화 · 역사지리학의 주제인 통일되고 인식 가능한 생활패턴을 말한다. 생활양식 개념은 우리가 현재 모든 생활 방식으로서의 "문화"와 연관시키는 모든 생각, 행위, 사물을 포함했다. 이는 한 집단이 가진 뚜렷한 전통, 음식, 건축, 농업, 제도, 무형의 습관을 포함한다. 이 생활양식은 또 다른 개념과 연관되었는데, 바로 "고장(pays)"이란 개념이다. 고장이란 문화가 **경관**(paysage, 영어로 landscape)상으로 뚜렷하게 가시화된 물리적 지역이다.

비달은 프랑스의 지역지리에 대한 글인 『프랑스 지리 도해(*Le Tableau de la géographie de la France*)』(Vidal de la Blache 1908)로 매우 유명하다. 이 책은 지역지리 연구의 본보기가 되었는데, 한 특정 장소에서 나타나는 자연적, 문화적 현상의 복잡한 층위들을 기술한 텍스트이다. 이 책은 지역지리 연구의 모델이 되어 전 세계로 퍼져 나갔는데, 특히 버클리의 칼 사우어(Carl Sauer)의 연구에 영향을 주었다. 지역지리학에 대한 비달의 사고는 그의 유고집인 『인문지리학 원리(*Principles of Human Geography*)』에서 더욱 발전했는데, 이 책은 그의 제자인 에마뉘엘 드 마르톤(Emmanuel de Martonne)이 편집해서 출간한 것이었다(Vidal de la Blache *et al*. 1926). 이 책에서 비달은 지역의 특수성에 대한 관심을 사람과 땅의 관계에 대한 이론화와 결합시켰다. 비달은 사람과 땅의 통일성이 고장에서 뚜렷하게 드러난다고 주장했다. 그런데 이 고장 안에서 사람과 땅의 관계를 보면, 생활양식이 기후, 토양, 지형같은 엄연한 사실로서의 자연환경에 의해 결정되는 것이 아니라, 어떤 지역을 규정하는 자연적 속성들을 가장 잘 이용할 수 있는 방법을 사람들이 선택하게 하는 만드는 것이 바로 생활양식이라고 주장한다. 이런 식으로 비달은 환경결정론에 대한 비판으로 알려진 **가능론**(possibilism)을 발전시켜 나갔다. 즉 사람들이 어떤 일을 하는 것은 자연의 날것 그대로의 요구 때문이 아니라 자신들이 가진 **생활양식** 때문이라는 것이다. 이로써 비달은 문화를 지리학의 중심에 확고히 위치시켰다. 이런 의미에서 지역 및 지역 간의 차이는, 지구상에서 특정 부분의 고유성에 초점을 맞춤으로써 (인간 생활은 기후에 의해 결정된다는 것과 같은) 보편적인 이론에 이의를 제기하는 이론적 도구를 제공했다.

생활양식은 비달학파의 지리학에 핵심 개념이었다. 앤 버티머(Anne Buttimer)의 설명에 따르면, 생활양식은 "공간적, 사회적 정체성을 아우르는 일종의 라벨로서, 어떤 집단을 그들의 경제적, 사회적, 영적(靈的), 심리학적 정체성이 각인된 경관을 통해 규정할 수 있다"(Buttimer 1971: 53). 버티머가 보기에 비달의 핵심 개념은, 막다른 길에서 우회하는 (타 학문의 개념들은 발견하지 못한) 방법을 발견한 것이었다.

> 곧, 어떤 사회의 실제적 조건은 인류학에서 주장하는 것처럼 문화 진화의 관점에서만 설
> 명될 수 없고, 경제 조직의 진화를 통해 전체 그림을 이해할 수 있는 것도 아니다. 라첼의
> 제자들처럼 장소 요인을 과도하게 강조하는 것도 사회의 실제적 모습을 설명할 수 없다.
> 따라서 필요한 것은, 어떤 집단의 일상생활에 녹아든 장소, 생계, 사회조직의 통합을 잘
> 보여줄 수 있는 개념이다. 생활양식은 이 모든 특성을 잘 아우르고 있는 것처럼 보인다.
> (Buttimer 1971: 53)

그리고 또한 **생활양식**은 문화(또는 문명)가 자연과 어떻게 관련되어 있는지를 다시 사고할
수밖에 없게 만든다. 비달의 연구에서 자연은 핵심적이다. 비달은 인문지리에 있어서 자연
이 미치는 영향력의 중요성을 부인하기 위해 환경결정론의 일방향적 설명에 질문을 제기한
것이 아니었다. 오히려 그는 사람들과 세계의 고유한 종합을 연구해야 한다고 주장했다. **생
활양식**은 자연적 서식지에 의해 생산되며 동시에 자연의 서식지를 생산하는 것이다. 반복해
서 말하지만, 비달은 자연환경이 유사한 장소들이 이를 기반으로 어떻게 다양한 생활양식을
발전시켜 서로 다른 세계로 변화되어 가는지를 보여주려고 했다. 따라서 버티머가 지적했던
것처럼, "초창기 브리티시컬럼비아, 태즈메이니아, 칠레는 유사한 환경을 가지고 있었지만
현재는 전적으로 다른 생활양식을 가지고 있다"(Buttimer 1971: 55). 비달은 (21세기의 독자
들에게는 결코 편할 수 없는) "인종"이라는 렌즈를 통해 사람들에 대해 이야기하는 것을 좋
아하긴 했지만, 인종이 환경의 산물이 아니라는 것을 보여주는 데는 열성적이었다.

> … 진보를 주도하며 발전하고 있는 사회집단은, 본래 자연과 인간의 협력관계로부터 비롯
> 되었지만 점차 환경의 직접적인 영향력으로부터 벗어나게 될 것이다. 인간은 어떤 생활
> 방식들을 고안했다. 자연이 제공한 재료와 물질의 도움 덕에, 인간은 조금씩 한 세대에서
> 다음 세대로 수단과 발명품을 물려주면서 자신의 존재를 안정시킬 수 있는 제도를 체계적
> 으로 정립하는 데 성공했다. 이렇게 만든 제도를 통해 인간은 자신이 원하는 대로 환경을
> 변형한다. (Vidal de la Blache *et al*. 1926: 185)

비달의 연구는 프랑스 지리학을 지배하게 되었고 제자들은 비달학파의 전통이라고 알려진
풍성한 지역 연구물들을 생산했다. 이는 지금도 계속되고 있다. 그리고 이는 현대 프랑스 지
리학자 폴 끌라발(Paul Claval)이 프랑스의 지역지리는 비달의 통찰력에 상당히 기대고 있

다고 설명한 데서도 나타난다(Claval 1998). 그의 영향력은 1970년대 중반 **인본주의 지리학**(humanistic geography)의 도래에서도 주목할 만하다(6장 참조). 비달이 강조한 생활양식은 앤 버티머에게 특별한 매력을 끌었는데, 그녀는 비달의 전통에 대한 가장 뛰어난 해석자 중 한 사람이 되었다.

하트숀과 지역학적 관점

미국에서 20세기 전반기에 지리학의 이론적 토대가 된 주요 저서는 하트숀의『지리학의 본질(*Nature of Geography*)』(1939)이었다. 비달과 마찬가지로 하트숀에 중요한 영향을 끼친 사람은 독일인이었는데, 바로 독일의 지리학자 헤트너(Hettner)였다. 하트숀은 엄밀한 이론 구성 과정을 통해서뿐만 아니라 지리학사 분석을 통해서 지리학이라는 학문을 정의하고자 했다. 지리학이란 무엇인가라는 (지리학사가 시작된 이후 지겨울 정도로 끊임없이 반복되어 온) 질문에 대한 하트숀의 대답은, 지리학의 실질적이고 이론적인 초점이 "지역 차(areal differentiation)"에 있다는 것이었다. 하트숀의 표현에 따르면, 지리학은 "파악된 모습 그대로의 지역적 차이의 실재를 해석하는 것인데, 이는 어떤 대상물이 장소마다 다르다는 측면뿐만 아니라 각 장소에서 나타나는 현상들을 종합하는 측면에서도 해석하는 것이다"(Hartshorne 1939: 462). 따라서 지리학의 임무는 한 장소(또는 지역)와 다른 장소 간의 차이를 기술하고 설명하기 위해 관련 정보를 종합적으로 제공하는 것이다. 하트숀은 이런 종합적 실천의 핵심이 바로 지역지리라고 생각했고, 이는 그리스어 **지역학**(chorology)으로부터 차용한 것이다. 비달의 지리가 프랑스 내 특정한 **고장**(pays)을 세밀하게 탐구하는 데 토대한다면(이는 주로 비달의 제자들이 한 말이다), 하트숀의 지역학은 지리학(특히 독일 지리학)에 대한 역사적 독해와 자신의 추론에 의존했다. 따라서 지역지리에 대한 하트숀의 주장은 비달과 비교할 때 보다 철학적이지만 현실적 기반은 약하다.

하트숀은 지리학의 예외주의를 정당화하기 위해서 지역 개념을 이용했다. 그는 대부분의 학문은 특정한 연구 대상이 있지만, 지리학의 목적은 종합적이라고 주장했다. 그것은 특정 지역이나 장소에서 발견되는 것들의 전체성과 관련되어 있다. 이는 하트숀이 헤트너의 저작을 읽으면서 취하게 된 관점이다.

> 지역학적(chorological) 관점의 목적은 지역과 장소의 특성을 아는 것인데, 이를 파악하는
> 방법은 현실의 다양한 영역과 이들 영역마다 다양하게 변주되는 양상 속에서 각 존재가

어떻게 통합되어 있고 관계를 맺고 있는지를 이해하고, 하나의 전체로서의 지표면이 대
륙, 크고 작은 지역, 장소라는 형태로 실제 어떻게 배치되어 있는가를 이해하는 것이다.
(Hettner, Hartshorne 1939: 13에서 재인용)

역사학이 특정 시대를 연구하는 것이라면, 지리학은 특정 장소를 연구하는 학문이다. 여기
서 하트숀은 헤트너를 따랐을 뿐만 아니라 칸트의 철학적 사고도 발전시켰다. 칸트는 모든
일이 발생할 때 항상 함께 하는 두 가지 근본적인 범주가 있는데, 곧 공간과 시간이라고 주장
했다. 하드숀은 이로 인해 지리학과 역사학이 특히 중요했으니, 다른 모든 과학의 토내를 형
성하는 근본적인 학문이 되었다고 주장했다. 그동안 지리학계에서는 하트숀이 지리학을 **법
칙추구적**(nomothetic) 과학과는 대립되는 **개성기술적**(idiographic) 과학을, 곧 특수한 것들에
대한 과학을 주장한 사람이라고 해석해왔다. 그러나 이는 약간 공정하지 못하다. 하트숀은
지리학이 특수한 것과 보편적인 것 간의 균형을 맞출 필요가 있다고 주장하려 했다(Agnew
1989; Unwin 1992). 하트숀은 "지리학이 현상의 개별적인 특성과 그 관계만을 연구하는 데
만족하고 일반적 개념과 보편적 원리를 개발할 기회를 이용하지 않는다면… 과학으로서 갖
추어야 할 주요 기준 중 하나를 갖추는 데 실패할 것이다."라고 썼다(Hartshorne 1939: 383).
그는 지역지리학에서 이루어진 발견은 계통적 이해를 구성하는 데 기여하며, 그 역도 마찬
가지로 성립한다고 주장했다.

지리학의 궁극적 목적인 세계의 지역 차에 대한 연구가 지역지리에서 매우 분명히 드러
난다. 계통 지리학도 지역지리와의 관련성을 계속 유지해야만 지리학의 목적을 이룰 수
있고, 그래야만 다른 과학으로 흡수되지 않는다. 다른 한편으로 지역지리만으로는 무의
미하다. 곧, 지역지리학이 계통지리학의 일반적 개념과 원리를 지속적으로 공급받지 못
한다면, 지역지리적 발견의 해석은 높은 수준의 정확성과 확실성을 향해 나아갈 수 없다.
(Hartshorne 1939: 468)

여기서 하트숀은 계통지리학의 가치를 인식하고 있지만, 지리학 자체의 독자성은 지역지리
학의 실전에 있나고 주장한나. 이 외의 나튼 네서노 하트숀은 **특수한 것**과 보편석인 것 사이
에서 개념적 균형을 맞추려 했지만, 지리학의 정체성이 지역에 있다는 것은 분명히 했다. 위
의 인용문에서 하트숀은 "지리학의 목적"을 지역에 두었으며, 지역이 없다면 지리학 자체가
사라질 것이라고 보았다. 하트숀은 다음과 같이 지리학이란 특수한 것의 연구라는 점을 다
시 한 번 주장하고 있다.

> 지리학이 개별 사례를 알고 이해하는 데 관심을 두는 지식 영역이라는 점은, 지리학의 기
> 능이 장소 연구에 있다는 점에서 직접 도출된 것이다. 장소에 대한 개념은, 사람이나 사
> 건에 대한 개념과 마찬가지로 본질적으로 특수한 것에 대한 개념이다. (Hartshorne 1939:
> 157)

하트숀은 지리학이라면 특정 장소나 지역에서 발생한 것은 그것이 무엇이든 간에 관심을 가
져야 한다고 믿었다. 지리학에서 관심을 두는 사실은 기후, 토양, 산업 같은 현상들이 함께
발생한다는 점이다. 바로 이런 결합성(togetherness)이 지리 연구의 핵심에 있다.

> 지리학은 특정 현상만을 따로 떼어 연구해야 한다고 주장하는 것이 아니라, 연구 지역 내
> 에서 의미 있게 통합되어 있는 모든 현상을 연구해야 한다고 주장한다. 비록 이 현상들
> 에 대한 관심이 연구자마다 가진 관점의 차이로 인해 달라질 수밖에 없겠지만 말이다.
> (Hartshorne 1939: 372)

하트숀의 주장에 따르면, 지리학자들은 연구 관심을 개별 현상에만 (예를 들어 기후에만, 토
양에만, 산업에만) 한정해서는 안 되며, 이 여러 현상들이 다른 어디와도 똑같지 않은 고유한
무언가를 생산하기 위해 어떻게 공존하고 결합하고 통합되는지를 숙고해야 한다.

　하트숀이 발전시킨 인문지리학의 지역학적 접근은, 지리학이 무엇을 추구해 왔고 20세기
전반기의 미국에서 무엇을 추구해야 하는지에 대한 매우 실질적이고 철학적인 설명을 제공
했으며, 그 설명의 핵심에는 지역 개념이 있었다. 그러나 하트숀이 추구한 지역지리는 비달
과 그 제자들이 연구했던 프랑스 지역에 대한 깊이 있는 기술적(記述的) 설명과는 명백히 달
랐다. 하트숀의 저술에는 이런 식의 지역에 대한 기술이 없다. 하트숀의 연구는 직접적인 실
천적 연구라기보다 철학적이고 방법론적인 기획이었다.

소련의 지역지리

하트숀이 지역지리에 관한 글을 쓰고 있던 때, "지역" 개념은 소련에서 꽤 다른 역할을 하고
있었다. 소련에서는 지역지리학이 특히 강했다. 1917년 사회주의 혁명 이후, 지리학이라는
학문은 계획경제 생산을 목적으로 작동하기 시작했다. 레닌(Lenin)은 자연환경이 인간의 경
제 발달에 한계를 부여할 수 있다는 사고를 단호히 거부했다. 그런 사고는 신(新)다원주의이
자 부르주아적 사고라고 보았다. 그는 지리학자들에게 새로운 소비에트 경제가 계획될 수
있는 지역을 합리적으로 설정해줄 것을 원했다. 특히 지리학자 니콜라이 바란스키(Nikolai

Baranskiy)는 소련 지리학에서 중심적인 위치에 있었다. 개인적으로 레닌의 친구였던 그는, 사회주의 혁명 이후 수십 년 동안 소련 지리학의 미래를 총괄할 수 있는 위치에 있었다. 바란스키는 계획경제에서의 지역의 역할에 강한 신념을 가졌으며, 국가경제를 계획하는 국가계획위원회, 즉 고스플란(GOSPLAN)에 영향을 미칠 수 있었다. 1922년 국가계획위원회는 계획경제에서 지역의 중요성을 다음과 같이 말했다.

> 지역은 경제적으로 통합되어, 다른 곳과 구분되는 특징적 영역이어야 한다. 자연적 특성, 과거의 문화적 축적, 생산 활동에 숙련된 인구가 결합되면, 지역은 국가 경제라는 전체 회로에 연결되는 링크들 중 하나가 될 것이다. … 따라서 지역화는 천연자원, 숙련된 노동 인구, 이전의 문화가 축적된 자산, 새로운 기술들이 긴밀히 연결되도록 돕고, 지역 내의 노동 분업을 보장하고 동시에 각 지역을 하나의 거대한 경제 체제로 조직화하여 최상의 결과물을 보장함으로써 최고로 생산적인 결합을 창출할 것이다. (GOSPLAN, Martin *et al.* 1993: 243에서 재인용)

국가계획위원회는 소련을 21개의 합리적인 지역으로 분할한 다음, 소장 지리학자, 경제학자 등으로 하여금 이들 지역을 깊이 있게 연구하게 했다. 대학에서는 최선의 지리학 연구 방법에 대한 여러 주장이 있었지만, 최종적으로 승리한 것은 바란스키의 주장이었다. 그는 소련 경제의 발전에 효과적으로 기여할 수 있는 것은 지역적 접근뿐이라고 주장했다. 1934년 소련 중앙행정위원회의 첨단기술교육 상임간부위원회는 모든 대학에서 지리학을 지역적으로 가르치도록 지시했는데, 구체적인 요구 사항은 "경제지리학 내용의 대부분은 지역적 토대에서 가르쳐야 한다. 소련의 경제지리학 교육과정에서는 적어도 전체 교육시간의 70%가 경제지역에 할당되어야 한다."는 것이었다(Saushkin 1966: 30-31에서 재인용). 이 접근은 나중에 자연지리, 취락 패턴, 경제 이렇게 3영역의 지역적 상호작용에 초점을 맞춘 접근을 주장한 아누친(V. A. Anuchin)의 지지를 받아 더욱 발전했다(Martin *et al.* 1993 참조). 바란스키는 자본주의라는 (자본 스스로의 메커니즘에 의해) "자발적으로 작동하는 프로세스"에 대한 대안으로 소련의 계획경제에 대해서는 지역적 접근을 독려했다.

> 사회주의 경제의 다른 특성들과 마찬가지로, 지역 간의 경제적 연계 또한 현재 계획적으로 조직되어 있고, 각 지역은 국가의 포괄적 계획하에서 일정하고 엄밀하게 고정된 역할을 완수하고 있다. 자본주의하에서는 노동의 지리적 분업이 자발적 프로세스로 발달하지만, 소련에서는 최대의 효율을 얻기 위한 목적으로 지역적 전문화에 토대를 둔 노동의 영

> 역적 조직화 계획이란 방법으로 전환되었다. (Baranskiy 1959: 411)

소련의 경제지리학은 자본주의 경제가 제국주의와 시장의 힘이라는 프로세스를 통해 실질적인 생산력 분배를 왜곡했다는 믿음에 토대하고 있다. 이는 곧 제국의 중심은 수백 또는 수천 마일 떨어진 곳에 위치한 원료 산지로부터 수익을 거둬들이면서도, 어떤 지역은 제국의 중심에 대해 주변적인 위치로 남아 있을 수밖에 없다는 것을 의미했다(이런 주장은 서구의 많은 마르크스주의자들의 주장과 공통된다). 소련 지리학자들의 눈으로 볼 때, 이같은 경제체제는 제정 러시아가 발전시켜온 방법이었다.

> 산업의 분포는 원료의 분포와 일치하지 않았다. 경제 지도는 천연자원 지도와 일치하지 않았다. 산업 기반이 집중된 핵심부에는 석탄층이나 석유 용해로나 광맥이 없었다. 레닌그라드 아래는 습지였고, 모스크바 아래는 진흙이었다. … 핵심부에서 사용한 연료는 그곳에서 난 것이 아니었다. 그 연료는 외딴 지역에서 얻은 것이었고 아주 멀리서 운반해 온 것이었다. 즉 우크라이나에서 석탄을, 트랜스코카서스에서 석유를, 북쪽에서 목재를 가져온 것이었다. (Mikhaylov 1937: 43-44).

그들은 사회주의 계획경제는 **생산력**(productive force, 원료, 공간의 배치, 노동력, 지식, 기술, 기계의 결합을 설명하기 위해 사용되는 용어)의 실질적이고 객관적인 분배에 토대해야 한다고 주장했다. 공장은 원료 산지 가까이에 위치해야 하고, 교통비는 최소화되어야 한다. 핵심적인 한 문장을 제시하면 다음과 같다.

> 국가의 주요 경제지역의 경제 발전 속도와 방향은 엄청난 의미를 지니고 있다. 국가 경제에서 가장 중요한 지점들을 경제적으로 더 발전된 자본주의 국가 수준으로 끌어올리려면, 국가의 모든 경제지역들의 수준을 끌어올려야만 한다. 이를 위해서는 반드시 각 지역의 천연자원 및 노동력을 더욱 완전하게 활용해야 한다. (Balźak and Harris 1949: 140)

앵글로아메리카 지리학의 세계에서 지역에 대한 호감이 사라져버린 뒤에도 오랫동안, 소련의 지리학에서 지역 개념은 중심적 위치로 남아 있었다. 이런 이유 중 하나는 지역에 대한 기술(記述)이나 정의(定議)에 앞서서 지역이 존재론적으로 실재한다는 강한 믿음이었다. 바란스키 등에게 지역이란 실재이며 객관적으로 존재하는 것이다. 지역은 천연자원, 노동력 풀(pool), 전문 기술의 결합을 인식함으로써 그 위치와 경계를 확인할 수 있는 대상이었다. 그들의 주장에 따르면 자본주의는 이런 지역의 존재에 주의를 기울이지 않았기 때문에, 필연적으로 왜곡되고 제국주의적인 지리를 생산하게 되었다. 지역의 실재를 인식하는 것이 공정하면서 효율적인 지리를 생산해내는 것이라고 그들은 주장했다.

생물지역주의

소련의 지리학자들만이 지역의 객관적 존재가 지역의 정의, 기술, 분석보다 선행한다고 주장했던 것은 아니었다. 지역을 담론 이전에 실재하는 것으로 보는 또 다른 집단이 있었는데, 이들은 생물지역주의자들이었다. 이들이 지리학에 끼친 영향은 매우 미미했지만(Parsons 1985; McTaggart 1993), 이들의 사고는 매우 지리적이었다.

생물지역주의(bioregionalism)란 용어는 1970년대 중반 캐나다의 알렌 반 뉴커크(Allen Van Newkirk)가 만들어낸 것으로, "자연경관의 생물적 실재를 토대로 하여 인간 활동의 스케일을 새로우면서도 자의적이지 않게 설정하려는 지역 모델"을 말한다(Van Newkirk, Aberley 1999: 22에서 재인용). 베르크와 다스만(Berg and Dasmann)은 이 개념을 더욱 발전시켜서, 생물지역이란 용어가 "지리적 영역과 의식의 영역, 곧 장소와 그 장소에서 살아가는 방법을 발전시킨 생각"을 가리킨다고 말했다(Berg and Dasmann 1977: 399). 또한 이들이 생물지역의 경계를 정하는 방식은 맨 먼저 "기후학, 지형학, 동물 및 식물 지리, 자연사, 기타 기술적(記述的)인 자연과학"을 연구하는 것이지만, 생물지역 경계에 대한 미세한 조정은 "그곳에서 거주하면서 그 장소에서의 삶의 실재를 인식한 사람들에 의해 가장 잘 수행될 수 있다."고 썼다(Berg and Dasmann 1977: 399).

그렇다면 생물지역은 생물학적으로 정의된 (대부분의 경우는 유역권에 의해 정의되는) 실재와 그 속에서 거주하고 일하는 사람들의 특정한 결합에 토대하고 있다. 중요한 점은 이들 생물지역이 외부의 타자에 의해 정의되는 것이 아니라, 자연과 문화의 고유한 결합이 이루어지는 내부로부터 유기적으로 정의된다는 것이다. 이 개념의 뿌리에는 국가, 주, 카운티 등의 인위적인 정치적 경계보다는 자연에 뿌리내린 객관적 지역이 보다 더 실제적이라는 인식이 존재한다. 커크패트릭 세일(Kirkpatrick Sale)은 생물지역주의와 관련하여 가장 잘 알려진 사람으로서, 미국의 영향력 있는 환경보호단체인 시에라클럽(Sierra Club)을 통헤 출판한 생물지역주의에 대한 그의 책은 매우 널리 읽히고 있다. 세일은 자신의 책에서 세계가 지구 전체 스케일에서부터 작은 하천 유역권 스케일에 이르기까지 공간적으로 계열화된 "자연 지역"들로 구분될 수 있다고 주장했다(Sale 1985). 그러나 생물지역주의는 단순히 자연과학자들의 무미건조한 과학적 개념이 아니다. 객관적 지역이라는 이 개념은 무정부주의에 가까운 정치적 관점과 연결되어 있는데, 곧 사람들을 둘러싸고 있는 자연 세계처럼 인구집단 역시 로컬 스케일에서 스스로를 조절한다는 관점과 연결되어 있다. 나아가 이들 지역 내에서 발달해온 지역 문화는 (지역 내의 다른 주민이라고 할 수 있는) 동식물군을 가치 높게 여긴다. 이런 태도는, 원주민 공동체들이 그 지역의 공동 주민인 동식물군을 가치 있게 여겨왔다고 믿는 태도와 닮았다. 곧 생물지역주의는 생태학을 토대로 세계를 지역별로 구분하는 것으로 시작하고, 그 위에 새로운 형태의 인간의 사회성(sociality)과 통치 방식을 지도화하며, (마지막으로 가장 중요한 작업인) 인간을 둘러싼 모든 자연과 교감하는 영성(靈性, spirituality)을 지도화한다. 생물지역주의의 핵심에는, 지역이 단순히 인간 상상력의 산물이 아니라 그 자체로 세계에 실재하는 행위주체로서의 사물이라는 사고가 내재되어 있다.

> 생물지역주의에서 말하는 생물지역은 그 자체로 작동하는 세계인데, 즉 어떤 일이 이루어질 필요가 있다고 알게 되면 그 일이 이루어지게 하는 세계다. 생물지역은 생각과 글과 말을 통해, 그리고 조직, 학문, 실천, 정치를 통해 어떤 일이 이루어지게 만든다. 그러나 처음부터 끝까지 생물지역은 작동하는 세계이며, 세계는 어떤 일이 어떻게 이루어지는지 알고 있거나 이해하게 된다. (McGinnis 1999: xv)

생물지역주의의 옹호자들은 이것이 새로운 사고가 아니라 자연세계와의 전근대적 또는 토착적 관계에 뿌리를 두고 있는 사고임에 주목한다.

> 생물지역주의는 새로운 사고가 아니라, 그곳에 살고 있는 원주민으로까지 거슬러 올라갈 수 있다. 생물지역주의가 주류 어휘로 출현하기 훨씬 이전부터, 원주민들은 생물지역주의가 가진 많은 사고를 실천해 왔다. 그러나 인구 성장과 기술의 발전, 국가/주(州)의 임의적 경계, 글로벌 경제 패턴, 문화의 희석, 자원의 소진 등이 점차 과거와 같은 전통을 유지할 수 있는 토착(및 비토착) 공동체의 능력을 제한하고 있다. (McGinnis 1999: 2)

확실히 생물지역주의 이론에는 토착 문화에 대한 노스탤지어적 낭만화 경향이 상당히 많다. 즉 근대의 것은 "인위적"이며 도덕적으로 의심스러운 반면, 전통적 방식은 지역에 대한 활기넘치는 정체성과 연결되는 것으로 존중되어야 한다는 것이다. 생물지역주의자들은 일관되게 장소, 지역, 토착 문화로 "복귀"할 것을 주장한다.

시인이자 생태주의 활동가인 게리 스나이더(Gary Snyder)는 생물지역주의의 사상적 발전에 중요한 역할을 했다. 스나이더는 지역이 지도학자, 정치가, 토지 소유자의 산물이라는 것에 이의를 제기한다.

> 우리는 카운티나 주(州) 그리고 국경 등의 정치적 경계가 지역을 정의한다고 받아들이는
> 데 익숙하다. 이런 선이 어느 정도의 유용성을 갖는 경우가 있긴 하지만, 내가 생각하기에
> 많은 경우, 특히 극서부[1]의 경우는 그 선이 상당히 임의적이며, 사람들이 자연과 어떻게 관
> 계를 맺고 있는지를 아는 데 혼란을 줄 뿐이다. 그래서 캘리포니아 주의 경우 … 우리에게
> 가장 유용한 것은 『캘리포니아 인디언 핸드북(*Handbook of California Indians*)』에 나오는
> 지도를 보는 것인데, 이 지도는 원주민인 인디언 문화집단과 부족의 분포를 (곧 문화지역
> 의 분포를) 보여준다. 그다음은 다른 지도, 곧 크뢰버(Kroeber)의 『북아메리카 원주민의 문
> 화 및 자연 지역(*Cultural and Natural Areas of Native North America*)』에 나오는 지도와 연관
> 시키는 것이다 … 그리고 기후지역 및 문화지역이 어떤 식물군의 분포 범위와, 또 어떤 생
> 물군계와 중첩되는지를 살펴보는 것이다. 이 결과 우리는 그 지역에 대한 어떤 감을 잡게
> 된다. 그다음 지형도를 보고 이 지형도에 나타난 유역권을 연구함으로써, 유역권이라는
> 용어가 어떤 의미이고 무엇과 연관되는 것인지를 보다 분명하게 알게 된다. 이 모든 것은,
> 우리의 마음을 정치적 경계의 틀 또는 익숙하거나 일반적으로 인정되는 지역 구분의 사고
> 로부터 벗어나게 하려는 실천이다. … 사람들은 상품의 마구잡이식 유통이나 장거리 수송
> 이 무한히 가능할 것이라고 가정하기보다는, 지역에 대한 느낌을 그리고 하나의 지역 안
> 에서 무엇이 가능한지를 배워야 한다. (Snyder, 1999: 17에서 재인용)

생물지역을 정의하는 데 중심이 되는 자연적 사실은 유역권의 존재일 것이다. 에세이 「유
역권에 다가가기(Coming into the Watershed)」에서 스나이더는 아들 젠과 캘리포니아를 종
단했던 드라이브 이야기를 했다.

> 그래서 우리는 어느 날 오후에 드라이브를 떠났는데, 멕시코 남부와 비교할 때 많은 식물
> 군이 일치하는 지중해성 기후지역인 새크라멘토 계곡부터 시작해서 건조한 소나무 언덕
> 이 있는 내륙 지역을 지나, 캘리포니아 특유의 특성 중 하나인 붉은삼나무 숲을 통과하여
> 태평양 북서 해안지역까지 도달했다. 이렇게 4개 주요 지역의 가장자리를 관통한 것이다.
> 이 4개 지역의 경계선이 확고한 것은 아니지만 분명하다 이 경계선은 투과적이며, 침투
> 가능하고, 논쟁적이다. 또한 이 경계선은 기후, 식물군집, 토양 유형, 생활양식의 경계선
> 이다. 또한 이 경계선은 수천 년에 걸쳐 변화하고 있으며, 이리저리 수백 마일을 이동하고

---

1 극서부(Far West)는 미국 로키산맥 서쪽 태평양 연안 일대를 말한다. (역주)

있다. 지도 위에 그려진 가는 선은 이를 적절하게 보여주지 못한다. 그러나 이 경계선은 우리 행성의 자연적 국경을 표시하고 있으며, 우리의 경제와 옷차림을 그에 맞춰야 하는 현실적 차이를 가진 진짜 영토를 정립해준다. (Snyder 1995: 220)

스나이더의 글에 스며들어 있는 "진짜" 지역은 이런 의미다. 그는 착한 사회구성주의자의 고집스러운 확신에 가득한 채, "캘리포니아는 지도 위에 자를 대고 급하게 직선의 경계선을 그려 넣은 다음 급히 워싱턴 D.C.의 사무실로 보내면서 만들어진 최근의 발명품"이라는 점에 주목했다(Snyder 1995: 221–222). 그런 다음 그는 사회구성주의자의 회의적 관점을 버리고, 캘리포니아가 어떻게 6개 지역으로 구성되었는지를 개관했다. 이 6개 지역은 각각 "상당한 크기와 토착적 아름다움, 자신만의 모습, 새소리와 식물의 냄새가 섞여 있는" 지역이다. 그러나 캘리포니아는 거기서 그치지 않았다. 그의 눈에는 이 6개의 "자연 지역" 각각이 "거기에 살고 있는 사람들의 조금씩 다른 생활 방식, (그리고) 다양한 종류의 농촌 경제와 연결되어 있는 것으로 보였는데, 지역적 차이가 건포도용 포도, 쌀, 목재, 소떼 목장 같은 모습으로 바뀌기 때문이다"(Snyder 1995: 222).

> 유역권을 생각하면 그것은 매우 경이로운 것이다. 비가 내리고, 하천이 흐르고, 대양이 증발하는 이 과정은, 200만 년마다 한 번씩 지구상의 모든 물 분자가 순환 여행을 완료하게 만드는 원인이다. 지표면이 깎여서 유역권이 된다. 곧 나뭇가지처럼 분기하고, 관계의 도표가 만들어지며, 장소를 정의하게 된다. 유역권은 미묘한 변화에도 불구하고 그 경계가 논쟁의 여지없는 완전한 영토이다. (Snyder 1995: 229)

유역권에 기초한 생물지역은 인위적인 것과는 반대되는, 실재하는 것으로 확실히 정의될 수 있다. 생물지역주의자들은 이 실재라는 것을 토대로 우리가 로컬적으로 살아야 하며 "장소로 회귀"해야 한다고 주장하는 도덕 철학을 만들었다. 그들은 또한 지방자치라는 정치 철학을 만들었다. 그러나 그 뿌리에는 모든 것이 토대하고 있는 "자연" 시스템이 있다. 이런 의미에서 생물지역주의는 (대개 인종주의적 혐의가 없긴 하지만) 환경결정론적 모습, 그리고 비달의 고장(pays)에서 발견되는 것과 같은 자연과 지역 간의 교섭의 모습을 보여준다.

지역에 대한 비판

20세기 초 인문지리학에서 지역 개념에 대한 집착은 많은 비판을 낳았다. 영국과 미국의 젊은 지리학자들이 보다 계통적이고, 보다 과학적인 지리학을 주장하기 시작한 1950년대와 1960년대에 이르자 이 비판은 정점에 달했다. 이들 젊은 지리학자들에게 지역지리학은 구식이고, 몹시 기술적(記述的)이며, 야망도 없어 보였다. 이래에 나오는 지역지리학의 실패 목록이 이를 전형적으로 보여준다.

> … 고유하고 유사한 것에 대한 지나친 강조, 일반화의 부족과 그로 인해 다른 지역에 새로운 통찰력을 적용하지 못함, 다른 사회과학으로부터 받아들인 연구 방법론과 기술을 충분히 사용하지 못함, "문제", "주제", "상호의존성"의 선택에 있어서 지나친 절충주의와 근거 없음, 특히 독일과 프랑스에서 경관 연구는 지나치게 많은 반면 관련 사회문제 및 현상 연구는 부족함. (Hoekveld 1990: 11-12)

게다가 훅벨트(Hoekveld) 등은 이제 오늘날의 (예를 들어 1980년대의) 세계는 정말로 달라졌다고 주장했다. 지역에 대한 강조가 비달의 프랑스에서는 타당했겠지만, 근대성과 도시화가 개입하면서 지역의 안팎을 통과하는 지구적 흐름과 경향 때문에 지역의 고유한 특성들을 분리해내기 어렵게 되었다. 브라질의 지리학자 밀턴 산토스(Milton Santos)는 이 현상을 다음과 같이 지적했다. "세계 경제의 오늘날 상황에서, **지역**은 더 이상 내적 일관성으로 특징지어지는 살아있는 실재가 아니다. 이제 지역은… 주로 외부적인 것에 의해 정의된다. 다양한 기준들이 지역의 경계를 변형시키고 있다. 이런 상황 하에서 지역은 더 이상 그 자체로 존재하지 못한다"(Santos 2021: 18). 지역적 전통에 비판적인 사람들은, 지역 내부적인 것과 지역 외부적인 것을 관련시키는 것이 어떻게 가능한지 알기 어려웠다. 지역지리학이 보여온 전통적 모습을 고려할 때 지역지리학은 특정 영역 내에서의 인간과 자연과의 깊은 공생적 관계에 뿌리를 두었다. 그러나 레이 허드슨(Ray Hudson) 등이 주장한 것처럼, 지역의 고유성은 그 자체로 계급, 젠더 같은 사회적 구분을 둘러싸고 있는 광범위한 사회적 힘들의 반영이며 이것들이 결합하여 지역을 현재의 모습으로 만드는 것이다(Hudson 1990).

본 존스톤(Ron Johnston)은, 지역지리학이 인문지리학의 강한 경험주의 전통을 보여주는 증거였고 이 전통은 지표면의 특정 영역에서 함께 결합해서 나타나는 것들을 목록화하는 데 만족했다고 보았다. 지역지리학은 기껏해야 한 지역의 본질에 대한 개인의 재미있는 설명으로서, 아마도 오늘날의 여행기나 심지어 여행안내서와 크게 다르지 않은 것이었다. 그러나 존스톤은 그런 설명이 아무리 재미있을지라도, 지역지리학으로 통하는 많은 것들이 "궁극적으로는 거의 대부분 실망스러웠는데, 지역지리학의 목적이 불충하다고 보았기 때문이었다. 지역지리학은 지식을 재미있게 제시할 수는 있지만, 지식을 발전시킬 수 있는가?"라는 질문을 던졌다(Johnston 1990: 123). 허드슨은 "지역의 고유한 특성을 기술한다"는 목적이 "그 자체로 완벽히 존중할 만하지만, 지적인 목적은 제한되어 있다"고 보았다(Hudson 1990: 67). 곧, 지역지리학의 지적 야망은 확실히 부족했다. 지역지리학은 "재미있고", "완벽하게 일리가 있으며", "즐거움까지 주는" 것이긴 하지만, 궁극적으로는 "지적으로 제한적이며", "실망스럽고", "시대에 뒤떨어졌다".

그러나 전통적 지역지리학은 확실히 지지 세력을 계속 유지했다. 존 프레이저 하트(John Fraser Hart)는 1981년 미국지리학회 회장 취임 연설에서 지역지리학을 "최상의 형식을 갖춘 지리학자의 예술작품"이라고 말했다(Hart 1981). 그는 "최상의 형식을 갖춘 지리학자의 예술작품"이란, "좋은 지역지리학을 생산하는 것인데, 장소, 영역, 지역을 이해하고 감상하도록 독자들을 환기시키는 기술(記述)"(Hart 1981: 2)이라고 했다. 이 연설은 적어도 10년 가까이 강력한 힘을 발휘하던 새로운 종류의 "과학적" 지리학에 대한 공격이었다(5장 참조). 그러나 이 연설은 또한 지역이 독립적으로 존재하는 사물이라는 믿음에 의문을 제기했다. 그는 "과학적 지리학이라는 브랜드"는 "두 가지 가정에 근거를 두고 있는데, 하나는 지역이 진짜 사물로서 단순히 발견되기를 기다리고 있는 '객관적 실재'라는 것이고 …. 나머지 하나는 세계가 확인 가능한 영역, 즉 '진짜 지리적 지역들'의 네트워크로 덮여 있다는 것인데, 여기서 진짜 지리적 지역이란 모든 지리적 변수들이 동질적으로 나타나는 영역"이라고 말했다. 그는 좋은 지역지리학의 진짜 목적은 지역의 경계선을 긋는 것이 아니라 지역을 이해하고 그런 다음 기술하는 것이라고 주장했다. 물론 좋은 지역지리학은 잘 쓰여진 글이어야 했다. 그는 "좋은 지리적 글은 하나의 예술 작품이다."라고 썼다(Hart 1981: 27). 예상대로 하트의 연설은 그가 비판한 일부 "과학적" 지리학자들을 경악시켰다. 이들은 하트의 연설이 "우리가 최근에야 빠져나온 기술적(記述的)이라는 늪"으로 되돌아가자는 것이라고 주장했다(Golledge 1982: 558).

이처럼 20세기 초반에 접근했던 지역에 대한 사고는 많은 관점에서 비판받았다. 비판의 내용을 열거하자면, 지역지리는 일반화가 가능하지 않고 따라서 과학적이지 않다든가, 기술적일 뿐 설명적이지는 않다든가, 이런 기술적 기획에서는 어떤 지역에 대한 이론도 분명히 드러나지 못한다는 점에서 비이론적이라든가, 오늘날처럼 도시화되고 더 이상 정적(靜的)이지 않은 세계에서 과거의 촌락에만 관심을 갖는다든가, 기껏해야 재미만 줄 뿐 야망이 부족하다든가 등이다. 그러나 이 모든 것에도 불구하고, 지역에 대한 관심은 (완전히 다른 방식으로라도) 여전히 계속해서 지리학과 인접 학문의 특징을 이루고 있다.

신지역지리

1950년대에 "전통적" 지역지리학이라 지칭되던 것이 쇠퇴하기 시작한 이래로, 정치지리학자들이 주도하여 "새로운 지역지리학"을 요청하기 시작했다. 이 가운데 첫 번째는 1980년대에 나타났는데 사회이론(특히 **구조화이론**(structuration theory))과 시간지리학의 영향을 받았다(10장 참조). 지역지리학이 야망이 부족하다고 비난했던 많은 사람들은, 주어진 지역에 대한 목록화 위주의 "단순한" 기술에 의존하지 않는 새로운 지역지리학을 주장했다. 그래서 그들은 다른 분야의 통찰력 있는 이론적 발전을 지역 개념과 짝지우려고 했다.

　신지역지리의 중심에는 지역은 사회적 구성물이라는 믿음이 있었다. 정치지리학자들은 지역의 실재를 가정하기보다, 지역이 어떻게 세계 내의 사회적 과정을 통해 그리고 사회과학적 분석 방법을 통해 나타나는지 보여주고자 했다. 지역은 이런 프로세스의 발단이 아니라 결과물로 간주되었다. 허드슨은 지역을 매우 비전통적인 방식으로 설명했는데, 즉 "다른 것과 구분되는 특징을 가진, 사회적으로 생산된 시-공간 외피(time-space envelopes)"라고 했다(Hudson 1990: 72). 그는 지역이 고유하고 특수한 것은 사실이지만, 이런 고유성과 특수성은 타고난 것이 아니라 사회적으로 생산된 것이라고 주장했다. 더 나아가 지역은 경계가 있고 내향적인 것이 아니라, (계급이나 젠더 등의) 사회관계에 의해 개별 지역을 초월하는 불균등 시스템과 연결되어 있다고 주장했다. 지역은 사회적으로 생산되지만, 이런 광범위한 불균등 시스템의 생산과 재생산에 연루되어 있다. 곧, 거칠게 말해서, 잉글랜드가 "남부"와 "북부"로 나뉜 것은 특정 계급의 존재를 필요로 하는 경제적 힘의 산물이자 그와 같은 경제적 프로세스를 지속적으로 작동시키는 도구다. 이렇게 보았을 때 소위 잉글랜드의 남북 분리는 경제적, 사회적, 문화적 분화의 산물이자 생산자다. 이탈리아나 미국의 남북 분리에 대해서도 이와 똑같이 말할 수 있다. 이처럼 지역 분화는 글로벌 자본주의 경제에 내재된 보다 광범위한 사회적 과정의 일부로 보아야 하며, 따라서 지역 분화는 이 과정 자체의 결과가 아니라 이 과정의 일부로 보아야 한다. 이런 식으로 지역에 대한 전통적인 관심이 보다 최근의 사회이론과 연계되었고, 지리학은 지역에 대한 관심을 통해 광범위한 세계에 대한 거대 이론을 제공할 특별한 무언가를 가진 것으로 보였다. 이는 정확히 이질적인 세계들을 공식적으로 결합하는 것으로서, 로저 리(Roger Lee)는 "지역지리학은 사회적 과정에서 장소의 유효성을 보여줄 수 있고, 사회적 설명에서 지리학의 중요성을 강화할 수 있으며, 사회적 사건에 있어서 공간의 고유한 중요성에 민감한 사회이론들의 발전에도 기여한다."고 썼다(Lee 1990: 104). 그렇다면 지역은 더 이상 세계 내에서 발견되고, 지도화되고, 측정되기를 기다리며 실재하는 완전히 갖추어진 사물이 아니라, 온갖 종류의 사회적, 문화적, 경제적 차이들에 의해 구성 중에 있는 과정 내의 무언가다. 여기서 지역은 최우선적 고려사항으로 취급되는 다른 (자연적, 경제적, 문화적) 과정의 최종 산물이 아니라, 이런 과정을 구성하고 있는 능동적인 힘이다. 즉 지역은 지리학을 단순히 최종 산물을 기술하기만 하는 학문이 아니라, "경제적인", "문화적인", "사회적인", 심지어 "자연적인" 같은 추상적 개념들이 어떻게 실재하게 되는지 설명할 수 있는 핵심 학문으로 격상시킨다.

정치지리학자들은 1980년대 이래로 계속해서 지역 개념을 철저한 연구가 필요한 주제라고 보았다. 이는 부분적으로 세계의 변화에 대한 관찰로 촉발된 것이었는데, 이 세계 변화에 대한 관찰이 정치지리학자들이 해야 하는 일로 기대되었기 때문이다. 20세기 내내 광범위한 국가적, 전지구적 힘에 직면하여 지역적 차이는 점차 침식되어 갔지만, 20세기의 마지막 몇십 년과 21세기 초에 정치적, 문화적 동력으로서 지역의 명백한 부활을 목격하게 되었다. 오랫동안 지역 정체성과 지역에의 충성은 퇴행적이고 반동적이며 노스탤지어적이라고 보았지만, 그와 똑같은 정체성과 충성이 진보적이고 해방적인 모습으로 다시 나타났다. 이런 지역의 재출현과 관련하여 나타난 것들 속에서 가장 중요한 것중 하나가 "국가의 공동화(空洞化)"라는 개념이었다(Jessop 2002). 사회학, 지리학, 정치학 분야의 학자들은 (19세기와 20세기에 권위의 핵심적인 지리적 토대였던) 국가가 어떻게 (EU, NAFTA, UN 같은) 초국가적 조직과 지역정치연합에 밀려 핵심적 기능을 상실해 가는지에 주목했다. 이런 "신지역주의"는 노스탤지어적으로 보인 것이 아니라, 선진 세계의 새로운 경제 발전 방식으로 보였다. 영국 중앙정부의 권력이 점점 더 많이 스코틀랜드와 웨일즈 지방 정부에 이양되어온 것도 이와 같은 사례이다. 유럽 전역을 휩쓴 온갖 종류의 지역 정치운동은 국가의 기능을 이전해 오려는 것이었다. EU의 정책집단에서는 지방자치제와 국민국가 사이에 위치한 정책 입안 조직을 가리키기 위해 "유럽의 지역들(Europe of the Regions)"이란 용어를 사용하기도 했다.

이처럼 세계에서 발생하는 새로운 정치적 지역화를 파악하는 일은, 지역을 **이론적으로** 부활시키는 일과 결부되었다. 그렇다면 새로운 지역주의가 필요로 하는 이론은 어떤 종류인가? 그에 대한 대답은 정치지리학자들의 연구에서 발견할 수 있다. 예를 들어, 안씨 파시(Anssi Paasi)는 다음과 같이 주장했다.

> …우리는 지역을 사회적이고 지리역사적인 과정으로 인식하고 이론화해줄 지역에 대한 비판적 관점이 필요하다. 지역과 지역의 경계가 다양한 사회적 실천과 담론에서, 특히 통치와 정치/정책에서 작동 중인데, 이 지역과 지역의 경계가 정치적, 경제적, 문화적 구성물이자, 심지어 일종의 사회적 계약에 의한 것일 수 있다는 것과 관련하여 논의가 진행 중에 있다. (Paasi 2022: 12)

이와 같이 새로운 정치지리학자들은, 지역이란 세계 내에서 이미 주어진 각각의 정체성을 가진 채로 존재한다는 사고에 동의하지 않는다. 오히려 이들은 지역이 수많은 스케일에서 존재할 수 있다는 데 관심을 갖는다. 그러나 일단 지역이 존재하게 되면 그 지역은 그 지역 안팎의 사람들에게 영향력을 갖는 실재가 된다.

앤 길버트(Anne Gilbert)는 지역이 사회적으로 구성된다는 사실은 다음을 의미한다고 주장했다. 즉 지역은, 지역에 대한 확고한 정의를 생산하기 위해 사회내 지배집단이 동원하는 일종의 기획이다. 동시에 이 지배에 반대하는 형식을 찾으려는 집단은 지역에 대한 반대 정의를 통해 저항할 수 있다.

> 이 구조 내에 있는 어떤 집단이 어떤 시간, 어떤 영역에서의 표준화를 부과할 수 있을 정도로 강하다면, 지역적 실재가 출현하게 되며 다른 영역과의 차별화가 더욱 선명해진다. 반면에 주어진 지역 구조 내의 집단들이 너무 약해서 어떤 종류의 통일성을 생산할 수 없다면, 이 집단들은 다른 스케일상에 있는 지배 집단들에게 통합되고 이전 지역과 관련된 지역적 차이가 사라진다. 지역적 선체는 특정 집단이 다수에게 자신들의 가치와 규준을 부과하여, 하나의 지역이라고 규정하는 데 필수적인 문화적 결속을 형성할 수 있는 힘으로부터 생겨난다. (Gilbert 1987: 2017)

길버트는 거대한 사회 구조와 개인의 행위주체성의 상호작용을 이해하려 한 1980년대의 사회이론적 작업의 영감을 받았기 때문에, 지역을 사회의 지배적 구조를 생산하는 수단으로서뿐만 아니라 그런 복잡한 관계의 산물로 보았다. 길버트의 연구는 클라이드 우즈(Clyde Woods)가 미시시피 삼각주에서의 지역화 과정을 연구한 문헌에서 주목할 만하게 활용되었다(Woods 1998a). 우즈는 지역의 생산 및 쟁점과 관련된 집단들을 "지역 블록(regional blocs)"이라고 지칭했다. 이 블록은 단일한 정체성을 가지지 않고 "서로 전혀 다른 인종, 젠더, 계급, 기타" 간의 연합으로 구성되어 있다(Woods 1998a: 26). 이들의 목적은 지역의 물질적 자원뿐만 아니라 지역을 정의하는 문화적, 사회적, 경제적 제도에 대한 통제권을 확고히 하는 것이다. "블록"이란 사고는 이탈리아의 마르크스주의 활동가이자 이론가인 안토니오 그람시(Antonio Gramsci)로부터 빌려온 것인데, 그는 블록의 기획은 결코 완료될 수 없으며 항상 다른 블록들의 저항을 받게 된다고 주장했다. 미시시피 삼각주의 경우, 이는 노동계급 아프리카계 미국인들의 저항을 의미했다.

> 플랜테이션이 지배적인 경제에서 사회민주주의를 이룩하려는 노동계급 아프리카계 미국인들에 의한 시도는 남북전쟁 전 시기부터 현재까지 생존 · 생계 · 저항 · 긍정의 윤리에 물질적 토대를 제공했다. 이러한 노력으로부터 나온 친족, 일, 공동체 네트워크는 사회를 변형시키려는 목적으로 설계된 수많은 의식적 동원의 토대로 기능했다. (Woods 1998a: 27)

우즈는 미시시피 삼각주의 지배적 블록을 "플랜테이션 블록"이라고 지칭했는데, 이 블록은 남부 깊숙이 자리잡은 플랜테이션 경제와 노예제의 긴 역사를 가리킨다. 우즈는, 플랜테이션 블록의 지배는 "농업, 제조업, 은행업, 토지, 물에 대한 경제적 독점, 즉 로컬과 카운티의 활동에 대한 규제의 독점, 그리고 인종집단과 노동력의 상황과 규제에 대한 권위적 독점"을 둘러싸고 구조화되어 있다고 주장한다(Woods 1998b: 79). 우즈는, 남북전쟁 후 재건시대와 짐 크로법부터 1988년 미시시피삼각주하류지역개발위원회(the Lower Mississippi Delta Development Commission, LMDDC)[2]의 설립에 이르기까지, 노예화된 아프리카계 노동력에 토대한 플랜테이션 경제에서 기원한 지역적 블록 활동의 물결을 추적했다. 그는 각 사례마다 지역이 어떻게 경제적으로, 사회적으로, 문화적으로 구성되었는지를 보여주는데, 이 방식은 플랜테이션 블록의 헤게모니를 재생산한 방식이지만, 우즈가 **블루스 인식론**(Blues epistemology) ― 노동계급 아프리카계 미국인의 삶에서 나온 관계, 생활 경험, 문화적 의미

---

2   LMDDC는 미국 내에서 가장 빈곤한 지역 중 하나인 이 지역의 문제를 발견하고 그 해결책을 찾기 위해 미국 의회가 만든 위원회로서 이 지역 주민들의 삶을 직접 관찰하고 인터뷰하는 방식을 취했다. 이 위원회는 18개월 동안 운영되었으며 3백만 달러(한화 약 41억 6천만 원)의 예산을 사용했다고 한다. (역주)

의 집합 — 이라고 부른 것에 의해 정의된 대안적 지역 블록에 의해 지속적으로 논쟁의 대상
이었던 것이기도 하다(14장 참조). 이런 의미에서 미시시피 삼각주 지역은 여전히 진행 중인
프로젝트로 보인다.

> 미시시피 삼각주 플랜테이션의 발전 경로는 포기되어야만 한다. 이것은 잘되어봤자 공동
> 체, 가족, 열망 하에서 매일매일 계속되는 사회적 위기를 영원히 재생산할 뿐이다. 또한 최
> 악의 경우에는 새로운 형태의 격리와 노예제로 가는 문을 영구적으로 열어둘 것이다. …
> 새로운 발전 경로를 만들 필요는 없다. 150년 이상 동안, 노농계급 아프리카계 미국인 공
> 동체와 그 연합은 중단 없이 지속가능하고, 공정하며, 사회적이고, 경제적이며, 정치적
> 이고 문화적인 구조를 창조하는 실험을 해왔다. 새로운 플랜테이션 블록을 동원하는 일
> 이 불가피했던 것처럼, 오랫동안 억눌려온 대안이 부활될 것이라는 점 또한 불가피했다.
> (Woods 1998a: 288)

우즈의 미시시피 삼각주에 대한 설명은 어떻게 지역이 단순히 존재하는 것이 아니라
(LMDDC 같은) 제도, 사회운동, 커뮤니티에 의한 노력과 투쟁의 산물인지를 잘 드러내준다.
　우리가 지역이 사회적 과정을 통해 생산된다고 주장할 때, 이 말이 지역은 무(無)에서 만
들어졌다거나 아니면 존재하는 것으로 상상된 것일 뿐이라는 의미는 아니다. 우즈는 지역적
정의의 연속적인 물결을, 각 지역이 과거의 지역에 의존하고 있다고 설명한다. 유사한 과정
이 잉글랜드 남서부와 이탈리아 북부에서도 발견될 수 있다. 마틴 존스(Martin Jones)와 고든
매클라우드(Gordon MacLeod)는 현실 정치가 대개 공간을 뚜렷한 경계로 나누어 정체성을
부여함으로써 지역을 영토적으로 표현하는 데 기반한다는 점에 주목해야 한다고 말한다.

> 분석 대상으로서 지역은 실제적이고 "전(前)과학적"이며 경계가 분명한 영토적 공간으로
> 취급되어야 한다는 어떤 상황에 처할 수 있다. 이 영토적 공간은 특정한 투쟁을 통해 제도
> 화되어 왔으며 경제, 정치, 문화의 영역에서 그런 별개의 영토로 "정의"되었다. (Jones and
> MacLeod 2004: 437)

존스와 매클라우드는 잉글랜드에서 지방정부를 세우기 위한 보다 공적인 시도뿐만 아니라
콘월(Cornwall) 주민들의 독립운동 같은 반란적인 지역 정치운동을 고찰했다. 이들의 주장
에 따르면, 지역 운동은 정치적인 지역 정체성이 실재할 필요성이 있음을 주장하기 위해 [예
를 들어 지금은 존재하지 않는 고대의 "웨섹스(Wessex)" 지역 같은] 대중적이고 지역적인 신

화를 이용한다. 이들의 연구는 잉글랜드 남서부의 활동가들이 어떻게 웨섹스 지역을 창조하자고 주장했는지 보여주었다. 이때 지명을 붙이는 행위 자체가 지역을 창출할 수 있는 가능성과 결부되어 있다. 곧 지역을 "웨섹스"라고 명명하는 것이 "남서부"라고 하는 것보다 훨씬 구체적이며, "웨섹스"라는 명명이 아무리 인위적이라 할지라도 전통이라는 느낌을 창출한다(Jones and MacLeod 2004).

또한 베니토 지오르다노(Benito Giordano)도 이와 유사한 사례를 (위의 영국 사례와 비교하면, 정치적으로 더 불편하기는 하지만) 연구한 바 있다. 그는 이탈리아의 우파 정당인 북부동맹(Lega Nord)이 이탈리아 북부의 신화적 지역인 파다니아(Padania)를 건설하려는 과정을 설명했다(Giordano 2000). 지오르다노의 연구는, 북부동맹이 이탈리아라는 국가가 이탈리아 북부 주민들을 대표하지 않고 남부 주민들의 손아귀에 들어가 있다는 생각을 어떻게 선전했는지 보여주었다. 북부동맹이 제안한 새로운 지역 파다니아는 남부 지역에 대적하기 위해 만들어졌다. 곧 남부는 타락하고 게으르며 "지중해적"인 곳인 반면, 북부는 보다 "유럽적인" 가치와 실천을 지닌 곳으로 기술된다. 흔히 그렇듯이 (긍정적으로 코드화된) 하나의 지역은 (부정적으로 코드화된) 다른 지역과의 관계에 의해 구성된다. 북부동맹은 파다니아가 실재하도록 만들기 위해 자체의 국기, 국가(國歌), 통치기구가 있어야 한다고 주장했다. "웨섹스"처럼 파다니아라는 이름을 생산하는 행위 자체도 지역의 생산과 연관되어 있는 것이다.

이 두 사례에서 우리는 지역이 어떻게 구성되고 있는지 볼 수 있다(비록 두 사례 모두 제한적으로만 성공했지만). 지역이 구성되는 방식은 경계선을 정의하고, 경계선 안에 사는 사람들에게 특정 가치와 문화적 규범을 지정해주며, 새로운 층위의 통치 체제 개발을 시도하고, 동시에 부정적인 방식으로 ("우리가 아닌") 다른 지역들을 코드화하는 것이다. 그럼에도 불구하고 분명한 점은, "'파다니아'가 경계선과 변하지 않는 정체성에 의해서가 아니라 (네트워크화되고 고도로 지구화된) 경제지리에 의해 구성되었다."는 것이다(Amin 2004: 35).

핀란드의 정치지리학자 파시(Paasi)도 현실 정치에서 지역의 중요성을 오래전부터 지지해 왔으며, 그의 연구는 이런 형태의 지역화를 이해하는 데 도움을 주고 있다. 파시에 따르면, 지역은 미리 주어진 모델이 없다. 지역이 형성되도록 만드는 추동력(지구적 자본주의, 자연, 문화적 정체성 등)도 없다. 그보다 "지역은 시간의 흐름 속에서 공간 구조에 영향을 주고, 공간 구조의 변화에 영향을 받는 사회적 (자연적, 문화적, 경제적, 정치적 등의) 과정이 구체적이고 역동적으로 드러난 모습으로 이해되어야 한다"(Paasi 1986: 110). 지역은 수많은 우연적 이유로 등장하며, 등장한 후에는 점차 제도화된다. 이 과정에 의해 지역은 지역의 통치 체제, 지역 정체성 또는 지역 의식뿐만 아니라 고유의 영토적·상징적 형식을 발전시켜 나간다. 그리고 지역은 결코 완결되지 않고, 항상 변화하고 항상 생성 중에 있다. 따라서 지역지리학자들은 이런 지역의 출현 과정을 연구하려 한다.

이처럼 새롭게 주목을 받는 지역 개념에는 **영토적** 이해와 **관계적** 이해 간의 긴장이 존재한다. 영토적 이해는, 지역이 경계를 가진 실체로서 이 경계의 내부에서 특정한 일들이 발생하고 발생할 수 있도록 허용한다고 보며, 결국 이러한 특성을 가진 지역이 생산되는 방식에 초점을 맞춘다. 이런 사고는 지역이란 세계 내에서 분명하게 분화된 실체로서 질적, 양적으로 구분되는 곳이라고 이해한다는 측면에서, 전통적 지역 개념에 가깝다. 반면, 관계적 이해는 지역을 다른 지역과의 관계를 통해 이해할 필요가 있다고 주장한다. 곧 관계적 접근은 경계선에 초점을 맞추기보다는 지역을 특수하고 특징적인 것으로 구성하는 흐름의 중요성을 주장한다. 달리 말해, 역설적으로 지역은 지역 밖에 존재하는 것들을 통해 생산된다고 주장한다.

잉글랜드의 "남동부"라 불리는 지역을 생각해보자. 이곳은 그 중심부에 런던이 위치한 지역이다. 또한 이곳은 유럽 본토에서 가장 가까운 지역이며, 보통 잉글랜드 주에서 가장 부유한 지역으로 생각되는 곳이다. 어떤 의미에서 이 곳은 상식적으로 실재하는 곳이다. 이곳이 웨일스나 스코틀랜드 같은 공식적 통치 구조를 갖고 있지는 않지만, 영국에 사는 대부분의 사람들 마음속에 실재하는 곳이다. 그런데 1990년대 후반 일부 지리학자들은 도대체 "남동부" 지역이 어디에 있느냐라는 단순한 질문을 제기했다.

이 질문에 답하기 위해 그들은 남동부가 내적으로 얼마나 다양한지를 보여주었다. 이 지역에는 런던 시내의 극단적인 부(富)와 부동산 시장 붐이 불고 있는 수도 및 인근 카운티들이 포함되어 있지만, 이처럼 극단적으로 부유한 지역과 대비되는 런던 이스트엔드에는 가장 가난하고 매우 궁핍한 지역이 포함되어 있다. 이곳은 런던 같은 세계 도시를 포함하고 있으면서, 농촌 지역도 포함하고 있다. 옥스퍼드와 케임브리지 같은 중간 규모의 소도시들은 과학과 첨단기술 분야의 일자리를 제공하고 있지만, 여전히 자동차가 옥스퍼드에서 생산되고 있다. 다시 말해, 이 가정된 지역(잉글랜드 남동부 지역)은 내적으로 동질적이지 않으며, 신자유주의적 자본주의의 광범위한 과정이 계속해서 새로운 불평등을 생산하고 있었다.

> 어떤 지역은 이 특정한 불균등 발전의 작동에 의해 누락, 즉 구조적으로 배제되었다. 반면
> 다른 지역 ─ 우리의 핫스팟(hot spots) ─ 은 거듭되는 성장을 목격했다. 그러나 이 핫스팟

지역들 내에서조차 또 다른 불평등의 지리가 숨겨져 있는데, 예를 들어 소도시와 마을의
일부 지역 간의 차별화된 지리, 건물 내에서 벌어지는 일상생활의 미시적 지리가 숨겨져
있다. 이런 지리는 신자유주의의 "자유 시장" 기획의 핵심부에서 생산된 불평등의 공간적
표현이었다. (Allen *et al.* 1998: 89)

이처럼 지역은 내적 다양성 외에도 (위의 인용문 마지막 부분에서와 같이) 견고한 경계를 가
진 지역이라는 사고를 무력화하는 흐름에 의해 생산되고 있었다. 지역은 상당 부분이 외부
에 의해 생산되고 정의된다. 잉글랜드 남동부 지역은 매우 활발히 움직이고 있다. 이민자들
과 관광객이 대규모로 들어오고 떠난다. 이곳은 글로벌 자본의 흐름상 세계에서 가장 중요
한 영역 중 하나다. 최근 글로벌 은행과 금융 산업이 상당히 붕괴된 현상 때문에 수많은 사람
들이 하룻밤 새 일자리를 잃었다. 이는 지난 몇십 년 동안 엄청나게 올랐던 지역 부동산 가치
의 하락을 이끌었다. 그리고 이는 주로 잉글랜드 남동부 지역에서 발생한 일 때문이 아니라,
이곳에서 수천 마일 떨어진 미국 등 다른 곳에서 이루어진 의사결정 때문이었다. 그리고 잉
글랜드 남동부 지역의 금융 부문은 세계 최대 지역 중 하나이기 때문에, 이 지역의 쇠퇴는 다
시 전 세계의 다른 장소와 지역에 영향을 줄 것이다. 다시 말해 잉글랜드 남동부 지역은 철저
히 연결되어 있다.

이처럼 지리학자들은 잉글랜드 남동부 지역의 내적 분화와 외적 연결성을 관찰함으로써
지역에 대한 소위 "관계적" 접근법을 발전시켰다. 이들의 주장에 따르면, 이런 관계적 접근
은 "처음부터 사회적인 것과 공간적인 것을 함께 사고하는 효과"를 가진다. 더 나아가 이 접
근은 "공간과 공간성이 사회적으로 구성되며", 이런 구성 과정은 "지속적으로 진화한다"는
점을 인식한다.

우리가 공간-시간이라는 측면에서 생각하게 된 것은 이런 구성 과정들의 연속성을 인식했
기 때문이다. 사회관계가 공간적 형태로 정착되는 모든 현상은 일시적인 경향을 띤다. 어
떤 정착은 다른 것보다 더 오래 지속될 수 있다. 런던을 지배하고 있는 요소 중 일부는 보
통 수 세기 동안 지속되어 왔다. 밀턴 케인스(Milton Keynes)[3]는 잉글랜드 전체의 적어도
절반 이상에 걸쳐 갑작스럽고 지속적인 공간의 재조직화를 야기했다. 첨단기술 분야에 종
사하는 과학자와 그 배우자 간의 직장-집의 경계에 대한 협상도 끊임없이 진화할 것이다.
원칙적으로 말해서, 결국 모든 공간적 형태는 본질적으로 일시적이라는 것을 인식하는 것

---

3   1967년 잉글랜드 남부의 버킹엄셔 주 북부에 건설된 영국 최대의 신도시다. (역주)

> 이 중요하다. 이런 의미에서 1980년대의 잉글랜드 남동부 지역은 지금과는 다른 별개의
> 공간-시간이었다. (Allen *et al*. 1998: 138)

이런 접근은 잉글랜드 남동부 지역에만 해당하는 것이 아니라, 일반적인 지역 연구의 한 모
델을 제공하는 것이라고 주장한다.

> … 지역과 지역의 미래에 대한 적절한 이해는, 그 장소를 개방적이고 불연속적이며 관계
> 적이고 내적으로 다양하다고 보는 개념을 통해 비로소 가능해졌다. 간단히 말하면, 지역
> 은 공간-시간의 구성물이며, 공간 속에 펼쳐진 사회관계들의 특정한 결합과 접합의 산물
> 이다. 지역을 이렇게 보지 않는다는 것은 현대의 지역지리에 대한 부적절한 이해에 만족
> 한다는 것이다. (Allen *et al*. 1998: 143)

일부 지리학자들이 지난 수십 년 동안 지역에 대한 관계적 접근을 계속 주장해 왔다. 예를
들어 애쉬 아민(Ash Amin)은 신(新)지역주의에 대한 학술 문헌이나 정치 분야에서 계속해서
지역을 일정한 영토와 뚜렷한 경계가 있다고 보는 것에 대해 (달리 말해, "지역을 만들고 지
역을 보호하는 것이 지역의 경제적 번영, 민주주의, 문화적 표현을 지키기 위한 정답"이라는
주장에) 당황스럽다고 말한다(Amin 2004: 35). 아민은 오히려 지역 행위자들이 주어진 영토
에 대한 지배를 주장할 것이 아니라, (21세기에 점점 더 많이 우리 삶을 규정하고 있는) 네트
워크와 결절을 지배하자고 주장해야 할 것이라고 말한다. 결국 지배해야 할 것은 지역이라
는 공간이 아니라 흐름의 공간이다. 아민의 주장에 따르면, 지역적 영토의 생산을 통해 그 지
역보다 상위 스케일의 의사결정자들로부터 권력을 빼앗아 오려는 시도는 환상에 불과하다.
왜냐하면 "'관리 가능한' 지리적 공간을 지배하는 것이 불가능하기 때문이다. (외부와 단절
되어) 지배할 수 있는 확실한 지역 영토란 존재하지 않는다"(Amin 2004: 36). 대신에 아민은
연결성의 정치(politic of connectivity)를 주장하는데, 이는 우리가 우리 주변보다는 세계의 다
른 곳에 있는 누군가와 더 많은 것을 공유할 수 있음을 인식하는 것이다. 경제, 정체성, 정치
에 의해 정의되는 영토성은 더 이상 아민에게 타당하지 않다.

비판 지역주의

지역은 포스트모던 이론의 핵심부에서 제 위치를 제대로 찾았다. 건축 비평가인 케네스 프램턴(Kenneth Frampton)은 포스트모던 건축과 도시 형태에 대해 영향력 있는 글을 썼다.[4] 그 글의 핵심에는 "비판 지역주의(critical regionalism)"라는 개념이 있었다. 그의 주장에 따르면 포스트모던 도시경관의 문제는, 도시경관이 토지 투기, 자동차의 지배, 다른 모든 감각들 중 시각의 우위 같은 "보편적" 가치와 기술의 지배를 받고 있다는 점이다. 그는 건축이 이 "보편적 시스템의 냉혹한 현실"을 은폐하는 "파사드(façade)"에 토대한 마케팅과 사회적 통제라는 가면을 쓰고 있다고 주장했다(Frampton 1985: 17). 따라서 건축은 비판 지역주의를 수용할 필요가 있다고 주장했다. 그는 지역적 특성이 없이 공간을 생산하는 보편주의적 추동력과, 근대적이고 고유한 지역적 특성이 없는 기술을 사용하긴 하지만 지역을 서로 다르고 고유하게 만드는 것들을 이용할 수 있는 건축을 비교했다.

> 여기서 다시, 보편적 문명과 토착 문화 간의 근본적 대립을 구체적으로 살펴보자. 불규칙한 지세(地勢)를 불도저로 갈아 편평한 땅으로 만드는 것은 분명히 절대적 **무장소성**(placelessness)의 조건을 열망하는 기술관료적 몸짓이다. 반면에 계단식 건축물을 얻기 위해 앞의 사례와 똑같은 땅을 계단식으로 만드는 것은, 그 땅을 "경작하려는" 행위에 참여한 것이다. (Frampton 1985: 26)

비판 지역주의는 지역분권적인데, 그것은 한 지역의 (빛, 지형, 빛깔 등의) 천연자원에 의지하기 때문이다. 그러나 비판 지역주의는 말 그대로 비판적이다. 지역의 고유성에 대한 맹목적 믿음으로부터 거리를 두기 때문인데, 지역의 고유성에 대한 맹목적 믿음은 토착적 건축 형태의 무한 반복을 특징으로 하는 반동적 노스탤지어로 끝날 수 있다. 비판 지역주의는 단순히 보편적인 것을 부정하는 것이 아니라, 지역적 건축의 구성 안에서 보편적인 것을 이용하려는 것이다. 프램턴은 "비판 지역주의의 기본 전략은 특정 장소의 특수성에서 간접적으로 도출된 요소로 보편적 문명의 영향을 중화시키는 것이다."라고 말한다. 이런 중화의

---

4 그의 역저 *Modern Architecture: A Critical History* (5th ed., 2020)가 국내에 다음과 같이 번역 출판되어 있다. 『현대건축: 비판적 역사』(송미숙, 조순익 역, 2023, 마티) (역주)

핵심은 건축물이 세워지는 지역에서 나오는 영감이다. 이 영감은 "지역의 빛이 가진 범위와 특성, 특정 건축 양식에서 비롯된 **지질구조**, 땅의 지형 같은 것"으로부터 나온다(Frampton 1985: 21). 프램턴의 에세이에 나오는 다음 인용문을 고찰해보자. 그는 여기서 시각적인 것의 권력화와 원근법의 발달이 서구적 보편화 경향의 일부라고 설명하면서, 지역적 미학에 접촉함으로써 인간의 다양한 지각을 고양시킬 수 있다고 주장한다.

> … 비판 지역주의는 인간의 지각 중에서 촉각의 다양성을 재강조함으로써 우리의 규범적 시각 경험을 보완하고자 한다. 이를 통해 비판 지역주의는 이미지에 부여된 우선권에 대해 균형을 잡으려 하고, 원근법적 측면에서만 배타적으로 환경을 해석하려는 서구적 경향에 반대한다. 어원학적으로, 원근법(perspective)은 합리화된 시각 또는 선명하게 보기(clear seeing)를 의미한다. 이처럼 원근법은 후각, 청각, 미각에 대한 의식적인 억제를 전제한다. 이 결과 우리는 환경에 대한 보다 직접적인 경험에서 멀어진다. 이처럼 우리 스스로가 부과한 한계는 하이데거가 말한 "근접성의 상실(loss of nearness)"과 같다. 이런 상실에 대응하기 위한 시도로, 비판 지역주의는 촉각을 원근법적인 것과 대치시킴으로써 현실의 표면을 덮고 있는 베일을 걷어내고자 한다. 만지려는 충동을 불러일으키는 그 힘은 건축가를 건축의 시학으로 되돌아가게 하며, 건축가가 건축물을 세울 때 각 구성요소의 지질구조적 가치가 대상물의 운명에 의존하게 만든다. 촉각과 지질구조는 서로 연합하여 단순한 기술적 외관을 초월하는 능력을 가지고 있는데, 이는 장소적 형식이 글로벌 근대화의 끈질긴 맹공을 견뎌낼 수 있는 것과 마찬가지이다. (Frampton 1985: 29)

프램턴은 지역의 위험성을 잘 알고 있다. 지역이 갖고 있는 잠재력은 잘해봤자 감상적인 것이 되거나, 최악의 경우 반동적일 수도 있음을 잘 알고 있다. 그는 단순한 지역주의와 달리, 비판 지역주의가 외견상 몰역사적인 토착적 스타일을 옹호하는 것은 아니라고 주장한다. 비판 지역주의는 건축물을 지을 때, 필연적으로 동반되는 근대성과 기술을 포용하면서도 그 지역 자체가 건축가에게 부여할 수밖에 없는 것들과 함께 의식적으로 작업한다.

결론

우리가 프램턴의 에세이에서 본 것은 보편적인 것과 특수한 것 사이의 긴장으로서, 이는 지리학의 역사, 특히 지역지리학 역사의 핵심에 있는 것이기도 하다. 당신은 낭만적 노스탤지어로 철수하지 않으면서 어떻게 지역을 옹호할 수 있는가? 지역적인 것을 생산함으로써 지구적 공간의 생산에 도전할 수 있는가? 분명한 경계가 있고 배타적인 공간으로 철수하지 않고서도 이를 행할 수 있는 방법이 있는가? 지구적 공간(이 공간은 종종 추상적이고 무장소적 공간으로 간주된다)과 생생한 의미를 가진 지역적인 것 간의 이런 긴장은 반복해서 계속 작동되고 있다. 지역과 지역에 대한 사고 방법에 관한 질문은 확실히 20세기 초반처럼 "지역지리학자들"만의 일이 아니며, 이 질문은 플라톤과 아리스토텔레스의 코라(chora)와 토포스(topos) 논의로까지 거슬러 올라갈 만큼 매우 오래됐으며, 여전히 지리학과 인접 학문 분야에서도 계속 활발하게 성찰되고 있다. 이런 성찰 중에서 데이비드 매틀리스(David Matless)는 우리를 지역 지리학의 초기 시절로 데려간다(Matless 2015). 매틀리스는 『지역서(*Regional Book*)』에서 잉글랜드 동부의 노포크 브로즈(Norfolk Broads)라는 지역의 핵심에 대해 연속적으로 기술하고 있다. 각 문장이 시적인 느낌의 짧은 산문인데, 설명이나 해설 없이 지역의 요소들에 대해 기술하고 있다. 이 책은 마치 지역지리학의 초창기 지역연구물처럼 매우 기술적이지만, 이 시도 위에 창의성이라는 층위가 부가되어 있다. 이 책은 지역에 대해 종합적인 관점을 제시하려고 하는 것이 아니라, 지역의 특징적인 경관 속에 반복적으로 나타나는 요소들을 44개 조각의 짧은 스냅사진처럼 짤막하게 기술하는데, 이 방식은 하나의 포커스를 디테일하게 보여줌으로써 장소감을 불러일으킨다. 따라서 이 책은 여유롭고 영향력있는 방식으로 "최상의 형식을 갖춘 지리학자의 예술 작품"이 재출현했음을 시사한다. 매틀리스는 이외 다른 문장에서 『지역서』를 저술할 때 세운 자신의 목적을 설명하고 있다. 그 목적 중 하나는, 지역에 대한 기술이 보다 최근의 에너지 넘치는 형식의 이론화에 맞서지 못한 채 건조할 뿐 아니라 과거에 대한 보수적 실천이라는 생각에서 벗어나기를 원한 것이다.

> 오래된 연구물을 단순하고 제한적인 미학으로만 특성화하는 것은 문제 제기할 만하다. 평이한 기술(plain description)보다 오래된 지역 지리학에 대해서는 더욱 그러했다. "평이한 기술"일지라도 그것이 원했던 것이고 또 원했던 대로 나온 것이라면, 또 필연적 모방이 아니라면, 그것은 감탄스러운 이해를 받을 만한 미학적 성취를 의미한다. 그리고 오래된 모자는 써볼 만한 가치가 충분히 있을 것이다. (Matless 2017: 12)

그의 또 하나의 목적은 "경의를 표할 만해 보이는" 일을 실행하기 위해 지역적 기술을 직접 해보는 것이었다.

지리적 기술은 주목을 집중시키고, 경험을 모으며, 관찰하고 기술한다. 『지역서』에서의 설명은 하나의 목소리인데, 반사작용, 〔특히〕 타자들의 해설에 대한 반사작용에 의지하지 않고 경관을 기술해야 한다는 가정된 요구에 부응하여, 의도적으로 하나의 목소리이다. … (지역에 대한) 기술은 인식하는 것, 때때로 거주하는 것, 주목하는 방식, 보는 스타일, 관습적인 권위의 요구 등을 단호히 베어냈다. (Matless 2017: 22)

매틀리스의 작업은 지역에 대한 기술에서 재활성화된 실천을 잘 보여주는데, 이 과정에서 수반되는 기술(記述)의 가능성과 주목의 형식도 잘 드러난다. 로컬과 지역에 대한 설명들이 보수든, 진보든 정치적 목적에 사용될 수 있듯이, 지역에 대한 창의적인 설명은, 지리학자들이 지구화의 세계에서 더 거대한 과정들에 주목하느라 간과했던, 세계를 다시 매력적으로 만드는 데 일정한 역할을 한다.

참고문헌

Aberley, D. (1999) Interpreting bioregionalism: a story from many voices, in *Bioregionalism* (ed. M. McGinnis), Routledge, London. 13-42.

Agnew, J. A. (1989) Sameness and difference: Hartshorne's *The Nature of Geography* and geography as areal variation, in *Reflections on Hartshorne's The Nature of Geography* (eds J. N. Entrikin and S. Brunn), Association of American Geographers, Washington, DC. 121-139.

* Allen, J., Massey, D. B., and Cochrane, A. (1998) *Rethinking the Region: Spaces of Neo-Liberalism*, Routledge, London.

* Amin, A. (2004) Regions unbound: towards a new politics of place. *Geografiska Annaler, Series B, Human Geography*, 86, 33-44.

Balźak, S. S. and Harris, C. D. (1949) *Economic Geography of the USSR*, Macmillan, New York.

Baranskiy, N. N. (1959) *The Economic Geography of the USSR*, Foreign Languages Publishing House, Moscow.

Berg, P. and Dasmann, R. (1977) Reinhabiting California. *Ecology*, 7, 399-401.

* Buttimer, A. (1971) *Society and Milieu in the French Geographic Tradition*, Published for the Association of American Geographers by Rand McNally, Chicago.

Chisholm, M. (1975) *Human Geography: Evolution or Revolution*, Penguin, Harmondsworth.

Claval, P. (1998) *An Introduction to Regional Geography*, Blackwell, Oxford.

Frampton, K. (1985) Towards a critical regionalism: six points for an architecture of resistance, in *Postmodern Culture* (ed. H. Foster), Pluto, London, 16-30.

Gilbert, A. (1987) The new regional geography in English and French speaking countries. *Progress in Human Geography*, 12(2), 209-228.

Giordano, B. (2000) Italian regionalism or "Padanian" nationalism—the political project of the Lega Nord in Italian politics. *Political Geography*, 19, 445-471.

Goffman, E. (1956) *The Presentation of Self in Everyday Life*, University of Edinburgh Social Sciences Research Centre, Edinburgh. 진수민 역, 2016, 『자아 연출의 사회학』, 현암사.

Golledge, R. (1982) Commentary on "The highest form of the geographer's art." *Annals for the Association of American Geographers*, 72, 557-558.

* Hart, J. F. (1982) The highest form of the geographer's art. *Annals for the Association of American Geographers*, 72, 1-29.

* Hartshorne, R. (1939) *The Nature of Geography: A Critical Survey of Current Thought in the Light of the Past*, The Association of American Geographers, Lancaster, PA. 한국지리연구회 역, 1998, 『지리학의 본질 I, II』, 민음사.

Hoekveld, G. (1990) Regional geography must adjust to new realities, in *Regional Geography: Current Developments and Future Prospects* (eds R. J. Johnston, J. Hauer, and G. A. Hoekveld), Routledge, London, 11-31.

Hudson, R. (1990) Re-thinking regions: some preliminary considerations on regions and social change, in *Regional Geography: Current Developments and Future Prospects* (eds R. J. Johnston, J. Hauer, and G. A. Hoekveld), Routledge, London, 67-84.

James, P. (1929) Towards a further understanding of the regional concept. *Annals of the Association of American Geographers*, 19, 67-109.

Jessop, B. (2002) *The Future of the Capitalist State*, Polity, Oxford. 김영화 역, 2010, 『자본주의 국가의 미래』, 양서원.

Johnston, R. J. (1990) The challenge for regional geography: some proposals for research frontiers, in *Regional Geography: Current Developments and Future Prospects* (eds R. J. Johnston, J. Hauer, and G. A. Hoekveld), Routledge, London, 122-139.

* Jones, M. and MacLeod, G. (2004) Regional spaces, spaces of regionalism: territory, insurgent politics and the English question. *Transactions of the Institute of British Geographers*, 29, 433-452.

Lee, R. (1990) Regional geography: between scientific theory, ideology, and practice (or, what use in regional geography), in *Regional Geography: Current Developments and Future Prospects* (eds R. J. Johnston, J. Hauer, and G. A. Hoekveld), Routledge, London, 103-121.

Martin, G. J., James, P. E., James, E. W., and James, P. E. (1993) *All Possible Worlds: A History of Geographical Ideas*, John Wiley & Sons, Inc., New York.

Matless, D. (2015) *The Regional Book*, Uniformbooks, Axminster.

Matless, D. (2017) Writing regional cultural landscape: cultural geography on the Norfolk Broads, in *Reanimating Regions: Culture, Politics, and Performance* (eds J. Riding and M. Jones), Routledge, London, 9‒25.

McGinnis, M. V. (1999) *Bioregionalism*, Routledge, London.

McTaggart, W. R. (1993) Bioregionalism and regional geography: place, people and networks. *Canadian Geographer*, 37, 307‒319.

Mikhaylov, N. (1937) *Soviet Geography*, Methuen, London.

Passi, A. (1986) The institutionalization of regions: a theoretical framework for understanding the emergence of regions and the constitution of regional identity. *Fennia*, 164, 104‒146.

* Passi, A. (2022) Examining the persistence of bounded spaces: remarks on regions, territories, and the practices of bordering, *Geografiska Annaler: Series B, Human Geography*, 104(1), 9‒26.

Parsons, J. (1985) On "Bioregionalism" and "Watershed Consciousness." *The Professional Geographer*, 37, 1‒6.

Sale, K. (1985) *Dwellers in the Land: The Bioregional Vision*, Sierra Club Books, San Francisco.

Santos, M. (2021) *For a New Geography*, University of Minnesota Press, Minneapolis.

Saushkin, Y. G. (1966) A history of Soviet economic geography. *Soviet Geography*, 7, 3‒104.

Snyder, G. (1995) *A Place in Space: Ethics, Aesthetics, and Watersheds: New and Selected Prose*, Counterpoint, Washington, DC. 이상화 역, 2015,『지구, 우주의 한 마을』, 창비.

Unwin, P. T. H. (1992) *The Place of Geography*, Longman Scientific & Technical, Harlow.

Vidal de la Blache, P. (1908) *Tableux De La Géographie De La France*, Librairie Hachette, Paris.

Vidal de la Blache, P., Martonne, E. D., and Bingham, M. T. (1926) *Principles of Human Geography*, Holt, New York. 최운식 역, 2002,『인문지리학의 원리』, 교학연구사.

Whittlesey, D. (1954) The regional concept and the regional method, in *American Geography: Inventory and Prospect* (eds P. James and C. F. Jones), Syracuse University Press, Syracuse, NY, 19‒68.

Woods, C. (1998a) *Development Arrested: The Blues and Plantation Power in the Mississippi Delta*, Verso, London.

* Woods, C. (1998b) Regional blocs, regional planning, and the blues epistemology in the Lower Mississippi Delta, in *Making the Invisible Visible: A Multicultural Planning History* (ed. L. Sandercock), University of California Press, Berkeley, 78‒99.

제 5 장

공간과학 및 계량혁명

- 실증주의
- 일반적인 것과 특수한 것
- 중심지이론
- 공간과학과 이동
- 계량화 및 자연지리학
- 21세기의 공간과학
- 결론

1948년에 하버드대학교 지리학과가 폐과되었다. 지리학과가 폐과되기 1년 전에 에드워드 애커먼(Edward Ackerman)은 지리학 전공 부교수로 승진하게 되었다. 애커먼의 부교수 승진은, 애커먼이 임용된 후 지리학 분야의 많은 자원들을 빼앗겼다고 평소 불평해 왔던 지질학자 마랜드 빌링스(Marland Billings)를 화나게 만들었다(하버드대학교 지리학과는 사실상 지질·지리학과였다). 빌링스는 지리학은 하버드대학교에 적합한 학문 분야가 아니라고 주장하면서, 당시 교무처장이였던 폴 벅(Paul Buck)에게 항의했다. 빌링스는 지리학이 지식적으로 정확하지 않으므로 엄밀한 의미에서 과학이 아니라고 주장했다. 하버드대학교 지리학과는 대부분 인문지리학자들로 구성되어 있었다는 점에서 특이했다. 여기에는 지역적 접근을 옹호하는 더웬트 위틀지(Derwent Whittlesey), 지리학의 계량적 측면을 좀

Geographic Thought: A Critical Introduction, Second Edition. Tim Cresswell.
© 2024 John Wiley & Sons Ltd. Published 2024 by John Wiley & Sons Ltd.

더 개발하려 했던 몇몇 학자들, 에드워드 울만(Edward Ullman), 그리고 애커먼이 있었다. 하버드대학교에서는 지리학의 본질과 대학 내 지리학의 위상을 조사하기 위한 위원회가 구성되었다. 그 결과 하버드대학교 지리학과는 폐과되었으며, 애커먼과 울만은 해고되었다. 그리고 지리학은 지식적으로 부족한 학문이라는 인식을 갖게 되었다(Smith 1987: 14). 지리적 지식의 적절성에 대한 지적 논쟁으로 인해 하버드대학교 지리학과가 폐과되었다는 이 설명 외에도 위틀지와 일부 동료가 동성애자였으며 그들이 지역지리를 수행하는 방식이 동성애 혐오가 심한 학문적 환경에서 그들의 성적 지향과 관련되어 있다는 점이 폐과의 추가적인 요인이 되었다. 올바른 사람이 올바른 과학을 해야 하는 것처럼 보였다(Mountz and Williams 2023). 항상 그렇듯이, 겉으로는 순수해 보이는 학문적 주장은 지리적 사고의 발전과 필연적으로 교차하는 학문 내 권력의 지속적이며 체계적인 비대칭성과 결부되어 있다.

하버드대학교 지리학과 폐과는 이후 20년 동안 지리학에서 이론을 발전시키려고 했던 하나의 계기가 되었다. 20세기 중반 무렵에는 지리학이 전 세계 대학들에서 적절한 위상을 지니게 되었다. 지리학은 주로 지역에 대해 기술하는 것이 지리학의 목적이라는 뚜렷한 전통을 지닌 학문 분야였다. 때로 지리학은 한 지역이 주변의 다른 지역들과 왜 다른지에 대해 설명하는 것에 관심을 두었다. 물론 지리학 내에는 다른 전통들도 있었다. 자연지리학은 지역적 방법을 항상 따르는 것은 아니었다. 여타 지리학자들(특히 북아메리카에서)은 인간과 자연 간의 관계에 보다 초점을 두었다. 하지만 지역지리학이 우세했다.

이로 인해 지리학은 과학적 엄밀성이 부족하다는 인식을 받았다. 한 마리의 늑대를 기술하려고 평생을 보낸 한 여성 생물학자를 상상해보자. 단지 한 마리의 늑대 말이다. 그녀는 당신에게 그 늑대에 대해 수많은 것들을 말할 수 있을 것이다. 그 늑대가 무엇을 먹는지, 얼마나 멀리 볼 수 있는지, 외피의 색깔은 어떠한지, 새끼는 얼마나 되는지 등에 대해서 말이다. 하지만 그녀는 다른 늑대들에게는 관심이 별로 없을 것이다. 여우나 개에 대해서는 더 관심이 없을 것이며, 기타 생물체에는 전혀 관심이 없을 것이다. 그녀는 평생 이 한 마리의 늑대에 대해 말할 것이며, 왜 이 늑대가 모든 다른 생물과 다른지에 대해 말할 것이다. 그 한 마리의 늑대는 그녀에게 특별한 늑대였던 것이다. 또 다른 사례로, 어떤 화학자가 원소의 주기율표에서 (예를 들어 스트론튬과 같은) 단 한 가지의 원소에 대해 완벽히 알지만 다른 원소들에 대해서는 아무것도 모른다고 상상해보자.

과학에서 단 하나의, 독특한, 특별한 것에 대한 이런 병적인 집착은 말도 안 되는 일이다. 이런 병적인 집착은 인문학에서는 흥미로운 이야깃거리가 될 수도 있지만, 과학에서는 인정되지 않을 것이다. 왜 과학에서는 인정하지 않을까? 왜냐하면 과학에서는 일반적 진술을 요구하기 때문이다. 우리가 물은 0°C에서 언다고 말할 때, 이는 어느 곳에서나 그렇고, 과거에도 물은 0°C에서 얼었으며, 미래에도 물은 0°C에서 얼 것이라는 의미를 갖는다. 과학은 일반적이며 확실하다. 과학은 그 사건의 모든 과거를 설명하고 그 사건의 모든 미래를 예측한다. 만약 갑자기 어떤 물이 어느 곳에서 0°C에서 얼지 않는다면, 우리는 이에 대해 합리적인 (예를 들어 그 물에는 소금이 함유되어 있다는 식으로) 설명을 하던지 그렇지 않다면 우리의 생각을 바꿔야 한다.

1948년 당시의 인문지리학은 이런 일반적 진술을 하고 있다고 주장할 수 없었다. 그 당시의 지리학자들은 (심지어 지형을 기술하는 것을 좋아했던 많은 자연지리학자들마저도) 대부분 지역지리학을 연구했다. 예를 들어 그들은 미국 중서부의 북부나 발칸 지역에 대한 사실들을 종합하여 특정 장소의 초상화를 그리고자 했다. 그 당시 기준으로 지리학의 일반적 "법칙"을 만들고자 했던 마지막 시도는 헌팅턴, 셈플, 테일러 등의 환경결정론자들에 의해 이루어졌다(3장 참조). 그렇지만 이들의 일반적 법칙들은 의심을 받았다. 지리학자들은 이런 실수의 반복을 원치 않았다. 그래서 그 이후 20년에 걸쳐 하버드대학교 지리학과를 폐과시킨 교무처장의 결정이 잘못되었다는 것을 증명하려는 시도가 일어났다. (이런 시도의 중심에는 애커먼과 울만이 있었다.) 이 결과 지리학도 하나의 과학이 될 수 있었고, 지리적 세계에 대해 법칙적 진술을 도출할 수 있게 되었다.

연구의 초점을 특수한 것에 두는 것을 비판하는 목소리는 언제나 있어 왔다. 예를 들어 1938년 스코틀랜드 지리학자 크로(P. R. Crowe)는 다음과 같이 적었다.

> 인간의 사회적 반응을 측정할 수 있다는 생각은 어느 모로 보나 이의가 제기될 수 있다. 근대 지리학은 아마 이런 이유 때문에 인간의 행위에서 점차 발을 빼는 대신, 전에는 아무도 연구할 가치가 있다고 생각하지 않았던 모든 사물에 대한 형태적 분석을 시작했다.
> (Crowe 1938: 2)

크로는 지역지리학을 고찰하면서, 지역지리학이 마치 고정된 "사물"인 깃처럼 기술하는 것에 너무 집착하고 있다고 지적했다. 크로는 인간 삶의 역동성을 주장하면서 지리학자들로 하여금 "최대한 폭넓은 방식으로 순환 복합체"에 주목할 것을 요구했다. 이것이 실현될 때 지리학은 "광범위한 지역에서의 인간의 공간적 관계들의 총합"에 대해 관심을 지니게 될 것이라고 보았다(Crowe 1938: 13). 매킨더가 영국에서 지리학을 대학의 학문 분야로 확립한

지 50년 후에 일어난 "진보적 지리학"에 대한 크로의 요구에서 우리는 두 가지 주제를 엿볼 수 있다. 두 가지 주제는 바로 (1) 사물들을 측정할 필요성과 (2) 고정된 "사물"로부터 벗어나 보다 역동적인 "프로세스"로의 초점의 전환이다. 크로와 유사한 비판들이 이후 수십 년간 반복되었다. 예를 들어 킴블(Kimble)은 크로와 유사하게 프로세스와 순환에 대해 다음처럼 지적한다.

> 비행기 조종사가 하늘에서 지표를 내려다볼 때 감동을 받는 것은 경관, 강, 도로, 철도, 운하, 수송관, 전기 케이블 각각이 아니라 그것들 간의 연계이다. … 지역지리학자들은 지역 간에 존재하지도 않는 그리고 중요하지도 않은 경계를 설정하려고 하는 듯하다. (Kimble [1951]; Johnston and Sidaway 2004: 62에서 인용)

지리학사를 살펴보면 측정의 중요성과 넓은 의미에서의 "계량화"는 매우 오래전부터 있어 왔다. 우리는 지리학 초기에 지리학이 한편으로는 각각의 장소와 지역들에 대한 세밀한 기술 그리고 다른 한편으로는 지구의 측정과 각각의 장소들 간의 관계에 대한 관심 사이에서 균형이 잡혀 있었음을 알고 있다. 측정과 다른 수단을 통해 특별한 것에만 한정되는 것을 피했던 그리고 "일반지리학"을 받아들인 지리학자의 예로 프톨레마이오스와 바레니우스를 들 수 있다. 이런 맥락에서 공간과학의 등장과 계량혁명은 "일반지리학"을 추구하자는 역사적으로 아주 오래된 주장의 새로운 버전인 셈이다.

새롭게 등장한 공간과학자들의 주요 표적은 지역과 지역지리학이었다. 그들은 지역을 연구하는 것은 제한적이며 시대에 뒤떨어진다고 주장했다. 지역을 연구하는 것은 지리학이 진정한 과학으로 나아가는 것을 방해하는 것이며, 하버드대학교와 같이 명문 대학에서 지리학의 평판이 나빠지게 된다고 보았다. 더 나아가 20세기 중반의 실제 세계는 지역들로 쉽게 구분될 수 없다고 보았다. 세계는 도시화되었으나 대부분의 지역지리학은 반대로 거의 농촌 · 농업적 생활양식 연구에 치중하고 있다고 보았다. 수많은 사람, 사물, 생각들이 지역 간에 유출, 유입되는 것을 고려해볼 때, 지역의 독특성을 주장하기는 매우 어렵다고 보았다. 국가 경제, 국민국가, 글로벌 도시, 통신 시스템, 금융 흐름이 지역 간 구분을 어렵게 만들고 있으며, 지역 분석은 이런 현상을 기술하거나 설명할 수 없다고 보았다. 허드슨은 지역의 독특한 특징을 기술하는 것은 "매우 합리적이지만 객관적 지식으로서는 한계가 있다."고 주장했다 (Hudson 1990: 67).

지역지리학에 대한 대안은 1950년대와 1960년대에 발달했는데, 이는 "계량지리학", "이론지리학", "공간과학" 등의 이름으로 알려지게 되었다. 이는 특수한 것에 대한 집착과 지역의 구체적 특징을 벗어나 일반적으로 적용할 수 있는 논리의 개발로 전환하는 것을 핵심으로 했다. 그리고 이런 과정에서 지역에 대한 방대한 기술(記述)이나 질적 방법은 수학과 모델의 사용에 의해 대체되었다.

공간과학자들은 이론이란 반드시 수학적이어야 한다고 생각했다. 윌리엄 벙기(William Bunge)는 이를 다음과 같이 말한 바 있다. "이론을 만들어내는 것은 어려운 일이다. 왜냐하면, 과학자는 일련의 관찰 가능한 사실들을 순전히 수학의 논리적 기호를 사용해서 받쳐야 하기 때문이다"(Bunge 1962: 2). 벙기가 제시하는 바는, 수학은 논리적이며 모순이 전혀 없는 완전한 언어라는 점이다. 수학적으로 표현된 이론은 미학적으로 만족스럽고 분명하다. "결국, 과학은 명료성을 추구하므로 반드시 수학적 형식을 사용해야 한다"(Bunge 1962: 2). 하비도 이 점에 대해 언급했지만, 수학의 명료성을 인간 세계의 복잡성과 연관시키는 것이 어렵다는 점에 주목해야 한다고 말한 바 있다.

> 명백한 이론에 대한 지리학자의 두려움이 완전히 불합리한 것은 아니다. 과학적 방법을 사회·역사적 과학으로 확대하는 경우, 현실적으로 부딪히는 문제들이 상당히 많다. 유사한 문제들이 지리학에도 나타난다. 지리학자들이 (실험적인 방법의 이점도 없이) 사용하려고 했던 복잡한 다변량 분석은 다루기 어려운 것이다. 이론은 궁극적으로 수학적 언어들의 사용을 요구한다. 왜냐하면 수학적 언어들을 사용하는 것만이 상호작용의 복잡함을 일관되게 다루기 때문이다. 데이터 분석은 초고속 컴퓨터와 적절한 통계적 방법들을 요구하며, 가설 검증도 그런 방법들을 요구한다. (Harvey 1969: 76)

여기에서는 이론에 대한 이론을 말하고 있다. 역사상 처음으로 많은 지리학자들이 이론과 "이론적 지리학"의 가능성을 말하기 시작했던 것이다. 하지만 그들이 지칭한 이론은 이 책의 서두에서 설명했던 이론의 개념적 정의와는 많이 달랐으며, 오늘날 인문지리학자들의 대다수는 아마도 인지할 수 없을 것이다. (많은 여타 지리학자들도 있지만) 하비와 벙기가 왜 "이론은 수학적 언어의 사용을 필요로 한다"고 믿었는지를 이해하기 위해서는, 우리는 **실증주의**(positivism) 철학을 이해할 필요가 있다.

실증주의

실증주의와 (보다 엄격한 버전의 실증주의인) 논리실증주의로 알려진 철학적 접근은 흔히 계량혁명과 공간과학의 철학적 기반이라고 알려져 있다. 그렇지만 사실 실증주의 철학자들의 글을 읽어본 지리학자들은 거의 없으며, 더 나아가 실증주의 철학에 영향을 받았다고 주장하는 지리학자들도 거의 없다. 달리 말하자면, 어떤 사실의 계량화를 철학적으로 정당화하기 위해서 실증주의가 도입되었던 것이다. 이런 사실에도 불구하고 대개 인문지리학은 실증주의 지리학과 포스트실증주의 지리학이라는 측면에서 기술된다. 그렇다면 실증주의란 무엇인가?

일반적으로 실증주의란 감각을 통해 경험될 수 있는 것들만을 진정한 지식으로 생각하는 신조다. 실증주의의 주창자는 사회학자이자 철학자였던 오귀스트 콩트(Auguste Comte, 1798~1857)였다. 콩트는 실증과학은 진실을 추구하는 가장 고귀하고 순수한 형식이라고 믿었다. 그는 실증과학이 이전의 종교와 철학적 형이상학에서의 진실 추구를 대체할 것이라고 주장했다. 콩트는 실증과학에 의해 생산된 지식과는 다르게 종교와 철학적 형이상학에 의해 생산된 신념과 지식은 증명되거나 반증될 수 없다고 주장했다.

실증주의는 다섯 가지 원리에 기초하고 있다(Gregory 1978). 첫째, 과학적 지식은 관찰 가능한 사실에 근거해야 한다. 관찰 가능한 두 현상을 규칙적이고 반복적인 조합으로 연결할 수 있다면, 한 현상을 다른 한 현상과 연결시켜 그 현상들의 출현을 설명하고 예측하는 것이 가능할 것이다. 한 현상이 다른 한 현상을 일으킨다. 관찰 불가능한, 초자연적인, 형이상학적인, 구조적인 힘은 무엇을 일으킨다고 말할 수 없다. 콩트에게는 관찰 가능한 세계와 그 구성요소들을 연결하는 인과 관계가 가장 고차의 현실이었던 것이다. 만약 어떤 것이 관찰 가능한 세계 밖에 존재한다면, 그것은 과학적 지식의 범위 밖에 있는 것이다. 따라서 그것에 대해 질문하는 것도 무의미하다. 콩트는 그런 질문들은 답변할 수 없다고 보았다. 둘째, 과학적 지식은 다른 사람들이 사실이라고 지지하고 공유할 수 있어야 한다. 만약 한 과학자가 무엇이 존재하는지에 대해 그리고 그 존재의 인과 관계에 대해 주장하려고 한다면, 여타 과학자들 또한 그 주장을 알고 확인할 수 있어야 한다. 셋째, 과학적 지식은 검증 가능한 이론의 구축을 기반으로 해야 한다. 증명하거나 반증할 수 없는 가치 판단은 관찰 가능한 사실과 검증

가능한 이론으로부터 분리되어야 한다. 모든 과학적 지식은 유용해야 하며 잠재적으로 적용될 수 있어야 한다. 콩트의 마지막 원리는 과학적 지식이란 진보 중에 있고 미완성된 것이며, 완벽한 사회를 구현하기 위한 이론들의 유토피아적 통합이라는 종착점을 향해 언제나 생성 중에 있다는 것이다. 이런 점에서 과학적 발전은 사회적 발전이며, 과학적 지식이 보다 완벽해질수록 전쟁 및 인간의 불행을 일으키는 모든 원인은 사라질 것이다(전쟁 및 인간의 불행을 일으키는 모든 원인은 비과학적 지식에 기반하고 있다). 이런 유토피아적 종착점을 고려할 때, 콩트가 (역설적이게도) "실증적 종교(positive religion)"를 만들려고 했다는 사실은 놀랄 일이 아니다.

논리실증주의는 제1차 세계대전이 발발하기 몇 년 전 비엔나에서 탄생한 철학이다. 논리실증주의자들은 우리가 감지할 수 있는 것에 대하여 이성적으로 대할 수 있는 우리의 능력뿐만 아니라 경험적 세계(관찰 가능한 사실들의 세계)의 우월성을 믿었다. 논리실증주의자들은 분석적 진술(analytic statement)과 종합적 진술(synthetic statement)을 구분함으로써 관찰가능한 사실들에 기반을 두지 않는 설명을 일부 허용했다. 분석적 진술은 관찰 가능한 실체를 지시하지 않아도 확인될 수 있다. "셋 더하기 셋은 여섯이다"는, 단순히 정의에 의해서 참인 분석적 진실이다. 사실 수학은 거의 전부가 분석적 진술로 구성되어 있다. 종합적 진술은 관찰 가능한 증명을 요구하는 진술이다. 논리실증주의자들의 핵심 사상은 실증 가능성이라는 개념이었다. 논리실증주의자들은 진술이 옳은지 또는 틀린지를 결정할 수 있는 어떤 과정이 존재하는 경우에만 "인지적으로 유의미한" 진술이라고 믿었다. 종교적 진술이나 형이상학적 진술은 그 특성상 증명될 수 없으므로 인지적으로 무의미하다. 진술이 옳은지를 확실히 증명하는 것은 어렵지만 진술이 틀린지를 증명하는 것은 보다 분명하다(마치일반적 법칙이 일치하지 않는 단 하나의 경우에 의해서 틀린 것으로 증명되는 것처럼 말이다). 따라서 철학자 칼 포퍼(Karl Popper)는 검증 가능성(verifiability)의 원칙을 반증 가능성(falsifiability)의 개념으로 대체했다. 그는 지식을 반증하려는 시도를 통해 과학이 발전해야한다고 제안했다. 어떤 지식이 일단 틀린 것으로 증명되면, 새로운 종류의 지식이 틀린 것으로 증명된 지식을 대체하기 위해 등장할 것이다. 이는 "이론지리학"에 대한 윌슨(Wilson)의논평에서도 확연히 나타나고 있다. "이론들은 일반적으로 옳은 것으로 증명되지는 않는다.우리가 믿는 이론들은 어느 한 시기에 진실에 가까운 것을 나타내는 것이다. 진실이 되려면그 이론들은 검증되어야 하며 모순되는 것이 없어야만 한다. 그 이후에 우리는 이론들이 지속적인 발전과 정제의 대상이 될 것으로 예측한다"(Wilson 1972: 32).

어느 철학적 접근에서와 마찬가지로 실증주의가 정확히 무엇인지에 대한 논쟁이 있지만 실증주의와 관련하여 윤곽이 그려질 수 있는 몇몇 핵심 주장이 있다. 실증주의는 적절한 과학적 지식으로서 무엇이 중요한지에 대한 일련의 규칙들이다. 실증주의에 따르면 가장 좋은 종류의 과학은 수학적으로 형성될 수 있고 논리적으로 일관성이 있는 것으로 증명될 수 있는 과학이다. 참된 과학적 주장의 요소들은 검증이 가능하고 잠재적으로 반증이 가능한 것이어야만 한다. 예를 들어 "신은 존재한다"라는 진술은 증명이 불가능하며, 반증도 불가능하므로 과학적 진술이라 할 수 없다. 또한 실증주의자들에 따르면 지식은 누적되는 것이며, 우리는 지식을 통해 세상에 대해 점진적으로 보다 많이 배우는 것이고, 따라서 세상을 더 잘 이해하기 시작하는 것이다. 실증주의자들의 주장에 따르면 과학은 주관적 또는 문화적 신념들과 관련성이 없기 때문에 초문화적이며 초역사적이다. 과학은 과학의 맥락에 의해 설명되는 것이 아니라 과학의 논리적 일관성 및 검증 가능성에 의해 설명된다. 중요한 것은 바로 실증주의는 사실과 가치의 차이를 강조하며, 오로지 (관찰 가능한, 증명 가능한, 그리고 측정 가능한) 사실들만이 지식의 구성에 있어서 중요하다. 실증주의는 우리가 감지하거나 관찰할 수 있는 것들의 중심적인 역할을 주장하기 때문에, 실증주의는 분명히 경험주의적이다. **경험주의**(empiricism)는 "비과학적인" 추상적 사고 및 이론을 의심한다. 실증주의는 과학의 철학이다. 실증주의는 종교적 및 형이상학적 신념에 대한 의심에 뿌리를 두고 있으며, 보통 측정될 수 있으며 관찰 가능한 그리고 법칙과 같은 진술 또는 수학적 모델로 만들어질 수 있는 "확실한" 자료들의 중심적인 역할을 주장한다. 사실들은 세상에 존재하며, 사실들은 감지 · 묘사 · 측정 · 모델화될 수 있다. 법칙과 모델 모두 경험적으로 증명될 수 있으며, 만약 법칙과 모델이 틀린 것으로 증명되지 않는다면 그 법칙과 모델은 미래의 사건을 예측하는 데 사용될 수 있다.

만약 우리가 가장 순수한 형태의 실증주의를 취한다면 계량지리학의 극히 일부만이 실증주의적이다. 데릭 그레고리(Derek Gregory)가 지적한 것처럼 지리학자들은 실증주의 철학을 직접적으로 가져온 것은 아니지만, 실증주의 철학의 기본적 사고 일부를 느슨하게 따르게 되었다(Gregory 1978). (적용에 있어서 필연적으로 보편적인) 법칙이라는 개념은 인문지리학에서는 말할 것도 없고 심지어 순수 자연과학이나 자연지리학에서도 그 의미가 분명히 해석되는 것이 아니다. 이런 점은 하비에 의해 제시되었는데, "만약 우리가 과학적 법칙들을 구별하기 위해 엄격한 준거 기준을 적용한다면, 과학적 법칙이라는 지위를 얻을 만한 지리적 진술들을 찾기가 어려울 것이다"(Harvey 1969: 107). 대신에 지리학자들은 보다 느슨하면서도 부드러운 법칙의 개념을 받아들였으며, 심지어 예외적인 경우가 발견되더라도 마치 지리적 현상이 일반적 법칙에 의해 지배되는 것처럼 여겨 왔다고 하비는 언급했다.

논리실증주의를 추구한 비엔나 학파(Vienna Circle)의 한 사람이자 철학자이며 심리학자였던 구스타프 베르크만(Gustav Bergmann)은, 나치의 박해를 피해 미국으로 이민을 간 후 아이오와대학교에서 교수직을 맡은 사람이었다. 베르크만은 아이오와대학교에서 지리학자 프레드릭 섀퍼(Frederick Schaefer)를 만나게 되었다. 베르크만은 사후에「지리학에서의 예외주의(Exceptionalism in geography)」(Schaefer 1953)로 알려지게 된 섀퍼의 논문이 완성되는 데 도움을 주었다. 이 논문은 특히 하트숀(Hartshorne)이 주장했던 지역적 차이에 대한 연구로서의 지리학 대신에 새로운 **법칙추구적**(nomothetic) 지리학을 제안한 것이었다. 그리고 이 논문은 "계량혁명"의 주요 두 저서인 병기의『이론지리학(*Theoretical Geography*)』(1962)과 하게트(Haggett)의『인문지리학에서의 입지분석(*Locational Analysis in Human Geography*)』(1965)에 적극 수용되었다.

일반적인 것과 특수한 것

역사적으로 볼 때, 지리학에서 뚜렷한 이론적 접근의 차이로 공론화된 논쟁이 몇 가지 있다. 이 중 아마 거의 대부분의 학생들이 알고 있을 정도로 가장 잘 알려진 논쟁은, 지역적 방법의 선도적 옹호자로서의 하트숀과 지역적 방법에 대한 격렬한 비판가이자 "법칙추구적" 접근의 제안자로서의 섀퍼 간의 논쟁일 것이다. 섀퍼의 논문은 그의 사후인 1953년에 출판되었다. 이 논문에서 섀퍼는 지역지리학을 위한 하트숀의 주장은 **예외적**이라고 주장했다. 섀퍼의 주장에 따르면, 하트숀은 지리학(과 역사학)이 특정 공간 단위(또는 역사학의 경우 시간 단위) 내의 모든 형태의 자료들의 통합이나 융합을 포함하므로 지리학(과 역사학)은 여타 과학과는 다르다고 보았다. 하트숀은, 공간과 시간은 여타 모든 것에 대하여 이미 주어진 토대이기 때문에 지식 발전에 있어서 특별한(또는 예외적인) 역할을 지닌다는 칸트의 통찰력을 밑바탕으로 하고 있었다. 그러나 섀퍼는 (여타 과학들도 다양한 방식으로 독특함을 다루었던 것처럼) 지리학은 예외적이지 않다고 하면서, 보다 중요하게는 지리학이 일반화될 수 있는 것에 더 관심을 가져야만 한다고 주장했다. 섀퍼의 주장에 따르면 지리학은 적절한 과학이 될 필요가 있으며, 적절한 과학이란 자연과학과 동일한 방식으로 법칙을 생성할 수 있는 과학인 것이다. 전에는 인문지리학이 사실상 (특수하며 독특한 것에 관심을 갖는) **개성기술적인**(idiographic) 것이었지만, 앞으로는 인문지리학이 (일반적이고 보편적인 것에 관심을 갖는) **법칙추구적인**(nomothetic) 것이어야 하고 그렇게 될 수 있다는 것이었다. 섀퍼의 주장에 따르면, "지리학은 지표면 위의 특징들이 갖는 공간적 분포를 다루는 법칙을 제시하는 데 관심을 두는 과학으로 인식되어야 한다"(Schaefer 1953: 227). 공간적 "법칙"의 개발에 대한 이런 호소는 특수한 야망을 반영한다. 지역지리학자들의 관심은 편협하게 보였을 것이다. 심지어 최고의 지역지리조차도 문제가 되고 있는 지역에 대해서만 모든 것을 말할 따름이었다. 반면에 애덤 스미스(Adam Smith)를 따르는 경제학자들은 경제 행위의 일반 법칙을 만들기에 분주했으며, 자연과학자들은 생명의 조건 그 자체를 질문하는 데 관심을 두었다. 미국 중서부 북쪽 지방의 토양과 민속에 대해 기술하는 것은 지극히 도량이 좁아 보였을 것이다. 분명히 섀퍼는 과학자가 되기를 원했다. 과학자들은 존경을 받는다.

과학은 언제나 존경스러운 것이었다. 과학은 "더 엄격할수록" 더 존경을 받는다. 물리학은 과학들의 위계에서 정점에 있는 것처럼 보인다. 물리학은 우리가 알고 있는 세계와 미지의 세계를 모두 통틀어서 설명할 수 있는 법칙을 탐색하는 학문이기 때문이다. 생물학, 화학, 지질학 등의 자연과학은 이런 영광을 일부 공유한다. 하지만 인간의 삶에 다가갈수록 그 위계상의 위치는 더 낮아진다. 사회과학은 이런 문제를 항상 지녀왔다. 데이비드 머서(David Mercer)의 표현처럼 인류학, 사회학, 인문지리학은 "'말랑말랑한', '감정적인', 그리고 '규칙이 없는' 분야들이다"(Mercer 1984: 157). 과학으로서의 학문은 어느 정도 수학적이며 일반화 가능성이 있는 사고를 도출할 수 있었다. 1950년대까지의 인문지리학은 과학의 위계에서 가장 "말랑말랑한" 끄트머리에 위치해 있었으며, (하버드대학교의 교무처장을 포함한) 많은 사람들에게 인문지리학은 전혀 과학적이지 않았다.

리처드 모릴(Richard Morrill)은, 진정한 과학으로 되어 사람들의 존경을 얻겠다는 이런 생각을 분명히 표현한 바 있다.

> 강한 (전제)조건적 요소 중 하나는, 지리학의 낮은 지위에 대한 어렴풋한 불만이었다. 우리의 대학들에서, 과학에서, 다른 분야의 동료 학자들의 눈에서도 그러하고, 연구비 부족에서도 그러하며, 강의에서도 인기를 끌지 못하고, 다른 학문을 위한 기술(記述) 서비스 과정을 제공할 뿐이다. 우리는 지리학이 대학에 존재할 가치가 있는가라는 근본적인 질문에 의해 심히 혼란스러웠고, 우리는 단호하게 지리학이 대학에 존재할 가치가 있음을 보여주

기로 결정하게 되었다. (Morrill 1984: 59)

이처럼 세상을 지역적 측면에서 사고하는 것에는 (실제로 세상은 매우 역동적이며 수많은 과정들이 지역들을 관통하기 때문에) 이론적, 실용적 한계가 있을 수밖에 없었고 지적 야망에 대한 갈망이 있었기 때문에 공간과학의 필요성이 부상하게 되었다. 반면 지역지리학은 그럴 능력뿐만 아니라 야망마저도 부족한 듯했다.

애당초 공간과학의 등장에 핵심이었던 것은, 지리적 질문은 필연적으로 특별한 것에 대해 관심을 두는 것이라고 보는 개성기술적 사고에 대한 거부였다. 개성기술적 사고는 하트숀이 『지리학의 본질(*The Nature of Geography*)』에서 강하게 주장한 것이었다. 이 책에서 하트숀은 "모든 지역은 독특하다"(Hartshorne 1939: 468)고 말했다. 이런 하트숀의 시각은 하비의『지리학에서의 설명(*Explanation in Geography*)』(1969)에 잘 요약되어 있다. 하트숀은 "지리와 역사는 우리의 인지의 표면을 완전히 채우고 있다. 지리는 공간의 전체 표면을, 역사는 시간의 전체 표면을 채우고 있다."(Hartshorne 1939: 135)고 제시하고 있는데, 이는 칸트의 사고에 기댄 것이다. 하비는 하트숀의 진술로부터 도출될 수 있는 추론에 대해 다음과 같이 (의역해서) 기술하고 있다.

1) 모든 것은 공간에서 발생하므로, 지리학자들의 연구 대상에는 한계가 없다.
2) 만약 지리학자들의 연구 대상에 한계가 없다면, 지리학은 학문적 주제에 의해 정의되지는 않는다.
3) 만약 지리학자들이 잠재적으로 모든 것에 대해 관심이 있다면, (모든 것은 공간적 위치나 지역 내에서 발생하므로) 지리학자들은 일차적으로 이런 발생과 그 위치의 독특성에 관심을 둔다.
4) 만약 이런 위치들이 독특하다면, 이런 위치에서 발생하는 것에 대한 기술과 해석은 일반 법칙을 통해서 달성될 수는 없다. 지리학은 개성기술적 방법을 필요로 한다.

하비의 주장에 따르면, 1930년대의 이런 주장은 환경결정론을 거부하기 위한 철학적 사고였기 때문에 인기가 있었다. 이런 주장은 환경결정론이 인문지리학에서 법칙적 모델을 만들어내려는 최종적이며 불운한 시도라고 보았다. 단순하게 말해서, 쉽게 조롱거리가 될 수도 있는 거짓된 일반화의 덫에 빠지는 것보다는, 작은 스케일의 장소에 대해 작은 스케일의 주장을 제기하는 것이 더 바람직해 보였던 것이다.

많은 공간과학의 주요 저술들은, 지리학의 유일한 법칙이란 "지역은 독특하다"는 것이라
는 하트숀의 주장을 비판했다. 예를 들어 교통지리학자인 울만은 (그는 하버드대학교에서
해고된 사람들 중 한 명이었다) 1953년에 다음과 같이 기술했다.

> 하트숀, 헤트너(Hettner), 제임스(James) 등 많은 사람들은 지리학이란 지역 차를 연구하는
> 학문이라고 정의하고 있지만 여태까지 나는 한 번도 지리학을 그런 식으로 생각해본 적이
> 없다. 이런 개념은 이미 공간적 관점 또는 "분포의 과학"이라는 관점에 내포된 것이다. 나
> 는 지리학자들이 지리학을 외부에 간단히 소개할 때 지역 차에 관한 학문이라고 정의하는
> 것에 동의할 수 없다. 왜냐하면 이는 우리가 모든 과학의 목표인 원리나 유사성의 일반화
> 를 추구하고 있지 않음을 암시하기 때문이다. (Ullman 1953: 60)

이 주장은 하게트의 『인문지리학에서의 입지 분석(*Locational Analysis in Human
Geography*)』에서도 반복되었다. 그의 주장에 따르면 특정 지역에 대한 비달(Vidal), 사우어
(Sauer) 등의 연구는 중요한 지리학 전통이기는 하지만, "그들의 성공 자체로 인해 지리학자
들은 비교 연구의 필요성을 간과하게 되었다. 지역 차는 지역 통합을 대가로 해서 지리학을
지배했다"(Haggett 1965: 3). 벙기의 연구(1962)에 대한 반응으로 하게트는 다음과 같이 주
장했다.

> 간단한 사례로 흰색 분필 두 자루를 생각해보자. 이 분필이 우리 앞의 책상에 놓여 있다고
> 상상하자. 만약 우리가 두 분필을 집어서 가까이 조사해본다면, 두 분필은 모든 면에서 동
> 일하지 않다는 것을 알게 될 것이다. 그렇다면 이 두 분필을 "흰색 분필"이라고 기술하는
> 것은 분명한 오류다. 정확하게 기술하려면, 각각의 분필에 대해서 특별하고 독특한 식별
> 용어가 주어져야 한다. 그러나 실제로 우리는 이 두 분필을 동일한 "흰색 분필"로 분류한
> 다. 만일 그렇게 분류하지 않으려면, 우리는 모든 기술적 용어들을 포기하고 (벙기가 표현
> 한 것처럼) "사물들은 모두 제각각"이라고 축소해서 말하는 수밖에 없다. (Haggett 1965: 3)

지리학자들이 세계에 대해 일반적 주장을 하는 방식 중 하나는 모델을 통한 것이다. 지리
학에서 계량혁명의 주요 저서 중 하나는 촐리와 하게트(Chorley and Haggett)의 『지리학에서
의 모델들(*Models in Geography*)』이다. 이들은 인문학이 얼마나 특수한 것과 관계가 있는지
그리고 그에 비해 과학은 얼마나 일반적인 것과 관계가 있는지에 대해 주목했다. 촐리와 하
게트는 지리학은 하나의 전체로서 과학이 되어야 한다고 주장했다.

요컨대 모든 개별 학문은 당연히 서로 다르지만, 근대 학문 전반을 놓고 가장 확실히 말할
수 있는 점은 바로 근대 학문이 실세계의 현상들을 이해하는 데 지적으로 유익하고, 만족
스럽고, 생산적이었다는 것이다. 근대 학문에 대한 이런 진술은 개별 학문 간의 편차에 중
점을 둔 진술이라기보다는 개별 학문들의 "종합적 특징"에 기반을 둔 진술이다. (Chorley
and Haggett 1967: 21)

이들에 따르면 모델은 "실재를 단순하게 재구성한 것으로서, 중요한 특징이나 관계를 일
반화할 수 있는 형태로 나타낸 것이다"(Chorley and Haggett 1967: 22).

벙기는 지역지리학을 가장 끈질기게 반대했던 사람이라고 할 수 있다. 그는 『이론지리학
(*Theoretical Geography*)』(1962)을 저술했다. 그는 과학적이어야 할 필요성을 (따라서 일반화
에 관심을 가져야 하는 필요성을) 이론적이어야 할 필요성에 연관 지었다. 벙기는 이 책의 서
문에서 다음과 같이 기술했다. "과학은 이론을 매우 강조하므로, 과학적 지리학도 결국 이론
과 깊은 관계를 가질 것이다. … 지리적 사실에 대해서는 많은 저서들이 있지만, 이론에 대한
저서는 전혀 없다. 그래서 본 저서는 이론적이다. 이런 과학적 균형의 부족을 바로잡기 위해
서 본 저서는 매우 이론적이다"(Bunge 1962: x). 벙기는 사실의 나열을 특징으로 하는 과거
의 지리학으로부터 거리를 두는 데 열정적이었다. 그는 지리학이 공간 및 공간적 질서에 기
반을 두고 과학이 되기를 원했다.

오늘날의 지리학은 지리학의 오래된 관심사들을 잃어버린 것이 아니라 오히려 이를 심화시
켜 왔다. 여전히 지리학은 인간의 주거지인 지표에 관심이 있으며, 여전히 생명이 있는 곳
에 관심이 많다. 하지만 위치와 같은 사실들의 단순한 암기나 지명 사전이 요즈음 지리학
의 관심사는 아니다. 학생들은 사물의 입지 요인을 보다 깊이 이해해야 한다. 세상은 무작위
로 배열된 것이 아니다. 도시, 하천, 산, 정치적 단위의 입지는 복잡하고 어지럽게 산재되어
있지 않다. 지도와 세계에는 상당한 공간적 질서와 의미가 존재한다. (Bunge 1962: xv)

지리학이 (마치 "지명 사전"과 같이) 특정 장소에 관한 사실을 나열하는 것이라는 생각은
벙기에게 큰 골칫거리였다. 확실히 그는 보다 심층적이고도 강력한 (설명하고 예측하는 데
사용될 수 있는) 무언가를 원했다. 그는 "지리적 현상은 독특한가 아니면 일반적인가?"라고
질문을 던지면서, "만약 지리적 현상이 독특하다면, 지리적 현상은 예측 불가능하고 이론은
구축될 수 없다"(Bunge 1962: 7)고 말했다. 이 부분에서 우리는 벙기가 일반화 가능성을 이
론과 논리적으로 연관 짓고 있음을 알 수 있다. 이런 측면에서 이론은 과학적이며 실증주의

적 기획이다. 독특성과 관련된 것은 필연적으로 비이론적인(또는 반이론적인) 것이다.

일반화가 가능한 지리적 지식을 추구함에 따라 공간적인 것에 대한 관심이 고조되었다. 만약 전통 지리학이 지역에 관한 (또는 장소에 관한) 것이었다면, 새로운 지리학은 공간에 관한 것이었다. 지역과 장소는 각각의 독특함과 특수성에 대한 사고를 불러일으켰다. 이런 사고는 인문학에 더 적합해 보였다. 반면, 철학자 및 물리학자에게도 주요 용어인 "공간"에 대한 기술은, 보다 심도 있고 일반화가 가능한 듯했다. 벙기는 공간과 공간적인 것은 법칙추구적인 반면 장소는 개성기술적이라고 주장했다.

> 공간 대 장소 논쟁은 일반적인 것과 독특한 것에 대한 입장의 차이 때문에 나타난 직접적 결과이다. 하트숀은 (특히 인간의 행위에 관한) 지리적 법칙을 생산하는 우리의 능력에 대해 회의적이다. 섀퍼는 우리의 변명들을 없애고 우리를 자멸로부터 구하는 데 기여했다. (Bunge 1962: 12)

궁극적으로 벙기는 다음과 같이 분명히 밝히고 있다. "지리학은 독특성을 완전히 기각해야만 지리학의 모순을 해결할 수 있다"(Bunge 1962: 13). 그는 독특성을 지지하는 주장들을 무시했다. 지역이나 장소는 독특하다고 말할 수 있지만, 사실 모든 것에 대해 독특하다고 말할 수 있는 것이다. 따라서 지역과 장소가 독특하다고 해도, 이들은 공통의 정의(定義)를 공유하고 있는 동일 수준의 개념이다.

> 빨간색과 오렌지색은 독특하지 않다. 빨간색과 오렌지색은 색상이라는 공통의 차별적 특징을 공유하고 있다. 그리고 색상의 유형 구간을 확대한다면 빨간색과 오렌지색은 한 범주 안에 포함될 수도 있다. 비슷한 사례로 잉글랜드와 스코틀랜드는 둘 다 위치라는 범주 내의 유형들이다. 잉글랜드와 스코틀랜드는 둘 다 지표상의 지역들이며, 소축척 지도상에서 이 두 지역은 영국 제도라는 공통의 지역 유형에 포함된다. (Bunge 1962: 18)

이처럼 공간과학으로의 전환에는 독특성에 대한 비판과 일반적인 것에 대한 탐색이 핵심으로 자리 잡고 있었다. 지리학은 적절한 과학으로서 공간적 법칙들의 발견을 추구하게 되었다. 1950년대 말부터 지리학은 "계량혁명"을 겪었다. 지리학자들은 복잡한 방정식을 해결하려고 노력했다. 초기에 계량혁명은 모든 지역에서 부상하지는 않았고, 울만이 하버드대학교에서 해고된 후 재직했던 워싱턴대학교처럼 특정한 곳들에서 나타났다. 계량혁명은 대부분 앵글로아메리카에서 발생했지만, 계량혁명의 영향은 지리학을 공부하는 모든 대학들에서 나타났다. 내가 1980년대 중반에 학사 학위를 받을 때에도 여전히 계량혁명은 강의계획서상에서 중요한 부분을 차지했다. 공간과학은 수많은 이론과 가설의 영향을 받았으며, 또한 수많은 이론과 가설을 만들어냈다. 이 장의 나머지 부분에서는 경제학과 지리학의 접점에서 개발되어 새롭게 등장한 공간과학자들에게 영감을 주었던 모델에 (특히 중심지이론에) 초점을 둔다. 또한 공간과학의 핵심 개념 중 하나인 이동(movement)을 이해하고 이론화하려는 시도들에 대해 초점을 둔다.

중심지이론

1950년대와 1960년대의 계량지리학자들은 앞선 세대의 경제학자들과 지리학자들의 일반적 모델들로부터 영감을 얻었다. 그런 한 사례로서, 농업적 토지이용을 설명하고 예측하고자 했던 아마추어 경제학자였던 (그리고 농부였던) 요한 하인리히 폰 튀넨(J. H. Von Thünen, 1783~1850)의 모델을 들 수 있다. 튀넨의 모델이 지리학자들에게 매력적이었던 이유는, 바로 튀넨의 모델이 경제의 작동을 (가장 기본적인) 공간상에서 설명했기 때문이었다. 모든 모델처럼 튀넨의 모델도 일련의 가정에서 시작한다. 튀넨은 이 모델에서 외부와 전혀 접촉이 없고 황무지로 둘러싸인 "고립국"을 가정했다. 토지는 편평하고 특징이 없으며(등질평야), 운송 기회는 지표면에 고르게 분산되어 있다(도로, 운하, 강은 없다). 농부는 이윤의 극대화를 위해 행동한다고 가정된다. 튀넨은 (만약 이런 가정들이 사실이라면) 특정한 토지이용 방식들이 도시를 중심으로 동심원의 패턴으로 나타날 것이라고 주장했다(그림 5.1 참조). 도시에 가까울수록 토지이용 방식이 집약적이고 우유와 같이 소비 지점과 가까울 필요가 있는 것들이 생산된다. 도시에서 가장 먼 동심원에서는 방목이 나타난다. 이는 동물을 방목하는 데 보다 넓은 토지가 필요하고, 도축을 위해 도시로 가축을 걸어서 데려갈 수 있기 때문이나. 튀넨의 모델은 토시의 가치와 운송비가 숭요하다고 강조하며, 이들이 도시 주변 지역의 토지이용에 어떤 영향을 미치는지를 보여준다.

또 다른 모델로 지리학자이자 사회학자였던 알프레드 베버(Alfred Weber)의 공업 입지론이 있다. 이 이론은 비용의 최소화에 기반을 두고 공업 입지를 설명, 예측하려 했다. 하지만 대부분의 계량혁명 지지자들에게 가장 직접적인 영감을 준 것은 발터 크리스탈러(Walter

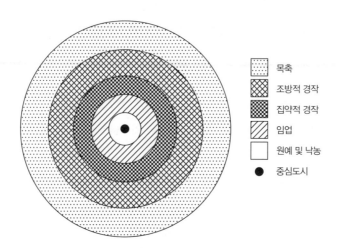

목축
조방적 경작
집약적 경작
임업
원예 및 낙농
● 중심도시

그림 5.1 튀넨의 고립국

Christaller)와 아우구스트 뢰슈(August Lösch)의 중심지이론이었다. 벙기는 이에 대해 "만약 중심지이론이 존재하지 않았다면, 이론지리학이 다른 과학들로부터 독립적으로 존재한다는 주장이 불가능했을 것이다."(Bunge 1962: 133)라고 분명히 밝힌 바 있다. 벙기는『이론지리학』을 크리스탈러에게 헌정했다.

중심지이론은 제2차 세계대전 기간 즈음 크리스탈러에 의해 만들어졌다. 크리스탈러는 독일 남부지방의 정주(定住) 패턴을 관찰한 후 이를 토대로 중심지이론을 만들었다. 중심지이론은 1933년에 출판되었다(Christaller 1966 [1933]). 크리스탈러는 도시 입지에 대한 기존의 설명들에 대해 만족하지 못했다. 도시 입지에 대한 기존의 설명은 장소가 갖는 위치적 독특성이나 자연적 조건을 강조하는 경향이 있었다. 즉 도시 입지에 대한 기존의 설명은 도시의 독특성에 초점을 두었던 것이다. 크리스탈러는 이를 다음과 같이 언급했다.

> … 도시 입지에 대한 기존의 설명은 지형적, 지리적 조건을 중시했다. 기존의 설명은 단순히 여기에서 도시가 "발생할 수밖에 없었다"고 설명한다. 그리고 만약 도시의 위치가 좋으면, 단순히 여기에서 보다 "충분히 발달해야만 했다"고 설명한다. 하지만 어떤 도시도 없지만 이와 비슷하거나 훨씬 더 좋은 조건을 지닌 다수의 위치들이 존재한다. 사실 매우 불리한 지점에서 도시가 발견될 수도 있고, 그런 도시들은 환경만 허락한다면 상당히 클 수도 있다. 도시의 수, 분포, 규모는 자연지리적 조건에 의해 설명될 수 없다. (Christaller 1966 [1933]: 2)

크리스탈러는 지리학자들이 도시의 규모, 수, 분포를 예측할 수 있는 일반적인 설명을 원했다. 크리스탈러는 1933년에 "지금까지 아무도 분명하고도 일반적으로 유효한 법칙을 얻지 못했다."(Christaller 1966 [1933]: 2)라고 말했다. 법칙추구는 크리스탈러의 탐구의 핵심이었다. 그의 주장에 따르면 경제학자들은 경제의 법칙을 만들어냈으므로, "만약 경제 이론의 법칙이 존재한다면, 정주 지리의 법칙, 곧 특별한 경제-지리적 법칙이라 부를 수 있는 특별한 경제적 법칙도 존재해야 한다"(Christaller 1966 [1933]: 3). 또한 이 법칙은 자연과학의 법칙과는 다르겠지만 보다 덜 타당하지는 않을 것이라고 보았다. 그는 법칙 대신에 아마도 "경향"이라는 용어가 사용될 수 있다고 보았다. 크리스탈러는 자신의 연구에서 이론과 증거 간의 관계에 대해 주목했다. 그는 이론을 **연역적으로**(deductively) 도출하고자 했으며, "따라서 현실에 대한 기술(記述)이 필요치 않다. 이론은 현실의 모습과는 상관없이 독립적으로 존재하며, 오직 자체의 논리와 '타당성'에 의해서 존재한다."(Christaller 1966 [1933]: 4)고 말했다. 크리스탈러의 주장에 따르면 대부분의 공간과학처럼 자신의 이론도 지리학 및 경제학과 관련되어 있지만, 자연과학에서도 똑같이 유효한 원리를 기반으로 한다.

> 유기물이든 무기물이든 핵을 둘러싼 덩어리의 결정체는 중심지향적 질서를 지니는데, 이는 사물들의 질서의 기본적 형태다. 이런 질서는, 인간이 질서를 갈망하기 때문에 상상의 세계에서 (인간의 한 가지 사유 모델로서) 존재하고 발전되어 온 것만은 아니다. 사실 이런 질서는 물질들의 내적 패턴에 기인한 것이다. (Christaller 1966 [1933]: 14)

아울러, 훨씬 엄격하고 객관적이며 중립적이라는 과학에서와 마찬가지로, 크리스탈러는 자신의 모델의 핵심에 내재한 질서와 단순함의 미(美)를 보았다. 그가 제시한 정육각형 패턴은 뚜렷한, 근대적 아름다움을 지닌 것이었다. 크리스탈러가 주목했던 핵심 개념은 바로 "중심성(centrality)"이었다.

> 위치, 형태, 규모가 이런 마을 가옥들의 중심지향적 성격을 더욱 강하고 순수하게 표현할수록, 미적 즐거움 또한 더욱 커진다. 왜냐하면 목적과 판단이 외적 형태와 일치해야 논리적으로 옳고 (결과적으로) 그 목적과 판단이 명료하다고 할 수 있기 때문이다. (Christaller 1966 [1933]: 14)

중심지이론의 논리는 합리적이고 옳을 뿐만 아니라, 아름다우며 "미학적 즐거움"을 생산하는 것으로 간주된다. 콧대 높은 객관성이 지니는 자신감이 아니겠는가?

크리스탈러의 중심지이론은 도시의 입지, 규모, 수를 기술하고 이를 예측하려고 했다. 중심지이론은 평탄한 지표상에 (등질적 평면에) 기본적인 인구를 지닌 소규모 취락들이 균등하게 분포한다고 가정한다. 이런 가정 이외에도 다음의 여러 가정이 있다.

- 균등하게 분포되어 있는 인구(사람들은 집중해서 분포하는 중심지들에서 살지 않으며, 중심지에서 서비스가 제공된다.)
- 자원은 균등하게 분포되어 있다.
- 모든 소비자는 동등한 구매력을 지니며 항상 가장 가까운 공급자로부터 물건을 구매하려고 한다.
- 교통비는 어떠한 방향으로든 같으며 거리에 비례해서 증가한다.
- 초과 이윤은 없다.(완전 경쟁)

중심지이론은 이런 가정하에 재화 구매를 위한 소비자의 평균 이동 거리는 최소화된다는 것에 기반을 두고, 상이한 규모의 (예를 들어 도시, 소도시, 마을 등) 정주 공간의 입지를 예측한다. 이런 가정하에서 나타나는 공간적 패턴은 정육각형의 상권이다. 각 소도시에 대해 일정한 수의 마을들이 그리고 각 도시에 대해 일정한 수의 소도시들이 나타나며, 이 결과 정주 공간의 계층성이 나타난다. 특정 유형의 시장 활동이 유지되려면 최소한의 소비자들이 필요하다. 따라서 도시에는 소도시나 마을보다 더 많은 활동들이 있다. 그리고 상위 정주 공간의 활동은 하위 정주 공간의 활동을 포함한다. 균등하게 분포하는 인구에 서비스를 제공하는 이런 정주 공간을 "중심지"라고 한다.

중심지이론의 핵심에는 두 가지 기본 개념이 있다. "최소요구치(threshold)"라는 개념은 특정 재화나 서비스를 제공하는 데 필요한 최소한의 인구수를 의미한다. 예를 들어 피아노 조율 서비스가 유지되려면 주어진 거리 내에 피아노를 소유한 사람들이 많아야 할 것이다. 만일 어떤 농촌에 피아노를 소유한 사람이 단 한 명이라면, 그 지역에는 피아노 조율사가 없을 것이다. 하지만 그 농촌 지역에는 모든 사람이 편지를 부치고 음식을 먹어야 하므로 우체국과 야채 상점이 있을 것이다. 두 번째 개념은 "재화 또는 서비스의 도달 범위(range)"이다. 이 개념은 재화나 서비스를 구매하려고 사람들이 이동하려는 최대한의 평균 거리를 의미한다. 사람들은 피아노 조율 서비스를 위해서는 꽤 먼 거리를 이동하겠지만, 빵과 우유를 구매하기 위해서는 짧은 거리만 이동하려고 할 것이다. 1954년에 뢰슈는 수요와 관련해서 보다 복잡한 계산을 통해 크리스탈러의 이론을 발전시켰다(Lösch 1954).

크리스탈러에게 있어서 중심지이론은 확실히 기술적인 것 이상이었다. 크리스탈러는 중심지이론을 단순히 정주 공간의 입지를 예측하는 모델로 사용하기보다는, 세계 그 자체를 모델에 일치하도록 만들고자 했다. 이론의 예측에 불일치하는 정주 공간은 불완전하거나 비합리적인 것으로 간주되었다. 제2차 세계대전 중 크리스탈러는 영토 조사를 위한 제국 실무단(Reich Working Group for Territorial Investigation)의 계획가로서 힘러(Himmler)의 나치친위대(SS)를 위해 일했다. 그 당시 크리스탈러는 동부유럽의 새로운 영토 계획을 위해 자신의 이론을 발전시킬 것을 요청받았다(그림 5.2 참조). 그는 이상적인 공간 질서를 (정주 공간 분포의 규범적 패턴을) 설명하거나 예측하기보다는 "생산"하는 데 참여했다. 사실과 가치를 분리해야 한다는 일반적인 실증주의 과학은 억지스러운 것이 되어 버렸다. 중심지이론의 공간적 패턴은 더 이상 정주 공간들이 어떻게 분포하고 있는가에 대한 것이 아니라, 정주 공간들이 어떻게 분포해야 하는가에 관한 것이 되었다. 나치 통제하의 새로운 동부유럽 지역들은(대부분 폴란드 일대였다) 육각형들이 도입될 수 있는 빈 공간이 되었다. 인구의 일부는 강제 노동 수용소로, 일부는 포로수용소로, 일부는 제국의 다른 지역들로 보내졌다. (450만 명을 강제로 이주시킬 계획이었다.) 어떠한 계획 법률의 개입도 없었다. 마을과 소도시는 깨끗이 지워질 수도 있었고, 아무것도 없는 상태에서 건설될 수 있었다. 그의 모델은 강제적으로 실현되었다(Ward 1992). 크리스탈러의 모델은 정주 공간의 합리적 입지를 위한 것으로서 동부 전역의 새 마을과 도시를 계획하는 데 이용되었을 뿐만 아니라, 대량학살을 실행하기 위해 집단 처형장과 기차 노선의 입지를 계획하는 데도 사용되었다. 이 대량학살로 600만 명 이상의 유태인, 집시, 동성애자, 장애인 등이 살해되었다(Rossler 1989).

우리는 중심지이론에서 그 이후 20여 년 동안 번성했던 공간과학의 여러 측면을 엿볼 수 있다. 중심지이론은 정주 공간의 입지를 설명하려고 하기보다는, 이에 대한 일반적 모델을 제공하고자 했다. 중심지이론은 특수성의 영향력을 줄이기 위해 세계에 대한 다수의 가정(등질적 평면, 교통에 대한 동등한 접근 등)에 의존하고 있다. 중심지이론은 인문 세계를 자연계의 관찰 가능한 현상과 연결시킴으로써 모든 것을 망라하려는 야망이 담겨 있다. 그리고 중심지이론은 단순성에 입각한 미학적 아름나움을 표현하고 있다.

한편, 공간과학이 영향을 끼친 또 다른 영역으로서 이동 및 교통의 이론화를 들 수 있다.

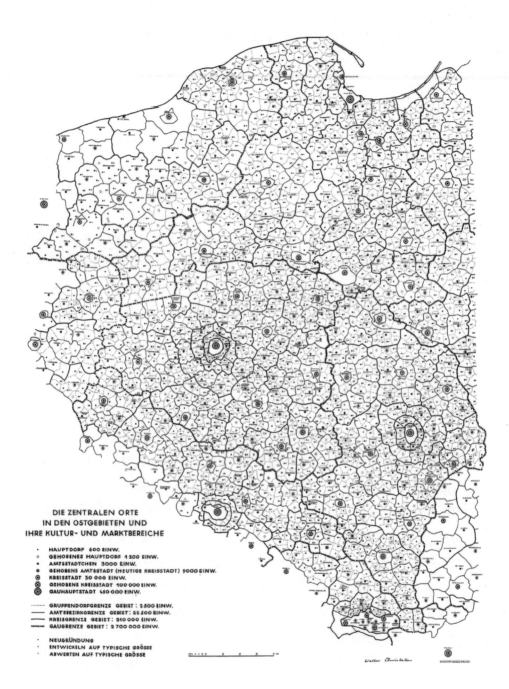

그림 5.2 발터 크리스탈러의 "폴란드의 나치 친위대 재편을 위한 동부 지역에서의 중심지".
출처 : Christaller(1941)

공간과학과 이동

공간과학의 전성기인 1960년대 말과 1970년대 초, 지리학의 최대 관심 주제는 이동 (movement)이었다. "인간의 사회적 반응"의 측정 가능성은 언제나 논쟁의 여지가 있을 것이라던 크로의 걱정은 이제 사라지게 될 수도 있었다. 크로도 표현했듯 공간과학의 핵심적인 관심사는 사물이 아니라 과정(process)과 이동이었다. 벙기의 주장처럼, 새로운 이론지리학의 중심은 이동과 패턴이었다.

> 어떤 위치에 대한 조사는 이동 개념을 포함하고 있음에 주목하라. 심지어 산과 해안과 같은 정적인 지형도 오랜 지질시대 동안에 걸쳐서 나타난 이동에 의해 설명된다. 패턴과 이동은 닭과 달걀처럼 하나가 다른 하나의 원인이 되며, 다양한 방식으로 상호 연관되어 있다. 강 계곡의 위치가 강의 흐름에 영향을 주는가, 아니면 강의 흐름이 강 계곡의 위치에 영향을 주는가? 분명히 이들은 서로 영향을 준다. 따라서 설명의 지리학인 이론지리학은 이동과 패턴 모두에 관심이 있다. (Bunge 1962: xvi)

예를 들어, 순환(circulation)에 대한 사고가 비달의 지역지리학에서 나타나기는 했지만, 지역지리학자들에게 있어서 이동은 전혀 핵심적인 연구 주제가 아니었다. 만약 당신이 세계를 세분하고 지역의 경계를 설정하는 것에 집중한다면, 이동이라는 주제는 약간 어색해 보일 것이다. 이동은 지역 구분을 엉망으로 만들 것이다. 하지만 공간과학에서는 이동이 핵심적 역할을 했다. 이런 접근의 중심에는 교통지리학이 있었다. 비록 공간과학이 적극적이었던 영역들은 많지만, 이 중 교통지리학 영역은 공간과학에 내재되어 있던 핵심적인 이론적, 방법론적 접근을 뚜렷하게 보여준다.

"이론지리학"을 옹호했던 벙기에게 있어서, 이동은 탐구되고, 모델화되고, 이론화되고, 설명되어야 할 중요한 지리적 사실이었다. 그의 주장에 따르면, (중심지이론과 더불어) 바로 이동에 대한 연구에서 이론지리학의 가장 뚜렷한 발전이 나타났다. 벙기의 책 제5장의 제목은 "이동의 일반 이론을 향하여"이다. 이 제목은 울만이 제시했던 "무엇이 지표상에서 사물을 이동하게 만드는가?"라는 질문에 근거를 두고 있다.

울만의 질문은 모든 지리적 이론을 포괄한다고 할 수 있다. 왜냐하면 사물이 어떻게 그 위

치를 차지하는지를 설명할 때 결코 이동 개념을 피할 수 없기 때문이다. 심지어 산과 해안
과 같은 "정적인" 지형조차도 장기간에 걸쳐 일어나는 이동의 측면에서 설명된다. (Bunge
1962: 112)

이동 개념은 보편 이론과 법칙을 통해 인문지리학과 자연지리학을 연결할 수 있기 때문에
벙기는 이동 개념이 특별히 유익하다고 생각했다. 인간의 이동은 전기나 유체의 이동과 동
일시할 수 있다. 실증주의자나 공간과학자에게는, 일반화란 가능한 한 최대한 일반적이어야
한다는 것이 중요했다. 따라서 사람과 물에 똑같이 적용될 수 있는 법칙들은 여러 법칙 중 특
별히 중요한 법칙들이었다.

울만은 자신의 논문 「교통의 역할과 상호작용의 토대(*The role of transportation and the
basis for interaction*)」에서, 사물이 한 장소에서 다른 장소로 이동하는 이유는 **상호보완성**
(complementarity), **개입기회**(intervening opportunity), **이동 가능성**(transfer-ability)이라는 세
가지 원리 때문이라고 주장했다. 이 세 가지 요인은, 사물은 "지역 차" 때문에 이동한다는 하
트숀의 지역적 접근의 핵심 원리를 기반으로 한 것이었다.

> 순환이나 상호작용은 지역 차의 결과물이라고 주장되어 왔다. 이는 어느 정도 옳은 주장
> 이지만, 단순히 차이가 교환을 발생시키지는 않는다. 세계에는 서로 연결되어 있지 않은
> 수많은 상이한 지역이 존재한다.
>
> 두 지역이 서로 상호작용하려면, 한 지역에는 수요가 그리고 다른 지역에는 공급이 있어
> 야 한다. 어떤 지역의 자동차 산업은 다른 지역에서 생산된 타이어를 사용할 수 있지만, 그
> 곳에서 생산된 차량용 안테나는 사용하지 않을 수도 있다. 교환이 발생하려면 구체적인
> 상호보완성이 있어야 한다. (Ullman 1956: 867)

벙기는 상호보완성의 원리가 (울만이 제시했던 것처럼 단지 경제학이나 교통 관련 이론들
만이 아니라) 공간적 이동 이론들에 일반적으로 적용될 수 있는 원리라고 지적했다. 일반적
으로 풍부한 장소들에서 부족한 장소들로 이동하는 경향이 있다. 이는 강둑이 터졌을 때 물
의 흐름에서 알 수 있고, 전기의 흐름에서도 알 수 있는 것이었다.

더 나아가 울만에 따르면 수요의 장소에 더 가까운 (이 사례의 경우 타이어의) 여타의 공
급원이 없어야 한다. 이것이 바로 울만이 제시했던 "개입기회"가 의미하는 바다. 이 개념은
지프(Zipf)에 의해 기술되었던 **최소노력**(least effort)이라는 더 광범위한 원리에 근거를 두고
있다(Zipf 1949). 모든 두 지점 간에 최소노력을 지니는 (또는 가장 빠르거나 가장 비용이 적

게 드는) 경로는 오직 한 가지만 존재한다. 마치 물이 내리막을 따라 바다로 흘러갈 때 물길이 단 한 가지인 것처럼 말이다. 아마 공간과학자들은 기업들이 재화를 운송하거나 사람들이 집에서 직장까지의 길을 찾는 경우도 이와 비슷하다고 주장할 것이다. 마지막으로 한 장소에서 다른 장소로의 이동은, 이에 소요되는 비용과 시간 측면에서 실제로 가능한 것이어야 한다. 이것이 바로 울만이 제시했던 "이동 가능성"이 의미하는 바다.

바로 이런 일반화와 (이를 통해 도출할 수 있는) 법칙이 공간과학의 핵심에 (특히 이동에 관한 논의의 핵심에) 있었다. 다음을 고려해보자.

> 대부분 운송 수요는 **유발된다**. 아무 생각 없이 농촌으로 운전해 가는 운전자, 유람선의 승객, "철도 동호인"과 같은 예외적인 경우를 제외하고는, 운송은 한 장소로부터 다른 장소로의 인간과 재화의 이동이라는 목적을 이루는 수단으로 사용된다. 도착하는 장소에서 가치의 만족은 높아질 것이다. 운송은 **장소의 효용성**을 창출한다. (White and Senior 1983: 1)

이 저서의 말미에 동일한 논리가 반복되고 있다.

> 운송은 공간 격차를 좁힐 목적으로 존재한다. 공간 격차는 거리 측면에서뿐만 아니라 시간과 비용 측면에서도 나타날 수 있다. 인간과 재화는 운송이라는 수단을 통해 현재 있는 장소로부터 더 큰 이익이 될 다른 장소로 이동될 수 있다. 재화는 더 비싼 가격에 팔릴 수 있으며, 사람들은 더 나은 일을 구할 수 있거나 선호하는 유형의 주택에서 살 수 있거나 해변으로 휴가를 갈 수 있다. 요약하자면, 인간과 재화는 효용성이 더 낮은 한 장소로부터 효용성이 더 높은 다른 장소로 운송된다. 따라서 운송은 인간의 가장 근본적인 활동으로서 공간적인 측면에서 효율적으로 연구될 수 있다. 지리학 방법론은 이런 연구의 기초가 될 수 있고, 운수업 및 이와 관련된 여러 문제를 해결하는 데 실용적 적절성을 지닌다. (White and Senior 1983: 207)

교통지리학자들은 (도로, 철도, 터미널 등의) 운송 체계와 실질적 이동 행위를 설명하기 위해서, 항상 이를 ("장소 효용성"으로 표현되는) 여러 위치들 간의 (측정 가능한) 차이 및 일반적 공간 패턴과 관련짓는다. 단순히 말해서, 이동은 한 장소와 다른 장소의 비교 등에 의거한 합리적 선택의 결과다. 이따금 어떤 운전자나 승객은 (그리고 취미삼아 기차를 관찰하고 기차 번호를 기록하는 사람은) 이동 자체를 목적으로 해서 이동하는 경우도 있다. 당연히 이런 경우는 과학적 접근의 대상이 아니다.

교통지리학은 이동과 과정에 대한 공간과학의 광범위한 관심 중 한 사례일 뿐이다. 사실

모든 유형의 이동이, 앞에서 운송이 논의된 것과 거의 동일한 방식으로 기술되어 왔다. 1972
년에 출판된 중요한 저술 하나는 이동을 다음과 같이 설명하고 있다.

> 두 지점 간의 이동이 기본이다. 왜냐하면 모든 이동은 결국 이런 스케일로 축소될 수 있기
> 때문이다. 수정된 원리인 **최소순노력**(least net effort)과 (이에 따라 돌아오는) 최대순이익(이
> 익에서 비용을 차감한 것의 최대치)을 감안하여 두 지점 간의 이동을 고려해보자. 이상적
> 인, 현혹되지 않은, 방해가 없는 이동에서는 개인이 A지점에서 B지점으로 곧장 감으로써
> 시간을 낭비하지 않는다. (Abler, Adams, and Gould 1971:240)

"최소순노력"은 인간과 사물의 이동에 대한 공간과학적 접근에서 핵심 개념이다. 이동은
노력이며, 우리는 보다 나은 사물의 공간적 배열을 만듦으로써 [즉 보다 적은 이동(노력)을
요구하는 배열을 만듦으로써] 꾸준히 노력을 줄이려고 한다. A지점에서 B지점까지 이동할
때, 현혹되지 않고 방해받지 않은 이동이 얼마나 이상적으로 기술되는지 주목하자. 곧, 현혹
되거나 방해받는 이동은 비합리적이거나 비효율적인 이동으로서 제대로 기능하지 않은 이
동인 셈이다.

애블러 등(Abler *et al.*)은 앞에서 언급했던 예외적인 경우로서의 취미로 기차를 관찰하고
기차 번호를 기록하는 사람처럼 이동의 일반적 규칙에서 벗어난 예외적인 경우에 대해서도
주목한다.

> 이동의 과정은 그 자체로서 이익과 비용을 동시에 유발한다는 점을 강조하기 위해 우리는
> 순노력을 강조한다. 교통체증 시간의 통근자는, 가솔린과 일산화탄소 가스를 들이마시는
> 등 이동을 위해 높은 비용을 지불하고 있다. 하지만 또 다른 한편, 그는 자동차 안에서 하
> 루에 두 번 출퇴근하는 동안 평온함을 느끼고 라디오를 들으며 잠시나마 보스가 된 것 같
> 은 감정을 느낄 수 있다. 만약 직장이 집 바로 옆이라고 하더라도, 그는 아마도 자동차로
> 이동하려고 했을 것이다. (Abler *et al.* 1971: 253)

이는, 이동이란 공간과 위치의 배열에 의해 나타나는 부차적인 지리적 사실에 불과하다는
점을 보여주는 하나의 사례다. 크로는 지리학자들이 이동을 위한 물적 기반 시설을 제공하
는 결절점이나 네트워크보다 "이동하는 인간과 사물" 그 자체에 초점을 두어야 한다고 주장
했다. 하지만 이동을 집요하게 연구했던 지리학자들은, 공간과 장소의 배열에 비해서 이동
그 자체를 논리적으로 부차적인 것으로 격하시켰다. 이런 이유로 인해, 여러 공간과학적 모
델에 부합하지 않는 이동 형태를 다룬 문헌들이 (과거에는 사장되었지만) 새로운 주목을 받

게 되었다. 사실, "아무 생각 없이 농촌으로 운전해 가는 운전자, 유람선의 승객, '철도 동호인'"(White and Senior 1983) 그리고 하루에 두 번 출퇴근하는 동안의 평온함을 즐기고 라디오를 들으며 잠시나마 보스가 된 것 같은 감정을 갖는 통근자(Abler *et al.* 1971)는 대단히 흥미로운 것이다. 이런 경험들이 단지 보충적인 설명으로만 간주되었던 이유는, (공간과학에서의 지리학자들이) 이동을 단지 비용으로만 생각했기 때문이다. 즉 일반화를 추구한다면 다음처럼 자명해진다.

> "왜 존스(Jones)는 일하기 위해 도심에 갔는가?" 이 질문을 바꾸어 일반화하면 다음과 같다. "왜 사람들은 일하기 위해 이동을 하는가?" 우리는 두 번째 질문에 대한 만족스러운 대답을 찾음으로써 존스뿐만 아니라 직장으로 매일 이동하는 누구에게나 적용되는 원리를 발견할 수 있다. 독특한 사건에 기초한 배타적 지식은 폭넓은 이해에 아무 쓸모가 없다. (Abler *et al.* 1971: 196)

또 다른 공간과학적 설명은 이를 다음과 같이 설명한다.

> … 우리는 인간 이동의 본질을 이해할 수 있는 근본적인 규칙성과 과정을 설명하려고 노력해 왔다. 이 때문에 우리는 유형과 지역을 배제해 왔다. 아시아에서의 이동과 북아메리카에서의 이동은 동일한 틀에서 다루어질 수 있다. 우리의 사례는 대부분 미국이지만, 미국이 아닌 다른 사례로 이를 대체해서 설명할 수 있다. 사례는 일반화를 돕는 수단이기 때문에, 어떠한 사례인지는 중요하지 않다. 예를 들어 (이동에 있어서 진료를 받으러 간다는 것이 중요한 사실이지) 진료를 받는 곳이 주술사인지 종합병원인지는 중요하지 않다. (Lowe and Moryadas 1975: npn)

그리고 인간의 이동만이 일반화가 가능한 것은 아니다. 이동은 사회과학과 자연과학을 그리고 인문지리학과 자연지리학을 통합하는 주제로 자주 묘사된다. 『공간 조직: 지리학자의 세계관(*Spatial Organization: The Geographer's View of the World*)』에서 애블러 등은 이동의 여러 이상적 유형을 기술하고 있다. 지역에서 선으로의 이동 또는 지역에서 지역으로의 이동처럼 말이다. 이는 이동의 패턴을 기술한 것이다. 지역에서 선으로의 이동은 지붕에서 배수관으로 유출되는 빗물이나 교외지역에서 고속도로로 들어가는 통근자를 기술하는 유형이다. 이 경우에서와 같이, 사람 간의 차이뿐만 아니라 사람과 자연 간의 차이마저도 무시되었다.

호우 시 물이 지붕으로부터 배수로로 유출되는 이동은, 동물들이 물을 마시려고 숲에서 강으로 가는 이동, 통근자들이 차고를 떠나 도로로 가는 이동, 토양이 표층 침식에 의해 제거되어 배수로, 도랑, 하상으로 가는 이동과 같다. 이들은, 최소순노력을 들여서 무엇인가가 하나의 지역으로부터 하나의 선으로 이동한다는 점에서 공통적이다. (Abler *et al*. 1971: 251)

　　지리학에서 계량혁명의 중심에는 이동이 있었다. 심지어 (중심지이론, 공업 입지론, 고립국이론과 같은) 입지 모델들도 그 중심에는 이동에 대한 동등한 접근성이나 최소순노력 등의 개념이 있었다. 하지만, **공간적 상호작용 이론**(spatial interaction theory)과 **중력 모델**(gravity model)과 같이 이동을 다루기 위해 개발된 모델과 법칙은 결코 엄격한 과학의 기준에는 미치지 못했다. 이동을 다루기 위해 개발된 모델과 법칙은 분명히 복잡했지만(공간과학의 일부 저서는 나의 수학적 능력을 훨씬 넘는 방정식들로 가득 차 있다), 이론화의 결론은 놀랍도록 단순했다. 즉 주요 결론은 거리가 길어지면 이동량은 감소한다는 것이었다. 멀리 떨어져 있는 사물은 가까이 있는 사물보다 상호작용이 적을 가능성이 높다. 작은 장소에 비해 큰 장소는 보다 넓은 공간적 범위에 영향을 미친다. 이는 지프의 거리-반비례 법칙에 의해 종합적으로 정리되었다. 이는 곧 두 중심지 간의 이동은 두 중심지의 인구 규모에 비례하며 두 중심지 간의 거리에 반비례한다는 것이다(Zipf 1949). 이와 관련된 개념으로 왈도 토블러(Waldo Tobler)가 말한 "지리학의 제1법칙"을 들 수 있다(토블러는 지리학의 제1법칙이라고 할 때 다소 조롱조로 말하는 듯하다). 지리학의 제1법칙에 의하면, "모든 것들은 서로 연관되어 있지만 가까운 것들은 먼 것들보다 서로 더 연관되어 있다"(Tobler 1970). 그러나 이런 사고들이 단순하면서도 분명했지만, 그런 "법칙"은 별로 도움이 되지 못했다. 하비가 제시했듯이, 그 법칙을 통해 우리가 성공적으로 예측할 수 있는 것은 없었다. 그리고 그 법칙이란 현실 특수적이며, 지역적으로 차이가 있다. "비록 공식화(formulation)는 다수의 상황에 적용될 수 있지만, 매개변수들이 심하게 변동한다. 거리에 따른 상호작용의 변화율은, 시간이나 인구의 사회적 특성에 따라서 장소마다 다르게 나타난다"(Harvey 1969: 110-111). 결국 이런 규칙이 어떻게 작동하는지를 밝혀내기 위해서는 지리학자들이 현장에서 그리고 특정 장소에서 경험적 연구를 할 필요가 있다.

계량화 및 자연지리학

계량화에 대한 요구는 학문 간의 경계를 초월했다. 섀퍼와 벙기는 가장 훌륭한 지리적 법칙이란 지리학의 모든 분야를 집약할 수 있는 법칙이라고 분명하게 제시한 바 있다.

> 모든 방면에서 새로운 기회가 부상하고 있으며, 이와 더불어 이론적 수준에서의 공간적 교배가 급격하게 가속화되고 있다. 예를 들어 먹이사슬을 지닌 동물도 중심지 원리에 따라 입지하고 계층성을 나타내고 있지 않은가? 외래하천에 대한 울만의 개념은 왜 고속도로에 적용될 수 없는 것인가? 이런 사례는 일상적 경험에서도 일반적으로 발견될 수 있다. 잔디밭에서 갈퀴로 낙엽을 긁어모으는 문제는 도시 배열의 문제와 유사하지 아니한가? 마치 낙엽 더미는 소도시와, 퇴비 더미는 주요 도시와, 나뭇잎이 떨어져 있는 지역은 상권과 동일시 될 수 있다. (Bunge 1962: 27)

물론 그동안 지역지리학이 인문지리학과 자연지리학의 연계를 항상 유지해 왔다. 한 지역에 대한 전체적인 설명은 토양, 지형, 기후에 대한 기술로 시작하는 것이 전형적이었다. 하지만 벙기를 포함한 일부 학자들은 다른 생각을 지니고 있었다. 그들은 지역이라는 "사물"에 대한 초점을 공간적 관계에 대한 초점으로 바꾸고자 했다. 섀퍼는 새로운 지리학이 초점을 두어야 할 대상으로 사물 간 관계의 중요성을 주장했다. 벙기의 주장에 따르면, 이런 "공간적 논리"는 도시의 배열과 잔디밭의 낙엽을 갈퀴로 긁어모으는 것 등을 포괄하는 진술을 만들 수 있다는 것이다.

> 물론 지리학 내 여러 분야를 단순한 비교해서는 안 된다는 점에 주의해야 한다. 지리학 내 여러 분야에 내재된 공간적 논리를 능숙하게 선택할 때에야 비로소 지리적 개념들의 힘이 펼쳐지기 시작할 것이다. 우리가 관찰하는 세계에서는 공간적 상황들이 반복적으로 나타나므로, 지리학은 공간적 연구에 있어서 매우 효율적이다. (Bunge 1962: 32-33)

인문지리학자들만이 지리학을 보다 과학적이고 계량적으로 만들기 위해 노력했던 것은 아니다. 자연지리학자들도 그랬다. 자연지리학에서의 이런 노력은 아서 스트랄러(Arthur Strahler) 등에 의해 시작되었는데, 이는 지형을 보다 과학적으로 설명하기 위해서였다. 스트랄러에 따르면, "반세기 이상 북아메리카의 지형 연구는 데이비스(W. M. Davis)와 그의 제자들이 사용했던 설명적-기술적 연구 방법에 의해 지배되어 왔다"(Strahler 1952: 924). 스트랄러는 지형학을 과학적으로 타당하게 만들고 동시에 **프로세스**에 주안점을 둠으로써(이는 인문지리학에서 계량화, 과정, 이동에 대한 크로의 관심을 반영하고 있다), 데이비스의 설명적-기술적 연구 방법에 대해 도전했다. 스트랄러는 인문지리학자들과 마찬가지로 다른 학문에서 사례를 찾고자 했는데, 수학이 특히 매력적으로 보였다.

> 만약 지형학이 지질학과 같이 자연과학의 기본적인 원리와 법칙을 개척하는 연구 분야로서의 위상을 갖추려면, 지형학은 현재 부족한 활력을 위해 자연과학, 공학, 수학으로 돌아가야만 한다. (Strahler 1952: 924)

스트랄러의 주장에 따르면, 지형학자들은 수학을 통한 간단한 원리에 기초하여 일반적 모델을 구축할 수 있다. 이는 수학적 모델을 보다 정확하게 만들 수 있는 데이터를 수집하기 위해 야외조사를 추구했던 자연지리학의 전통과 결부될 수 있다.

> … 지형학자는 발견이나 자신의 총체적 경험에 기반을 둔 직관을 통해 간단한 수학적 모델을 만들 수 있다. 수학적 모델은 유의미한 일반 이론의 요점을 양적으로 진술한 것이다. 만약 일반 이론의 요점을 양적으로 진술하지 않는다면, 말을 통해 질적으로 설명할 수밖에 없을 것이다. 수학적 모델의 확립은 과학적 성취의 최고 형태라고도 할 수 있다. 왜냐하면 수학적 모델은 근본적인 진실을 정확하게 진술하기 때문이다. 경험적 방법과 합리적 방법은, 시간이 흐르고 정보의 양이 증가함에 따라 점차 수렴되는 경향이 있다. 통계 분석가는 적은 수의 표본으로부터 일반적으로 적용 가능한 양적 관계를 도출하기를 바랄 수 없다. 적은 수의 표본은 여러 가지 변수의 영향을 받기 때문이다. 하지만 표본 데이터가 많아지고 변수들의 영향력이 고립되면 경험적 방정식은 일반 법칙이라는 지위로 나아간다. 분석가는 직관적, 연역적, 공식적 과정을 통해 일반적인 수학적 법칙을 구성함으로써 관찰된 변수들의 영향력에 관한 새로운 지식을 날카롭게 추론할 수 있다. (Strahler 1952: 936)

스트랄러는 보다 과학적인 지형학에 대한 요구를 다음과 같이 요약한다.

> 요컨대, 장차 역동적-계량적인 지형학을 발전시키기 위한 프로그램은 다음의 단계를 요구한다. (1) 탄성 또는 합성수지 고체나 점성 유체로서의 물질에 작용하는 중력과 분자의 전단응력에 대한 다양한 반응으로서의 지형적 과정 및 지형에 대한 연구, (2) 지형적 특징과 요인에 대한 계량적 결정, (3) 수학적 통계 방법에 의한 경험적 방정식의 공식화, (4) 지

형 프로세스의 모든 단계에서 나타나는 역동적 체계와 지속 상태에 대한 개념 구축, (5) 계량적인 자연 법칙의 역할을 위한 일반적인 수학적 모델의 추론. 이 프로그램은 방대한 지식과 자격을 충분히 갖춘 소수의 지형학자들을 배출하는 것이다. 하지만 만약 발전 정도를 측정해본다면, 우리는 화학, 물리학, 생명과학에 비해 이미 반세기가 뒤처져 있다. 따라서 급속한 역동적–계량적 진전에 대한 요구는 더욱 절박하다. (Strahler 1952: 937)

이 진술은 1950년대의 보다 과학적이고 계량적인 지리학에 대한 요구를 분명히 보여준다. 스트랄러는 [기술(記述)이나 데이비스가 선호했던 손으로 정교하게 그린 도시 대신에] 숫자의 중요성, 곧 계량화와 통계적 방정식의 사용(스트랄러는 단순한 형태의 회귀분석을 제시했다), 개념 구축, 그리고 "계량적인 자연적 법칙으로서의 수학적 모델"의 개발을 강조했다. 스트랄러는 이런 연구와 분석에 있어서 순수 자연과학의 성취에 주목하도록 했다. 스트랄러의 주장과 벙기와 하비와 같은 인문지리학자들의 주장 간에는 (세부적인 것을 제외하고는) 차이가 거의 없다.

일부 뚜렷한 예외적인 경우를 제외하고는, 전반적으로 자연지리학자들은 지리학의 철학적 측면을 껴안기를 꺼렸다. 자주 인용되는 다음의 진술은 다시 반복할 가치가 있다. "누군가가 지형학자에게 이론을 언급할 때마다, 지형학자는 토양을 채취하는 도구에 손을 뻗는다"(Chorley 1978: 1). 물론 자연지리학에는 수많은 이론이 있다. 예를 들어 기후 체계나 경사면 형성에 관한 이론처럼 말이다. 하지만 여기서 우리가 논의하는 이론은 그런 구체적 이론을 의미하는 것이 아니다. 우리는 일반적인 이론적 관점에 보다 관심이 있으며, 자연지리학자들은 일반적인 이론적 관점을 흔쾌히 받아들이지 않을 것 같다. 그러나 모든 학문적 탐구와 마찬가지로 자연지리학도 암묵적으로는 이론적 관점에 기초하고 있다. 실증주의의 광범위한 원리는 자연지리학과 잘 맞는다. 거의 모든 자연지리학자들은 관찰 가능한 외적 현실이 존재한다는 철학적 견해에 동의한다. 대부분의 자연지리학자들은 다수 사례에서의 관찰을 토대로 일반화와 법칙 등의 진술을 구성하는 과정에 편안해할 것이다. 또한 많은 자연지리학자들은 자신의 연구 방법을 계량적이라고 묘사하는 것에 대해 흡족할 것이다. 하지만 엄밀한 의미에서의 이런 실증주의적 철학에 동의하는 자연지리학자들은 극히 소수일 것이다.

철학과 자연지리학에 관한 지리학자들의 연구 중 가장 큰 호응을 받은 철학적 접근은 **비판적 합리주의**(critical rationalism)이다(Haines-Young and Petch 1986; Gregory 2000; Inkpen 2005). 이 접근은 논리실증주의에 대한 비판가인 포퍼와 관련이 있다. 포퍼는 대체적으로 논리실증주의의 존재론적, 인식론적 관점에 만족했지만, 이론은 절대 증명될 수 없다고 믿었다. 대신에 그는 이론이 틀린 것으로 증명되기 전까지는 옳은 것으로 가정하는 "반증"의 과정을 주창했다. 심지어 만약 한 이론이 수년 동안 계속 옳은 것 같아도 우리는 그 이론이 옳다고 확신할 수 없다. 수 세기 동안 과학자들은 지구가 우주의 중심에 있고 관찰 가능한 경험이 이를 확인해준다고 믿었다. 그러나 결국 우리는 그렇지 않다는 것을 알게 되었다. 그리고 보다 적합한 이론으로 대체되었다. 실증주의자들은 이론과 세계 간의 "완전한" 적합성을 믿는 반면에, 비판적 합리주의자들은 언젠가는 버려야 할지도 모르는 이론과 세계 간의 "조건적" 적합성만을 믿는다. 포퍼는 이론이 현실을 정확히 반영하고 있음을 보여주는 것이 불가능하다고 보았다.

또한 비판적 합리주의자들은 과학의 실증주의적 철학에 있어 핵심이 되는 **귀납적**(inductive) 과정을 거의 믿지 않는다. 귀납적 과정이란 이론과 궁극적 법칙을 도출하기 위해 간단한 관찰을 계속 축적하는 것이다. 많은 자연지리학자들은 이론의 영향을 받지 않은 순수한 관찰이라는 것은 존재하지 않는다는 것을 인식하고 있다(Rhoads and Thorne 1994; Gregory 2000). 따라서 이론을 입증하는 관찰이 축적된다고 해서 이론이 진실이 되지는 않기 때문에, 귀납적 원리는 논리적으로 결함이 있음을 자연지리학자들은 인식하고 있다. 관찰이란 특정 학설에 준거하여 이루어지므로 진정한 귀납적 이론을 구축하는 것은 불가능하기 때문에, **연역적** 이론이 보다 일반적으로 수용될 수 있었다. 연역적 과정이란 논리적으로 일관성을 갖춘 이론에서 시작한 후, 그 적절성을 검증하기 위해 경험적 증거를 찾는 것이다. 특정 대상을 이상적으로 설명하기 위해 상호 경쟁하는 여러 이론이 존재하며, 가장 적합한 이론이 남겨질 때까지 여타 이론들은 점차 제거될 것이다. 인크펜(Inkpen)은 포퍼의 비판적 합리주의 시각을 다음과 같이 요약하고 있다.

> 이론은 보다 많은 검증을 거칠수록 그 진리 가치는 증가했지만, 결코 진리가 되지 못했다. 이론에 대한 이런 다소 불만족스러운 결론은, 중력 법칙과 같은 핵심적인 과학적 사고들이 반드시 진리가 아닐 수도 있으며 단지 반증이 불가능함에 불과하다는 것을 내포했다. 과학적 사고의 토대인 이론의 안정성은, 그 이론의 지속적인 반증 불가능성에 대한 확신에서 비롯된 것이었다. 그리고 이론을 반증하려는 꾸준한 시도들은 바로 이런 확신에서 기인한 것이었다. (Inkpen 2005: 30)

21세기의 공간과학

공간과학, 실증주의, 계량화 모두 1960년대 후반 이후부터 나타나게 된 (대부분 인문지리학자들의) 뚜렷한 이론적 공격에 직면하기 시작했다. 일단 공간과학의 주장을 결코 수용하지 않았던 일부 지역지리학자들은 그 이전부터 있어 왔다. 하지만 1960년대 말에는 인본주의적 전통과 보다 급진적인 이론(대게 마르크스주의)을 기반으로 하는 새로운 사조가 새로운 이유로 공간과학을 거부하기 시작했다(6장 및 7장 참조). 1980년대 초부터는 공간과학에 대한 맹공격으로 인해 공간과학에 대한 지극히 부분적인 기여마저도 유지되기 꽤 어려웠다. 지리학에서의 "이론"에 관한 많은 저서는, 포스트실증주의 이론을 설명하면서 마치 공간과학에서는 지리학을 공부하는 학생이 아무것도 배울 게 없는 것처럼 말한다. 이는 실수다. 공간과학을 둘러싼 전통은 여러 측면에서 여전히 중요하다. 많은 지리학자들이 여전히 공간과학을 이런저런 방식으로 연구하고 있다. 저널 전체가 공간과학 내용으로 한정된 저널도 있다. 예를 들어「지리적 분석: 이론지리학의 국제 저널(*Geographical Analysis: An International Journal of Theoretical Geography*)」을 보라. 일부 지리학과들은 계량적 방법으로 특화되고 있다.

또한 지리학에서 계량화의 사용은 법칙과 같은 일반화를 생성하려는 욕구에서 벗어나 보다 도구적이고 종종 비판적인 목적으로 변화한 경우도 있다. 실증주의 철학과 계량화에 대해 가장 큰 목소리를 내는 비판자들 중 다수는 마르크스주의자, 페미니스트, 포스트구조주의자를 포함한 비판지리학자였다. 그들은 계량화가 죄책감을 느낄 수도 있는 신과 같은 객관성뿐만 아니라 텍스트보다는 숫자로 기술하는 지나치게 정교한 형태의 설명이 정치적으로 유용하다는 주장에 반대했다. 그러나 일부 비판지리학자들은 중요한 사회 문제에 대한 정량적 접근 방식의 도구적 유용성을 계속해서 주장해 왔다. 예를 들어 팀 쉬와넨(Tim Schwanen)과 메이 포 콴(Mei-Po Kwan)은 모든 계량주의자가 실증주의자인 것은 아니며, 따라서 계량적 방법의 사용은 실증주의의 결함에 의해 영향을 받지 않는다고 주장한다. 그들은 비판적 페미니스트 학자들이 지리적 분석에서 여성을 무시하는 것이 개념적, 경험적으로 어떻게 결함이 있는지 보여주기 위해 계량적 기법을 자주 사용하는 **페미니스트 경험론**(feminist empiricism)을 예로 든다. 또한 그들은 불평등 및 억압 문제를 해결하기 위해 고급 컴퓨터 기반 GIS를 사용하는 비판적 GIS 연구도 예로 든다(Schwanen and Kwan 2009). 그들은 비판적 연구에 계량적 방법을 사용하면 "신자유주의, 가부장제 및 기타 체계적 불평등을 다루는 사람들이 이 비판적 연구자들의 주장을 부적절하고, 과학적 엄격함이 부족하거나, 심지어 비과학적이라고 무시하기 더 어렵게 만든다."(Schwanen and Kwan 2009: 461-462) 고 주장한다.

보건 지리학에서의 계량적 연구는 중요한 사회 문제를 해결하기 위해 계량적 방법을 사용하는 영역 중 하나이다. 예를 들어 니암 쇼트(Niamh Shortt)와 동료들은 스코틀랜드에서 판매점을 통한 담배 및 주류의 가용성을 설명함으로써 담배 및 주류 사용과 사회적 박탈 사이의 연관성을 탐구하였다(Shortt et al. 2015). 그들은 스코틀랜드의 모든 담배 및 주류 판매점 주소를 찾아내서 계량적 기술과 GIS를 사용하여 판매점 밀도를 측정했다. 이는 대략 817명이 살고 있는 지역인 각각의 공식적 "데이터 지구"의 다중 박탈에 대한 스코틀랜드 정부의 지수와 통계적으로 비교되었다. 연구자들은 특히 소득 수준에 초점을 맞춰 소득 수준이 가장 낮은 지역에 담배 및 주류 판매점 밀도가 가장 높다는 사실을 자신 있게 보여줄 수 있었다.

중요한 질문을 해결하기 위해 계량적 방법을 사용한 또 다른 예는 엘빈 와일리(Elvin Wyly)와 폰더(C.S. Ponder)가 2008년 경제 붕괴를 가져온 수년 동안 위험한 고금리 서브프라임 모기지 할당에 있어서의 성별, 연령, 인종 간 연관성을 분석한 것이다(Wyly and Ponder 2011). 와일리와 폰더는 일화(개인이 전하는 이야기)와 본질적으로 정량적인 경우가 가장 많은 "데이터" 간의 차이를 반영하였다. 그들은 사회에서 소외되고 억압받는 집단의 구성원이 전하는 일화는 일반적으로 무시되는 점에 주목하였다. 미국에서 서브프라임 모기지와 관련된 약탈적이고 차별적인 대출 관행에 대한 이야기가 나온 것이 바로 이러한 경우였다. 다음은 한 가지 예이다.

1997년 71세의 아프리카계 미국인 여성 베로니카 하딩은 노스 필라델피아에 있는 연립 주택을 수리하기 위해 돈이 필요했고, AMR(American Mortgage Reduction, Inc)이라는 회사로부터 35,000달러의 대출을 받았다. 대출금에는 이자율 11.4%, 결제 수수료 4,400달러, 중개인 수수료 3,500달러, 이자율 22.5%의 보험료 2,815달러, 27년 만기 32,000달러의 만기 일시 상환액 조건이 포함되었다. AMR 대출은 하딩이 받은 가장 최근의 모기지였다. 그녀는 지난 12년 동안 14번의 대출을 받았다. 그녀가 말하기를 "중개인들은 보통 본인의 식탁에서 대출을 처리했습니다. … '정말 쉽게 대출해 주네요. … 그들은 당신이 청구서를 모두 갚을 것이라고 말할 것입니다. 그리고 그들은 당신에게 수표를 줄 것입니다. 하지만 몇 달이 지나면 당신은 전보다 더 많은 빚을 지게 될 것입니다'." (Wyly and Ponder 2011: 530)

이와 같은 이야기는 계량적 분석에서 "데이터"로 간주되지 않으므로 계량화하고 일반화할 수 있는 것과 동일한 비중을 갖지 않는 것으로 쉽게 무시된다. 베로니카 하딩에게 이런 일이 일어났다고 해서 서브프라임 대출에 문제가 있었던 것은 아니라고 주장할 수도 있다. 와일리와 폰더는 그들의 논문에서 이러한 "일화"를 무시하지 않고 오히려 "서브프라임 붐의 차별적 영향은 비히스패닉계 백인에 비해 아프리카계 미국인 사이에서 더 컸고, 아프리카계 미국인 여성들 사이에서 더 심각하고, 나이 든 아프리카계 미국인 여성들 사이에서 더욱 두드러졌다."(Wyly and Ponder 2011: 537)는 가설을 검증하기 위해 계량적 기법을 사용하여 연구하였다. 즉, 와일리와 폰더는 사회 정의적 함의를 지니는 차별과 관련된 중요한 질문을 탐구하기 위해 계량적 방법을 사용하였다. 구체적으로 그들은 광범위하지만 상세하지 않은 HMDA(Home Mortgage Disclosure Act) 데이터 세트와 약 600건의 모기지 기록만 포함하지만 연령, 성별, 인종에 대한 데이터를 포함하는 훨씬 더 범위가 좁지만 심층적인 NMDR(National Mortgage Data Repository)이라는 두 가지 데이터 세트를 사용하였다. 이 두 가지 데이터 세트를 비교하고 회귀 분석을 사용하여 그들은 서브프라임 모기지 제공 시 인종, 성별, 연령 간의 "상황적 연결성"을 밝혀낼 수 있었다.

> 미혼 흑인 여성 서브프라임 대출자의 수는 미혼 흑인 남성 대출자 수 및 비히스패닉계 흑인 커플 대출자 수보다 많은데, 이는 다른 인종/민족 집단에서는 그렇지 않다. 미혼 아프리카계 미국인 여성은 소득과 소득 대비 대출 비율이 동일한 비히스패닉계 백인 커플보다 서브프라임 대출을 받을 확률이 5배 더 높다. 미혼 흑인 여성을 미혼 백인 여성 및 아프리카계 미국인 커플과 비교할 때에도 이러한 격차는 지속된다. (Wyly and Ponder 2011: 559)

중요한 것은 와일리와 폰더가 약탈적 모기지 대출의 피해자들이 말하는 "이야기에서 대표적이고 일반화할 수 있는 것"이 있고 너무 자주 "이데올로기적 보수주의를 조장하는 방법론적 보수주의"가 있기 때문에 일화를 더 심각하게 받아들여야 한다고 제안했다는 점이다(Wyly and Ponder 2011: 559). 와일리와 폰더의 결론은 보수적인 것과는 거리가 멀고, "체계적 불평등"을 해결하기 위한 "구조적 법적 변화"아 "이윤, 투기, 기만의 권리와 구별되는 집(home)의 권리"를 재평가할 필요성을 제안했다(Wyly and Ponder 2011: 560).

비판지리학을 위한 도구의 일부로 계량적 방법을 사용하는 것이 지리학에서 계량화가 변경된 유일한 방법은 아니다. 공간 과학의 기원은 계량적 방법이 실증주의 및 이데에시나 직용할 수 있는 법칙과 같은 일반화를 달성하려는 욕구와 밀접하게 연관되어 있지만, 최근의 계량적 연구는 일반화하려는 욕구를 버리고 보다 장소 특수적으로 응용하고자 한다. 스튜어트 포더링햄(A. Stewart Fotheringham)과 크리스 브런스던(Chris Brunsdon)은 보편적 진리에 대한 탐구의 일부가 아닌 특정 위치의 특수성을 탐색하기 위해 계량적 기술을 사용하는 국지적 공간 분석의 출현에 대해 논의했다(Fotheringham and Brunsdon 1999). 그들은 국지적 또는 지역적으로 특수한 것을 지우려고 시도하는 글로벌 공간 분석의 문제 중 하나를 잘 설명하고 있다.

> 공간 프로세스 모델과 공간 분석 방법은 일반적으로 글로벌 수준에서 적용되었다. 분석에서 한 세트의 결과가 생성되고 한 세트의 관계성을 나타내는 이러한 결과가 연구 지역 전체에 동일하게 적용되는 것으로 가정되었다. 거의 인식하지 못하고 있지만 본질적으로 글로벌 분석에서 수행되고 있는 것은 데이터에서 "평균" 결과 세트를 생성하는 것이다. 조사 중인 관계성이 연구 지역에 따라 다를 경우 글로벌 결과는 해당 지역 내 특정 지역에 제한적으로 적용되며 실제로 해당 지역의 실제 상황을 나타내지 않을 수 있다. 따라서 글로벌 모델을 조정하는 것은 "지난해 미국의 평균 강수량은 32인치였다"라는 정보를 얻는 것과 유사하다. 이는 일반적으로 연구 지역에 대한 정보를 제공하지만 연구 지역 내 특정 지역에 대한 정보는 제공하지 않는다는 점에서 "글로벌" 통계이다. 결과적으로 강수량이 국지적으로 변하는 경우에는 거의 쓸모가 없다. (Fotheringham and Brunsdon 1999: 341)

포더링햄과 브런스던이 소개하는 다양한 형태의 "국지적 분석"은 글로벌 적용을 통해 법칙과 같은 확실성을 확립하기보다는 공간 관계의 변화에 초점을 맞추고 있다. 즉, 지리학에서의 계량화는 보편적 법칙을 생성하려는 실증주의적 야망에서 멀리 벗어나 어떤 의미에서는 초기 지역지리학의 중심이었던 지역적 차별화라는 주제로 돌아왔다(4장 참조).

계량지리학에서 "국지적 분석"의 한 형태는 **근린효과**(neighborhood effect)를 탐구하는 것이었다. 근린효과는 국지적 지역의 특정한 특성이 개인 및 집단의 행동 형태에 영향을 미친다고 가정한다. 스코틀랜드에서의 담배 및 주류 사용에 관한 쇼트와 동료들의 연구는 일종의 근린효과를 보여준다(Shortt *et al.* 2015). 근린효과는 전적으로 공간 과학 개념이 아니며 다양한 이론적 렌즈를 통해 탐구되었다. 그러나 그 중심에는 가까이 있는 것이 멀리 있는 것보다 더 큰 영향력을 갖는다는 친숙한 가설이 자리 잡고 있다. 예를 들어 사람들은 합리적인 비용−편익 분석보다는 이웃의 가치와 활동을 기반으로 결정을 내릴 가능성이 높다. 그러나 겉보기에 장소에 민감한 근린효과 개념조차도 장소와 근린과 같은 사상에 대한 대체로 무비판적인 해석에 기반을 두고 있다. 비판지리학자들은 장소와 근린이 대체로 동질적인 특성을 지닌 공간적으로 제한된 지역보다 훨씬 더 많은 것으로 오랫동안 이론화해 왔다. 장소들과 근린들은 그들 안에서 일어나는 것만큼이나 그들 사이에서 이동하는 것으로부터 만들어진다. 메이 포 콴은 사람들이 일반적으로 자신이 사는 곳에서 하루 중 일부만 보내고 매일 이동한다는 점을 지적하면서 행동이 환경에 미치는 영향과 관련하여 이동성을 강조했다. 따라서 행동에 대한 영향을 계량적으로 설명하려면 분석을 항상 인위적인 "근린"에 국한시키기보다는 아마도 GPS 데이터를 사용하여 시공간 궤적(여행)을 따라가는 것이 필요할 것이다.

> 환경 영향에 대한 개인의 노출은 환경 영향과 개인의 이동성 사이의 상호작용에 의해 결정되므로 이러한 노출은 다양한 유형의 상황적 불확실성에 직면할 수 있다. 예를 들어, 대기 오염에 대한 개인의 노출은 오염 물질과 인간 사이의 물리적 접촉에 의해 결정되며, 오염 물질과 개인은 둘 다 공간과 시간에 따라 다양하거나 이동한다. (Kwan 2018: 1483)

콴은 상황적 영향이 인접 지역에서 설명될 수 있는 것보다 훨씬 더 복잡하다고 언급하였다. 근린효과에 대해 콴은 "국지적" 공간 분석조차도 사람들의 삶의 공간적 분할에 대한 순진한 가정에 너무 쉽게 기초하고 있다고 비판하였다. 예를 들어, 다중 박탈 지역과 주류 및 담배 판매점 사이의 연관성에 대한 쇼트 등의 연구로 돌아간다면 콴은 다중 박탈 지역에 사는 사람들이 반드시 그 지역에서 일하는 것은 아니라는 점을 지적할 수 있다. 사람들은 다중 박탈 지역을 통과하기도 하고, 그 지역에 들어가기도 하고, 그 지역으로부터 나오기도 하는데, 이는 주류와 담배 사용에 영향을 줄 수 있다.

결론

1970년대 이후 공간 과학에 대한 수십 년간이 비판에도 불구하고 계량혁명의 유산은 오늘날의 인문지리학의 거의 모든 분야에 내재되어 있다. 1950년대 이전만 하더라도 지리학에서 이론에 관한 저서를 쓰는 것이 거의 불가능했을 것이다. 일반적으로 지리학자들은 자신이 하는 것을 "이론"이라고 여기지 않았기 때문이다. 벙기의『이론지리학』과 하비의『지리학에서의 설명』은 지리학에서 이론의 중요성을 명시적으로 주장했던 두 저서였다. 이론은 어떻게 구성되는지에 대한 이들의 생각은 실증주의적 사고의 산물이었다. 이 결과 이들의 생각은 현대 인문지리학자들의 이론적 저술에는 꽤 제한적이며 사장되어 버렸다. 공간과학의 두 번째 유산은 계량적 방법들의 발달이다. 계량적 방법들을 연구하는 사람들이 거의 없음에도 불구하고, 이상하게도 계량적 방법들은 계속 패권을 장악해 왔다. 1980년대 말 내가 미국 위스콘신 주에서 박사과정 중에 있었을 때, 방법론 과목은 전공 필수였다. 이 방법론 과목으로 통계 또는 언어를 선택해야 했다. 자연지리학 동료들은 방법론 과목으로 스쿠버다이빙 수강을 주장했다. 문학 이론을 읽는 데 바쁜 인문지리학자들은 기호학을 수강하기를 원했지만 허락되지 않았다. 통계는 방법론이라는 성에 살고 있는 왕이다. 영국의 경우에는 (대부분의 인문지리학 박사과정 학생들의 연구비를 지원하는) 경제 · 사회연구협의회(Economic and Social Research Council, ESRC)는 교육과 관련된 필수조건으로서 (극소수의 학생들이 계량적 방법들을 사용할 것이라는 사실에도 불구하고) 학생들이 계량적 방법을 훈련받는 것을 꽤나 명백히 요구하고 있다. 인문지리학 분야를 전공한 박사과정 학생들은, 통계를 전혀 사용하지 않는다고 할지라도 앞선 세대와 마찬가지로 여전히 통계를 (다시) 배워야 하는 실정이다. 실증주의와 계량적 사회과학의 영향은 박사과정 훈련을 위한 조직 구조에 여전히 나타나고 있다. 세 번째 유산은 공간과 공간적인 것에 관한 관심이다. 공간과학을 주창했던 하비, 벙기, 하게트 등은 지역에 대한 (또는 지역적 차이에 대한) 초점에서 벗어나 공간관계에 대해 초점을 옮기고자 했다. "공간"은 지리학에서 이론적 용어의 중요한 부분이 되었다. 공간이 이론화되는 방식에 있어서 많은 발전이 있었지만(그리고 세월이 지나고 나서 보니 공간에 관한 공간과학적 관점은 꽤나 소박하기도 하지만), 지리학이 지리적 현상으로서의 공간에 초점을 두게 되었다는 점에서 공간과학에 빚을 졌다. 네 번째 유산은 이동 및 과정(프로세스)에 대한 초점이다. 근대적인 진보적 지리학을 위한 크로의 초기 주장은, 바로 지리학자들이 "사물"의 지역지리에 대한 집착에서 벗어나는 대신 인간의 공간관계의 역동적 본질을 살펴볼 것을 요구했다. 크로를 따른 공간과학자들은 이동과 과정에 대해 상당히 많은 연구를 수행했다. 최근에 들어와서야 이런 초점이 재발견되고 있다.

최근 수십 년 동안 엘빈 와일리가 "신계량혁명"이라고 부르는 현상이 증가했다(Wyly 2014). 이는 지리적 사고의 혁명이라기보다는 우리가 살고 있는 일상 세계의 혁명에 가깝다. 와일리의 논문은 론 존스톤(Ron Johnston)과 동료들이 쓴 논문에 대한 응답으로 작성되었다. 존스톤 등이 쓴 이 논문은 부분적으로 이 책 『지리사상사』 초판에 대한 비평이기도 한데, 그들은 당신이 방금 읽은 많은 단락을 비판했다(Johnston *et al.* 2014). 존스톤 등은 무엇보다도 미래의 지리학자와 미래 시민이 점점 더 계산되고 계량화되는 세계, 즉 "빅데이터(Big Data)"의 세계를 다룰 수 있도록 준비하기 위해서는 지리학 내에서 계량적 방법에 대한 교육의 중요성을 주장했다. 와일리는 엘리트 집단과 그들의 "증거 기반" 정책 프로그램을 지원하는 데 (항상 계량적인) 데이터가 사용됨으로써 빅데이터의 "신계량혁명"이 신자유주의 정치 경제에 의해 주도된다고 경고하였다. 와일리는 "경쟁적 시장 메트릭스, 기술 관료적 도구적 합리성, 소비자 선택에 대한 신자유주의적 이치의 주입이 교육을 빠른 속도로 변화시키고 있다."(Wyly 2014: 28)고 주장하였다. 이는 "성과"가 메트릭스와 단순한 숫자로 종종 축소되는 고등교육에서 계량화 논리가 삶의 모든 구석구석에 성공적으로 침투했음을 의미한다.

> 빅데이터는 현실이라는 사막의 광대한 수평적 경관에 대해 빠르게 확장되고 얕은 시각을 제공하며, 각각의 새로운 기술 발전은 과거 세대의 인간 지식에 대한 새로운 종류의 평가 절하를 동반한다. 오늘날 크고 작은 사건에 대한 디지털 생체해부의 빠른 기하급수적 폭포는 클라우트 지수(Klout score)에 대한 현재의 열광과 분당 트윗으로 측정되는 글로벌 속도에서와 같이 관심과 영향력에 대한 측정값을 무한히 변화시킨다. 디지털화할 수 없거나 서버의 robots.txt 파일에서 색인화가 허용되지 않는 과거의 모든 항목은 또 다른 아낙시만드로스 단편(Anaximander fragment)이 된다. (Wyly 2014: 28)

교육 및 연구의 거의 모든 것에 대한 이러한 계량화는 수치 데이터와 숨겨진 알고리즘이 업무, 여가 및 그 밖의 거의 모든 것에 편재되어 있는 더 넓은 세계에 내포되어 있다. 지리학자들과 다른 분야의 학자들의 질문은 우리가 계량적 방법을 얼마나 많이 수용하여 빅데이터 세계에 비판적으로 참여할 수 있는지, 그리고 얼마나 우리가 빅데이터 세계의 일부가 되는 것인가이다.

참고문헌

* Abler, R., Adams, J., and Gould, P. (1971) *Spatial Organization: The Geographer's View of the World*, Prentice Hall, Englewood Cliffs, NJ.

* Bunge, W. W. (1962) *Theoretical Geography*, Royal University, Lund.

Chorley, R. J. (1978) Bases for theory in geomorphology, in *Geomorphology: Present Problems and Future*

Prospects (eds C. Embleton, D. Brunsden, and D. K. C. Jones), Oxford University Press, Oxford, 1–13.

Chorley, R. J. and Haggett, P. (eds) (1967) *Models in Geography*, Methuen, London.

Christaller, W. (1941) *Die Zentralen Orte in den Ostgebieten und ihre Kultur-und Marktbereiche. Struktur und Gestaltung der Zentralen Orte des Deutschen Ostens, Teil 1*, K. F. Koehler Verlag, Leipzig.

Christaller, W. (1966 [1933]) *Central Places in Southern Germany*, Prentice Hall, London. 안연진, 박영한 역, 2008, 『중심지 이론: 남부 독일의 중심지』, 나남출판.

Crowe, P. R.(1938) On Progress in geography. *Scottish Geographical Magazine*, 54, 1–18.

Fotheringham, A. S. and Brunsdon, C. (1999) Local forms of spatial analysis. *Geographical Analysis*, 31, 340–358.

Gregory, D. (1978) *Ideology, Science and Human Geography*, Hutchinson, London.

Gregory, K. J. (2000) *The Changing Nature of Physical Geography*, Arnold, London.

* Haggett, P. (1965) *Locational Analysis in Human Geography*, Edward Arnold, London.

Haines-Young, R. H. and Petch, J. R. (1986) *Physical Geography: Its Nature and Methods*, Harper & Row, London.

Hartshorne, R. (1939) *The Nature of Geography: A Critical Survey of Current Thought in the Light of the Past*, The Association of American Geographers, Lancaster, PA. 한국지질연구회 역, 1998, 『지리학의 본질』, 민음사.

* Harvey, D. (1969) *Explanation in Geography*, Edward Arnold, London.

Hudson, R. (1990) Re-thinking regions: some preliminary considerations on regions and social change, in *Regional Geography: Current Developments and Future Prospects* (eds R. J. Johnston, J. Hauer, and G. A. Hoekveld), Routledge, London, 67–84.

* Inkpen, R. (2005) *Science, Philosophy and Physical Geography*, Routledge, London.

Johnston, R. J. and Sidaway, J. D. (2004) *Geography and Geographers: Anglo-American Human Geography since 1945*, Arnold, London.

Johnston, R., Harris, R., Jones, J, *et al.* (2014) Mutual mis-understanding and avoidance, mis-representations, and disciplinary politics: spatial science and quantitative analysis in (UK) geographical curricula. *Dialogues in Human Geography*, 4(1), 3–25.

Kwan, M.-P. (2018). The limits of the neighborhood effect: contextual uncertainties in geographic, environmental health, and social science research. *Annals of the Association of American Geographers*, 108(6), 1482–1490.

Lösch, A. (1954) *The Economics of Location*, Yale University Press, New Haven, CT.

Lowe, J. and Moryadas, S. (1975) *The Geography of Movement*, Houghton Mifflin, Boston, MA.

Mercer, D. (1984) Unmasking technocratic geography, in *Recollections of a Revolution* (eds M. Billinge, D. Gregory, and R. Martin), Macmillan, London, 153–199.

Morrill, R. (1984) Recollections of the "quantitative revolution's" early years: the University of Washington

1955-65, in *Recollections of a Revolution* (eds M. Billinge, D. Gregory, and R. Martin), Macmillan, London, 57-72.

Mountz, A. and Williams, K. (2023) Let geography die: the rise, fall, and "unfinished business" of geography at Harvard. *Annals of the American Association of Geographers*. https://www.tandfonline.com/doi/full/10.1080/24694452.2023.2208645?scroll=top&needAccess=true&role=tab.

Rhoads, B. L. and Thorne, C. E. (1994) Contemporary philosophical perspectives on physical geography with emphasis on geomorphology. *Geographical Review*, 84, 90-101.

Rossler, M. (1989) Applied geography and area research in Nazi society: central place theory and planning, 1933-1945. *Environment and Planning D: Society and Space*, 7, 419-431.

* Schaefer, F. K. (1953) Exceptionalism in geography: a methodological examination. *Annals of the Association of American Geographers*, 43, 226-249.

* Schwanen, T. and Kwan, M.-P. (2009) "Doing" critical geographies with numbers. *The Professional Geographer*, 61(4), 459-464.

Shortt, N. K., Tisch, C., Pearce, J., Mitchell, R., Richardson, E. A., Hill, S., and Collin, J. (2015) A cross-sectional analysis of the relationship between tobacco and alcohol outlet density and neighbourhood deprivation. *BMC Public Health*, 15, 1014. doi: 10.1186/s12889-015-2321-1.

Smith, N. (1987) Academic war over the field of geography: the elimination of geography at Harvard, 1947-1951. *Annals of the Association of American Geographers*, 77, 155-172.

* Strahler, A. N. (1952) Dynamic basis of geomorphology. *Bulletin of the Geological Society of America*, 63, 923-938.

Tobler, W. (1970) A computer movie simulating urban growth in the Detroit region. *Economic Geography*, 46, 234-240.

Ullman, E. (1956) The role of transportation and the bases for interaction, in *Man's Role in Changing the Face of the Earth* (ed. W. L. Thomas), University of Chicago Press, Chicago, 862-880.

Ullman, E. E. (1953) Human geography and area research. *Annals of the Association of American Geographers*, 43, 54-66.

Ward, S. V. (1992) *The Garden City: Past, Present and Future*, Spon, London.

White, H. P. and Senior, M. L. (1983) *Transport Geography*, Longman, New York.

Wilson, A. G. (1972) Theoretical geography: some speculations. *Transactions of the Institute of British Geographers*, 57, 31-44.

* Wyly, E. (2014) The new quantitative revolution. *Dialogues in Human Geography*, 4(1), 26-38.

Wyly, E. and Ponder, C. S. (2011) Gender, age, and race in subprime America. *Housing Policy Debate*, 21(4), 529-564.

Zipf, G. K. (1949) *Human Behavior and the Principle of Least Effort: An Introduction to Human Ecology*, Addison-Wesley Press, Cambridge, MA.

제 6 장

인본주의 지리학

- 인문지리학에 대한 (그리고 인문지리학 내의) 비판
- 인본주의 지리학이란 무엇인가?
- 현상학과 실존주의
- 공간과 장소
- 인본주의 지리학의 전성기 이후
- 결론 : 인본주의는 죽었다 — 인본주의여 영원하라

배가 고프다고 생각해보자. 당신은 피시앤칩스 같은 테이크아웃 음식이 먹고 싶을 것이다. 그리고 지갑을 확인해본 다음, 집을 나와 피시앤칩스 가게로 향할 것이다. 그러나 어느 가게일까? 아마도 당신은 지금 자신이 살고 있는 곳에서 아는 여러 피시앤칩스 가게를 떠올릴 것이다. 어쩌면 당신은 손쉽게 가장 가까운 가게를 선택할 것이다. 피시앤칩스는 어느 가게를 가던 별반 다를 게 없는데, 굳이 에너지를 낭비할 필요가 있을까? 그러나 사실은 그렇지 않다. 아마도 당신은 어느 가게의 튀김옷이 가장 바삭거리는지, 어느 가게의 내용물이 즙이 많은지, 어느 가게의 칩에 기름기가 적은지 알고 있을 것이다. 아마도 그곳은 좀 더 멀리 떨어져 있겠지만, 멀리 갈 만한 가치가 확실히 있을 것이다. 그렇다면 다시, 좀 멀리 떨어진 가게의 카운터 뒤에서 일하고 있는 사람을 떠올려보자. 당신은 그(녀)를 좋아해서 몇 분 동안 추파를 던진다. 아마도 당신의 상상이긴 하지만, 그(녀)는 지난번에 당신이 거기에

Geographic Thought: A Critical Introduction, Second Edition. Tim Cresswell.
© 2024 John Wiley & Sons Ltd. Published 2024 by John Wiley & Sons Ltd.

갔을 때 추파에 호응하는 것 같았다. 피시앤칩스는 끔찍하게 맛없지만 인간적 상호작용은 단연 으뜸이다. 더 멀리 떨어진 곳에 새 피시앤칩스 가게가 생겼다. 그곳은 시원해서 가게 안에 있으면 쾌적하게 느껴진다. 그곳은 분위기가 좋다. 삶은 복잡하고 인간들도 복잡하다. 합리성을 기준으로 삶의 형태를 결정해야 한다고들 하지만 우리는 희망, 꿈, 욕망도 가지고 있다. 우리는 상상력을 가지고 있다.

공간과학자라면 여기서 어떤 선택을 할까? 공간과학자는 희망과 꿈과 욕망 그리고 상상력 넘치는 인간성으로 인해 애매하고 혼란스러운 이 세계를 어떻게 다룰까? 공간과학자의 세계는 "합리적 존재"라는 특정 종류의 가상적인 인간이 거주하는 곳이다. 경제학에서 이런 인간은 "합리적 경제인"으로 불린다. 그는 항상 비용과 이익을 신중하게 판단함으로써 합리적 결정을 한다. 그는 틀림없이 가장 가까운 피시앤칩스 가게로 갈 것이다. 그러나 그는 가상의 인물이다. 다음의 농담을 생각해보자. (이 농담은 내 이론 강의에서 꽤 인기가 있다.) 두 명의 공간과학자가 무인도에 좌초되었다. 그들에게는 파도에 씻긴 1년 치의 통조림 음식밖에 없다. 하지만 그들은 통조림 따개도 없다. 며칠 동안 그들은 음식을 바라보기만 했다. 한 사람이 다른 한 사람에게 말했다. "우리가 뭘 해야 한다고 생각해?" 다른 사람이 대답했다. "우선, 우리에게 통조림 따개가 있다고 상상하자." 이것이 (상투적이게도) 공간과학자들의 세계다. 공간과학자들은 그 세계에서 먼저 사실이 아닌 무언가를 상상하고, 거기서부터 출발해 나아간다. "그 외의 다른 모든 조건은 같다"(그러나 실제로는 그렇지 않다) 또는 "세계가 평평하다고 상상하자"(그러나 실제로 세계는 그렇지 않다)라는 식으로 말이다. 다음의 인용문을 통해 이런 유형의 사고에서 예로 든 "진짜 세계"에 대해 생각해보자. 이 인용문은 토지이용에 대한 권위 있는 교재 서문에서 발췌한 것이다.

> 푸에르토리코인과 매디슨 에비뉴의 광고인 둘 다 재미없는 개인, 경제적 인간으로 환원될 것이다. … 우리는 도시가 특색 없는 평원에 위치한다고 가정한다. … 그 도시가 갖지 않은 것은 언덕, 저지대(低地帶), 아름다운 전망, 사회적 특징, 유쾌한 산들바람 같은 특징이다. 이것들이 중요한 것은 틀림없지만, 이론적 유형으로 제시할 때에는 포함되지 않는다. (William Alonso, Ley 1980: 9에서 재인용)

정말로 창의적이고 상상력 넘친 생각을 하는 사람들에게 과학은 어떻게 적용될 수 있을까? 과학은 숫자를 좋아한다. 숫자는 사람들을 기쁘게 하는 아름다움을 가지고 있다. 숫자는 혼란스러운 것들이 질서를 가진 것으로 보이게 만든다. 숫자는 우리에게 답을 준다. 농담을 하나 더 하겠다. 세 명의 지리학자가 사냥을 나갔다. 그들은 사슴 한 마리를 발견했다. 지리학자 중 한 사람은 인본주의자였는데, 그가 먼저 쏘기로 했다. 오른쪽으로 10피트 정도 빗나갔다. 마르크스주의 지리학자가 웃었고 정조준했다. 그는 쏘았지만 왼쪽으로 10피트 빗나갔다. 갑자기 세 번째 지리학자인 공간과학자가 큰 소리로 환호했다. "당신은 왜 환호하는 거요?"라고 다른 두 지리학자가 물었다. 그녀는 "우리가 사슴을 잡았어요."라고 설명했다.

1970년대 과도한 공간과학에 대한 몇 가지 반응이 부상했는데, 이는 인문지리학자들이 공간과학이 결여하고 있는 바를 질문하기 시작했기 때문이었다. 이런 반응 중 하나가 **인본주의 지리학**(humanistic geography)으로 알려졌다. 이들의 주장에 따르면, 과학의 부족함은 과학을 창의적이고 상상력 넘친 생각을 하는 인간에게 적용할 때 드러난다. 과학은 자연 세계에 적용할 때 잘 작동할 수 있다(그리고 실제로 종종 잘 작동한다). 예를 들어, 바위가 사면에서 낙하하는 현상이나 퇴적물이 하도를 따라 아래로 이동하는 현상은 과학으로 잘 설명된다. 하지만 과학이 사람들의 인간성을 설명할 수는 없다. 공간과학은 실증주의적 세계관이 전제하고 있는 가정으로 인해 어려움을 겪었다고들 한다. 발견되고 설명되기를 기다리고 있는 "그곳에" 단 하나의 측정 가능한 절대적 진실이 존재하며, "특정한 관점 없이" 창조주와 같이 높은 곳에서 내려다보는 듯한 객관적 입장에서 이 진실에 접근하는 것이다. 모든 중요한 것들은 계량화가 가능하다는 생각도 의문시되었다. 인본주의 지리학자들은 공간과학의 복잡성에는 인간의 기본적 의미가 결여되어 있다는 점에 관심을 가졌다. 이들의 주장에 따르면 사람들은 바위나 원자가 아니다. 인본주의 지리학자들은 다른 관점에서 문제를 설정한다. 그들은 인문지리학이 필사적으로 인간을 다시 제자리로 되돌려 놓아야 한다고 주장했다.

보편적인 지리적 "법칙"을 탐구하는 공간과학에서는 "객관적 관점"이 "특정한 관점"을 압도했다. 더 정확하게는, 신과 같은 유일한 객관적 관점이 실제로 존재하는 무수히 다양한 관점을 제거했다. 바레니우스의 용어를 빌리자면 "일반지리학"이 "특수지리학"을 압도했던 것이다. 인본주의 지리학자들은 어딘가의 중요성, 특정 장소의 특수성, 일반적인 것 안에서 특수한 것의 본질을 재발견하고 강조하는 일에 열정적이었다. 이미 살펴보았듯이 이런 주장은 지리학의 역사만큼 오래된 것이다. 프톨레마이오스가 측정 가능하고 보편적인 공간 법칙을 찾으려고 한 반면, 스트라본이나 헤로도토스는 장소의 고유한 특성에 대해 말하고자 했다. 특수한 것과 보편적인 것에 대한 이같은 오랜 논쟁의 핵심에는 하나의 역설이 있다. 결국 보편적인 것은 특수한 것에 지나지 않는다는 점이다. 우리 모두는 우리가 살고 있는 장소의 특수성, 로컬성을 알고 있다. 그리고 우리 모두가 이런 경험을 갖고 있기 때문에 서로 다른 특정 장소에 살고 있는 사람들의 경험에 관한 근거를 가지고 있다. 또한 우리 중 누구도 보편적인 것을 경험한 적이 없다. 어디에나 있는 것은 어디에도 없는 반면, 어딘가는 어디에나 존재한다.

인본주의 지리학은 1970년대 후반에야 자체의 이론을 가진 독자적인 접근법으로 출현했는데, 이는 공간과학으로 [그리고 **구조주의**(structualism)로] 수행된 연구 방법에 대한 대응이자 인간이 땅과 맺는 관계의 의미와 경험 세계의 중요성을 주장하는 접근이었다고 할 수 있다. 그렇다면 다시 이 특징들을 살펴보자.

인문지리학에 대한 (그리고 인문지리학 내의) 비판

인본주의 지리학이 등장하게 된 핵심적인 이유는, 공간과학과 (마르크스주의 같은) 다양한 구조주의를 포함한 다른 접근법들이 때때로 의도적으로 인간 세계로부터 인간을 제거했다는 믿음 때문이었다. 이는 특히 데이비드 레이(David Ley)가 에세이 「인간 없는 지리학(Geography without man)」(1980)에서 강력하게 주장했다. 그는 당시 부상한 공간과학과 레비스트로스의 구조주의 인류학 모두 얼마나 적극적으로 인간을 제거하려 했는지 지적했다. 예를 들어 시카고 학파 사회학자인 로버트 파크(Robert Park)는 과학적 "인간 생태학"을 발전시키기 위해 다음과 같이 썼다. "모든 사회관계를 공간적 관계로 환원하라. 그러면 자연과학의 기본 논리를 인간관계에 적용하는 것이 가능할 것이다"(Park 1936). 레비스트로스는 인간 문화의 논리를 지배하는 보편적인 구조적 코드를 찾고자 애쓰면서, "인간과학의 궁극적 목적은 인간을 구성하는 것이 아니라 인간을 해체하는 것이다."라는 자신의 신념을 공표했다(Lévi-Strauss를 Ley 1980: 4에서 재인용). 레이는 이런 야망은 모두 사람들의 믿음과 행위에 법칙적인 코드를 부여하기 위해 인간과학으로부터 진짜의, 육체를 가진, 생각하는 사람들을 제거한다고 주장했다. 그는 이것이 비달의 해석적 기획에 반하여 뒤르켐과 콩트의 실증주의가 승리했음을 보여준다고 주장했다(4장 참조). 측정, 계량화, 관찰 가능한 "사실"은 느낌이나 감정처럼 만질 수 없고 해석되어야 하는 세계에 대해 승리를 거두었다. 따라서 지리학은 크리스탈러의 육각형과 공간 관계 연구에 지배당했다. 이는 "인간과 환경과의 만남이 가지는 풍성함을 … 합리적 활동이라는 단일한 행태적 가정으로 축소하며, 이런 합리적 활동은 쇼핑이나 거래를 위해 이동하는 최소거리의 선택으로 표현될 뿐이다"(Ley 1980: 6).

그러나 지리학 및 기타 사회과학에서 해석의 과정을 삭제한 것은 공간과학만이 아니다. 문화란 인간의 행위를 틀 지우고 지시하는 "초유기체적(superorganic)" 실체라고 주장하는 관점 또한 이와 유사한 프로세스라 볼 수 있다(Duncan 1980). 또한 구조주의적 마르크스주의 관점에서는 모든 문화적 표현을 경제적 토대에 의한 (이른바 "최종심급"에서 나타나는) 산물이라고 보았다(7장 참조). 그리고 인류학과 문학에서의 구조주의는 모든 인간의 표현과 창조성을 철갑처럼 단단한 구조주의적 법칙의 산물로 보았다. 레이는 이런 모든 사고방식이 인간이 신비롭고 대체로 추상적인 힘에 종속되어 있음을 가정한다고 지적했다. 이런 사고들은 모두 행위주체로서 행동할 수 있는 사람들의 능력을 없애버렸던 것이다.

마찬가지로 투안(Yi-Fu Tuan)은 공간과학과 경제학 이론이 내포한 가정의 단순함을 환기시켰는데, 이는 그의 저서 『공간과 장소: 경험의 관점(*Space and Place: The Perspective of Experience*)』(1977)의 결론에 나온다.

> 과학자는 어떤 특정 관계의 집합을 분석하려는 제한적 목적을 위해 단순한 인간을 가정한다. 그리고 이 절차는 전적으로 유용하다. 그러나 위험은 그 다음에 과학자가 자신의 연구 결과를 천진난만하게 현실 세계에 적용하려고 할 때 발생한다. 왜냐하면 인간 존재의 단순성은 하나의 가정이지, 연구를 통해 얻은 발견이나 필연적 결론이 아니라는 사실을 잊어버리기 때문이다. "단순한 인간"이란 과학의 편의적 가정이자 선전을 위한 정교한 허상으로서, 현실의 일반인들이 (우리 대부분이) 받아들이기에는 너무나도 안이하다. 우리는 대중 연설의 진부한 표현에 끌려서 우리 경험의 진정한 본질을 부정하거나 잊어버리는 습관이 있다. (Tuan 1977: 203)

투안은 계속해서 인본주의 지리학의 초점은 어떤 앎에도 주의를 기울이지 않는 공간과학적 사고방식에 대응하여 "앎의 무게를 늘리는 것"이라고 했다. 『공간과 장소』는 인본주의 지리학의 가장 중요한 저서 중 하나인데, "경험의 관점"을 통해 사람과 세계 사이의 관계에 대해 숙고해야 한다고 강조한다. 투안은 과학이 가정한 "단순한 인간"은 이런 경험을 갖지 않으며, 이는 중요한 결점이라고 지적했다. 또한 그는 우리가 신체, 감각, 감정을 통해 세계와 접촉해야 하며, 이것들을 연구의 시작 단계에서부터 사소하거나 너무 주관적인 것으로 취급해서는 안 된다고 주장한다. 따라서 인본주의 지리학의 출현에 또 다른 핵심적 인물이 앤 버티머(Anne Buttimer)가 다음과 같이 썼던 것도 놀라운 일이 아니다. "인본주의 지리학이 어떠한 이데올로기적 입장에서 출현했다 하더라도, 물질주의적으로 동기화된 로봇이 추는 **죽음의 무도**(dance macabre) — 많은 사람들의 의견에 따르면 이 죽음의 무도는 제2차 세계대전 이후 발생한 '과학적' 개혁에 의해 무대에 올려졌다 — 보다 인본주의가 인문지리학에 더 많은 것을 제공할 수 있을 것이라는 확신 때문이다"(Buttimer 1993: 47).

레이, 투안, 버티머 같은 인본주의자들에 따르면, 합리적이고 경제적인 (그리고 항상 지리적인) 사람들이 추는 이 죽음의 무도는 여러 위험을 동반했다. 객관성이 가능하다는 가정은 오류이며 위험했다.

> 인간의 관심에서 지식을 억지로 떼어내는 일은 과학적 지식의 이데올로기적 내용을 은폐했으며, 이는 연구 주제에 의한 그리고 연구 주제를 위해 도출된 지식일 뿐이다. 견고한 범주와 엄격한 절차로 인해 가려졌으나 사실은 속임수가 섞여 있는 인간 중심적 가정을 분명히 밝혀내기 위해서는 객관성이라는 완고한 외관이 가진 실체를 드러내야 하며, 여기에서 분명 인간과학이 필요하다. (Ley 1980: 14)

위의 인용문에서 과학을 통한 지식 생산의 가능성으로부터 우리 자신을 추출할 수 있다는 사고의 위험성을 지적한 인본주의 초창기의 진술을 발견할 수 있다. 엄밀한 실험실과 기계 장치와 더불어 종이 위에 쓰인 숫자의 아름다움이, 참여자의 주관적 이익과 현재 작동 중인 정치에 대한 이데올로기적 이익 모두에 전혀 영향을 받지 않는 지식을 보장하는 것처럼 보였다. "범주"와 "절차"는 지식을 생산하고 있는 것이 사람들이라는 사실을 매우 효과적으로 숨겼다.

동시에 "과학"이라는 가면은 의식과 인간 행위라는 계량화할 수 없고 신비로운 세계의 가치를 평가절하했다. 지식의 생산 절차에서 주관성을 확실히 제거함으로써 공간과학은 중립성과 공정성을 공표할 수 있었다. 그러나 과학은 그 이상의 효과를 발휘했다. 과학은 명시적으로 그리고 암묵적으로 인간의 꿈, 상상력, 믿음, 의식을 엄격한 과학적 절차에 방해가 되는 것으로 이론화했다. 마지막으로 레이는 이는 다음과 같이 "도덕적 오류"와 동일시될 수 있다고 주장했다. "이와 같은 어마어마한 기술적, 관리적 헤게모니의 지속적인 확대가 이루어질 때 발언의 자유, 회합의 자유, 숭배할 자유 같은 인간이 가진 기본적 자유의 표출조차도 합리적 통제 체제에 부합하지 않는 것으로 만들어 박탈해 버릴 수 있다"(Ley 1980: 19). 존 피클스(John Pickles)도 군나르 올슨(Gunnar Olsson)을 인용하면서 유사한 지적을 했다. 올슨은 인본주의가 다음과 같은 관찰을 통해 예측과학의 과학적 절차와 맞섰다고 주장했다. 즉

"이런 지식의 형태는 도덕적으로 의심스러우며, 이 지식을 적용했을 때 사회 세계를 풍부하게 만들기는커녕 행위의 자유에 더 심각한 제약을 초래했다. '고상한 방법론의 가면을 쓰고 나타났던 것이, 이제 와서 보니 조잡하고 비인간적이고 권력이 횡행하는 이데올로기인 것으로 드러났다. 우리보다 앞선 세대가 해방적이라고 말했던 것들이 사실은 그 반대였음을 알게 되었다'"(Olsson, Pickles 1987: 23에서 재인용). 또 렐프(Relph)와 같은 다른 이들은 과학적 방법이 계획 및 설계 과정을 통해 실제 장소의 생산에 직접적으로 기여하고 있으며, 이는 선진 세계의 경관에 "무장소성"이 증가하는 현상을 낳았다고 주장하기도 했다. 렐프가 주장한 대로, 효율성, 합리성, 이윤은 기계적 경관에 몰입하여 진정한 인간의 장소를 무시하도록 만들었다(5장에 나왔던 크리스탈러와 홀로코스트 계획을 생각해보라)(Relph 1976).

이처럼 인본주의는 인식론적, 이론적, 도덕적 수준에서 과학과 충돌했다. 이는 지식의 생산에 있어서 **위치성**(positionality)과 상황성을 인식하는 것이 (이론적으로, 방법론적으로, 정치적으로) 얼마나 중요한가를 주장했던 **페미니즘**(feminism), **포스트구조주의**(poststructuralism), **포스트모더니즘**(postmodernism) 이론가들의 주장을 예견한 것이었다.

인본주의 지리학이란 무엇인가?

인본주의 지리학을 단순히 공간과학에 대한 대응과 비판으로만 생각하는 것은 오류일 수 있다. 분명 인본주의 지리학은 그런 목적에 기여했다. 그러나 인본주의 지리학의 역사는 그보다 훨씬 깊다. 무엇보다도 그 자체의 철학적 영감을 토대로 인간과 세계의 관계를 적극적이고 명료하게 보여준다. 서구의 **인본주의**(humanism) 역사에 대한 기본 교재로 피코 델라 미란돌라(Pico della Mirandola)가 쓴 『인간 존엄성에 관한 연설(*Oration on the Dignity of Man*)』(1486)[1]이 있는데, 이 책에서는 "인간"이 자기 자신뿐 아니라 자신의 행위에 책임이 있다고 주장했다(Buttimer 1993). 그의 주장에 따르면, 인간은 동물로 추락할 수 있고 천사의 지위로 올라갈 수 있다. 우주에서 인간의 역할은 고정되어 있지 않고, 대개는 인간 하기에 달려

---

1   국내에『피코 델라 미란돌라: 인간 존엄성에 관한 연설』(성염 역, 2009, 경세원)이란 제목으로 번역서가 출간되어 있다. (역주)

있다. 이런 주장이 인본주의 지리학의 핵심에 있다. 인간은 의지를 가진 행위주체이지 어떤 신비스러운 힘의 꼭두각시가 아니다. 인간은 지성, 상상력, 의식으로 가득 차 있으며, 진정한 인문 지리학이라면 이를 예측 불가능한 성가신 것들로 취급해 배제할 것이 아니라 오히려 특별히 중시할 필요가 있다.

사실 우리는 가장 넓은 의미의 인본주의를 르네상스 시기 동안 일어난 고전 학문의 재발견을 통해 이미 만난 적이 있다. 예를 들어 바레니우스나 칸트의 지리학은 지식의 추구를 위해 인간성을 다시 중심에 두었다는 점에서 인본주의적이었다. 그들의 지리학은 신(神) 중심적 세계관을 대체했다. 사실 근대적 철학, 예술, 도시계획, 건축, 경제학, 복지, 그 외의 많은 지식과 실천 분야의 기원은 15세기와 16세기이며, 인간을 학문의 중심에 위치시켰던 인본주의적 사고가 꽃피웠을 때다. 지리학에서는 인본주의와 정반대에 있는 것으로 보이는 과학조차도 미리 정해진 운명보다 인간 이성의 힘을 강조했다는 점에서 넓은 의미의 인본주의라고 볼 수 있다(Relph 1981; Cosgrove 1984). 그러나 그렇다고 해서 "인본주의"라는 이름표가 붙은 접근이 지나치게 과학적인 것에 반대하는 것이 이론상 역설적이라고 볼 수는 없다. 렐프는 이를 다음과 같이 인식했다.

> … 인본주의가 정통 과학주의에 반대한 것처럼, 인본주의 지리학은 과학적 지리학에 반대한다. 과학주의는 자유로운 탐구와 합리적 사고라는 인본주의 원리가 직접적으로 확장된 것이지만, 이를 확장하는 과정에서 인본주의 원리가 독단적이고 융통성 없게 되었고 결과적으로 인본주의 원리 자체를 부정하게 되었다는 점이 문제이다. 인본주의 지리학에서 인본주의는 자기의식적인 행위로서가 아니라 원래 인본주의가 무엇을 드러내고자 했는지 알지 못하게 방해하는 혼란을 통해 확장되어온 현상에 이의를 제기한다. (Relph 1981: 17)

인본주의 지리학은 인간을 인문지리학의 중심에 위치시켜야 한다는(이것이야말로 인문지리학을 "인본주의적"으로 만드는 것이다) 핵심 주장에 그 뿌리를 두고 있으며, 이런 주장의 계보는 상당히 뚜렷한 편이다. 지리학자들이 지리적 탐구에서 주관적이고 감정적인 측면을 강조하는 이해의 영역을 주장했던 20세기 동안 몇 가지 사건이 있었다. 예를 들어 칼 사우어(Carl Sauer)는 물질 경관에 대한 상세한 분석에 매우 큰 관심을 가졌던 지리학자인데, 그 또한 다음과 같이 말할 수밖에 없음을 깨달았다. "광범위하게 관찰하고 부지런히 도표화하더라도, 형식적 과정으로 환원될 수 없고 더 높은 차원에서 이해되어야 할 특성이 여전히 남아 있다"(Sauer 1996: 311). 프랑스의 비달 드 라 블라슈(Vidal de la Blache)와 그의 지지자들의 지리학이 환기시킨 지역 및 **생활양식**(genre de vie) 논제 역시, 인본주의적 측면이 있어서 나중에 버티머의 인본주의 지리학에 영감을 주었다(Buttimer 1971).

1970년대에 정립된 인본주의 지리학에서 아마도 가장 중요한 선구자는 존 커틀랜드 라이트(John Kirtland Wright)이다. 그는 1946년 미국지리학회장 취임 연설에서 **지관념론**(geosophy)이라고 이름 붙인 지식의 지리학을 제안했다. 그는 우리가 세계의 거의 모든 곳을 탐험했고 지도화했지만, 여전히 우리 내부의 지리를 탐험해야 한다고 주장했다. 곧 지리학자들은 사람들이 자신들의 세계를 어떻게 알고 있는지 알 필요가 있다고 제안했다. 그는 사람들의 지리적 상상력을 탐험해야 한다고 주장했다. 그의 주장에 따르면, 우리는 신비스럽고 만질 수 없는 미지의 매력을 가진 세이렌[2]의 소리에 귀를 기울여야 한다. 더불어 주관성이야말로 지리적 탐구에서 중요한 분야라고 주장했다(Wright 1947).

> 사실 사람이 관여하는 거의 모든 중요한 활동, 예를 들어 밭을 가는 일, 책을 쓰는 일, 사업을 수행하는 일에서부터 복음을 전파하는 일, 전쟁을 벌이는 일에 이르는 모든 활동은 일정 정도 그 사람이 활용할 수 있는 지리적 지식의 영향을 받는다. (Wright 1947: 14)

라이트의 회장 취임 연설에 청중들이 특별히 귀를 기울였던 것 같지는 않다. 그리고 이후 몇 년 동안 상상력이나 주관성에 대해 지리적으로 엄청난 숙고를 하지도 않았다. 사실 1961년이 되어서야 데이비드 로웬탈(David Lowenthal)이 "개인의 지리"와 "세계에 대한 관점" 간의 연계를 발전시킨 글을 통해 라이트가 제안한 도전의 맥을 이었다(Lowenthal 1961). 라이트가 이전에 주장했던 것처럼, 우리 모두는 개인의 지리, 자유분방한 공상, 우리를 둘러싸고 있는 세계와의 관계에 대한 박식한 지식을 갖고 있다. 로웬탈은 "지표면은 사람들이 저마다 가지고 있는 관습과 공상 같은 문화적이고 개인적인 렌즈를 통해 굴절되고 변형된다. 우리 모두는 예술가이고 조경가로서, 우리 자신이 느끼고 좋아하는 대로 질서를 창조하고 공간 및 시간과 인과관계를 조직한다"(Lowenthal 1961: 260). 그러나 이 인용문이 제안했듯이, 우리는 우리가 성장하고 다른 사람들과 소통하면서 발전시킨 이른바 "문화적" 세계를 공유하고 있기도 하다. 그러나 로웬탈은 모든 사람이 이런 공유된 관점을 가지고 있는 것은 아니라고 주장한다. "우리가 공유하고 있는 세계관의 가장 기본적인 특징은 분별 있고 건강하며 지

---

2   그리스 신화에 나오는 아름답지만 치명적인 마력을 가진 님프로, 배를 타고 지나가는 선원들을 향해 노래를 불러 유혹한다고 알려져 있다. (역주)

각 있는 성인들에 한정되어 있다"(Lowenthal 1961 : 244). 계속해서 로웬탈은 지리적 세계관을 공유할 수 없는 사람들의 목록에 "바보", "정신병자", "신비주의자", "밀실공포증 환자", 어린이를 올려놓았다. 그러나 개인의 사적(私的)인 세계에 대한 감각은 중요하며 지리적 탐구의 범위를 벗어나지도 않는다.

> 공유를 통해 합의된 세계보다 각 개인들의 세계 속에는 훨씬 많은 우화나 허구의 캐릭터들이 살고 있고 여기저기 돌아다니기도 한다. 이 중 어떤 캐릭터들은 자신만의 세계에서 살기도 하고, 어떤 캐릭터들은 실제의 사람들과 장소를 가진 친숙한 세계를 공유하기도 한다. 우리는 모두 자신만의 이상한 나라에 살고 있는 앨리스이고, 난쟁이 나라와 거인국에 간 걸리버다. 유령, 인어, 화성에서 온 사나이, 이상한 나라의 앨리스에 나오는 체서 고양이의 웃음이 우리에게 집처럼 편안함을 주기도 하고 낯선 외국 땅에 온 것 같은 느낌을 주기도 한다. 유토피아는 가상의 사람들을 만들어낼 뿐만 아니라 자연의 힘을 바꾼다. 즉 어떤 세계에서는 물이 거꾸로 높은 데로 흐르고, 계절이 사라지며, 시간이 역행하고, 또는 1, 2차원의 피조물들이 대화를 나누고 여기저기 돌아다닌다. 허구의 세계는 논리적 모순을 숨겨줄 수도 있다. 곧, 과학자들이 4차원의 세계로 빨려들어가고, 마술사가 클라인의 병[3]에 갇히고, 5개 나라 각각이 나머지 4개 나라와 모두 국경선을 맞대고 있는 배치[4] 등 … 우리가 불가능한 것을 상상할 수 없다면, 개인적인 세계와 공적인 세계 모두 더 빈약해질 것이다. (Lowenthal 1961 : 249)

로웬탈의 글은, 개인의 세계뿐만 아니라 환상의 세계조차도 세계관 및 공유된 문화적 규범과 다양한 방식으로 연결되어 있다고 사고한다. 이는 느낌, 의미, 공상, 주관적인 것에 초점을 맞추고 있다. 이것이 지리학에서 완전히 새로운 것은 아니지만 분명 주목할 만한 현상이었다. 왜냐하면 당시는 여전히 인문지리학이 "실제" 세계의 요소들을 매우 상세히 기술하는 지역적 모델을 매우 신뢰하고 있는 때였기 때문이다.

라이트와 로웬탈 같은 지리학자들의 목소리는, 1970년대 중반 많은 사람들이 공간과학의 지배와 계량혁명을 한 목소리로 비판하기 전까지는 거의 주목받지 못했다. 1970년대 중반에 와서야 "인본주의 지리학"이라는 이름표가 붙여진 별도의 사고 체계가 출현했다. 핵심 인물

3　안쪽 면과 바깥쪽 면을 구분할 수 없는, 하나의 면을 가진 상상의 병이다. 독일의 수학자 클라인이 처음 고안했다고 해서 클라인의 병이라고 한다. (역주)

4　이 조건을 만족하는 나라들은 실제로 존재하지 않으며 존재 자체가 불가능함이 수학적으로 증명된 바 있다. (역주)

로는 투안, 레이, 렐프, 버티머, 데이비드 시먼(David Seamon)이 있다. 그러나 "같은 학파"라고 해도 이 사상가들의 접근법과 관점에는 많은 차이가 있다. 그러나 이들은 모두 인간과 인간의 의식, 느낌, 생각, 감정을 지리적 사고의 중심에 두고자 했다. 이들은 사람이란 어떤 신비로운 힘의 꼭두각시가 아니며 자신만의 주관성과 의도를 가진 존재라고 주장했다. 그리고 인문지리학이 "세계 속에서 살아가는 사람들"을 연구하는 것이라고 주장했다. 이런 주장의 예로 버티머의 글을 보자.

> 인본주의나 지리학 중 어느 하나도 독자적인 탐구 영역으로 간주될 수 없다. 둘 다 다양한
> 상황에 처한 사람들이 공유하는 삶과 생각에 대한 관점에 주목한다. 공통된 관심은 지상
> 에서의 거주다. 라틴어 후마누스(humanus)란 글자 그대로 "지구의 거주자"라는 의미이다.
> (Buttimer 1993: 3)

도널드 마이닉(Donald Meinig)도 비슷한 지적을 했는데, 그는 인본주의 지리학의 특징은 "인간의 경험과 표현에 대한, 그리고 이 지구 위에서 인간이 된다는 것이 무엇을 의미하는지에 대한 특별한 지식, 성찰, 본질을 연결시키려는 의식적인 추동력"에 있다고 주장했다 (Meinig 1983: 315). 여기서 핵심은 "지구 위의 인간"으로서, 인간과 인간이 거주하고 있는 세계 간의 관계에 대한 분석이라고 주장한다.

거주 및 그와 연결된 "집"에 대한 개념은 확실히 인본주의적 기획의 중심에 위치한다. 투안은 지리학의 본질에 관한 짧은 에세이에서, 지리학이란 사람들의 집으로서의 지구에 대한 연구라고 기술했다(Tuan 1991). 지리학자들은 확실히 지구를 연구한다(자연지리학 분야가 특히 그러하다). 그리고 지리학자들은 확실히 사람들을 연구한다(적어도 인문지리학에서도 그렇다). 그러나 투안에게 있어 핵심 용어는 "집"이다. 사람들은 어떻게 지구를 집으로 만드는가? 그의 주장에 따르면, 자연지리학자들조차도 사람들이 거주하고 있는 땅, 고전적인 용어로 에쿠메네(ecumene)에 관심을 갖는다. 자연지리학자들이 에쿠메네에 대한 관심에서 너무 멀어지게 되면(즉 너무 땅속 깊이 들어가거나 너무 오래전으로 가게 되면) 지구과학자나 지질학자가 된다. 또한 그는 지리학자들은 지구의 대기권을 벗어난 영역에는 관심이 없다고 주장한다. 화성 지리나 목성 지리는 없다. 지리학은 행성 지구와 인간이 이 행성 지구를 가지고 만들어낸 것에 대한 학문이다. 집이라는 개념은 깊은 울림이 있다(Blunt and Dowling 2006). 영어권 세계에서는 주택(house)과 집(home)의 차이가 분명하다. 주택은 사람들이 살고 있는 특정 종류의 물리적 구조물이다. 주택을 집으로 부른다는 것은 소속감과 애착의 감

정을 의미한다. 이같은 집 개념은 이케아 같은 가구 기업의 광고에서도 자주 이용되는데, "집이 세상에서 가장 중요한 장소다."라는 선언이 그 사례라 할 수 있다.

> 당신은 주택에 살고 있습니까? 아니면 집에 살고 있습니까?
> 당신은 돈 때문에 거기에 살고 있습니까? 아니면 사랑 때문에 거기에 살고 있습니까?
> 그것은 완벽합니까? 아니면 진짜입니까? … 그리고 여전히 완벽합니까?
> 당신은 부동산 중개인의 창으로 들여다봅니까? 아니면 당신 자신의 창으로 들여다봅니까?
> 그리고 "얼마나 사랑스러운지!" 생각해보십시오.
> 당신은 그 안에 무엇을 들여놓습니까? 단지 돈입니까? 아니면 당신의 삶과 영혼입니까?
> 당신은 무엇을 만들어낼 것입니까? 빠른 이윤입니까? 아니면 영원한 추억입니까?
> 주택은 항상 집이 될 수 있습니다. 돈이 아닌 사랑은 집에 영혼을 부여하는 것입니다.
> 그리고 집의 영혼은 팔 수 있는 것이 아닙니다.

여기서는 인본주의 지리학에서처럼 온전한 인간이 합리적인 경제적 행위자와 대비된다. 마찬가지로 주택이 집과 대비된다. 주택을 집으로 만드는 것은 주택에 감정적으로 그리고 미학적으로 투자한다는 것을 의미한다. 그것은 주택에 의미를 부여하는 것과 연관되어 있다. 투안에게 있어 이 "집"이라는 단어는 매우 명확하게 지리학자들의 임무를 전달한다(8장을 보면 알겠지만, 물론 집이라는 단어에 문제가 없는 것은 아니다). 사람들은 어떻게 세계를 의미 있게 만드는가? 이것이야말로 인본주의 지리학의 정신을 압축해서 보여준다. 사람들이 세계 내에 존재할 수 있는 주요 방법 중 하나는 집을 만드는 것이다.

    1974년의 한 논문에서 처음으로 "인본주의 지리학"이라는 용어를 만든 사람은 투안이었다(Tuan 1974). 1978년에는 『인본주의 지리학: 전망과 문제(*Humanistic Geography: Prospects and Problems*)』라는 제목으로 편집된 단행본이 출판되었다(Ley and Samuels 1978). 1980년대 초에는 앵글로 아메리카의 지리학계에서 핵심 교재들이 연달아 출판되었는데, 이 책들은 인본주의 지리학의 다양한 접근법을 정리했다(Relph 1976; Tuan 1977; Meinig 1979; Seamon 1979; Buttimer and Seamon 1980; Gold and Burgess 1982). 인본주의 지리학은 과거에도 그리고 지금도 실증주의에 대한 비판이자, 유럽 대륙에서 발달한 의미의 철학, 곧 **현상학**(phenomenology)과 실존주의에 토대한 이론을 수용한 것이다.

사람들의 **세계-내-존재**(being-in-the-world)를 기술하고 설명하는 일이 어떻게 가능한가? 공간과학이 갖는 이점 중 하나는, 세계를 "검증"할 수 있는 명확하고 정확한 수학적 모델을 가지고 있다는 것이다. 공간과학의 기저를 이루는 철학(즉 실증주의)은 무엇이 진실과 사실로 간주될 수 있고 또 없는지를 분명하게 진술할 수 있다. 실증주의는 이런 명료성에도 불구하고 "세계-내-존재" 같은 개념을 다룰 수 없다. 한 사람이 도시의 어두운 골목길을 걸어가는 것을 두려워하지 않는다고 해서, 어두운 골목길이 무서운 장소라는 사고가 틀렸음을 입증하지는 못한다. 우리가 세계와 관계를 맺고 세계에 의미를 부여하는 방법은 대개 측정 가능하지 않으며 검증 가능하지 않다. 의미로 가득한 세계를 이해한다는 것은, 오랜 전통의 지역지리학이 수행했던 것처럼 매우 상세히 장소나 지역에 대해 기술하는 것이 아니다. "세계-내-존재"는 사실들의 집합 이상의 것이다. 그렇다면 인본주의자들은 어떤 방법론을 사용하는가?

일반적인 대답은 인본주의자들은 질적 방법을 사용한다는 것이다. 사람들을 둘러싸고 있는 세계와 인간의 직관(곧, 세계를 바라보고 세계에 대해 생각하는 것을)을 단순히 관찰하는 것도 이 방법 중 하나다. 인본주의자들은 다른 사람들의 생활 세계를 해석하기 위한 토대로 세계-내-존재로서의 자기 자신의 경험을 분석하는 경향이 있다. 삶은 인본주의자들을 위한 연구 현장이다. 그러나 인본주의자들은 다른 사람들의 세계-내-존재의 증거도 찾으려고 한다. 이것을 발견할 수 있는 장소 중 하나는 회화, 소설, 시, 영화 같은 예술적, 문화적 산물이다. 이것들은 모두 세계-내-존재가 어떤 다양한 모습으로 나타나는지를 타인들에게 전달하려는 사람들의 사례이며, 따라서 이것들은 해석되어야만 하는 증거에 해당한다. 이를 넘어서서 어떤 인본주의자들은 사람들과 그들을 둘러싸고 있는 세계와의 관계, 그리고 세계에 대한 사람들의 경험에 대해 직접적으로 던진 질문에 답하기 위한 질적인 경험 연구를 수행하는 데 관심을 둔다. 이런 인본주의 지리학자들이 적용한 방법으로는 인터뷰, 구술사, 참여관찰이 있는데, 이런 방법은 1970년대 중반 이전까지는 지리학자들이 거의 사용하지 않던 방법이다(Ley 1974; Rowles 1980). 지금도 질적 방법론이 흔히 사용되고 있고, 오늘날의 지리학계에서도 주요 연구방법으로 자리잡고 있다는 사실은 인본주의 지리학의 성공을 보여주는 징표다(Cloke 2004; Gomez and Jones 2010).

현상학과 실존주의

버티머와 코스그로브(Cosgrove 1984; Buttimer 1993) 같은 지리학자들은 르네상스 시대의 인본주의에서 영감을 얻었지만, 인본주의 지리학의 주요 영감은 보다 최근의 철학인 현상학과 실존주의에서 받은 것이었다. 이 철학들은 1960년대 후반과 1970년대 초반 동안 영어권 세계에서 매우 인기를 얻었다(이때 많은 인본주의 지리학자들이 대학원 과정에서 공부하고 있었다). 알베르 카뮈(Albert Camus), 장 폴 사르트르(Jean Paul Sartre), 마르틴 하이데거(Martin Heidegger), 프리드리히 니체(Friedrich Nietzsche), 모리스 메를로 퐁티(Maurice Merleau-Ponty), 프란츠 카프카(Franz Kafka) 같은 저자들의 소설과 철학적 글들은 인문학과 사회과학을 전공한 젊은 학자들에게는 보물 같은 소장품이었고, 이 젊은 학자들은 커피숍에 모여 이 책들을 돌려 보곤 했는데 여기에 진한 커피와 프랑스 시가가 곁들여졌다. 이 저자들은 삶의 의미(그리고 부조리)를 중심에 둔 질문과 관련된 광범위한 철학을 지지했다. 그들은 어떻게 해야 삶이 의미 있게 되는지 질문했다. 이에 대한 답은 간단했는데, 삶은 의도적이고 목적의식적인 인간의 활동을 통해 의미 있게 된다는 것이다. 사르트르가 주장한 대로 실존은 본질에 앞선다. 신이나 다른 어떤 외적 힘이 아닌 인간 자신들이 자신의 의미를 만들었다(Samuels 1978). 이런 의미에서 의미의 철학과 (다른 어떤 존재와는 달리) 자신의 운명을 생산하는 "인간"의 능력에 대한 미란돌라의 초창기 선언 사이에는 직접적인 관련이 있다.

  실존주의는 확실히 인본주의 지리학자들에게 영향을 준 인간의 의미에 대한 광범위한 철학인 반면, 1970년대 후반과 1980년대 초반에 인본주의 지리학자들의 연구에 매우 중심적 위치를 차지한 것은 **현상학**(phenomenology)이다(Tuan 1971; Relph 1976; Seamon 1979). 현상학은 사물이 실제로 어떤 모습인지, 곧 사물의 **본질**(essence)을 발견하는 데 관심을 둔다. 어떤 면에서 현상학은 철학이라기보다는 방법론에 더 가깝다. 에드문트 후설(Edmund Husserl), 하이데거, 메를로 퐁티 등의 철학자들은 "선험적 환원"의 과정을 통해 사물의 핵심적 본질을 발견하는 방법을 발전시키고자 했다. 선험적 환원이란 어떤 현상을 만드는 데 필수적이지 않은 모든 것을 제거하고 그 사물의 본질인 핵심에 도달하는 것을 의미한다(Pickles 1984). 따라서 예를 들어 "말(馬)이란 무엇인가?"라는 질문을 던진다면, 우리는 말이 가진 무수한 다양성을 모두 무시하고, 모든 말이 공유하고 있는 말다움이라는 핵심 의미에 도달해야 한다. 이런 핵심 본질이 없다면 더 이상 말이 될 수 없을 것이다. 그러나 대신 당나귀나 얼

룩말 같은 다른 무엇이 될 수는 있다. 여기서는 지리적 "대상"을 생각해보자. 이전에 지리학에서는 "장소란 무엇인가?"라는 종류의 질문을 던진 적이 없었다. 지리학자들은 "X라는 장소는 어떤 곳인가?"라든가 "X라는 장소는 Y라는 장소와 어떻게 다른가?"라는 질문을 했었다. 그만큼 장소의 실제적 본질은 당연한 것으로 가정되었다. 그러나 현상학은 당신이 연구하고 있는 것의 본질이 무엇인지를 먼저 아는 것이 중요하다고 단언한다. 따라서 "장소란 무엇인가?"라는 질문이 인본주의 지리학자들의 핵심 질문이 되었다. 현상학적 철학자들은 (자연과학을 포함하) 모든 학술적 주제는 본질적으로 연구 대상이 무엇인지를 말해주는 출발점으로 현상학을 필요로 한다고 믿었다.

"세계-내-존재" 개념은 현상학에서 나온 것인데, 특히 메를로 퐁티의 저작에서 나온 것이다. "세계-내-존재"의 영어식 표현인 "being-in-the-world"에서 하이픈(-)은 현상학자들의 또 다른 핵심적 용어인 **지향성**(intentionality)을 상징한다. 철학자 후설은 인간의 의식과 의식한다는 것이 무엇을 의미하는가라는 까다로운 주제에 초점을 맞추었다. 그의 주장에 따르면, 의식성은 항상 무언가에 대한 의식성이다. 의식의 대상인 그 무엇이 없는, 순수한 의식성 같은 것은 없다. 우리는 저 밖에 있는 크고 무서운 개를 의식하고 있다. 우리는 몰려들고 있는 회색 구름이나 흐르는 강의 표면을 비추는 햇빛의 방향을 의식하고 있다. 우리는 사랑이나 재능 같은 무형의 것에 대해서도 의식하고 있다. 우리는 의식성에 대해 의식할 수 있다. 그러나 의식이란 항상 "무언가에 대한" 의식이다. 의식의 이런 특성을 "지향성"이란 단어로 묘사한다. 이 개념은 일부 인본주의 지리학자들에게 영감을 주어, 생각하고 느끼고 상상하는 사람들과 세계와의 관계를 이 측면에서 주목하게 했다. 현상학의 영향을 받은 지리학은 단순히 세계에 대한 또는 사람에 대한 학문이 아니라 세계-내-사람들(people-in-the-world)에 대한 학문이 된다. 그리고 이 세계-내-존재는 의식성과 지향성 안에 위치하게 된다.

인문지리학자들은 지금도 계속해서 현상학을 활용하고 있다. 이들은 과거에는 후설, 하이데거, 메를로 퐁티의 철학을 꽤 선택적으로 활용했고 현상학이 갖고 있는 전체적 함의를 깊이 있게 독해하기보다 작은 부분만 선택적으로 취하는 경향이 있었다(Pickles 1984). 최근에 지리학자들은 다른 여러 가지 이론 중에서도 **비재현이론**(nonrepresentational theory)이라는 틀 속에서 현상학적 전통을 다시 활용하고 있다(11장 참조)(Dewsbury 2000; McCormack 2003; Wylie 2005).

공간과 장소

인본주의 지리학은 인문지리학에서 특히 문화지리학에서 중심적인 많은 쟁점을 다뤘다. 예를 들어 감정과 애정, 신체와 행위 수행을 둘러싼 쟁점들은 모두 1970년대의 인본주의에서 그 뿌리를 찾을 수 있다. 이와 유사하게 질적, 해석적 방법을 둘러싼 오늘날의 방법론적 논쟁도 인본주의 지리학자들의 선구적 연구에 많은 빚을 지고 있다. 그러나 인본주의 지리학이 남긴 유산 중에서 가장 오래도록 지속되고 있는 것은 공간과 장소 개념에 관한 이론적 참여다.

"장소" 개념은 인본주의 지리학의 이론적 발전에 중심 역할을 했다. 공간과학자들은 장소라는 단어를 "중심지이론(central place theory)"에서의 "place"란 의미로 사용했다. 이때 장소는 **위치**(location)이다. 위치란 좌표의 사용으로 단순히 기술될 수 있는 지표면 위의 객관적 지점을 가리킨다. 그것은 또한 방향과 거리를 기술함으로써 다른 위치와의 관계로 기술될 수도 있다. 예를 들어 이 위치는 저 위치에서 남서 방향으로 50마일 떨어져 있다. 그러나 "장소"에는 이런 위치 개념 외에도 여러 층위가 부가되어 있다. 한 장소는 위치를 가지지만 또한 특정한 형태를 가진 물리적 경관이기도 하다. 그리고 인본주의 지리학자들에게 가장 중요한 점은 장소가 의미를 가지고 있다는 점일 것이다. 이처럼 장소에 부착된 의미를 종종 **장소감**(sense of place)이라고 한다.

1970년대에 인본주의 지리학이 출현한 이래로 장소에 대한 지리적 정의는 위치(공간상에서 객관적으로 정의 가능한 지점)와 의미의 결합에 초점을 맞추는 경향이 있다(Tuan 1977; Agnew 1987; Cresswell 2004). 장소는 의미를 가진 위치다. 즉 북위 51도 30분 18초, 서경 0도 1분 9초는 하나의 위치지만, 런던 도크랜즈(Docklands)는 하나의 장소라고 기술될 수 있다. 이 두 가지 모두 동일한 객관적 지점을 공유하고 있지만, 런던 도크랜즈는 카나리 워프, 도크랜즈 박물관, 사무 단지, 멋진 레스토랑, 최첨단 경전철 노선을 포함하고 있다. 또한 도크랜즈에는 과거가 있다. 도크랜즈는 부두, 노예, 노동자 계급 인구, 수 세기에 걸친 이민과 관련된 장소다. 야외 박물관에는 이 과거의 극히 일부만이 전시되어 있다. 장소는 하나의 위치일 뿐만 아니라 물리적 경관(건물, 공원, 교통 및 통신 하부 구조, 표지판, 기념비 등)을 가지고 있으며, 결정적으로 **장소감**을 가지고 있다. 장소감은 의미를 가리키는데, 이 의미는 한 장소와 연관되어 있는, 개인의 의미이자 공유된 의미다. 이런 위치, 경관, 의미의 결합이 취락 스케일에서는 분명하게 드러나는 편인 반면, 보다 작은 스케일의 장소에서는 덜 분명한 편이다. 그러나 당신이 선호하는 의자 하나도 특정한 위치(아마도 난로 앞), 물리적 구조물(닳고 닳은 팔걸이, 기우뚱한 다리), 의미(아마도 어린 시절 아버지가 책을 읽어줄 때 앉으시던 곳)를 가지고 있다. 장소가 반드시 고정된 장소일 필요는 없다. 예를 들어 배는 어선의 선원들이 수개월 동안 함께 공유하는 곳인데, 배가 항해하는 동안에도 집 같은 장소가 될 수 있다. 이처럼 한 장소가 위치를 차지하고 있다고 말할 때, 이곳이 정지 상태에 있다고 말하는 것은 아니다. 배는 어느 순간 어디에 있든지 간에 여전히 지구상 어딘가에 위치하고 있다. 그렇다면 장소란 공간상의 특정 부분을 차지하고 있는 형태를 가진 사물들의 특정한 집합이며, 거기에 부착된 의미의 집합을 가지고 있다.

지리학자들이 **장소**(place)라는 용어를 사용한 지는 오래되었다. 그러나 하나의 개념으로서 장소 자체를 탐구한 것은 비교적 최근 들어서다. 지리학자들은 항상 구체적인 장소들에 관심을 가졌지, "장소" 개념에는 관심을 갖지 않았다. 1970년대에 인본주의 지리학자들이 이 장소 개념을 전면에 내세우면서, 장소들의 세계에 살고 있는 사람들의 주관적 경험에 지리학자들이 주목할 필요가 있다고 주장했다(Tuan 1974; Relph 1976; Buttimer and Seamon 1980). 인본주의자들은 인문지리학을 완전히 인간적으로 만들기 위해 지리학자들이 더 잘 알아야 할 것은 사람들이 다양한 범위의 감정과 믿음을 자연 세계와의 상호작용에 적용하는 방식이라고 주장했다. 이런 앎에 중심이 되는 것이 장소 개념이다. 장소란 세계 내의 사물을 (곧 장소를) 가리킬 뿐만 아니라 세계와 관계를 맺는 방식을 가리킨다. 여기서 핵심은 "경험"이라는 개념이다. 경험은 우리가 지각을 통해 세계를 알게 되는 방식 ─ 우리를 둘러싸고 있는 세계를 우리가 지각하는 방식 ─ 을 가리킨다. 경험은 여러 나라를 돌아다니거나 집을 구입하는 경험 같은, 삶의 특정 부분으로서의 경험이라는 대안적 개념이 아니라, 세계를 알아가는 과정이자 세계 내에 존재하는 과정을 가리킨다. 장소에 대한 인본주의적 접근의 핵심에는 (시각, 청각, 후각, 촉각, 미각 같은) 신체적 감각으로서의 경험 개념이 있다. 이 같은 "경험" 개념은 인문지리학을 "공간과학"으로 구축했던 1970년대 초 인문지리학자들의 용어가 아니었다. **행태주의 지리학**(behavioral geography)이라는 명목하에 일부 과학적 지리학자들은 세분된 개인들의 행위를 심리학적/인지적 프로세스를 통해 이해하려고 시도했다(Gold 1983). 그러나 행태주의라는 명목 하에서도 지리학자들은 사람들을 사물이나 합리적 존재로 생각하는 경향이 있었는데, 즉 이 존재들은 국지적 환경에 비교적 단순하게 반응한다는 사고의 틀 속에 있었다. 행태주의 지리학이 비록 개인에 초점을 맞춘다 할지라도 여전

히 넓게 보면 실증주의적이었으며 과학적으로 설명하려고 했다. 합리적이고 행태적인 존재
는 세계를 "경험"하지 않으며, 이를 연구하는 지리학자들은 사람들이 세계를 어떻게 경험하
는지에 대해 분명 관심이 없었고 지금도 그렇다. 따라서 감각적 경험에 초점을 맞춘다는 것
은 혁명적이었다. 공간과학자들이 세계와 그 속에서 살아가는 사람들을 객관적으로, 곧 사
람을 바위나 자동차나 얼음과 동등하게 취급하는 방식으로 이해하길 원했지만, 인본주의 지
리학자들은 경험의 영역을 통해 사람들과 세계 사이의(between) 관계에 초점을 맞추었다. 인
본주의 지리학의 선구자였던 투안은 다음과 같이 썼다. "주어진 것이 그 자체로 알려질 수는
없다. 알려질 수 있는 것은 경험의 구성물이자 감정과 생각의 창조물인 실재다"(Tuan 1977:
9). 그러므로 장소에 초점을 맞추는 것은 인간인 우리가 어떻게 세계-내에-존재하는지, 곧
우리가 우리 환경과 어떻게 관련을 맺어 그 환경을 장소로 만드는지를 다루는 것이다. 장소
는 "세계-내-존재"에 대한 인본주의의 중심적 접근을 보여준다.

렐프는 1976년에 쓴 책『장소와 장소상실(*Place and Placelessness*)』에서 장소, 집, 뿌리를 인
간이 기본적으로 필요로 하는 것이라고 기술했다. 곧 "장소에 뿌리를 내린다는 것은 세계
를 바라볼 수 있는 안정된 지점을 갖는다는 것이고, 사물의 질서 속에 자신의 위치를 굳건히
잡는다는 것이며, 특히 어딘가에 대한 중요한 영적, 정신적 애착을 갖는다는 것이다"(Relph
1976: 38). 여기서 장소는 뿌리 내림과 애착이라는 개념과 긴밀히 연결되어 있다. 이는 기능
적인 선(善) 그 이상의 것이며, 긍정적인 감정이 스며든 도덕적 선(善)이다. 당시의 다른 지리
학자들처럼 렐프는 독일의 철학자 하이데거의 저작에 영감을 받았는데, 특히 **거주**(dwelling)
와 **현존재**(being there, 거기에 있음)라는 개념에 많은 영감을 받았다.

하이데거는 철학자로서 활동하는 내내 "존재"의 본질을 놓고 고심했다. 하이데거에게 존
재한다는 것은 어딘가에 있다는 것이다. 이를 묘사하기 위해 그가 사용한 단어는 *dasein*[5], 곧
"거기에 있음"이다. 이것이 진공상태에 있는 것처럼 어떤 추상적인 의미에서의 있음을 뜻하
는 것이 아니라 거기에 있음이라는 점에 주목하자. 인간의 실존은 세계-내에서의 실존이다.
이 세계-내-존재라는 사고는 그의 거주 개념에서 발전했다. 세계-내-존재의 방식은 하나
의 세계를 건설하는 것이다. 이런 의미에서 거주는 단순히 주택에 거주한다(그리고 주택을
짓는다)는 의미가 아니라, 내가 애착을 느끼는 하나의 전체로서의 세계에 거주하며 그런 세
계를 건설한다는 의미다. 거주는 우리가 세계 내에 존재하는 방식, 곧 세계를 의미 있게 만드

---

5 "dasein"은 현존재(being there)라는 의미를 가진 독일어이다. (역주)

는 방식, 즉 장소처럼 만드는 방식을 보여준다. 널리 알려져 있듯이, 하이데거는 흑림지대의 한 오두막의 이미지를 이용하여 세계를 건설하고 거기에서 거주하는 방식을 설명했다.

> 흑림지대에 있는 한 농가를 잠시 생각해보자 … 이 농가는 약 200년 전에 이곳에 거주하던 농부들이 지은 곳이다. 여기서 어떤 자족적인 힘에 의해 땅, 하늘, 신, 인간이 하나가 되어 질서를 가진 주택이 되었다. 그 힘은 농가를 샘 가까운 초원 중에서도 바람을 막아주는 산기슭에 남향으로 짓게 만들었다. 그 힘은 농가의 지붕을 벽보다 훨씬 밖으로 내고 매우 경사지게 얹게 해서 눈이 무게를 견디게 했으며, 긴 겨울밤의 폭풍으로부터 방을 보호할 수 있도록 했다. 그 힘은 식구들 전체가 모여서 밥을 먹는 식탁 뒤에 모셔진 제단을 잊지 않았다. 곧, 그 농가의 방 안에 요람과 "죽은 자를 위한 나무(tree of dead)"를 [그곳 농부들은 이 관을 토텐바움(Totenbaum)이라고 부른다] 놓을 움푹한 장소를 만들었다. 그리고 이런 식으로 그것은 한 지붕 아래에 있는 다양한 세대를 위해, 시간의 흐름 속에 놓인 각 세대의 여정의 특성을 설계했다. 거주에서 비롯된 기술(craft)이 (이 기술은 여전히 자신만의 도구와 틀을 사용하고 있다) 그 농가를 지은 것이다. (Heidegger 1993: 300)

이 오두막 안에 있는 모든 것이 자신의 장소를 갖고 있는 것처럼 보이고, 오두막은 자연의 세계와 거의 한 몸인듯 자리 잡고 있으며, 우주론적인 것과 일상적인 것을 연결하고 있다. 이곳이 짓기와 거주하기의 모델, 곧 세계-내-존재의 모델이다. 확실히 근대적인 도시 세계에서는 모든 사람이 이곳처럼 사는 것은 불가능하다. 그러나 하이데거가 묘사한 모델이 우리 모두가 세계 안에서 거주하는 방식에 대해 사고할 수 있는 하나의 방법이 되었다. 우리가 새로운 환경에 직면하게 되면 (예를 들어 붐비는 기차 안의 좌석에 잠깐 동안 앉아 있는 때에도) 우리는 그곳을 우리 자신의 것으로 만드는 어떤 행위를 한다. 우리는 탁자 위에 책을 올려놓거나 우리 옆에 가방을 놓는다. 칸막이 없이 트여 있는 사무실에서 일하는 사람들은 컴퓨터를 에워싸고 있는 조그만 조립식 "벽"을 엽서로 장식하려고 한다. 그들은 마우스 패드도 가져다 놓고 화분도 가져다 놓는다. 그들은 아주 작은 세계라도 흑림지대의 오두막처럼 좀 더 집 같은 곳으로 만들려고 한다.

인본주의자들은 종종 더 오랜 전통을 가진 지역지리학과 비교된다. 그에 따라 인본주의자들은 특수한 것으로 복귀하고 공간과학의 보편적 주장으로부터 철수하기를 원한다고들 말한다. 곧, 공간과학은 **법칙추구적**(nomothetic)인 데 비해 인본주의적 연구는 **개성기술적**(idiographic)이라고들 한다. 이런 주장에 대한 증거로 장소에 대한 관심을 든다. 즉 의미 있는 위치로서의 장소는 특정한 것, 즉 특정한 장소에 대한 것을 의미한다는 것이다(이는 예를 들어 비달의 연구에서 말하는 특정 장소에서의 생활양식에 대한 접근과 다르지 않다). 하지만 이런 식의 설명은 중요한 점을 놓치고 있다. 많은 면에서 인본주의 지리학은 공간과학보다 더 일반적이고 더 보편적이다. 투안이나 렐프가 장소에 대해 쓸 때, 그들은 위스콘신 주의 메디슨이나 토론토에 대해 쓰고 있지 않다. 그들은 개념으로서의 장소에 대해 쓰고 있다. 그들은 장소의 본질, 곧 모든 장소의 본질이 무엇인지 알기를 원한다. 이보다 더 보편적일 수 있을까? 또는 인간의 정신에 대한 글을 썼던 버티머에 대해 생각해보자. 이 역시 보편적인 것과 우주론적인 것을 건드리려는 야심 찬 시도다. 인본주의 지리학의 고전 중 그 어떤 것도 하나의 특정 장소를 묘사하거나 해석하거나 설명하려는 목적을 갖지 않았다. 이런 의미에서 인본주의 지리학자들의 연구는 결코 개성기술적이지 않다. 이 때문에 나중에 급진적 지리학자들은 인본주의 지리학이 보편적이고 초(超)역사적인 야망을 가졌다고 비판했다.

인본주의 지리학의 전성기 이후

문학지리학, 지리인문학, 지리시학

인본주의 지리학의 출현 이전에는, 지리학자들이 연구를 수행하기 위해 정보를 수집하는 방식이 한정되어 있는 경우가 일반적이었다. 지역지리학자들은 지역적 설명을 위해 사실, 관찰, 측정에 관한 자료를 수집할 뿐이었다. 계량지리학자들은 계량화가 가능하고 측정할 수 있는 것에 지나치게 의존했다. 그러나 정보 수집과 통찰을 위해 그 외에 다른 방법을 찾은 지리학자들은 극히 소수였다. 이 소수의 지리학자들 중에는 시간과 공간을 횡단하여 지리적 상상력에 접근하기 위해 예술작품, 특히 문학에 주목한 지리학자들도 포함된다. 이런 측면에서 선구자적 사람 중 한 명이 라이트였는데, 그는 호메로스와 단테를 지리학자로 본 초창기 연구물을 썼다(Wright 1924, 1926). 지리학자들은 때때로 지역의 과거를 보여주는 자료로, 또는 지역에 대한 보다 진지한 묘사를 위한 다채로운 장식품으로서 소설을 들여다봤다. 여기에는 토마스 하디(Thomas Hardy)의 소설 속 웨섹스 지역에 대한 연구(Darby 1948)나 윌리엄 포크너(William Faulkner)의 소설 속 미국 남부 지역에 대한 연구(Aitken 1979)도 포함된다. 인본주의라는 현수막 아래에서, 지리학자들은 창의적인 작품들, 특히 소설을 다루려는 의지를 점점 많이 보여주었다(Tuan 1978; Pocock 1981). 이는 점차 그 범위를 더 넓혀 창의적인 예술작품, 특히 회화를 다루려는 의지를 보여주었다(Cosgrove 1984; Daniels 1993). 인본주의 지리학자들은 사람과 세계의 관계를 알아내기 위해 창의적인 문학작품을 진지하게 다루는 연구를 지지했는데, 사람과 세계의 관계가 창의적인 문학작품 속에 잘 드러나 있다고 보았기 때문이다.

> 상상력 넘치는 문학작품은, 인쇄된 저술이라는 광대하고 이질적인 영역 안에서 아주 작은 부분집합에 해당한다. 하지만 최근 인간-자연 관계 연구에 대안적인 관점과 통찰을 찾으려는 지리학자들이 늘어남에 따라, 이런 문학작품이 널리 지지받고 있다. 지지한다는 말 대신 "활용"한다는 단어는 부적절한 표현인 것 같다. 논리실증주의 시대에 환멸을 느끼고 계량혁명에 충격을 받은 후 지리학의 문학적 유산을 재발견하게 되면서(이유야 어찌 되었든 간에), 문학 영역은 절충적 성격을 지닌 우리 지리학계로부터 점점 주목받고 있다. (Pocock 1981: 9)

여기서 더글라스 포콕(Douglas Pocock)은 "논리실증주의"와 "계량혁명"에 대항하여 싸우기 위한 일환으로 문학을 끌어들였다. 공간과학자들의 산포도와 회귀선에서는 더 이상 얻을 것이 없지만, 상상력 넘치는 문학작품은 그렇지 않을 것이다.

소설가가 (또는 시인이) 글을 쓴다는 것은 세계와 관련을 맺는 일이다. 그들이 쓴 소설은 단순히 세계에 대한 기술이 아니다. 소설은 전체적으로 보았을 때 "사실"을 발굴하기에 좋은 원천이 아니다. 그럼에도 불구하고 소설은 소설가들의 "세계-내-존재"의 증거이다. 소설가의 눈을 통해 우리는 세계를 새롭게 바라보는데, 이는 소설을 읽으면서 소설가의 입장을 공유함으로써 가능해진다. 소설은 사실을 발견하기에 좋은 장소가 아닐 수 있지만, "진실"을 탐색하기에 이상적인 장소일 수 있다. 포콕의 표현을 따르자면, "허구의 진실은 단순한 사실로 이루어진 진실을 넘어선다"(Pocock 1981: 11). 일부 인본주의 지리학자들의 저술에서는 작가를 특별한 사람으로 가정한다. 작가는 관찰과 표현 모두에서 높은 수준의 능력을 가지고 있는 사람이다. 우리 대부분은 표현할 수 없는 강렬한 주제를 작가는 분명하게 표현할 수 있는 사람인 것이다. 확실히 이런 주장은 본질적으로 엘리트주의적이라고 볼 수 있다. 이는 중요한 통찰의 원천으로서, "평범한 사람들"에게 말 걸기를 개척한 다른 인본주의 지리학자들의 문화기술적 방법론에 부여한 가치와 모순된다.

문학은 글쓰기 방식을 고민하는 지리학자들에게 하나의 모델이 될 수 있다(Meinig 1983). 지리학이 과학인가, 사회과학인가, 아니면 인문학인가에 대한 많은 주장이 있었지만, 지리학이 예술이라고 주장한 사람은 거의 없었다. 그러나 이것은 인본주의 지리학자들이 (그리고 이들보다 앞선 일부 지역지리학자들이) 소설을 이용했던 방식 중 하나로, 문학은 경관과 장소에 대한 느낌을 포착할 수 있는 지리적 글쓰기의 한 모델이다.

1970년대와 1980년대 인본주의 지리학의 전성기 이후로 창의적 문학작품에 대한 지리적 연구는 계속 확대되어 왔다. 현재는 「문학지리학(*Literary Geographies*)」이라는 학술지도 생겼는데 문학작품을 연구하는 지리학자들과 지리적으로 사고하는 문학 연구자들의 활동을 모두 보여주고 있다. 이는 확실히 인문학 분야에서의 연구 사례인데, 이런 경향의 연구는 인본주의 지리학의 협의적 정의를 훨씬 넘어서서, 뒤의 여러 장들에서 다루게 될 페미니즘, 포스트구조주의, 기타 이론적 전통에 영향을 받은 많은 학자들까지 포함하여 확장해 왔다. 그럼에도 불구하고 "지리학과 문학"에 대한 인본주의 지리학자들의 선구적 연구와 "문학지리학"에 대한 최근의 연구 간에는 분명한 연속성이 있다. 문학지리학 분야에서 핵심적 인물은 세일라 호네스(Sheila Hones)이다. 호네스로 인해 우리는 세계에 대한 기록으로서의 문학이라는 의미와 세계-내-존재에 대한 증거로서의 문학을 이용하는 수준을 넘어서게 되었다. 그녀는 우리에게 소설을 사건, 해프닝, 퍼포먼스로 생각해보게 한다. 호네스는 작가와 책, 독자 간의 관계에 대해 매우 진지한 입장을 취했다. 그가 말한 관계는 작가, 책, 독자가 각자 자신만의 문학지리들(literary geographies)을 가지며 이 문학지리들은 문학이 작가, 텍스트, 독자를 연결시키는 "실제 세계(real world)"의 지리를 구성하도록 돕는다(Hones 2022). "지리와 문학"의 인본주의적 전통은 주로 문학이 지리학자들에게 증거로 제공할 수 있는 것이 무엇이냐에 주로 관심을 가졌던 반면, "문학지리들"은 지리적 사고가 문학 및 문학이 공간적으로 작동하는 방식을 연구하는 데 어떤 기여를 하는가에도 똑같은 비중으로 관심을 갖는다. 이런 의미에서 호네스는 문학지리를 "간학문(interdiscipline)"으로 정의했는데, 문학 연구자들이 "공간", "장소" 같은 지리적 개념을 당연하게 받아들이지 않아야 하며 지리학자들도 "작가", "텍스트", "독자" 같은 문학적 개념을 더 이상 당연하게 받아들이지 않아야 한다는 의미이다. 호네스는 "현대 소설의 공간적 내러티브를 문학 연구의 이론 및 방법론과 문화지리학의 이론 및 방법론의 결합을 통해 협력적이고 간학문적으로 접근하기 위해" 칼럼 매캔(Culum McCann)의 소설 『거대한 지구를 돌려라(*Let the Great World Spin*)』[6]를 대상 작품으로 선택했다(Hones 2014: 3). 호네스는 문학지리에서 초점을 둬야 할 세 종류의 공간을 정

---

6 2009년에 출판된 이 책은 2010년 국내에도 번역(박찬원 역) 출판되었다. (역주)

의했다. 하나는 텍스트의 공간인데, 아마도 초창기 "지리와 문학"이란 전통적 연구 영역에서 주로 다룬 공간에 해당할 것이다. 이 공간은 "위치, 거리, 네트워크" 등의 특성을 포함하고 있다(Hones 2014: 8). 두번째 공간은 "'끝없는 도서관' 같은 간텍스트적인 문학공간이다. 이 경우에는, 「거대한 지구」라는 텍스트적 공간마다 작가 매캔이 추가한 인용과 독자들이 느낀 문학적 반향이 함께하면서 간텍스트적 공간이 걷잡을 수 없이 펼쳐지게 된다"(Hones 2014: 8). 여기서 호네스는 「거대한 지구」라는 텍스트가 다른 텍스트들(그리고 그 텍스트적 공간의 위치, 거리, 네트워크)과 함께 만들어내는 관계를 말하고 있는데, 이 관계는 다시 「거대한 지구」라는 텍스트와 그것이 암시하는 것에 영향을 미친다. 세 번째 공간은 "작가, 편집자, 출판업자, 비평가, 독자—이들 없이는 독해(그리고 텍스트)가 발생할 수 없다—가 서로 연결되어 작동하는 사회공간적 차원이다"(Hones 2014: 8). 여기서 호네스는 텍스트를 넘어서는 공간을 말하고 있는데, 모든 텍스트는 이 공간 속에 존재한다는 것이다. 즉 하나의 텍스트는 지리 안에서 쓰여지고, 생산되고, 유통되고, 읽히고 있다. 또한 이 공간들 덕분에 우리는 소설 속에서 지리적 사실들을 채굴해낸다든가 인간과 환경의 관계에 대한 증거로서의 창작물에 대한 인본주의적 관심으로부터 벗어나 더 먼 길을 갈 수 있다.

　문학지리학에서 문학 연구와 지리 이론의 상호작용은 지리인문학(geohumanities)이라는 매우 광범위한 간학문적 영역을 보여준다(Cresswell and Dixon 2017). 지리인문학이라는 영역은 미국지리학회의 기획이라는 꽤 의도적인 방식으로 출현했는데, 인문학으로서의 지리학의 전통적인 역할을 부흥시키고 지리학과 다른 인문학 토대의 학문들과의 학제적 관계를 향상시키려는 목적을 가지고 있다. 이에 따라 2007년 미국 버지니아주의 샬러츠빌에서 지리학과 인문학 심포지엄이 개최되었는데, 이때부터 매년 미국지리학회 학술대회에서 지리학과 인문학 주제의 분과가 열렸다. 이 같은 2007년의 심포지엄과 이후 연속된 학술 분과의 결과물로 2011년에 다음과 같은 두 권의 단행본이 나왔다. 『지리인문학: 장소의 테두리에서의 예술, 역사, 텍스트(*GeoHumanities: Art, History, Text at the Edge of Place*)』(Dear *et al.* 2011)와 『경관 그려보기, 세계 만들기: 지리학과 인문학(*Envisioning Landscapes, Making Worlds: Geography and the Humanities*)』(Daniels *et al.* 2011)이다. 단행본 출판 이후 2015년에는 미국지리학회의 새로운 학술지 「지리인문학: 공간, 장소, 인문학(*GeoHumanities: Space, Place, and the Humanities*)」이 창간되었다. 단행본과 학술지 모두 참여한 편집진과 실린 글들이 보여주는 학문적 범위 때문에 명성이 높다. 문학지리학처럼, 지리인문학 역시 간학문이다. 따라서 문학지리학처럼 지리인문학도 1970년대부터 열어놓은 가능성에 토대하여, 전통적 인본주의 지리학의 범위를 벗어나고 있다. 2007년 심포지엄의 핵심 인물에 속하는 데니스 코스그로브(Denis Cosgrove), 스테판 다니엘스(Stephen Daniels), 니콜라스 엔트리킨(J. Nicholas Entrikin) 같은 학자들은 인본주의 지리학 전통의 초기부터 발을 담갔던 사람이다. 이 두 권의 단행본에는 베로니카 델라 도라(Veronica della Dora) 같은 인본주의적 방식이 분명한 글을 쓰는 젊은 학자들뿐만 아니라 이-푸 투안(Yi-Fu Tuan)이나 데이비드 로웬탈(David Lowenthal) 같은 인본주의 지리학의 핵심 인물들의 에세이가 실려 있다. 지리인문학 프로젝트는 지구를 집으로 사고하는 인본주의적 전통을 계승하면서, GPS 테크놀로지를 활용한 새로운 형태의 탐구를 끌어안고, 인본주의 지리학을 넘어선 공간, 장소, 경관 등의 개념에 대한 비판적 관점에 주목하며, 재현의 예술적 형식들을 횡단하면서 지리적 창의성을 꽃피울 수 있도록 독려한다. 학술지 「지리인문학(*Geohumanities*)」의 "실제와 큐레이션(practices and curations)" 섹션은 지리학자나 그 외의 학자들이 수행한 모든 종류의 창의적인 지리적 실천을 싣고 있는데, 이 실천은 도널드 마이닉이 1983년에 희망했던 바, 즉 지리학이 언젠가는 예술로 간주되는 날이 올거라는 희망을 실현시키고 있다(Meinig 1983). 지리인문학과 현재 "창의적 지리"라고 부르는 것 간에는 중요한 교차점이 있는데, 그것은 지리학자들이 작가, 예술가, 영화 제작자 등의 창의적 작품들을 단순히 해석만 하는 것이 아니라 그 작품들과 공동작업하면서 의식적으로 직접 창의적 작품 활동을 수행하는 영역을 말한다(Hawkins 2014).

  지리인문학에서 주목해야 할 또 하나의 영역은 지리시학(geopoetics)이다. 지리시학이라는 개념은 1979년 케네스 화이트(Kenneth White)의 작품과 그로부터 10년 뒤인 1989년에 화이트가 설립한 지리시학 국제재단(International Institute of Geopoetics)이 그 기원이다. 화이트는 지리시학을 지구가 위험에 처해 있으며 시학이 그 위험에 맞서는 역할을 할 것이라는 인식에 대한 반응이라고 설명했다. 그는 지리시학을, 시가 과학에 영감을 받고 또 과학이 시에 영감을 받을 수 있는 하나의 지점이라고 보았다. 지리학자 에릭 메그레인(Eric Magrane)은 지리인문학에서 이 개념을 발전시켜서 "지리시학적 텍스트와 실천"으로 초대했다. 여기서 말하는 지리시학적 텍스트와 실천이란 "오늘날의 시학, 특히 생태시학의 영역에 속하는 시학을 비판적 인문지리학과 결합시킬 수 있는 주술적이고, 흙에 토대하며, 초(超)미학적인 접근으로 지리학자뿐 아니라 시인들의 작품을 끌어들이는 것이다"(Magrane 2015: 87). 메그레인은 알렉산더 폰 홈볼트의 경관 미학에 대한 관심과 앤 버티머가 "더 현명한 거주 방식을 탐색하기 위해 시학, 미학, 감정과 이성과 관련된" 접근의 필요성을 제기했던 점

(Buttimer 2010: 35)을 포함한 많은 영향력 있는 문헌들을 끌어왔다. 메그레인은 지리학적/생태학적인 데 초점을 두고 작업하는 시인들뿐만 아니라, 점점 더 많은 지리학자들이 시를 주제 측면에서 그리고 표현 양식의 측면에서 창의적이고 비판적으로 연구하고 있다는 데 주목한다. 여기서 더 나아가 그는 지리시학을 "지리철학"의 일종으로 정리한다. 지리시학이라고 해서 반드시 엄격한 의미에서의 시를 다뤄야 하는 것이 아니라, 이전의 방식 ─특히 보다 과학적 형식의 지리학 ─과는 확실히 구분되는 방식으로 연구를 사고하는 접근이라고 보는 것이 더 적절하다.

> … 연구 의제는 전통적 사회과학의 의미에서의 질문으로 시작되지 않을 수 있다. 오히려 먼저 물질성에 주목한 지점에 발을 담그면서 거기서 만남이 이루어지고 그다음에 그 지점 자체에 내재한 지리시학적 형식을 통해 그 지점에 개입하게 될 것인데, 그 지점은 거기서 발생하고 수행되며 논평하고 아마도 재측정까지 하도록 설계되어 있다. (Magrane 2015: 95-66)

여기서 메그레인은 어떤 지점 또는 장소에 대해 도구적 질문이 주도하는 연구 과정이 아닌 개방적이고 깊은 주의를 기울이는 연구 과정을 밟아야 한다고 말한다. 이런 연구 과정을 밟는다면 다른 종류의 결과물이 나올 것이다. 연구 결과가 반드시 연구논문일 필요는 없고, 그 지점에 대한 개입이거나 수행 또는 한 편의 시여도 된다. 메그레인의 주장은 결국 지리학자, 시인 등이 지리시학 개념을 확장하고 이 같은 새로운 감수성이 실제로 어떻게 작동하는지를 보여주는 책으로 나왔다(Magrane *et al.* 2020).『지리시학의 실제(*Geopoetics in Practice*)』라는 책과 학술지「지리인문학」모두 지리학자들이 지리시학적 연구 프로세스와 그 표현 형식의 가능성을 탐색하는 사례들을 잘 보여주고 있다(Acker 2020; Jones 2022 참조).『지리시학의 실제』에서 메그레인이 쓴 감사의 글을 보면, (왼쪽 페이지에는) 지리학자이자 시인인 말리아 액커(Maleea Acker)가 멕시코의 아이힉(Ajikic)에서 보낸 시간의 소품 조각들을 담은 시와 산문을, 그리고 (오른쪽 페이지에는) 지리학자나 다른 사람들의 글에서 가져온 인용 문구들을 병치시키고 있다. 이런 식으로 저자들 간에 어떤 종류의 대화가 창조되고 있는데, 이 대화는 독자의 편에서 통찰의 불꽃이 발생할 가능성을 창조한다. 그녀의 언어로 표현하자면, "산문 작품은 무대를 세팅한다. 소품들은 내 관찰의 결과물이다. 시는 연구의 창의적 정점이다. 또한 이것들이 지리시학 안에서 지리학을 하는 새로운 방식을 보여준다고 나는 주장한다"(Acker 2020: 132). 자연지리학자이자 시인인 사만다 존스(Samantha F. Jones)의

"05BH004(1915-2019)"는 조약 7번 땅(Treaty 7 lands)[7] — 이 땅에 현재 캐나다 캘거리의 다운타운이 위치한다 — 안의 유량관측지점에서 오랜 시간에 걸쳐 축적한 유속측정치를 이용하고 있는데, 1915년부터 2019년 사이 동안 각 연도 데이터에 맞춰 각 한 줄씩의 시를 작성하는 형식을 취했다. 그 결과 시는 강을 반영하는 힘줄의 형식으로 쓰여졌다. 그녀는 "데이터가 프로세스를 수행하기 위해 어떻게 직접 시의 형태로 구현될 수 있고 과학 커뮤니케이션의 도구이자 데이터 검증을 위한 수단으로 작동할 수 있는 시적 스타일을 창조할 수 있는가를 보여주는 사례연구로 시를 활용했으며, 이처럼 과학적 데이터와 문학적 예술의 융합은 과학과 예술 간의 갭을 연결하는 학제적 접근을 사용한다."고 썼다(Jones 2022: npn).

생활 세계의 문화기술지

인본주의 지리학자들이 지리적 상상력의 증거를 찾는 한 영역이 예술 영역이라면, 또 다른 영역은 사람들의 삶 자체에 있었다. 몇몇 예외가 있듯이, 1970년대 이전에도 면담, 참여관찰 또는 다른 문화기술적 기법의 형태로 인간 주체들을 연구한 지리학자들의 사례가 비교적 아주 적긴 하지만 있었다. 바로 라이트가 이미 20여 년 전인 1947년에 지관념론의 필요성 — 타자들의 지리적 상상력 탐색 — 을 개관하면서 사람들에게 그들의 지리에 대해 질문했고 이는 문학과 예술 둘 다를 탐구할 가능성을 열었다. 그에 의한 촉발에도 불구하고, 지리학에서 문화기술지적 기법의 사용은 1970년대 이전에는 거의 없었다. 그러나 인문지리학이란 인간 및 인간의 삶과 관련된 것이었다.

시먼은 사람들이 신체적 움직임을 통해 자신의 세계에 거주하는 방식을 연구하는 데 현상학을 직접적으로 적용했다. 그는 신체적 움직임을 개인이 자신의 신체나 신체의 일부를 공간적으로 이동시키는 모든 것이라고 정의했다. "우편함까지 걸어가기, 집까지 운전해서 가기, 집에서 차고까지 가기, 서랍에 있는 가위 가지러 가기 같은 모든 행위가 움직임의 예다"(Seamon 1980: 148). 시먼은 움직임이라는 경험이 갖는 본질적 특성을 발견하고 싶어 했다. 이전의 공간과학자들처럼 그는 특정 사례들을 초월하여 일상적 움직임에 대한 보편적 설명을 제공하고자 했다. 사람들이 움직일 때 A나 B라는 사람이 무엇을 하는지가 아니라, 인간들은 움직임을 통해 어떻게 세계에 거주하는지를 설명하고자 했던 것이다. 현상학자로서 그가

---

7   1871~1921년 사이에 영국 여왕과 북아메리카 선주민들 간에 체결된 토지 조약의 대상지를 말하는데, 1번부터 11번까지의 번호가 매겨진 땅 중에서 7번 번호가 매겨진 땅을 가리킨다. (역주)

추구한 것은 "본질"이었다. 그는 사람들을 대상으로 수많은 실험을 했는데, (몇 달 동안 유심히 지켜본 결과) 이들은 "1주일 단위로 반복되는 지리적 생활 세계 속에서 살아가며, 일상적인 움직임 및 그와 관련된 주제들에 대한 사적 경험을 집단적 맥락에서 공유한다"(Seamon 1980: 151-152). 그리고 도달한 결론은 대부분의 일상적 움직임이 습관의 형태를 띤다는 것이었다. 사람들은 아무 생각 없이 매일 똑같이 반복되는 출퇴근 경로를 운전한다. 간혹 집을 이사한 사람들은, 옛집을 찾아갔다가 현관 앞에 도착해서야 잘못 왔음을 깨닫는다. 사람들은 다른 사람과 대화하면서도 습관적으로 서랍에서 가위를 찾아낸다. 우리는 아무 생각을 하지 않고도 타이핑을 할 수 있다. 이런 움직임은 의식적 감시의 수준보다 더 심층적인 것으로 보인다.

시먼은 설거지와 같은 전(前)의식적인 행위의 연속을 묘사하기 위해서 춤이라는 메타포를 활용했다. 그는 이 전의식적인 움직임의 연속을 신체-발레(body-ballet)로 묘사했다. 한 개인은 하루 종일 시-공간 일상(time-space routine)을 구성하기 위해 이런 연속적 신체-발레를 수행한다. 소도시의 도심이나 방과 후의 교문 밖 같은 특정 장소에서는 장소-발레(place-ballet)를 형성하기 위해 사람들의 시-공간 일상들이 결합된다. 즉 장소-발레란 다양한 사람들의 시-공간 일상의 결합으로서 장소감을 생산한다. 시먼은 이 "장소-발레" 개념을 설명하기 위해 도시 이론가 제인 제이콥스(Jane Jacobs)가 묘사한 어떤 관찰을 인용해서 보여준다.

> 내가 사는 허드슨 가 일대는 매일매일 복잡한 거리의 발레가 펼쳐진다. 나의 경우는, 8시가 조금 넘어 평범하기 이를 데 없는 일인 쓰레기통을 내다 놓으며 처음으로 등장한다. 쓰레기통을 집 앞에 내놓아 둔다. 아주 단조로운 일이지만, 나는 내 역할과 (휴지통 뚜껑을 여닫는) 뗑그렁거리는 작은 소리를 즐긴다. 한 무리의 중학생들이 무대의 중앙을 지나가면서 나의 쓰레기통에 사탕 껍질을 버리기 때문이다 … 그 포장지를 쓸어 담으면서 나는 아침의 또 다른 의례들을 지켜본다. 햄퍼트 씨는 지하실 문에 묶어 두었던 세탁소 손수레를 풀고, 조 코나치아의 사위는 식품 판매점에서 빈 상자를 꺼내 쌓고 있고, 이발사는 보도 위에 접이식 의자를 내놓고 있으며, 골드스타인 씨는 철사 꾸러미를 진열함으로써 철물점이 문을 열었음을 알리고 있고, 공동주택 관리인의 아내는 장난감 만돌린을 든 땅딸막한 세 살짜리 아들을 현관 앞 계단에 내려놓는데, 그 자리는 (자기 엄마는 하지 못하는) 영어를 배울 수 있는 곳이다. 이제 초등학생들 차례인데, 세인트루크초등학교 학생들은 서쪽 방향으로 종종거리며 가고 제41공립초등학교 학생들은 동쪽 방향으로 향하고 있다. (Jacobs, Seamon 1980: 160-161에서 재인용)[7]

이는 누구에게나 익숙한 장면으로서, 이 장면에서 개인의 신체적 일상은 꽤 규칙적이고 예측가능한 방식으로 개개의 일상보다 더 큰 무언가로 합쳐진다. 이것은 상대적으로 지속적인 장소감을 생산한다. 이것은 인지와 의미의 세계를 통해 생산되는 장소감이 아니라 활동의 반복을 통해서, 곧 실천을 통해서 생산되는 장소감이다.

그레이엄 롤스(Graham Rowles)는 인본주의적 접근을 활용해 연구하는 사회지리학자다. 그는 오랫동안 노인들의 지리적 경험을 조사해 왔다. 이에 관한 초기의 연구가 『공간 속에 갇힌 죄수? 노인의 지리적 경험 탐색(*Prisoners in Space? Exploring the Geographical Experience of Older People*)』(1978)이란 책이다. 롤스는 많은 인본주의 지리학 연구가 어째서 비현실적이고 소수만이 이해하는 연구로 보이는지에 (예를 들어 "임상 실습과 공공정책 수립"의 세계에 대해 거의 한마디도 하지 못하는 안락의자 지리학자들의 세계에) 주목했다(Rowles 1980: 56). 그리고 롤스는 이와 정반대로, 노인 사회와 관련된 직접적인 실천 방안을 제공하기 위해 인본주의의 이론적 통찰을 활용할 방법을 찾았다. 롤스는 68세에서 83세에 이르는 5명의 남성 및 여성 노인에게 많은 시간을 쏟아부었다. 그는 (3년 이상 동안) 그들을 대상으로 연구하면서 "데이터"를 모았는데, "창조적 대화"와 "상호 발견"을 추구하는 "연구 참여자들의 생활 세계"에 몰입하는 방법을 통해 얻었다. 이 결과 롤스는 "많은 양의 메모, 사진, 스케치맵, 많은 시간 동안 녹음된 대화"를 갖게 되었다(Rowles 1980: 57). 이 노인들은 도시 내 쇠락지역에 거주했는데, 그곳은 노화되고 있는 그들의 신체가 지내기에는 힘들어 보이는 곳이었다. 롤스는 자신의 연구가 그런 환경이 노인들의 삶에 미치는 영향에 초점을 맞추게 될 것이라고 기대했다. 그러나 그는 연구 참여자들이 이와는 다른 종류의 지리에 대해 말하는 것에 놀랐다.

> 내가 맨 처음 당황했던 것은, 노화에 관한 광범위한 문헌 검토를 토대로 내가 직접 뽑아낸 이 면담 질문들에 대해 마리가 무관심한 모습을 보인 것이었다. 그녀는 신체적 제약, 서비스 접근성의 축소, 집에서 더 많은 시간을 보내야 하는 상황, 사회적 유기(遺棄)의 문제, 미래에 대한 두려움에 대해 말하고 싶어 하지 않았다. 대신 그녀는 내가 그녀의 거실에 앉았을 때 자기 삶의 기록이 간직된 보물 같은 스크랩북을 세세히 읽어보며, 몇 년 전에 플로리다로 갔던 여행에 대해 생생하게 설명해주려고 했다. 그녀는 1,000마일이나 떨어진 디트로이트에 살고 있던 손녀의 근황에 대해 회상하려고 애썼다. 그녀는 지금의 거처로 이사

---

8 이 인용문은 국내 번역서 『미국 대도시의 죽음과 삶』(유강은 역, 2010, 그린비)의 번역을 그대로 옮긴 것이다. (역주)

온 지 얼마 안 되었던 몇 해 동안 발생한 동네의 사건에 대해서도 설명해주려고 했다. 나는 처음에는 선입견으로 인해 그녀가 보여주려는 당연한 생활 세계의 풍부함을 이해할 수 없었다. (Rowles 1980: 55)

롤스는 관찰 가능한 행위만을 연구 대상으로 삼았던 노화 관련 문헌이 자신의 초기 예상에 영향을 주었다고 보았다(예를 들어 그는 노인들이 젊은이들보다 더 짧은 여행을 하며, 여행 횟수도 더 적을 것이라고 예상했다). 기존의 어떠한 연구도 노인들의 "지각향성(perceptual orientation)"에 초점을 맞추지 않았던 것이다. 노인들의 지각향성이란, "그들의 감정과 선(先)성찰은 그들의 거주 장소와 경험이 생활 세계를 구성하는 과정에 통합되어 나타난다"는 것이다(Rowles 1980: 57). 롤스는 3년간의 대화를 통해 노인에게 세계-내-존재란 어떤 것인지를 연구하여 네 가지 특징을 추적해냈다. 그의 주장에 따르면, 직접적인 공간적 맥락 내에서 신체의 능력이 쇠퇴함에 따라 **행동**(action)은 점점 감소하게 된다. 사람들은 익숙치 않은 공간을 사용하는 능력이 쇠퇴함에 따라 공간을 더욱 효율적으로 이용하게 된다. 틀에 박힌 일상이 더욱 중요해진다. 세계 내에서의 **정향**(orientation)은 집처럼 자신이 잘 아는 특정 공간에 점점 더 초점을 맞추게 된다. 예를 들어 연구 참여자 중 한 명인 스탠은 "뜨거운 오후에 그늘이 드리워지는 길과 자신이 끔찍해하는 얼음처럼 추운 날에도 안전한 길을 알아냈다. 그는 교통체증이 일어나는 점심시간 동안 가장 교통체증이 심각한 교차로도 잘 알고 있었다. 그는 다양한 환경 조건에서 일상적인 움직임을 용이하게 해주는 상세하고 '특정한' 선형의 도식들을 내면화하고 있었다"(Rowles 1980: 59). 또한 노인들의 생활 세계는 특정 위치에 부여된 애착의 **감정**(feeling)이 담겨 있는 저장고로서의 특징을 갖는다. 어떤 노인에게는 예전에 춤추었던 장소가 특히 중요했다. 노인들에게는 장소의 물리적 상태보다 감정이 더 중요한 경우가 많았다. 마지막으로 롤스는 **판타지**(fantasy)의 역할에 주목했다. 그의 주장에 따르면, 노인들은 여기와 지금으로부터 멀리 떨어진 시공간상의 장소에 거주하고 있다. 곧 그 장소는 자신의 과거와 연관되어 있거나 가족의 세계와 연관된 곳이다. 이런 식으로 장소는 직접적인 위치를 초월해 있다.

롤스는 인본주의적 접근을 취하지 않는다면 이런 관찰은 불가능하다고 주장했다. 이런 관찰은 직접적으로 관찰 가능하고 측정 가능하며 지도화할 수 있는 것으로부터 추론될 수 없을 것이다. 이 관찰은 그가 "이해"라고 부른 것으로 이끄는 타자들의 생활 세계에 몰입하는 과정을 통해 비로소 나타났다. 그는 이해란 일반화 가능한 것을 넘어서 있다고 주장했다. 이해는 "누군가의 생활 세계 안에서 공감적인 참여자가 되고 그 생활 세계와 통합적으로 관련을 맺을 수 있을 정도로 누군가에게 바짝 다가감으로써 얻게 되는 심도 있는 수준의 앎이다" (Rowles 1980: 68). 롤스에게 있어 이해란 "학술적 연구에서 주요 목표"여야 한다. 이해는 아래와 같이 설명과 대비될 수 있다.

> 보다 정교한 설명이 적용될 수 있는 새로운 주제를 만들어냄으로써 일반화가 가능한 경험적 특성만을 타당한 연구 대상으로 보는 것은 환원주의적 덫에 빠질 위험이 상존한다. 그렇게 될 경우 개인의 풍부한 경험이 많은 부분 버려진다. 곧 연구 대상으로서의 사람 — 사람은 누구나 다채로운 생활세계 안에서 살면서 자신의 고유한 전기(傳記)를 쓰는 작가다 — 에 대한 이해는 기각되는 것이다. 아이러니하게도, 긴 역사를 가진 지리학을 발전시키기 위해 보다 더 정교한 설명을 진전시킬수록 우리의 이해는 점점 더 빈곤해진다. 그러나 인본주의 지리학자에게 있어 궁극적으로 더 중요한 것은 이해이다. (Rowles 1980: 69)

지리학자들은 1970년대와 1980년대 동안 사람들에게 점점 더 많이 말을 걸었다. 이는 대부분 인본주의 지리학과 사람들의 주관적 삶에 대해 더 진지하게 접근해야 할 필요를 인지한 덕분이었다. 데이비드 레이는 그의 긴 문화기술지 책에서 필라델피아의 "흑인들이 밀집한 도심 빈민지역"의 세계를 탐구했다(Ley 1974). 존 웨스턴(John Western)은 「버림받은 케이프타운(*Outcast Cape Town*)」에서 남아프리카의 인종차별정책인 아파르트헤이트의 생활 세계를 기록하기 위해 문화기술지적 방법을 사용했다(Western 1981). 그리고 데이비드 시블리(David Sibley)는 「도시 사회 속 아웃사이더(*Outsiders in Urban Society*)」에서 영국의 집시와 여행자들의 생활세계를 보여주었다(Sibley 1981). 1980년대 이래로 사람들과 그들의 지리적 지식에 대한 연구는 더 이상 인문지리학자들에게 흔치 않은 연구가 아니었다. 면담, 포커스 그룹, 참여관찰, 일기, 비디오 로그, 사진, 그 외에도 수많은 창의적 방법을 사용해, 지리학자들은 캐나다의 "(전기·가스·수도 등의 공공서비스를 사용하지 않고) 자급자족하는" 삶을 사는 사람들(Vannini and Taggert 2015), 런던의 도시 탐험가(Garrett 2013), 아테네의 홈리스(Bourlessas 2018)를 포함하여 다양한 사람들의 생활세계를 탐색해 왔다. 문화기술지적 방법을 사용하는 지리학자들이 1970년대식의 인본주의를 벗어나 종종 비판적 이론의 렌즈를 사용하기도 하지만, 지리학에서 인본주의의 긴 역사가 오늘날 실천되고 있는 모든 형태의 질적 연구 방법론에 길을 닦았다는 점은 틀림없는 사실이다.

결론 : 인본주의는 죽었다 – 인본주의여 영원하라

인본주의 지리학은 출현하자마자 비판의 대상이 되었다. 이해보다는 설명을 추구하는 실증주의 지리학자들은 인본주의가 주관적이고 검증 불가능하며 사실이 아닌 의견의 문제라고 보았다. 왜냐하면 이런 연구는 다른 사람들이 연구 방법을 똑같이 따라 할 수 없거나 또는 변조될 수 있기 때문이다. 어떤 사람들은 이런 인본주의 스타일은 소수만이 이해할 수 있는 것이고 추상적이라고 보았는데, 이 때문에 어떤 비평가는 "대가(大家)의 방언(Mandarin dialect)"이라고 비꼬아 부르기도 했다(Billinge 1983). 앞으로 보게 되겠지만, 보다 급진적인 지리학자들은 인본주의 지리학이 권력의 체계적이고 구조적인 배치에(즉 억압, 착취, 지배와 이에 대한 저항에) 충분히 주목하지 못했다고 보았다. 그들은 인본주의자들이 일반적으로 고급 예술, 고전 문학, 엘리트 문화로부터 끌어온 엘리트주의적 가정으로 가득한 고상한 차원에서 살고 있다고 주장했다.

그러나 이런 비판에도 불구하고 인본주의 지리학은 지난 30년 동안 인문지리학에 깊은 영향을 주었다. 인본주의적 통찰은 여러모로 당연한 것이 되었으며, 지리학적 상식의 밑바탕을 형성하게 되었다. 공간과 장소를 둘러싼 사고, 감정과 지각, 신체, 일상생활의 수행 같은 주제가 지속적으로 인문지리학(특히 문화지리학) 연구에 중요한 위치를 차지하게 되었다(Cresswell 1996; Duncan 1996; Adams *et al*. 2001). 인본주의는 (마르크스주의와 함께) 1980년대 말 새롭게 활기를 띠게 된 문화지리학의 출현에 핵심적 영향을 끼쳤다(Cosgrove 1984; Jackson 1989; Daniels 1993; Duncan and Ley 1993). 객관성이라는 개념과 과학적 방법에 대한 비판은 다양한 외양을 띠면서 계속되었다. 이 비판에서 인간의 의식에 있어서의 지식의 상황성을 주장한 인본주의적 접근은 핵심적인 역할을 했다. 또한 이는 오늘날 인문지리학 연구의 주요 방법인 참여관찰, 텍스트 및 시각자료 분석, 자기성찰을 포함한 일정 범주의 질적 방법론을 수용하는 데 중요한 부분이 되었다.

현재 자신을 인본주의 지리학자라고 하는 지리학자는 거의 없다. 이는 권력, 지배, 저항의 문제에 더 관심이 많은 급진적 지리학자들이 인본주의를 비판했기 때문이기도 하고, 인본주의가 가져다준 교훈 중 많은 것들이 당연한 것이 되었기 때문일 것이다. 그러나 인본주의 지리학의 개념을 뚜렷하게 계승, 발전시키고 있는 사람들도 있다. 인본주의의 선구자였던 사람들 중 일부는 여전히 인본주의적 틀 안에서 글쓰기를 계속했다(Buttimer 1993; Tuan 1998;

Cosgrove 2001). 또 어떤 사람들은 자신의 연구에 인본주의적 틀이 여전히 중요하게 작동하고 있다고 인정하기도 했다(Entrikin 1991; Rodaway 1994; Pile 1996; Sack 1997; Adams *et al.* 2001). 지리학에서 인본주의 전통을 적나라하게 계승하고 있는 훌륭한 연구 사례는 베로니카 델라 도라의 『지구의 맨틀(*The Mantle of the Earth*)』(2021)이다. 이 책에서 저자는 고대 그리스의 신화로부터 중세 기독교를 지나 오늘날의 디지털 세계에 이르는 역사를 여행하면서 맨틀의 메타포, 즉 (직물 개념과 함께) 베일을 탐색한다. 지구의 맨틀은 지표면의 얇은 껍데기인데, 투안이 사람들의 집으로서의 지구를 연구하는 것이 지리학의 핵심이라고 주장한 바로 그 영역을 가리킨다(Tuan 1991). 모든 인본주의 지리학이 그렇듯이, 델라 도라의 책에서도 인간의 상상력이 중심에 위치한다. 델라 도라가 탐색한 맨틀과 관련된 다양한 메타포는 인간들이 자기가 살고 있는 세계를 어떻게 이해했는지에 대해 뭔가 말해준다. 이 메타포들은 세계 속에 존재한다는 것이 무엇이며, 무엇이었는지에 대한 증거를 보여준다.

> 망토, 옷, 성포(聖布, vernicle)[9]. 무대, 커텐, 휘장, 베일. 테이블보, 카펫, 표면, 망, 태피스트리, 피부. 지구의 맨틀을 가리키는 수많은 메타포의 현현은 인간 마음이 가진 무한히 상상력 넘치는 힘과 우리가 거주하는 지구를 이해하려는 끊임없는 시도에 대해 이야기해준다. 3천 년에 걸친 인간의 역사 동안, 이 모든 메타포들은 기본적인 사실의 문제를 공유하고 있다. 즉 지구에 대한 우리의 경험과 지식은 피상적일 수밖에 없다는 것이다. 우리는 지구의 껍질 부분, 아마도 더 정확히는 좁은 범위의 생물권 위에서 거주하고 이동하며, 싸우고 번영하며, 살고 죽는다. 그럼에도 불구하고 맨틀을 가리키는 다양한 메타포 각각은 지구의 껍질 부분(즉 생물권)과 다양한 방식으로 관계를 맺고 있다는 것을 보여준다. 예를 들어 신비로움에 대한 경외, 관통하고 장악하고자 하는 욕망, 통합과 관계맺음 등이다. (della Dora 2021: 274)

최근에는 "포스트인본주의" 지리학이 출현했는데, 이는 인본주의에 반대하기보다는 인본주의적 통찰의 일부를 다른 궤도로 가져가려는 것으로(McCormack 2003; Wylie 2005; Williams *et al.* 2019), 동물과 지각력이 없는 사물까지도 행위주체의 범주에 속하는 것으로 본다(12장 참조). 포스트인본주의자들은 르네상스 시대의 피코 델라 미란돌라(Pico della

---

9 예수가 골고다 언덕으로 십자가를 지고 올라가면서 흘러내린 피와 땀을 베로니카라는 여인이 지니고 있던 수건으로 닦아 주었는데, 그 순간 기적이 일어나 수건에 예수의 얼굴이 새겨지게 되었다고 한다. 이러한 유래로 "베로니카(veronica, 또는 vernicle)"는 예수의 얼굴이 그려진 성포(聖布)라는 의미를 갖게 되었다. (역주)

Mirandola)가 제안한 방식으로 인간을 중심에 놓는 자만심 때문에 골치아파한다. 결국 이
같은 인간 중심성이 현재 우리가 인류세 — 인간들에 의한 과도한 오염으로 그 영향이 영원
히 물질적으로 뚜렷히 남게 된 시대 — 로 알고 있는 지질학적 시대로 우리를 인도했다는 것
이다. 포스트인본주의자들은 또한 인간들의 관계성에 초점을 맞추기를 원한다. 즉 인간들
은 살아있거나 또는 무생물인 비(非)인간 존재들과 항상 연결되어 있는 네트워크의 일부인
데, 이 비인간 존재들은 인간들만의 역량을 초월한 특정 형태의 행위주체성을 생산해낸다.
지리학자들과 다른 학자들도 현상학을 재소환하기 시작했는데, 보다 직접적으로는 **포스트
현상학**(postphenomenology)과 **비판적 현상학**(critical phenomenology)의 형태라고 볼 수 있다
(Kinkaid 2021). 포스트현상학은 신체의 경험에 대한 현상학적 관심을 계속 유지하고 있지
만, 메를로 퐁티나 하이데거 식으로 인간 경험의 특이성(singularity)에 과도한 가치를 부여하
면서 동물과 사물을 단순히 대상물의 지위로 격하시키는 방식에는 비판적이다. 따라서 포스
트현상학자들은 11장과 12장에서 탐색할 "인간 너머"적이고 관계적이라는 점에서 지리학
자들과 많은 것을 공유하고 있다. 그들은 인간 주체를 아는 것만으로 갖게 되는 역량보다 인
간들과 인간 외의 다른 것들 간의 관계의 산물로서의 의도성과 경험을 보고자 한다. 에덴 킨
카이드(Eden Kinkaid)는 포스트현상학자들을 비판했는데, 그 이유는 (이전의 인본주의자들
이 일반적으로 그랬던 것처럼) 인간들 간의 힘의 차이를 얼버무리며 숨기기 때문이다. 킨카
이드의 주장에 따르면, 비판적 현상학은 실제로 다음과 같은 오래된 전통을 가지고 있다.

> … 젠더, 인종, 섹슈얼리티, 장애를 포함한 다양한 형태의 체현된 차이를 가지고 거주하고
> 있는 주체들이 세계를 어떻게 각기 다르게 경험하고 체현하고 있는지에 대해 기술한다.
> 그런 주체들이 세계와 어떻게 조우하는지에 주목함으로써 이같은 비판적 현상학은 단순
> 히 이 주체들과 그들의 경험에 관심 갖는 것이 아니라, 신체, 사물, 공간, 상호주관적인 세
> 계가 어떻게 (불균등하고 각기 다르게) 구성되는지를 밝히려고 한다. (Kinkaid 2021: 301)

킨카이드가 우리에게 말해준 바대로, 비판적 현상학자들은 존재, 예를 들어 **흑인, 퀴어, 장
애인**의 경험을 탐구한다. 킨카이드는 비판적 현상학의 통찰을 이용해, 포스트현상학은 결코
평평하지 않은 경기장 위에서 서로 관계를 맺고 있는 신체들 간의 차이에 대한 주목이 부족
하다고 비판한다. 개별적 의도를 가진 인간 존재를 넘어 인간과 비인간 신체들 간의 관계성
의 중요성을 포착하려는 포스트현상학자들의 열망 탓에, 신체가 관계들의 네트워크에 속하
게 되는 방식에 영향을 주는 사회적 차이의 중요성을 지워버리는 실수를 하게 되었다.

참고문헌

Acker, M. (2020) Lyric geography, in *Geopoetics in Practice* (eds E. Magrane, L. Russo, S. de Leeuw, and C. Santos Perez), Routledge, London, 132–162.

* Adams, P. C., Hoelscher, S. D., and Till, K. E. (2001) *Textures of Place: Exploring Humanist Geographies*, University of Minnesota Press, Minneapolis.

Agnew, J. A. (1987) *Place and Politics: The Geographical Mediation of State and Society*, Allen & Unwin, Boston, MA.

Aitken, S. (1979) Faulkner's Yoknapatawpha County: a place in the American South. *Geographical Review* 69(3), 331–348.

Billinge, M. (1983) The Mandarin dialect: an essay on style in contemporary geographical writing. *Transactions of the Institute of British Geographers*, 8, 400–420.

Blunt, A. and Dowling, R. M. (2006) *Home*, Routledge, London.

Bourlessas, P. (2018) "These people should not rest": mobilities and frictions of the homeless geographies in Athens city. *Mobilities*, 13(5), 746–760.

Buttimer, A. (1971) *Society and Milieu in the French Geographic Tradition*, Published for the Association of American Geographers by Rand McNally, Chicago.

Buttimer, A. (1993) *Geography and the Human Spirit*, Johns Hopkins University Press, Baltimore.

Buttimer, A. (2010) Humboldt, Granö and geo-poetics of the Altai. *Fennia-International Journal of Geography*, 188(1), 11–36.

Buttimer, A. and Seamon, D. (1980) *The Human Experience of Space and Place*, St. Martin's Press, New York.

Cloke, P. J. (2004) *Practising Human Geography*, Sage, Thousand Oaks, CA.

Cosgrove, D. E. (1984) *Social Formation and Symbolic Landscape*, Croom Helm, London.

Cosgrove, D. E. (2001) *Apollo's Eye: A Cartographic Genealogy of the Earth in the Western Imagination*, Johns Hopkins University Press, Baltimore.

Cresswell, T. (1996) *In Place/Out of Place: Geography, Ideology and Transgression*, University of Minnesota Press, Minneapolis.

* Cresswell, T. (2004) *Place: A Short Introduction*, Blackwell, Oxford. 심승희 역, 2012, 『짧은 지리학 개론 시리즈 : 장소』, 시그마프레스.

Cresswell, T. and Dixon, D. P. (2017) Geo-Humanities, in *Interantional Encyclopedia of Geography: People, the Earth, Environment, and Technology* (eds D. Richardson, N. Castree, M. F. Goodchild, A. Kobayashi, W. Liu, and R. A. Marston), Wiley Online Library. http://doi.org/10.1002/9781118786352.wbieg1169.

Daniels, S. (1993) *Fields of Vision: Landscape Imagery and National Identity in England and the United State*, Polity Press, Cambridge.

Daniels, S., DeLyser, D., Entrikin, J. N., and Richardson, D. (eds) (2011) *Envisioning Landscapes, Making Worlds: Geography and the Humanities*, Routledge, London.

Darby, H. C. (1948) The regional geography of Thomas Hardy's Wessex. *Geographical Review*, 38, 426–443.

Dear, M. J., Ketchum, J., Luria, S., and Richardson, D. (eds) (2011) *GeoHumanities: Art, History, Text at the Edge of Place*, Routledge, London.

Dewsbury, J. D. (2000) Performativity and the event: enacting a philosophy of difference. *Environment and Planning D: Society and Space*, 18, 473–496.

della Dora, V. (2021) *The Mantle of the Earth*, University of Chicago Press, Chicago, IL.

Duncan, J. S. (1980) The superorganic in American cultural geography. *Annals of the Association of American Geographers*, 70, 181–198.

Duncan, J. S. and Ley, D. (eds) (1993) *Place / Culture / Representation*, Routledge, New York.

Duncan, N. (ed.) (1996) *Bodyspace: Destabilizing Geographies of Gender and Sexuality*, Routledge, New York.

Entrikin, J. N. (1991) *The Betweenness of Place: Towards a Geography of Modernity*, Johns Hopkins University Press, Baltimore.

Garrett, B. (2013) *Explore Everything: Place-Hacking the City*, Verso, London.

Gold, J. (1983) Behavioral and perceptual geography. *Progress in Human Geography*, 7(4), 578–586.

Gold, J. and Burgess, J. (eds) (1982) *Valued Environments*, Unwin Hyman, London.

Gomez, B. and Jones, J. P. (2010) *Research Methods in Geography: A Critical Introduction*, Wiley-Blackwell, Oxford.

Hawkins, H. (2014) *For Creative Geographies: Geography, Visual Arts and the Making of Worlds*, Routledge, London.

Heidegger, M. (1993) *Basic Writings: From Being and Time (1927) to The Task of Thinking (1964)*, Harper, San Francisco.

Hones, S. (2014) *Literary Geographies: Narrative Space in Let the Great World Spin*, Palgrave Macmillan, New York.

Hones, S. (2022) *Literary Geographies*, Routledge, London.

Jackson, P. (1989) *Maps of Meaning*, Unwin Hyman, London.

Jones, S. F. (2022) 05BH004(1915–2019): generation of poetic constraints from river flow data. GeoHumanities, 1–5. http://doi.org/10.1080/2373566X.2021.1990783.

* Kinkaid, E. (2021) Is post-phenomenology a critical geography? Subjectivity and difference in post-phenomenological geographies. *Progress in Human Geography*, 45, 298–316.

Ley, D. (1974) *The Black Inner City as Frontier Outpost: Images and Behavior of a Philadelphia*

Neighborhood, Association of American Geographers, Washington, DC.

Ley, D. (1980) Geography without man: a humanistic critique. University of Oxford, Research Paper, 24.

* Ley, D. and Samuels, M. (eds) (1978) *Humanistic Geography: Prospects and Problems*, Croom Helm, London.

* Lowenthal, D. (1961) Geography, experience, and imagination: towards a geographical epistemology. *Annals of the Association of American Geographers*, 51, 241–260.

Magrane, E. (2015) Situating geopoetics. *GeoHumanities* 1(1), 86–102.

Magrane, E., Russo, L., de Leeuw, S., and Santos Perez, C. (eds) (2020) *Geopoetics in Practice*, Routledge, London

McCormack, D. P. (2003) The event of geographical ethics in spaces of affect. *Transactions of the Institute of British Geographers*, 28, 488–507.

Meinig, D. (ed.) (1979) *The Interpretation of Ordinary Landscapes*, Oxford University Press, Oxford.

Meinig, D. (1983) Geography as an art. *Transactions of the Institute of British Geographers*, 8, 314–328.

Park, R. (1936) Human ecology. *American Journal of Sociology*, 42, 1–15.

Pickles, J. (1984) *Phenomenology, Science, and Geography: Spatiality and the Human Sciences*, Cambridge University Press, New York.

Pickles, J. (1987) *Geography and Humanism*, Geo Books, Norwich.

Pile, S. (1996) *The Body and the City: Psychoanalysis, Space and Subjectivity*, Routledge, London.

Pocock, D. C. D. (ed.) (1981) *Humanistic Geography and Literature: Essays on the Experience of Place*, Croom Helm, London.

* Relph, E. (1976) *Place and Placelessness*, Pion, London. 김덕현, 김현주, 심승희 역, 2005, 『장소와 장소상실』, 논형.

Relph, E. C. (1981) *Rational Landscapes and Humanistic Geography*, Croom Helm, London.

Rodaway, P. (1994) *Sensuous Geographies: Body, Sense, and Place*, Routledge, London.

Rowles, G. (1980) Towards a geography of growing old, in *The Human Experience of Space and Place* (eds A. Buttimer and D. Seamon), Croom Helm, London, 55–72.

Sack, R. D. (1997) *Home Geographicus*, Johns Hopkins University Press, Baltimore.

Samuels M. (1978) Existentialism and human geography, in *Humanistic Geography: Prospects and Problems* (eds D. Ley and M. Samuels), Croom Helm, London, 22–40.

Sauer, C. (1996) The morphology of landscape, in *Human Geography: An Essential Anthology* (eds J. A. Agnew, D. Linvingstone, and A. Rogers), Blackwell, Oxford, 296–315.

* Seamon, D. (1979) *A Geography of the Lifeworld: Movement, Rest, and Encounter*, St. Martin's Press, New York.

Seamon, D. (1980) Body-subject, time-space routines, and place-ballets, in *The Human Experience of Space and Place* (eds A. Buttimer and D. Seamon), Croom Helm, London, 148–165.

Sibley, D. (1981) *Outsiders in Urban Societies*, St Martins, New York.

Tuan, Y.-F. (1971) Geography, phenomenology, and the study of human nature, *Canadian Geographer*, 15, 181-192.

Tuan, Y.-F. (1974) Space and place: humanistic perspective, *Progress in Human Geography*, 6, 211-252.

* Tuan, Y.-F. (1977) *Space and Place: The Perspective of Experience*, University of Minnesota Press, Minneapolis. 구동회, 심승희 역, 1999, 『공간과 장소』, 대윤.

Tuan, Y.-F. (1978) Literature and geography: implications for geographical research, in *Humanistic Geography: Prospects and Problems* (eds D. Ley and M. Samuels), Croom Helm, London, 194-206.

Tuan, Y.-F. (1991) A view of geography. *Geographical Review*, 81, 99-107.

Tuan, Y.-F. (1998) *Escapism*, Johns Hopkins University Press, Baltimore.

Vannini, P. and Taggert, J. (2015) *Off the Grid: Re-assembling Domestic Life*, Routledge, London.

Western, J. (1981) *Outcast Cape Town*, University of Minnesota Press, Minneapolis.

* Williams, N., Patchett, M., Lapworth, A., and Roberts, T. (2019) Practising post-humanism in geographical research. *Transactions of the Institute of British Geographers*, 44(4), 637-643.

Wright, J. K. (1924) The geography of Dante. *Geographical Review*, 14, 319-320.

Wright, J. K. (1926) Homeric geography. *Geographical Review*, 16, 669-671.

* Wright, J. K. (1947) Terrae incognitae: the place of the imagination in geography. *Annals of the Association of American Geographers*, 37, 1-15.

Wylie, J. (2005) A single day's walking: narrating self and landscape on the South-West Coast Path. *Transactions of the Institute of British Geographers*, 30, 234-247.

제 7 장

마르크스주의 지리학

- 현대 마르크스주의 지리학의 태동
- 역사유물론 : 개론
- 공간의 생산과 불균등 발전
- 자연의 생산
- 급진적 문화지리학
- 흑인 마르크스주의, 인종 자본주의, 그리고 철폐주의 지리학
- (이미 알고 있던 대로) 자본주의의 종말?
- 결론

생태 문제, 도시 문제, 무역 문제 등 많은 문제가 있지만 그중 어느 것에 대해서도 깊이 있거나 심오하게 설명할 능력이 안 되는 것 같다. 실제로 무언가를 말하고자 하더라도 진부하거나 터무니없이 들릴 뿐이다. 요컨대 지금 우리가 가지고 있는 이 패러다임은 이 문제들을 제대로 다루지 못하고 있다. 이젠 던져버려야 할 만큼 고루해졌다. … 지리사상에서 본질적으로 혁명적 전환의 필요성을 이끌어내는 것은 새롭게 등장하고 있는 객관적인 사회적 조건과 그것을 제대로 설명할 수 없는 우리의 전매특허인 무능함이다.

(Harvey 1973: 129)

당신이나 당신의 가족이 살고 있는 곳을 머릿속에 떠올려 보자. 그곳은 부자들이 살고 있는

Geographic Thought: A Critical Introduction, Second Edition. Tim Cresswell.
© 2024 John Wiley & Sons Ltd. Published 2024 by John Wiley & Sons Ltd.

곳 근처일지도 모른다. 당신이나 당신 가족들보다 더 부유한 사람들 말이다. 그들의 집은 더 크고 차는 더 최신형일 것이다. 그 사람들의 옷차림은 당신들과는 다르고, 식사하러 가는 곳도 다를 것이다. 어쩌면 그들은 당신이 방문조차 할 수 없는 가게에 가서 물건을 살 수도 있다. 그들은 정기적으로 휴가를 더 길게 가질 것이며 당신은 비싸서 감당할 수 없는 그런 숙소에서 머물 것이다. 마찬가지로 당신 주변에는 더 가난한 사람들이 사는 곳도 있을 것이다. 그런 곳의 길거리나 싸구려 숙소에는 노숙자들이 가득할 것이다. 집들은 낡아 보이고 노상 범죄율 역시 더 높을 것이다. 그런 곳의 가게들은 방범창을 설치할 것이다. 그런 곳은 대중교통과 같은 공공 서비스가 부족한 장소일 것이다. 당신 주변 어딘가에는 환경 문제를 앓고 있는 곳도 있을 것이다. 기업이 방류한 독극물이 강으로 흘러 들어가고 있을지도 모른다. 불법 매립지의 지하수에는 오염원이 침출되고 있을 수도 있다. 복잡한 도로가 인접해 있어서 천식 발생률을 더 높일 수도 있을 것이다. 이런 장소들은 부자 동네에 둘러싸여 있지 않을 가능성이 크다.

아침 식사 시간 동안 조간신문을 한번 훑어보라. 내가 이 글을 쓰고 있는 순간에도 신문 지면은 경제 불안에 대한 이야기로 가득하다. 인플레이션은 영국에서 지난 20년 동안 가장 높은 수준이다. 에너지 가격은 사상 최고치를 기록하고 있다. 동시에 임금은 실질적으로 하락하고 있으며 일련의 파업이 진행 중이거나 예정되어 있다. 코로나19 이후 임금 인상이 가장 적은 집단이 바로 코로나19 봉쇄기간 동안 가장 열심히 일한 사람들, 즉 핵심 근로자들이다. 점점 더 많은 사람들이 무료 급식소에 생계를 의존하고 있다. 신문의 페이지를 넘기면 기온이 사상 최고치를 기록하면서 유럽 전역에서 발생한 산불 사진을 볼 수 있다. 영국에서는 런던 동쪽뿐만 아니라 멀리 떨어진 곳에서도 이러한 이미지를 보는 데 익숙하다. 영국 해협을 건너기에는 턱없이 작은 배를 타고 필사적으로 영국으로 들어오려는 이민자들의 이야기가 계속 전해지고 있다. 이들은 떠나온 곳보다 더 나은 삶을 살고자 하는 절박함을 안고 있는 사람들이다. 한편, 이와 동시에 세계 최고 갑부인 엘론 머스크가 트위터를 440억 달러에 인수한다는 소식도 전해졌다. 당신이 이 책을 읽고 있는 독자라면, 당신은 "선진"국 시민일 가능성이 높다. 선진국의 대학에서는 지리사상사를 가르치고, 이런 교재를 사거나 접할 수 있다. 그렇다면 당신은 지구적 스케일에서 볼 때 부촌에서 살고 있는 셈이다. 지구적 빈민은 다른 어디에선가 살고 있다. 그들은 어쩌면 소비지향적 경제에서 파생된 거대한 쓰레기 더미에서 당신이 버린 쓰레기를 주우면서 살고 있을지도 모른다. 그들은 우리가 최신형으로 바꾸느라 격년으로 갈아치우는 휴대전화 부품을 분해해서 먹고살지도 모른다. 그들은 당신이 사는 곳에서 받는 최저임금의 일부만 받고서 당신의 신발이나 티셔츠를 만들고 있을지도 모른다. 그들은 어쩌면 당신이 살고 있는 동네에서 사는 삶을 꿈꾸고 있을지도 모른다.

이런 관찰을 통해 중요한 질문들이 제기될 수 있다. 이 질문들은 이론적이면서 정치적이다. 이것이 조금 비관적이기는 할지라도 단지 어쩔 수 없는 (사고나 행운, 자연적 이익 또는 불이익에서 기인하는) 현상이란 말인가? 아니면 무언가 불의한 체제, 예를 들어 자본주의라고 불리는 체제의 필연적 결과인가? 단지 부자인 지역이 부자라서 가난한 지역이 가난해진 것인가? 만일 그렇다면 이를 변화시키기 위해 우리가 할 수 있는 일은 없단 말인가? 이런 질문들은 바로 지리학의 정수를 찌르는 두 번째 질문들로 연결된다. 지리학자인 우리는 이런 문제에 관심을 기울여야 할 것인가? 이런 문제를 바로잡기 위해 애써야 하는가? 만일 그렇다고 대답한다면 우리는 왜 그동안 그토록 애쓰지 않았는지에 대해 자문해 봐야 한다. 이는 특히 1960년대 후반에 지리학계를 강타한 질문들이었다.

1960년대 후반은 세계적으로도 격동의 시대였다. 베트남 전쟁의 절정기를 목전에 두고 있었고 미국에서 일어난 인권운동의 영향도 무시할 수 없었으며, 파리에서는 학생 소요가 일어났다. 이때는 권력과 권위를 지닌 자들이 하는 말에 대해 민중들이 비판적 문제 제기를 하던 시기였다. 학자들은 이 세계가 움직이는 방식에 어떤 문제가 있는지, 더 나은 세계는 어떻게 그려볼 수 있는지에 대한 논쟁의 한가운데 서 있곤 했다. 장 폴 사르트르(Jean Paul Sartre)처럼 유명한 인기 학자들 스스로가 이런 논쟁의 선두에 섰던 프랑스에서는 특히나 그랬다. 아주 오랫동안 지리학자들은 정의나 평등, 착취, 억압 등에 대한 질문에 거의 기여 해 온 바가 없었다. 특히 공간과학은 이 문제에 대해 거의 침묵으로 일관했다.

> …1960년대 중반에 일어난 일련의 사태를 통해 각성한 젊은 지리학자들은 지리학의 근사한 새로운 방법론이 기껏해야 사회적으로는 매우 주변적인 현상, 즉 쇼핑 행태라든지 서비스 센터의 입지와 같은 현상을 분석할 때에만 활용될 뿐이라는 사실을 알게 되었다.
> (Peet 1977: 10)

인본주의 지리학자들도 공간과학에 대해 비판적이긴 했지만 그들은 당면한 사회적 이슈에 대해 연구하거나 글을 쓰지는 않았다(예외적으로 Ley 1974: Western 1981도 참조할 것). 그러나 1970년대에 들어서면서 지리학자들은 이 문제에 대해 주목하기 시작했다. 보통 상당히 형식적이고 상호관련성 없이 개최되던 학술대회들이 갑자기 "사회적 적실성(social relevance)"에 대한 요구로 가득 차기 시작했다. 그리하여 1968년에 모든 부류의 급진적 지리학을 망라한 학술지인「Antipode」가 매사추세츠 주 로체스터의 클라크대학교를 중심으로 창간되었다. 미국에서 마르크스주의 지리학은 이런 맥락에서 등장했다.

현대 마르크스주의 지리학의 태동

스트라본 이후 지리학과 지리학자들이 국가와 국정, 제국의 현실 문제를 다룸에 있어서 줄곧 도구적 입장을 취해 왔음은 앞에서 살펴보았다. 표트르 크로포트킨(Pyotr Kropotkin)과 르클뤼(Élisée Reclus)로 대표되는 무정부주의 전통은 이런 입장에 도전했지만 지리학 내에서는 주변부에 머물러 있었다. 공간과학의 발전에 주도적인 역할을 한 인물들을 포함하여 일군의 지리학자들이 공간과학과 인본주의 지리학 모두에 대한 대안이 되는 새로운 급진 지리학을 주창하기 위해 칼 마르크스의 저작과 무정부주의 전통을 수용하기 시작한 것은 1960년대 후반 무렵이었다. 지리학자들은 변화를 일으키고자 했다.

데이비드 하비는 마르크스주의적 전환에 핵심적 인물이었다. 하비의 저서인『지리학에서의 설명』은 공간과학에 대한 이론적 사유를 제시한 중요한 저작이었다. 그러나 1973년에 이르러 하비는 공간과학의 전통에 입각한 연구에 대해 신물을 느꼈다. 그는 세계적으로 일어나고 있는 사건들, 즉 "생태 문제, 도시 문제, 국제 통상 문제"를 돌아보기 시작했고 지리학자들이 쓰던 이론적 도구는 더 이상 효용성이 없다고 판단했다. 다시 말해 지리학은 이런 문제들을 다루기에 매우 부적절해 보였다. 그가 말하기를 "지리사상에서 혁명적 전환의 필요성"을 이끌어낸 것은 "최근 등장하고 있는 객관적인 사회적 조건"이었다(Harvey 1973: 129). 이는 초기 마르크스주의 지리학의 핵심 텍스트가 된『사회정의와 도시(Social Justice and the City)』(1973)에서 나온 말이다. 그로부터 불과 4년 전에 썼던『지리학에서의 설명』에 비하면 놀라운 전환이 아닐 수 없었다. 이 책은 두 부분으로 나뉘어졌다. 첫 번째 파트인 "자유주의적 해결"에서는 미국의 도시계획과 소득 분포 문제를 조심스럽게 다루었다. 두 번째 파트에서는 본격적인 마르크스주의 분석으로 돌입했다. 이 놀라운 저서가 전작과 연결되는 부분은 이론 구축 과정에 대한 집중적인 관심이었다.

하비는 신마르크스주의에 영향을 받은 지리학의 대표 주자가 되었다. 그 이전의 다른 계량주의자들도 지리학을 사회 및 환경 문제에 적용하려고 노력하기도 했다. 예를 들어 윌리엄 벙기(William Bunge) 역시 계량으로부터 전환하여 디트로이트 도심부의 빈민지역 "탐험"에 이르기도 했다. 벙기는 지리학자들이 학문사회의 경계를 벗어나서 도시 거주민들에게 어떻게 그들을 도울 수 있을지를 물어봐야 한다고 제안했다. 그는 도심에 사무실을 열고 곧바로 지역 거주민 돕기에 나서서, 들끓는 쥐 떼 문제나 도로 안전 문제 등에 관여했다. 벙기의 업적에는 분명 급진적인 부분이 있지만, 그것이 어떤 새로운 체계적인 지리 이론에 입각한 것은 아니었다. 그보다는 지리학자들이 단순히 서성거리며 바라보기만 해서는 안 된다는 생각의 결과일 뿐이었다(Bunge 1974).

1970년대 초반 몇 해 동안 지리학자들은 미국지리학대회에서 이례적으로 수많은 자기반성을 쏟아냈다. 그중 1971년 보스턴 대회가 압권이었다. 급진주의자라고 알려지지도 않았던 역사지리학자 휴 프린스(Hugh Prince)는 이 "적절성"에 대한 드높은 요구를 다음과 같이 묘사했다.

> 미국지리학회 행사가 이례적으로 높은 참석률을 보인 가운데, 프랑스어와 스페인어를 사용하는 지리학자들에 의해 해상도 문제는 이제 한물간 주제가 되었다. 그들은 학회에 학생들의 참여를 요구했고, 학계에서 여성들의 지위에 대한 문제를 제기했으며, 동남아에서 미국의 군사적 개입을 중지할 것을 요구했다. 이런 요구를 실행하기 위해 무엇이 이루어졌든 이루어지지 않았든 간에, 지리학자들은 개인적, 집단적으로 강의실과 도서관 너머까지 자신들이 책임감을 가져야 할 것을 다시 한 번 되새기게 되었다. (Prince 1971: 152)

그 이후로는 "적절하다"는 것은 과연 무슨 의미인지에 대한 논쟁이 달아올랐다. 공간과학자인 브라이언 베리(Brian Berry)는 자유주의자와 강성 마르크스주의자의 치열한 대립을 한탄하기도 했다(Berry 1972). 1971년 보스턴 미국지리학대회에 대해 또 다른 논평을 내놓은 데이비드 스미스(David Smith)는 사회 및 환경 문제를 해결할 수 있는 적절성을 갖춘 대안적 지리학을 구상하느라 분주했다. 이는 나중에 "사회복지 지리학"이라고 명명되었다(Smith 1971, 1973, 1977).

마르크스에 영향을 받은 급진주의 이론은 벙기와 하비가 옹호한 공간과학의 "이론적 지리학"과는 매우 다른 것이었다. 아마도 가장 큰 차이는 마르크스주의 이론이 정치적으로 중립적이거나 객관적이고자 하지 않는다는 점일 것이다. 하비는 이를 "역사유물론 선언"에서 "과학적 엄밀성과 비중립성 모두를 고취하려는 방법론의 이중적 책무"(Harvey 1996[1984]: 105)라고 표현했다. 마르크스주의 지리학자인 리처드 피트(Richard Peet)는 이를 더욱 강력하게 천명했다.

> 객관성, 가치중립, 정치적으로 중립적인 과학 따위는 없다. 실제로 모든 과학, 특히 사회
> 과학은 특정한 정치적 목적에 부합한다. 둘째, 관행적이고 정착된 과학의 기능은 정착되
> 고 관행적인 사회 체제에 부응함으로써 사실상 그것의 존립을 가능하도록 유지하는 것이
> 다. (Peet 1977: 6)

하비는 정통 과학에서 문제 접근에 있어서 핵심으로 간주하는 "사실과 가치의 구분"에 대
해 자신만의 분석의 잣대를 갖다 대었다. 이런 구분에 따르면, 사실이란 우리가 그것에 부여
하는 가치로부터 객관적으로 분리될 수 있다. 가치로부터 사실을 분리하는 것은 "대상을 주
체로부터 독립된 것으로, "사물"은 인간의 인식과 행동으로부터 독립된 정체성을 가지는 것
으로, 그리고 발견의 "사적인" 과정은 결과와 소통하는 "공적인" 과정으로부터 분리된 것으
로 간주하는 경향과 관련된다"(Harvey 1973: 11-12). 하비는 이것이 그의 초기 연구인 공간
과학과, 그리고『사회정의와 도시』의 전반부에서도 발견되는 문제의 핵심이라고 보았다.

하비와 피트 및 그 동료들이 제기했던 문제는, 지리 이론이 현 체제에 도전하기보다는 이
를 강화하는 데 이바지하도록 구성되어 왔다는 점이었다. 그들의 주장에 따르면, 지리 지식
의 구성 과정은 특정 계급의 이해관계와 연관된 지식 생산의 과정이며 본질적으로 이데올로
기적이다.

> 봉건제에서 서구 유럽의 자본주의로의 전환은 지리사상의 구조와 그 실천에 일대 혁명을
> 가져왔다. 그리스와 로마로부터 계승되었거나 중국과 특히 이슬람으로부터 수용된 지리
> 적 전통도 유독 서구 유럽의 경험에 비추어서 변형되거나 수용되었다. 상품 교환과 식민
> 지배, 정주가 처음에 그 지식의 토대를 형성했지만, 자본주의가 진화함에 따라 자본과 노
> 동력의 지리적 이동도 새로운 지리적 지식의 구성을 활성화하는 원동력으로 간주되었다.
> (Harvey 1996 [1984]: 96-97)

지리 지식이 자본주의적 제국주의 조건 아래에서 생산되었다는 점에서, 하비와 그의 동료
들은 새로운 지리적 사고방식은 이론적 혁명을 수반할 수밖에 없다고 주장했다. 새로운 마
르크스주의 지리학은 미국 도시의 흑인 게토의 형성과 같은 사회 문제가 심층적인 사회적
원인과 연관되었음을 드러내는 급진적 과학이었던 것이다.

이런 사상적 혁명은 당연히 기존의 경제와 권력의 조성에 대한 비판을 동반했다. 또한 사

회 문제를 간과하려는 시도에 대해서도 비판을 가했다. "하나의 이슈" 캠페인을 주창했던
자유주의 정치는 이론과 사회 모두에 있어서 더욱 근본적인 변화로 이행해 나갔다.

> 베트남 전쟁과 그 이후, 개인과 개별 조직은 이슈 지향적인 (반전, 환경, 적절한 기술, 여성
> 해방, 소비 등의) 자유주의적 캠페인을 깨뜨리고 좀 더 깊고 더욱 철학적이며 급진적인 정
> 치로 나아갔다. (Peet 1977: 8)

하비는 공간과 도시에 대한 급진적인 마르크스주의 이론의 필요성을 튀넨 이론의 실증주
의적 활용의 한계를 보여줌으로써 입증했다(5장 참조). 그의 주장은 다음과 같이 진행되었
다. 어떤 지리학자가 튀넨 이론의 "진실성"을 시카고의 거주지 토지 이용 패턴을 이용해서
입증한다고 가정해보자. 실컷 측량하고 분류해서 결국 이론이 사례에서도 맞으며, 따라서
옳다고 주장할 것이다. 그러나 시카고의 특수한 역사와 지리에서 기인하는 몇 가지 예외가
있으니, 그중 하나가 바로 부동산의 분할과 판매에 작동하는 인종차별이다.

> 결국 튀넨의 이론은 옳은 이론이라고 할 수 있다. 따라서 고전 실증주의 방법을 통해 도달
> 하게 된 진실은, 무엇이 문제인지를 파악하는 데는 도움을 줄 수 있다. 사회이론을 성공적
> 으로 검증한 방식은 무엇이 문제인지를 인식하는 데도 안내자 역할을 할 수 있어야 한다.
> 그런데 튀넨의 이론은 빈민은 자신들이 감당할 수 없는 가장 비싼 땅에서 필연적으로 살게
> 될 것을 예측한 셈이다. (Harvey 1973: 137)

이런 접근은 너무나도 자명한 것을 단지 (재)확증하는 것과 다름없다. 이론이 옳다고 한들
그것이 도대체 무슨 소용이 있단 말인가? 마르크스주의자들은 이론을 참으로 만드는 조건
자체를 제거할 필요가 있음을 주장한 것이다. "즉 우리는 도시의 토지시장에 대한 튀넨의 이
론이 진실이 되지 않기를 바라고 있다"(Harvey 1973: 137). 마르크스주의 접근은 이론을 심
층적으로 파고들어 그 이론을 참으로 만드는 조건에 대한 이론을 발전시키고, 그런 조건에
도전하고자 한다. 하비의 경우에는 경쟁적인 민간 주택시장을 사회적으로 통제되는 도시 토
지시장으로 바꾸고자 한 것이었다. 하비는 "게토"에 대한 해결책은 현 상태를 강화하는 연
구를 더 많이 함으로써 찾을 수는 없다고 주장한다(대부분의 연구는 사실상 그런 역할을 해
왔다). 뿐만 아니라 우리는 "빈민들이 자신의 운명을 개척하도록 우리가 진짜로 도울 수 있
다는 믿음을 "한동안"이라도 지닌 채로 빈민들과 함께 일하고 살아야 한다"는 인본주의자
들이 선호할 만한 문화기술지적 "감성 여행" 같은 부류에도 동의하지 않는다(Harvey 1973:

145). 하비가 말하기를 이런 접근은 "반혁명적"이다. 이런 접근은 오히려 지리적 사유에서 혁명을 일구어낼 수 있는 사상적 전환을 실제로는 방해할 뿐이다. "혁명적"인 접근은 정확히 이론의 영역에 자리 잡아야 한다. 왜냐하면 "학자로서 우리는 결국 학문적 교류를 통해 일하기 때문이다. 따라서 우리의 과업은 우리의 사유 능력을 극대화해 인간다운 사회적 변혁을 일으키는 작업에 적용할 수 있는 개념과 범주, 이론, 논쟁을 정립하는 일이다"(Harvey 1973: 145). 하비의 야망은 상당히 고무적이다. 왜냐하면 하비는 "탁월한 사유 체계를 생산하고 이를 설명을 요하는 현실에 적용함으로써, 그에 위배되는 것은 죄다 터무니없어 보이도록 만들고자 했기" 때문이다(Harvey 1973: 146).

역사유물론 : 개론

지리학자들이 마르크스주의 지리 이론을 어떻게 발전시켜 왔는지를 설명하기 전에 마르크스주의의 핵심 사상을 간단히 살펴보는 것이 필요하다. 마르크스주의 이론은, 표면적으로 보이는 세계의 이면에는 더 깊은 "실제"가 있을 수 있다는 믿음에 그 근간을 둔다. 그 실제는 다른 모든 것을 "최종적으로" 설명할 수 있다고 간주된다. 마르크스주의자들은 마르크스주의 이론을 "과학적"이라고 본다. 실제로 기존의 과학보다도 더 과학적이라고 보았다. 왜냐하면 우리는 변증법적 유물론이라는 방법론을 통해 표면적인 이데올로기의 기저에서 작동하는 (마르크스가 말한 이른바) "객관적 조건"을 인식할 수 있기 때문이다.

숱한 마르크스주의자들이 세계를 설명하기 위해 사용하는 기반의 핵심은 경제적 생산이다. 아마도 모든 마르크스주의 이론의 기저에 공통적으로 존재하는 것은 마르크스의 역사이론일 것이다. 흔히 **역사유물론**(historical materialism)이라고 언급되는 이론 말이다. 아주 간단히 말해서 이 이론은 인간의 역사가 봉건제를 지나 자본주의와 공산주의 단계로 불가피하게 진보할 것임을 주장한다. 이 필연적인 진보의 이유는 각 역사적 단계가 생산을 위한 인간들 간의 일련의 관계로 점철되어 있기 때문이다. 봉건제하에서는 주인(지주)과 노예 간의 관계가 바로 그것이었다. 자본주의 체제하에서는 자본가와 노동자의 관계가 그것이다. 이런 조합을 **생산관계**(relations of production)라고 부른다.

역사유물론의 또 다른 주요 개념은 경제적 하부구조와 이데올로기적 상부구조라는 구분이다. 이것을 **토대-상부구조 모델**(base-superstructure model)이라고 부른다. 이 구조에 대한 언급은 마르크스가 1859년에 처음 쓴『정치경제학 비판 서설(*Preface to a Contribution to the Critique of Political Economy*)』의 한 단락에서 나왔다.

> 인간 삶의 사회적 생산 과정에서, 인간은 자신의 의지와는 상관없이 필연적이고 특정한 관계에 매이게 된다. … 이런 생산관계의 총체는 사회의 경제구조를 형성하는데, 이로부터 법과 정치적 상부구조가 비롯된다. … 물질적 삶의 생산양식은 대개 사회적, 정치적, 지적인 삶의 과정의 조건이 된다. (Marx 1996. 159–160)

마르크스가 말한 "조건"이 무슨 의미인지에 따라 다르겠지만 아주 거칠게 말해 이 모델은 경제적 토대가 상부구조를 결정한다는 주장이다. 이는 곧 신념이나 문화적 표현 형태는 항상 (또는 자주) 그것들을 양산한 경제적 조건의 반영이며 따라서 경제적 토대가 변화할 때라야 함께 변할 수 있다는 뜻이다. 마르크스가 이 모델을 규정한 단락에 대해서는 수많은 논쟁이 있어 왔다. 이런 논쟁은 대개 주로 토대와 상부구조를 구성하는 내용은 무엇이고 서로 어떤 연관을 맺고 있는지를 중심으로 전개되었다. 경제가 주로 토대의 약칭으로 간주되긴 했지만 마르크스는 원래 **생산력**(productive forces)과 생산관계의 복합에 대해 기술했다. 생산력은 자연 자원뿐만 아니라 기계류와 노하우 등도 포함하고 있다. 마르크스의 상부구조 정의는 상당히 제한적이기는 하지만 종교, 신념, 정치적 선동, 그리고 보다 광범위하게 "문화"라고 부르는 것들을 포함하고 있다. 따라서 문화는 경제 체제의 반영, 즉 그것을 반영하면서도 합리화하는 것으로 간주된다. 그러므로 조직적인 종교에서부터《뉴욕타임스》나 크리켓, 〈엑스팩터〉[1]에 이르기까지 다양한 현상들이 자본주의 생산양식의 반영인 동시에 그것을 합리화하고 생존을 유지해 주는 역할을 하는 것이다. 곧, 자본주의 문화는 자본주의 경제 체제의 반영이자 합리화의 메커니즘인 셈이다. 경제 체제의 변화를 통해서만 문화의 변화도 가능할 것이다. 그러므로 모든 의미 있는 저항은 경제 분야에 집중할 필요가 있다.

역사유물론의 간략 개요에서 마지막 부분을 차지하는 것은 서로 다른 생산양식 간의 역사적 전환을 유도하는 메커니즘이다. 예를 들어 봉건제에서 자본주의적 생산관계로의 변화를 유도하는 기제는 무엇인가 하는 문제이다. 마르크스주의 이론에서는 생산관계가 생산력을 제약할 때 이러한 전환이 일어난다고 말한다. 경제를 작동시키는 사회적 환경이 더 이상 효

---

1 *The X Factor*. 영국의 인기 예능 프로그램으로서 일반인 참가자들의 경합을 통해 최고의 가수를 뽑는다. (역주)

율적이지 않을 때, 그리고 생산력 향상을 오히려 능동적으로 방해할 때 역사는 변화하는 것이다. 예를 들어 미국의 경우 기술과 노하우(즉 생산력)가 발전하여 더 적은 노동력으로도 생산이 가능해지는 단계에 접어들자 노예제는 더 이상 효율적인 체제가 아니게 되었다. 마찬가지로 영주가 소유한 토지에 소작농을 귀속시키는 봉건적인 사회 환경은 근대 초기 유럽에서 더 이상 효율적인 방식이 아니게 되었고, 이는 자본가와 노동자 간의 자본주의적 관계를 형성하도록 유도했다. 마르크스는 자본가와 노동자 간의 관계도 결국 일정 시점에 이르면 자본주의 체제하에서의 생산력을 잠식하게 될 것이며 새로운 환경이 조성될 것이라고 믿었다.

마르크스주의 지리학자들의 핵심 관심사는 이러한 역사 이론에서 지리의 역할이 무엇인지를 규명하는 것이었다. 이는 자본주의 체제에서 공간이 수행하는 역할이 무엇인지에 대한 질문을 제기했다.

공간의 생산과 불균등 발전

사회이론에서 얻은 통찰을 지리학에 접목시키기 시작한 것은 바로 마르크스주의 지리학자들이었다. 그들이 가져온 것은 벙기 등과 같은 공간과학자들이 이론으로 인식했음 직한 것과는 매우 다른 것이다. 그것은 사회에 비판적으로 개입하고자 하는 이론이었다. 단순히 세계를 이해하는 것이 아니라 마르크스식으로 말하자면 세계를 변화시키는 데 도움이 되는 지식이다. 마르크스주의 지리학자들은 공간이 생산되는 방식을 설명하고자 했다. 그들의 주장에 의하면 공간은 단순히 어떤 일이 발생하는 배경도 아니며 존재의 보편적인 범주도 아니었다. 공간은 인간의 행위를 통해 생산되는 것이었다. 이는 자본주의 사회에서 공간이 특정한 생산관계(자본가와 노동자 간)의 결과물이며, 이윤을 창출하기 위해 자연을 변형시키는 것은 이러한 관계가 여러 방식으로 개입한 결과물임을 의미한다.

지리학 역사에서 대개 공간은 (장소나 지역처럼 다른 지리학 개념도 마찬가지로) 자연과 문화, 사회의 반영물이라고 인식되어 왔다. 이 점에서 공간은 컨베이어 벨트 위에 놓인 생산품이었고, 그것을 생산하는 일은 다른 이(예를 들어 사회, 정치, 문화 등)의 몫이었다. 지역과 공간 패턴도 전부 다른 어떤 과정의 결과물로 인식되었다. 1970년대 후반 이래로 비판지리학자들은 이러한 공간 인식이 너무 편협하며 수동적이라고 보기 시작했다. 많은 이들이 공간은 사회의 생산에 더 능동적인 역할을 수행한다고 주장하면서 이런 인식을 뒤집기 시작했다. 마르크스주의 지리학자들은 능동적 공간 인식에 가장 결정적인 이론적 기여를 했다.

지리학자들이 마르크스(와 엥겔스)의 저작에 개입하는 한 가지 방식은 마르크스주의 이론에 지리학자들이 추가할 것이 무엇인지를 생각해 보는 것이었다. 마르크스는 지리학자가 아니었고 공간과 장소에 대해 많은 시간을 할애해서 논의하지도 않았다. 마르크스의 머릿속은 다른 관심사들로 가득 차 있었다. 하비와 닐 스미스(Neil Smith), 밀턴 산토스(Milton Santos) 같은 지리학자들은 자본주의 체제하에서 공간의 생산과 "불균등 발전"에 대해 매우 구체적인 이론적 설명을 발전시켰다. 하비가 마르크스주의로 전향하던 1970년대 중반, 브라질 지리학자인 밀턴 산토스는 흔히 변방으로 알려진 곳—가령 브라질이나 유럽의 망명지와 탄자니아 같은— 출신 학자들의 관점으로 공간과 영역과 같은 개념을 마르크스의 영감을 받아 재사유하는 작업을 하고 있었다. 그는 하비 등이 도시 구조에 마르크스주의를 적용하는 데 얼마나 성공적인지를 언급했지만 "외부 효과 또는 공간의 통합적 특성에 대해서도 마찬가지로 연구"해야 한다고 제안했다(Santos 1974: 3). 나아가 산토스는 공간의 본질에 대한 지리적 탐구를 확장함으로써 지리학자들이 지구적 스케일에서 개발 및 저개발의 지리에 대한 마르크스주의적 이해를 발전시킬 수 있다고 주장했다.

> 공간을 전체적으로 고려한다면 "경제적 공간"과 "지리적 공간"의 인위적인 구분은 폐기될 것이다(…). 거대 기업과 여객의 흐름으로 점철된 귀족적 공간뿐만 아니라 세계 공간 전체에 관심을 가져야 한다. 이렇게 하면 진정한 빈곤의 지리학, 즉 부와 빈곤을 별개의 실체로 취급하지 않고 하나의 현실을 상호보완적으로 구성하는 것으로 이해하는 일종의 세계 지리학을 만들어낼 수 있다. (Santos 1974: 3-4)

도시의 부유한 지역이 빈곤 지역에 의존하는 것처럼, 전 세계의 "선진국"은 논리적으로나 물질적으로도 저개발 국가에 의존하고 있다. 다시 말해, 세계 공간 시스템에는 "저개발 공간"이 포함되어 있다. 산토스는 개발과 저개발 과정에서 공간의 역할을 이해하는 데 있어 세 가지 핵심 사항을 강조한다. 첫 번째는 근대화의 힘이 시스템의 중심에서 주변부로 고르지 않게 퍼져 나갔다는 점이다. 즉 국가 내부와 국가 간 차이를 만들어냈다는 의미이다. 두 번째는 중심부의 힘은 주변부에 도달하는 위치와 방법을 결정하는 데 적극적인 역할을 하며 이 과정은 자본주의의 최대 생산성 요구에 의해 결정된다는 것이다. 세 번째는 "중심부('극')에서 방출되는 힘은 주변부에 도달하면서 그 의미가 변화된다."(Santos 1974: 4)는 점이다. 다시 말해 개념은 이동함에 따라 변한다. 중심에 있던 개념이 주변부에 도착하면 의미가 달라진다. 이러한 이유로 산토스는 탈식민주의적 사고를 전제하는 방식으로 다음과 같이 주장한다(13장 참조).

> "저개발 공간"은 특정한 성격을 지니고 있는 것으로 이해되어야 한다. 같은 힘이 작동하더라도 중요성의 우선순위가 다양하며 힘의 조합과 결과가 다르기 때문이다. 서양 지리학자들은 이를 이해하는 데 큰 어려움을 겪어왔다. 그렇다면 저개발국 스스로가 축적한 전문성에 왜 귀 기울이지 않는 것인가? 저개발 지역 지리학자로서, 시민으로서 그들 스스로가 이해할 수 있는 이론을 개발해야 하지 않을까? 현재 "공식적인" 지리학은 마치 서양에서 아이디어를 독점하고 있는 것처럼 운영되고 있다. (Santos 1974: 4)

개발과 저개발 과정에서 공간의 역할에 대해 탐구했던 산토스는 주로 글로벌 북쪽의 대도시 "극"(poles)을 중심으로 제시되었던 공간과 자본주의 과정에서 공간의 역할에 대한 기존 연구(가령 지리학적 관점에서 자본주의가 거의 끊임없이 닥치는 위기를 창조적으로 극복하는 방식에 대한 설명)를 구체화하고 보완했다.

마르크스의 자본주의 설명의 주요 요점은 자본주의의 작동에 내재된 여러 가지 모순에 의해 자본주의는 주기적 위기에 직면한다는 것이다. 다시 말해, 위기는 자본주의의 본질이다. 사실 대부분의 세대는 자본주의가 휘청거릴 때마다 이러저러한 형태의 위기를 겪은 경험이 있다. 이 책의 초판을 썼을 당시 영국에서는 은행이 무너지고 공공 지출을 대폭 삭감하는 이른바 "긴축"이 시작되었다. 이 긴축의 시대는 거의 현재까지 지속되다가 코로나19 팬데믹 기간 동안 대규모 공공 지출로 인해 중단되었다. 오늘날 우리는 자본주의 경제의 작동과 직결될 수 있는 급속한 지구온난화와 팬데믹의 지속 등 또 다른 위기에 직면해 있다. 여기서 드는 의문은 이러한 위기들이 계속해서 일어난다면 자본주의는 어떻게 그 질긴 생명력을 입증할 수 있을 것인가이다. 스미스는 그 답이 바로 지리에 있다고 보았다.

> 핵심은 불균등 발전이 자본주의의 가장 두드러진 특징이라는 점이다. 이는 단지 자본주의가 모든 곳에서 균등하게 발전하는 데 실패했다거나, 자본주의의 지리적 발달이 대개는 균등하지만 급작스럽고 임의적인 요인으로 인해 확률적 평균치를 벗어난 일탈 현상을 보이기도 한다는 뜻이 아니다. 자본주의의 불균등 발전은 통계적으로 경험된 것이 아니라 구조적이라는 뜻이다… 불균등 발전은 자본의 구조와 구성 그 자체에 내재된 모순이 체계적으로 지리적으로 표현된 결과이다. (Smith 1991: xiii)

이 세계에 대해 잠시 생각해보자. "발전"은 모든 스케일에 걸쳐 공간적으로 들쑥날쑥한 것처럼 보인다. 도시를 예로 들어 보자. 거의 모든 도시에는 부자들이 사는 잘 관리되고 세련된 구역이 있는 반면, 빈민들이 사는 허름하고 접근성이 떨어지는 구역이 있다. 게토가 있는 반면 최상류층만의 엔클레이브도 있다. 그렇다면 국가적인 스케일에서 생각해보자. 영국에서는 부유한 중산층의 남부와 가난한 노동자 계급의 북부 간의 간극이 지속적으로 유지되어 왔다. 이 간극으로 인해 "레벨업"이라는 용어가 생겼다. 물론 완전히 그렇다는 것은 아니다. 북부에도 부자 동네가 있다. 그러나 대체적으로 동의할 만한 주장임에는 틀림없다. 미국에서는 남부의 많은 주가 상시적 빈곤으로 낙인찍혀 왔다. 미시시피 주 일부 지역의 유아 사망률은 방글라데시의 유아 사망률과 거의 동일하다. 다른 곳에서는 사람들이 극단적인 부와 안락함을 누리고 산다. 지구적인 스케일에서 우리는 북반구와 남반구를 나눈다. 그 구분은 선진국과 개발도상국이다. 이러한 양상이 시간에 따라 어떻게 변해 왔는지에 대해서도 살펴볼 수 있다. 그 양상은 불가피한 것이 아니다. 마르크스주의 지리학자들은 이를 자본주의 작동에 내재된 일련의 **불균등 발전**(uneven development) 과정으로 설명한다.

자본주의가 작동하기 위해서는 이윤을 창출해야만 한다. 이 때문에 자본이 투자된다. 어떤 자본은 상대적으로 고정된 것에 투자되기도 한다. 공장이나 기계류 등이 사례가 될 수 있다. 이런 투자 양상은 실제로 세계 곳곳에서 일터의 구조를 형성한다. 이처럼 경관에서 고정된 부분은 자본을 위해 건설되지만 나중에는 생산력 증진에 방해가 되어 결국 이윤의 하락을 야기한다.

> 고정되고 움직이지 않는 자본에 의해 창출된 지리적 경관은 과거 자본주의 발전의 최고 영광인 동시에, 그 자체가 예전에는 없던 공간적 장벽을 창출함으로써 축적의 진전을 가두는 감옥이 되기도 한다. 이러한 경관의 창출 그 자체는 축적에 결정적으로 중요한 역할을 하지만 결국에는 공간적 장벽을 허무는데, 곧 시간에 의한 공간의 소멸에 상반되는 결과를 초래한다. (Harvey 1996 [1975]: 610)

아마도 여기서 핵심적인 생각은 공간이 자본주의와 같은 생산양식이 기저를 이루는 생산력의 한 부분이라는 점이다. 새로운 (예를 들어 증기기관이나 대량생산의 컨베이어 벨트와 같은) 기술 발전이 생산과 이윤의 증가를 발생시키듯이, 공간의 배열 역시 이윤의 증가를 도모할 수 있다. 따라서 공간은 자본주의 작동의 단순한 결과물이나 뒤늦게 갖다 붙인 아이디어가 아니라, 자본주의의 (또는 다른 모든 생산양식의) 작동 과정에서 근본적인 부분을 차지하는 것이다.

> 땅에 배태된 생산력에서의 혁명, 곧 공간 극복 능력과 시간으로 공간을 소멸할 수 있는 능
> 력에 있어서의 혁명은 분석의 마지막 장을 장식하는 사족에 불과한 것이 아니다. 모든 마
> 르크스주의 범주에서 핵심적인 개념, 즉 구체적 · 추상적 노동에 살을 붙이고 의미를 부
> 여하는 작업은 오로지 이를 통해서만 가능하므로 이는 분명 근본적인 부분이다. (Harvey
> 1996 [1975]: 611)

어떤 기업이 특정 장소에 투자를 한다고 하면 다른 경쟁자가 그 지역으로 이전해 와서 이
윤을 잠식하기 전까지는 상당 기간 이윤을 창출할 것이다. 다른 경쟁자가 그 지역으로 이전
해 온다면 결국 그 기업은 새로운 기회를 찾거나 더 낮은 임금을 찾아서 다른 장소로 이전
해 가야 할 것이다. 그렇게 되면 원래의 투자 지역은 쇠락의 기로에 접어들게 된다. 자본주
의 기업은 최대 이윤 창출을 가능하게 하는 이상적인 지리적 조건을 항상 찾아 헤매게 되는
데 이는 새로운 지리를 생산함으로써 위기를 타개하는 한 방식이다. 이를 **공간적 조정**(spatial
fix)이라고 한다. 이 과정은 흥하는 지역과 쇠퇴하는 지역이 항상 변화함을 의미한다(Harvey
1982). 또한 자본주의 작동이 가능하려면 다른 지역에 비해 덜 흥하는 지역이 반드시 생길
수밖에 없음을 의미하기도 한다. 이런 과정을 일반적으로 일컫는 용어가 불균등 발전이다.
지리는 자본주의가 위기를 극복하도록 만든다. 이는 우리에게도 매우 익숙한 이야기다. 값
싼 노동력을 착취하기 위해서 동부 유럽이나 아시아로 공장을 이전한 기업 이야기는 많이
들어 보았을 것이다. 영국 북부 지방이 한때 산업혁명의 중심지였고 영국의 위대한 부를 창
출해낸 장본인이었다는 사실도 들어 보았을 것이다. 미국도 한때는 대영제국 식민지의 일부
였고 저개발 지역이었다.

불균등 발전은 "공간의 생산"이라고 부를 수 있는 보다 일반적인 과정의 한 예일 뿐이다.
공간의 생산이라는 용어는 프랑스 이론가 앙리 르페브르(Henri Lefebvre)와 주로 연관된다.
르페브르의 저작이 영어로 번역되고 데릭 그레고리(Derek Gregory), 에드워드 소자(Edward
Soja), 하비와 같은 영향력 있는 지리학자들에게 인용되기 시작한 1980년대 후반 이래로
그의 이론은 급진주의 지리학에 상당한 영향을 미쳤다. 르페브르의 책『공간의 생산(*The
Production of Space*)』은 1991년에 영문판이 출판되었다. 그 책에서 르페브르는 공간이 기하
학적으로 주어진 것, 곧 추상적이고 절대적인 것이라는 인식을 문제 삼으며 공간이 자본과
자본주의에 의해 생산된 것이라는 주장을 펼쳤다. 르페브르에 의하면 사실 모든 생산양식은

그에 부합하는 공간을 생산한다.

> … 모든 사회, 따라서 모든 생산양식과 그 변형(일반적 개념을 예시하는 모든 종류의 사회)
> 은 저마다 고유한 공간을 생산한다. 고대 세계의 도시는 그저 사람과 사물들이 공간 위에
> 배열된 것이라고 볼 수 없다. 마찬가지로 몇몇 저작이나 공간에 대한 논문에만 의존해서
> 그 도시를 시각화하는 것도 어불성설이다. 물론 어떤 자료들은 … 매우 귀중한 지식의 원
> 천이 되기도 하지만 말이다. 고대 도시는 그만의 고유한 공간적 실천을 지니고 있었다. 이
> 러한 실천은 고유의 **전유**(appropriated) 공간을 형성한다. (Lefebvre 1991: 31)

르페브르의 저작에서 공간은 모든 생산양식과 사회를 이해하는 데 핵심적이다. 이 점을
인용문에서는 고대 도시를 통해 설명하고 있다. 곧 고대 도시는 단순히 공간상에서 존재한
것이 아니라 특정한 형태의 공간적 실천을 통해 그만의 고유한 공간을 생산함으로써 존재했
던 것이다. 르페브르는 세 가지 개념을 중심으로 공간이 생산되고 재생산되는 상이한 방식
을 설명했다. 그 핵심 개념은 바로 **공간적 실천, 공간의 재현, 재현적 공간**이다.

1. **공간적 실천**. 이것은 생산과 재생산, 특정한 장소와 각 사회적 구성에 특징적인 공간적 세
   팅을 아우른다. 공간적 실천은 연속성과 일정 정도의 응집력을 갖추고 있다. 어떤 사회적
   공간과 주어진 사회의 구성원이 그 공간과 맺는 관계에 있어서, 이런 응집력은 일정 정도
   의 능력과 구체적 수준의 수행을 의미한다.
2. **공간의 재현**. 이것은 생산관계와 그 생산관계가 부여하는 "질서"와 연관되어 있기 때문에
   지식과 기호, 코드에 이어 "전면적" 관계에까지 연관되어 있다.
3. **재현적 공간**. 이는 복잡한 상징을 구체화하며, 코드화되어 있기도 하고 아닌 경우도 있다.
   재현적 공간은 사회적 삶의 이면이나 은밀한 부분과 연결되어 있고, 예술과도 연결된다
   (예술은 궁극적으로 공간의 코드보다는 재현적 공간의 코드라고 할 수 있다). (Lefebvre
   1991: 33)

르페브르의 연구는 다양한 지리학자들에 의해 이용되었는데, 이들 중 상당수는 상호 모순
된 주장을 펼치기도 했다(Harvey 1989; Shields 1999; Soja 1999; Merrifield 2006). 초기의 대
표적인 르페브르 번역가는 하비였다. 하비에게 있어서 공간적 실천의 세계는 철저하게 자본
주의의 요구가 주입된 것이었다. 하비가 주장하기를 그것은 "사회적 갈등과 투쟁의 영속적
인 장이다. 공간을 지배하고 생산할 수 있는 권력을 지닌 자들은 그들의 권력을 재생산하고

강화하는 데 결정적으로 유용한 도구를 소유한 셈이다. 그러므로 사회를 변화시키고자 하는 모든 기획은 공간적 실천의 변화라는 복잡한 난제에 맞서야만 한다"(Harvey 1989: 261). 하비에게 있어서 공간적 실천은 **경험된** 공간의 영역이다. 그것은 우리가 매일 살아가고 있는 실제 물질경관을 상징한다. 즉 건물이나 제도 및 그것들의 상호 배열뿐만 아니라 상품과 돈, 사람들을 통해 그것들이 연결되는 것도 포함한다. 르페브르는 공간적 실천이 "지각된 공간 내에서 일상적 실재(반복적 일상)와 도시적 실재(일과 "사적"인 삶과 여가를 위해 마련된 장소들과 연계된 경로와 네트워크) 사이의 밀접한 접합을 구현"한다고 선언한다(Lefebvre 1991: 38). 다시 말해 우리가 공간을 사용하는 방식과 그 공간의 물질적 실재 사이에는 관련성이 있다는 말이다. 우리는 공간을 허용된 방식대로 사용함으로써 공간을 재차 확인하는 셈이며 따라서 일상의 삶도 그 방식대로 진행된다. 이를 작은 규모에서 한번 생각해 보자. 도서관에 들어간다고 한번 가정해 보자. 그 도서관은 조용하다. 우리는 그 공간에서 기대되는 방식에 맞추어서 조용하게 행동하게 되며, 따라서 도서관과 같은 종류의 공간은 조용한 공간으로 자리매김하게 된다.

르페브르는 **공간의 재현**을 "개념화된 공간, 과학자와 계획가 · 도시전문가 · 공간을 구획하는 기술관료 · 사회공학자의 공간, 일종의 과학적 성향을 지닌 예술가들의 공간"이라고 정의하면서 "이들은 살아 있는 것과 인식된 것을 상상된 것과 전부 동일시한다[민수기(民數記)에 나오는 황금수, 계수, "계율"에 대한 온갖 불가사의한 추측이 이런 관점을 더욱 극대화하는 경향이 있다]"고 주장했다(Lefebvre 1991: 38). 이러한 공간관은 공간과학의 공간, 곧 중심지이론이나 중력모델에서의 공간과 밀접한 관련이 있다. 다시 말해 계산된 공간이다. 르페브르에게 있어서 이런 공간은 사회에서 주류 공간이자 지배하는 공간이다. 마지막으로 **재현적 공간**은 실제로 체험하고 **상상하는** 공간을 의미한다. 그것은 계획가나 공간과학자가 아닌 거주민이나 사용자의 관점에서 경험된 공간이다. 이는 인본주의 지리학자들의 "장소" 인식과 매우 유사하다. 이곳에서는 저항과 전복의 가능성이 존재한다. 벽화, 카니발, 페스티벌, 유토피아적 꿈 등이 여기에 속한다. 하비가 말하기를 재현적 공간은 "공간적 실천의 가능성에 대해 새로운 의미를 창출하고자 모색하는 사회적 발명(코드, 기호, 심지어 상징적 공간이나 특정한 건축 환경, 그림, 박물관 등과 같은 물질적 구성물)이다"(Harvey 1989: 261).

르페브르는 이 세 가지 개념의 의미와 유용성을 몸에 비유해서 다음과 같이 설명한다.

일반적으로 말해서 공간적 실천은 신체의 이용을 전제로 한다. 곧 손과 사지, 감각기관의 사용, 노동을 위한 동작, 노동과 무관한 동작 등을 전제로 한다. 이는 **지각된** 것을 의미한다 (심리학자들의 용어로 말하자면 외부 세계를 지각하는 데 요구되는 실천적 토대를 의미한다). **몸의 재현**에 대해서 말하자면, 그 재현들은 이데올로기와 섞여서 유포되는 것으로 축적된 과학적 지식으로부터 나온다. 예를 들어 해부학적 지식이나 심리학에서의 질병과 치유, 인간의 몸과 자연과의 관계, 몸과 주변 또는 "환경(milieu)"과의 관계가 재현된다. 신체적으로 **체험된** 경험은 매우 복잡하며 상당히 특이할 수 있는데, 여기에는 오랜 유대-기독교 전통 속에서 빚어진 상징이나 환상적 관계를 통해 "문화"가 개입하기 때문이다. 이에 대한 일부 **측면**은 정신분석학을 통해 밝혀지기도 했다. 체험된 "마음"은 **사유되고 지각된** 마음과는 희한하게도 매우 다르다. (Lefebvre 1991: 40)

르페브르는 "사회적 공간은 사회적 생산물"이라고 주장했다(Lefebvre 1991: 26). 르페브르가 말한 공간은 물리학자나 기하학자가 말한 공간이 아니라 자본주의 체제에서 생산된 공간을 의미했다. 따라서 자본주의 공간이다. 르페브르와 하비, 스미스가 주장한 핵심 내용은 공간과 공간에 대한 우리의 인식은 자본주의의 생산물이며 자본주의 체제하에서 그것을 비판하고 변형시킬 수 있는 공간의 역할에 대해 이해할 필요가 있다는 것이었다. 곧 새로운 종류의 (포스트자본주의) 공간의 생산 없이는 새로운 종류의 사회를 만들어 갈 수 없다는 뜻이다. 마르크스주의 공간이론가들은 공간이 단순히 사회관계의 수동적인 배경이거나 무대라는 인식에 반대하면서 공간은 (그리고 공간에 대한 지식은) 생산양식에서 중요한 역할을 한다고 주장했다. 사실 공간은 사회적 실재의 생산에 있어서 모든 단계마다 개입한다. 공간은 생산의 맥락이며(모든 일은 공간에서 일어난다) 생산물이다(자본주의는 불균등 발전과 같은 과정을 통해서 그 고유한 공간들을 생산해 낸다). 공간은 공간과학에서보다 더 강력한 이론적 깊이를 획득했으며 갑자기 모든 곳에서 등장하기 시작했다.

자연의 생산

자연의 생산이라는 개념은 공간의 생산보다 더 모순적으로 들린다. 서구적 전통에서 자연은 필연적인 것이며 인간 너머의 어떤 것으로 간주되어 온 반면, "생산"은 의도적인 인간 행동을 함의한다. 생산이라는 용어는 산업이나 제조업과 주로 관련된다. 인간의 의지 너머의 일이 어떻게 생산될 수 있겠는가? 이 점이 바로 자연에 대한 마르크스주의적 사유가 봉착한 핵심적인 난제였다. 모든 마르크스주의 이론의 출발점 중 하나가 바로 인간은 "자연"이라고 불리는 것과 대면하며 생존을 위해서 ("노동"을 통해) 그것을 변형시켜야 한다는 점이었다. 이 노동을 조직하는 온갖 방식이(봉건제, 노예제, 자본주의, 사회주의 등의) 바로 온갖 형태의 생산관계의 역사적 진보에 다름 아니었다. 이 생산관계야말로 이론적으로 자연을 보다 최적의 상태로 변형시키는 과정이다. 에릭 스윙거도우(Erik Swyngedouw)가 지적한 바와 같이, 자연과 사회가 점차 서로 분리된 것으로 개념화되면서 자연은 사회에 의해 훼손되는 것으로 인식되었다(Swyngedouw 1999). 지리학 안팎의 마르크스주의 이론가들은 오랫동안 자연에 대해 거의 침묵했다. 다른 이론적 접근에서와 마찬가지로, 자연은 마치 "그저 거기 있는 것", 곧 기계화되고 있는 인류 역사의 순수한 배경으로 말이다(Fitzsimmons 1989). 그 이유 중 하나는 마르크스가 자연을 이론화하는 데 많은 시간을 할애하지 않았기 때문이었다. 자연에 대한 마르크스주의 관점을 찾으려는 학자들은 마르크스 저작에서 작은 부분들을 가져와서 논쟁을 재구성해야 했다.

하비의 제자였던 스미스는 1984년에 『불균등 발전(Uneven Development)』을 출판했다. 이 책에서 스미스는 소위 말하는 "자연의 생산"에 대해 이례적인 관심을 기울였다. 그는 자연은 사회적으로 생산되며, 사실 오랫동안 "자연적"이지 않아 왔다는 주장을 개진했다. 스미스는 자연을 두 가지 일련의 유형으로 구분했다. 그에 의하면 첫 번째 자연은 인간의 영향력을 벗어난 영역이라는 기존의 생각에 입각한 고유하고 원시적인 자연을 뜻한다. 자연에 대한 이런 시각은 서구적 사유에서 역사적으로 지배적 위치를 차지해 왔다. 르네상스 이후의 서구적 사유는 인간과 자연의 이원화를 통해 작동해 왔다. 이런 사유의 반복 속에서 자연은 인간이나 사회나 문화가 아닌 것으로 정의되어 왔다. 그러나 스미스는 이에 더 나아가 "두 번째 자연"을 사회적으로 생산된 자연으로 정의했다. 마치 자연인 것처럼 보였던 인간 세계인 셈이다. 첫 번째 자연은 자본주의 체제하에서 노동과 자본의 과정을 통해 두 번째 자연으로 변화한다. 기업의 이윤 생산을 위해 자연이 변형되는 것이다.

> 그러나 자본주의 생산양식에서 점점 그 생산이 증가하는 것은 비단 "두 번째 자연"만이 아니다. "첫 번째 자연"도 생산된다. 사실 "두 번째 자연"은 더 이상 첫 번째 자연으로부터 생산되는 것이 아니다. 오히려 첫 번째 자연은 두 번째 자연의 범주 내에서 그리고 그것에 의하여 생산된다. 철광석을 강철로 전환해 결국 자동차를 만들어내는 고된 과정이든 옐로스톤국립공원의 관광 패키지든, 결국 자연은 생산된다. 매우 분명하게도 이런 생산 과정은

첫 번째 자연과 두 번째 자연에 대한 관념적인 구분을 초월한다. 자연의 모든 형태는 인간
의 활동으로 변형되며 오늘날 이런 생산은 일반적인 대중의 요구를 충족시키기 위해서 일
어나기보다는 특정한 "필요"의 충족을 위해 일어난다. 그것은 바로 이윤이다. (Smith and
O"Keefe 1996 [1980]: 291)

이런 점에서 시골경관과 도시경관 사이에는 거의 구분이 없다. 시골경관이 자연적이라고 인
식되는 것에 더 가깝게 보일지라도 그것은 버밍엄의 주택가와 다를 바 없이 전부 생산된 것
이다(그림 7.1 참조). 신체크 일부 지리학자들은 일반이 인식되는 반대로 도시가 얼마니 지
연적인 것들로 속속들이 채워져 있는지를 보여주기도 했다(Cronon 1991; Gandy 2002). 하
비도 뉴욕 역시 다른 모든 것들과 마찬가지로 자연적이라고 주장했다(Harvey 1996).

　경관에서 우리가 "자연적"이라고 인식하는 것들은 대부분 어떤 점에서는 인간에 의해 생
산된 것이다. 가장 분명한 예로, 자연을 접할 수 있는 곳이라고 여겨지는 경작지도 도시와 아
주 떨어진 공간으로 종종 생각되지만, 그 역시 대량의 노동력이 투입된 곳이다. 가장 극단적
인 사례를 들자면, 영국의 시골 장원 소유주가 그들의 창문에서 내다봤을 때 "자연"처럼 보
이도록 시야를 조성하고자 한다면 (바로 그 땅에서 일하고 있는 사람들이 거주하는) 동네들
도 통째로 없애버릴 수도 있을 것이다(Williams 1973). 이처럼 시골경관은 분명 노동의 산물
임에도 불구하고 (예를 들어 회화나 시에서는) 마치 자연적 공간인 것처럼 재현되어 왔다. 자
연스러움의 극치는 "야생"이라는 개념일 것이다. 이 야생이라는 상태는 도시나 인간 세계
와의 거리로 정의될 수 있다. 그러나 이 역시 두 번째 자연, 곧 생산된 자연으로 간주될 수 있
다. 야생은 의도적으로 보호되기도 한다. 법이나 규정을 통해 국립공원의 일부만 잘라서 보
호하기도 한다. 야생이라는 아이디어 역시 인공적 구성물이다. 이 같은 오해는 이 세계의 일
부를 "순수한" 또는 신의 창조물로 보는 오랜 전통에서 기인한다. 스미스는 옐로스톤국립공
원을 특별히 야생으로 지정해서 보호하는 곳으로 보았다.

　　이런 환경은 한눈에 보기에도 단연코 생산된 환경이다. 야생 생물의 관리에서부터 인간
　　정주로 인한 경관의 변형에 이르기까지 물리적 환경은 인간 노동의 흔적을 고스란히 담고
　　있다. 예를 들어 미용실에서부터 레스토랑에 이르기까지, 캠핑장에서부터 요기 베어(Yogi
　　Bear) 엽서에 이르기까지 요세미티와 옐로스톤국립공원은 상당한 매출을 해마다 기록하
　　고 있는 환경에 대한 문화적 경험을 깔끔하게 패키지화한 것이다. 여기서 말하고자 하는
　　요점은, 그 형태가 어떠하든 간에 생산된 자연 이전의 원형에 대한 향수가 아니라 인간의
　　행위주체성이 어느 정도까지 자연을 사실상 변형시켜 왔는지를 보여주고자 함이다. 만

그림 7.1 옐로스톤국립공원(올드페이스풀 간헐천)과 뉴욕 시(야간의 타임스퀘어). 어느 것이 더 자연적인가? 출처 : 옐로스톤의 올드페이스풀 간헐천 사진(위)은 Colin Faulkingham의 작품. http://commons. wikimedia. org/wiki/File:Old_Faithful_Geyser_Yellowstone_National_Park.jpg (2012년 5월 29일에 취득). 야간의 타임스퀘어 사진(아래)은 Matt H. Wade 작품. CC-BY-SA-3.0. http://en.wikipedia.org/wiki/File: Times_Square_1.JPG (2012년 5월 29일에 취득)

일 지표면 수 마일 아래든지 아니면 지구로부터 몇 광년 떨어진 곳이든지 간에, 자연이 원형 그대로 존재하는 곳이 있다면, 그것은 인간의 손길이 미치지 못했기 때문이다. (Smith 1991: 39).

심지어 이 세계와 가장 외딴곳에 떨어져서 자연적인 곳처럼 여겨지는 지역조차도 산성비나 기후변동과 같이 인간이 유발한 지구적 변화에 영향을 받는다. 많은 경우 야생이라고 묘사되는 곳도 우리가 생각하는 야생 개념과 최대한 가깝게 보이도록 관리받는다.

지언과 마르크스주의의 결합을 통해 인문지리학과 자연지리학이 결합하여 여러 쟁점들을 다룰 수 있다. 토양침식을 사례로 들어 보자. 이 현상은 분명 자연에서 일어나는 과정이다. 우리는 일찍이 지리 교과서에서 이에 대해 배운 바 있다. 물과 얼음, 바람이 토양침식의 주범이라고 배웠다. 이뿐 아니라 인문경관을 만들 듯이 인간이 직접 경관을 침식할 수도 있음을 알고 있다. 그러나 분명하지 않은 것은, 왜 토양침식이 마르크스주의자들의 관심을 불러일으킨 주제가 되었는지다. 이에 대해 답하려면 이른바 "정치생태학"이라는 분야의 연구를 참고할 수 있다. 이 분야에 한 획을 그은 연구물이 마르크스주의에 영감을 받은 피어스 블레이키(Piers Blaikie)와 해롤드 브룩필드(Harold Brookfield)의『토지 황폐화와 사회(*Land Degradation and Society*)』(1987)이다. 이 책에서 저자들은 토양침식의 주원인을 인간의 직접 개입이나 자연적 원인이라고 보지 않고 사회조직, 특히 자본주의하에서의 사회조직이라고 보았다. 그들은 토양침식을 다양한 형태의 주변성(marginality)의 결과물로 볼 수 있다고 주장했다. 극히 미미한 가치를 지닌 토지, 거대 개체를 수용하는 데 미미한 능력을 가진 생태계, 세계 경제에서 미미한 자리를 차지하고 있으면서 1차 원료를 생산하되 그 가치를 금전적으로 공정하게 보상받지 못하는 지역 등이 주변성의 예이다. 결국 토양침식은 세계 경제구조의 결과물인 셈이다. 빈민은 그들의 노동을 끊임없이 착취해서 산출하는 이윤을 보전하기 위해 토지에서 최대한 착취하고자 한다.

이러한 접근은 너무 많은 인구는 토지에 너무 많은 압력을 가하게 됨으로써 그 결과 침식이 발생한다는 토머스 맬서스(Thomas Malthus)의 논리를 수용한 이론들과는 분명 구분된다. 맬서스적 접근이 취하는 단순한 주장 중 하나는 일정한 토지는 "자연적인" 수용력이 정해져 있다는 것이다. 그 수용력이란 인구가 일정 정도 수준에 도달하면 토지가 더 이상 수용할 수 없게 됨을 의미한다. 이것이 바로 "임계 인구밀도"라고 한다. 블레이키와 브룩필드는 이를 부인하면서 특정 토지의 생산성은 해마다, 달마다도 달라지며, 새로운 기술은 대개 생산력 향상을 유도한다고 지적했다(Blaikie and Brookfield 1987). 즉 생산성은 "자연"보다는 토지이용 시스템에 더 큰 영향을 받는다는 것이다. 그러나 전통적인 맬서스적 접근은 다음과 같이 주장한다.

> 인간 사회의 (민족집단, 젠더, 계급, 권력관계 등의) 내적 구조, 자원 이용 및 기술에 대한 내부적 문화 차이, 인구집단 간의 관계 등 외부의 세계 시스템과 같은 요인들에 신경 쓸 필요가 없다. 결국, (그리고 다른 사회과학적 요인들은 말할 것도 없이) 인류학적 고려는 분석에서 빼놓아도 된다는 뜻이다. (Painter and Durham 1994: 251)

토양침식과 토지 황폐화에 대한 보다 광범위한 쟁점들에 대해 마르크스주의의 영향을 받은 급진적인 접근은 표면적으로 "자연적"으로 보이는 과정을 제대로 이해하기 위해서는 사회적 원인을 살펴봐야 한다고 주장한다. 이런 접근은 (마르크스주의에 국한되지 않는) 광범위한 **정치생태학**(political ecology) 분야의 탄생을 낳았고, 자연세계(생태학)와 사회, 경제, 정치계와의 긴밀한 연관성을 계속해서 주장하고 있다(Robbins 2004).

이와 마찬가지로 하천경관 역시 사회적 권력과 긴밀히 엮여 있는 것으로 볼 수 있다(Swyngedouw 1999; Loftus and Lumsden 2008). 예를 들어 스윙거도우는 스페인의 하천경관을 연구하면서 스페인의 근대 사회 역사와 수문(水文) 과정이 상호 긴밀하게 엮여 있음을 이해해야 한다고 역설했다.

> 오늘날 스페인의 경제, 사회, 생태적 경관은 스페인 사회의 전개에 있어서 물이 차지하는 역할의 변화를 고려하지 않고서는 거의 이해할 수 없다. 수문경관의 혼종적 특징, 또는 "물 공간(waterspace)"은 스페인에서 때로는 분명하게 때로는 모호하게 드러나 있다. 어떠한 유역이나 물의 순환 및 흐름도 인간의 일정한 개입이나 이용 없이는 거의 일어나지 않는다. 마찬가지로 인간 사회의 그 어떤 자그마한 변화도 수문 과정 그 자체와 그 과정에서의 변화를 동시에 설명하지 않고서는 이해할 수 없다. (Swyngedouw 1999: 444)

스윙거도우에 의하면, 현대 스페인은 거의 900여 개의 댐을 가지고 있고, 거의 모든 유역이 인간에 의해 변형되고 공학기술로 유지되고 있다.

두 번째 자연은 권력의 특정한 배열의 결과물 그 이상이라고 종종 주장된다. 하비는 북아메리카의 경우 환경오염 지역이 빈민 및 유색인종에게 더 큰 영향을 미치는 것에 대해 다음과 같이 말한다.

부동산 가격은 유해시설 가까이 갈수록 낮아지는데 그곳은 바로 빈곤한 환경으로 인해 빈
민과 사회적 소외자들이 살도록 내몰린다. 저소득층 지역에서는 유해시설 변수가 그다지
부동산 가격을 크게 변동시키지 못하므로, 유해시설 업체에게 있어서는 바로 빈민들이 사
는 지역이 최저가에 따른 "최적의" 입지 전략이 된다. 뿐만아니라, 업체가 부정적 효과를
덮기 위해 지불하는 소액의 이전(移轉) 비용은 빈민들에게는 상당한 수입이 되므로 빈민
들은 이를 쉽게 받아들인다. 그러나 부자들에게는 이는 매우 부적절한 것이므로 … 부자
들은 "어떤 비용을 지불하고서라도" 쾌적함을 포기하지 않으려는 반면, 그런 손실을 감당
할 수 없는 빈민층은 약간의 돈만 지불되더라도 이를 기꺼이 희생할 것이라는 "흥미로운
역설"이 성립된다. (Harvey 1996: 368)

　하비는 다수의 환경파괴 지역을 사례로 하여 이 사실을 증명해 보였다. 그 사례지역은 북
아메리카 원주민 보호구역의 쓰레기 매립지, 앨라배마 주 흑인 거주지 내 유독성 물질 매립
지 등을 포함한다. 이러한 사실은 때로는 조직적이고 효과적인 저항을 유발하기도 한다. 대
표적인 사례로 1970년대 뉴욕주 버팔로시의 러브 커넬(러브 운하, Love Canal)을 들 수 있다.
이 사례에서는 매립된 운하에서 발생한 유독 가스로 인해 매립지에서 살던 빈민 가구의 어
린이들에게 치명적인 건강 문제가 초래된 바 있다(그림 7.2 참조).

급진적 문화지리학

1980년대와 1990년대의 자연에 대한 마르크스주의적 이론화는 **경관**(landscape)에 대한 새로
운 이해와 결합했다. 마르크스주의적 사유에 영향을 받은 문화지리학자들은 올위그(Olwig)
가 말한 소위 "자연의 이데올로기적 경관"(nature's ideological landscape)을 드러내기 위해 자
연의 문화적 의미를 탐구했다(Olwig 1984). 이런 연구는 이른바 "자연경관"을 [칼 사우어
(Carl Sauer)의 연구에서와는 달리] 더 이상 인간에 의한 변형을 기다리는 날것 그대로이 매
개체라고 생각하지 않았다.
　이러한 연구를 통해 마르크스(와 또 다른 사조)에 의해 영향을 받은 지리학자들은 지난 60
년간 사우어와 버클리 학파 전통이 지배하면서 거의 주제 변동이 없었던 북미 문화지리학
의 일대 쇄신을 꾀했다. "신(新)문화지리학자"라고 불리는 이 일군의 학자들은 마르크스주

그림 7.2 러브 커넬의 폐기된 주차장. 출처 : Bufferlutheran 촬영. http://commons.wikimedia.org/wiki/ File: Abandoned_parking_lot_in_Love_Canal.jpg (2012년 6월 28일에 취득)

의 이론의 구성요소 일부를 따라서 인본주의 지리학 전통의 요소들과 혼합하여 문화경관이 생산되고 경합되는 방식을 이해하고자 했다. 이들이 참고한 핵심 이론가들은 주로 마르크스를 재해석한 이론가들인데, 존 버거(John Berger)와 같은 예술 이론가뿐만 아니라 영국의 문학비평가인 레이먼드 윌리엄스(Raymond Williams)와 이탈리아 철학자인 안토니오 그람시(Antonio Gramsci)등이 있다(Berger 1972; Gramsci 1971; Williams 1973, 1977). 또한 이들은 버밍엄 소재의 현대문화연구센터(Center for Comtemporary Cultural Studies)가 주도한 새롭고 역동적인 문화 연구에도 영향을 받았다(Hall and Jefferson 1976; Hall 1980). 이들 이론가들은 마르크스주의의 요소들을 일부 가져와 급진적인 사회 비판에서 문화의 능동적인 역할을 재해석했다. 이러한 작업은 역사유물론의 핵심인 토대-상부구조 모델의 전면적인 수정을 포함하는 것이었다.

윌리엄스와 그람시 등의 학자들은 경제와 문화 간의 연관을 주장하면서도 한쪽이 다른 한쪽에 의해 "결정된다"는 사실에는 의구심을 품었다. 이들은 경제와 문화를 각자 독립적인 것으로 보면서, 문화 영역에서의 투쟁과 논쟁이 생산관계와 생산력을 둘러싼 투쟁만큼이나 중요할 수 있다고 주장했다. 여기에서 핵심적인 개념은 그람시의 **헤게모니**(hegemony) 이론이다. 세계의 작동에 대한 마르크스의 설명에 있어서 핵심은 자본에 의한 노동의 지배(착취와 억압)였다. 헤게모니는 그런 지배가 실제로 일어나는 양상에 대한 설명이다. 그람시에 의하면 지배계급은 무력을 사용한 투박한 지배보다는 상식의 구축을 통한 세련된 지배를 행사할 수 있다고 한다. 지배계급은 피지배 계급이 수용할 만한 관념을 생산해 내는데, 비록 그 아이디어가 "객관적인" 관점에서 볼 때 피지배 계급의 이해를 최대한 만족시키는 것이 아니더라도 이들(노동자들)은 지배계급의 아이디어가 자신들에게도 혜택을 줄 것이라고 믿게 된다. 이런 예는 최근의 사례에서도 분명하게 볼 수 있다. 예를 들어 정치 분석가들은 시골 지역의 (백인) 빈민 노동자들이 분명 민주당 정책으로 (객관적으로 볼 때) 더 혜택을 입을 수 있을 텐데 왜 공화당에 투표하는지를 묻는다. 비슷한 질문은 영국의 노동자들이 1980년대 마가렛 대처 정부에게 투표한 사례에 대해서도 제기된다. 이에 대한 그람시주의자들의 대답은, 이들에게는 우파의 관념이 상식이기 때문에 어떤 방식으로든 결국 그들에게 혜택을 줄 것이라고 설득되었기 때문이라는 것이다. 만일 그렇다면, 정통 마르크스주의자들이 "상부구조"라고 일컫는 사회적 실천의 영역이 사회적 갈등 국면에서는 실제로 중요하다는 것을 의미하며, 모든 행위가 일어나는 영역이 반드시 경제적 토대일 필요가 없다는 것을 의미한다. 이는 문화를 투쟁의 주요 지점으로 상정하는 급진적인 문화지리학의 가능성을 제기했다 (Cosgrove 1983; 1987).

　신문화지리학은 인본주의 전통과 윌리엄스나 에드워드 톰슨(E. P. Thompson) 등과 같은 영국의 마르크스주의 사상가들을 주로 인용했다. 윌리엄스와 톰슨은 모두 유럽 마르크스주의가 대부분 채택하고 있는 강고한 역사유물론과 구조주의와 같은 교조주의에 도전한 사상가들이다(Thompson 1963; Williams 1977). 예를 들어 톰슨에게 있어서 계급은 생산관계에서 점하는 특정한 객관적인 위치라기보다는 문화적 영역에서 발전된 의식의 형태였다. 윌리엄스에게 있어서 문화는 새롭게 등상하는 지배석 문화+성제에서 가장 숭요한 투쟁의 영역이었다(Williams 1980). 그는 문화의 영역을 동시에 생산의 영역으로 보았고 이를 "문화유물론"이라고 명명했다. 여기서 그는 마르크스의 그 유명한 문구인 "인간의 존재를 결정하는 것은 인간의 의식이 아니라 그 의식을 결정하는 사회적 존재성이다."를 인용하고 있다(Marx 1970: 21). 이는 사회를 이해하는 데 있어서 문화를 부차적인 것으로 간주한 토대-상부구조

모델에 대한 뼈있는 선언이다. 윌리엄스에게 이 모델의 문제점은 그것이 너무 유물론적이어서가 아니라 충분히 유물론적이지 못해서였다. 그가 주장하기를, 사회적 삶의 한 측면(예를 들어 경제)을 "물질적"이라고 간주하고 나머지(예를 들어 문화)를 비물질적이라고 단정하는 것은 잘못된 방향으로 논의를 이끄는 것이었다.

> … "생산"과 "산업"을 비교적 물질적인 생산에 해당하는 "방위"나 "법과 질서", "복지",
> "오락", "여론"…과 분리하는 것은 완전히 초점을 빗나가는 것이다. … 따라서 "상부구조"
> 라는 개념은 개념의 축소가 아니라 회피이다. (Williams 1980: 93)

윌리엄스에게 있어서 축구게임이나 오페라는, 자동차 공장이나 은행만큼이나 모든 면에 있어서 물질적이고 생산적인 것이다.

이러한 생각은 1980년대 문화 연구와 신문화지리 양쪽 주창자들 모두에게 수용되었다 (Hall 1980; Jackson 1989; Kobayashi and Mackenzie 1989). 상이한 사회적 집단의 상이한 "의미의 지도"가 갈등에 봉착함에 따라서 문화는 갑자기 다양한 형태의 지배와 저항이 촉발되는 정치적 영역이 되었다(Jackson 1989). 그 주창자들은 질문하기에 충분히 무르익은 세계의 여러 측면을 제시함에 있어서 의도적으로 절충적인 입장을 보였다. 그들은 문화지리학이 다음과 같아야 한다고 주장했다.

> …역사적이면서도 현재적이어야 한다(그러나 항상 맥락적이고 이론적으로 무장되어야 한
> 다). 공간적이면서도 사회적이어야 하며(그러나 협의의 경관 이슈에 배타적으로 제한되어
> 서는 안 되며), 전원적이면서도 도시적이어야 한다. 그리고 문화의 우연적 속성에도 관심
> 을 가져야 하며 지배적인 이데올로기와 그것에 대한 저항의 여러 형태에 대해서도 관심을
> 가져야 한다. 뿐만 아니라 문화지리학은 인간사에 있어서 문화의 중심성을 선언하는 것이
> 다. 문화는 잔여 범주도 아니며, 더 강력한 경제 분석에 밀려 설명되지 않은 채로 남겨지는
> 부차적인 변수도 아니다. 문화지리학 그 자체가 바로 사회 변화를 경험시키고 경합시키고
> 구성하는 매개체다. (Cosgrove and Jackson 1987: 95)

이 논의에서 윌리엄스의 영향력은 매우 분명하다. 즉 문화를 잔여 범주로 간주해서 경제로 환원시켜서는 안 되며, 변화와 갈등의 현장으로 탐구해야 한다는 것이다. 이는 다양한 문화적 장에서 생성되는 의미와 실천 차원에서 일어나는 지배와 저항에 초점을 두는 연구를 촉발시켰다. 나의 박사논문과 첫 번째 저서도 주로 여기에서 영감을 받았다(Cresswell 1996).

이런 분열은 계급에 국한되지 않았고 급속히 젠더와 섹슈얼리티, 육체적 능력, 연령, 기타 정체성의 다른 영역들까지 포섭하기에 이르렀다. 마르크스주의는 신문화지리의 비판적 추동력의 일부를 장식하긴 했지만, 신문화지리학은 급진적인 퀴어 이론뿐만 아니라 페미니즘, 포스트구조주의, 포스트식민주의를 아우르는 광범위한 비판 이론 중 하나로 급속히 자리매김해 나갔다. 일부에게는 이것이 교조적 마르크스주의로부터의 해방 과정으로 비추어진 반면, 다른 이들에게는 문화지리학의 비판적 잠재력을 희석하는 것으로 비추어졌다(Mitchell 2000).

신문화지리학은 지리학적 주제의 여러 측면을 빠른 속도로 탐구해 나가기 시작했다. 아마도 그중 가장 중요한 주제는 "경관"이라는 개념이었을 것이다. **경관**은 사우어와 버클리 학파와 가장 많이 연관되는 용어로서 이론적 탐구 영역에서는 이제껏 거의 배제되어 왔다. 그러나 마르크스주의는 지리학자였던 데니스 코스그로브(Denis Cosgrove)와 스티븐 대니얼스(Stephen Daniels)는 이에 영감을 받아서 마르크스뿐만 아니라 윌리엄스, 버거 등 다양한 학자들의 아이디어를 활용하여 경관을 특정한 사회적 구성체의 산물이자 이데올로기의 담지자로 보는 이론을 전개했다. 사우어의 영향력 아래에서 경관은 "자연적"이거나 아니면 "문화적"인 것 둘 중 하나로 간주되었다. 문화적 경관은 (주로 전원적인) 자연경관 위에 문화적 과정이 덧입혀진 결과물로 간주되었다. 경관은 거의 전적으로 지도화되고 설명될 수 있는 물질적 지형으로 여겨졌다(Sauer 1965). 캐나다 출신의 지리학자인 제임스 던컨(James Duncan)은 이러한 접근에 질문을 던지면서 문화에 대한 이같은 접근을 "초유기체적"이라고 묘사했다(Duncan 1980). 그에 의하면 전통적인 문화지리학에서 문화는 인간의 삶보다 위나, 그 너머에서 작동하는 것 같았다는 점에서 초유기체적이었다. 흥미롭게도 던컨은 마르크스주의에 대해서도 똑같이 비판적이었다. 그는 마르크스주의를 또 다른 버전의 초유기체적 접근으로 보았다. 곧 정치경제 구조를 모든 인간 행동의 동기를 설명하는 위치에 두었다는 것이다.

영국에서는 대니얼스와 코스그로브가 신문화지리학을 발전시켜 왔고 대니얼스가 지칭한 이른바 경관의 "이중성"에 대하여 재차 주목하게 되었다.

> …경관은 "변증법적 이미지", 즉 그 보완적이고 조작적인 측면을 결국 파헤칠 수 없는 모호한 혼합으로 볼 수 있다. 그것은 세상에 존재하는 고유한 객체로 온전히 구현될 수도, 이데올로기적 신기루처럼 완전히 용해될 수도 없는 그런 것이다. (Daniels 1990: 206)

대니얼스에게 경관은 (사우어의 지리학에서 말하는 것처럼) 순수하게 물질적인 것도, 이데올로기적 환상에 불과한 것도 아니다. 경관은 이 두 영역을 맴도는 것이며, 그것의 물질성이야말로 그 이데올로기적 구성을 더욱 강력하게 만드는 역할을 한다. 책이나 TV 프로그램이 이데올로기적인 것처럼(예를 들어 특정한 권력 집단의 이해에 충실한 의미를 전달할 수 있다), 경관도 그 물질성으로 의미를 전달한다. 그리고 그 의미가 지배 집단의 이해를 전달할 수 있다. 지주가 즐길 수 있는 시야를 확보하기 위해서 모든 노동의 흔적을 없애버리는 영국 장원의 대주택 사례를 다시 한 번 상기해보자. 그것은 낭만주의적 전통에서 아름답고 자연적인 것으로 여겨질 수 있지만, 그런 모습 자체를 생산하는 데 관여한 사회적 과정을 숨겨버린다. 그런 미의 잣대는 권력 집단의 이해에 봉사한다.

그러나 권력 집단에게 봉사하는 것은 비단 그 특정한 경관만이 아니다. 그 경관에 대한 생각 자체가 14세기 이후로 베네치아와 플랑드르 같은 지역에서 등장한 상업자본가들의 형성에 핵심적인 역할을 했다. 그 지역에서 예술은 건축과 농업, 지도학, 항해학 및 당시 자본주의의 등장과 함께 번성했던 여러 지식들과 결합했다. 코스그로브는 이 점을 강하게 지적했다.

> 경관은 이데올로기적 개념이라고 나는 주장할 것이다. 그것은 특정한 계급이 그들이 자연과 맺는 상상적 관계를 통해 자신과 그들의 세계를 기표화하는 방식을 상징한다. 이를 통해 그들은 외부 자연에 대한 그들의 사회적 역할과 다른 이들의 역할에 대해 이야기하고 강조한다. (Cosgrove 1984: 15)

물질적 지형이자 재현의 한 형태(예를 들어 회화)로서 경관은, 부동산과 그 소유권의 등장과 함께 탄생했다. 새로운 자본가 계급의 권력은 교회와 귀족 정치의 밖에서 비롯된 것이다.

경관이 아이디어이자 예술의 한 형태로서 발달하는 데 핵심적인 역할을 한 사건은 단선적인 관점의 재발견이었다. 르네상스 이전의 회화는 사실과는 거리가 멀었다. 주로 종교적 장면을 묘사하는 데 있어서 핵심 인물을 어떤 관점에서 보더라도 너무 부각되도록 그렸다. 반면 풍경화에서 토지는 그 생김새가 정확하게 보이도록 재현된다. 그것은 특정한 관점에서 바라보는 것으로 재현된다. 그 관점이란 관찰자의 관점이다. 코스그로브는 보는 방식을 소유권에 비유한다. 경관을 바라봄으로써 우리는 가장 중요한 주체, 곧 관점의 소유주가 된다. 이상할 것도 없이 풍경화는 부자들의 부동산을 그릴 때 주로 이용되었으며, 물질적 경관뿐만 아니라 그것에 대한 관점까지 포함하는 이중적인 소유권을 강화했다. 경관은 새로운 부르주아 계급의 공간에 대한 통치를 대변했던 것이다(Cosgrove 1984, 1985). 경관과 르네상스 시대에 발달했던 투시법은 이윤 및 노동착취만큼이나 당시 새롭게 부상하던 자본주의의 주요 구성요소였다.

　　이 소유권 확립 과정에서 중요했던 부분은 경관 생산의 모든 증거, 곧 경관을 만들어 내는 데 투입된 노동을 제거하는 것이었다(Williams 1973). 마르크스주의 문화지리학자인 돈 미첼(Don Mitchell)은 이 점을 예리하게 지적했다(Mitchell 1996, 2000). 미첼의 연구는 신문화지리가 초창기에 표방했던 급진적인 취지를 일관되게 발전시켰는데, 특히 경관에 대한 비판 연구가 대표적인 것이었다. 신문화지리학이 발전할수록 마르크스주의는 신문화지리 연구자들에게 점점 덜 중요해졌다. 코스그로브와 대니얼스의 후기 연구를 보면 확실히 그 점이 감지된다. 그러나 미첼은 노동의 경관에 초점을 맞춤으로써 이런 경향을 효과적으로 보완해 왔다. 미첼에게 있어서 경관은 인간 노동의 산물로서, 마르크스와 하비가 일컬었던 **"죽은 노동(dead labor)"**, 곧 고정된 형태로 구체화된 노동의 한 형태이다. 이는 그의 획기적인 멕시코 이민자 연구에서 제시한 캘리포니아의 농업경관에서 특히나 두드러졌다. 또한 펜실베이니아 존스타운의 헤리티지 경관 연구에서도 잘 드러난다. 전자의 사례연구에서, 미첼은 캘리포니아 경관의 아름다움이 어떻게 들판을 향해 몸을 구부리는 이민자의 반복적인 행위가 미국 전역의 식탁에 놓이는 딸기 한 접시와 연관되어 있는지를 반복해서 보여주었다(Mitchell 2001, 2003). 후자의 사례연구에서, 미첼은 한때 수만 명의 노동자를 고용했고 지금은 문을 닫은 제철소에 대해 이렇게 묘사했다.

> 그 안에서 미국 산업 발전의 역사와 그 이후의 급격한 쇠퇴의 역사를 읽을 수 있다. 그러나 이러한 관점에서 경관을 보는 것은 경관을 거의 정적인 것으로 보는 것이다. 경관은 여러 역사들을 수동적으로 "재현"한다. 실제로 경관 그 자체는 그 역사를 구성하는 능동적인 주체이며, 그 안에 사는 사람들(또는 생산과 유지에 이해관계가 있는 사람들)의 필요와 욕구를 상징하는 동시에 이러저러한 방식으로 변화를 유도하는 견고하고 죽은 무게(결국 문 닫은 제철소를 활용할 수 있는 용도는 몇 가지 없으므로)로 작용한다. "경관"을 **작품으로** 보거나 (인간 노동의 산물이며 인간의 꿈과 욕망을 재현하며, 그것이 주조하는 사람들과 사회체제의 온갖 부정의를 함축한다는 점에서), **삭동하는 무언가로** (상소 발선을 촉신하는 사회적 주체 역할을 한다는 점에서) 보는 것이 가장 적절할 것이다. (Mitchell 2000: 94)

존스타운은 대형 댐의 치명적 고장으로 인해 홍수가 발생한 곳이다. 홍수로 2,000명 이상의 사망자가 발생했다. 댐은 제대로 유지 관리되지 않았고 그 지역 부유층을 위한 유원지 호수로 "개량"되었다. 이제 이 지역 방문객들은 홍수 박물관에서 마을의 재건과 철강 산업의 지속적인 성공을 (한동안) 강조하는 유산으로서 홍수를 경험할 것이다.

이 새로운 경관에는 많은 것들이 생략되어 있다. 미첼은 문화를 둘러싼 경합을 "문화전쟁"으로 볼 것을 요청한다.

> 문화전쟁은 우리가 살고 있는 장소의 돌멩이에, 벽돌에, 나무에, 아스팔트에 의미가 어떻게 드러나도록 만들어지는지를 주로 다룬다. 따라서 파업의 역사나 폭력의 지리, 또는 국립문화공원 조성을 위한 경관 변신 프로젝트를 담은 워싱턴 내셔널 몰 3세기 기념 계획의 탈산업화 정치를 대놓고 드러내는 일은 거의 없다. 다만 산업 역사(개발과 혁신, 철강 제조의 역사 등)를 강조함으로써 존스타운의 경관은 그런 혁신과 개발이 일어났던 과거에서 논쟁적인 지점을 최소화해서 재현된다. 그런 경관 작업, 곧 계획가가 부여한 역할을 재현하는 작업은 영웅적 역사를 재현할 뿐 갈등의 역사를 재현하지는 않는다. (Mitchell 2000: 98)

존스타운에서 노동자의 경관이 홍수에 의해 지워졌다면 헤리티지 경관 역시 똑같이 야만적이다. 노동의 현실이나 투쟁은 사라져 버렸고 철강 산업의 영화와 성공만 강조되었다. 이런 식으로 경관은 자본의 이해에 부합하는 역할을 수행한다.

흑인 마르크스주의, 인종 자본주의, 그리고 철폐주의[2] 지리학

마르크스주의 지리학은 다양한 형태를 취한다. 마르크스주의적 요소와 페미니즘, 포스트구조주의, 또는 여러 가지 이론적, 철학적 접근법과 결합하여 하이브리드 형태를 주로 취한다. 마르크스주의는 또한 흑인 지리학을 구성하는 여러 요소들의 주요 출발점이기도 하다(15장

---

2 Abolition은 남북전쟁 당시 노예제 철폐를 주창할 때 사용된 용어이며 이후 W.E.B. Du Bois의 *Abolition Democracy* (1935)에서 잔존하는 노예제로서 인종차별 철폐를 의미하는 용어로 학계에 정착되었다. 미국 사회에서 최근 논란이 된 흑인 과잉 진압 및 팬데믹을 전후하여 다시 불거진 흑인 차별 논란으로 인해 신체적 감금 및 이를 체계적으로 조장하고 묵인하는 국가폭력을 철폐하자는 비판이 다시금 급진주의 진영의 주목을 받고 있다. 이러한 경향을 철폐주의 전향(Abolitionist turn)이라고 하며 인종차별 및 각종 신체적 구금과 이를 가능하게 하는 현대판 감옥에 저항하는 흐름을 만들어내고 있다. 지리학에서는 길모어에 의해 "철폐주의 지리학"이 제시되었다. (역주)

참조). 정치학자 세드릭 로빈슨(Cedric J Robinson)은 그의 고전적 저서인『흑인 마르크스주의(*Black Marxism*)』에서 남아공의 아파르트헤이트 시대의 급진적 학자들의 초기 연구와 칼 마르크스의 저서를 바탕으로 **인종 자본주의**(racial capitalism) 개념을 발전시켰다(Robinson 1983). 마르크스에게 노예제란 "원시적 축적"의 특징을 지니며, 따라서 자본주의 발전의 주변적 요소일 뿐이다. 마르크스는 노예제를 자본주의 발달 궤적에서 자본주의 이전 단계이자 비자본주의 발전 단계로 묘사했다. 그러나 로빈슨은 그렇지 않다고 반박한다. 그는 아메리카 대륙에서 노예 제도가 취한 형태인 지주 노예제는 자본주의 그 자체에 필수적인 요소였다고 주장했다. 마르크스는 봉건제가 생산력을 저해하면서 자본주의가 탄생하면서 종식되어야 한다고 이론화한 반면, 로빈슨은 봉건적 관계(영주-노예)가 자본주의의 핵심인 농장/노예 복합체와 일종의 연속성을 가지고 있다고 보았다.

> 유럽 봉건제의 사회적, 문화적, 정치적, 이념적 복합체는 부르주아지를 사회 및 정치적 혁명으로 이끈 사회적 "족쇄"보다 자본주의 등장에 더 큰 기여를 했다. 어떤 계급도 스스로 창조된 것은 아니다. 실제로 자본주의는 봉건제 사회질서의 파국적 혁명(단절)이라기보다는 이러한 사회관계를 근대 정치 및 경제 관계의 더 큰 태피스트리로 확장한 것이었다.
> (Robinson 1983: 10)

로빈슨은 마르크스주의 정치경제학의 문제점은 마르크스와 엥겔스가 새로운 노동자 계급인 프롤레타리아트의 출현을 관찰한 영국의 초기 산업 공장이라는 특정 공간에 기반을 두고 있다는 점이라고 주장했다. 마르크스의 이론은 대부분의 이론과 마찬가지로 아무데서나 나온 것이 아니라 특정한 역사적, 지리적 맥락에서 형성된 것이다. 다른 곳에서 이론을 정립한다면 이론 자체가 달라질 것이다. 예를 들어 영국의 공장이 아닌 아메리카 대륙의 농장에서 시작한다면 어떨까? 두 장소가 단절된 것은 물론 아니다. 결국, 공장에서 사용되는 면화는 주로 농장 노예제를 통해 생산되었으니 말이다.

　로빈슨은 마르크스와 달리 "인종주의"가 자본주의의 핵심이라고 주장했다. "인종주의"는 인종 자체가 "자연"에서 비롯되있다고 (거짓으로) 믿었던 논리를 동해 사회소식과 계급을 자연스러운 것으로 보는 과정을 의미했다. 이러한 신념이 있었기에 배제, 노예화, 착취의 과정을 통해 유럽 내부의 억압(예 : 아일랜드인에 대한 억압)과 유럽 외부 식민지에서의 억압 보누 유럽의 사회적 산물로 발전할 수 있었다. 로빈슨이 보기에 노동자는 동질적인 존재가 아니었다. 공장에서 찍어낸 동질적인 신체가 아니라 오히려 그 차별성에 기반하여 착취의 형태가 발화하는 차별화된 신체이며, 인종은 이러한 차별화가 발생하는 주요한 방식이다. 노예제에서 출발한 그 논리는 글로벌 북쪽(백인으로 비유되는)과 글로벌 남쪽(흑인과 갈색인으로 비유되는) 사이의 불균등한 발전으로 이어지는 경향이 있다. 식민주의에 기반한 지구적 불균등 발전이 내포하고 있는 인종주의적 본질은 오늘날 이주노동을 추동하고 있으며, "백인" 노동 계급과 인종화된 이주노동자 사이의 갈등을 야기하고 있다. 공장의 논리와 플랜테이션의 논리는 인종을 중심에 두는 이론적 접근을 요구하면서 상호결합되어 있다. 로빈슨은 노예가 된 흑인들도 마르크스의 프롤레타리아트만큼이나 혁명적 주체라고 주장한다.

요약하자면 로빈슨은 자본주의에서 인종의 핵심적 역할을 이해하기 위해서는 다양한 공간을 살펴봐야 한다고 주장한다. 우리는 유럽이라는 공간 너머와 영국이라는 특정 장소 너머를 모두 살펴볼 필요가 있다.

> 그러나 기본적으로, 인식론적 기저에 마르크스주의는 서구적 구성물이라고 봐도 될 것이다. 즉 인간 문제와 인류의 역사적 발전에 대한 개념화가 유럽의 문명, 사회질서, 문화를 통해 매개된 유럽 민족의 역사적 경험에서 출현했다. 그 철학적 기원 역시 논란의 여지없이 서구적이다. 그러나 분석적 가정, 역사적 관점, 세계관 역시 마찬가지로 서구적이라고 봐야 한다. (Robinson 1983: 1).

로빈슨은 지리학자는 아니었지만 그의 아이디어는 루스 윌슨 길모어(Ruth Wilson Gilmore)를 비롯한 지리학자들에 의해 수용되었다. 길모어는 로빈슨의 뒤를 이어 인종 자본주의가 자본주의의 전부이며, 인종 논리의 중심성에 주목하지 않고는 자본주의를 이해할 수 없다고 주장한다. 이는 기존의 마르크스주의 공식에 인종을 추가한 것이 아니라, 인종의 발명이 자본주의의 기원이자 현재 진행 중인 프로젝트의 기초라고 주장한 것이다. 길모어는 인종차별을 "조기 사망에 대한 집단 차별적 취약성을 국가가 승인하거나 비합법적으로 생산하고 착취하는 것"으로 정의했다(Gilmore 2007: 28). 또한 인종주의는 인간종을 구성하는 일부 구성원을 다른 인종 구성원과 분리하는 과정을 통해 작동하며, 이러한 분리는 대부분 피부색에 대한 참조를 통해 이루어진다. 길모어는 인종의 발명과 자본주의 아래서 분리 과정이 (세계 일부 지역의) 일부 사람들이 (세계 다른 지역의) 다른 사람들을 착취할 수 있도록 허용했다고 주장한다. 자본주의는 인종화 과정을 통해 집단을 만들어서 수익 창출로 연결한다. 자본주의는 누가 누구와 어떤 조건으로 연결되는지를 통제하며, 특히 인종을 바탕으로 특정한 착취적 관계를 만들어낸다고 그녀는 주장한다. 이 과정은 항상 지리적이다.

길모어는 자신의 저서인『황금 감옥(*The Golden Gulag*)』(2007)에서 캘리포니아 교도소 시스템을 설명하는 데 자신의 이론적 도구를 활용했다. 이 책에서 그녀는 어떻게 미국이 세계에서 가장 부유한 국가의 중심부에 세계에서 가장 큰 교도소 시스템을 구축하게 되었는지에 대해 질문한다. 또한 범죄율은 감소하는 반면 교도소는 놀라운 속도로 건설되고 있는 이유와 흑인과 라틴계 사람들이 불균형적으로 많이 수감되는 이유에 대해서도 질문한다. 그녀는 근본적으로 수감 시스템은 지리적 테크닉이라고 주장했다.

> 감옥은 수감자의 위치 변동 말고는 아무것도 변화시키려고 의도조차 하지 않는다. 간단히 말해 그것은 무질서하고 탈산업화된 장소에서 사람들을 대량으로 반복적으로 옮겨 다른 곳에 수용함으로써 사회 문제를 해결하려는 지리적 해결책이라고 할 수 있다. (Gilmore 2007: 14)

길모어는 캘리포니아 교도소 시스템의 대규모 확장과 그 확장이 미국 흑인의 삶의 구성요소를 특정하여 범죄화하는 새로운 범죄 창출에 어떻게 의존하고 있는지 추적한다. 그녀에 의하면 감옥은 범죄의 확대에 대한 단순한 대응이 아니라 1980년대 이후 복지 국가의 위축에 따른 자본주의의 다양한 위기에 대한 대응이었다. 길모어는 이 과정에서 네 가지 잉여가 동시에 작동하고 있다고 주장한다. 즉 학교와 병원 등 국가 인프라의 다른 부분에 사용되던 자본의 잉여, 가뭄으로 인해 유휴경작지를 저렴하게 이용할 수 있게 된 유휴경작지 잉여, 공식경제에서 배제된 사람들의 노동력 잉여, 복지가 축소되면서 특정 전문성을 갖춘 인력이 교도소 산업에 투입되는 "국가 역량"의 잉여라는 네 가지 잉여가 상호연관되어 있었다. 이 주장을 통해 길모어는 교도소가 복지, 교육, 보건, 대중교통 등 국가 투자 철수로 인해 일상이 잠식된 다른 장소와 연결된 관계적 실체임을 보여준다. 주로 흑인과 갈색인이 거주하는 곳이 빈곤으로 일상생활의 질이 떨어짐으로써 필연적으로 더 많은 범죄가 발생했고, 이는 다시 감옥의 확장으로 이어졌다. 따라서 교도소 경관의 건설은 하비가 "공간적 조정"이라고 불렀던 것의 구체적인 버전으로 볼 수 있다. 길모어가 말했듯이 "교도소는 사회 및 경제위기에 대한 지리적 해결책이며, 그 자체가 위기에 처한 인종주의 국가에 의해 징치직으로 조직된 것"(Gilmore 2022: 137)이다. 자본은 새로운 갈 곳이 필요했고 감옥이 그 기능을 수행했다.

길모어의 작업은 흑인 마르크스주의의 영향을 받아 교도소 경관에 대한 비판을 제공하기 위한 것이었다. 하지만 그녀는 그 이상의 일을 해냈다. 마르크스와 마찬가지로 길모어의 관심은 상황을 변화시키는 것이었다. 이를 염두에 두고 그녀는 **철폐주의 지리학**(abolition geography)(Gilmore 2022)을 제안했다. 감옥을 철폐하자는 생각에서 출발했지만, 그보다 훨씬 더 나아가 애초에 감옥을 만들어내는 조건을 철폐하자는 주장을 했다. 철폐주의 운동은 반인종주의, 반자본주의, 페미니스트, 환경주의 등 사회에 대한 비판적 진단을 내린 활동가들의 연합 운동으로 발전하고 있다. 철폐는 사람들이 감옥이 필요하다고 믿게 만드는 조건을 없애는 것을 의미한다.

(이미 알고 있던 대로) 자본주의의 종말?

> 오늘날의 우리는 후기 자본주의의 붕괴보다 지구와 자연의 완전한 황폐화를 상상하는 쪽이 더 쉬운 듯이 보인다. 아마도 그 이유는 우리의 상상력에 문제가 있기 때문일 것이다.
> (Fredric Jameson [1994], Gibson-Graham 2006a: ix에서 재인용)

최근 급진주의 지리학에서 나온 이론적 접근 중 가장 주목할 만한 업적은 J. K. 깁슨-그레이엄(J. K. Gibson-Graham)이라는 필명을 쓰는 줄리 그레이엄(Julie Graham)과 캐서린 깁슨(Katherine Gibson)의 저작이다. 그들의 저작『그따위 자본주의는 벌써 끝났다(*The End of Capitalism (as we knew it)*)』는 자본주의에 대한 마르크스주의 비판에 그 뿌리를 두고 있지만 페미니즘, 퀴어 이론, 포스트구조주의에서 발전시킨 논의들도 담고 있다. 이 책은 믿을 수 없으리만큼 단순한 전제에 기반하고 있다. 곧, 자본주의가 전부가 아니라는 (즉 자본주의가 아닌 다른 것도 있다는) 것이다. 자본주의는 항상 승리하는 것도, 모든 곳에서 구현된 것도 아니다. 그들은 자본주의라는 인식이 점점 주류가 되어 왔다고 주장한다. 예를 들어 좌파 학자들은 우파 학자들과 마찬가지로 자본주의는 항상 이미 성취되었고 모든 곳에 있다는 것을 기본 상식으로 가정한다. 좌파 지식인들은 자본주의에 대한 대안을 보여주는 장소가 지구상 어디에 있는지를 오랫동안 물색해 왔다. 20세기의 대부분 기간 동안에는 소위 소련과 동유럽의 공산주의 경제에서 이런 대안을 찾아보고자 했다. 최근에는 쿠바, 니카라과, 볼리비아, 베네수엘라처럼 대규모의 국가 주도 경제를 출범시킨 지역이 주목을 받았다. 그러나 이들 대안적 사례들이 붕괴하거나 문제가 있는 것으로 판명됨에 따라 자본주의를 실제로 대체할 수 있는 대안은 없는 듯이 보였다. 자본주의 자체가 붕괴하는 것 말고는 그 어떤 다른 상상도 가능하지 않은 듯했다.

깁슨-그레이엄의 연구는, 깜짝 놀랄 만한 곳, 바로 우리 주변에서 자본주의의 대안을 찾고자 한 시도였다. 그들은 자본주의는 모든 곳에 있으며 항상 승리한다는 인식이 신화에 불과하다는 것을 드러내고자 했다.

> 미국이 기독교 국가라고 말한다든지 또는 이성애주의 국가라고 말하는 게 왜 문제가 되는 것일까? 기독교와 이성애주의가 실제로 미국 안에서는 지배적이고 주류적인 실천인데도 말이다. 반면 이와 동시에 미국이 자본주의 사회라고 말하는 것은 타당하고 심지어 "정확한" 것으로 비춰지는 것은 왜일까? 왜 후자는 정확한 재현이라고 생각하는 반면, 전자의 표현과 그 비판적 역사는 "임의적 허구"이며 차이를 희석하거나 제거한다고 받아들이는 것일까? (Gibson-Graham 2006a: 2)

어떤 점에서 보자면, 이들은 자본주의라는 **관념**이 자본주의의 생산양식보다 훨씬 더 성공적이라고 주장한다. 급진주의 지리학자들과 여타 좌파 학자들은, 경제야말로 다른 것들과 마찬가지로 분열되고 다양하다는 사실을 간과한 채, 그들이 무엇을 찾아 헤매든지 결국 자본주의에 머무를 수밖에 없는 함정에 빠지고 말았다. 자본주의의 중심이라는 미국에서조차도 농산물 직거래 장터나 협동조합, 대안화폐, 직거래 및 온갖 종류의 대안적인 경제활동 공간들이 존재하는데도 말이다.

> 그러나 경제 역시 분절적인 것으로 인식되면 왜 안 되는 것인가? 경제를 분절된 것으로 이론화하면 미국에서만도 대규모의 국가 부문이 있음을 발견할 수 있으며 … 거대한 부분을 차지하는 자영업 및 가족경영 생산자(대부분 자본가들이 아니다) 부문, 대규모의 가구경제 부문이 있다(다시 말하지만 착취 형태에 있어서 매우 다양하다. 어떤 가구들은 공동체적 내지는 집합적 이익실현을 추구하는 반면 다른 가구들은 어른 한 명이 다른 이로부터 잉여 노동을 충당하는 전통적인 방식으로 운영되기도 한다). (Gibson-Graham 2006a: 263)

깁슨-그레이엄에 따르면 이런 사고방식에 따른 문제는, 급진주의 이론가들이 (모든 것을 다 포괄하는 보편적인 자본주의와 마찬가지로) 모든 것을 다 포괄하는 보편적인 전 지구적 혁명에만 반응한다는 것이다. 자본주의를 쪼개어 그 균열과 불완전성을 드러냄으로써, 통일체인 듯이 보이는 자본주의가 속임수에 불과한 환상이며 다른 온갖 종류의 가능성이 도출될 수 있다는 사실을 천명한 것이다.

이들의 논쟁으로 인해 지리학자들은 또다시 보편과 특수 사이의 이론적 대결에 맞닥뜨리게 되었다. 주류 마르크스주의와 신마르크스주의는 자본주의의 보편성을 주장하는 반면(어떤 점에서는 이들은 공간과학자들과 공유하는 지점이 있다), 깁슨-그레이엄의 자본주의의 종말에 대한 분석은 온갖 종류의 방식으로 특정 장소마다 그것이 시시각각 변한다고 주장한다. 자본주의 경제는 하나의 단일체가 아니라 "다양한 경제들"의 복합체라는 것이다(Gibson-Graham 2006b).

1970년대 초반 하비가 세계 경제의 작동을 설명하고 진보 지식인들의 책임을 규정한 것을 상기해 보라. 그는 관심 있는 지식인들은 "탁월한 사유 체계를 생산하고 이를 설명을 요하는 현실에 적용함으로써, 그에 위배되는 것은 죄다 터무니없어 보이도록 만들어야 한다"고 선언했다(Harvey 1973: 146). 하비는 학자인 우리가 할 수 있는 최선의 길은 이론적 작업이라고 주장했다. 또한 이 이론적 작업은 강력하고 설득력이 있어서 다른 대안적인 이론을 "터무니없게" 만들어 버려야 했다. 모든 것을 포괄하는 자본주의에 대한 그의 해법은 모든 것을 포괄하는 이론이었다. 하비와 깁슨-그레이엄은 서로 동의하지 않는 것보다는 동의하는 것이 더 많아 보이지만, 깁슨-그레이엄의 입장은 하비보다 훨씬 덜 포괄적이며, 이론가의 의자보다는 실제 존재하는 구체적 장소에 기반을 둔 대안을 지지했다.

> 우리의 목표는 경제를 "실제 존재하는 그대로" 그려낼 수 있는 완성되고 일관된 틀을 만들고 이미 준비된 "대안적 경제"를 (전환하거나 제안할 수 있도록) 제시하는 것이 아니다. 오히려 우리의 희망은 당연시되는 자본주의 경제의 지배력을 축소하고 탈구시키고 새로운 경제적 생성체들(becomings)을 위한 공간을 조성하는 것이다. 그 생성체들이야말로 생산해내도록 우리가 힘써야 하는 것이다. 다양한 경제를 인식할 수 있다면 활기찬 비자본주의적 장소의 정치를 구성하는 강력한 구성요소로서 다양한 조직과 실천들에 대한 상상을 시작할 수 있다. (Gibson-Graham 2006a: xii)

하비가 제시한 1970년대 급진주의 지리학과 깁슨-그레이엄의 20세기 말 급진주의 지리학의 차이는 그들 사이에 일어났던 사반세기 동안의 이론적 변화와 특히 페미니즘(8장 참조)과 포스트구조주의(10장 참조)로부터 얻은 통찰이다. 앞으로 살펴보게 되겠지만, 페미니즘과 포스트구조주의 모두 그들이 "거대서사(metanarrative)"라고 지칭한 것에 대한 혐오감을 드러냈다. 차이와 특수에 대한 옹호는 다시 한 번 전면에 등장하게 되었다.

결론

마르크스주의가 지리학에 미친 방대한 영향을 제대로 다루기란 사실상 불가능하다. 이 장에서 설명한 것은 마르크스에 대한 직접 및 간접적 해석이 지난 40여 년 동안 지리학에 제공해 온 것에 대한 최소한의 요약일 뿐이다. 그런 해석은 지리학이 이 자본주의 세계를 이해하고 변혁시키는 데 도움을 달라고 일관되게 호소해 왔다. 1960년대 후반 지리학은 당시 세계가 직면해 있던 중요한 쟁점에 대해 거의 언급조차 하지도 않는 이상한 학문이었다. 마르크스주의자들은 그 점을 교정하는 데 일정 정도 기여했다. 이론적인 차원에서 마르크스주의자들은 우리들로 하여금 "공간"과 "자연" 같은 핵심적인 지리학 주제들을 깊이 있게 다루도록 만든 일등공신이었다. 이 작업은 그 후 또 다른 이론적 전통으로 계승되었다. 경제지리학의 영역에서는 개발도상국들이 착취적인 선진국들과 어떻게 연결되어 있는지를 보여줌으로써 지구적 경제발전 과정에 대한 중요한 통찰과 비판을 제공했다(Santos 1974; Slater 1977; Peet 1991). 이와 비슷하게 노동과 산업이 도시와 지역 스케일에서 어떻게 공간적으로 작동하는지를 이해하는 데는 혁신이 일어났다(Massey 1974, 1984; Storper and Walker 1989).

마르크스주의는 최근 흑인 마르크스주의와 철폐주의 지리학의 흥행에만 국한되지 않고 여전히 지리학에 중요한 영향력을 행사하고 있다. 1968년 이후로 마르크스주의는 공격을 받아왔다. 첫 번째 공격은 하비와 다른 이들이 그토록 속속들이 비판한 공간과학자들로부터, 두 번째 공격은 마르크스주의가 인간의 자유의지를 부정한다고 본 인본주의자들에게서 나왔다. 최근에는 (마르크스주의는 젠더에 무지하므로) 페미니스트들과 (거대서사에 대한 마르크스주의의 신념으로 인해) 포스트구조주의자들로부터도 공격을 받게 되었다. 그러나 이 모든 공격에도 불구하고 마르크스주의는 여전히 우리가 살고 있는 이 세계에 대한 가장 강력한 이론적 접근으로 남아 있다. 도시에는 여전히 게토가 존재하고 있다. 남반구 지역은 여전히 북반구에 의존하고 있다. 우리는 여전히 주기적으로 몰려오는 위기에 취약하게 노출되어 있다. 2008년의 세계 경제위기는 자본주의 작동에 대한 진단으로서 마르크스주의(및 무정부주의)에 대한 관심을 다시금 불러일으켰다. 하비와 길모어의 최신 저작은 지리학을 넘어 여러 논쟁 주제를 던지고 있다. 그들의 작업은 서로 다르지만 한편으로는 연결되어 자본 또는 인종 자본주의의 한계에 대한 분석을 통해 우리가 살고 있는 이 시대에 대해 중요한 진실을 말하고 있는 것으로 인정받고 있다. 하비가 1973년 그의 책에서 쓴 것처럼 생태 문제, 도시 문제, 국제 통상 문제 등이 여전히 산적해 있다.

참고문헌

Berger, J. (1972) *Ways of Seeing*, Penguin, Harmondsworth. 최민 역, 2012, 『다른 방식으로 보기』, 열화당.

Berry, B. (1972) More on relevance and policy analysis. *Area*, 4, 77–80.

Blaikie, P. M. and Brookfield, H. (1987) *Land Degradation and Society*, Methuen, London.

Bunge, W. (1974) Fitzgerald from a distance. *Annals of the Association of American Geographers*, 63, 485–488.

* Cosgrove, D. E. (1983) Towards a radical cultural geography: problems of theory. *Antipode*, 15, 1–11.

Cosgrove, D. E. (1984) *Social Formation and Symbolic Landscape*, Croom Helm, London.

Cosgrove, D. E. (1985) Prospect, perspective and the evolution of the landscape idea. *Transactions of the Institute of British Geographers*, 10, 45–62.

Cosgrove, D. E. and Jackson, P. (1987) New directions in cultural geography. *Area*, 19, 95–101.

Cresswell, T. (1996) *In Place/Out of Place: Geography, Ideology and Transgression*, University of Minnesota Press, Minneapolis.

Cronon, W. (1991) *Nature's Metropolis: Chicago and the Great West*, Norton, New York.

Daniels, S. (1990) Marxism, culture and the duplicity of landscape, in *New Models in Geography* (eds N. Thrift and R. Peet), Allen & Unwin, Boston, MA, 177–220.

Duncan, J. S. (1980) The superorganic in American cultural geography. *Annals of the Association of American Geographers*, 70, 181–198.

Fitzsimmons, M. (1989) The matter of nature. *Antipode*, 21, 106–120.

Gandy, M. (2002) *Concrete and Clay: Reworking Nature in New York City*, MIT Press, Cambridge, MA.

* Gibson-Graham, J. K. (2006a) *The End of Capitalism (As We Knew It): A Feminist Critique of Political Economy*, University of Minnesota Press, Minneapolis. 이현재, 엄은희 외 역, 2013, 『그따위 자본주의는 벌써 끝났다-여성주의 정치경제 비판』, 알트.

Gibson-Graham, J. K. (2006b) *A Postcapitalist Politics*, University of Minnesota Press, Minneapolis.

Gramsci, A. (1971) *Selections from the Prison Notebooks* (eds and trans. Q. Hoare and G. Nowell Smith), Lawrence & Wishart, London. 이상훈 역, 2006, 2007, 『옥중수고 1, 2』, 거름.

Halls, S. (1980) *Culture, Media, Language*. Hutchinson, London, in association with the Centre for

Contemporary Cultural Studies, University of Birmingham.

Hall, S. and Jefferson, T. (1976) *Resistance through Rituals: Youth Subcultures in Post-War Britain,* Hutchinson, London [for] the Centre for Contemporary Cultural Studies, University of Birmingham.

Harvey, D. (1969) *Explanation in Geography,* Edward Arnold, London.

* Harvey, D. (1973) *Social Justice and the City,* Blackwell, Oxford, 1988. 최병두 역, 1983,『사회정의와 도시』, 종로서적.

Harvey, D. (1982) *The Limits to Capital,* Blackwell, Oxford. 최병두 역, 2007,『자본의 한계』, 한울아카 데미.

Harvey, D. (1989) *The Urban Experience,* Johns Hopkins University Press, Baltimore.

* Harvey, D. (1996) *Justice, Nature and the Geography of Difference,* Blackwell, Oxford.

Harvey, D. (1996[1975]) The geography of capitalist accumulation, in *Human Geography: An Essential Anthology* (eds J. A. Agnew, D. Livingstone, and A. Rogers), Blackwell, Oxford, 600-622.

Harvey, D. (1996[1984]) On the history and present condition of geography: a historical materialist manifesto, in *Human Geography: An Essential Anthology* (eds J. A. Agnew, D. Livingstone, and A. Rogers), Blackwell, Oxford.

Jackson, P. (1989) *Maps of Meaning,* Unwin Hyman, London.

Kobayashi, A. and Mackenzie, S. (eds) (1989) *Remaking Human Geography,* Unwin Hyman, Boston MA.

* Lefebvre, H. (1991) *The Production of Space,* Blackwell, Oxford. 양영란 역, 2011,『공간의 생산』, 에코 리브르.

Ley, D. (1974) *The Black Inner City as Frontier Outpost: Images and Behavior of a Philadelphia Neighborhood,* Association of American Geographers, Washington, DC.

Lofus, A. and Lumsden, F. (2008) Reworking hegemony in the urban waterscape. *Transactions of the Institute of British Geographers,* 33, 109-126.

Marx, K. (1970) *A Contribution to the Critique of Political Economy,* Progress Publishers, Moscow.

Marx, K. (1996) Preface to A Contribution to the Critique of Political Economy, in *Marx: Later Political Writings* (ed T. Carver), Cmabridge University Press, Cambridge, 158-162.

Massey, D. (1974) *Towards a Critique of Industrial Location Theory,* Centre for Environmental Studies, London.

Massey, D. (1984) *Spatial Division of Labour: Social Structures and the Geography of Production,* Macmillan, London.

Merrifield, A. (2006) *Henri Lefebvre: A Critical Introduction,* Routledge, New York.

Mitchell, D. (1996) *The Lie of the Land: Migrant Workers and the California Landscape,* University of Minnesota Press, Minneapolis.

Mitchell, D. (2000) *Cultural Geography: A Critical Introduction,* Blackwell, Oxford, 류제헌, 진종헌, 정현 주, 김순배 역, 2011,『문화정치와 문화전쟁』, 살림.

Mitchell, D. (2001) The devil's arm: points of passage, networks of violence and the political economy of landscape. *New Formations*, 43, 44–60.

* Mitchell, D. (2003) California living, California dying: dead labor and the political economy of landscape, in *Handbook of Cultural Geography* (eds K. Anderson, S. Pile, and N. Thrift), Sage, London, 233–248..

Olwig, K. R. (1984) *Nature's Ideological Landscape: A Literary and Geographic Perspective on Its Development and Preservation on Denmark's Jutland Heath*, G. Allen & Unwin, Boston, MA.

Painter, M. and Durham, W. H. (1994) *The Social Causes of Environmental Destruction in Latin America*, University of Michigan Press, Ann Arbor.

* Peet, R. (1977) *Radical Geography: Alternative Viewpoints on Contemporary Social Issues*, Maaroufa Press, Chicago.

Peet, R. (1991) *Global Capitalism: Theories of Societal Development*, Routledge, New York.

Prince, h. (1971) Questions of social relevance. *Area*, 3, 150-153.

Robbins, P. (2004) *Political Ecology: A Critical Introduction*, Blackwell, Oxford. 권상철 역, 2008, 『정치생태학-비판적 개론』, 한울아카데미.

Robinson, C. (1983) *Black Marxism: The Making of the Black Radical Tradition*, Zed, London.

Santos, M. (1974) Geography, Marxism and underdevelopment. *Antipode*, 6(3), 1–9.

Sauer, C. (1965) The morphology of landscape, in *Land and Life* (ed J. Leighly), University of California Press, Berkely, CA, 315–350..

Shields, R. (1999) *Lefebvre, Love, and Struggle: Spatial Dialectics*, Routledge, New York.

Slater, D. (1977) Geography and underdevelopment. *Antipode*, 9, 1–31.

Smith, D. M. (1971) Radical geography: the next revolution? *Area*, 3, 53–57.

Smith, D. M. (1973) Alternative "relevant" professional roles. *Area*, 5.

Smith, D. M. (1977) *Human Geography: A Welfare Approach*, Edward Arnold, London.

* Smith, N. (1991) *Uneven Development: Nature, Capital, and the Production of Space*, Blackwell, Oxford.

Smith, N. and O"keefe, P. (1996[1980]), Geography, Marx and the concept of nature, in *Human Geography: An Essential Anthology* (eds J. A. Agnew, D. Livingstone, and A. Rogers), Blackwell, Oxford, 282-295.

Soja, E. W. (1999) Thirdspace: expanding the scope of the geographical imagination, in *Human Geography Today* (eds D. Massey, J. Allen, and P. Sarre), Polity, Cambridge, 260–278.

Storper, M. and Walker, R. (1989) *The Capitalist Imperative: Territory, Technology, and Industrial Growth*, Blackwell, Oxford.

Swyngedouw, E. (1999) Modernity and hybridity: nature, regeneracionismo, and the production of the Spanish waterscape, 1890–1930. *Annals of the Association of American Geographers*, 89, 443–465.

Thompson, E. P. (1963) *Making of the English Working Class*, V. Gollancz, London.

Western, J. (1981) *Outcast Cape Town*, Univeristy of Minnesota Press, Minneapolis.

Williams, R. (1973) *The Country and the City*, Hogarth, London. 이현석 역, 2013, 『시골과 도시』, 나남

출판.

Williams, R. (1977) *Marxism and Literature,* Oxford University Press, Oxford.

Williams, R. (1980) *Problems in Materialism and Culture: Selected Essays,* New Left Books, London.

제 8 장

페미니스트 지리학

- 여성과 지리학
- 페미니스트 지리학이란 무엇인가?
- 젠더와 지리학
- 지리학의 남성중심주의
- 페미니스트 인식론
- 페미니스트 지리학
- 결론 : 페미니스트 지리학과 차이, 그리고 교차성

때론 낯설게 여겨지는 페미니스트 "이론"의 세계로 들어가기 전에 다음의 사항을 한 번 고려해보자. 전 세계적으로 볼 때 최소한 여성 3명 중 1명은 그들 인생에서 성적으로 학대를 당한 경험을 안고 있다. 해마다 400만 명의 여성과 소녀들이 성매매에 연루된 활동에 동원되고 있다(http://www.feminist.com/antiviolence/facts.html). 1970년 미국에서 여성은 남성 연봉의 60%밖에 받지 못했다. 2008년에는 그 숫자가 77%가 되었다(http://www.iwpr.org/pdf/C350.pdf). 2003년 데이터에 의하면, 영국 여성이 가사노동에 들인 시간은 하루에 3시간인 반면 남성은 1시간 40분밖에 되지 않았다(http://www.statistics.gov.uk/CCI/nugget.asp?ID=288). 여성은 지구의 1%에 해당하는 땅만을 소유하고 있다. 여성은 전 세계 수입의 10%만 벌어들이면서 실제로 수행되는 총 노동량의 3분의 2를 차지한다. 미

Geographic Thought: A Critical Introduction, Second Edition. Tim Cresswell.
© 2024 John Wiley & Sons Ltd. Published 2024 by John Wiley & Sons Ltd.

국에서 빈곤선 이하에 속하는 3,700만 명의 사람들 중 2,100만 명이 여성이다(http://www.internationalwomensday.com/facts.asp). 이런 목록은 끝도 없이 되풀이된다. 가끔씩 우리 중 누군가는, 특히 서구 선진국에서 사는 이들은 우리가 어느 정도 공평한 세계에서 살고 있다고 생각하기도 한다. 그러나 사실은 그것과 반대다. 일터에서 여성은 여전히 차별당하고 수입은 더 적다. 고위관리직으로 올라갈 기회도 거의 없다. 집에서는 여성이 대부분의 노동을 감당하는 경향이 있으며 이들 중 상당수는 신체적, 정신적 학대도 당한다. 공공장소에서도 여성은 여전히 두려운 삶을 영위하고 있다. 대중매체들은 여전히 (어쩌면 예전보다 더 많이) 여성들을 남성의 쾌락의 대상으로 투사하고 있다. 페미니즘과 페미니스트 이론은 이런 상황들에 근거를 두고 있다. 세계는 체계적으로 여성에게 불리하게 작동하고 있다는 관찰에 근거한 정치적, 이론적 접근을 펼친다.

　이 장의 요지는, 페미니즘이야말로 우리가 살고 있는 이 세계에 대해 많은 것을 알려주는 강력한 아이디어와 실천 모음집이라는 점을 확인시키는 것이다. 그것은 회피하기보다는 추구해야 할 사상이다. 그것은 실제 세계에서 남성과 여성, 및 다른 사람들과의 권력관계와 관련되며 그에 근거한 사상이다. 그 실제 세계의 일부가 바로 지리학이라는 학문이며 우리가 출발하고자 하는 지점이다.

여성과 지리학

대부분의 지리학 역사에서, 지리학은 남성이 압도적으로 지배한 학문이었다. 최근까지 대부분의 지리학자가 남성이었을 뿐만 아니라, 지리학은 탐험과 정복의 역사에 뿌리를 둔 다양한 버전의 남성성과 연관되어 왔다. 주지하듯이 데이비드 리빙스턴(David Livingstone)의 『지리학의 전통(*Geographical Tradition*)』(1993)에서는 "서양 지리학사 500년을 통틀어 단 2명의 여성만 언급했다!"(Royal Geographical Society with the Institute of British Geographers, Women and Geography Group 1997: 17). 그러나 사실, 여성은 오랫동안 지리학의 안팎에서 다양한 일을 해왔다(Maddrell 2009).

　무엇을 "지리학" 또는 "학문"으로 정의하느냐에 따라 많은 것이 좌우될테지만 무엇이 지리학인지를 결정하는 기준 자체가 대개 남성들에 의해 만들어졌다. 영국의 왕립지리학회와 같은 기관은 특히 초창기에 무엇이 지리학적 지식인지에 대한 검열을 하는 데 많은 노력을 기울였다. 출판업자는 누구의 책을 출판할 것인지를 선별했다. 학술지 편집인과 심사위원들은 무엇이 지리학적 지식으로 인정되고 무엇은 안 되는지를 결정했다. 그런 권력의 자리에 앉은 이들은 주로 남성들이었다. 똑같은 논리가 "지리학"과 "학문"의 긴밀한 연관에도 적용된다. 가치 있는 지리학적 지식이 모두 공식적인 대학교육에서 가르치는 지리학 학문에 국한된다면, 이 역시도 남성에 의해 규정되어 왔다. 지리학이라는 학문에서 여성의 기록이 많지 않다는 관찰은 (대부분, 그리고 지금까지도) 남성에 의해 정의되고, 규제되고, 규율되어 온 이 협소하게 규정된 지리학에서 여성의 기록이 많지 않다는 뜻에 지나지 않는다. 그렇다면 별로 놀라울 것도 없다!

그렇다면 지리 이론과 역사를 설명함에 있어서 누구의 지식이 합당한 것인가? 우리가 이미 다루었던 숱한 이론가들은 이 문제를 그다지 많이 고심하지 않았다. 그러나 페미니스트들은 이를 중요한 문제로 부각시켰다. 페미니스트 지리학자들은 지리학 학문의 역사를 재인식하고 수면 아래에 있었던 목소리와 생각들을 복원하는 데 엄청난 노력을 쏟아부었다. 예를 들어 질리언 로즈(Gillian Rose)는 지리학사를 설명하는 데 있어서 여성의 존재를 체계적으로 지워버리려는 시도가 있어 왔다고 주장한다. 즉 여성이 지리학사에서 없었던 것이 아니라 우리가 충분히 찾아보지 않았던 것이다(Rose 1995).

로즈가 주장하듯이 지리학적 지식의 구성에 여성들이 관여해 왔지만 그 기여를 인정받지 못했다면, 그녀들은 누구이며 도대체 어떤 지식을 생산했다는 말인가? 이런 문제 제기는 지리학사에 대한 이야기를 나누면서 모나 도모쉬(Mona Domosh)와 데이비드 스토다트(David Stoddart) 간에 오간 날선 공방에서 전면적으로 드러난다. 스토다트는 매우 저명한 지리학사 텍스트인『지리학과 그 역사에 대하여(*On Geography and Its History*)』(1986)를 저술한 남성 지리학자다. 도모쉬는 1991년에《영국지리학회지》에「지리학에 대한 페미니스트의 역사기술(feminist historiography of geography)」을 주장하는 논문을 실었다. 이 논문에서 그녀는 지리학사에서 여성의 목소리를 재발견할 가능성에 대해 주장했다. 지리학 지식에 기여했지만 인정받지 못했거나 기록되지 못한 여성들의 사례는 주로 여성 여행가들이었는데, 그녀들은 계급적 특권과 식민 모국의 특권, 백인이라는 인종적 특권을 이용해서 세계 곳곳을 여행하며 방문한 곳에 대한 관찰 기록을 남겼다. 이들은 영국의 여류 여행가 메리 킹슬리(Mary Kingsley)와 미국의 여류 여행가 이사벨라 버드(Isabella Bird) 등을 포함했다. 도모쉬는 자신의 주장을 입증하기 위해 스토다트의 책을 지리학사에서 여성을 제거한 본보기로 제시했다

(Domosh 1991).

논문의 제언으로서 도모쉬는 버드의 다음과 같은 문구를 인용했다.

> 이처럼 에스티스 파크(Estes Park)[1]는 내 것이다. 그것은 탐험되지 않았고 "그 어떤 남성도 침범하지 않은 땅"이며 사랑과 전용, 인정이라는 이유로 내 것이다 — 그 비할 데 없이 아름다운 일몰과 일출, 그 후에 드리워지는 영화로운 후광, 그 타는 듯한 정오, 그 날카롭고 맹렬한 허리케인, 야생의 오로라, 그 영화로운 산과 숲, 계곡과 호수, 강, 그리고 내 기억 속에 남아 있는 그 모든 잔상들. (Isabella Bird [1879], Domosh 1991: 95에서 재인용)

도모쉬의 논문은 왜 이와 같은 글은 지리학사에서 배제되는지에 대한 문제 제기를 핵심으로 하고 있다. 스토다트도 지리적 탐험과 답사 전통을 지리학적 지식의 역사에 포함시키긴 했지만, 그것은 분명히 과학적임을 천명하고 학문기관에서 승인한 종류에 한해서였다. 도모쉬는 스토다트가 기꺼이 문호를 활짝 열고 지리 지식을 정의하고자 했다면 왜 그 문호를 "여성 여행가"들의 보다 광범위하면서도 여전히 공인되지 못했던 "비과학적" 글에는 개방하지 않았는지를 묻는다.

바로 여기에는 과학적 지식이 무엇인가에 대한 정의의 문제가 개입되어 있다. 무엇이 과학으로, 그리고 지리학적 과학으로 인정되는지는 남성에 의해 규정되어 왔다. 남성들이 승인한 종류의 지식은 "객관적 지식"이 되었다. 객관적 지식이란 관찰자의 위치에 따라 좌우되지 않는 그런 지식을 말한다. 그것은 어디서나, 어떤 사람에게도 진리인 그런 지식이다. 인본주의 지리학자들이 공간과학을 비판할 때 한 가지 관점에서만 바라보는 이런 종류의 지식을 거부했음을 잘 알고 있을 것이다. 그러나 이런 인본주의 지리학자들조차도 그들의 연구에 있어서 자신들이 취해온 이같은 주체의 위치가 정말 무엇을 의미하는지 깊이 있게 성찰하지 않았다. 버드의 인용문은 기관으로부터 인증받은 남성 지리학자들이 탐험에서 가지고 돌아온 관찰 및 측정 목록과는 분명 다른 것이었다. 그것은 그녀의 주관성을 반영하며 열정적인 방식으로 쓰였다. 도모쉬는 이에 대해 이렇게 말한다.

> 여성 여행가들의 이야기는 놀라우리만큼 다양하지만 공유하고 있는 공통점이 있다. 그중 하나는 여행의 "개인적" 목표를 명시적으로 드러내고 있었다는 점이다. 소위 말하는 새로운 장소에 대한 객관적 발견은 그들 자신에 대한 발견과 분리되지 않았다. (Domosh 1991: 97)

---

1 미국 콜로라도 주 북부의 피서지. (역주)

19세기와 20세기 초 여성의 여행이 지식을 생산했다는 것은 의심의 여지가 없다. 다만 그 지식이 당시 "지리학"이라는 라벨이 붙은 일련의 지식에 들어맞지 않았을 뿐이다.

> 여성들이 지리학 지식에 특별히 기여했다고 할 만한 현장 답사에 있어서, 주체성은 … 과학적 지리학 영역에서는 체계적으로 지워져 버렸다. 주체성을 억압하고 관찰의 모호함을 부정하는 것은 20세기 전반에 일어났던 사회과학의 전문화와 학문의 정당성 확보에서 중요한 조건이 되었다. (Domosh 1991: 99)

이처럼 여러 층위에서 그리고 여러 이유에서 여성들은 지리학사에서 배제되거나 지워져 버렸다. 우선, 여성들이 생산했던 지식은 지식을 승인하는 제도적 틀에서 벗어나는 경향이 있었다. 대부분의 경우 여성은 왕립지리학회 같은 단체에 가입하지 못하도록 되어 있었고 그런 활동을 하지 말 것을 종용받았다. 여성은 바람직한 과학이 요구하는 엄격함, 특히 현장 탐사의 엄격함과는 맞지 않는 존재로 간주되었다. 따라서 여성이 생산한 모든 지식은 외부인의 지식으로 폄하되었다. 둘째, 여성이 쓴 설명은 "비과학적"이고 너무 개인적이며 "주관적"이므로 부적절한 것으로 평가되었다. "여성 여행가"들이 생산해 낸 사적 지리는 단순히 말해 "그녀들로 하여금 남성이 규정하는 언어에 제한된 세계의 경계에 불현듯 맞닥뜨리게 했다"(Domosh 1991: 99).

도모쉬의 설명은 이미 30여 년이나 지난 것이다. 그렇다면 이제는 지리학사나 지리학의 핵심 개념 설명에 여성들의 기여를 중요하게 받아들이고 있을까? 린다 맥도웰(Linda McDowell)은, "인문지리학과 그 분야 연구자들 및 관련 분야에 대한 종합적이고 권위 있는 설명"(http://www.elsevierdirect.com/brochures/hugy/)을 제공하고자 편찬된 매머드급 프로젝트인 13권의 『세계인문지리학사전(*International Encyclopedia of Human Geography,*)』(Kitchin 2008)을 발표, 토론하는 최근의 한 행사 자리에서, "인물" 편에서 선별한 지리학의 핵심 인물 60인 중 오직 3명만이 여성이었다고 지적했다. 그 세 여성은 재클린 보주-가르니에(Jacqueline Beaujeu-Garnier, 1917~1995)와 도린 매시(Doreen Massey), 그리고 맥도웰 자신이었다. 이것이 5년간에 걸친 조사와 노력의 결과물이었다! 수 세기에 걸친 지리학사에서 단 3명의 여성이라! 다른 최근의 저서들은 이보다는 약간 나은 편이었다. 예를 들어 『공간과 장소의 핵심 사상가(*Key Thinkers on Space and Place*)』에서는 52명의 "핵심 사상가"에 8명의 여성이 포함되었다(Hubbard, Kitchin *et al.* 2004). 당신이 속해 있는 학과를 한번 둘러보라. 학과 교수진과 행정직원 사진을 올려놓은 게시판을 본 뒤 그것을 학부생과 졸업생들 사진

게시판과 비교해보라. 물론 예외도 있겠지만, 대부분의 경우 교수진 중 70% 이상은 남성의 얼굴일 것이다. 추측컨대 행정직원 중 70% 이상은 여성일 것이다. 학부 레벨로 내려갈수록 여성의 비율은 50%에 근접할 것이다(최소한 "서양" 세계에서는 말이다). 내가 박사과정을 밟을 당시의 학과에는 오직 1명의 전임 여성교수가 있었을 뿐이었다. 내가 한때 일했던 학과도 1999년 당시 30명의 전임교수 중 여성 교수는 오랫동안 단 1명이었다. 1999년 이후로 물론 상황은 좋아졌지만 여전히 갈 길은 멀다.

페미니스트 지리학이란 무엇인가?

페미니즘은 단일한 이론이 아니다. 수많은 페미니스트 이론들이 있을 뿐이다. 페미니스트 지리학에 대한 어떤 책을 집어 들더라도 페미니즘과 페미니스트 지리학의 다양성을 찬양하는 내용을 접하게 될 것이다. 예를 들어『페미니스트 지리: 다양성과 차이에 대한 탐색(*Feminist Geographies: Explorations in Diversity and Difference*)』은 영국지리학자협회 산하 "여성과 지리 연구 분과(WGSG)"의 회원들이 공동으로 저술한 책이다. 페미니스트 지리학의 여러 측면에 대한 200여 페이지에 걸친 심도 있는 논의 끝에 마지막 줄은, "결국 우리는 페미니스트 지리학과 인문지리학의 현재 관련성에 대해서 일치하는 해석을 내놓을 수 없다."였다[Royal Geographical Society (with The Institute of British Geographers), Women and Geography Study Group 1997: 200]. 이 책의 제안서에 대한 한 익명의 심사자는 이런 나의 의견에 별 이의를 달지는 않았지만 페미니즘은 독자적인 장을 구성할 만하지는 않다는 확신에 찬 평가를 남겼다.

페미니스트 지리학의 발전에서 기념비적 텍스트가 된 책은『지리학과 젠더: 페미니스트 지리학 개론(*Geography and Gender: An Introduction to Feminist Geography*)』이다. 이 책 역시 영국지리학자협회 산하 WGSG 소속 연구자들의 공동 저작이었고 1984년에 출판되었다. 그러나 WGSG는 단 몇 년 동안만 활동했다. 그 서론에서 저자들은 자신들의 연구가 "페미니스트 지리"로 명명되어야 하는지 아니면 "여성 지리"로 명명되어야 하는지의 여부를 묻는 질문을 던졌다. 당시만 해도 "남성(man)"이라는 단어가 인류를 대표한다는 인식이 보편적이었다. 교과목 제목도 "지표면 변화에서 인간(Man)의 역할", "인간(Man)과 자연"과 같은 식으로 붙여졌다. 마르크스주의나 인본주의의 지리학 비판도 그 급진적인 성향에도 불구하고 이를 변화시키는 데 거의 아무런 역할도 하지 않았다. "이성적인 경제적 남성"은 공간과학의 중심에 서 있었고, 마르크스주의는 젠더에 무관심한 채 계급에만 집중했으며, 인본주의자들은 의미 있는 세계의 중심에 보편적 남성을 상정했다. 『지리학과 젠더』의 첫 문단은 지리학의 과제를 다음과 같이 말한다.

> 예를 들자면 우리는 농업경관을 변화시키는 행위자인 (남성형인) 인간(man)으로, 석탄을 채굴하는(또는 광산 폐업으로 실업자가 되기도 하는) (남성형인) 인간(men)으로 표현된다. 그뿐 아니라 레크리에이션이나 운송 및 주택수요에 대한 설문에서 가구의 가장으로서 (남성형인) 인간(men)은 자신의 의견을 제시한다. 여성은 이 공간적 세계에 존재하지조차 않는다고 생각해도 과언이 아니다. (Women and Geography Study Group of the Institute of British Geographers 1984: 19)

그로부터 거의 40년이 지난 지금, 진보적 성향의 저널뿐만 아니라 대부분의 학술지에서 "남성"이라는 단어를 이런 용법으로 사용하는 것은 용납되지 않는다. 《영국지리학회지》의 투고 안내는 다음과 같은 문구를 포함하고 있다. "투고할 논문은 성차별적이거나 인종차별적인 언어의 사용을 금지한다"(http://www.wiley.com/bw/submit.asp?ref=0020-2754&site=1). 성차별적인 언어를 사용하는 것은 잘못된 곳에서 마침표를 찍는 것만큼이나 잘못된 것으로 받아들여진다.

　『지리학과 젠더』의 저자들은 여성의 지리를 더욱 심각하게 고려할 것을 주문했다. 그들은 "지리학자들로 하여금 여성의 일상의 삶과 문제들을 정당하고 민감하며 중요한 연구 및 교육 분야로 인식하도록 권고"하고자 했다(Women and Geography Study Group of the Institute of British Geographers 1984: 20). 그러나 이 저자들은 단순히 "여성이라는 주제를 넣어서 섞는 것"을 원치 않았다. 오히려 이들은 왜 여성이 주변화되어 왔는지를 이해하려는 접근을 주창했는데, 그것이 바로 페미니스트 지리학이다.

> 따라서 이 책을 통해서 우리가 주장하는 바는, 지리학에서 소위 여성에 대한 연구의 수를 늘리자는 것이 아니라 지리학 전체에 대한 전혀 새로운 접근을 하자는 것이다. 결과적으로 우리는 지리학 연구에서 **젠더**의 함의는 사회와 공간을 변형시키는 다른 사회적, 경제적 요소의 함의와 최소한 똑같이 중요하다고 인식한다. (Women and Geography Study Group of the Institute of British Geographers 1984: 21)

『지리학과 젠더』의 저자들은 페미니스트 지리학에서 다수의 핵심 이슈들을 꼽았는데 그것은 오늘날까지도 여전히 유효하다. 그중 하나가 **본질주의**(essentialism) 문제다. 본질주의는 어떤 특징들이 타고났다거나 불변하다고 여기는 사상이다. 사물의 본질처럼 말이다. 이런 사유는 젠더에도 종종 적용된다. 즉 여성은 돌보는 성품이 더 강하고 남성은 더 공격적이라는 방식 말이다. 대부분의 페미니스트 지리학자들은, 그런 특징들은 사회적으로 생산되는 것이지 본성적인 것이 아니라고 일관되게 주장해 왔다. 이런 이유에서 페미니스트들은 성(性, 생물학적 범주)과 젠더(사회적 구성물)를 구분한다.

1984년 당시 **가부장제**(patriarchy)라는 개념은 급진주의 페미니스트 아젠다의 핵심이었다. 젠더가 사회적으로 생산되고 자연적으로 주어지는 것이 아니라면 성(性)이라는 생물학적 요소에 그 어떤 특징들을 부여하는 것도 이론상 가능하다. 오늘날 우리가 가지고 있는 젠더 정형화를 뒤집는 것도 불가능할 이유가 없지 않은가? 예를 들어 여성은 공격적이고 이성적이며 남성은 돌보고 감성적이라면? 가부장제 이론은 젠더가 왜 현재와 같은 방식으로 사회적으로 구성되어 왔는지를 설명하고자 한다.

> 가부장제란 남성들이 비록 그들 간에도 위계질서가 있긴 하지만 남성들의 상호의존성과 상호연대를 조성하여 여성을 지배하도록 만든 일련의 사회관계로 정의된다. 따라서 상이한 연령, 인종, 계급의 남성들은 가부장적인 서열에서 상이한 자리를 차지함에도 불구하고 그들은 연합한다. 왜냐하면 남성들은 여성에 대한 그들의 지배의 관계를 공유하기 때문이다. (Women and Geography Study Group of the Institute of British Geographers 1984: 26).

마르크스주의자들이 자본주의라고 불리는 사회조직체계를 변혁하고자 하듯이 (일부) 페미니스트들도 가부장제를 변혁하고자 한다. 경제에서 여성의 역할뿐만 아니라 광범위한 문화적 영역에서도 여성들이 어떻게 재현되고 규정되는지를 정의하고 통제할 수 있는 남성 권력에 기반을 둔 체제가 바로 이 가부장제다.

급진주의 페미니스트들은 가부장제가 여러 층위에서 작동한다고 본다. 경제적 층위에서 여성은 전반적으로 보수가 낮고 덜 인정받는 직업을 가진다. 가정에서 여성에게 부과된 역할은 저평가되고 보상받지 못한다. 이데올로기적으로 여성은 남성 욕망의 대상으로 재현되며 보다 현실적인 수준에서 여성은 일터에서 듣는 성차별적인 농담에서 강간과 성추행에 이르기까지 다양한 범위의 모욕적인 행위에 노출되어 있다. 이 모든 상황이 결합하여 체계적으로 가부장적인 세계를 만들어낸다.

케이트 밀레트(Kate Millett)의 문학 비평, 특히 그녀의 저서『성 정치학(*Sexual Politics*)』은 급진주의 페미니즘의 발전에 핵심적인 기여를 했다. 그 책에서 밀레트는 남성들이 쓴 "위대한 문학작품", 예를 들어 로렌스(D. H. Lawrence)와 노먼 메일러(Norman Mailer)의 소설을 사례로 하여 그 소설 속에서 가부장제가 어떻게 작동하는지를 드러냈다. 밀레트가 주장하기를 기존의 모든 사회는 남성들에 의해 효과적으로 통치되어 왔으며 이런 형태의 권력은 계급이나 인종에 기초한 권력보다 더 중요하고 보편적이다(Millett 1971).

가부장제라는 개념은 조 푸어드(Jo Foord)와 니키 그렉슨(Nicky Gregson)이 1986년「안티포드(*Antipode*)」에 투고한 중요한 논문에서도 집중적인 조명을 받았다. 그들은 가부장제가 새롭게 떠오르고 있는 페미니스트 지리학을 엮어주는 "공통된 주제"라고 주장했다. 이 세상 여성들이 경험하는 온갖 차이, 맥락에 기인하는 각종 차이에도 불구하고 가부장제에 대한 경험은 여성들을 하나로 만들 수 있다는 것이다(Foord and Gregson 1986). 이 논문의 요지는 남성 지배에 대한 분열된 이론들을 하나의 일관된 이론으로 통일하자는 것이었다. 대개 이론적 다양성을 주창하고 하나의 지배적인 이론적 경향을 "남성중심적"으로 간주하여 이에 대해 의구심을 품는 것으로 잘 알려져 온 페미니스트 지리학사에서는 이례적인 행보다. 많은 페미니스트 지리학자들이 이 논문에 대하여 논평하면서 정확히 이 점을 지적했다(이에 대한 논쟁을 보려면 Johnson *et al.* 2000: 84-87 참조).

어쩌면 페미니스트 지리학의 첫 번째 과업은 이론적인 것이 아니라 주로 정치적인 것이었다. 지리학에서 여성은 설명될 필요가 있었다. 앞에서 살펴본 것처럼 여성은 이 학문에서 지속적으로 (지금도 여전히) 충분히 대변되고 있지 못하다. 여성이 수행한 업적은 (공식적으로 학문적인 지리학자로서든지 보다 광범위한 의미에서 지식의 생산자로서든지) 고의적으로 또는 부주의하게 충분한 가치를 인정받지 못해 왔고 지금도 그러하다. 페미니스트 지리학 초창기 연구는 이처럼 "지리학에서 여성"의 문제를 부각시키고 시정하고자 노력했다(Zelinsky 1973; Monk and Hanson 1982; Zelinsky *et al.* 1982). 여성은 지리학 연구의 주체이자 대상으로서 더욱 조명받을 필요가 있다고 주장했다. 여성이 지리학 연구에 더 많이 참여하게 되면 지리학자들이 분석의 대상으로서 여성을 더 많이 연구하게 될 것이라는 것은 논리적인 귀결이다.

> 페미니즘이 추구하는 한 가지가 바로 여성의 삶은 남성의 삶과 질적으로 다르다는 사실이 함의하고 있는 바와 그 이유를 인지하고 탐색하는 학문적 연구를 수행하는 것이다. 그러

> 나 그동안 페미니즘의 손길이 닿지 않은 채 지리학이 머물러 있었다는 사실은 놀라울 정도
> 다. 의도적이든 의도적이지 않든 간에 여성적 이슈에 대한 관심 부족은 인문지리학의 모
> 든 하위 분야에 만연해 있다. (Monk and Hanson 1982: 11)

이들이 제안하는 것은 여성이 더 많이 공식적인 지리학 연구에 참여하게 되면 지리학은 최소한 여성을 포함하거나 배려하는 연구를 더 많이 할 것이라는 점이다. 몽크와 핸슨은 지리학에서의 "성차별적 선입견"이 대개의 경우 거의 무의식적으로 이루어져 왔다고 보았다. 그들이 지리학에서의 페미니즘을 주창한 초창기에 그들은 페미니스트라는 이름표가 붙은 연구를 주류 지리학에서 분리해 내자는 요구를 거부하는 대신 모든 학문 분과에서 페미니스트 관점이 스며들어야 하며 그렇게 될 수 있다고 제안했다. 지리학이 페미니즘의 "손길이 닿지 않은" 채 머물러 있게 된 이유는 당시 여성은 지리학 연구자 중 10% 미만에 불과했고 지식이란 사회적 창조물임을 고려할 때 그 생산에 관여하는 사람의 인생 경험과 관점을 반영할 수밖에 없기 때문이다. 당시의 주류 사상과 이론적 관점(실증주의, 마르크스주의, 인본주의) 중 그 어느 것도 인류의 절반 이상을 차지하는 이들의 지리적 세계를 인식하고 이를 반영하는 데 능숙하지 못했던 것 같다.

> 요약하자면 대부분의 지리학계 인사들은 예나 지금이나 남성들이었고 남성들이 그들의
> 삶을 반영하는 가치관과 관심사, 목표에 따라서 연구 주제를 구성해 왔다. 여성은 권력이
> 나 높은 지위를 갖지 못한 피조물이었다. 권력을 지닌 자들의 연구 관심사는 바로 이 점을
> 반영해 왔다. (Monk and Hanson 1982: 12)

다른 이론적 접근과 마찬가지로 페미니스트 지리학도 계속 진화해 왔다. 가장 최근의 페미니스트 지리학의 주요 컬렉션인 『열린 페미니스트 지리학(*Feminist Geography Unbound*)』(Gökarıksel *et al*. 2021)는 2017년 채플힐에 있는 노스캐롤라이나대학교에서 열린 페미니스트 지리학 컨퍼런스에서 탄생했다. 이 학술대회의 배경에는 2016년 도널드 트럼프가 대통령으로 당선되고 주로 무슬림 국가에서 온 사람들의 미국 입국을 금지하는 "무슬림 금지령"을 비롯한 우익 정책이 쏟아져 나온 것이었다. 이 금지령 대상에는 컨퍼런스에 참석할 예정이었던 여러 학자들도 포함되었다. 다른 학자들은 노스캐롤라이나의 트랜스젠더 반대 법안으로 인해 행사 참석을 거부했다. 진보적인 페미니즘 학문에 참여하기에는 어렵고 긴장된 시기였다. 이 컬렉션에 참여한 저자들의 다양한 교차적 정체성과 관심사만으로도 이 책은 주목할 만하다. 성차별과 가부장제뿐만 아니라 이 책이 다루는 인종차별, 트랜스포비아, 이슬

람 혐오증은 중요한 페미니즘 의제가 되고 있다. 이 책의 편집자들에 의하면 이 책이 비판으로 삼는 대상 중 하나는 대규모 여성 행진에서 핑크 푸시햇[2]으로 상징되는 소위 "기분 좋은" (주로 백인) 페미니즘이다.

> 우리는 "미래는 여성이다"라고 선언하는 티셔츠와 아기 옷을 입고 페미니즘이 립밤처럼 팔리는 시대에 살고 있다. 국가주의, 자본주의, 제국주의의 폭력을 부정하는 분홍색 푸시햇과 미국 국기 히잡을 쓴 "기대기 좋은", "기분 좋은" 페미니즘의 위안을 거부한다면 페미니즘은 어떤 모습일까? (Gökarıksel *et al.* 2021: 1)

편집자들은 인종차별과 제국주의에 대한 페미니스트의 잠재적인 공모에 주의를 기울이고 "반짝거리고 시장화되고 신자유주의적인 해결책(이 모두를 가진 여성, 바로 #여자 보스)"에 저항해야 한다고 주장한다(Gökarıksel *et al.* 2021: 1). 페미니스트 지리학, 더 넓게는 페미니즘의 주요 변화 중 하나는 젠더 이분법의 문제화와 트랜스 정치에 대한 인식 증가이다.

젠더와 지리학

페미니스트 지리학과 더욱 광범위하게는 페미니즘의 어휘사전에서 아마도 가장 중요한 개념은 바로 **젠더**(gender)일 것이다. 대부분의 정의에서 젠더는 "성(性)"과 구분되는데, 젠더는 성의 사회적/문화적 창조물이라고 정의된다. 성이란 생물학적으로 주어진 것으로 정의된다. 따라서 젠더란 무엇이 "남성적"이고 무엇이 "여성적"인지에 대한 일련의 사회적으로 생산된 규범과 기대를 의미한다. 성과 젠더의 차이는 복잡하고 다양한 사회화 과정의 차이에서 비롯된다. 이런 차이는 때와 장소에 따라서 다르지만 일상에서 쉽게 인식할 수 있다. 자녀양육이야말로 지배적인 젠더 인식에서 벗어나기 어려운 영역 중 하나이다. 탄생 순간부터

---

2 pink pussy hat은 2017년 미국 여성대회에서부터 착용하기 시작한 여성 음부 모양의 분홍색 뜨개모자를 의미한다. 트랜스젠더나 백인 여성이 아닌(분홍색이 아닌) 다른 인종 여성을 배제한다는 비판 외에도 여성의 해부학적 생식기가 여성 전체를 대표하는 가장 중요한 기표인지에 대한 적절성 논란, 분홍색 뜨개모자라는 점에서 전통적인 승산증 여성성을 환기한다는 불만 등 페미니즘 진영 내에서도 다양한 논쟁이 있다. 논쟁의 핵심은 이 프로젝트가 미국 백인 중산층 여성의 연대와 정체성을 과도하게 대변한다는 것이다. (역주)

아이들은 대부분 즉각적으로 "젠더화"된다. 이는 딸에게는 분홍색 옷을 입히고 아들에게는 파란색 옷을 입히는 관행(또는 전통적인 색상 구분에 반대하여 반대로 입히는 실천)에서부터 시작된다. 아이들이 자라 가면서 아들은 차나 컴퓨터 게임 같은 종류의 선물을 받게 되고 부유한 집 딸은 인형과 공주를 주제로 한 장난감과 옷을 모으게 된다. 우리 부부는 딸에게 짧은 커트머리를 해준 적이 있다. 그러자 딸이 사내아이로 오인받는 경우가 종종 생겼고, 딸은 자기도 머리를 공주처럼 길게 해 달라고 조르기 시작했다. 사내아이들은 용감하다거나 영리하다는 칭찬을 받게 된다. 딸은 예쁘다거나 착하다는 칭찬을 듣게 된다. 이런 젠더화가 가끔씩은 통하지 않기도 하지만, 대부분은 반복되고 결국 내면화된다. 젠더는 모든 곳에 스며 있다.

성별에 대한 이러한 이분법적 사고 방식은 페미니즘 안팎에서 점점 더 문제가 되고 있다 (Cofield and Doan 2021, Todd 2021). 증가하는 복잡성의 한 가지 형태는 섹스/젠더 구분에 또 다른 차원을 추가하는 것이다. 신체적 성별(섹스)은 생식기와 이차 성징, X 염색체와 Y 염색체를 포함하되 이에 국한되지 않는 생물학적 신체 특징에 의해 정의된다. 그러나 이러한 요소들에도 명확한 이분법보다는 연속적인 측면이 더 많다. 이러한 특징이 남성 또는 여성으로 분류되는 방식은 사회적, 문화적 과정에 따라 변화할 수 있고 실제로도 변화한다. 젠더 또한 단순하지 않다. "젠더 표현"은 남성과 여성이 해야 할 일 또는 하지 말아야 할 일에 관한 지배적인 기대에 부합하거나 부합하지 않는 일련의 관행과 규범을 의미한다. 이러한 표현은 신체적 성 특징과 명확하게 일치하지 않는다. 어떤 사회에서는 현재에도 역사적으로도 두 가지 이상의 성별이 존재해 왔다. 예를 들어 유대교는 역사적으로 여섯 가지 젠더를 인정해 왔다. "젠더 정체성"은 사람들이 자신에 대해 느끼는 감각과 그 감각이 지배적인 성별 이분법에 어떻게 부합하거나 부합하지 않는지를 의미한다. 사람들은 남성과 여성, 또는 젠더 플루이드 또는 젠더퀴어 등 다양한 정체성을 가질 수 있다. 점점 더 많은 사람들이 "그" 또는 "그녀" 대신 "그들"이라는 대명사로 자신을 식별한다. 신체적 성별, 젠더 표현, 젠더 정체성은 남성과 여성의 이분법적 구분을 뒤엎는 다양한 방식으로 결합된다. 이는 명확한 남성과 여성 이분법에 뿌리를 두고 있던 페미니즘에 여러 가지 문제를 야기했다. 1970년대와 1980년대 페미니즘 정치는 안전한 "여성 전용" 공간을 만드는 것을 주요 아젠다로 삼았다. 정체성의 다양성 증가와 신체적 성별, 젠더 표현, 젠더 정체성의 다양한 결합, 특히 트랜스젠더(특히 트랜스 여성)의 존재와 가시성 증가로 인해 "여성-전용" 공간에 대한 정의와 운영은 복잡하고 어려운 정치적 과제가 되었습니다. "젠더 비판적" 페미니스트로 알려진 일부 페미니스트들은 신체적 성별에 따라 여성을 정의하는 것을 강력하게 지지했다(Barefoot 2021). 그러나 대부분의 페미니스트, 특히 지리학에서는 트랜스 여성을 "여성"이라는 정체성에 포함시키는 것이 중요하다는 것을 인식했다.

젠더에 대한 인식의 급변에도 불구하고 여전히 우리는 자라나면서 (시스젠더[3] 남성이라면) 남성적이길 요구받고 (시스젠더 여성이라면) 여성적이길 요구받는다. 이런 구분법을 위반하는 행위는 사회가 용납하지 않는 위험한 시도로 간주된다. 집에서 요리하면서 가족을 돌보는 시스젠더 남성은 이상한 부류라고 취급되는 반면, 자기주장이 강한 시스젠더 여성은 혹평을 받는다. 남성성과 여성성의 차이는 자연적인 구분이 아니다. 그것은 사회적으로 생산된다. 남성성과 여성성에 대한 기대는 역사적으로 상이하게 규정되어 왔으며 지리적으로도 다양하다. 그뿐 아니라 그 차이는 위계적인 방식으로 가치가 매겨져서, 남성성과 관련된 특징들은 여성성과 관련된 특징보다 긍정적으로 평가된다. 젠더화는 시스젠더 여성보다 시스젠더 남성에게 더 혜택을 주는 경향이 있다[Royal Geographical Society (with The Institute of British Geographers), Women and Geography Study Group 1997].

지리학의 남성중심주의

페미니스트들은 지식 그 자체에 이미 젠더 고정관념이 들어 있다고 주장한다. 과학에서 사용되는 언어게임을 통해 —출판이라는 행위에서 이해관계에서 자유로운 듯한 객관적 어조를 사용함으로써— 획득하는 권위뿐만 아니라 이성, 객관성, 논리, 거리 등과 같은 개념도 남성적 지식의 이해에 충실한 코드들로 구성되어 있다. 페미니스트들의 주장에 의하면, 이성적 지식이란 지식자의 사회적 위치로부터 독립적이어야 하며, 감정으로부터도 자유로워야 하고 몸과 분리되어야 한다는 생각이야말로 역사적으로 남성에 의해 생산된 **남성중심적** (masculinist) 위치다. 진리는 맥락과 가치로부터 중립적이어야 하며 객관적이고 보편적이어

---

3 Cisgender란 타고난 생물학적으로 지정된 성별과 본인이 스스로 정체화하는 성별 정체성이 일치하는 젠더를 의미한다. 가령 시스젠더 여성은 생물학적으로도 여성으로 태어나고 스스로도 여성이라고 성체화하는 사람이다. 이러한 용어는 생물학적 성별과 성적 자기정체성이 일치할 것이라는 지배적 성규범에 대한 비판적 인식이 확대되고 트랜스 인구가 증가하면서 사용되기 시작했다. (역주)

야 한다는 생각은 남성은 자연과 분리된 반면 여성은 자연과 분리되지 않고 오히려 자연과
감정 그리고 몸과 연결된 존재로 규정되던 시절에 (유럽에서는 16세기 이후에) 탄생했다. 이
처럼 과학과 합리성의 대두라는 역사적 맥락은 남성성을 몸과 거리를 두는 것으로 규정하고
여성은 이성적인 (따라서 중요한) 지식 생산자로서 부적합하다는 논리를 낳는 데 영향을 미
쳤다. 그 결과 남성에 의해 생산된 지식은 진리이며 객관적이고 보편적이라고 간주되었는
데, 이런 생각은 여성과 여성적이라고 간주되는 분야를 배제하고 이루어진 것이다.

이와 같은 지식의 젠더화는 두 가지 중요한 결과를 가져왔다. 여성이 능동적으로 지식 생
산에 참여하는 것을 배제했고, 동시에 이성적이고 실증적인 과학적 방법에 의거하여 중요하
거나 알 수 있는 주제가 아닌 것은 배제하게 되었다. 지식의 젠더화는 무엇이 지식이라고 간
주되는지와 누가 그것을 알 수 있는 주체인지를 구조화했다. 16세기 이래로 지속적으로 대
두된 이 같은 지식의 일부로서 지리학도 남성적 지식 생산에 핵심적인 역할을 했다고 페미
니스트 지리학자인 로즈는 강력하게 주장한다.

로즈가 쓴 『페미니즘과 지리학(*Feminism and Geography*)』(1993)은 페미니스트 지리학의
초점을 "젠더의 지리"에서 지리학 사상과 학문관행 자체에 녹아 있는 젠더 역할에 대한 심층
분석으로 옮기는 데 지대한 공헌을 했다. 로즈는 "지리학의 젠더"에 초점을 맞추었던 것이
다. 그녀는 지리학이 "남성중심적"이라는 사실을 다음과 같이 설명했다.

> 남성중심적 연구는 스스로 완벽하다고 주장하기에 아무도 새로운 지식을 더 추가할 수 없
> 을 것이라고 가정하고 다른 사람의 의견을 들으려 하지 않는다. 남성중심적 연구는 여성
> 을 배제한다. 왜냐하면 이 연구들은 주제 선택에서부터 이미 여성들을 소외시키고, 여성
> 은 지리학 지식 생산에 진정한 관심이 있을 리 없다고 가정하고, 그 자신이 이미 모든 걸
> 포괄한다고 믿기 때문이다. (Rose 1993: 4)

로즈가 말하고자 하는 핵심은 단지 지리학계가 오랫동안 여성을 배제했다고 하는 것이 아
니다. 그녀가 주장하는 바는 지리학적 사유 그 자체가 이미 여성을 배제하는 방식을 취하고
있다는 점이다. 남성중심적 사유 체제로서 지리학은 스스로 완벽하다고 가정하며 이런 가정
을 실현하기 위해 남성중심적 사유 패턴을 재생산해 왔다.

남성중심적 지식은 스스로를 유일한 지식이라고 간주한다. 그 스스로가 특정한 위치에
서 얻어진 지식이며, 그것이 억압하고 배제한 다른 종류의 앎과 관련성 속에서 형성되었다
는 사실을 인정하지 않으려 한다. 백인/남성/이성애주의로 구성된 이 "지배적 주체"는 다른

모든 주체들(여성, 유색인종, 동성애자, 어린이, 장애인 등)을 그들과 다른 존재로 규정한다. 로즈에 의하면 남성중심적 지식은 대부분 "이성"이나 "합리성"으로 포장된다. 이는 정의하자면 지식자의 사회적 위치와 분리된 지식을 뜻한다. 여성성이나 여성적인 것은 비이성적이거나 반이성적 타자, 즉 합리성의 범주 바깥에 있는 외부로 규정한다. 여성성은 광기와 통제 불가능한 감정의 근원으로, 곧 이성과 반대되는 특징으로 구성되어 왔다.

지리학에서의 남성중심성은 이제까지 살펴본 지리사상사의 모든 에피소드에서 쉽게 찾아볼 수 있다. 예를 들어 바레니우스의 "일반 지리학"이나 프톨레마이오스가 세계를 격자무늬로 나눈 것은 완벽한 앎을 추구하는 대표적인 사례가 될 수 있다. 지리학자를 탐험가나 세계와 분리된 관찰자로서, 곧 세계를 완전체와 같은 질서정연한 위계적 체계로 구분하는 지식의 생산자로 상상하는 것도 이에 해당된다. 보다 최근의 사례로는 마르크스주의의 역사유물론이 취하는 모든 것을 포괄하는 설명이나 인본주의 지리학자들이 묘사하는 현상의 보편적인 본질 등도 이에 해당된다.

페미니스트 지리학자들이 당면한 심각한 문제는 "여성"이라는 범주를 어떻게 "여성성"과 관련짓는가이다. 한 가지 빠지기 쉬운 충동은 이런 범주들을 구분해 놓고 남성중심적인 주변화의 희생양으로 미화하는 것이다. 그러나 이런 충동에 대한 반작용도 있다. 이런 반작용은 남성중심적인 방식으로 생산된 젠더화된 범주 그 자체를 해체하고 분해하고자 한다.

이런 역설은 페미니스트들이 세계를 상상하고 이해하는 데 핵심적인 접근 방식이다. 로즈는 학자로서 이론을 대함에 있어 빠지기 쉬운 유혹을 다음과 같이 묘사한다.

> 학생으로서 학계의 일원이 되고자 하는 나의 욕망은 강렬했다. 나는 대부분 남성이었던 강사들과 지도교수들을 통해 이론의 능력과 즐거움을 접하게 되었다. 그들의 주장과 토론을 경청하면서 나도 학식 있는 남성들 사이의 논쟁에 끼어서 그들과 이야기할 수 있기를 갈망했다. (Rose 1993: 15)

로즈는 이론을 (곧 이 책에서 제시한 일련의 아이디어들을) 추구하는 것은 짜릿하지만 그녀와 다른 여성들을 배제하려는 시도일 수 있다고 보았다. 그녀는 지리학적 이론화의 공간을 백인, 부르주아, 이성애, 남성중심적 세계 안에서만 생산되는 공간으로 묘사하면서, 그 공간 바깥에서는 그것에 저항하는 공간을 찾아보기 어렵다고 보았다. 그러면서 로즈는 (이 지배적인 공간에서 생성된 아이디어인) 전형적인 "여성"이라는 개념에 의존하지 않고서 어떻게 여성을 재현할 수 있겠냐고 반문한다.

페미니스트 인식론

페미니스트 지리학자들이 강력하게 주장하는 것 중 하나가 바로 페미니즘은 새로운 형태의 인식론을 필요로 한다는 것이다. **인식론**(epistemology)이란 지식의 이론이라고 할 수 있다. 곧 우리가 아는 것을 어떻게 알 수 있느냐에 대한 설명인 셈이다. 인식론에 대한 접근은 다양하지만 그중에서 가장 단순한 것은 (최소한 언뜻 보기에는) 경험주의일 것이다. **경험론**(empiricism)이란 관찰을 통해 알 수 있다는 신념이다. 물론 조금만 더 생각해보면 중력이나 자기장, 인종주의, 거리조락 효과 등과 같이 직접적으로 관찰할 수 없는 것도 많지만 많은 이들은 경험론 또는 경험론의 여러 종류를 신뢰한다. 몽크와 핸슨이 지식이란 사회적 구성물이라고 했다는 사실은 이미 앞에서 살펴본 바 있다. 이는 지식이란 단순히 발견되고 측정되고 표로 만들어져서 설명되기를 기다리고 있는 것이 아니라 인간에 의해 생산된다는 뜻이다. (페미니스트와 다른 많은 이들이 주장하기를) 지식은 만들어지는 것이지 발견되는 것이 아니다. 다양한 인간의 경험을 고려해볼 때 상이한 사람들이 만들어내는 지식은 상이할 것이라고 추측해볼 수 있다. 메건 코프(Meghan Cope)는 이렇게 말했다. "지식은 수동적이든 능동적이든 우리가 **습득**하게 되는 것이 아니다. 왜냐하면 우리는 지식의 생산과 해석에 항상 관여하기 때문이다. 마찬가지로 지식 생산은 절대로 "가치중립적"이거나 선입견 없는 과정이 될 수 없다"(Cope 2002: 43).

지식에 대한 이 같은 관점은 과학적 지식이 객관적이고 가치중립적이며 선입견이 없다고 보는 전통적인 관념에 대해 상당히 도전적이다. 페미니스트들은 과학에 대한 이 같은 전통적인 관점을 "남성중심적"이라고 본다(Harding 1986; Haraway 1988; Rose 1993). 과학은 보편성을 주창하지만 사실 과학적 지식이란 특정한 위치에서 생산된 것이다. 그 위치는 인식되지도 수긍되지도 않는다. 곧 특수성이 보편성으로 둔갑하는 것이다. 페미니스트들은 대부분의 지식의 영역에서, 특히 지리학에서 지식은 자신들의 지식이 모든 지식을 대표한다고 착각하는 남성들에 의해 생산된다고 지적한다.

로즈는 위치의 정치를 주장한다. 위치의 정치란 지식자의 위치를 인식하고 (젠더에 계급, 인종, 섹슈얼리티 등이 결합된) 복수의 권력망 속에서 인식되는 정치를 의미한다. 로즈는 에이드리언 리치(Adrienne Rich)[4]의 글을 다음과 같이 인용한다.

"내 몸"에 대해 쓰는 것은 구체적이고 생생한 경험으로 나를 빠져들게 한다. 내 몸에는 흉터, 상처, 변색, 손상, 탈모 자국이 있다. 물론 나를 기쁘게 하는 부분도 있다. 태반으로부터 충분히 영양분을 받은 뼈, 어린 시절부터 1년에 두 차례 치과에 가서 관리하는 중산층의 치아, 세 차례의 임신으로 인한 임신선과 수술 자국이 있는 하얀 피부, 불임시술, 진행성 관절염, 제대로 굽혀지는 팔꿈치와 무릎 관절, 칼슘 침전물, 강간당하거나 낙태한 적 없는 몸, 장시간 타자기 앞에 앉아 있는 몸(공중 타이핑 시설이 아닌 내 타자기 앞에) 등. (Rose 1993: 139)

리치는 자신의 몸의 특수성에 대해 수긍한다. 이는 두 가지 측면에서 주류(남성중심적인) 과학 담론에서 매우 이례적인 일이다. 무엇보다 그녀의 글은 지식이 순수한 정신적 산물이 아니라 몸에서부터 생산됨을, 즉 "체현"됨을 인정하고 있다. 둘째, 그런 몸이 여성의 몸이라는 점과 여러 가지 면에서 특권을 지닌 몸이라는 특수성을 인정하고 있다. 리치 역시 자신이 미국 출신의 백인이자 유대인이라는 점을 인정한 것이다. 그것은 박해받았던 몸인 동시에 현재는 권력의 위계질서에 편입된 몸이다.

다른 페미니스트들과 마찬가지로 로즈는 다양한 방식으로 위치 지워지는 것의 복잡성에 대해 논의한다. 단순히 여성이 아니라 계급, 섹슈얼리티, 국적, 인종 등에 기반을 둔 위치들이 특정 방식으로 조합된 존재인 것이다. 로즈에게 있어서 위치의 공간이란 다양한 위치들이 서로 당기고 밀치는 늘 모순되고 역설적인 곳이다. 이것은 객관성을 옹호하는 탈체현된(disembodied) 남성중심적 입장과는 매우 거리가 먼 것이다. 이런 점에서 리즈 넬슨(Lise Nelson)과 조니 시거(Joni Seager)는 "몸이란 페미니스트 이론의 시금석"이라고 주장한다 (Nelson and Seager 2005: 2).

페미니스트들의 공간 인식은 육체를 통해, 자신들의 몸을 통해 사고함으로써 정신과 육체의 구분을 용해시킨다. 이런 사고방식은 은유적인 공간과 실제 공간과의 구분을 와해시키기도 한다. 공간은 경험과 해석을 통해 의미를 획득한다. 따라서 페미니스트들의 공간은 예외적으로 풍부한 감성과 분석을 담아낼 수 있다. 공간은 가부장적 권력의 일부였던 것이다. (Rose 1993: 146)

---

4   에이드리언 리치(1929~2012)는 미국의 저명한 페미니스트 시인이자 수필가다. 인용문의 원출처는 다음과 같다. A. Rich, 1986, *Blood, Bread and Poetry: Selected Prose 1979-1985*, London: Virago, pp. 210~231(인용문은 p. 215). (역주)

인식론에 대한 페미니스트 지리학 연구는 샌드라 하딩(Sandra Harding 1986)과 도나 해러웨이(Donna Haraway 1988)의 연구에 큰 영감을 받았다. 이 둘은 페미니스트 과학철학이라는 분야를 개척했고 올바른 지식, 진리, 객관성이라고 간주되는 것들에 대해 유사한 결론을 내놓았다. 하딩은 "외부 어디에선가로부터 보는 입장", 곧 과학자의 주관성에 의해 오염되지 않은 입장을 통해 습득된 지식이 객관성을 담보한다는 전통적인 사고는 치명적인 오류가 있다고 주장했다. 대신 그녀는 **입장이론**(standpoint theory)을 옹호하면서 모든 지식은 그 지식을 생산하는 사람의 입장 또는 위치에서 볼 때만 유효하다고 주장했다. 남성중심적 위치는 그중 하나의 입장이라고 볼 수 있지만, 그것이 다른 입장들을 제대로 인식하지 못함으로 인해 매우 제한된 시각을 가지고 있다고 보았다. 하딩은 더 나은 형태의 객관성을 담보하기 위해 (보통 배제되거나 소외된 사람들의 입장이 포함된) 복수의 입장들을 고려하여 "강한 객관성"을 창출할 것을 주문한다. 그런 객관성은 "더 광범위한 질문과 해석, 상이한 관점을 요구하며, "진리" 주장을 강화하기 위해서 소외된 집단 출신의 연구자와 그들의 주제를 포함시킬 것을 요구한다"(Cope 2002: 48). 하딩의 연구에서 소외되고 배제된 입장은 특별한 중요성을 지닌다. 왜냐하면, 그녀에 의하면 권력의 위치에서는 생산할 수 없는 종류의 진실은 바로 이런 위치에서 나올 수 있기 때문이다. 따라서 여성은 여성과 젠더 불균등에 대한 지식에 있어서는 특별히 중요한 위치를 점하고 있다. 다시 말해 이런 주제에 대한 여성들의 지식은 이에 대해 무심하다고 가정되는 외부 관찰자들의 지식보다 더 나은 것이 될 수 있다. 지식에 대한 이러한 시각은 무심하고 객관적인 과학자들의 지식을 높게 평가하던 전통적인 시각을 완전히 뒤집는 것이다(McDowell 1993; Falconer Al-Hindi 2002). 페미니스트 입장이론은 마르크스주의의 입장이론과 여러모로 닮았다. 마르크스주의 입장이론에서는 프롤레타리아 계급에 속한 자들이야말로 생산관계에서 그들의 착취당하고 억압당하는 위치로 인해 자본주의의 본질에 대한 진실을 그 누구보다 잘 간파할 수 있다고 한다.

이와 비슷한 입장에서 해러웨이도 **상황적 지식**(situated knowledge)을 주장했다(Haraway 1988). 맥락적으로 특수하다고 인식되는 종류의 지식은 보편적이고 중립적인 척하는 종류의 지식보다 해러웨이에게는 훨씬 더 신뢰할 만한 것이었다. 그녀는 초월적인 곳에서 바라보는 척하는 위선을 던져버리고 다양한 관점과 정치적 편견, 문화적 가치에 입각하여 바로 그곳에서부터 세계를 바라볼 것을 제안했다. 그 결과로 얻어지는 지식은 지식의 상황성을 인식하지 못하고 보편적인 척하는 지식보다 더욱 신뢰할 만하며 정확하다고 해러웨이는 주장한다.

페미니스트 지리학

이 장에서는 페미니스트 지리학자들이 어떻게 지리사상사에서 더 큰 인식론적 각성을 불러일으켜 왔으며 여러 종류의 상황적 지식을 옹호해 왔는지를 살펴보았다. 특히 젠더의 역할은 지식의 구성에 있어서 핵심적인 요소로 자리매김했다. 이런 이론적 입장은 예전에는 거의 연구하지 않았던 영역에 대해서 지리학 연구의 문호를 활짝 여는 역할을 했다. 그 영역에는 두려움의 지리, 자연에 대한 여러 접근, 이동성의 지리, 발전에서 젠더의 역할 등을 포함하고 있다.

두려움의 지리

범죄는 오랫동안 사회지리학 연구의 주제가 되어 왔다(Pyle 1974; Herbert 1982; Pain 1998). 그렇다면 페미니스트 관점은 이 분야를 어떻게 보강했을까? 1987년에 수잔 스미스(Susan Smith)는 여성이 경험하는 방식은 남성들과는 여러모로 다르며, 결과적으로 범죄에 대한 두려움도 남성들과는 다르다고 보았다. 그녀는 서양의 도시에서 여성이 얼마나 지속적으로 범죄에 대한 두려움 속에서 살아가고 있는지, 그리고 그들의 일상적인 이동이 어떻게 폭력적인 공격과 강간의 가능성을 염두에 두고 이에 적응하는 방식으로 구성되는지를 드러냈다. 뿐만 아니라 여성은 야간의 도시 공간을 이용하는 경우가 현저히 적으며, 스스로를 집 안에 가두고 살아감을 보여주었다(Smith 1987). 여성을 대상으로 하는 남성의 범죄는 페미니스트 문헌에서 지속적인 연구 주제가 되어 왔으며 가부장제 생산에 핵심적인 역할을 하는 것으로 이론화되어 왔다(Brownmiller 1975). 그러나 여성의 범죄에 대한 두려움을 검토한 스미스의 연구가 딱히 페미니스트적 관점을 가진 것은 아니었다.

범죄와 두려움에 대한 페미니스트적 이론화는 레이첼 페인(Rachel Pain)의 연구에서 본격화되었다(Pain 1991). 페인은 범죄에 대한 여성의 두려움은 남성이 범죄에 대해 느끼는 두려움과는 매우 다르다고 주장했다. 그녀는 성폭력에 대한 두려움을 이보다 더 광범위한 사회적 통제에 대한 이슈와 연관시켰다. 페인은 범죄를 측정하는 방식이 분명치 않으며 상당수의 성폭력은 보고되지 않는다는 점도 지적했다. 두려움의 지리와 범죄의 지리와의 관련성은 질 밸런타인(Gill Valentine)이 본격적으로 탐구했다(Valentine 1989, 1992; Listerborn 2002).

밸런타인은 영국의 레딩(Reading) 지역에서 다양한 여성 집단을 대상으로 연구를 수행했다. 그녀는 여성을 대상으로 하는 강력범죄의 실제 분포와 여성들이 특별히 위험한 공간이라고 인식하는 곳(주로 공공장소)을 모두 조사했다. 또한 이런 인식의 근원(주로 미디어)이 무엇인지를 연구해서 실제 도시 공간에 대한 위험과 두려움을 낮출 수 있는 실천 방안을 제안했다. 밸런타인 연구의 핵심은 공적공간이 여성에게 위험하다는 일반적인 인식이었다. 공적공간은 "남성적"이고 위협적인 곳으로 인식되는 반면, 사적공간은 안전한 여성들의 피난처로 종종 간주된다(Blunt and Dowling 2006). 이는 여성에 대한 절대 다수의 범죄, 특히 강간이 사적공간인 집에서 이루어진다는 사실과는 반대되는 것이다. 밸런타인에 의하면 그 이유는 공적공간에서의 폭력은 속속들이 미디어에 보도되어 그 빈도가 과장되게 느껴지는 반면, 사적인 폭력은 미디어에 거의 보도되지 않는 경향 때문이다. 이런 왜곡된 상황은 여성으로 하여금 스스로를 공적공간에서 배제하게 만들며, 집이라는 공간은 안전할 것이라는 믿음을 지속시킨다. 이처럼 범죄의 지리와 두려움의 지리 간의 불일치는 폭력과 두려움에 대한 젠더화된 지리를 재생산하도록 유도한다.

일반적인 주제에 대한 다른 설명과 마찬가지로, 폭력과 공포에 대한 페미니스트 지리학도 지역에 따라 달라진다. 인도의 페미니스트 지리학자 아닌디타 다타(Anindita Datta)는 인도의 "혐오의 젠더스케이프(genderscape)"를 탐구했다(Datta 2016). 다타의 논문은 2012년 대중버스에서 발생한 끔찍한 집단 강간 및 살인 사건과 이후 몇 년 동안 발생한 강간 및 살인 사건에 대한 대응으로 작성되었다. "혐오의 젠더스케이프"란 "문화적으로 승인된 여성 혐오라고 할 수 있는 것 안에서 여성이 끊임없이 평가절하되고, 비하되고, 모욕당하고, 그러한 차별과 평가절하로 인해 다양한 형태의 폭력에 노출되는 생활공간"이라고 다타는 정의한다(Datta 2016: 179). 여기서 다타는 일상적인 젠더수행과 예외적인 젠더수행이 상호연계된 경관으로 젠더스케이프를 정의한다. 이를 통해 일상적으로 보이는 젠더 퍼포먼스가 처음에 언급한 그 사건들만큼이나 끔찍한 행위가 될 수도 있음을 보여준다. 혐오의 젠더스케이프를 인식하면 강간범에 대한 더 엄격한 형량이나 여성용 공공 화장실 증대와 같이 흔한 일회성 대응으로는 인도와 같은 성 규범이 일상적 관행으로 뿌리 깊게 박혀 있는 곳의 문제를 해결할 수 없다는 결론에 도달하게 된다. "이러한 혐오의 젠더스케이프를 해체하려면 입법을 넘어 일상생활, 미디어 공간, 대중문화에서 젠더 주체성을 찾고 저항하는 전략을 포함해야 한다"(Datta 2016: 180-181)고 주장한다. 다타의 "혐오의 젠더스케이프" 개념은 혐오, 폭력, 공포를 공적 공간과 사적 공간의 관점에서 생각하는 것을 넘어서 모든 유형의 젠더폭력이 일상화될 수 있게 하는 상호 연결된 젠더 공간에 대해 생각해볼 것을 요청한다. 델리의 새로운 지하철 시스템에서 성희롱이 공간 탐색에 어떤 역할을 하는지를 논의한 날리니 쿠라나(Nalini Khurana)도 비슷한 주장을 펼쳤다(Khurana 2020). 젠더와 이동성에 관한 연구(아래 참조)는 페미니스트 지리학의 또 다른 중요한 연구 영역이며, 공포의 지리학도 이와 겹치는 부분이 있다. 다타가 강조하는 강간 사건은 공공 버스에서 발생했으며, 쿠라나도 이에 주목했다. 대중교통을 이용하면 다른 방법으로는 이용할 수 없었을 서비스와 경험에 접근할 수 있지만, 대중교통 이용에 대한 두려움으로 인해 이러한 서비스와 경험에 접근하지 못할 수도 있다. 이는 여성의 공적 생활 참여를 저해한다. 쿠라나는 여행 중 안전을 보장하기 위한 조치로 여성 전용 객차 제공을 포함하여 델리 지하철에서 여성의 공간 활용을 탐색했다. 이는 공중화장실에 대한 다타의 관찰과 마찬가지로, 정책 입안자들이 젠더에 따른 공포와 폭력 문제를 디자인을 통해 해결하려는 시도를 하면서도 애초에 공포와 폭력을 유발하는 사회적, 문화적 과정을 무시하는 사례를 보여준다.

> 기존 개념 및 문헌에서 도출된 통찰력과 함께 본 연구는 다음과 같은 핵심 주제를 강조한다. 여성 전용칸은 여성에게 안전한 여행을 제공하고 공간에 대한 자신감과 소유권을 향상시켰지만, 그들이 기차의 일반 공간을 점유할 권리가 있는지에 대한 논쟁과 더불어 가부장적 구조를 강화하고 여성 전용칸의 문자적 의미처럼 여성을 "박스 안에" 가두었다는 또 다른 논란을 불러일으켰다. (Khurana 2000: 31)

쿠라나의 연구에 참여한 일부 여성은 여성 전용칸의 경험이 전반적인 자신감을 높여주었다고 말했지만, 일반 공공 공간에서 여성은 여전히 분리되어 있다는 일반적인 인식도 있었다. 여성의 범죄두려움과 대여성 폭력에 대한 공포를 디자인 주도로 해결하는 방식은 보다 근본적인 해결책의 일부일 수밖에 없다.

　최근에는 트랜스젠더 정체성의 가시성이 높아짐에 따라 또 다른 측면의 공포의 지리학이 등장했다. 바로 트랜스젠더의 존재를 둘러싼 주요 논쟁거리 중 하나로 트랜스젠더의 여성용 공중화상실 사용이나. 소셜 미디어에는 남성이 여성으로 위상하여 여자 화장실을 이용하고 성폭력 행위를 저지를 가능성에 대한 두려움의 표현이 넘쳐나고 있다. 이는 이런 일이 발생한다는 증거가 부족하고 트랜스젠더 여성 자체가 종종 화장실과 다른 여러 곳에서 괴롭힘과 폭력의 표적이 된다는 명백한 증거가 있음에도 불구하고 말이다. 레이첼 코필드와 페트라 도안(Rachael Cofield and Petra L. Doan)은 공중화장실이 여전히 남성/여성의 이분법적 정체성이 가장 명확하게 코드화되는 공간이라고 말한다(Cofield and Doan 2021). 이는 19세기 후반부터 남성(공공)과 여성(개인) 공간이라는 큰 구분이 와해되기 시작하면서 공적 공간에서 새로운 자유를 찾기 시작한 여성을 위한 별도의 공간을 마련해야 할 필요가 생기면서 비로소 문제가 되기 시작했다. 그 이후로 공중 화장실은 이분법적인 성 정체성에 대한 기대에 부합하도록 특별히 설계되었으며, 성별 고정관념에 따라 성별을 알리는 표지판이 부착되었다.

코필드와 도안은 미국에서 트랜스젠더와 공중 화장실을 둘러싼 도덕적 공황이 계속되고 있는 상황을 조사했다. 이들은 2015년 휴스턴에서 화장실 제공에 있어 성 정체성을 이유로 한 차별을 금지하는 법안인 HERO(인간평등인권조례)가 통과된 과정을 추적했다. 한 청원으로 인해 텍사스 대법원은 이 조례를 주민투표에 부칠 것을 요구했다. 주민투표에서 유권자의 61%가 반대표를 던졌다. 이는 트랜스젠더가 공중화장실에서 여성과 어린이의 안전을 위협할 수 있다는 우려를 제기하는 캠페인에 따른 결과였다. 이 법안에 반대하는 사람들은 트랜스 여성을 "성 정체성 혼란 남성"이라고 지칭하며 트랜스젠더 정체성의 존재를 비하하거나 노골적으로 부정하고, 동시에 트랜스 정체성을 성범죄자의 정체성과 연관지었다. 코필드와 도안은 이러한 반응에는 다른 근본적인 이유가 있을 수 있다고 주장한다.

> 젠더 혼합을 반대하는 주장은 주로 트랜스젠더의 위협으로부터 여성을 보호하는 것을 중심으로 전개된다. 그러나 이러한 위협에 대한 데이터가 부족하다는 점을 고려할 때 이러한 주장은 여성과 아동을 보호한다는 위선적인 가부장적 관심사의 표명일 뿐이라는 점이 분명해진다. 대신 성별 불일치가 사람들이 성별화된 신체의 자연스러움에 의문을 제기하고 가부장제를 불안정하게 만들 수 있다는 무언의 두려움에 대한 연막 역할을 한다. 우리는 성별 구분 화장실이 젠더 규범을 유지하고 여성과 트랜스젠더를 제시된 성별 이분법 내에서 "제자리"에 가둬두기 위해 공공 공간을 통제하는 수단이라고 주장한다. (Cofield and Doan 2021: 72)

코필드와 도안은 트랜스젠더 여성은 화장실 공간에서 시스 여성과 어린이의 안전을 위협한다는 잘못된 주장에 기반한 두려움의 지리학을 소개하면서 이것이 또 다른 두려움의 지리와 어떻게 연관되어 있는지 보여주고자 했다. 가령 성중립 화장실의 양산은 결국 젠더 이분법에 대한 문제 제기에 이를 수 있다는 두려움이다. 이처럼 공간, 젠더, 공포는 복잡한 방식으로 상호 연관되어 있으며, 이는 다양하고 더 해방적인 젠더지리학의 가능성을 열어준다.

건조 환경은 가변적이며 또 다른 젠더 구성을 드러내는 지표로 진화할 수 있으므로 젠더 이분법이 건조 환경에 의해 재구성되고 영속화된다는 생각은 시사하는 바가 크다. 즉, 이 문제는 여전히 해결되지 않았으며 신체와 젠더 간의 경계는 더욱 불안정해질 여지를 남기고 있다. (Cofield and Doan 2021 : 76)

페미니스트 자연지리학

우리는 3장에서 지리학이 인간과 환경 간의 상호작용에 대한 연구로 자리매김해 왔음을 살펴보았다. 이는 최근까지도 "인간(man)과 자연", "인간(man)/환경"이라는 구분으로 설명되어 왔다. 르네상스 이래로 서구에서는 여성을 자연과 연계하는 전통이 오랫동안 지속되어 왔다(Fitzsimmons 1989 ; Rose 1993 ; Castree 2005). 로즈는 서구 사상사에서 이런 이분법이 어떻게 일반적으로 발달해 왔는지, 그리고 특별히 지리학에서는 불평등한 양자 관계가 어떻게 구성되어 왔는지를 다음과 같이 제시했다.

문화	자연
남성	여성
남성적	여성적
이성	감정
공적	사적
공간	장소

인류의 삶의 여러 측면을 생각해보자면 이런 목록은 거의 무한대로 확장될 수 있을 것이다. 예를 들어 백인–흑인 식으로 말이다. 그러나 이 장에서는 특별히 여성성과 여성이 어떻게 자연과 연결되며, 위의 이분법에서 항상 열등하고 취약한 쪽이 되어 왔는지를 살펴보도록 하겠다. 이처럼 이분법을 조명하고 나아가 이런 이분법적 사유에 도전하는 것이야말로 페미니즘이 일관되게 이론적으로 가장 큰 기여를 한 지점이다. 문화/자연의 이분법은 그중에서도 가장 핵심적인 주목을 받았다.

내체로 페미니스트들은 여성성과 자연의 관계에 대해 두 가지 집근을 취해 왔나. 첫째는 그 연관성을 환영하며 이를 여성과 자연 모두에게 해를 끼친 자들을 반추하는 데 활용하는 접근이 있다. 예를 들어 **에코페미니즘**(ecofeminism)이라는 기치하에 많은 이들이 여성, 특히 여성의 몸과 자연세계와의 연계를 통해 차가워 보이고 부자연스러운 이성적인 남성성을 비판했다(Merchant 1989 ; Daly 1992 ; Plumwood 1993 ; Griffin 2000 ; Emel and Urbanik 2005).

한 예를 살펴보자.

> 여성으로 하여금 생명 탄생과 양육의 경험을 나머지 유기세계와 공유하게끔 하는 여성의
> 재생산 시스템만큼 인간이라는 동물과 자연을 그토록 심오하게 연결하는 것은 없다. 여성
> 이 개인적으로 생물학적인 모성을 경험하든 아니든 간에, 여성을 진정한 자연의 총아로 만들
> 고… 여성의 강함의 원천이 되는 것은 바로 이 여성의 재생산 시스템에 있다. (Collard and
> Contrucci 1988: 106)

캐롤라인 뉴(Caroline New)는 이런 종류의 주장이 성차의 생물학과 가부장적 사회의 파괴성
간의 근본적이고도 불가피한 연관성에 기초한다고 보았다. 이는 또한 여성에게 생태적 파괴
를 비판하고 이에 저항하는 데 유리한 위치를 부여한다(New 1997).

그러나 다른 페미니스트들은 이런 종류의 페미니즘과 거리를 두면서 자연과 여성이 쉽사
리 일체가 되는 것을 거부했다. 이런 입장은 로즈의 『페미니즘과 지리학』의 표지로 사용된
바버러 크루거(Barbara Kruger)의 사진이 잘 요약해준다. 그 사진은 눈이 잎사귀로 가려진 여
성의 얼굴을 보여주면서 다음과 같은 문구를 전달하고 있다. "우리는 당신네들의 문화에 자
연 역할을 하지 않을 것이다." 자연의 일부라는 딱지를 붙이는 것은 그런 딱지가 붙은 당사
자들에게는 결국 긍정적인 효과가 거의 없기 때문이라면서 오스트레일리아의 에코페미니스
트 철학자인 발 플럼우드(Val Plumwood)는 이렇게 주장했다.

> "자연"이라고 규정되는 것은… 수동적으로, 주체성도 없는 비체로, 이성이나 문화의 "선
> 진적인" 성취(주로 백인, 서구, 남성 전문가나 기업가들이 이룩하는)가 일어나는 백그라
> 운드나 "환경"으로 규정되는 것이다. 그것은 무주지(terra nullius), 곧 고유한 목적이나 의
> 미도 없는 자원으로 규정되어 언제든지 이성이나 지성으로 무장된 자들의 목적에 부합하
> 도록 사용될 수 있고 이런 목적에 따라 인식되고 변형될 수 있음을 의미한다. 자연 그 자체
> 로부터 나와서 무언가의 속성(natures)이 되어버림으로써 그것은 완전히 분리된 부분으로,
> 심지어 이질적인 열등한 영역으로 간주되어 그에 대한 지배를 마치 "자연스럽게" 보이도
> 록 만든다. (Plumwood 1993: 4)

지리학자 시거는 저서 『지구에 대한 어리석은 행동들(Earth Follies)』에서 자연 남용과 그런
남용을 저지하고자 하는 시도를 페미니스트 관점에서 분석했다. 시거는 일부 에코페미니즘
의 분파에서 본질적인 자연을 추종하는 경향과 자연적인 것 자체를 완전히 거부하는 경향으
로 분석의 틀을 설정했다. 그녀는 자연 파괴에 가장 책임이 있는 기관이 어째서 (군대, 기업,

관료조직 등의) "남성적" 기관인지를 여러 측면에서 조명했다. 그녀는 자연을 구하려는 기관 또한 (특히 *Earth First*와 같은 환경 및 과학 단체) 남성중심적이라는 사실을 보여주었다. 환경파괴의 영향은 오염된 세계에서 일상의 삶을 꾸려나가야 하는 여성들에게 가장 먼저 그리고 가장 강하게 전가된다. 오염의 문제점은 임신이나 출산 과정에서 명백하게 드러나기도 한다. 가뭄이나 허리케인과 같은 자연재해가 닥칠 때도 상대적으로 탈출 능력이 떨어지는 여성들이 더 큰 희생자가 된다. 이런 사실은 뉴스 같은 곳에서는 잘 다루어지지 않는다. 뉴스에서 환경문제는 주로 과학/기술 용어로 다루어지거나 단순하게 (예를 들어) 오염이나 숲 파괴에 대한 비난에 그칠 뿐 누가 숲을 파괴하고 누가 오염을 시키는지에 대해서는 별다른 정보를 제공하지 않는다. 비난이 제기될 때면 그것은 주로 여성과 관련된 삶의 영역에 대해 가해진다. 예를 들어 친환경 제품이나 재활용품 사용은 가정과 소비의 영역, 주로 여성적이라고 생각되는 영역으로 간주된다.

시거는 조심스럽게 본질주의에 반대 의견을 내놓았다. 앞에서 살펴본 바처럼 "에코 페미니스트"라고 뭉뚱그려 분류되는 페미니스트 중에서는 여성의 몸이 독특한 방식으로 "어머니 지구"와 연결되어 있으며 따라서 여성은 환경과 자연스러운(본질적인) 연관성이 있음을 주장하는 부류가 있다(그림 8.1 참조). 시거는 이런 입장에 반대하면서 여성이 자연과 특별한 연관성이 있는 것은 사실이지만 그 연관성이란 가부장제 사회가 강요한 것이라는 입장을 지지한다. 시거는 "어머니 지구"라는 은유에 대해 다음과 같은 해석을 제시한다.

> 지구는 우리의 어머니가 아니다. 우리가 잘 대해 준다면 우리를 보살펴 줄 그런 따뜻하고 돌보며 의인화된 지구란 없다. 복잡하고 감정으로 가득하며 갈등이 만연하고 거의 성적 대상이 되고 있으며 유사의존적인 어머니라는 관계(특히 남성과 그들의 어머니와의 관계)는 환경을 위한 실천에 적합한 은유가 아니다. 이 은유는 권력과 책임의 평화로운 분담을 제시하지만 그것은 인간과 환경 간의 관계에 대해 잘못되고 위험한 가정을 하고 있다. 환경 위기 상황에서 누가 무엇을 통제하며 누가 무엇을 책임질 것인지를 파악하고자 할 때 개입되는 권력관계를 애매하게 만들어 버린다. 그것은 정치적 동원을 위한 효과적인 도구도 될 수 없다. 만일 지구가 정말로 우리의 어머니라면 우리는 자녀가 되고 우리의 행동에 대해 온전한 책임을 질 수 없다는 뜻이 된다. (Seager 1993: 219)

시거는 "자연"은 스스로를 돌볼 수 있기 때문에 "어머니 지구" 은유가 환경운동을 오히려 더 약화시키는 데 동원된 사례도 있다고 제시했다. 지구는 우리가 어지럽혀 놓은 것을 정돈하는 어머니가 되기 때문이다. 그 한 사례로서, 1989년 알래스카 해안에서 일어난 엑손사의 발

그림 8.1 지구가 당신의 어머니인가? 우주에서 바라본 지구. 출처 : AS17-148-22727, NASA의 Johnson Space Center Gateway의 허락을 받고 게재함(http://eol.jsc.nasa.gov)

데스호 원유 유출 사고 이후 엑손의 환경정화 작용이 문제시되자, 회사 부회장은 다음과 같은 논리를 펼쳤다.

> 이곳 해협의 물은 20일마다 교체된다. 해협은 20일마다 스스로를 씻어내는 것이다. 어머니 자연은 스스로를 정화하며 실제로 깨끗하게 하는 일에 매우 능숙하다. (Charles Sitter, 엑손 부회장, Seager 1993: 221에서 재인용)

시거는 일종의 상황적 이론을 제시했다. 그녀가 제시한 것은 이 세계에서 여성이 실제로 점하고 있는 위치와 그 위치가 자연에 대해 갖는 관계에 따라서 여성들은 특정한 진리에 접근하게 된다는 것이다. 그 진리란 본질적인 특성에서 기인하는 것이 아니라 이 불공정한 세상에서 여성이 지닌 위치에 기인하는 것이다. 이 불공정한 세상에서 여성은 남성을 따라다니며 깨끗하게 치워주는 역할을 주로 담당한다.

페미니스트 모빌리티 지리학

페미니스트 지리학자들은 최근 사회과학에서 소위 "모빌리티 전향(전환, mobility turn)"이라고 알려진 주제를 개척해 왔다(Cresswell 2006; Sheller and Urry 2006; Urry 2007). "모빌리티 전향" 또는 "새로운 모빌리티 패러다임"이라는 용어가 등장하기도 훨씬 이전부터, 여러 형태의 모빌리티에 대한 페미니스트적 분석이 시행되어 왔다. 그것은 몸의 이동(Young 1990)에서 일상적인 출퇴근 패턴(Hanson and Pratt 1995)과 여행 및 탐험(Blunt 1994)에 이르기까지 다양하다. 주로 공간과학 분야(5장 참조)에서 제시해 온 이동성 패턴에 대한 전통적인 설명은, 성 구분에 대한 인식 없이 "이성적인 이동하는 남성"을 창조했다. 이 남성은 "이곳"과 "저곳"의 상대적인 이점에 대해 합리적인 결정을 내리고 그에 기초해서 이동한다. 이에 한 페미니스트 지리학자는 일상적인 통근에 대한 초기 연구에서 등장하는 이런 주체를 "중성적인 통근자"로 명명한 바 있다(Law 1999).

모빌리티 이론화에 가장 중요한 기여를 한 것은 페미니스트들이었다(Wolff 1992; Braidotti 1994; Kaplan 1996). 모빌리티가 자유 및 주체와 거의 동일시되어 왔지만 페미니스트들은 이에 대해 의구심을 제기한다. 한편으로 어떤 이들은 일부 여성이 도시를 걷든지 초국가적인 이동을 하든지 간에 어쨌든 이동할 수 있는 능력을 쟁취함으로써 상대적인 자유를 누리기도 한다는 사실을 알게 되었다(Wilson 1991; Domosh 1998). 로지 브라이도티(Rosi Braidotti)는 이와 같은 점에서 그녀의 공항에 대한 애정을 다음과 같이 기술하기도 했다.

> 그러나 나는 여행을 위해 조성된 수송의 장소들에 대해 특별한 애정을 가지고 있다. 역이나 공항 라운지, 전차, 셔틀버스, 그리고 사잇공간이기도 한 체크인 장소 같은 곳 말이다. 그런 사잇공간에서는 모든 연계가 잠정적으로 보류되고 시간은 일종의 지속적인 현재로 확장된다. 아무 곳에도 소속되지 않은 오아시스이자 분리된 공간. 그 어떤 남성(여성)에게도 귀속되지 않은 땅. (Braidotti 1994: 18)

이 인용문에서는 남성들이 흔히 찬양하는 근원과 소속감으로부터의 분리감을 익숙하게 감지할 수 있다. 그러나 많은 페미니스트 학자들에게 이런 분리감은 환상에 불과하다.

몸의 수준에서 보자면, 앞에서 예로 든 두려움의 지리 연구는 도시를 단순하게 걸어 다니는 것조차 남성과 여성 간에는 매우 다른 경험이 될 수 있음을 암시하고 있다. 이런 차이는 피부색이나 상애 유무에 따라서 한층 더 강화된다. 가정의 수준에서도 여성과 남성의 일상적 통근 패턴 역시 젠더화되어 있다. 여성은 통근 시 자녀의 학교에 들르거나 쇼핑을 하고 병

원이나 약국을 들르는 등 복합적인 이동패턴을 보인다. 페미니스트 지리학의 초창기 연구
는 이런 차이에 주목하고 공간과학의 이면에 있는 이성적인 "남성" 가정에 도전했다(Hanson
and Johnston 1985; Law 1999). 마찬가지로 인종과 같은 또 다른 사회적 지표를 복합적으로
고려한다면 이 역시 더욱 복잡한 패턴을 보이게 될 것이다. 이런 복잡성에 대한 고려는 로
스앤젤레스 버스 승객들의 집단행동에 대한 연구에서 일부 엿볼 수 있다. 버스승객노조(Bus
Riders Union)라는 진보적인 단체는 시 정부가 비싼 경전철 구축에 투자하는 것에 오랫동안
저항해 왔다. 이 경전철은 주로 백인들이 부유한 교외에서 도심지역으로 통근할 때 이용하
는 교통수단이었다. 경전철 철도에 막대한 돈을 투자함으로써 로스앤젤레스의 빈민과 소수
자, 여성들이 압도적으로 많이 이용하는 버스의 환경 개선에는 즉각적으로 투자가 줄어드는
효과를 가져왔다. 부르고스와 풀리도(Burgos and Pulido)는 도시에서의 이동성에 대한 젠더
화된 (그리고 계급화되고 인종화되기도 한) 정치를 조명한 한 사건에 대해 이야기했다.

> 일과 이동에 대한 지리는 가부장제의 공간성과 구조화된 인종주의, 노동의 분업을 반영한
> 다. 가사노동자들이 이에 대한 좋은 사례가 될 수 있겠다. 샌 페르난도 밸리(San Fernando
> Valley)나 퍼시픽 팰리세이드(Pacific Palisades)와 같은 부유한 교외로 승객을 실어 나르는
> 버스에서 활동을 하다 보면 버스 전체가 이민 여성들로 가득 차게 되는 상황에 직면하곤
> 했다. 한번은 도시교통국(MTA)과 협상 중에 한 직원이 도심에서 교외로 나가는 만원 버스
> 를 보고 놀라면서 이렇게 말했다. "러시아워 교통난은 도심으로 향하는 방향이어야 하지
> 않나요?" 그러자 다른 사람이 농담으로 이런 말을 했다. "당신네 집에 일하러 가는 가정부
> 들이잖아요." (Burgos and Pulido 1998: 80-81)

이 글은 도시에서의 일상적 이동성이 계급과 인종뿐만 아니라 젠더에 의해서 구성되는 방식
에 대한 완전한 몰이해를 보여준다. 버스는 자동차나 기차와 같은 교통수단과는 매우 다른
형태의 교통수단이다. 버스에는 여러 다른 이유로 다른 행선지를 가진 다른 종류의 사람들
이 탄다. 젠더의 역할에 대한 자각을 고양함으로써 키워진 감수성은 학자들과 여러 사람들
로 하여금 이런 점들을 눈치챌 수 있도록 해준다. 메트로폴리탄 교통국 직원과는 다르게 말
이다.

페미니스트 발전 지리학

발전 지리학은 지리학의 하위 분야 중 페미니스트 이론, 특히 남반구에서 기원한 페미니스

트 이론에 개입해 온 최초의 지리학 분야다. 1970년대까지 모든 버전의 발전 이론가들은 일반적인 발전에 대해 이야기하면서 남성과 여성이 발전 과정에서 겪는 차별적인 경험에 대해서는 거의 주의를 기울이지 않았다. 에스터 보스럽(Ester Boserup)은 그녀의 저서『경제발전에서 여성의 역할(Women's Role in Economic Development)』(1970)에서 이런 경향에 대해 도전했다. 이 책에서 보스럽은 유엔 통계를 이용하여 개발도상국의 경제발전에 여성들이 이때까지 알려진 바보다 훨씬 더 중요한 역할을 했음을 보여주었다. 그녀의 주장에 의하면, 경제발전은 노동의 전문화를 가져와 가정이 생산과 소비의 주요 단위가 되던 체제에서 벗어나 시장에 기반을 둔 전문화된 경제로 나아가게 만들었다고 한다. 이런 상황은 여성들에게 매우 심각한 결과를 초래했는데, 보스럽은 이를 1986년도 판의 서문에서 다음과 같이 요약했다.

> 점점 증가하는 노동의 전문화 과정은 노동력의 위계화 심화와 가정과 노동시장 모두에서 노동의 성별분업이라는 새로운 조건에 대한 점진적인 적응을 수반했다. 가정과 노동시장 모두에서 남성은 결정권자이며 여성보다 더 교육받고 훈련받았으며 가사의 의무를 덜 짊어지기 때문에 새로운 변화 속에서 여성보다 수혜를 더 많이 받을 공산이 컸다. 여성은 대개 노동시장의 위계질서에서 가장 밑바닥을 차지하게 되었다. (Boserup 1986: npn)

보스럽의 책이 출판된 이후 몇 가지 쟁점이 분명하게 부상했다. 대부분의 공식 데이터는 "가구의 가장"이라는 제목을 달고 수집된다. 보통 남반구의 상당수 지역에서는 여성이 사실상 가구의 가장이 되는 경우가 많음에도 불구하고 통계조사에서 가장은 대개 남성으로 간주된다. 비슷한 문제가 "노동"의 정의에서도 제기된다. 여성은 대부분의 일을 하면서도 무급으로 일하기 때문에 통계에 잡히지 않는 경우가 많다. 1980년 코펜하겐에서 열린 유엔 여성 회의에서 여성 인구는 세계 노동의 60% 이상을 담당하면서도 세계 식량의 44%밖에 제공하지 못한다는 사실이 인정되었다(Women and Geography Study Group of the Institute of British Geographers 1984).

『지리학과 젠더』가 1984년에 출간되고 얼마 안 있어 영국지리학자협회 산하 "여성과 지리학 분과"는『제3세계 젠더의 지리(Geography of Gender in the Third World)』(Momsen and Townsend 1987)를 발간했다. 이 책의 편집자는 대부분의 발전이론(반자본주의든 친자본주의든 간에)은 경제적인 요소에만 초점을 맞춘 나머지, 여성의 특수한 위치를 설명하는 데 실패했다고 주장했다. 그들의 주장에 의하면 빈진이론은 가부장적이다.

발전이론에 대한 거시적인 시각을 견지한 대표적인 학자는 인도 출신의 발전이론가 반다

나 쉬바(Vandana Shiva)다. 쉬바는 서구전통에서 비롯된 발전이론은 그녀가 다루는 맥락에서는 설명력이 거의 없다고 주장했다. 그녀는 "자연에 대한 현재의 서구적 시각은 남성과 여성, 인간과 자연이라는 이분법에 사로잡혀 있다."고 한다. "반면 인도의 우주관에서는 인간과 자연(Purusha-Pakriti)을 통일체 속의 이원성으로 본다. 이 둘은 자연 속에서, 여성 안에서, 그리고 남성 안에서 상호 분리될 수 없는 구성요소이다"(Shiva 1997: 175).

> 이원화된 남성적 인식론은 여성과 자연을 지배하면서 개발의 부작용을 낳고 있다. 왜냐하면 이런 인식론은 지배하는 남성을 "발전"의 모델로, 주체로 만들기 때문이다. 이는 먼저 정의를 통해 여성과 제3세계, 자연을 저개발된 상태로 규정한 뒤 식민화 과정을 통해 그것을 현실로 만들어 버린다. (Shiva 1997: 176)

여기서 쉬바는 서로 다른 위치에서 비롯되었을 상이한 종류의 이론화에 대해 상기시키면서(그녀의 경우는 인도) 발전을 단순히 경제적 이슈로만 보는 여타의 시각보다는 거시적인 시각을 제시했다.

젠더와 발전에 대한 더 최근의 연구는 젠더를 배제한 발전담론 비판에서 **초국가주의**(transnationalism)와 **포스트식민주의**(postcolonialism)에 대한 논쟁으로 나아가고 있다. 이런 논쟁은 발전 그 자체에만 초점을 두는 것이 아니라 북반구와 남반구를 연결하는 거시적인 이슈들에 대해서도 주목한다(Radcliffe 2006). 지구적 관계 속에서 젠더가 수행하는 복잡한 역할에 대해서 매우 심도 있는 분석을 한 문헌들이 최근에는 등장하고 있다. 이런 복잡성을 잘 드러내는 한 사례로서 후아니타 선드버그(Juanita Sundberg)의 과테말라의 환경보존에 대한 연구를 들 수 있다. 선드버그는 페미니스트 연구에서 젠더가 중심적인 역할을 한다는 것을 인식하면서도, "어떻게 젠더가 다른 권력 체제와 교차함으로써 다면적이고 복잡하며 잠재적으로 모순적인 정체성을 생산해내는지"를 탐색하고자 했다(Sundberg 2006: 46).

선드버그의 연구는 과테말라의 마야 생물권에 대해서 실시되었다. 그녀는 "약초를 보존하기 위한 이차(Itza')⁵ 원주민 여성 단체"인 아그루바시온(Agrupación)을 사례로 해서, 이들이 원주민 남성들, NGO 단체인 CI/ProPetén 회원들, 그리고 "백인" 연구자인 선드버그 자신과 어떻게 상호작용하는지를 탐구하면서 정체성의 관계적 형성 과정을 보여주었다. 선드

---

5 이차는 마야의 후손인 과테말라 원주민으로, 과테말라의 Petén 지방에 모여 살고 있다. 그 수는 약 2,000명 가까이 되며 문화적 풍습을 유지하고 있지만 그들의 토착어는 사라질 위기에 있다. (역주)

버그는 젠더와 인종은 반복적이고 지속되는 과정 속에서 언제나 상호 관계적으로 생산된다고 주장했다. 선드버그의 연구의 개괄적 설명에 따르면, 오랫동안 주변화되어 온 이 원주민 집단에서 남성 지도자들은 [바이오이차(BioItzá)라 불리는] 조직을 만들어서 NGO 자금을 지역 프로젝트(예 : 삼림보호지구 지정 사업)로 끌어들였지만, 그 과정에서 여성은 관리자 수준에서는 전혀 참여하지 못했다. 그러나 원주민 여성들은 지역에서 자생하는 약초에 대한 의학적 지식을 내세우며 하위 집단을 형성해 나갔는데, 선드버그는 바로 이 과정을 추적했다. 그녀의 연구는 일련의 미팅을 관찰함으로써 인종과 젠더가 어떻게 끊임없이 상호 교차하는지를 탐색해 나갔다. 여기서는 그 첫 번째 미팅을 소개하도록 한다.

선드버그는 첫 미팅에서, (그들에게 자금을 지원해 줄 NGO인) CI/ProPetén과 여성들의 첫 번째 모임을 준비하기 위한 사전 모임에 대해서 기술했다. 로살리나(Rosalina)라는 여성의 주도하에 열린 이 미팅에서, (남성들이 주도하는 원주민 환경보존 단체인) 바이오이차의 지도자인 돈 제이미(Don Jaime)는 CI/ProPetén와 어떻게 이야기할지에 대해서 그곳에 참석한 여성들에게 지시를 내렸다. 그리고 여성들은 지역에 자생하는 풀을 약초로 활용함으로써 자신들이 어떤 역할을 해야 할지에 대해 동의했다. 제이미는 그 여성들로 하여금 자신들이 진정한 원주민이며 자연과 교감하는 집단(이는 자금줄을 쥔 자들에게 잘 먹힐 서사다)이라는 확신을 CI/ProPetén에게 심어주어야 하며, 이를 위해 서양의 약품을 언급하지 말라고 지시했다.

> 몇 가지 다른 흥미로운 사건들도 있었지만, 나는 여기서 서사와 그 수행이 어떻게 그 회의에서 젠더와 인종을 모순적인 방식으로 접합하는지를 보여주고자 한다. 이 에피소드에서 가장 경악할 만한 요소는 남성 우월성을 (재차) 선언한 것이다. 로살리아가 그 회의를 주재했지만, 돈 제이미는 의도적으로 이를 무시했다. 그는 회의에 참석한 여성들에게 그녀들의 젠더화되고 인종화된 정체성을 어떻게 수행할지를 권고했으며, 아그루바시온과 연구자인 나와의 관계도 중재했다(이에 대해서는 세 번째 미팅에서 다룰 것이다). 로살리아가 이곳 여성들은 그들의 젠더화된 행동을 집단 활동 참여를 통해 바꾸고자 한다고 선언했을 때, 돈 제이미는 아그루바시온을 바이오이차의 하부 소식으로 흡수한다고 응수하면서 문화 부흥이라는 더 큰 목표를 제시했다. 실제로 그는 여성들의 젠더에 특화된 활동 때문에 여성들이 부흥 운동에서 중요한 역할을 한다고 했다. 궁극적으로 돈 제이미의 서사는 여성이 젠더하된 행동을 하도록 감독하고 문화적 전통의 보존이라는 미명하에 기부강제를 재생산하는 역할을 한다. (Sundberg 2006: 50)

회의를 주도하려는 이와 같은 시도에도 불구하고, 회의장에 있었던 일부 여성들은 두 번째 목적인 기존의 젠더관계를 변화시킬 수 있는 공간을 만들어내고자 했음이 분명했다. 이 지점에서 "성차별주의와 인종차별주의의 역사가 빚어낸 상호 맞물린 권력 체제는 젠더화되고 인종화된 주체의 불평등한 정체성을 생산했다"(Sundberg 2006: 52). 제이미는 권위를 지닌 남성 인물상을 구축했다. 그는 여성들이 자신들의 열등한 지위를 강조하는 방식으로 원주민 정체성을 구축하기 위해 어떻게 행동해야 하는지를 지도했다. 또한 여성은 "치료자"라는 젠더화된 역할을 재생산해야 한다고 주장했다. 그러나 이와 동시에 "약초를 보존하고자 한 여성단체는 자신들만의 공간을 창출했다. 그곳에서 여성은 남성의 지배를 붕괴시켰고 젠더관계를 다시 설정했다"(Sundberg 2006: 52). 선드버그는 이후로 다른 조우의 장면들을 계속해서 탐색해 나갔다. 아무도 도와줄 이 없었을 원주민 여성들을 도와주려고 온 외부인 백인 여성인 자신과의 조우도 포함해서 말이다. 그녀는 결론에서, 그녀의 연구는 발전과 보존 과정에서 젠더와 인종의 일반적인 상호작용 이외에도 백인 여성 연구자였던 자신의 역할에 대해서도 재고하도록 만들었다고 말했다.

이런 종류의 페미니스트 연구는 여성, 나아가 젠더를 심각하게 고려해야 한다는 초기의 발전 연구에 비해 매우 진일보한 것이다. 남반구에 대한 최근의 페미니스트 연구는 발전 문제에 대해 이와 같은 초점을 더 이상 두지 않는다. 이들은 남반구와 북반구, 젠더, 다른 형태의 집단 정체성 간의 복잡다단한 상호작용을 광범위하게 다루고 있다.

결론 : 페미니스트 지리학과 차이, 그리고 교차성

페미니스트 지리 이론에 대한 이상의 개략적인 설명은 젠더를 분석의 범주로서 주목하는 것은 단지 새로운 첨가물을 추가한 것에 지나지 않는 것이 아님을 보여준다. 이는 우리가 지리학의 세계를 생각하고 연구하는 방식 자체에 대한 근본적인 도전장을 던진다. 또한 이는 분명 현실 세계에서의 투쟁을 조명하고 그것에 근거해 있는 것이기도 하다. 지리학 내에서 페미니스트 지리학(단순히 젠더에 대한 지리학이 아닌)이 서구적 관점을 견지해 왔다는 중요한 인식이 제기되기도 했다. 아닌디타 다타의 주장처럼 인도에서 페미니즘은 포스트모더니즘이나 포스트구조주의처럼 인도의 상황에 맞지 않는 서구 아이디어를 수입한 것으로 인식된다. 다타에 따르면 인도 지리학계에서 질적연구는 폄하되는 경향이 있고 심지어 젠더 차이를 연구할 때도 정책 입안자에게 영향력을 행사하기 위해 양적연구를 선호하는 경향이 있다고 한다. 이는 젠더 간의 차이를 인식하고 이를 이론화하고자 한 의도에서 시작했지만 결코 거기서 멈추지 않았던 페미니즘 이론과 상충하는 지점이다.

1990년대 이래로 페미니스트 지리학자들은 그 누구보다도 더 솔직담백하게, 그리고 고뇌하면서 차이에 대한 인식이 제기한 문제점들을 해결하고자 고군분투해 왔다. 선드버그의 사례연구가 보여준 것처럼 여성은 그냥 여성이 아니다. 여성은 여러 방식으로 계급화되어 있고 성(性)화되어 있으며 인종화되어 있다. 로즈는 페미니스트 지리학을 구축해 나가는 과정에서 페미니스트 지리학이 이성애규범주의와 인종차별주의와 공모하는 것을 피해야 할 필요성을 제시했다. 로즈는 젠더 이분법을 넘어, 차이를 부정하는 것이 아니라 아우르면서 복수의 정체성을 사유하는 것이 중요함을 주장했다. 그녀는 이처럼 차이를 아우르는 것은 남성중심주의의 이분법적 사유를 대체할 수 있다고 제안했다. 예를 들어 최근 캐서린 맥키트릭(Katherine McKittrick)은 지리학에서 흑인의 목소리와 흑인 주체가 결핍되어 있다고 했다. 주류 지리학뿐만 아니라 페미니스트 지리학에서도 마찬가지로 말이다. 흑인 정체성은 여성 정체성과 매우 큰 차이를 만들어내며 이 둘은 결합될 수 있다(McKittrick 2006). **교차성**(intersectionality)이라는 개념은 1989년 킴벌리 크렌쇼(Kimberlé Crenshaw)가 상호 연결된 권력 형태가 결합하여 사회에서 소외된 사람들에게 단일 정체성의 축으로 환원할 수 없는 특정한 방식으로 영향을 미치는 방식을 명명하기 위해 도입한 개념이다. 따라서 젠더라는 축은 인종, 계급, 섹슈얼리티, 연령, 기타 권력 관계에 의해 형성되는 정체성의 축과 교차한다. 페미니스트 지리학이 발전함에 따라 페미니스트 지리학의 관심사는 다양한 교차적 입장의 에세이를 통해 알 수 있듯이 눈에 띄게 더 교차적으로 발전해 왔다. 교차성의 개념은 흑인 페미니스트 사상에서 비롯되었다는 점에 유의하는 것이 중요하다. 때때로 교차성이라는 단어는 장애와 섹슈얼리티에 대한 교차 분석과 같은 모든 정체성의 조합을 지칭하는 데 사용되기도 하지만, 실제로는 **흑인** 페미니즘 내에서 인종과 젠더가 얽혀 있다는 구체적인 인식에서 비롯되었다(Hopkins 2019). 교자성이 그 기원에 대한 중분한 인식 없이 받아들여질 경우, 비판적 사고 내에서 인종의 중요성을 다시 한 번 희석시키고 페미니스트 지리학의 프로젝트를 다시 희석하는 비평이 될 위험이 있습니다. 그렇긴 하지만, 인종/젠더 교차성은 그 기원이 북미 사상에서 시작된 것을 넘어 다른 지역, 특히 탈식민지적 환경에서 유익하게 적용되고 있다. 예를 들어, 샬린 몰렛과 캐롤라인 파리아(Sharlene Mollett and Caroline Faria)가 이를 설득력 있게 주장한 바 있다.

> 일단, 인종 폭력, 분리, 백인 우월주의는 모든 곳에서 장소 특정적인 방식으로 작동하기 때
> 문에 교차성은 전 지구적으로 적용될 수 있다. 국제 개발의 맥락에서 보자면, 식민지 역사
> 와 현대의 글로벌 관계 모두 인종, 더 나아가 계급과 민족에도 주의를 기울일 것을 요구한
> 다. (Mollett and Faria 2018: 571)

괴카릭셀과 동료들(Gökarıksel *et al.* 2021)이 말하는 "기분 좋은" 페미니즘에 저항한다는 것
은 페미니즘 내 차이와 복잡한 교차성에서 발생하는 고도의 긴장에 주의를 기울이는 것을
의미한다.

> 오히려, 연대하면서도 차이에 대해 반복해서 문제삼고, 동의와 반대를 거치면서 우리는 인종
> −젠더−성적 폭력의 특정한 조합을 이해하고, 과거 식민지 시대에 기원한 계보를 추적하
> 고, 페미니스트 지리학의 미래를 위해 현재의 폭력에 대한 저항을 공간화는 데 더욱 유리
> 한 위치에 서게 된다. 바로 이런 공간에서 우리의 모순뿐 아니라, 인간으로서 우리의 복잡
> 한 공통점이 지울 수 없이 드러나게 된다. (Mollett and Faria 2018: 574)

참고문헌

* Barefoot, A. (2021) Women-only spaces as a method of policing the category of women, in Feminist
      Geography Unbound: Discomfort, Bodies, and Prefigured Futures (eds B. Gökariksel, M. Hawkins,
      C. Neubert, and S. Smith), West Virginia University Press, Morgantown, 158–179.
Blunt, A. (1994) *Travel, Gender and Imperialism: Mary Kingsley and West Africa,* Guilford, New York.
Blunt, A. and Dowling, R. M. (2006) *Home,* Routledge, London.
Boserup, E. (1970) *Woman's Role in Economic Development,* Earthscan, London.
Boserup, E. (1986) *Woman's Role in Economic Development,* Gower, Aldershot.
Braidotti, R. (1994) *Nomadic Subjects: Embodiment and Sexual Difference in Contemporary Feminist Theory,*
      Columbia University Press, New York. 박미선 역, 2004, 『유목적 주체 : 우리 시대 페미니즘 이론에
      서 체현과 성차의 문제』, 여미연.
Brownmiller, S. (1975) *Against Our Will: Men, Women and Rape,* Secker and Warburg, London.
Burgos, R. and Pulido, L. (1998) The politics of gender in the Los Angeles Bus Riders" Union/Sindicato

De Pasajaros. *Capitalism Nature Society,* 9, 75–82.

Castree, N. (2005) *Nature,* Routledge, London.

* Cofield, R. and Doan, P. L. (2021) Toilets and the public imagination: planning for safe and inclusive spaces, in *Feminist Geography Unbound: Discomfort, Bodies, and Prefigured Futures* (eds B. Gökariksel, M. Hawkins, C. Neubert, and S. Smith), West Virginia University Press, Morgantown, 69–87.

Collard, A. F. E. E. and Contrucci, J. (1998) *Rape of the Wild: Man's Violence against Aminals and the Earth,* Woman's Press, London.

Cope, M. (2002) Feminist epistemology in geography, in *Feminist Geography in Practice* (ed P. J. Moss), Blackwell, Oxford.

Cressswell, T. (2006) *On the Move: Mobility in the Modern Western World,* Routledge, New York. Cressswell, T. (2006) On the Move: Mobility in the Modern Western World, Routledge, New York. 최영석 역, 2021, 『온 더 무브: 모빌리티의 사회사』, 앨피.

Daly, M. (1992) *Pure Lust: Elemental Feminist Philosophy,* HarperSanFrancisco, San Francisco.

Datta, A. (2013) Wildflowers on the margins of the field: on the geography of gender in India, in *Paradigm Shift in Geography* (ed. M. H. Qureshi), Manak Publications, Delhi, 234–249.

* Datta, A. (2016) Genderscapes of hate: on violence against women in India. *Dialogues in Human Geography,* 6(2), 178–181.

* Domosh, M. (1991) Toward a feminist historiography of geography. *Transactions of the Institute of British Geographers,* 16, 95–104.

Domosh, M. (1998) Those "gorgeous incongruities": polite politics and public space on the streets of nineteenth-century New York City. *Annals of the Association of American Geographers,* 88, 209–226.

Emel, J. and Urbanik, J. (2005) The new species of capitalism: an ecofeminist comment on animal biotechnology, in *A Companion to Feminist Geography* (eds L. Nelson and J. Seager), Blackwell, Oxford, 445–457.

Falconer Al-Hindi, K. (2002) Toward a more fully reflexive feminist geography, in *Feminist Geography in Practice* (ed P. J. Moss), Blackwell, Oxford, 103–115.

Fitzsimmons, M. (1989) The matter of nature, *Antipode,* 21, 106–120.

* Foord, J. an Gregson, N. (1986) Patriarchy: towards a reconceptualisation. *Antipode,* 18, 186–211.

* Gökariksel, B., Hawkins, M., Neubert, C., and Smith, S. (2021) *Feminist Geography Unbound: Discomfort, Bodies, and Prefigured Futures,* West Virginia University Press, Morgantown.

Griffin, S. (2000) *Woman and Nature: The Roaring inside Her,* Sierra Club Books, San Francisco.

Hanson, S. and Johnston, I. (1985) Gender differences in work trip length: explanations and implications, *Urban Geography,* 6, 293–219.

Hanson, S. and Pratt, G. J. (eds) (1995) *Gender, Work, and Space,* Routledge, New York.

Haraway, D. (1988) Situated Knowledges: the science question in feminism and the privilege of partial perspective, *Feminist Studies,* 14, 575–599.

Harding, S. G. (1986) *The Science Question in Feminism,* Open University Press, Milton Keynes.

Herbert, D. T. (1982) *The Geography of Urban Crime,* Longman, New York.

Hopkins, P. (2019) Social geography I: intersectionality. *Progress in Human Geography*, 43, 937–947.

Hubbard, P., Kitchin, R., and Valentine, G. (eds) (2004) *Key Thinkers on Space and Place,* Sage, Thousand Oaks, CA.

Johnson, L. C., Huggins, J., and Jacobs, J. M. (eds) (2000) *Placebound: Australian Feminist Geographies,* Oxford University Press, Oxford.

Kaplan, C. (1996) *Questions of Travel: Postmodern Discourses of Displacement,* Duke University Press, Durham, NC.

Khurana, N. (2020) Geographies of fear: sexual harassment and women's navigation of space on the Delhi Metro. *South Asian Journal of Law, Policy, and Social Research*, 1(1), 18–39.

Kitchin, R. (ed.) (2008) *International Encyclopedia of Human Geography,* Elsevier, Boston, MA.

Law, R. (1999) Beyond "women and transport": towards new geographies of gender and daily mobility. *Progress in Human Geography*, 23, 567–588.

Listerborn, C. (2002) Understanding the geography of women's fear: toward a reconceptualization of fear and space, in *Subjectivities, Knowledges, and Feminist Geographies: The Subjects and Ethics of Social Research* (ed. L. Bondi), Rowman & Littlefield, Lanham, MD.

Livingstone, D. N. (1993) *The Geographical Tradition: Episodes in the History of a Contested Enterprise,* Blackwell, Oxford.

Maddrell, A. (2009) *Complex Locations: Women's Geographical Work in the UK 1850–1970,* Wiley–Blackwell, Oxford.

McDowell, L. (1993) Space, place and gender relations: Part II. Identity, difference, feminist geometries and geograhies. *Progress in Human Geography,* 17, 305–318.

* McKittrick, K. (2006) *Demonic Grounds: Black Women and the Cartographies of Struggle,* University of Minnesota Press, Minneapolis.

Merchant, C. (1989) *The Death of Nature: Women, Ecology, and the Scientific Revolution,* Harper & Row, New York.

Millett, K. (1971) *Sexual Politics,* Hart-Davis, London. 정의숙 역, 2004, 『성의 정치학』, 현대사상사.

* Mollett, S. and Faria, C. (2018) The spatialities of intersectional thinking: fashioning feminist geographic futures. Gender, Place & Culture, 25, 565–577.

* Momsen, J. H. and Townsend, J. (1987) *Geography of Gender in the Third World,* State University of New York Press, Albany, NY.

Monk, J. and Hanson, S. (1982) On not excluding half of the human in human geography. *Professional Geographer,* 34, 11–23.

Nelson, L. and Seager, J. (2005) Introduction, in *A Companion to Feminist Geography* (eds L. Nelson and J. Seager), Blackwell, Oxford, 1–11.

New, C. (1997) Man bad, woman good? Essentialisms and ecofeminisms, in *Space, Gender, Knowledge: Feminist Readings* (eds L. McDowell and J. Sharp), Arnold, London, 177–192.

Pain, R. (1991) Space, sexual violence and social control: integrating geographical and feminist analysis of women's fear of crime. *Progress in Human Geography,* 15, 415–431.

Pain, R. (1998) *Geography and the Fear of Crime: A Review,* University of Northumbria at Newcastle, Division of Geography and Environmental Management, Newcastle.

Plumwood, V. (1993) *Feminism and the Mastery of Nature,* Routledge, New York.

Pyle, G. F. (1974) *The Spatial Dynamics of Crime,* University of Chicago, Chicago.

* Radcliffe, S. A. (2006) Development and geography: gendered subjects in development processes and interventions. *Progress in Human Geography,* 30, 524–532.

* Rose, G. (1993) *Feminism and Geography: The Limits of Geographical Knowledge,* Polity, Cambridge. 정 현주 역, 2011, 『페미니즘과 지리학』, 한길사.

Rose, G. (1995) Tradition and paternity: same difference? *Transactions of the Institute of British Geographers,* 20, 414–416.

* Royal Geographical Society (with the Institute of British Geographers). Women and Geography Study Group (1997) *Feminist Geographies: Explorations in Diversity and Difference,* Longman, Harlow.

* Seager, J. (1993) *Earth Follies: Coming to Feminist Terms with the Global Environmental Crisis,* Routledge, New York.

Sheller, M. and Urry, J. (2006) The new mobilities paradigm. *Environment and Planning A,* 38, 207–226.

Shiva, V. (1997) Women in nature, in *Space, Gender, Knowledge: Feminist Readings* (eds L. McDowell and J. Sharp), Arnold, London, 174–192.

Smith, S. (1987) Fear of crime: beyond a geography of deviance. *Progress in Human Geography,* 11, 1–23.

Stoddart, D. (1986) *On Geography and Its History,* Blackwell, Oxford.

Sundberg, J. (2006) Identities in the making: conservation, gender and race the Maya Biosphere Reserve, Guatamala. *Gender, Place and Culture,* 11, 43–66.

Todd, J. D. (2021) Exploring trans people's lives in Britain, trans studies, geography and beyond: a review of research progress. Geography Compass, 15, e12556.

Urry, J. (2007) *Mobilities,* Polity, Cambridge. 강현수 역, 2014, 『모빌리티』, 아카넷.

Valentine, G. (1989) The geography of women's fear. *Area,* 21, 385–390.

Valentimn, G. (1992) Images of danger: women's sources of information about the spatial distribution of male violence. *Area,* 24, 22–29.

Wilson, E. (1991) *The Sphinx in the City,* University of California Press, Berkely.

Wolff, J. (1992) On the road again: metaphors of travel in cultural criticism. *Cultural Studies,* 6, 224–239.

* Women and Geography Study Group of the Institute of British Geographers. (1984) *Geography and*

Gender: An Introduction to Feminist Geography, Hutchinson, London, in association with The Explorers in Feminism Collective.

Young, I. M. (1990) *Throwing Like a Girl and Other Essays in Feminist Philosophy and Social Theory,* Indiana University Press, Bloomington.

Zelinsky, W. (1973) The strange case of the missing female geographer. *Professional Geographer,* 25, 101–106.

Zelinsky, W., Hanson, S., and Monk, J. (1982) Women and geography: a review and prospectus. *Progress in Human Geography,* 6, 317–366.

제 9 장

포스트모더니즘과 그 너머

- 두 건축물
- 포스트모던 이론의 주요 특징
- 한때의 로스앤젤레스
- 포스트모던 지리학?
- 새로운 차이의 지리
- 지리학과 재현의 위기
- 결론 : 페미니즘과 포스트모더니즘

1980년대 후반 내가 박사과정에서 공부하고 있었을 때 새로운 단어가 토론과 학회장에서 등장하기 시작했다. 그 단어는 "포스트모더니즘"(그리고 "포스트모던"과 "포스트모더니스트")이었다. 내가 처음으로 참가한 학회는 1988년 피닉스에서 열린 미국지리학대회였다. 거의 모든 세션이 어떤 식으로든 포스트모더니즘에 대한 내용을 다루는 듯했다. 다른 이들도 이 점을 인식했다. 물론 항상 찬성하는 쪽은 아니었지만 말이다. 1988년의 학회를 두고 린다 맥도웰(Linda McDowell)은 이렇게 말했다.

전적으로 새로운 일련의 문헌을 참조하는 것은 이제 매우 중요한 일이 되어 버렸다. 모든 사람이 (최소한 학계에 있는 사람은) 이제 해체주의자가 되었다. 차이, 다양성, '타자', 상

Geographic Thought: A Critical Introduction, Second Edition. Tim Cresswell.
© 2024 John Wiley & Sons Ltd. Published 2024 by John Wiley & Sons Ltd.

황성, 위치성, 복수의 목소리. 이런 말들은 지리학 회의장과 복도에서 울리는 지식 교류의
노랫소리에서 새롭게 등장하고 있는 가사들이다. (McDowell 1992: 58)

내가 매디슨의 위스콘신대학교에서 공부할 때, 대학원생들의 세미나는 마르크스와 데
이비드 하비(David Harvey)를 읽는 것에서 점차 장 보드리야르(Jean Baudrillard), 미셸 푸코
(Michel Foucault), 에드워드 소자(Edward Soja) 등을 읽는 것으로 변해 갔다. 피닉스 학회가
끝나고 나는 뉴올리언스에서 열린 미국문화연구학회에 참석했는데 거기는 이보다 더 심했
다. 학회 전체가 포스트모더니즘의 여러 측면을 다루는 데 할애되었다. 어떤 방은 장 프랑수
아 리오타르(Jean Francois Lyotard)와 보드리야르의 저작과 포스트모던 열풍에 대해 흥분만
한 채, 별로 지적으로 보이지도 않는(당시의 내 눈에는 그랬다) 토론의 열기로 가득했다. 또
다른 방은 광신도 무리들이 말도 안 되게 포스트모더니즘물이라고 주장하는 (당신도 잘 아
는 젊은 브루스 윌리스가 카메라 앞에 나타나 마치 "이제 자동차 추격신을 찍을 시간이군."
이라고 말할 것만 같은 프로그램인) TV시리즈《블루문특급(Moonlighting)》이나 디즈니랜
드의 엡콧센터가 재현하는 국가 정체성에 대한 포스트모던 시뮬레이션에 대해 열변을 토하
고 있었다. 박사과정 학생으로서는 흥미진진한 (그리고 혼돈스러운) 시절이었다.

1980년대 후반은 우리가 요즘 주변에서 보는 많은 일들이 새롭게 등장하던 시대였다. 나
는 그 무렵에 인터넷을 처음 알게 되었다. MTV가 당시 광범위하게 인기를 끌었고 현란한
기술로 무장한 뮤직비디오가 맹렬한 위세를 떨쳤다.《블레이드 러너(Blade Runner)》와《로
보캅(Robocop)》같은 영화는 "현실"과 만들어진 현실의 경계가 점점 불분명해지는 것을 반
영했다. 문학 부문에서 학자적 타입으로는 (나는 그 부류의 일원이 되고자 무척 원했다) 이
탈로 칼비노(Italo Calvino)가 쓴『겨울밤의 나그네라면(*If on a Winter's Night a Traveler*)』같
은 소설을 읽었다. 이 소설을 읽다 보면 소설이 참조하는 책의 부분들이 군데군데 삽입되
어 있어서 읽기에 난해한 것으로 정평이 나 있다. 이 책은 소설 읽기에 대한 소설인 셈이다
(Calvino 1981). 존 파울즈(John Fowls)의 소설『프랑스 중위의 여자(*The French Lieutenant's
Woman*)』는 2개의 엔딩을 가지고 있다. 하나는 역사적인 것이고 다른 하나는 현재적인 것이
다. 이 소설을 원작으로 만든 영화에서는 영화적 엔딩과 연기를 한 배우를 위한 엔딩으로 마
무리되었다(Fowles 1971). 이는 세련되고 영리한 것이며, 전통적인 방식에서는 드러나지 않
았던 생산과 수용이라는 과정에 대한 높은 인식을 드러낸다.

우리가 지금 살고 있는 세계에 대해서 한번 생각해보자. 우리는 실시간 뉴스와 엔터테인

먼트의 다중 채널에 완전히 익숙해져 있다. 내가 살고 있는 곳만 해도 어딜 가든지 각종 형태의 광고가 넘쳐난다. 각종 가게에서도 "로컬"이라는 단어가 붙어 있는 물건은 문화적인 고급스러움과 높은 가격의 상징이기도 하지만 거의 세계 모든 곳에서 온 음식들을 구매할 수 있음을 나타내기도 한다. "퓨전"이나 "하이브리드"와 같은 용어들은 레스토랑 메뉴에서부터 자동차 이름에 이르기까지 모든 곳에 쓰이고 있다. 내가 자유롭게 듣는 음악만 해도 전 세계 음악이 뒤섞인 것이다. 1980년대 포스트모던 시대에 부상한 "세계 음악"이라는 용어는 이제 거의 아무 의미도 없어졌다. "콜라주"나 "혼성모방(pastiche)" 같은 용어는 경관을 묘사하는 데 자유롭게 사용되고 있다. 이런 관찰은 1980년대 인문사회과학 전반에 걸쳐서 등장하기 시작했다. 한 예로 영국의 문화이론가인 이언 챔버스(Iain Chambers)는 영국 대도시의 1980년대 후반 세계를 다음과 같이 묘사했다.

> 모든 것은 덜 정확해지고 조금 더 복잡해졌다는 새로운 문화경제학적 인식이 모든 곳에서 싹트고 있다. 소년 그리고 소녀, 흑인 그리고 영국인, 젊은이 그리고 아시아인, 이성애자 그리고 동성애자, 여가 그리고 일(또는 실업), 공공문화 그리고 가정문화의 구분이 있지만 이 오래된 구분은 점점 무너지고 있으며 덜 전통적이고 다원적이며, 덜 역사적인, 그래서 좀 더 "가볍고"(덜 심각하다는 뜻과 혼동하지 말 것) 더 개방적인 관점이 득세하고 있다. 계급에 대한 알레고리는 젊은 스타일의 글에서 은근히 드러나며 젠더와 섹슈얼리티, 민족집단 등 복수의 좌표에 의해 분산되고 있다. 청년문화와 그다지 젊은층이 아닌 문화에서도 콜라주 복장과 절충적인 음악이 나타나서 현재의 흑인 음악의 진정한 '기원'뿐만 아니라 그런 음악에서 우연성을 구축하는 것이나 능숙한 브리콜라주, 1980년대를 지배했던 음향의 고고학과 재사용에서 엿볼 수 있는 (포스트)모던적 미학에 대해서도 열변을 토로한다. 하위 문화가 일단 현 상태와 주류 세계에 스타일리시하게 저항하는 '강력한' 감각을 보여줬다면… 이는 확장되어서 점점 디테일한 차이에 대한 감각을 두루 발전시킨다. 곧 단일한 '타자'는 단순히 말해(그렇다고 덜 중요한 것은 아니다) 여러 "타자들"이 된다. (Chambers 1990: 69-70)

이 새로운 세계를 묘사하기란 쉬운 일이 아니다.

모든 것이 뒤섞여 있기 때문이다. 새롭게 등장하는 포스트모더니즘을 정의하는 한 가지 방법이 그것을 새로운 시대나 스타일로 규정하는 것이다. 그것은 서구 선진국에서 관찰할 수 있는 변화를 묘사한 것이었다. 이런 점에서 마르크스주의나 인본주의, 페미니스트로서 그런 현상에 상이하게 반응하는 것은 완전히 가능했고 실제로 많은 이들이 그러했다. 그러나 동시대에 또 다른 버전의 포스트모더니즘이 등장했는데, 그것은 챔버스나 다른 이들이 묘사했던 짜깁기로서의 세계를 여러모로 반영하는 포스트모던 이론이었다. 챔버스는 거대 이론으로부터 후퇴한 소위 "약한 사상(weak thought)"을 추구했다.

> 따라서 사회 및 문화적 감각은 목적이 아니라 담론이 되고, 폐쇄가 아니라 끝없는 여정 가운데 남겨진 흔적이 된다. 그것은 일시적으로 가둬두는 것을, 세계의 여러 다양한 가능성을 가로질러 의도적으로 한계를 긋는 것을 열망만 할 수 있을 뿐이다. 들뢰즈가 말한 것처럼 감각은 표면적 효과이며 하나의 사건일 뿐, 존재하지도 않는 기원이나 잃어버린 총체성, 또는 순수 의식의 증후나 기호가 아니다. 의미를 생산하는 것은 정확히 말해 고정된 지시 대상, 곧 안정된 기반의 결핍이다. 의미를 생산하기 위해서는 비밀스러운 돌을 만지거나 바른 키를 눌러서 사물의 본질을 드러내야 하는 것이 아니라, 대단히 복잡한 가능성들을 인식할 수 있는 형태로 윤곽을 그리는 작업을 필요로 한다. (Chambers 1990: 11)

챔버스와 그 동료들이 생각하기에 이 새로운 세계는 질 들뢰즈(Gilles Deleuze)와 같은 프랑스 철학자들이 제시한 것처럼 이를 인식할 수 있는 새로운 사유 방식을 요구했다. 다른 이들이 생각하기에는 이 포스트모던 세계는 인본주의(Ley 1989), 마르크스주의(Harvey 1989), 페미니즘(McDowell 1992)처럼 이미 확립되어 있는 관점으로 적절하게 해석될 수 있거나 심지어 거부될 수도 있는 것이었다. 이 장은 포스트모던에 대한 설명과 그 자체가 바로 포스트모더니즘이었던 새로운 사유를 드나들며 설명을 해보도록 하겠다.

두 건축물

모더니즘(modernism, 모더니스트)과 포스트모더니즘(포스트모더니스트)의 차이는 두 가지 대조되는 건물로 상징될 수 있다. 하나는 미주리 주 세인트루이스의 프루이트 아이고(Pruitt Igoe) 공공주택단지이고, 다른 하나는 로스앤젤레스의 보나벤처(Bonaventure) 호텔이다. 20세기 말의 포스트모더니즘은 건축의 세계에서 기원했다. 건축이론가 찰스 젠크스(Charles Jencks)는 대표적인 모더니스트 프로젝트인 세인트루이스의 프루이트 아이고가 1972년 철거될 무렵 새롭게 떠오르던 건축을 묘사하고자 했다. 모더니즘과 포스트모더니즘 건축의 이슈는 포스트모더니즘 이론의 등장에서 핵심적인 주제를 드러내므로 이에 대해서 지면을 잠시 할애하는 것도 의미가 있을 듯하다.

논쟁적인 표현이긴 하지만 모더니즘 건축은 보통 20세기 초반에 일어난 건축운동에서 기원한다고 알려져 있다. 그 운동은 르 코르뷔지에(Le Corbusier)의 작품과 사상에 가장 밀접히 연관되어 있다. 모더니즘 건축의 핵심에는 건축이 사회적 목적을 위해 종사할 수 있다는 신념이 자리 잡고 있다. 곧 건축이 대중의 삶을 향상시킬 수 있다는 믿음이다. 미학적으로 볼 때 모더니즘 건축은 엄격하게 기하학적 특징을 고수한다. 주로 격자 모양과 직선과 직각이 지배하는 형태다. 지역의 맥락은 거의 고려되지 않았다. 훌륭한 모더니즘 건축물은 어디에 세워지든 간에 그 기능을 해야 한다고 간주되었으며, 따라서 뉴욕이든 도쿄든 찬디가르[1]든, 어디에서나 건축물의 모습은 상당히 비슷한 모양이어야 했다. 이런 건축은 "거주하기 위한 기계"를 만들어냈으며 합리성과 효율성에 따라 작동했다. 이런 건축물은 사람들의 삶을 개선시키고 더욱 정의로운 사회를 생산할 것으로 생각되었다. 합리적 질서는 자유와 연결되었다. 여기에는 진보라는 생각에 대한 굳건한 믿음이 있었다. 예를 들어 르 코르뷔지에는, 파리의 역사적 장소들이 구시대의 유물이며 모더니스트 타워 블록과 합리적 삶의 양식으로 가득한 유토피아적인 미래를 구현하는 데 장애물이라고 여겼다. 모던이 된다는 것은 진리와 이성이라는 보편적인 인식과 밀접히 연관되어 있었다. 합리성을 통해 최선의 방법을 알아낼 수 있고 그것을 모든 곳에 적용하고자 했다. 프루이트 아이고와 같은 건물이 지닌 기하학적 모양은 토대에 대한 믿음을 반영하는 사고와 (문자 그대로 그리고 비유적으로) 연관되었다.

5장에서 이미 이성과 합리성이 장소를 초월하여, 즉 현실 세계 위에 있는 추상적 공간에서, 외부 어디에선가로부터 바라보는 시선을 통해 존재한다는 사실을 살펴본 바 있다. 이것이 바로 일반적으로 과학, 특히 공간과학에서 지리적 법칙과 같은 일반화를 도출하는 방식이다. 공간과학은 실제로 최고조의 모더니즘을 징후적으로 보여주는 시도였으며 모더니즘 건축의 야망과 직접적으로 연관될 수 있다. 프루이트 아이고를 건설한 사람들은 합리성을 적용함으로써 사람들의 삶을 향상시키고자 했다. 따라서 1972년 프루이트 아이고의 철거(그림 9.1 참조)는 이 건물의 철거일 뿐만 아니라 이 건물을 만들어낸 사상과 이론의 철거로 여겨졌다.

지리학계에서 포스트모더니즘 논의가 시작되면서 특히 한 건축물이 이 논의를 증폭시키

---

1 인도 펀자브 주의 주도. (역주)

그림 9.1 1972년 세인트루이스 소재 프루이트 아이고의 폭파 철거 장면 — 모더니즘의 종말일까? 출처 : US Department of Housing and Urban Development. http://commons.wikimedia.org/wikiFile:Pruitt-igoe_ collapse-series.jpg (2012년 5월 29일에 취득)

는 데 일조했다. 그것은 바로 로스앤젤레스 소재의 보나벤처 호텔이었다. 이 호텔은 디트로이트의 르네상스센터(후기 자본주의가 휩쓴 후 이 도시의 현재 위상을 생각해본다면 아이러니가 아닐 수 없다!)와 애틀랜타의 피치트리센터를 비롯해 미국 전역에서 여러 개의 거대한 "도시 르네상스" 프로젝트를 디자인한 존 포트만(John Portman)의 작품이다. 이 모든 사례들은 쇠퇴한 도심부에서 기획된 공간으로, "도시 안의 도시"를 창출하고 주변의 도시로부터 등을 돌리고자 했다(실제로 거울로 된 외벽으로 만들어졌다). 포트만의 작품은 그 건축물이 위치한 거리의 도시경관과 분리된 느낌을 조성하는 것으로 유명하다. 그의 건물들은 인근의 오피스 지구나 쇼핑센터와 스카이워크로 주로 연결되어 있다. 스카이워크는 눈살을 찌푸리게 만드는 도시의 "타자들"로부터 침범을 받지 않고 이동할 수 있는 통로 역할을 한다. 이들 이방인은 주로 빈민, 인종적 타자, 노숙자들이다. 이런 건물은 부자를 빈민들과 분리함으로써 사회적 소명을 지닌 프로젝트와는 일찌감치 거리를 두었다. 최근에 포트만은 베이징과 (21세기의 원형적 도시임에 분명한) 상하이의 도시 개조 작업에 경외심을 가지고 가담하고 있긴 하지만 말이다. 그러나 이론가 프레드릭 제임슨(Frederic Jameson)이 포스트모더니즘에 대해 설명하고자 적절한 대상모델을 찾고 있을 때, 그의 주목을 끈 것은 이 보나벤처 호텔이었다. 그는 거울과 유리로 덮인 이 호텔을 모더니스트 기획인 프루이트 아이고가 추구했던 "사회 개선"과 같은 시도를 아예 포기한 대중 건물이라고 묘사했다. 그보다 이 건물은 "그것을 둘러싸고 있는 도시에 대해 번쩍거리는 상업적인 기호 체계" 역할을 한다고 했다(Jameson 1991: 39). 마찬가지로 실내 디자인에서도 절대적인 공간적 논리가 보이지 않았다. 이를 제임슨은 다음과 같이 자세히 묘사했다.

> 보나벤처 호텔의 입구는 측면에 있고 오히려 후문 역할을 한다. 건물 뒤편 정원을 통해 6층으로 진입할 수 있으며 거기서 로비로 가는 엘리베이터를 타기 위해서는 심지어 한 층 더 내려가야 한다. 한편 사람들이 정문이라고 생각하기 쉬운 출입구는 2층 쇼핑센터 발코니로 연결되며 여기서 접수대까지 가려면 에스컬레이터를 타고 내려와야 한다. 이처럼 의문을 자아내는 이례적인 출입 방식에 대해 먼저 언급하고 싶은 점은, 호텔 내부공간을 지배하는 새로운 종류의 폐쇄성이 이런 구조를 만들어냈다는 것이다(뿐만 아니라 포트만이 사용한 자재의 제약도 한몫했다)… (Jameson 1991: 39)

제임슨에게 있어서 보나벤처 호텔은 스스로를 도시로부터 끊어내려는 시도로 비춰졌다. 이 점은 또한 건물이 속해 있는 장소에 대해 거의 고려를 하지 않는 방식을 추구하는 모더니

스트 건축가에게 적용되는 비판이기도 했다("세인트루이스"와 프루이트 아이고는 특별한
관련이 없다). 그러나 제임슨은 이에 대해 다음과 같이 말한다.

> … 주변 도시와의 분절은 국제주의 건축 양식을 띤 기념비에서 볼 수 있는 것과는 다르다.
> 기념비적 건축물에서 보이는 분절은 폭력적이고 가시적이며 상징적 중요성을 매우 실제
> 적으로 내포한다. … 그러나 보나벤처 호텔은 기껏해야 (하이데거의 표현을 패러디하자
> 면) "쇠락해가는 도시의 편린을 계속 존재하도록 내버려두라"는 메시지를 전할 뿐이다. 더
> 이상의 효과도, 유토피아적인 변형이라는 어떤 거대하고 숭고한 정치적 이상도 기대하지
> 도 바라지도 않는다. (Jameson 1991: 41-42)

지리학자 소자는 로스앤젤레스를 포스트모던 도시의 원형이라고 보고, 로스앤젤레스에
대한 설명에서 공간적 어지러움을 다루었다. 제임슨처럼 소자도 이 호텔의 공간적 구조에
적잖이 당혹스러워했다. 마치 길을 잃어버리도록 디자인해 놓고, 아무도 찾지 못할 곳에 상
점들을 배치했다.

> 이 마이크로 도시에서는 상상했던 모든 것이 가능한 듯 보이지만 실제 장소는 매우 찾기
> 어렵고 그 공간들은 효과적인 심상지도를 그려내는 데 혼돈을 준다. 천박한 반영을 드러
> 내는 그 혼성모방은 조화로움에 혼란을 초래하고 대신 굴복을 부추긴다. 아무 생각 없이
> 걸어가는 자에게는 지상 출입구가 허용되지 않는다. 그러나 위로는 보행자를 위한 스카이
> 웨이에서부터 아래로는 벙커로 된 유입구까지 입구는 여러 층에 나 있다. 그럼에도 불구
> 하고 일단 들어서면 직원의 도움 없이는 밖으로 나가는 길을 찾기란 쉽지 않은 일이다. 여
> 러 면에서 이 호텔 건축은 로스앤젤레스에서 점점 확산되고 있는 공간 조성 방식을 개괄적
> 으로 보여주며 반영하고 있다. (Soja 1989: 243-244)

제임슨은 이처럼 어지러운 공간 경험을 "포스트모던 초공간(postmodern hyperspace)"이라고
명명했다. 그 공간은 "사람들이 자신의 몸이 어디에 위치하고 있는지를 지각할 수 있는 또는
사람들이 자기 주변의 환경을 감각적, 인지적으로 조직화해서 외부 세계 속에서 자신의 위
치를 지도화할 수 있는 능력을 초월한" 그런 공간이다(Jameson 1991: 44).

보나벤처 호텔이 공간 이론의 세계에서 그토록 큰 주목을 받은 지 30여 년이 흘렀다. 아
이러니하게도 나는 지리학대회 참석차 그 호텔에 간 적이 있었는데, 그곳에서의 공간 경험
이 당혹스러울 수도 있겠다는 생각이 들었다. 그러나 그토록 큰 논란거리가 될 정도는 아니
라고 생각했으며, 도대체 왜 이렇게 호들갑을 떨었는지 의아한 채 그곳을 떠났던 것 같다. 즉

보나벤처 호텔은 내가 학회에 참석하느라 방문했던 세계 도처에 널린 고급스러운 아트리움 호텔과 다를 바가 없었다. 나는 그와 비슷한 느낌을 현대식 병원 건물에서도 느낀 적이 있다. 어쩌면 이런 압도당하는 느낌이야말로 포스트모던 초공간의 성공과 확산의 신호일지도 모르겠다(그림 9.2 참조).

그림 9.2 로스앤젤레스 소재 웨스틴 보나벤처 호텔. 출처 : Geographer, CC BY-SA 3.0. http://commons. wikimedia.org/wiki/File:Westin_Bonaventure_Hotel.jpg(2012년 5월 29일에 취득)

포스트모던 이론의 주요 특징

포스트모더니즘에 대한 텍스트나 그 자체가 포스트모던한 텍스트를 읽다 보면 보나벤처 호텔을 탐험하는 것과 다를 바 없는 현기증을 경험하게 된다. 많은 이들에게 이는 너무 복잡하고 "어려운" 이론 수업처럼 느껴진다. 또한 많은 이들은 이런 텍스트에서 상상력의 한계에 도달한다. 왜냐하면 지리학자들이 갑자기 프랑스 이론 번역서를 읽게 되었기 때문이다. 이런 텍스트는 상당히 난해하고 복잡하다. 때로는 글을 잘 쓰지 못했기도 했고, 번역이 잘못되었기 때문이기도 했다. 또는, 저자가 의도적으로 기존의 "투명하고" 명쾌한 글쓰기 관행에서 벗어나 포스트모던한 글쓰기 그 자체를 보여주려는 것이기도 했다. 이 절의 목표는 포스트모던 이론의 핵심 포인트를 추려내는 것이다. 비록 이 작업 자체가 포스트모던하지는 않더라도 말이다.

메타서사의 거부

학계에서 포스트모더니즘이 등장하는 데 핵심적인 역할을 한 텍스트는 리오타르의 『포스트모던의 조건(*The Postmodern Condition*)』이다. 이 책에서 리오타르는 오늘날의 삶과 사상은, 모든 것을(또는 대부분의 것을) 설명하려는 거대한 이야기에 대한 깊은 불신으로 가득하다고 주장했다. 리오타르는 이를 "메타서사에 대한 불신"이라고 표현했다(Lyotard 1984: xxiv). **메타서사**(metanarratives)란 근대 세계의 다양한 이론적, 실천적, 정치적 제도의 근간을 제공하는 설명이다. 종교적인 (특히 근본주의적) 설명에서부터 자유주의나 마르크스주의처럼 과학 및 정치 프로젝트의 형식을 띤 것에 이르기까지 온갖 종류의 메타서사가 있다. 리오타르는 이 중 특히 지식의 형식을 갖추고 보편적으로 적용되어 가능한 한 넓은 영역을 그 설명 대상에 포괄하려는 메타서사를 "전체주의"라고 부른다. 리오타르는 이런 "큰 이야기"를 다수의 작고 로컬한 유형의 지식으로 치환하고자 했다. 메타서사가 전체성을 추구한다면 리오타르는 다양성을 선호했다. 리오타르에게 있어서 로컬 지식이란, 본연적으로 비판적인, 특히 메타서사에 내재된 프로젝트에 대해서 비판적인 지식을 의미한다. 물론 다른 포스트모던 이론과 마찬가지로 여기에도 아이러니가 있다. 왜냐하면 리오타르는 메타서사의 힘을 축소하고자 하면서, 스스로 또 다른 메타서사를 구축하기 시작했기 때문이다. 그것은 로컬한 것과 비판적인 것을 사유의 모델로 삼는 "반전체성(anti-totality)" 메타서사라고 할 수 있다.

해방, 진보, 이성이라는 모더니즘적 이상은 많은 것을 약속했지만 결국에는 실패했다. 프루이트 아이고 프로젝트를 폐기한 것에서 메타서사에 대한 불신은 분명하게 드러난다. 보다 거시적인 수준에서 보자면, 이런 불신은 제2차 세계대전 이후 과학(원자폭탄, 녹색혁명 등), 마르크스주의 정치운동(구소련, 중국), 자본주의(자유시장, 개발)의 실패에 대해 터져 나왔던 반응이라고도 할 수 있다. "이성"과 "합리성"에 대한 거대한 주장은 종종 끔찍한 결과를 초래했다. 리오타르의 불신을 이해하기 위해 여러 복잡한 이론을 참고할 필요도 없다. 왜냐하면 일상생활과 대중문화에서도 완연히 드러나기 때문이다. 사람들이 의약품의 효과를 의심하면서 "대안치료"를 찾는다거나, 지구온난화를 확신시키려는 과학자들을 불신하는 풍토 등이 그 사례다. 예전의 경우 서양의 정당들은 ("도그마"라고 주로 불리는) 거대한 이데올로기를 근거로 정치적 의제를 만들어냈지만, 지금은 그런 경향에서 탈피하여 그다지 달라 보이지도 않는 작은 이슈에 초점을 맞추는 것으로 변한 것도 마찬가지다. 정치적인 저항 집단들도 전 지구적 혁명을 더 이상 부르짖지 않는다. 대신 (동물복지, 자동차 도로 반대, 공정무역 등의) "한 가지 작은 이슈"를 중심으로 사회 운동을 조직하고 있다. 이 모든 사례는 과학적 진보 또는 자본과 노동 간의 필연적 대립이라는 그간의 신념과는 매우 거리가 멀다.

"토대"와 "본질"에 대한 거부

지금까지 살펴본 지리학의 여러 접근은, 많은 차이점에도 불구하고 중요한 공통점을 갖고 있다. 이 중 가장 대표적인 공통점은, 이론이 기반하고 있는 어떤 근본적인 진리에 대한 믿음이다. 어떤 이들에게는 관찰할 수 있는 것이야말로 이 세계에 대한 확실한 진리다. 이런 믿음은 실증주의 공간과학에서 그 정점을 찍었다. 일부 마르크스주의자들에게는 사회적 삶의 상당 부분을 설명할 수 있는 것이 바로 "최종심급(last instance)"[2]이라 불리는 생산력과 생산관계다. 일부 페미니스트들에게는 그것이 남성과 여성 간의 관계다. 일부 인본주의자들에게는 경험이 바로 그것에 해당된다. 이론가들은 이런 믿음을 "근본적" 또는 "본질주의적"이라고

---

2 구조주의적 마르크스주의자인 알튀세르가 말한 "determination in the last instance by economy"에서 유래한 말이다. 최종심급, 최종심, 최후의 순간 등으로 번역된 이 표현은 종국에 가서는 복잡한 모순은 경제에 의해 결정된다는 의미를 담고 있다. 곧 경제결정론으로 회귀하는 듯한 발언인데 알튀세르의 또 다른 유명한 개념인 "중층결정론"과 정면으로 위배되는 것처럼 보인다. 그러나 알튀세르는 "그 최후의 순간은 오지 않는다"고 결론 내린 바 있다. 본문에서는 굳이 알튀세르를 인용했다거나 마르크스주의 계파들 간의 대립을 감안하여 이 용어를 썼다기보다는 그럼에도 불구하고 토대(경제)가 모든 것을 결정한다는 마르크스주의의 일반론을 의미하기 위해 이 표현을 차용한 것으로 보인다. (역주)

부른다. 사물을 설명할 수 있고 무엇이 "진리"인지를 판단할 수 있는 근본이 어딘가에 존재한다는 믿음은, 르네상스 이후 각종 모더니즘적 사유들이 공유해 온 바다. 그러나 이 모든 것들이 1980년대 "포스트모더니즘"이라는 라벨을 단 여러 줄기의 사유가 등장하면서 도전받기 시작했다.

포스트모더니즘 이전에는 전부는 아니더라도 대부분의 이론적 서사에는 본질에 대한 인식이 포함되어 있었다. 본질주의는 사물이 어떤 본질로 구성되어 있다는 믿음이다. 어떤 사물이 그 모습대로 존재하기 위해서는 그 사물의 본질이 거기 반드시 있어야만 한다. 그 사물을 예를 들어 책이라고 해보자. 그 책은 책의 본질로 구성되어 있다. 그 본질이 무엇인지를 알아보기 위해서는 그것이 부재할 때 무슨 일이 일어날 것인지를 생각해보면 된다. 그것을 제하고도 그 사물은 여전히 예전의 그 사물인가? 예를 들어, 단어가 없는 책이 존재할 수 있는가? 페이지가 없는 책은 어떠한가? 표지가 없는 책은? 심지어 전자책도 가상의 형태로라도 이런 특징들을 복제하고 있지 않은가? 대상이 되는 사물이 더 복잡해질수록 상황은 더욱 복잡해진다. 예를 들어 대상이 사람일 경우 말이다. 또는 사랑이나 평등과 같이 비물질적 대상이라면 어떻겠는가? 얼핏 사물은 어떤 본질을 지닌 것처럼 보인다. 이는 상식처럼 공유된다. 그러나 다른 한편으로는 어떤 사물의 제거 불가능한 본질에 도달하기란 매우 어렵다.

사물에 본질이 있는가라는 질문은 인종이나 성별과 같은 개념에 적용해보면 더욱 논쟁적이다. 지리학사의 대부분에 걸쳐, "인종"은 실제 존재하며 개별 인종뿐만 아니라 인종이라는 범주 자체가 어떤 (예를 들어 행동이나 유전적 특징 등의) 본질을 지녔다는 인식이 당연하게 받아들여져 왔다. 이는 인종이 지도화될 수 있고 측정될 수 있음을 의미한다. 인종이 일종의 발명품, 곧 사회·문화적 구성물이라고 생각하게 된 것은 아주 최근 들어서다. 인종을 사회적 구성물로 생각하는 것은 인종에 대해 반(反)본질주의적 접근을 취하는 것이다. 이런 접근은 1980년대 포스트모더니즘과 함께 널리 퍼져나가게 되었다. 인종에 대한 반본질주의적 접근을 취하면, 이를 지도화하고 측정하는 것은 완전히 불가능한 건 아니지만 매우 어려운 작업이 되어 버린다.

포스트모더니즘은 **반본질주의적**(anti-foundational)이다. 인간의 삶을 광범위하고 포괄적으로 설명하려는 모든 메타서사는 그 이론에 힘을 부여하는 어떤 근본에 의존하고 있다. 아마도 가장 분명한 사례는, 토대와 상부구조라는 단순한 모델을 근거로 생산력과 생산관계 그리고 이의 역사적 발달이 바로 인류 역사의 근본이라고 선언하는 정통 마르크스주의일 것이다(7장 참조). 마르크스주의에서는 "최종적"으로는 (중요한) 모든 것이 경제로 환원되어 설명될 수 있는 것이다. 또 다른 사례로서 기독교나 다른 종교에서의 신(神)에 대한 믿음을 들 수 있다. 포스트모던 이론가들은 이처럼 모든 것이 환원될 수 있는 근본이란 없다고 주장한다. 신은 죽었으며 신을 대체하는 모든 것도 죽었다고 말이다.

재현의 문제

포스트모더니스트들은 절대적 진리(Truth)도, 일관성 있게 파악할 수 있는 "실재"도 믿지 않는다. 인문지리학을 포함한 대부분의 사회과학 연구와 저서들은, 최대한 분명하게 연구하고 글로 쓸 수 있는 그 무엇이 "저기 어딘가에" 있다고 가정해 왔다. 우리가 쓰는 단어와 방정식, 그림, 지도, 도식 등도 외부의 실세계와 어떤 관련성이 있으며, 우리의 아이디어는 그것이 재현(representation)하려는 세계와 최대한 비슷한 텍스트를 생산한다고 믿는다. 무엇보다도 (가장 광범위한 의미에서) 언어는 투명하다고 가정된다. 이것이 바로 공간과학자와 마르크스주의자와 인본주의자가 공유한 믿음이다. 포스트모더니스트들은 확고부동한 외부의 실재를 믿지 않기 때문에, 투명한 재현 행위도 믿을 수 없다고 말한다. 푸코와 데리다, 로티 등을 비롯한 다양한 이론가들은 세계를 구성하는 데 재현이 능동적인 역할을 한다고 주장한다. 심지어 재현을 벗어난 세계란 없다고까지 주장한다.

한때의 로스앤젤레스

이른바 이론적 "학파"는 특정 장소에서 등장하곤 한다. 그곳에서는 다수의 비판적 학자 집단이 개별 학자의 노력보다 훨씬 더 영향력 있는 사상을 산출할 수 있다. 지리학에서 포스트모더니즘에 대한 상당수의 저작은 로스앤젤레스에서 등장했고 로스앤젤레스를 연구 대상으로 삼았다(Soja 1989; Davis 1992; Soja 1996; Dear 2000). 소자와 마이클 디어(Michael Dear)와 같은 지리학자들에게 보나벤처 호텔은, 자신들이 포스트모더니즘이라고 이름붙인 새로운 유형의 어버니즘의 한 측면에 불과한 것이었다. 소자는 보나벤처 호텔에 대해서 다음과 같이 설명한다. 보나벤처 호텔은 "로스앤젤레스의 경관 재구조화를 시뮬레이션하고 있으며, 이와 동시에 경관 재구조화에 의해 시뮬레이션되기도 한다. 이처럼 인문지리학에서는 거시적, 미시적인 변인들 간의 상호작용에 대한 해석으로부터 현대 로스앤젤레스를 포스트모더니티의 메조코즘(mesocosm)[3]으로서 바라보려는 비판적인 시각이 새롭게 생겨났다"
(Soja 1989: 244).

> 작금의 로스앤젤레스는 정교한 아이러니처럼 그 어느 때보다도 디즈니월드의 생활공간을
> 닮아가고 있다. 곧 거대한 테마파크가 되어 가고 있다. 이는 지구촌 문화를 전시하는 구역
> 과 미국식 경관을 모방한 구역으로 이루어져 있고, 이 두 구역 모두 쇼핑몰, 중심가, 기업
> 이 후원하는 매직킹덤, 첨단기술에 기반을 둔 실험적인 미래 공동체, 휴식과 레크리에이
> 션을 겸한 매력적인 장소 등을 추구하고 있다. 이런 장소들은 이를 유지하는 데 필요한 붐
> 비는 작업장과 노동 과정을 영리하게도 숨겨 놓는다. (Soja 1989: 246)

소자는 로스앤젤레스를 조각나고 균열된 공간으로 묘사한다. 이런 방식의 묘사는, 도시가
도심부로부터 일련의 동심원상으로 팽창한다고 설명한 이들에게는 전혀 먹히지 않는다. 이
들이 말한 모델은 시카고와 같은 전형적인 근대 도시에서 수립되었다. 그러나 로스앤젤레
스는 산타모니카(Santa Monica)라든지 컬버시티(Culver City)처럼 독자적인 자치구를 지닌
엔클레이브들로 분열되어 있다. 산업체들은 예상치 못한 곳들에 모여 있다. 주민들은 자신
들만의 독자적인 경찰을 지닌 출입 제한 커뮤니티(gated community)에 살면서 스스로를 세
상과 차단하고 있다. "빌리지"들은 오래된 (특히 날조된) 역사에 의거하여 전부 "무슨 랜치
(ranch)"로 불린다(Soja 1989: 245). 로스앤젤레스는 얼핏 보면 무차별적으로 뿌려 놓은 듯이
분포하는 산업과 저마다의 자치구를 가지면서 끝없이 팽창하고 있다. 비즈니스는 이제 중심
부에 입지하지 않고 한때 교외라고 불린 곳에 입지하고 있다. 이런 균열은 도로 표지판 형태
만 봐도 분명하게 드러난다.

> 《로스앤젤레스타임스》의 한 최신 기사는 … 로스앤젤레스라는 가상공간에 정체성을 부여하
> 는 433가지의 도로 표지판에 대해 이야기하면서, 로스앤젤레스를 "분열된 그리고 그 분열
> 을 자랑스러워하는 도시"라고 표현한 바 있다. 이 중 할리우드, 윌셔가(街)의 미라클 마일
> (Miracle Mile), 센트럴시티 등은 도시교통국이 추진하는 "도시 차별화 프로그램"의 일환
> 으로서 동네마다 차별화된 표지판을 내건 최초의 지역들이다. (Soja 1989: 245)

소자는 로스앤젤레스가 우리가 기존에 가졌던 중심과 주변에 대한 생각을 해체시키는 새로
운 유형의 도시라고 말한다. 그는 로스앤젤레스가 기존의 도시를 해체하면서 다른 도시에게

---

3 축소된 생태계. (역자)

모델이 되는 새로운 도시 유형을 창출하고 있다고 주장했다. 이는 곧, 대대적인 마케팅과 도시 이미지를 파는 기호(sign)에 가려진 채 팽창과 다중심화를 특징으로 하는 도시다.

디어도 대량생산과 중공업, 도살장, 중앙집중형 교통망에 의존하는 시카고에서와 같은 모더니티로부터 로스앤젤레스에서와 같은 포스트모더니티로 연구의 관심을 옮겼다. 디어에게 로스앤젤레스는 여러 도시 형태가 서로 뒤엉킨 곳이다. 그중 한 형태가 "외곽도시(edge city)"이다. 외곽도시는 자동차와 고속도로의 발달에 의하여 새롭게 등장한 도시 형태다. 심지어 시카고에서도 오헤어 공항을 중심으로 이런 형태의 도시가 발달한 것을 관찰할 수 있다. 또 다른 형태는 "프라이버토피아(privatopias)"이다. 그것은 내부적으로는 엄격한 도시계획 규제와 도시 외부에 대해서는 상당히 정교한 형태의 방어 장치를 지니고 있다. 또한 "테마파크로서의 도시"도 있다. 그것은 디즈니월드 스타일을 표방하는 시뮬레이션으로 그 이미지를 주민에게 판매한다. 이 "시뮬레이션"이라는 개념은 포스트모더니즘 이론에서 핵심적이다. 그것은 한 번도 존재하지 않았던 것을 완벽하게 모방해낸 것을 의미한다. 심지어 실제보다 더 실제처럼 말이다. 소자는 오렌지카운티를 그 한 예로 제시했다. 오렌지카운티는 도시인 척하는 장소다. 이곳에는 온갖 반이상향적인 요소들이 존재한다. 노숙자와 타자들을 냉정하게 거부하는 로스앤젤레스 도심부를 둘러싸고 있는 성벽, CCTV로 점철된 감시의 공간, "경고! 무력 대응함"이라고 쓰인 보안 표지판 등이 그 예이다. 이것 말고도 리스트는 계속된다. 이는 도시를 도심, 그 주위의 점이지대, 부유한 교외로 구분했던 시카고학파의 생각과는 완전 딴판이다. 포스트모던 도시로서 로스앤젤레스는 무한하게 뒤엉켜 있다. 디어는 포스트모던 어버니즘을 종합하여 다음과 같은 틀을 제시하고자 했다.

로스앤젤레스는 포스트모던 도시 형성 과정의 "원형(原形)"이다. 이 과정은 일련의 네트워크를 통해 사방으로 스며 있고 분절되어 있는 글로벌 재구조화에 의해 추동된다. 이 도시의 인구는 사회문화적으로는 이질적이며 정치경제적으로는 양극화되어 있다. 이 도시의 극빈자들은 감금 도시(carceral city)에 묶여 있음에도 불구하고, 주민들은 이 꿈의 경관(dreamscape)을 소비하도록 교육받은 사람들이다. 이 도시의 건조환경은 이 과정을 반영하듯 외곽도시나 프라이버토피아 같은 곳으로 구성되어 있다. 마찬가지로 이 도시의 자연환경도 이 과정을 반영하듯 더 이상 살 수 없는 정도가 될 때까지 사라지고 있으며, 이는 동시에 정치적 행동의 근거를 제공하기도 한다. (Dear 2000: 149)

포스트모던 지리학?

포스트모더니티에 대한 지리학 저서 중 가장 잘 알려진 것은, 하비의『포스트모더니티의 조건(*The Condition of Postmodernity*)』(1989)과 소자의『포스트모던 지리(*Postmodern Geographies*)』(1989)이다. 하비의 책은 매우 분명하게 (이론적으로나 실제 포스트모던 세계에 대해서나) 포스트모더니티에 대한 설명을 표방하지만, 그 자체가 포스트모더니즘을 옹호하는 것은 아니다. 오히려 그 반대다. 이 책은 포스트모더니티의 조건에 대한 마르크스주의 분석이다. 이 책에서 포스트모더니티는 "유연적 축적"이라고 묘사된 새로운 형태의 경제에 대한 반영(심지어 상부구조)이다. 이 책은, 비록 똑같지는 않지만 제임슨의 핵심 저술인『포스트모더니즘 : 또는 후기자본주의의 문화적 논리(*Postmodernism: or, the Cultural Logic of Late Capitalism*)』(1991)와 매우 유사한 논조를 띤다. 하비와 제임슨은 모두 포스트모더니즘을 문화적 영역이자 후기 자본주의의 결과물이라고 서술했다. 이들의 주장에 따르면, 자본주의는 대량생산에 기반을 둔 축적 유형(포디즘)에서 훨씬 유연하고 매인 데 없는 적기생산 방식(just-in-time)으로 변해 간다. 그리고 이런 변화는 문화적 영역의 분열을 수반한다.

포스트모던 이론을 연구하는 다른 지리학자들은, 지리학의 학문적 본질과 포스트모더니즘의 새로운 교훈 간에는 뚜렷한 관련성이 있다고 본다. 포스트모더니즘은 전통적인 유형의 학문 지식이 추구하는 확실성에 도전함으로써 지리학이 부흥할 수 있는 기회를 열어젖혔다. 예를 들어 디어는 지리학 내의 비일관성을 십분 활용해야 한다고 주장하면서, 인문지리학이 인문사회과학적 논쟁의 중심을 차지하도록 포스트모더니즘의 부흥을 이용해야 한다고 말했다. 디어는 당시 미국지리학회 내의 수많은 "전문가 그룹"을 볼 때 지리학의 연구 주제가 놀라울 정도로 다양하다고 지적하면서, 이 중 일부는 "뚜렷한 지적 노화를 단적으로 보여준다."고 말했다(Dear 1988: 262).

> 먼저 주목할 점은 지리학을 바라보는 미국지리학회의 시각이 극단적으로 절충적이라는 사실이다. 미국지리학회는 시청각 기술과 도서관학에도 능통할 것을 장려한다. 그러나 이런 분야는 지리학과 관련된 이론적 영역이나 철학과 방법론에서 볼 때 별로 효율성이 없는 분야다. 이런 분야는 (특히) 군사지리학보다도 중요성이 떨어진다. (Dear 1988: 263)

디어는 예를 들어 지리학이 중심부를 차지했던 지정사적으로 중요한 순간이었던 19세기의 사상과 "군사지리학"에 대한 지리학의 관심을 비교한다. 문제는 이때의 지리학이 주류 철학 및 사회사상으로부터 멀어지게 되었다는 것이다. 지리학은 쓸데없는 학문이라고 위협받게 되었다. 포스트모더니즘은 지리학이 다시 한 번 거시적인 논쟁의 중심부에 위치할 수 있는 기회를 제공한다.

> 현재 인문지리학에서 포스트모던 운동이 제기하는 인식론적, 존재론적 도전보다 더 중요한 과제는 없다. 이에 비한다면 현재 지리학계에서 진행되고 있는 대부분의 논의는 그다지 중요하지 않아 보인다. 게다가 우리가 이 도전을 외면한다면, 외부인들이 지리학을 부적절하고 빈사 상태의 학문이라는 꼬리표를 붙이는 것이 정당화될 것이다. (Dear 1988: 267)

디어 주장의 핵심은 지리학의 공간에 대한 관심이 이 새로운 논쟁에서 특별한 자리를 차지하도록 해주었다는 것이다. 칸트가 공간과 시간은 2개의 가장 특권적인 사유 범주라고 했기 때문에 지리학과 역사학이 특권적 학문이 된 것처럼, 공간에 대한 초점 역시 사회이론이라는 맥락에서 지리학을 다시 한 번 인문학적 연구의 중심으로 불러들일 수 있다는 것이다.

소자가 그의 책 『포스트모던 지리』에서 제시하고자 한 작업도 여기에서 비롯되었다. 소자는 이 책에서 (그리고 이 책의 논조를 따르는 다른 저술에서도) 사회이론에서는 공간이 간과되어 왔으며 포스트모더니즘은 공간을 다시금 논쟁의 중심에 올려놓을 기회를 제공한다고 주장했다(Soja 1999, 2000). 또한 "공간은 여전히 고정되고 죽은 것으로, 비변증법적인 것으로 간주되고 있는 반면, 시간은 풍부하고, 생명력 있고, 변증법적이며 비판사회이론에서 핵심적인 맥락으로 간주되고 있다."고 주장했다(Soja 1989: 11). 즉 소자와 그에게 동조하는 이들에 따르면, 그동안의 사회이론에서 공간은 (살아 숨쉬는) 역사의 죽은 무대로 격하되어 왔다. 행위가 이루어지는 곳은 바로 시간이었다. 그러나 소자는 포스트모더니즘의 도래에서 새로운 가능성을 감지한 것이다.

> 비판인문지리학 중 특히 포스트모던 지리학이 점차 모습을 갖추어 나가고 있는 가운데, 역사적으로도 특별히 중요한 현재의 비판적 사유의 틀 안에서 포스트모던 지리학은 당당하게 공간의 해석적 중요성을 재선언하고 있다. 지리학은 현재의 비판이론의 심장부를 차지하고 있는 (아직은 역사를 대체할 수 있을지는 모르지만) 이론과 정치적 의제를 둘러싸고 새롭게 등장하고 있으며, 시간과 공간은 새로운 방식으로 결합하여 다루어지고 있다. 곧 역사와 지리의 상호작용을 통해 (내재적으로 이미 주어진 특권적 범주로부터 해방되

어) 존재의 "수직"적 측면과 "수평"적 측면을 함께 다루는 방식으로 말이다. (Soja 1989: 11)

제임슨도 비슷한 주장을 펼쳤다. 제임슨은 지리학 바깥에서 포스트모던 세계를 이해하는 데 "인지 지도화(cognitive mapping)"의 중요성을 역설했다. 그는 "지금 우리가 처한 상황에 부합하는 정치적, 문화적 모델은 핵심 관심사로서 공간적 이슈를 제기할 수밖에 없다."고 말했다(Jameson 1991: 89). 아마도 가장 유명하게 인용되는 문구는 프랑스 이론가 푸코가 「다른 공간들에 대해서(Of Other Spaces)」라는 글에서 제시했던 아래의 문제 제기일 것이다.

> 익히 알다시피 19세기가 가장 집착한 것은 바로 역사였다. 이는 19세기가 집착한 발전과 정지, 위기와 주기, 늘 축적되는 과거, 죽은 자의 득세, 빙하기가 도래할 위협 등의 주제에서 잘 드러난다. 19세기는 열역학 제2법칙에서 그 핵심적인 신화적 동력을 찾았다. 그러나 현 시대는 무엇보다 공간의 시대가 될 것으로 보인다. 우리는 동시성의 시대에 살고 있다. 병렬의 시대, 가까움과 멂의 시대, 병존하는 시대, 분산의 시대 말이다. 지금 우리는 시간을 통해 발달해 온 오랜 삶보다는, 점과 교차점들을 잇는 네트워크 다발과 같은 세계를 경험하는 시대에 살고 있다. (Foucault 1986: 22)

말할 필요도 없이 이런 선언은 지리학과 사회이론에서 공간을 다시 수용할 것을 주장하는 사람들에게, 그리고 공간은 죽지 않았고 사회 구성에서 역동적이고 능동적인 요소임을 옹호하는 이들에게는 매우 설득력 있는 선언이었다.

데릭 그레고리(Derek Gregory) 역시 포스트모더니즘이 지리학에 던지는 도전을 수용해야 하는 이유를 제시했다. 그레고리에 의하면, 이 도전은 당시 인문지리학 내에서 경쟁하던 사상적 패러다임들(예를 들어 마르크스주의와 공간과학)이 서로 주고받았던 기존의 공방들과는 차이가 있으며, 그런 패러다임 자체를 뛰어넘는다. 포스트모더니즘은 진리를 구성하는 토대 자체를 거부한다.

> 만약 모든 사유 체계는 불완전할 수밖에 없고 목적에 따라 상이한 요소를 서로 다른 체계에서 추출해내는 것 외에는 다른 대안이 없다고 할지라도, 이것이 반드시 무비판적인 절충주의를 낳는 것은 아니다. 상이한 요소를 서로 이어붙이는 것은 그 요소들 간의 차이와 균열에 대한 감수성을 오히려 잘 드러낼 수 있기 때문이다. … 한때 인식론이 (즉 지적 탐구를 안전한 방식으로 정착시키거나 지지하는 것이 가능하다고 가정하는 지식에 대한 이론이) 제공했던 확실성은, 이제 포스트모던 시대에서는 더 이상 신뢰하기 어렵다. (Gregory 1996: 213-214)

전체주의적 담론에 대한 혐오 내지는 리오타르의 표현에 의하면, 거대서사에 대한 불신은 거대 이론으로 일상의 총체성을 설명하고자 하는 구조적으로 일관된 설명을 적대시한다. 여기서 포스트모더니스트들은 구조주의적 마르크스주의의 "최종심급"과 인본주의의 "일관성 있는 앎의 주체" 모두를 반대한다. 포스트모더니즘은 우리가 설명할 때마다 참고할 만한 상위의 논리란 없다고 기꺼이 선언한다.

　이런 이론적 입장을 취한 결과, 그레고리와 그의 동료들은 지리학자들에게는 매우 익숙한 지점에 도달하게 되었다. 바로 특수성과 독특성의 중요함이다. 포스트모더니즘은 거대서사, 토대, 총체적 이론을 반대하면서 "차이"에 방점을 찍는다. 공간적 차이 또는 "지역적 차이"는 또다시 이론적 관심의 핵심에 서게 되었다. 많은 포스트모더니스트들은, 모든 설명은 항상 로컬할 수밖에 없으므로 어떤 설명을 제시할 때 장소와 맥락을 중대하게 고려해야 한다고 역설했다. 인류학에서는 클리포드 기어츠(Clifford Geertz)의 "심층 지도화(deep mapping)"나 "심층기술(thick description)"이라는 개념이 (곧 특정 장소와 주민에 대해서 항상 특수하고 풍부한 해석을 제시하기 위해 로컬 지식을 활용하자는 주장이) 영감을 불러일으켰다(Geertz 1975). 그레고리는 지리학자들이 포스트모더니즘의 교훈을 활용하여 특수성에 대한 관심을 환기하기를 희망했다. 이는 비록 특수한 것이지만, "우리가 살고 있는 세계와 이를 재현하는 방식을 새로운 이론적 감수성으로 무장"한 것이라고 생각했다(Gregory 1996: 229).

　포스트모더니즘이 지리학에 제시했던 기회는 두 가지로 요약될 수 있다. 첫째는 사회이론에서 공간의 중요성이 다시금 제기되도록 하는 것이었다. 이런 기획은 포스트모더니즘이 등장할 때부터 이미 진행되고 있었다. 이미 앙리 르페브르(Henri Lefebrre) 등의 저작을 재해석한 마르크스주의 지리학자들이, "공간의 생산"에 대해서 그리고 사회적 실재의 생산에 있어서 공간의 능동적 역할에 대해서 설명하기 시작했던 것이다(Harvey 1982; Smith 1991). 공간이 중요하다는 것을 말하기 위해서 하비나 닐 스미스(Neil Smith)까지 거론할 필요도 없을 정도다. 그러나 시간을 강조하는 관점과 역사에 대한 설명을 추구하는 거대한 이론적 서사 간에는 밀집한 관련싱이 계속 유지되어 왔다. 만면 공간에 내한 관심은 (시리학의 오랜 억사에서 볼 수 있듯이) 차이와 특수성을 강조했다. 하나의 보편적인 진리나 근본이 없다면 특수한 진실들만이 있을 뿐이다. 설명이란 모든 것 위에 군림하는 이론에서 나온다기보다는, 로컬과의 깊은 관계에서 다시금 줄현하는 것이다.

　바로 이 점이 포스트모더니즘이 지리학에 제시하는 두 번째 기회와 직결된다. 즉 장소, 지역, 로컬리티와 다시 한 번 활기차게 조우할 가능성이다. 그레고리의 제안 또한 바로 "지역지리 더하기 무엇"이었다. 즉 20세기 전반에 성행했던 현상기술적인 지역 설명보다는 더욱 정교하게 다듬어진 이론으로 무장하여 특수성에 접근하는 것이다. 물론 그레고리와 디어가 포스트모더니즘에 대해 주목하여 긍정적으로 개입하자는 주장에는 역설이 존재한다. 여러 포스트모더니즘 이론은 거대서사나 이론에 대한 신뢰를 무너뜨리고 중심과 근본의 해체를 주장한다. 그러나 이들은 지리학자들이 포스트모더니즘에 따른 기회를 활용하여 지리학이 다시금 중심적인 역할을 해야 한다고 주장했다. 심지어 지리학자들은 원래부터 타고난 포스트모더니스트였을지 모른다고 주장하기도 했다.

새로운 차이의 지리

포스트모더니즘의 어휘 사전에 있는 핵심 용어 중 하나가 바로 "차이"다. 이 용어는 특히 자크 데리다(Jaques Derrida) 및 들뢰즈와 펠릭스 가타리(Félix Guattari)의 연구에서 기원했다 (Derrida 1978; Deleuze 1994). 거대서사에 대한 의심과 본질의 거부는 거의 자동적으로 차이에 대한 관심을 불러일으킨다. 거대서사가 하나의 논리로 서로 분리된 여러 주제를 설명하고자 한다면, 포스트모던 접근은 대상의 특수성을 추구하는 동시에 피상적인 총체성 이면에 내재된 내적 차이를 드러내고자 한다. 물론 어떤 종류의 접근에서건 차이는 늘 이론가들의 관심사가 되어 왔다. 마르크스주의자들의 세계에 대한 설명의 중심에는 자본과 노동의 차이가 자리 잡고 있다. 마찬가지로 여성과 남성의 차이는 대다수 페미니스트 이론의 바탕을 이루고 있다. 포스트모더니스트가 제기하는 문제는 이런 접근은 차이를 너무 단순하게 다룬다는 것이다. 예를 들어 포스트모더니즘을 수용하는 페미니스트는 여성 간의 차이에 대한 인식을 제고한다. 흑인 여성, 부르주아 여성, 레즈비언 여성, 개발도상국 여성 등으로 말이다. 포스트모던 접근은 비가시적으로 은폐되어 있는 차이를 드러내고자 하며, 어떻게 그런 차이가 가장 중요하다고 간주되는 한 가지 종류의 차이에 흡수당하게 되는지를 설명하고자 한다.

차이가 전면에 부각된 계기 중 하나는 바로 아이리스 매리언 영(Iris Marion Young)이 정치이론 연구를 통해 "차이의 정치" 개념을 주창한 것이었다(Young 1990). 포스트모던 프레임에서 정치란, 끊임없는 복수성과 비판의 정치를 의미한다. 그것은 확실성을 일관되게 분해하려는 정치다. 이는 어떤 세계가 정의로운 세계인지에 대한 근본적인 인식을 바탕으로 한 모더니즘적 정치와는 확연한 차이가 있다.

> 정의(justice)에 대한 이론은 으레 인간과 사회와 이성의 본질에 대한 몇 가지 일반적 가정에서부터 거의 모든 사회에 적용할 수 있는 근본적인 원칙까지 도출한다. 여러 사회마다 처한 구체적인 상황이나 사회관계와 상관없이 말이다. … 정의에 대한 이론은, 정의의 문제는 사회적 맥락 바깥에서 발생한다고 전제함으로써 통일성 있는 관점을 확보한다. 이런 이론은 자신만의 토대를 구축했기 때문에 홀로 독자적으로 존재하도록 고안되어 있다. 이는 하나의 담론으로서 전체를 포괄하고자 하며, 자신만의 통일된 논리로 정의를 보여주고자 한다. 이런 이론에서는 정의에 앞서서 아무것도 존재하지 않으므로, 미래의 사건 또한 이 이론의 진실성이나 사회생활에의 적절성에 영향을 끼치지 않는다. 그런 측면에서 이 이론은 시간 초월적이다. (Young 1990: 4)

여기에서는 표면적으로 중립적인 "그 어디로부터도 유래하지 않은 관점(view from nowhere)"을 추구하는 모더니스트 이론의 전형이 나타나고 있다. 건축학에서와 같이 정치이론에서도 마찬가지다. 영에 따르면, 대부분의 정의에 대한 이론에서 발견되는 한 가지 보편적인 아이디어는 "공정함에 대한 이상"이다. 지난 100년간 일어났던 가장 중요한 사회정치운동을 한번 상기해 보자. 19세기 후반 이래로 지금까지 진행되고 있는 여성 인권운동은 여성이 남성과 동등한 권리를 쟁취하는 것을 목표로 한다. 예를 들어 투표할 권리, 남성과 동일한 임금을 받을 권리, 정부나 군대에 동등하게 참여할 권리 등 말이다. 미국에서 1960년대 이래로 일어난 인권운동은 흑인들에게 백인과 동등한 지위를 부여할 것을 촉구해 왔다. 보다 최근에는 (여러 사례 중 2개만 언급하자면) 동성애자와 장애인 권리 운동이 유사한 형태의 평등을 주창하고 있다. 이런 운동의 핵심에는 공정함과 평등이라는 인식이 깔려 있다. 곧 차이를 제거하고자 하는, 차이를 중요하지 않게 여기는 인식 말이다. 그 이면에는 영이 지칭한 "동화주의자의 이상", 곧 등질성을 확대하고자 하는 의도가 내포되어 있다. 그러나 포스트모던한 차이의 정치에서는 "모든 집단을 포괄하고 참여시키기 위해서는 억압과 불이익을 받는 집단별로 상이한 처방이 필요하다"고 주장한다(Young 1990: 158).

영의 문제 제기를 잘 보여주는 분명한 사례는 바로 미국에서 임신과 출산에 대한 권리와 법을 둘러싼 논쟁이다. 미국에서 임산부나 갓 출산한 여성은 휴가를 낼 때 남들과 똑같이 "장애"라는 명목으로 낸다. 이런 제도의 바탕에는 여성을 남성과 다르게 대우하는 것은 부당하다는 인식이 깔려 있다. 남성이든 여성이든 둘 다 장애를 당할 수는 있지만, 임신이나 출산은 여성들만이 하는 것이기 때문이다. 이렇게 공정함이라는 이상은 충족된다. 영은 이런 법과 권리는 (이 경우를 포함하여 다른 수많은 사례에도 마찬가지로) 차이를 제대로 인식해야 한다고 강력하게 촉구한다.

> 내 관점에서 볼 때, 임신과 출산에 대한 동등한 처우는 부적절하다. 왜냐하면 이런 접근은 여성은 아이를 가질 경우 직업 안정성이나 휴가를 낼 권리가 없음을 함의할 수 있고, 젠더 중립적이라고 가정되는 "장애"라는 범주하에서만 받을 수 있는 보장에 동화된다는 것을 의미하기 때문이다. 그러나 임신과 출산은 보통 정상적인 여성의 정상적인 상태이고, 임신과 출산 그 자체가 사회적으로 필요한 일이라고 인정되며, 임신과 출산이 독특하고 다양한 특성과 필요를 갖고 있으므로, 이런 동화는 받아들일 수 없다. 임신과 출산을 장애로 여기는 것은 이런 과정을 "건강하지 못한" 과정이라고 낙인찍는 경향을 낳는다. 나아가 이에 따르면 여성이 휴가를 떠나거나 직업 안정성을 보장받을 권리를 가지게 되는 주요한 또는 유일한 경우는, 여성이 육체적으로 업무를 수행할 수 없는 상태라거나, 임신 중이지 않을 때나 출산으로부터 회복되었을 때보다 업무를 수행하는 것이 더 어려울 경우로 제한되기 때문이다. (Young 1990: 175-176)

영의 설명은 단지 "평등"이나 "공정함"이라는 인식보다는 차이에 근거한 정의의 이론을 훨씬 더 설득력 있고 정교하게 보여준다. 이는 포스트모던 이론에 영감을 받은 차이에 대한 관심의 한 사례이다.

1980년대 후반부터 1990년대를 통틀어 지리학계에서는 예전에는 가시화되지 않았던 나이, 섹슈얼리티, 장애 등 여러 유형의 차이에 대한 관심이 불거지면서 가시적 차이에 대한 관심이 폭발적으로 늘어났다(Philo 1992; Bell and Valentine 1995; Kitchin 1998). 한 사례로서 포스트모던 촌락지리를 살펴보도록 하자. 1992년 영국 지리학자인 크리스 파일로(Chris Philo)는 무정부주의 작가인 콜린 워드(Colin Ward 1998)가 시골에서 보낸 유년기를 다룬 책에 대한 서평을 썼다. 이 서평은 시골 어린이들의 생활에 대한 인식을 고취하고 이들의 생활이 역사적으로 어떻게 변해 왔는지를 탐색하는 이 책의 논조에 공감했다. 파일로는 서평의 거의 마지막 부분에서 이를 거대서사에 대한 포스트모던한 의구심과 1990년대 초반 사회지리학과 문화지리학에서 등장하기 시작한 복수의 "타자들"에 대한 관심과 연관시켰다.

> "거대서사"와 관련된 사람들은 서양의 주요 대도시 핵심부에 사는 백인, 중산층, 비장애인, 건전한 정신의 소유자인 이성애 남성인 경우가 많다. 타자와 로컬의 "이야기"를 말하

는 이들은 이런 조건의 소유자가 아닌 경우가 많다. 이 결과 이들의 목소리는 거의 들리지
않게 되었고 거대한 변화의 물결에 (제동을 걸기는커녕) 부합하는 목소리로도 거의 수용
되지 않았다. (Philo 1992: 199)

아마도 시골은 가장 등질적으로 간주되는 관념적, 사실적 공간일 것이다. 특히 영국에서는
말이다. 도시가 이질성을 특징으로 한다는 것은 거의 기정사실이 되었다. 파일로의 서평은
어린이들 말고도 촌락 연구에서 등장하는 온갖 종류의 "타자들"에 대해 질문한다. 파일로
는 포스트모더니즘이 추동하는 접근은 "너머 싱황에 열려 있고 '나'는 장소에 있는 '다른' 사
람들에 대해서도 열려 있는 새로운 형태의 인문지리학 탐구를 만들어내려는 진정성 있는 시
도"라고 주장한다(Philo 1992: 199). 파일로는 지리학자들과 여러 연구자들이 기존의 연구
에서 드러난 "차이"의 결핍에 주목할 것을 요청한다.

> … 시골에서의 사회적 삶은 사실 중첩적이며 "복수의 타자성"을 구성하고 있는 수많은 차
> 이들로 균열되어 있다. 이 모든 타자성은 당연히 촌락지리학자들의 주의 깊은 관심을 받
> 을 필요가 있다. 따라서 촌락지리학자들은 "현지인", "전입자", "박탈당한 자", "잘 사는
> 자" 등 두루뭉술한 범주의 내용을 보다 자세하게 들여다볼 필요가 있다. (Philo 1992: 201)

조나단 머독(Jonathan Murdoch)과 앤디 프랫(Andy Pratt)은 파일로의 글에 대한 면밀한 논
평에서 "포스트촌락(post-rural)"을 제안했다(Murdoch and Pratt 1993). 이들 간의 교류에 뒤
이어 노숙과 섹슈얼리티, 집시/여행자 등 여러 이슈를 포함하여 촌락에서 존재하는 복수 형
태의 차이에 대한 저작과 연구가 봇물처럼 쏟아져나왔다(Halfacree 1996; Cloke, Milbourne,
and Widdowfield 2000; Little 2002; Woods 2005).

물론 차이로의 전환에 대한 비판이 없었던 것은 아니었다. 특히 마르크스주의와 페미니스
트들이 제기한 비판의 핵심은, 중요한 차이와 그렇지 않은 차이를 구분해내는 방법이 있느
냐의 문제였다. 거칠게 말해서, 코카콜라 선호집단과 펩시콜라 선호집단 간의 차이보다 계
급과 젠더 간의 차이가 왜 더 중요하냐는 것이었다. 곧 차이들 간의 경중(輕重)을 판단할 수
있는 근본적인 토대가 없는 한 모든 차이를 똑같이 중요하게 다루지 않을 이유가 무엇이냐
는 것이었다. 이들 중 특히 하비는 모든 차이들을 똑같이 중요하게 다루고 싶어 하지 않았다.
하비는 노스캐롤라이나의 닭고기 가공 공장에서 일어난 화재 사건에 대한 싸늘한 비판을 통
해, 닭 가공 산업이 몇몇 소수의 대기업에 의해 지배되고 있고, 살모넬라균 감염이 창궐했으
며, 대부분의 공장직원이 흑인과 여성이고, (1991년을 기준으로) 시간당 4.25달러의 저임금

을 받고 있었다는 점을 지적했다. 1991년 9월 3일 화요일 노스캐롤라이나 햄릿 소재의 공장에서 화재가 났는데, 대부분의 비상출구는 닫혀 있었고 25명의 공장직원이 사망했다. 하비는 이 화재 사건에 대한 정치적 무관심에 주목하면서, 이를 당시 격앙된 정치적 반응과 도시 폭동을 야기했던 로스앤젤레스의 흑인청년 로드니 킹 구타사건과 비교했다. 하비는 햄릿 화재 사건이 정치적 무관심을 받을 수밖에 없었던 이유로 조직적 계급정치의 부재를 들면서, 조직화된 계급정치야말로 "소위 젠더, 인종, 민족집단, 생태, 섹슈얼리티, 다문화주의, 공동체 등의 이슈에 초점을 두는 신사회운동(new social movement, NSM)"과 지엽적 이슈에 매몰된 정치를 극복할 수 있을 것이라고 지적했다(Harvey 1996: 341). 하비는 사회 정의에 대한 어떠한 보편적인 합의마저도 의심하는 포스트모더니즘을 다음과 같이 비난한다.

> 많은 이들은 가장 상식적인 수준에서 남성과 여성, 소수자들이 햄릿 공장에서 일한 조건이 부당하다는 점에 동의할 것이다. 그러나 이런 주장을 펼치기 위해서는, 우리의 행위나 당위가 사회 정의라는 개념에 비추어볼 때 어떠해야 하는지에 대한 보편적인 규범을 가정해야 한다. 그리고 그토록 강력한 원칙을 노스캐롤라이나의 상황에 적용함에 있어서 … 장애물이 없어야 한다. 그러나 "보편성"이라는 말은 이 "포스트모던" 시대에는 의심과 의구심, 심지어 순전한 적개심을 자아내는 말이다. 보편적 진리는 정치경제적 행동의 가이드라인으로서 여전히 유용하며 다른 곳에도 적용 가능하다는 믿음은, 요즈음 "계몽주의 프로젝트"라는 주요 죄악과 (이에 따라 발생한다고 하는) "총체적"이고 "동일화"하는 모더니즘이라는 죄악으로 간주되고 있다. (Harvey 1996: 341-342)

하비는 포스트모더니즘의 차이에 대한 강조는 사회 정의를 위한 통일된 대응력을 잠식한다고 믿었음이 분명하다. 반면, 자본주의의 작동과 계급 정체성에 대한 강조는 이를 극복하는 길을 제시한다고 믿었음도 분명하다. 하비에게 있어서 우리가 "계급"이라고 부르는 차이는 영과 같은 포스트모더니스트들이 제기한 온갖 종류의 차이들보다 대개 훨씬 더 중요한 것이었다.

물론 다른 사람들이 더 중요시했던 차이도 있다. 예를 들어 페미니스트 지리학자들은 차이를 수용하는 것에 대해 양면적이었다. "여성"이라는 범주 안의 현기증이 날 정도로 다양한 차이들은, 여성이라는 공통점을 유지하기 위한 지속적인 참여를 필요로 하는 페미니스트 정치의 의제를 잠재적으로 희석할 수 있기 때문이다(McDowell 1991).

지리학과 재현의 위기

포스트모더니즘은 진리가 이 세상 저기 어딘가에 존재한다는 믿음에 근거한 인식론에 대항하는 도전일 뿐만 아니라 우리가 이 세계를 묘사하고 더 광범위하게 말해 재현하는 방식에 대한 도전이기도 하다. 포스트모더니즘 이전에는 세계를 재현할 수 있다는 믿음을 대체로 공유했다. 이는 대부분의 마르크스주의자와 공간과학자, 인본주의사, 시억시리학사들이 공유한 믿음이었다. 르네상스 이후 서양의 지배적 시각에 따르면(Foucault 1971), (글, 그림, 등식, 차트 등의) 각종 **재현**(representation)의 의미는 우리가 참조하고 재현하려는 (사물, 감정, 아이디어, 행위 등의) 어떤 대상에 기반을 둔다. 다시 말해 의미는 세계에 이미 존재하는 것이었고 재현은 이런 의미를 전달하는 한 가지 방식에 불과했다. 포스트모더니즘의 등장과 더불어 이런 단순한 등식은 문제시되었다. 재현에 대한 반재현주의적 관점은 재현이란 어떤 실제를 참조하는 것이 아니라 단지 다른 재현을(또는 기호를) 참조하는 것에 불과하다고 주장한다. 이런 이유에서 "진리"나 "실제"와 같은 것은 재현 이전에 선험적으로 확실히 존재한다고 볼 수 없다. 오히려 이는 재현의 결과물이거나 효과일 뿐이다. 곧 재현이 실제를 생산한다. 모든 것은 일종의 "텍스트"다(Derrida 1976). 많은 이들이 포스트모던 이론의 핵심이라고 보는 이런 견해는 울프 스트로메이어(Ulf Strohmayer)와 매트 한나(Matt Hannah)의 포스트모던 도전에 대한 초창기의 설명에 분명히 명시되어 있다.

> 공유된 언어[예 : 정의(定意)]가 공유된 실제를 반영한다는 생각은 불행히도 더 많은 언어들이 있을 때에만 입증될 수 있는 신념이다. 따라서 실제상에서는 전혀 입증될 수 없다. 전적으로 임의적이지 않기 위해서는 결국 어떤 고정된 것에 근거할 수밖에 없다는 명제의 진위는 그것이 과학적이든 아니든 간에 판단 불가능하다. 이는 결국 진리란 없다는 것을 말하는 것이 아니라, 진리가 설령 있다고 하더라도 우리가 그것을 정확히 밝혀낼 수 없다는 것을 말한다.
> (Strohmayer and Hannah 1992: 36)

이런 견해의 가장 극단적인 형태는 프랑스 철학자 보드리야르의 저작에서 잘 드러난다. 보드리야르는 우리는 "시뮬라시옹", 곧 한 번도 실제로 존재한 적이 없는 이 세계에 대한 정확한 복세물의 세계에서 산다고 수장했다(Clarke, Doel, and Gane 1984; Baudrillard 1994). 보드리야르의 주장은 (텍스트, 대중문화, 광고, 텔레비전 등의) 기호(sign)가 더 이상 그 어떤 실제도 반영하지 않는다는 것이다. 기호는 더 많은 다른 기호를 참조한다. 포스트모더니티에서 시뮬라크라(simulacra)는 원본을 대체했고 재현과 실재 간에는 구분이 사라졌다. 재현과 실재는 동일한 것이다. 제1차 걸프전쟁은 사실 전쟁의 이미지를 둘러싼 전쟁이었다는 보드리야르의 주장은 이런 신념에서 출발한 것이다. 곧 실제 영토에서 싸운 전쟁이라기보다는 텔레비전 화면에서 싸운 전쟁이라는 것이다. 소설가 움베르토 에코(Umberto Eco)도 이와 비슷한 주장을 제기했다. 에코는 디즈니월드를 방문하는 것은 실제로 존재하지 않는 세계에 대한 완벽한 복제물을 방문하는 것과 같다고 주장했다. 그곳에서 악어는 플로리다 에버글레이즈 국립공원을 방문했을 때와는 판이하게 다른 방식으로 출현하게끔 되어 있다. 원본을 가지려고 왜 그토록 애쓰는가? 에코는 이를 "초현실성(hyper-reality)"이라고 지칭했다(Eco 1986).

　　포스트모던 지리학은, 재현 과정의 문제가 단순히 기술적인 문제가 아니라 지식 구축에 있어서 심오한 문제를 일으킨다고 보았다. 재현은 단지 어떤 실재에 "대한" 것이 아니라, 실재라고 간주되는 것을 생산하는 데 중요한 요소가 된다. 지리학이라는 학문에서 핵심적으로 제기되는 재현의 한 형태가 바로 지도다. 지도학사 연구자인 브라이언 할리(Brian Harley)는 지도의 문제를 파고들었다(Harley 1989). 근대의 지도는 과학적이거나 중립적이어야 하는 재현의 한 형태다. 지도는 이 세계에 대한 정확하고 유용한 정보를 전달해야 한다. **마파문디**(Mappa Mundi)[4]와 같은 고지도는 근대인의 눈에는 이상하게 보이거나 심지어 심미적인 즐거움을 주는 것으로 보인다. 왜냐하면 그런 지도는 분명히 왜곡된 것이기 때문이다. A부터 Z까지 도시의 모든 것에 대한 지도나 도로지도처럼 주변에서 흔히 보는 지도는 기능적으로 보인다. 할리가 분석 대상으로 삼은 것은 바로 이런 인식이었다. 지도학자의 작업은 과학적이고 가치중립적인 형태의 지식을 창조하는 것으로, 그들이 생산해내는 지도는 세계의 거울과 같은 역할을 한다는 인식 말이다.

　　　지도학의 첫 번째 법칙은 과학적인 인식론으로 정의될 수 있다. 최소한 17세기 이래로는 유럽의 지도 제작자들과 이용자들은 지식과 인지의 과학적 기준을 점점 옹호해 왔다. 지도 제작의 목적은 지표면의 상대적으로 "정확한" 모델을 생산하는 것이다. 그것은 지도의 대상이 되는 세상의 사물은 실제이고 객관적이며, 지도학자와는 독립적으로 존재한다고 가정한다. 다시 말해 대상의 실재는 수학적인 용어로 표현될 수 있으며, 체계적 관찰과 측

4　중세 유럽에서 제작된 세계지도로, 마파문디란 라틴어로 세계지도를 의미한다. (역주)

정만이 유일한 지도학적 진실을 담보하고, 이런 진실이야말로 독립적으로 증명될 수 있다
고 가정된다. (Harley 1989: 4)

돌이켜보면 이 모든 가정들은 실증주의적 사조의 가정임을 알 수 있을 것이다. 할리는 실제
세계와 지도학적 재현 간의 모방적 연관을 깨고자 했다. 할리의 주장에 의하면, 그런 연관은
"지도학적 사유를 지배"해 왔으며 "계몽주의 이래로 "정상과학"으로 가는 길을 안내해 왔
고, 지도학사에서 기성품처럼 "당연한" 인식론을 제공해 왔다"(Harley 1989: 2). 이에 할리
는 사회이론과 데리다와 푸코의 철학을 끌어와서, 가장 중립적으로 보이는 지도조차도 지도
바깥에 존재하는 규범과 가치를 강화하고 반영하는 자신만의 질서가 있기 때문에 전혀 중립
적이거나 투명하지 않다는 인식론을 제시했다.

할리의 주장에 따르면, 훌륭하고 올바른 지도는 이런 모방적 성격을 갖추어야 한다는 주
장은 과학적 기준에 부합하지 않는 지도를 (예를 들어 비서양 세계에서 제작된 지도나 고지
도 등을) 주변화하고 멸시하는 "타자화"에 토대를 둔다. 곧, 다른 유형의 지도는 열등하다고
치부된다. 올바른 지도란 정확하고 과학적인 지도이고, 그 이외의 다른 유형의 지도는 어떤
면에서 보자면 전부 실패작으로 간주된다.

> 그 중심 요새에는 측정과 규격화가 있으며, 이를 넘어서면 "지도학의 영토가 아닌" 곳이
> 된다. 그곳에서는 부정확하고, 이단적이고, 주관적이고, 가치적이며, 이데올로기적으로
> 왜곡된 이미지의 군단이 도사리고 있다. 지도학자들은 자신들에 부합하지 않는 지도를 타
> 자화해 왔다. (Harley 1989: 4-5)

이처럼 타자화는 비록 정확하게 보이는 지도라 할지라도 그 자체가 중립성의 이상과는 완전
히 거리가 먼 은유로 가득 차 있다는 사실을 은폐한다. 과학이라는 광택은 지도가 중립성이
라는 외피를 입고 끊임없이 정당화하려는 사회정치적 세계를 은폐하는 데 기여한다. 할리의
주장에 따르면 근대 지도는 "대상의 현상적 세계를 측량하는 것만큼이나 사회질서의 이미지
를 드러낸다"(Harley 1989: 7). 할리는 우리가 대개 차량에 보관하는 도로교통지도에 대해서
이렇게 말한다.

> 이 지도는 미국에 대해 어떤 이미지를 재현하는가? 한편으로는 녹색으로 표시된 엄청나게
> 단순화된 이미지가 있다. 고속도로로 들어서는 순간, 경관은 설명이 필요 없는 가장 기본
> 적인 요소로 이루어진 일반화된 세계로 분해된다. 맥락은 사라져 버리고 장소는 더 이상

중요하지 않게 된다. 다른 한편으로 이런 지도는 모든 정형화의 양면성을 드러낸다. 지도가 침묵하는 것들은 지면에도 분명히 각인되어 있다. 지도 어디에 자연의 다양성이 나타나 있는가? 경관의 역사는 어떠한가? 이 익명화된 지도에 인간 경험의 시공간은 어디에 있단 말인가? (Harley 1989: 13)

할리의 관찰에서 출발하여 우리만의 재현 형태, 곧 우리가 만드는 지도뿐만 아니라 우리가 쓰는 글도 매우 주의 깊게 생각해보아야 한다. 학문적 재현(특히 글쓰기)의 원칙은 우리가 알아야 할 것에 대해 가장 분명하고 직설적인 방식으로 말함으로써 세상을 투명하게 비추는 유리창과 같이 되어야 한다고들 한다. 글쓰기 자체는 이해에 방해가 될 수 있으므로 드러나서는 안 된다고들 한다. 이런 모델은 이해란 재현의 양식에 의존하며 재현과 실재는 서로 짝을 이루어야 한다는 신념에 동조하는 것이다. 이에 동조하지 않는다면 도대체 어떻게 글을 쓰고 지도를 그리고 도표를 그려야 하는가? 일부 지리학자들에게 이와 같은 도전은 포스트모더니즘이 제시하는 가장 중요한 도전 중 하나였다. 이에 대한 한 가지 해결 방법은 글쓰기 기술에 주목하는 것이다. 실재를 생산하는 데 글쓰기의 중요성을 인지하면서 말이다. 그레고리는 포스트모더니즘에 대한 설명에서 다음과 같은 주장을 펼쳤다.

우리가 화가나 시인으로 훈련받지 않은 것은 당연한 사실이지만, 피어스 루이스(Pierce Lewis)처럼 나도 그 점에 대해서 우리가 내세울 것도 없다고 생각해서는 안 된다. 왜냐하면 우리가 경관을 제대로 환기시키지 못한다면, 인간과 장소 간의 관계에 대해 사람들의 마음을 움직일 수 있는 "아주 생생한" 묘사를 제시하지 못한다면, 기어츠의 표현을 빌리자면 우리는 우리의 지리학을 급진적으로 "빈약하게" 만들고 있는 것이다. (Gregory 1996: 227)

1970년대 이래로 일부 지리학자들은 창의적인 방식의 글쓰기를 실험해보면서 세계를 창조하는 데 있어서 글쓰기의 역할에 대해 각성시키고자 했다. 이런 실험 중에서 아마도 가장 잘 알려진 사례가 바로 스웨덴 지리학자 군나르 올슨(Gunnar Olsson)의 저작일 것이다. 내가 학부생이었을 때 읽게 된 그의 첫 번째 책은 앞에서 뒤로, 그리고 뒤에서 앞으로 읽힐 수 있는 책이었고 제목은 『알 속의 새/새 속의 알(Birds in Eggs/Eggs in Birds)』이었다(Olsson 1980). 이 책 이전에도 나는 데이비드 레이와 마윈 사무엘스(David Ley and Marwyn Samuels)의 편저인 『인본주의 지리학(Humanistic Geography)』에 실려 있는 올슨의 그다지 "인본주의적"이지 않은 글을 읽은 적이 있었다. 이 글은 지리학에서 난데없이 포스트모더니즘 열풍이 불기 족히 10년도 더 전에 쓰인 것이었지만 포스트모더니즘 논쟁의 지형을 미리 예견한 중요한 글임에 틀림없다. 올슨은 포스트모더니즘과 포스트구조주의에 영향을 받은 지리학자들에게 영감을 주는 저자로 여전히 남아 있다.

　이 저술에서 올슨은 "진리를 말하고, 창조하고, 소통하는 것을 동시에 하려는 (실현 불가능한) 문제, 곧 삼중고!"에 대한 사색을 담았다(Olsson 1978: 109). 여기까지는 아무 문제가 없었다. 그러나 올슨은 계속해서 논의를 이어간다. "지도 위의 표식으로부터 의미를 어떻게 추출해낼 수 있는가? 기표자인 기호가 기표하는 것은 도대체 무엇인가? 공간적 조응이라는 지리학적 용어와 인간 행위의 대상 간에는 어떤 연관성이 있는가?"(Olsson 1978: 110). 재현과 재현 불가능성에 대한 이슈는 올슨 학파의 핵심적인 문제였고 지금도 그러하다(Olsson 1991, 2007). 올슨의 연구는 언어의 한계와 불명확성을 제거하려고 노력하는 이유에 대해 탐구했다. 올슨은 학계가 모호함을 수용하고 소통의 과정을 통해 복수성을 받아들이기를 원했다.

> 사회적 단순성과 개인적 복잡성 간의 이 끝나지 않는 전쟁의 최전선은 바로 소통 과정 그 자체에서 형성된다. 따라서 언어를 빈약하게 만드는 것은 사회적 응집력에 대한 관심에 있다. 이를 쟁취하기 위해 싸워야 하며 이는 인류의 생존의 성패가 달려 있는 문제라고 나는 확신한다. 그 결과 보들레르, 말라르메, 조이스, 카프카, 베케트와 같은 근대 작가들의 작품을 계속해서 읽어야 한다. 이들도 언어라는 감옥으로부터 탈출하지는 못했지만 그럼에도 불구하고 그 벽은 구부러뜨렸고 따라서 우리 공동의 세계를 확장했다. (Olsson 1978: 110)

　올슨은 여러 에세이에 걸쳐 확실성과 불확실성 간의 상호작용을 고찰하면서 공간과학의 언어가 (곧, 올슨이 훈련받은 수학적 언어가) 지향하는 명백한 확실성과 시가 추구하는 명백한 불확실성에 대해 탐색했다. 올슨이 참고하고 사례로 삼은 언어는 특히 제임스 조이스(James Joyce)의 『피네간스 웨이크(Finnegans Wake)』에서 사용된 언어였다. 그는 결론에서 "통일된 형식과 내용에 대한 베케트의 요청에 주의를 기울임으로써 그것이 표현하는 것이 텍스트가 되고 그것이 무엇인지를 테스트가 표현하도록" 당부했다(Olsson 1978: 118). 올슨은 이를 직접 실험하는 것도 두려워하지 않았다. 그는 소거의 과정을 표현하기 위해 밑줄을 쳐서 단어를 지웠다. 예를 들어 "해체라는 감각적인 게임을 통해 새로운 관계와 조합이 잘 선별된 범주들로부터 생성된다. 그 결과 ~~동치~~는 주장되고 동시에 문제시된다. 왜냐하면 우리가 무엇을 소거하든지 간에 항상 흔적을 남기기 때문이다"(Olsson 1978: 111). 당연히 흔적은 가시적으로 남는다. 어느 순간부터 올슨의 텍스트는 실험적인 시 비슷한 형태로 변한다.

> 트럼펫이 울린다. 사색 속의 침묵!
> 스프리치?[5]
> 부수고 설교하고, 찾고 도착하고
> 상호 간의 연설을 통해
> 와글거림의 벽은 웅얼거림으로 와해된다.
>
> (Olsson 1978: 117)

글쓰기를 통한 실험을 한 또 다른 위대한 지리학자는 알란 프레드(Allan Pred)이다. 그는 독일의 도시이론가이자 철학가인 발터 벤야민(Walter Benjamin)으로부터 큰 영감을 받았다. 벤야민은 현기증 날 정도로 다양한 출처에서 가져온 인용문에 자신의 말을 결합하는 몽타주 기법을 통해 20세기 초반 파리의 혼란스러운 근대성을 성찰하고자 한 인물이다(Benjamin 1999). 프레드는 벤야민이 사용한 기법을 일종의 자유시 구조에 접목하여, 도시의 (포스트)모더니티에 대한 주장을 전달하는 방식으로서 반복을 사용했다. 다음의 구절은 『유럽의 모더니티에 대한 인식(*Recognizing European Modernities*)』에서 가져온 문단이다.

> 요약하자면,
> 이는
> 복수의 복잡성과
> 변화하는 이종성들과
> 충격적인 새로운 의미들과의 만남이었다.
>   그것은 반복해서 탈구시키고 옮겨 놓았으며
>   파열을 확증했으며
>   문화적 논쟁을 유도하거나 요구했다.
> 지역마다 이미 존재하던 실천들과 사회관계들의
>   의미를 문제시함으로써
>   그럼으로써 개인적이고 집합적인 정체성을 문제시함으로써 말이다.
>
> (Pred 1995: 14-15)

---

5   스프리치(SPREACH)는 말하고(speak), 설교하고(preach), 가르치는(teach) 것을 동시에 하는 것을 말한다. (역주)

1장에서 살펴본 패트리샤 리머릭(Patricia Limerick)이 비난한 애매모호한 글쓰기 스타일이 바로 프레드의 것이었음을 기억할 것이다. 최소한 프레드는 올슨이 비트겐슈타인의 표현을 빌려서 말한 "언어의 감옥"으로부터 탈출하고자 애썼다는 점만은 분명하다. 만일 이 세계가 복잡하고 모호한 것이라면 세계에 대한 우리의 재현에도 이런 점이 반영되어야 한다. 만일 이 세계의 실제나 진실을 완벽하게 재현하는 투명한 언어의 가능성을 포기한다면 세계를 재현하는 방식이나 과정에 제대로 주목해야 할 것이다. 이것이 바로 올슨이나 프레드가 시도한 도박이다. 오직 독자들만이 그 도박이 얼마나 성공했는지를 판단할 수 있을 것이다.

　이와 같은 실험적인 글쓰기는 지나치게 장난스럽고 반계몽주의적이라고 비난받아 온 것도 사실이다. 예를 들어 리즈 본디(Liz Bondi)와 모나 도모쉬(Mona Domosh)는 언어의 투명성에 대한 포스트모더니즘의 비판에는 전반적으로 동의하면서도 올슨과 같은 글쓰기 실험에 대해서는 "전반적으로 이해하기 어렵기 때문에 … 실패했다"고 평한다. 이들은 이 같은 전략에 대해서 다음과 같이 평했다.

> 자신 말고는 아무도 이해하지 못할 언어를 구사함으로써 자신의 지위를 격상시키는 컬트 같은 전문가 집단을 종종 양산함으로써 저자의 신비주의만 더할 뿐이다. … 실제로 상당히 많은 포스트모더니즘 담론에서는 엘리트주의가 분명히 드러난다. 이는 중심적인 발화 주체에 대한 지배적인 가정을 깨는 것일지는 몰라도 특별히 남성중심적 권위를 스스로 벗어던지는 것은 아니다. 곧 탈중심화일 뿐 탈(남)성화는 아니다. (Bondi and Domosh 1992: 208)

저자의 남성중심적 권위를 벗어던지는 기술(記述)을 정확히 어떻게 구사할 수 있을지는 알 수 없다. 아마도 한 가지 대안은 협동적 형태의 글쓰기일 것이다. 재현의 위기에 대한 포스트모더니즘의 해답을 추구한 지리학자들이 새로운 문체나 형식만을 시도한 것은 아니었다. 또 다른 전략은 저자란 단일한 인식자라는 관념을 넘어서려는 것이었다. 이런 관념은 공동 집필이 보편화되어 있는 자연지리학은 물론이고 인문지리학에서도 팽배해 있던 생각이다. 일부 지리학자들은 공동 집필의 수준을 넘어서 혼성적 집필을 제안하기도 했다. 아마도 이에 관해 가장 잘 알려진 저자는 깁슨-그레이엄(J. K. Gibson-Graham)일 것이다(7장 참조). 깁슨-그레이엄은 줄리 그레이엄(Julie Graham)과 캐서린 깁슨(Katherine Gibson)의 줄임말로서, 이들은 대안 경제에 대한 그들이 대표 저자에서 포스트모더니즘을 마르크스주의 및 페미니즘과 흥미롭게 결합했다(Gibson-Graham 2006a, 2006b). 다른 사례로는 이안 쿡 외(Ian

Cook *et al.*)가 있다. 이안 쿡은 사물의 (특히 음식의) 생산에서 소비까지의 이동에 대해서 연구하고 글을 쓴 지리학자인데, 그는 항상 자신의 이름 뒤에 "~외(*et al.*)"를 붙여 자신의 모든 연구와 글이 협업의 결과물임을 표시했다(Cook *et al.* 2008). 마지막으로 아예 이름을 합성해서 만드는 경우도 있다. "mrs kinpaisby"는 (Mike Kesby, Rachel Pain, Sara Kindon의 합성어로서) 이름 자체를 통해 집합적이고 참여적인 연구와 글쓰기의 중요성을 강조했다(kinpaisby 2008). 이런 혼성저자들이 포스트모더니즘에 그다지 깊이 개입한 것은 아니었지만 이런 필명 전략은 인식주체로서 저자에 대한 포스트모더니즘의 문제 제기 이전에는 거의 상상하기도 힘든 것이었다.

결론 : 페미니즘과 포스트모더니즘

포스트모더니즘의 핵심 중 하나는, 높은 곳에서 세계를 객관적으로 내려다볼 수 있는 신의 속임수(god-trick)를 수행할 수 있다는 믿음을 거부하는 것이다. 그러나 이런 믿음은 포스트모더니스트들에게만 특별한 것이 아니었다. 인본주의자들도 인간은 항상 또는 한 번도 완전히 이성적인 주체가 아니었다는 점을 지적하면서 공간과학을 비판했다. [비록 그들은 차이가 드러나지 않는 보편적인 (남성) 인간을 상정하는 경향이 있었지만 말이다.] 페미니스트 역시 과학적 진리보다는 다른 종류의 진리를 생성할 수 있는 특정한 위치적 입장을 옹호했다. 1980년대 후반 지리학계에서의 포스트모더니즘의 갑작스런 등장은, 이미 페미니즘이 개척해 놓은 영토를 식민화하려는 남성들의 또 다른 시도처럼 보였다. 물론 일부 페미니스트들은 포스트모던 이론이 주는 통찰을 환영했지만(심지어 자신들을 포스트모던 페미니스트라고 명명하기까지 했다), 다른 이들은 상당히 회의적이었다(McDowell 1991). 예를 들어 본디(Bondi)는 페미니즘은 포스트모더니즘의 "원조"로 볼 수도 있다고 주장했다.

> 예를 들어 페미니즘은 철학과 정치 이론에서 주장하는 보편성에 대해 매우 비판적이다. 그런 주장은 개인을 남성적 주체로 간주하는 문화적으로 특수한 관념에 근거를 두고 있기 때문이다 … 따라서 페미니즘은 진리에 접근할 수 있는 특권을 주장하는 담론에 대한 포스트모더니즘 비판의 특수한 버전, 또는 그런 비판의 원조로 볼 수 있다. (Bondi 1990: 161)

1980년대 말과 1990년 초반 이후 페미니스트들이 포스트모더니즘 논쟁에 개입해 온 과정을 살펴보면, 포스트모더니스트들이 제시한 비판은 페미니즘으로부터 많은 아이디어를 차용했으면서도 페미니즘을 충분히 존중하지 않았을 뿐만 아니라 이런 아이디어를 이론적, 정치적 의제로 발전시키기에도 어렵게 만들어 놓았다. 포스트모던 이론가들의 주장 중 한 예로 우리의 정체성이 절대로 안정적이지 않고 항상 균열된다는 주장이 있다. "여성"이나 "남성"과 같은 명칭은 토대가 없고 끊임없이 반복적으로 구성된다는 뜻이다. 이는 반본질주의적 주장이며 페미니스트 이론가들에게는 익숙하지 않은 것이다. 본디와 그녀의 동료들은 "여성"이라는 정체성에 기반을 둔 페미니스트 정치의 가능성을 폄하하지 않으면서도 인식주체를 급진적으로 비판하는 것이 가능할지에 대해 의구심을 표했다. 포스트모더니즘의 반본질주의는 너무 급진적이어서 주체가 너무 균열되다 보니 자유주의가 정형화시킨 일관되고 안정된 자아와 사실상 구분하기가 쉽지 않다고 본디도 평했다. 둘 다 계급이나 젠더와 같은 집단 정체성을 거론할 여지를 주지 않기는 마찬가지다. 포스트모던 용어로 말하자면 이런 정체성은 사회적 구성물이며 따라서 정의와 진리에 대한 급진적인 주장을 지지할 수 없다는 논리에 이르기 때문이다. 그러나 "젠더 관계와 젠더 위계질서는 그저 장난처럼 사라져 버릴 수는 없는 것"이라고 본디는 주장한다(Bondi 1990: 162). 맥도웰도 비슷한 논리를 펼쳤다.

> 주류 백인 남성들로 구성된 포스트모더니스트들은 인본주의의 전체성, 곧 인간성에 대한 통합적 이상을 거부하는 데 가장 단호한 입장을 표명해 왔다. 그런데 그들 외에 다른 집단들은 인간 주체를 뭉뚱그려 한데 묶을 여력조차 갖고 있지 않다. 왜냐하면 그들은 그렇게 하도록 허락되지 않았기 때문이다. 그 전체에 속해 본 적도 없거나 중심에 서 본 적도 없는 우리 같은 사람들에게, 균열이란 별로 설득력이 없다. (McDowell 1992: 61)

페미니스트 지리학자들이 포스트모더니즘에 대해 던지는 또 다른 비판은 포스트모더니즘이 페미니즘 비판이 가져올 진지한 결과에 대해서는 제대로 책임도 지지 않으면서 그저 페미니즘의 몇몇 주제를 장난 삼아 다루었다는 것이다. 본디는 페미니스트 저술가인 수잔느 무어(Suzanne Moore)를 인용하여 포스트모더니즘을 비판한다. 무어는 포스트모더니즘을 "남성 이론가들이 여성성의 세계로 패키지 관광을 떠나는 젠더 투어리즘"이라고 평했다. "그 세계에서 남성들은 지식적으로 "타자성을 약간" 맛보지만 다시 안전하고 익숙한, 무엇보다 권력을 행사할 수 있는 남성성의 영역으로 돌아올 티켓을 가지고 있다"(Suzanne Moore, Bondi 1990: 163에서 재인용).

논란의 여지는 있지만 일부 페미니스트 지리학자들은 페미니즘과 포스트모던 이론과의 유사성을 환영하기도 한다. 예를 들어 맥도웰은 포스트모더니즘과 페미니즘은 보편적 인간 주체라는 개념에 함께 도전한다고 밝혔다.

> 둘 다 이성의 통일성 원칙과 공동의 도덕과 지적 목적을 향하여 노력하는 보편적인 주체라는 원칙, 그리하여 인간성이 하나의 통일된 주체라는 인식을 거부한다. 따라서 "보편적인 이성적 인간"은 담론과 정치 모두에서 중심에서 밀려나게 된 반면, 공간은 그간 주변화되었던 타자들의 목소리에 활짝 열리게 되었다. (McDowell 1992: 61)

본디와 도모쉬는 페미니즘과 포스트모더니즘이 공유하는 다섯 가지 접근을 제시했다. 첫째, 계몽주의에 그 뿌리를 두고 있으며, 특히 페미니스트들은 남성적 방식으로 세계를 인지하는 객관적, 과학적 지식 형태를 비판한다. 둘째, 이 세계에 뿌리를 내리고 있는 자기 자신을 신의 속임수를 통해 세계로부터 분리시킴으로써 이 세계를 알 수 있다는 "분리된 관찰자" 개념에 근거한 인식론을 공격한다. 셋째, 위와 관련된 공유점으로서 연구자가 스스로를 자신이 처한 맥락이나 연구 대상의 맥락으로부터 분리시키는 것이 불가능하고 부적절하다는 주장을 공유한다. 넷째, 학문적 글쓰기라는 재현 과정에 의구심을 표한다. 여기서 이들이 비판하는 점은, 글쓰기가 "투명한" 행위이며 그것이 무엇이든 간에 쓰는 대상을 구성하는 데 연루되지 않는다는 인식이다. 포스트모더니스트와 페미니스트는 글쓰기 과정을 문제시하고 다양한 형태의 글쓰기 실험을 하는 데 관심을 둔다. 마지막으로 이들은 지리학과 근대적 사유 전반에 걸쳐 팽배해 있는 이분법적 사고에 대항한다. 이런 사고는 남성/여성과 같이 대립되는 이항(二項)을 중심으로 구조화되는데, 첫 번째 항은 두 번째보다 늘 "우월하다"고 간주되며 후자는 "타자"로 치부된다. 짧게 말해 포스트모더니즘과 페미니즘은 계몽주의 이후 대부분의 서양 문화를 합리화하는 진리 주장을 회의적으로 바라본다는 점에서 공통적이다.

본디와 도모쉬는 페미니즘과 포스트모더니즘이 어떤 점에서 불일치하는지도 지적했다. 그중 하나가 포스트모더니즘은 주로 남성들의 게임이라는 점이다. 실제로 리오타르, 푸코, 보드리야르, 데리다, 로티 등 포스트모더니즘 논쟁에서 걸출한 이름들은 남성인 (그리고 주로 프랑스 사람인) 경우가 많다. 이들의 주장에 따르면 이 논쟁에서 여성들이 부재한 이유는 여성들의 관심 부족 때문이 아니라, 여성들이 일구어낸 기념비적 작업이 거의 아무런 인용도 없이 남성들에게 찬탈당했기 때문이다. 이유가 무엇이든 간에 포스트모던 이론의 몇몇 주요 주장은 부상하고 있던 페미니스트 이론을 극적으로 잠식하는 결과를 초래했다. 이에 대해 낸시 하트스톡(Nancy Hartstock)은 다음과 같은 주장을 펼쳤다.

> 수많은 단체들이 주변화된 타자들을 재규정하는 "민족주의"를 연구하고 있는 바로 지금
> 이때, "주체"의 본질에 대한, 세계를 설명할 수 있다고 주장하는 보편이론의 가능성에 대
> 한, 그리고 역사적 "진보"에 대한 학계의 의구심이 역사상 지금 이때 증폭되고 있다는 점
> 은 사뭇 의심스럽다. 그동안 침묵해 온 우리가 스스로를 호명할 권리를 주장하고 역사의
> 객체가 아니라 주체로서 행동하기 시작한 바로 이때, 왜 하필 주체성 개념이 이때 "문제
> 시" 되는가? 세계에 대한 우리의 이론을 이제야 만들어 감으로써 이 세계가 과연 적절히
> 이론화될 수 있는지에 대한 불확실성이 등장하기 시작한 바로 이때? 우리가 바라는 변화
> 란 무엇인가에 대해 이제 막 이야기하기 시작했고, 진보라는 아이디어와 인간 사회를 "의
> 미 있게" 조직하는 것이 가능한지에 대해 의구심을 품기 시작한 바로 이때? 왜 하필, 이론
> 을 창조하고자 하는 노력에는 권력에 대한 의지가 내재되어 있다는 비판이 막 조성되고 있
> 는 지금 이 순간이란 말인가? (Hartsock 1987: 196)

하트스톡의 주장을 인용하면서 본디와 도모쉬는 페미니스트들이 포스트모더니즘이 페미니
즘과 동일시되는 과정을 경계해야 한다고 주장한다. 단일한 인식 주체자인 페미니스트 저자
가 탄생하지 못하란 법도 없어서인지(거의 불가능하지만 말이다) 포스트모더니즘은 아예 저
자가 죽었다고 선언해 버린다. 단일성과 앎이라는 것도 갑자기 남성들에 의해서 문제시된
다. 문제가 뻔히 보이지 않는가!

스스로를 세계로부터 분리할 수 있을 뿐만 아니라 세계를 이해하고 아무 문제 없이 재현
하는 단일한 인식 주체에 대한 포스트모더니즘의 비판은 한 번도 그런 위치에 서 본 적이 없
었던 페미니스트들에게는 그다지 놀랍게 다가오지 않았다. 여성들은 항상 어떤 방식으로든
지식을 상대적으로 위치시켜 왔으며, 본질적으로 "여성적인" 이유에서가 아니라 필요에 의
해 공동으로 지식을 습득하고 글을 쓰는 작업을 자주 해 왔다. 포스트모더니즘을 다루는 페
미니스트의 출발점도 남성들과는 달랐다. 앞에서 본 본디와 도모쉬의 주장에 의하면 포스트
모더니스트가 (곧 포스트모더니스트 남성이) 한 일은 "젠더 투어리즘"이었다. 곧 페미니스
트 이론 중 일부를 주의 깊게 선별해 가져오는 과정에서 이론가로서 자신의 이런 실천이 무
엇을 의미하는지에 대한 비판과 그 함의는 충분히 숙고하지 않았던 것이다. 본디와 도모쉬
의 주장에 따르면, 이런 점에서 포스트모던 이론가들은 지리학에 남겨진 유산에 핵심적인
역할을 했던 예전의 탐험가들과 다를 바 없다. 둘 다 "이국적인" 다른 세계를 탐험하고 음미
하는 데 관여하고 있다. 다만 이 과정에서 둘 다 변화될 가능성이 있긴 하지만 말이다. 이 가

능성에 본디와 도모쉬는 조금이나마 희망을 가진다. 그들은 이렇게 말한다. "우리의 지적인 여행 역시 불확실하고 양가적이다. 현존하는 사회관계의 불평등은 종종 강화되더라도 다른 국면으로 재배치될 가능성에는 항상 열려 있다. 포스트모던 지리학이 그런 변화를 만들어내는 데 도움을 주고 참여한다면, 그것은 환영할 만한 일이다"(Bondi and Domosh 1992: 211).

참고문헌

Baudrillard, J. (1994) *Simulacra and Simulation,* University of Michigan Press, Ann Arbor. 하태환 역, 2001, 『시뮬라시옹』, 민음사.

Bell, D. and Valentine, G. (eds) (1995) *Mapping Desire: Geographies of Sexualities,* Routledge, New York.

Benjamin, W. (1999) *The Arcades Project,* Belknap Press of Harvard University Press, Cambridge, MA.

Bondi, L. (1990) Feminism, postmodernism, and geography: space for women? *Antipode,* 22, 156-167.

* Bondi, L. and Domosh, M. (1992) Other figures in other places: on feminism, postmodernism and geography. *Environment and Planning D: Society and Space,* 10, 199-213.

Calvino, I. (1981) *If on a Winter's Night a Traveler,* Hartcourt Brace Jovanovich, New York.

Chambers, I. (1990) *Border Dialogues: Journeys in Postmodernity,* Routledge, New York.

Clarke, D., Doel, M., and Gane, M. (1984) The perfection of geography as an aesthetic of disappearance: Baudrillard's America. *Cultural Geographies,* 1, 317-323.

Cloke, P., Milbourne, P., and Widdowfield, R. (2000) Homelessness and rurality: "out-of-place" in purified space? *Environment and Planning D: Society and Space,* 18, 715-735.

Cook I. et al., (2008) Geographies of food: mixing. *Progress in Human Geography,* 32, 821-833.

Davis, M. (1992) *City of Quartz: Excavating the Future in Los Angeles,* Vintage, New York.

* Dear M. (1988) The postmodern challenge: reconstructing human geography. *Transactions of the Institute of British Geographers,* 13, 262-274.

Dear, M. J. (2000) *The Postmodern Urban Condition,* Blackwell, Oxford.

Deleuze, G. (1994) *Difference and Repetition,* Columbia University Press, New York. 김상환 역, 2004, 『차이와 반복』, 민음사.

Derrida, J. (1976) *Of Grammatology,* Johns Hopkins University Press, Baltimore. 김성도 역, 2010, 『그라마톨로지』, 민음사.

Derrida, J. (1978) *Writing and Difference,* Routledge and Kegan Paul, London. 남수인 역, 2001, 『글쓰기와 차이』, 동문선.

Eco, U. (1986) *Travels in Hyperreality: Essays,* Hartcourt Brace Jovanovich, San Diego, CA.

Foucault, M. (1971) *The Order of Things: An Archaeology of the Human Sciences,* Pantheon Books, New York.

Foucault, M. (1986) Of other spaces. *Diacritics,* 16, 22–27.

Fowles, J. (1971) *The French Lieutenant's Woman,* World Books, London.

Geertz, C. (1975) *The Interpretation of Cultures: Selected Essays,* Hutchinson, London.

Gibson-Graham, J. K. (2006a) *The End of Capitalism (as We Knew It): A Feminist Critique of Political Economy,* University of Minnesota Press, Minneapolis. 이현재, 엄은희 역, 2013, 『그따위 자본주의는 벌써 끝났다-여성주의 정치경제 비판』, 알트.

Gibson Graham J. K. (2006b) *A Postcapitalist Politics,* University of Minnesota Press, Minneapolis.

* Gregory, D. (1996) Areal Differentiation and post-modern human geography, in *Human Geography: An Essential Anthology* (eds J. A. Agnew, D. Livingstone, and A. Rogers), Blackwell, Oxford.

Halfacree, K. (1996) Out of place in the country: travellers and the "rural idyll." *Antipode,* 28, 42–72.

* Harley, J. B. (1989) Deconstructing the map. *Cartographica,* 26, 1–20.

Hartstock, N. (1987) Rethinking modernism: minority vs. majority theories. *Cultural Critique,* 7, 187–206.

Harvey, D. (1982) *The Limits to Capital,* Blackwell, Oxford. 최병두 역, 2007, 『자본의 한계』, 한울아카데미.

* Harvey, D. (1989) *The Condition of Postmodernity,* Blackwell, Oxford. 구동회, 박영민 역, 2006, 『포스트 모더니티의 조건』, 한울아카데미.

Harvey, D. (1996) *Justice, Nature and the Geography of Difference,* Blackwell, Oxford.

Jameson, F. (1991) *Postmodernism, or, the Cultural Logic of Late Capitalism,* Verso, London. 임경규 역, 2022, 『포스트모더니즘, 혹은 후기자본주의 문화 논리』, 문학과지성사.

Jencks, C. (1977) *The Language of Post-Modern Architecture,* Academy Editions, London.

Kinpaisby, M. (2008) Taking stock of participatory geographies: envisioning the communiversity. *Transactions of the Institute of British Geographers,* 33, 292–299.

Kitchin, R. (1998) "Out of place", "knowing one's place": space, power and the exclusion of disabled people. *Disability and Society,* 13, 343–356.

Ley, D. (1989) Modernism, postmodernism and the struggle for place, in *The Power of Place* (eds J. A. Agnew and S. Duncan James), Unwin Hyman, London.

Little, J. (2002) *Gender and Rural Geography: Identity, Sexuality and Power in the Countryside,* Prentice Hall, Harlow.

Lyotard, J.-F. (1984) *The Postmodern Condition: A Report on Knowledge,* University of Minnesota Press, Minneapolis. 이삼출 역, 1992, 『포스트모던의 조건』, 민음사.

McDowell, L. (1991) The baby and the bathwater-diversity, deconstruction and feminist theory in geography. *Geoforum,* 22, 123–133.

Murdoch, J. and Pratt, A. (1993) Rural studies: modernism, postmodernism and the "post-rural". *Journal of Rural Studies,* 9, 411–427.

Olsson, G. (1978) Of ambiguity or far cries from a memorializing mamasta, in *Humanistic Geography: Prospects and Problems* (eds D. Ley and M. Samuels), Croom Helm, London, 109–120.

Olsson, G. (1980) *Birds in Egg; [and], Eggs in Bird,* Pion, London.

Olsson, G. (1991) *Lines of Power / Limits of Language,* University of Minnesota Press, Minneapolis.

Olsson, G. (2007) *Abysmal: A Critique of Cartographic Reason,* University of Chicago Press, Chicago.

Philo, C. (1992) Neglected rural geographies: a review. *Journal of Rural Studies,* 8, 193–207.

Pred, A. R. (1995) *Recognizing European Modernities: A Montage of the Present,* Routledge, New York.

Smith, N. (1991) *Uneven Development: Nature, Capital, and the Production of Space,* Blackwell, Oxford.

* Soja, E. W. (1989) *Postmodern Geographies: The Reassertion of Space in Critical Social Theory,* Verso, New York.

Soja, E. W. (1996) Thirdspace: expanding the scope of the geographical imagination, in *Human Geography Today* (eds D. Massey, J. Allen, and P. Sarre), Polity, Cambridge, 260–278.

Soja, E. W. (2000) *Postmetropolis: Critical Studies of Cities and Regions,* Blackwell, Oxford. 이성백, 남영호, 도승연 역, 2018,『포스트 메트로폴리스 1』, 라움/이현재, 박경환, 이재열, 신승원 역, 2019,『포스트메트로폴리스 2』, 라움.

* Strohmayer, U. and Hannah, M. (1992) Domesticating postmodernism. *Antipode,* 24, 29–55.

Ward, C. (1988) *The Child in the Country,* Hale, London.

Woods, M. (2005) *Rural Geography: Processes, Responses, and Experiences in Rural Restructuring,* Sage, Thousand Oaks, CA. 권상철, 박경환, 부혜진, 전종한, 정희선, 조아라 역, 2014,『현대 촌락지리학: 촌락 재구조화의 과정, 반응, 경험』, 시그마프레스.

Young, I. M. (1990) *Justice and the Politics of Difference,* Princeton University Press, Princeton, NJ.

제 10 장

포스트구조주의 지리를 향하여

- **지리사상에서의 구조와 행위주체성**
- **포스트구조주의와 지리학**
- **푸코의 지리**
- **결론**

권력 갈등에 맞서고 그 지형 위에서 싸우는 것을 가능하게 할 도구의 구축은, 현행의 지리학에 직접 참여하고 있고 지리학 내의 권력 갈등에 직면한 당신에게 달려 있다. 그리고 당신이 나에게 기본적으로 말해야 할 것은, "특별히 당신의 일도 아니고, 당신이 잘 알지 못하는 문제이며, 당신은 얽매이지 않았다"는 말일 것이다. 그리고 나는 대답할 것이다. 내가 정신의학, 형벌 체계, 자연사와 관련하여 이용했던 한두 가지의 접근 내지 방법적 "도구"가 당신에게 도움이 된다면 기쁠 것이다. 만약 당신이 내 도구를 변형할 필요를 찾아내거나 다른 사람들의 도구를 이용한다면, 그것들이 무엇인지 내게 보여 달라. 그것이 나에게 유용할지도 모르기 때문이다. (Foucault 1980: 64)

1980년대 말과 1990년대 초 포스트모더니즘에 대한 논쟁이 고조된 이후 인문지리학은 이론적 관점의 급증을 경험했다. 인문지리학에서는 이론적 관점이 직선적 발달을 이루었다기보다 아주 복잡한 양상을 띠어 왔다. 현재 상황은 과거처럼 커다란 전형적인 주장이 거의 없으며 균열되어 있다. 메타서사, 토대, 본질의 거부로 특징지어지는 사고방식으로서의 포스트

Geographic Thought: A Critical Introduction, Second Edition. Tim Cresswell.
© 2024 John Wiley & Sons Ltd. Published 2024 by John Wiley & Sons Ltd.

모더니즘은 커다란 이론적 변화를 위한 탐색을 끝내게 하는 데 도움이 되었다. 자신의 이론적 고랑을 가는 집단들로 특징지어지는 지적 세계에서 우리는 자신의 것을 하는 타인에 대해 노골적인 반대를 하지 않으며 살고 있는 것 같다. 어떤 의미에서 이는 환영할 만한 일이다. 웅장한 움직임의 가식은 흔히 합의된 것이며 때로는 무의미한 자기 과장인 경우가 많다. 또한 포스트구조주의-페미니즘과 같이 하이픈으로 연결된 이론적 입장들이 일반적으로 수용되고 있다.

이론에 대한 하나의 사고방식은 여타의 발상들보다 우월한 일련의 발상들에 대해서 진지하며 대단히 중요한 헌신을 함으로써 이론이 나타났다고 보는 것이다. 흔히 이런 헌신은 확고히 지니고 있는 정치관, 윤리관, 도덕관과 연관된다. 이론에 대한 또 하나의 사고방식은 우리가 세상에서 특정한 삶의 단편을 이해하는 데 도움을 주는 특정한 일련의 발상들이 담겨 있는 도구상자로 이론을 간주하는 것이다. 주목할 만한 예외들은 있지만 이론에 대한 후자의 사고방식은 보다 실용적인 사고방식으로서 21세기 지리학에 있어서 이론을 하는 주된 방식인 것 같다. 이론에 대한 이런 접근은 미셸 푸코(Michel Foucault)에 의해 제언되었다. 프랑스 지리학자들과의 인터뷰에서 푸코는 프랑스 지리학자들이 대단히 중요한 접근을 찾기 위한 목적으로만 그의 연구를 바라보아서는 안 되며 대신 그가 제공할 수 있는 "도구들"을 전략적으로 이용해야만 한다고 제안했다.

이런 맥락에서 많은 인문지리학자들은 본인들을 포스트구조주의자라고 부르는 것에 대해 만족할 것이다. 포스트구조주의는 매우 다양한 일련의 사고들을 지칭한다. 포스트모더니즘이 필연적으로 모더니즘적 요소를 일부 지니는 것과 마찬가지로 매우 다양한 일련의 사고들은 사실 구조주의적이지 않지만 구조주의적 요소를 일부 지니고 있다. 1980년대 이후 인문지리학 내에서 "포스트"라는 용어의 사용이 급증했다. 포스트구조주의 외에도 주요 용어로 "포스트식민주의"와 "포스트인본주의"가 있다. 포스트구조주의는 용어 자체에 표현되어 있듯이 구조의 문제에 대한 특정 접근을 포함하고 있으며 행위주체성(agency)에 초점을 두고 있다. 이 장에서는 1980년대 지리학 내에서 일어났던 구조의 문제에 대한 논의로 시작해서 포스트구조주의적 입장에 대해 논의할 것이다.

지리사상에서의 구조와 행위주체성

당신은 어느 토요일 저녁에 DVD를 보고 있다. 영화가 절반 정도 지났다. 당신은 허기를 느낀다. 당신은 잠시 멈춤 버튼을 누르고 부엌으로 가서 냉장고를 연다. 당신 앞에 바닐라, 딸기, 초콜릿 아이스크림이 있다. 당신은 그중에서 한 종류를 선택한다. 당신은 그중에서 한 종류를 어떤 이유로 선택했는가? 이는 사소한 개인적 행동이다. 인생은 이런 종류의 행동이 해가 지날수록 끊임없이 축적되어 이루어진다. 당신이 바닐라 아이스크림을 선택했을 때 그 순간에 대해서 우리는 다양하게 생각할 수 있다. 또는 그것이 딸기 아이스크림이었는가? 여전히 많은 사회과학자, 철학자, 인간 생물학자들은 당신이 선택을 했던 순간에 일어났던 것에 대해 아무도 적절한 설명을 하지 못한다고 믿는다. 이에 대해 인문지리학자들은 논쟁을 할 것이다. 일부 인본주의 지리학자들을 포함하여 일부 행태지리학자와 비재현이론가들은 개인이 선택을 하는 순간에 대해 초점을 둘 것이다. 선택은 의식적·고의적일 수도 있고 무의식적일 수도 있다. 대부분의 마르크스주의자와 같은 여타 사람들은 이런 것이 중요하지 않다고 여길 것이다. 이들은 왜 바닐라, 딸기, 초콜릿 아이스크림밖에 없냐고 물어볼 수 있다. 피스타치오 아이스크림은 왜 없는가? 이들은 당신의 선택이 실제로는 단지 선택의 환상일 뿐이며 당신이 바닐라 아이스크림을 선택했을 때 일어났던 것에 대해 초점을 두는 것은 실제로는 중요한 문제가 아니라고 지적할 것이다. 이는 결국 구조와 행위주체성의 문제로 귀결된다.

인문지리학자들(일반적으로 사회과학자)은 개인의 행위주체성을 강조하는 부류의 집단과 우리의 선택들이 다양한 종류의 구조에 의해 결정되거나 제약을 받는 방식을 강조하는 부류의 집단으로 구분되는 경향이 있다. 자연 세계에 대한 인간의 관계 및 일반적인 것과 특수적인 것의 상대적 중요성이라는 주제들이 어떻게 지리사상사를 관통해 왔는지를 우리는 지속적으로 보아 왔다. 특히 1970년대 이후 또 하나의 주요 주제는 구조와 행위주체성 간의 끊임없는 논쟁이다. 사람들은 그들의 활동에 있어 깊고도 널리 퍼져 있는 구조에 의해 조종되는가 아니면 사람들은 자신의 운명에 대해 책임을 지고 있는가? 인문지리를 잘 이해하기 위한 적절한 스케일은 광범위하며 체계적인 스케일인가 아니면 개별 인간의 스케일인가? 이런 질문들은 인문지리학뿐만 아니라 모든 사회과학 및 대부분의 철학사를 관통한다. 먼저 우리는 매우 적은 일부 사람들만 연속체상의 극단을 믿고 있다는 것에 주목해야 한다. 하지만 많은 지리학자들은 양극단에 가까운 입장을 선호하고 있다는 것은 분명하다. 이는 (구조주의자로서의) 마르크스주의자와 (이상주의자로서의) 인본주의자 간의 논쟁에서 가장 잘 나타난다. 마르크스주의자들에 따르면 사회를 진단할 수 있는 옳은 수준은 경제 구조 및 경제 구조가 포함하는 생산관계의 수준이다. 인본주의자들은 개별 주체, 정신, 감각에 초점을 두는 경향이 있다.

구조주의의 다양성

구조주의(structuralism)란 외관상의 세계를 뒷받침하는 구조가 심오한 수준에서 존재한다는 것을 가정하는 다양한 사고의 집합체를 지칭한다. 이 구조는 발견되기만 하면 삶의 표면적 사건들을 설명하는 데 사용될 수 있다. 지리학에서 가장 분명한 구조주의적 사고군은 마르크스주의(특히 7장에서 이미 살펴본 토대와 상부구조의 개념에 초점을 두는 마르크스주의)이다. 생산력과 생산관계로 구성되어 있는 경제적 토대는 삶의 외관상 혼란한 성격을 설명하는 구조다. 하지만 지리학에서는 다른 형태의 구조도 있다. 생태적 실체라는 심오하면서도 객관적인 구조가 인간의 삶을 결정한다는 환경결정론을 구조주의의 한 형태로 볼 수 있다. 심지어 구조주의의 정반대라고 생각되는 인본주의에서도 구조주의적 형태들의 영향력을 볼 수 있는 것이 가능하다. 예를 들어 이-푸 투안(Yi-Fu Tuan)은 "앞과 뒤", "위와 아래" 그리고 "왼쪽과 오른쪽" 같이 분명히 구별되는 "구조"를 사용했는데, 이와 같이 그의 설명은 자주 인체의 구조적 규칙에 근거를 두고 있다(Tuan 1977).

또한 구조주의는 문화와 언어 수준에서도 작동한다. 사람들은 언어적으로 또는 신경학적으로 이미 프로그램화된 방식들로 사고하고 행동하는 것으로 가정된다. "구조주의"라는 용어는 아마도 페르디낭 드 소쉬르(Ferdinand de Saussure)의 "일반 언어학"에서 처음 등장했을 것이다. 그의 주장에 따르면 언어는 언어가 사용되는 모든 특정 방식들에서 언어를 의미 있게 하는 "심오한" 구조(문법의 부분 간의 규칙적 연결)를 지닌다(Saussure and Baskin 1959). 우리가 영어로 말하는 방식을 생각해보자. 수백만의 단어들로부터 만들어질 수 있는 조합의 무한대의 범위를 고려해본다면 어떠한 말하기라도 독특한 것에 가깝다고 할 수 있을 것이다. 그리고 사람들은 속어를 사용하거나 단어의 의미를 역전시킴으로써 항상 언어를 변화시킨다. 하지만 대부분의 경우 우리는 여전히 서로 이해할 수 있다. 그 이유는 바로 우리가 특별한 경우라도 적용하여 이해를 가능하게 만드는 언어에 있어서의 구조, 즉 문법이라는 구조가 존재하기 때문이다. 우리는 이런 구조가 정확히 무엇인지 분명히 말하는 것이 불가능할 수도 있다. 우리는 이런 문제를 문법 또는 언어학 전문가에게 떠넘길 수도 있다. 이는 모든 언어에 적용된다. 동사의 시제에 관한 일련의 기본 규칙, 문장 내 동사의 필요성 등과 같은 문법이라는 구조를 통해 우리는 다른 언어를 배우는 것이 가능하다.

모든 학문 분야에 걸쳐 구조주의의 형태들이 나타난다. 구조주의적 사고의 주요 주창자 중 한 사람은 프랑스 인류학자 클로드 레비스트로스(Claude Lévi-Strauss)이다. 그의 주장에 따르면 문화에 널리 퍼져 있는 그리고 서로 다른 문화의 표면적 양상을 설명하는 인간 사고의 내재적 패턴들이 존재한다. 이런 패턴들은 규칙과 같은 행동을 따르며, 특정 문화를 수행하는 사람들에게 보통 비가시적이거나 분명치 않다. 구조적 인류학자의 역할은 이런 패턴들과 규칙들을 발견하고, 기술하고, 설명하는 것이다(Lévi-Strauss 1963). 구조는 세상의 모든 사실의 아래에 놓여 있으며 삶을 영위하면서 우리가 경험하는 모든 다양성을 설명하는 데 사용될 수 있다. 알려지기만 한다면 구조는 사실들을 의미있게 만드는 암호와 같은 것이다. 구조주의자들은 구조가 가장 중요한 것인지에 대해 서로 동의하지 않을 것이다. 구조가 가장 중요한 것인지에 대해 마르크스, 레비스트로스, 소쉬르는 서로 동의하지 않을 것 같다. 하지만 그들이 서로 공유하는 관념은 바로 개인보다 더 큰, 처음에는 자주 보이지 않는, 그들이 중요하다고 여기는 인간의 삶의 특징 대부분을 설명하는 무엇인가가 존재한다는 것이다.

1980년대에 지리학자들은 이론의 구성에 있어서 구조와 행위주체성 간의 막다른 논쟁을 극복하는 방법들을 생각해내기 시작했다. 이 문제는 시간지리학, 비판적 실재론, "신문화지리학" 그리고 무엇보다도 구조화이론과 같은 접근들의 중심에 놓여 있었다.

시간지리학

시간지리학은 개인과 집단의 시간과 공간에서의 궤적을 다룬다. 시간지리학은 스웨덴 지리학자 토르스텐 해거스트란트(Torsten Hägerstrand)가 고안한 것이다. 해거스트란트에 따르면 기존의 공간과학의 모델을 만든 사람들은 일상생활에서 개인으로서 우리가 하는 것의 미시적 스케일을 간과했다. 해거스트란트는 인본주의 지리학자들처럼 현상학으로 방향을 전환하지 않고, 모델을 만들었다.

> 시간지리학은 개인의 출생과 사망 사이에 연속적으로 일어나는 각각의 행동과 사건이 시간적 특성과 공간적 특성을 둘 다 지닌다는 전제에 기반을 두고 있다. 따라서 한 개인의 일

대기는 그의 이동에 관한 것이며, 매일 또는 보다 긴 관찰의 스케일에서 시간과 공간상에서 단절되지 않는, 지속적인 경로로 개념화되고 도식화될 수 있다 (…). 잠자기, 명상하기, 매일 연습에 참여하기와 같은 과정에서 개인의 경로를 풀어헤쳐보면, 개인은 다른 개인들, 동물과 식물 세계에 속하는 다른 살아 있는 생물체들, 또는 인간이 만들었거나 자연적인 물체들과 지속적으로 물리적 접촉을 하고 있는 것이다(또는 근접해 있는 것이다). 다른 개인들과 생물체들도 시작 또는 창조의 시점과 소멸 또는 파괴의 시점 간에 시공간상에서 연속된 경로를 지닌다. (Pred 1981: 9)

해거스트란트의 시간지리학 모델은 하루 이상 동안 개인의 이동과 함께 개인의 존재를 지도화한 것이다. 시간지리학 모델은 공간(특정 시각에 개인이 어디에 있었는지)과 시간(공간상 특정 지점에 언제 개인이 있었는지) 둘 다 설명한다. 이런 설명은 하루, 1년, 또는 심지어 평생에 걸쳐(평생을 도해해서 다루기는 어렵지만) 가능하다. 시간지리학 모델은 어떻게 인간의 모든 행동이 공간적 그리고 시간적 측면 모두를 지니는지를 보여준다. 또한 각각의 행동은 보다 긴 궤적의 일부로서 시공간상에서 마치 "비틀거리는 춤"과 같다(Pred 1977: 208). 알란 프레드(Allan Pred)는 이에 대해 다음과 같이 잘 묘사하고 있다.

그런 "안무적(choreographic)" 묘사에서 가장 뚜렷한 기초적 단계들 또는 사건들은 "위치 (station)" 또는 "영역(domain)"이라고 지칭되는 물리적으로 고정된 빌딩들 또는 관찰의 영역적 단위들에서 발생한다. 2명 이상의 개인들이 만나서 하나의 집단 또는 "행동 다발 (activity bundle)"을 형성하거나 그런 집단이 해산하여 다른 "위치"에서 "행동 다발"을 형성한다. 눈에 보이는 물리적 존재의 구조와 과정이 하나가 된다는 안무적 관점은 위치 간 이동과 행동 다발 선택에 있어서의 개인의 자유를 분명한 또는 미묘한 방식으로 제한하는 제약들에 초점을 두고 있다. (Pred 1977: 208)

어떤 측면에서 시공간상의 경로는 개인적 선택의 도식으로 해석되지만, 또 다른 측면에서 시공간상의 경로는 사람들의 이동에 있어서의 제약을 함축한다. 이런 제약에는 우선 자고 먹는 것과 같은 자연적인 "능력 제약(capability constraint)"이 있는데, 여기에는 주어진 시간 내에 A지점에서 B지점으로의 이동 불가능도 포함된다. 그리고 (직장에 있는 것과 같이) 특정 장소와 시간 동안 개인이 다른 사람들과 함께 있어야 할 필요성을 가리키는 "결합 제약(coupling constraint)"이 있다. 마지막으로 정치적, 경제적, 사회문화적인 이유로 사람들이 특정 장소로 들어가는 것을 막고 접근을 허용하지 않는 모든 금지를 포함하는 "권위 제약

(authority constraint)"이 있다. 이런 시간지리학의 기본 구성요소는 주로 인간에게 적용되지만 인간이 아닌 경우에도 적용될 수 있다. 프레드의 표현에 따르면 "시간지리학은 (1) 인간과 자연환경 요소들 간 그리고 인간과 인간이 만든 물체들 간의 사실상 모든 상호작용을 위한 필수적인(하지만 충분하지는 않은) 조건들을 명시할 수 있고, (2) 인간생태학과 생물생태학 간의 간극을 메울 수 있는 다리가 될 수 있다"(Pred 1977: 209). 이처럼 시간지리학은 하루에 걸쳐 나타나는 개인의 경로에서부터 지리학의 자연적 및 인간적 요소의 통합까지 모든 것을 포함할 수 있다. 해거스트란트의 시간지리학은 구조(제약)와 행위주체성(이동)이라는 개념 사이에서 균형을 유지하고 있으며, 시간이라는 보다 역동적인 축의 정적인 단면으로서의 공간으로만 간주하는 경향을 벗어나 공간을 시간과 합성함으로써 공간을 보다 역동적으로 만들고 있다. 시간지리학은 혼성의 **공간-시간**(space-time)에 관한 하나의 사고방식이다(Merriman 2012).

시간지리학을 통해 지리학자들은 특정 공간이나 지역 내에서 진행되는 과정을 밝히는 **맥락적 설명**(contextual explanation)을 제공할 수 있다. 프레드는 시간지리학이 지역지리학에 다시 활기를 불어넣을 수 있는 근거를 제공할 수 있다고 제시했다. 그의 주장에 따르면, 지역지리학은 "경계가 있는 지역을 완전하게 묘사할 수 있다는 헛된 희망을 가지고"(Pred 1977: 213) 자연적 그리고 인문적 구성요소들의 끝없는 목록을 제공하려고 노력해 왔다. 프레드의 주장에 따르면 지역은 지속적인 과정 중에 있는 복잡한 발레에 포함된 일련의 인간적, 비인간적, 기술적 행위자들로 구성된 것으로 여길 수 있는 가능성을 해거스트란트가 열어 놓았다. 지속적인 과정 중에 있는 복잡한 발레는 이루어진 것이 아니라 되어 가는 상태인 것이다. 이런 되어 가는 상태와 이런 사회적 삶의 춤은 선택과 제약 간의, 구조와 행위주체성 간의 지속적인 균형을 필연적으로 포함하고 있다.

시간지리학에 대한 비판도 있었다. 시간지리학이 인간의 삶을 그림의 점과 선으로 축소시켰다는 비판이 있었다. 해거스트란트의 그림이 설명하지 못하는 인간의 삶의 한 측면은, 바로 인간의 의도 그리고 이에 동반된 상상, 꿈, 욕망이다. 공간과학과 마찬가지로 시간지리학은 인간을 마지 원사로 여기는 사회물리학과 같은 것으로서 인간의 삶을 축소하고 있다. 질리언 로즈(Gillian Rose)는 개인의 도식화된 행동이 "육아 및 가사생활의 일상적 일"(Rose 1993: 27)로 인해 나타나는 여성의 사회성과 주관성의 구체적인 형태를 설명하지 못한다고 수장하면서 페미니즘의 입장에서 비판했다. 로즈의 시각에서 볼 때, 시간지리학은 공간과학과 마찬가지로 육체를 사회적으로 기호화된 개인이라기보다 추상적 대상물로 인식하는 남

성주의적 지리학으로서 현실과 괴리가 있다. 하지만 이런 비판에도 불구하고, 시간지리학
은 다양한 관점에서 시간과 공간을 이론화했으며 사회적 세계에서 인간 행위의 역할에 관한
후속 연구에 생기를 불어넣은 가장 영향력 있는 사상 중 하나로 남아 있다(Parkes and Thrift
1980; Schwanen, Kwan, and Ren 2008; Merriman 2012).

구조화이론을 향하여

1980년대에 구조와 행위주체성에 관한 논쟁을 해결하기 위한 다양한 시도가 나타났다. 이를
예증하는 하나의 접근은 바로 레이먼드 윌리엄스(Raymond Williams)와 같은 문화이론가들
의 수정 마르크스주의를 반영하는 방식으로서, 인본주의와 마르크스주의의 표면적으로 정
반대인 특성을 연결하는 것을 추구한 "신문화지리학"이었다(7장 참조). 윌리엄스는 토대와
상부구조, 사회적인 것과 개인적인 것을 통합하기 위한 용어를 지속적으로 사용했다. 이 용
어 중 하나인 **감정의 구조**(structure of feeling)(Williams 1977)를 생각해보자. "구조"와 "감정"
이라는 단어들은 표면적으로 정반대다. 구조는 영원한, 기초적인, 공유된 것을 가리키지만,
감정은 개인적이고 표류하는 것을 의미한다. 그렇다면 감정의 구조라는 구절은 무엇을 의미
하는가? 윌리엄스는 "사회적"의 정의를 과거 시제로 표현되는 완전한, 구조적인, 완성된 것
으로 정의하는 것과 항상 사회적이 아닌 "현재"를 구분하는 것을 좋아하지 않았다.

> 우리는 충동, 제약, 어조의 특징적인 요소, 구체적으로 의식과 관계의 감정적 요소, 사고
> 에 반하는 감정이 아니라 느껴진 대로의 사고와 생각된 대로의 감정, 살아있는 그리고 서
> 로 관계가 있는 연속성 속에서 현재의 실제 의식에 대해 이야기하고 있다. (Williams 1977:
> 132)

"감정의 구조"라는 개념과 관련하여 윌리엄스는 구조를 덜 고정된 것으로 그리고 감정을 보
다 구조화된 것으로 간주했다. 이런 종류의 "문화적 마르크스주의"는 구조화이론과 많은 것
을 공유했으며 "신문화지리학"을 통해 지리학에 많은 영향을 미쳤다(Cosgrove and Jackson
1987; Jackson 1989).

　　비판적 실재론(critical realism)은 특정 사건이 발생하는 데 "필수적"(따라서 "구조적인")
조건과 "부수적"(국지적인, 우연의, 대체 가능한) 조건을 풀기 위한 접근이다(Bhaskar 1986;
Sayer 2000). 사건이 발생하기 위해서는 필수적인 것이 있어야만 한다. 이는 사건이 발생할
것을 의미하지는 않는다. 즉 부수적인 것도 있어야 할 수도 있다. 아래와 같이 일반적 예로

화약을 들 수 있다.

> 화약이 폭발하기 위해서는 (필수적인) 원인이 되는 힘이 있어야 한다. 하지만 화약은 모든
> 장소에서 항상 폭발하지는 않는다. 화약의 폭발 여부는 부수적인 사건(불꽃 또는 다른 형
> 태의 폭발)이 동시에 나타나는지에 달려 있다. 화약의 사례와 마찬가지로 사회에서도 원
> 인이 되는 힘을 갖고 있는 사물의 특징과 형태에 의하여 어떤 원인이 되는 힘이 필수적으
> 로 존재한다고 주장된다. 하지만 이런 원인적 힘이 방출되거나 작동되는 것은 부수적인
> 것이다. (Cloke et al. 1991: 147)

데릭 그레고리(Derek Gregory)는 비판적 실재론에 대해 다음과 같이 기술했다. "실재론은 특
수한 (부수적인) 조건하에서 실현되는 특수한 구조의 (필수적인) 원인이 되는 힘과 책임성을
확인하는 추상의 사용에 기초한 과학이다"(Cloke et al. 1991: 134-135). 실재론하에서 이런
사고가 발달함에 따라 "이론"은 표면적 현상의 "필수적"(보통은 숨겨진, 구조적) 원인에 대
한 탐구가 되었다. 반면에 "부수적인"(표면상의, 보통은 가시적인) 것의 세계는 실증적 연구
로 남겨졌다. 비판적 실재론과 구조와 행위주체성에 관한 논쟁 간의 관계는 분명하지는 않
다. 이는 "필수적인"이라는 실재론적 개념과 구조라는 더 광범위한 개념 간에는 상당히 강
한 적합성이 있는 반면, "부수적인"이라는 개념은 반드시 행위주체성에 관한 것은 아니지만
자주 행위주체성에 관한 것이기 때문이다.

인문지리학 및 관련 학문에서 구조와 행위주체성을 통합하는 가장 체계적인 접근을 포
괄적으로 가리키는 용어는 **구조화이론**(structuration theory)이며, 이 용어는 앤서니 기든스
(Anthony Giddens)와 관련이 있다. 기든스의 연구는 1980년대에 지역에 대한 사고를 연구한
그레고리, 프레드, 베노 벨렌(Benno Werlen) 등의 학자들에 의해 지리학계에 들어왔다. 기든
스는 사회적 삶의 구조화를 설명하는 데 있어 "시간지리학"의 요소를 사용했다. 구조화이론
의 핵심은 "구조화"는 확고하고 완전한 것이 아니라 과정이라는 주장에 있다. 이런 과정 속
에서 특정 사회의 구조적 속성은 개인적 수준에서 일상 행동에 의해 지속적으로 반복되고
표출된다. 동시에 이런 일상 행동은 사회의 구조적 속성을 재생산한다.

비록 프랑스 사회학자 피에르 부르디외(Pierre Bourdieu)는 구조화라는 용어를 사용하지는
않았지만, 구조화는 그의 연구와 밀접히 관련되어 있다. 나는 이런 이유에서 기든스보다는
부르디외의 연구에 초점을 더 많이 두고 구조화이론을 설명하고자 한다. 부르디외의 사상은
여러 분야에 영향을 끼쳤으며 내 연구도 이에 포함된다. 대체적으로 부르디외의 접근은 기

든스와 상당히 유사하다.

그렇다면 구조화는 무엇을 의미할까? 미셸 드 세르토(Michel de Certeau)는 구조화이론의 본질을 잘 예시하는 (그래서 자주 인용되는) 한 문단을 쓴 바 있다. 세르토는 자신의 저서 『일상생활의 실천(*The Practice of Everyday Life*)』에서 걷기라는 일상 행동을 도시의 **공간성**(spatiality)에 의해 결코 충분히 포함되거나 결정될 수 없는 창조성의 순간이라고 간주했다. 그는 아래의 문단에서와 같이 걷기를 말하기와 유사한 것으로 기술하고 있다. 말하기는 문법상 이미 존재하는 구조와 함께 언어의 구조에 의해 아주 결정되는 것처럼 보일 수 있다. 비슷하게, 도시 내에서 걷기는 우리가 걸어가는 공간의 구조에 의존하는 것처럼 보일 수 있다. 우리는 벽을 관통하여 걸어갈 수 없고 8차선의 고속도로를 안전하게 지나가기는 어렵다. 그러나 말하는 사람이 언어를 가지고 놀 수 있는 것처럼, 걸어가는 사람도 공간을 가지고 놀 수 있다.

> 첫째로 공간적 질서가 (예를 들어 사람이 어떤 장소로 이동할 수 있게 함으로써) 가능성과 (예를 들어 벽을 세움으로써 사람이 더 이상 나아가는 것을 막음으로써) 금지를 구성하는 것은 사실이다. 걷는 사람은 이런 가능성 중의 일부를 실현한다. … 하지만 가로지르기, 떠돌기, 즉흥적으로 걷기가 공간적 요소를 변형하거나 쓸모없게 만들기 때문에, 그는 가능성의 주변을 돌아다니기도 하고 다른 가능성을 발명하기도 한다. … 또한 그는 (예를 들어 여기가 아닌 거기만을 감으로써) 구성된 질서가 마련해 놓은 고정된 가능성 중 단 소수만을 수행하기도 하거나, 반대로 (예를 들어 지름길과 우회로를 창조함으로써) 가능성과 (… 그는 접근 가능하거나 심지어 강제적이라고 여겨지는 경로를 택하지 않음으로써) 금지의 수를 늘리기도 한다. 결국 그는 선택을 한다. (de Certeau 1984: 98)

이 문단 내에는 도시 공간의 구조라는 작동 중인 구조가 분명히 존재한다. 동시에 걷는 사람은 이런 구조에 의해 결정되지 않는다는 것도 마찬가지로 분명하다. 어떤 한계 내에서 그는 이런 구조를 가지고 놀 수 있고 새로운 가능성을 (예를 들어 지름길을) 창조하기 위해 구조를 사용할 수 있다. 우리는 유사한 논리를 공원 벤치나 콘크리트 경사로의 존재로 인해 새롭고 예기치 않은 묘기를 실행할 수 있는 스케이트보드를 타는 사람에게 적용할 수도 있다.

나는 부르디외의 사회이론에 큰 빚을 지고 있는 나의 책 『장소 안에서/장소 밖에서(*In Place/Out of Place*)』에서 또 다른 일상적 사례를 들었다. 나는 이 책에서 조용하기로 되어 있는 장소인 도서관을 예로 들었다. 도서관의 조용함은 도서관 안의 사람들의 조용함에 달려 있다. 일반적으로 사람들은 도서관에 들어가서는 다른 사람이 자신에게 조용히 하라고 말하지 않도록 침묵하거나 속삭인다. 이미 도서관 안에 있는 모든 사람의 행동이 침묵의 필요성을 재확인해준다. 그리고 침묵을 지속함으로써 사람들은 도서관의 정적을 재생산한다. 이런 방식으로 구조는 개인적 실천의 반복을 통해 지속적으로 재생산된다. 이것이 바로 구조화이론의 중심에 놓여 있는 과정이다. 구조를 (재)생산하는 방식으로 행동하는 사회 구조 내의 개인이 없다면, 결코 사회적 구조는 존재할 수 없다. 만약 모든 사람이 갑자기 다른 방식으로 행동한다면 구조는 (적절한 시간적 간격을 두고) 변형될 것이다. 그것이 바로 혁명이 바라는 것이다. 동시에 개인적 행동은 구조가 없다면 의미나 효과가 거의 없을 것이다. 내가 이 책에서 영어 등의 언어를 사용하지 않고서 글을 쓰고 있다고 상상해보자. 화폐에 대한 약속이 없는 상태에서, 내가 동전으로 빵 하나를 사려고 한다고 상상해보자. 당신과 나의 개인적 행동은 구조에 의해 지속적으로 승인된다. 구조화이론의 중심에는 구조와 행위주체성 간에 논리적 우위 없이 서로 지속적으로 재생산하는 인과 관계의 순환이 놓여 있다.

프레드는 장소를 주의 깊게 살펴보는 데 (시간지리학뿐만 아니라) 구조화이론을 사용했다. 그의 주장에 따르면 구조와 행위주체성 간의 지속적이며 서로 구성요소가 되는 상호작용적 사고가 결코 끝나거나 완결되지 않고 계속 과정 중에 있는 장소들에 대한 사고의 중심에 있어야만 한다.

> 가시적 장면으로서 장소를 구성하는 빌딩, 토지이용 패턴, 주요 통신망 등의 아상블라주는, 무(無)로부터 만들어져 고정된 다음 경관상에 영구적으로 각인된 것이 아니다. 장소가 마을이나 대도시 아니면 농촌이나 도시의 산업 단지 그 무엇이든 간에, 장소는 항상 인간의 산물을 표현한다. 달리 말하자면 장소는 항상 공간과 자연의 사물화와 변형을 동반한다. 공간과 자연의 사물화와 변형은 시간과 공간 속에서 사회의 재생산 및 변형과 밀접한 관련이 있다. 장소는 경관상에서 관찰되는 **현장**(locale), 곧 활동과 사회적 상호작용의 장이다. (…) 또한 장소는 끊임없이 변화하며, 자연적 배경의 창조와 이용을 통해 특정 맥락 속에서 역사에 기여한다. (Pred 1984: 279)

프레드는 구조화와 삶의 경로에 있어서 선택과 제약에 관한 시간지리학의 관점을 통합함으로써 구조화를 장소에 위치시켰다. 그는 어떻게 "어느 주어진 시공간적 특정 실천이 과거의 시공간적 상황에 근거를 둘 수 있는지 그리고 동시에 미래의 시공간적 상황의 잠재적 근거로 작용할 수 있는지"(Pred 1984: 281)를 보다 정확히 파악하고자 했다. 이를 위해 그는 개인적 경로와 (그의 표현에 따르면) "지배적 조직 계획"을 대조하면서 장소 내에서 시간과 공간의 배열에 초점을 두었다. 지배적 조직 계획이라는 용어는 시간지리학의 기술적인 설명에 권력의 개념화를 추가하기 위해 사용되었다. 프레드의 주장에 따르면, 장소의 되어 가기(생성)에 있어서 어떤 계획은 시간과 공간의 배열에 있어 우선시되므로 이는 "지배적"이라고 가리킬 수 있다. 당신이 특정 시각에 직장에서 반드시 해야만 하는 일은 밝은 봄날 공원에 갑자기 산책가고 싶은 욕구를 소용없게 만든다. 이런 점에서 일은 지배적 조직 계획의 일부다. 구조화의 과정으로서 장소에 대한 프레드의 설명은 장소가 "권력"의 구조와 개인적 경로 사이에서 지속적으로 균형을 잡는다는 점에서 도시 내에서의 걷기에 대한 드 세르토의 설명과 유사하다.

부르디외의 연구를 살펴보면 그는 "주관론"과 "객관론"을 지속적으로 다루고 있음을 엿볼 수 있다. 주관론은 현상학자들과 문화기술지 방법론자들의 연구를 가리킨다. 지리학에서 이것에 가장 가까운 연구군은 인본주의 지리학과 비재현이론(nonrepresentational theory)이다. 객관론은 일상적 행동에 대한 설명 틀을 제공하는 객관적 구조가 존재한다는 것을 믿는 사람들을 가리킨다. 지리학에서 이것의 가장 분명한 예는 마르크스주의 지리학이다. 다음과 같이 부르디외는 둘 다 적절하지 않다고 믿었다.

> 사회과학을 인위적으로 구분하는 모든 대립 중 가장 근본적이고 가장 파멸적인 것은 바로 주관론과 객관론 간의 대립이다. 이런 구분이 실질적으로 같은 형태로 지속적으로 재발한다는 사실은, 사회적 세계에 대한 과학이 사회 현상학이든지 아니면 사회 물리학이든지 둘 중 어느 하나로 축소될 수 없으며 이 두 지식의 양식 모두 똑같이 필수적이라는 것을 암시하기에 충분하다. (Bourdieu 1990: 25)

부르디외에게 있어서 현상학이 지니는 문제는 바로 현상학이 개인적 경험의 가능성을 설명하지 못한다는 것이다. 현상학은 무엇이 특정 경험을 가능하게 하는지 또는 특별한 행동을 독창적으로 만드는지에 대해 질문하지 않는다.

> 하지만 현상학은 무엇이 사회적 세계의 생생한 경험을 구체적으로 특징짓는지에 대한 기술을 넘어서 나아가지 못한다. 곧, 현상학은 세계를 자명하고 당연한 것으로 이해한다. 이는 현상학이 경험 가능성의 조건에 관한 질문을 배제하기 때문이다. 즉 객관적 구조와 내부화된 구조의 우연의 일치를 배제하기 때문이다. 이런 일치는 익숙한 세계의 실천적 경험의 특징인 즉각적 이해라는 환상을 제공하고 동시에 경험으로부터 가능성의 조건에 대

한 어떠한 질문도 배제한다. (Bourdieu 1990: 26)

반면에 구조주의는 구조를 작동시키는 일상적 경험과 실천을 설명하지 못한다. 곧 일상적 경험과 실천은 그 생산을 발생시키는 어떠한 과정도 없이 단지 존재하는 것 같다.

> … 객관론과 구조주의는 사회 현상학이 명시한 경험적 의미와 사회 물리학이나 객관적 기호에 의해 구성된 객관적 의미 간의 관계를 무시한다. 이런 이유 때문에, 객관론이나 구조주의는 제도 내에서 객관화된 의미를 당연시함으로써 사회적 게임을 위한 분위기의 생산과 작용의 조건을 분석할 수 없다. (Bourdieu 1990: 26-27)

이런 두 가지 사고방식을 포괄하려는 부르디외의 방법은, 바로 구조와 행위주체성 간의 지속적인 상호작용에 (곧 구조와 행위주체성이 서로 생산시키는 상호작용에) 초점을 두는 여러 개념을 구성하는 것이다. 이런 개념 중 가장 중요한 것이 바로 **아비투스**(habitus)이다.

> 특정 계급의 존재 상태와 관련된 조건 요소들은 아비투스를 생산한다. 아비투스는 영속적인 체계이며, 변화 가능한 기질이고, 구조화 중인 구조로 작용하는 경향이 있는 구조화된 구조다. 아비투스는 목적에 대한 의식적인 겨눔 또는 목적을 획득하는 데 필요한 작동의 빠른 숙달을 미리 가정하지 않으며, 실천과 재현의 결과물에 객관적으로 적응될 수 있는 실천과 재현을 발생시키고 조직하는 원리이다. 결코 규칙에 대한 복종의 산물이 아닌 객관적으로 "조절된" 그리고 "규칙적인" 실천과 재현은 지휘자의 조직화된 행동의 산물이 아니며 집합적으로 조화롭게 편성될 수 있다. (Bourdieu 1990: 53)

여기서 우리는 객관적인 것과 주관적인 것, 구조와 행위주체성 간의 상호작용을 둘러싸고 기이한 방식으로 춤을 추고 있는 부르디외를 엿볼 수 있다. 아비투스는 외적인 것(구조)이 내부화되고 내적인 것(주관성)이 구조를 생산하는 방식을 기술한다. 이런 구조는 외적으로 편곡된 것이 아니라 콘서트에서와 같이 함께 행동하는 개인들에 의해 생산되는 것이다. 이런 방식으로 일관성이 나타나며, 역사는 스스로 반복한다. "역사의 산물인 **아비투스**는 역사에 의해 생성된 기획에 따라 개인적, 집합적 실천, 곧 더 많은 역사를 생신한다"(Bourdieu 1990: 54). 이 문장에서 "역사"를 "지리"로 대체해보라. 당신은 구조주의적 지리학이 무엇인지에 대한 감을 느낄 수 있을 것이다. 기존의 공간적 배열들의 맥락 내에서 특정한 공간적 배열이 (예를 들어, 장소나 영역이나 지역이) 다양한 스케일에서 끊임없이 규정되고 재생산되며 변형된다. 따라서 공간성은 독특한 실천들과 경험들 이전과 이후, 그리고 그 안에 있다.

부르디외는 야구 게임과 같은 개념으로 자신의 요점을 자주 예시하려고 했다. 게임은 성문화된 그리고 일종의 이미 주어진 구조인 규칙을 갖고 있다. 하지만 이 규칙에 대한 지식이 당신을 반드시 훌륭한 선수로 만들지는 않을 것이다. 날아가고 있는 공을 잡는 능숙한 선수를 보면서 우리는 구조(즉 게임의 규칙)와 행위주체성(즉 선수의 게임하는 능력)을 동시에 볼 수 있다. 자유와 제약이 공존하는 것이다. 여기서 핵심은 게임의 규칙과 게임에 대한 감각 간의 차이다.

> 능숙한 선수의 행동만큼 자유와 제약을 동시에 지니는 것은 없다. 마치 공이 능숙한 선수를 조종하는 것처럼 능숙한 선수는 공이 떨어지는 자리에 자연스럽게 가 있다. 하지만 동시에 그는 공을 조종한다. 생물학적 개인의 신체에 새겨져 있는 사회적인 것으로서의 아비투스는 게임에 새겨져 있는 무한한 행동들을 만들어내는 것을 가능하게 한다…
> (Bourdieu 1986: 113)

구조화이론은 다양한 방식으로 지리학에 영향을 미쳤다. 비록 나는 구조화이론을 직접 언급하지는 않았지만, 내 저서인 『장소 안에서/장소 밖에서(In Place / Out of Place)』는 포스트구조주의와 문화 연구에 대한 지리적 관점에 대한 여러 논쟁을 다루고자 했다. 이 저서는 부르디외의 사상으로부터 많은 영향을 받았다. 나는 이 저서에서 장소는 인간 행동의 이데올로기적 구조를 제공할 뿐만 아니라 장소는 우리의 행동에 의해 지속적으로 생산되는 것으로 장소를 설명하고자 했다. 곧 장소는 이미 존재하는 구조이며, 인간 행동에 있어서의 도구이자 산출물이다. 장소에 대한 나의 이런 사고는, 어떤 장소의 상식적이고 당연적 특징이 "장소를 벗어난" 행동을 하는 사람들에 의해 의도적이거나 우연하게 붕괴되는 순간에 대한 고찰에 기반을 두고 있다. 이런 순간(예 : 낙서, 이동 커뮤니티, 평화 시위 등)은 장소와 행위 간의 예상된 관계가 무너졌기 때문에 현존하는 상식적 개념에 대해 관심을 지닌 사람들이 방어하고 복원해야 하는 순간인 것이다(Cresswell 1996). 한계를 넘는 그런 순간들은 사회적 변형을 가져올 수 있는 잠재력을 지닌다고 나는 주장했다. 부르디외의 스포츠 비유를 계속하자면 우리의 정상적인 예상에서 벗어난 무언가를 하는 선수에 의해 게임이 바뀌는 순간들을 생각해볼 수 있다. 이의 분명한 예는 축구를 할 때 누군가가 공을 손으로 집어 들었고 럭비 게임을 발명했을 때이다. 새로운 "구조"가 탄생한 것이다.

인문지리학 내에서 구조와 행위주체성 간에 균형을 잡거나 통합하려는 이런 시도에도 불구하고, 프랑스의 사회이론과 철학에 영향을 받은 많은 지리학자들은 전체 기획이 너무나도

구조주의적이라는 것을 깨닫게 되었다. 침범(transgression)에 대한 나의 작업은 단지 그런 단점 때문에 비난을 받았다(Rose 2002).

> 비록 크레스웰은 구조적 힘이 본질적으로 구성적이라는 점을 인식하고 있지만, 그는 희한하게도 구조적 힘을 어떤 안정적 원인으로 개념화하는 데 전념하고 있다. 부르디외와 마찬가지로 그는 구조를 사회적으로 구성된 것임과 동시에 효과를 지닌 것으로 간주한다. 따라서 구조는 구조화된 주체를 구성하는 것이 가능하다는 것이다. 이에 대한 나의 답변은, 어떤 생각을 구조화하는 힘이 의미를 견고하고 안정화하는 데 성공한다는 것을 믿을 이유가 없다는 것이다. 즉 구조화하는 행위가 결국 구조화된 존재를 발생시킨다는 것을 믿을 이유는 없다. 왜냐하면 우리가 아는 모든 것은 그런 행위가 구조적인 것으로 재현된다는 것일 따름이기 때문이다. (Rose 2002: 392)

포스트구조주의 지리학은 포스트모더니즘에 관한 논쟁의 소용돌이에 의해 영향을 받으면서 21세기로 접어드는 시점에 탄생했다.

포스트구조주의와 지리학

이 장에서 우리가 지금까지 살펴본 모든 접근은 우리의 삶을 이끄는 일상적 실천과 관련된 "실질적" 구조라는 관념에 지속적으로 착목하고 있다. 동시에 그 접근들은 직접적으로 사회적 삶을 결정하는 구조라는 관념으로부터 탈출하고자 했다. 결국 포스트구조주의는 일상적 삶보다 완전히 우선시되는 일관된 구조라는 관념을 버리고자 했다. 다른 접근들이 생각과 행동에 앞서서 존재하는 "현실"이나 "진실"에 대한 관념에 매달린 반면, 포스트구조주의는 "현실"이나 "진실"은 원인이라기보다 우리의 사유 결과임을 주장하는 일련의 사상이다.

　이 책을 저술하고 있는 2023년만 하더라도, 지리학계에서 "포스트모더니즘"이라는 용어를 동원하거나 "포스트모더니스트"라고 주장하는 최근의 연구를 생각하기란 어렵다. 하지만 "포스트구조주의"와 "포스트구조주의자"라는 용어는 어디에나 있다. 많은 사람들에게 포스트모더니즘과 포스트구조주의는 거의 동일한 것이다. 하지만 이런 견해는 조나단 머독 (Jonathan Murdoch)이 그의 저서인 『포스트구조주의 지리학(*Post-Structuralist Geography*)』에서 밝힌 견해와 차이가 있다. 그는 그 저서에서 포스트모더니즘에 대해 단 한 번 다음과 같이 언급하고 있다.

> 접두어 "포스트"로 인해 포스트구조주의는 "포스트모더니즘"과 공통점이 많을 것이라는 가정으로 흔히 이어진다. 그러나 포스트구조주의는 하나의 뚜렷한 사회적 조건으로부터 또 하나의 다른 뚜렷한 사회적 조건으로의 역사적 변동의 토대와 현대 사회의 구체적인 특징들을 기술하려는 전혀 다른 시도다. (Murdoch 2006: 4)

만약 당신이 이 책의 마지막 장에서 인용된 다수의 논문과 저서를 읽어 본다면, 당신은 이 두 용어가 무차별적으로 혼용되는 것을 알 수 있을 것이다. 많은 사람들이 두 용어를 동일하지만 서로 다른 버전이라고 인식하고 있다. 벤코(Benko)와 스트로메이어(Strohmayer)의 편저인 『공간과 사회이론: 모더니티와 포스트모더니티 해석하기(*Space and Social Theory: Interpreting Modernity and Postmodernity*)』의 다수의 장에서는 포스트모더니즘이라는 용어보다 포스트구조주의라는 용어가 더 많이 사용되고 있다(Benko and Strohmayer 1997).

그 차이는 데보라 딕슨(Deborah Dixon)과 존 폴 존스(John Paul Jones III)의 재치있고 재미있는 논문에 잘 예시되어 있는데, 그 논문은 포스트구조주의자(예를 들어 딕슨 또는 존스)와 공간분석가(예를 들어 과거의 존스) 간의 대화를 다음과 같이 상상하고 있다.

> 공간분석가 : 그래서 당신은 "포스트모더니스트"라는 호칭에 단지 싫증이 났었나요?
>
> 포스트구조주의자 : 맞아요. 많은 사람들에게 포스트모더니즘은 지루해졌어요. 저에게 포스트모더니즘은 너무나 장황해요. 포스트모더니즘은 너무 많은 것을 담고 있는 그릇이에요. … 포스트모더니즘은 유용성을 유지하기에는 너무나 잘못 알려져 왔어요. …
>
> 공간분석가 : 포스트구조주의는 어떻게 다른가요?
>
> 포스트구조주의자 : 포스트구조주의는 사회사상의 기초가 되는 순간에 대한 비판적인 조사에 의존하는 분석 방식이에요. 특히 포스트구조주의는 탐구의 객체이자 의미의 생산자인 "앎의 주체"에 내재할 것이라고 가정된 본질주의와 불변성을 거부해요. 한편 포스트구조주의는 "개인"을 생기게 하는 모든 사회관계의 안정성을 부정해요. 또한 포스트구조주의는 제한적인 개념의 추정과 지식의 확실성을 문제시해요. (Dixon and Jones 1998: 248)

포스트모더니즘과 포스트구조주의 간의 혼동은 전혀 놀라운 일이 아니다. 결국 구조는 "토대"와 같다. 구조는 (무엇인가를) 구성하는 체계적 원리의 세트다. 이런 구조에 접근할 수 있는 사람들은 과학자, 이론가, 문법 전문가 등의 특별한 사람들이다. 그들은 암호를 배워 왔으며 삶을 냉정하고도 객관적으로 검토할 수 있다. 포스트구조주의는 왜 "포스트모더니즘"으로 분류되는 이론과 많은 것을 공유하는지를 분명히 해야 한다. 미국 세인트루이스의 프루이트 아이고 프로젝트(Pruitt-Igoe Project)를 상기해본다면, 심층적 구조가 이미 확인되었고 그 구조를 재설계함으로써 인간성이 개선될 수 있다는 믿음 위에서 그것이 건축되었음을 알 수 있다. 구조는 (예를 들어 구조를 어떻게 찾는지를 모르는 사람에게는 보이지 않는 것처럼) "심층적이고", 기본적이며, 보편적이다. 포스트모더니즘은 많은 것들을 가능하게 하지만, 결코 당신은 포스트모던 구조주의자를 만날 수는 없을 것이다.

포스트구조주의자는 삶의 외관의 무한한 다양성 아래에 있는 심층적이고 발생적인 구조를 확인하는 것이 가능하다는 것을 믿지 않는다. 딕슨과 존스(Dixon and Jones 1996, 1998)의 주장에 따르면, 지리학은 대부분의 여타 과학들과 마찬가지로 삶의 요소들을 적절한 범주로 나누고 그 범주 간에 분명한 경계선을 긋는 것에 근거하여 세상을 관찰해 왔다. 이는 비판적 사고에 관여할 때 환상에 불과한 명료성을 허용하지만 세상의 어지러움을 바르게 나타내지는 않는다. 이런 (예를 들어 "자연적인" 것과 "사회적인" 것 등의) 범주는 사실이라기보다는 역사적 가공물인 경계 긋기 과정의 산물이다.

> 하지만 포스트구조주의 접근에 따르면 존재론적 가정은 일의 순서가 거꾸로 뒤바뀐 것이다. 왜냐하면 모든 존재론은 세상이 어떠한지를 우리가 어떻게 알 수 있는지에 관한 인식론에 근거를 두고 있기 때문이다. 다시 말해서 존재론의 분석은, 존재론이 실제 세계의 구조에 관한 주장을 가능하게 하는 인식론적 선험에 의존하는 것을 항상 보여준다. 예를 들어 지리적 사고에 있어서 일반적인 두 가지만 언급해본다면, 자연 현상과 사회 현상 간의 또는 개인의 행위주체성과 사회공간적 구조 간의 존재론적 구분은 현실과 경험 양자 모두를 이해하기 위해서 현실과 경험을 분할한 인식론의 결과다. (Dixon and Jones 1998: 250)

그들은 사물에 대한 이런 접근을 "격자 인식론(epistemology of the grid)"이라고 명명했다. 격자 인식론이란 현실을 단편들로 분할하는 사고 및 행동의 방식을 지칭한다. 이로 인해 사회과학자는 현실을 보다 쉽게 해석할 수 있다. 다시 말해서 격자 인식론이란 현실을 측정 가능하고 이해할 수 있도록 위로부터 세상을 보고 현실 위에 격자를 씌울 필요성을 주장하는 관점이다. 격자는 (지도에서처럼) 반드시 문자로 표현되는 것이 아니라 은유적인 것으로서 사고방식, 즉 인식론을 지칭한다. 포스트구조주의자는 범주의 효용을 부정하지는 않으나, 우리에게 범주를 만드는 과정을 충분히 이해할 것을 요구한다.

> 따라서 포스트구조주의 연구의 주요 구성요소는 범주에 대한 질문을 포함한다. 예를 들어 누가 차이를 지정하며 과정 중에 범주의 경계들을 그리는 권력을 지니는가? 어떻게 범주들은 사회적 삶에서 작용하는가? 또한 누가 격자를 그리는 권력을, 곧 사회적 공간에서 범주화를 실행하는 권력을 지니는가? 우리가 항상 알 수 있는 것은 바로 범주화 과정이 결코 중립적이지 않다는 것이다. (Dixon and Jones 1998: 254)

구조주의자는 (언뜻 보기에는 보이지 않을 수도 있지만) 세상에 존재하며 행동과 믿음을 발생하는 것들의 세트를 찾는다. 흔히 이들은 이분법, 곧 한 쌍의 대립물이 세상의 방식을 규정하는 것으로 제시된다. 흔한 예로 사회적과 자연적, 구조와 행위주체성, 로컬과 글로벌 등의 이분법을 들 수 있다. 이런 주장으로부터 분석이 시작된다. 포스트구조주의자는 이런 용어들이 특정한 방식으로 사고하도록 만드는 방식에 문제를 제기했으며, 이 용어들이 의미를 갖기 위해 어떻게 서로 의존하는지를 중요시했다. 즉 이 용어들은 관계적인 것이다.

> 이런 관계적 시각의 주장에 따르면 어떠한 A도 A가 아닌 것 없이는 존재할 수 없다. 따라서 A는 A가 아닌 것에 본질적으로 계속 의존한다. 이런 시각에서 모든 것은 인식론적 범주 내에 있다. 따라서 모든 것은 (포스트구조주의를 포함하여) 지리적 사고 체계 내에 있다. (Dixon and Jones 1996: 768)

포스트구조주의는 현실의 표면 아래에 있는 구조를 찾지 않는다. 오히려 포스트구조주의는 다양한 일련의 관계들에 의해 현실이 **표면상**에서 항상 생산되고 있다고 가정한다. 포스트구조주의는 수직적 모델이라기보다 수평적 모델에 더 가깝다. 포스트구조주의는 비교적 고정되어 있는 안정적인 구조보다는 과정 및 "되어 가기"의 행위에 초점을 둔다.

포스트구조주의와 인문지리학이 만나게 된 지점은 바로 페미니스트 지리학과 함께 1980년대 후반과 1990년대 초반의 "신문화지리학"이었다. 신문화지리학과 페미니스트 지리학은 포스트구조주의 이론에 의해 영향을 크게 받았다. "신문화지리학"은 영국의 인문지리학자들의 문화에 대한 관심 부족에 대한 반작용으로 등장했다. 당시 영국은 문화지리학적 전통이 매우 약했다. 또한 신문화지리학은 칼 사우어(Carl Sauer)와 연관이 있는 전통적인 북아메리카의 문화지리학과 인본주의 지리학의 (전반적인) 이상주의적 전통에 대한 문제 제기로 등장했다. 피터 잭슨(Peter Jackson), 데니스 코스그로브(Denis Cosgrove), 스티븐 다니엘스(Stephen Daniels), 제임스 던컨(James Duncan)과 같은 지리학자들은 다양한 이론들에 대해 해박했다. 이들 중 일부는 확실히 포스트구조주의자였으며(특히 던컨의 경우), 일부는 변형된 문화적 마르크스주의자였다(Cosgrove 1984; Cosgrove and Jackson 1987; Jackson 1989; Duncan 1990; Daniels and Cosgrove 1993). 비록 이들은 각각 약간 다른 계획들을 지녔지만 그들을 결속시켰던 것은 바로 (자기충족적인 개인이 알고 있는 주제에 대해 너무 초점을 두었으며 정치적 감각이 너무 부족했던) 인본주의적 이상주의와 (발생적인 경제적 구조를 받아들였던) 구조적 마르크스주의로부터 떠나려는 욕구였다. 안토니오 그람시(Antonio Gramsci)와 레이먼드 윌리엄스(Raymond Williams)와 같은 저자들은 구조주의적 시각을 버리면서도 마르크스로부터의 통찰력에 의지했다는 점에서 중요한 의미를 지닌다(Gramsci 1971; Williams 1980). 그들은 최초의 포스트구조주의 이론가들이었다고 말할 수도 있을 것이다. 동시에 롤랑 바르트(Roland Barthes, 그는 구조주의적 입장에서 포스트구조주의적 입장으로 바뀌었다), 부르디외, 푸코와 같은 프랑스 저자들은 지리학 내에서 영향력이 크게 되었다.

잭슨의 기념비적 저술(Jackson 1989) 이후, 신문화지리학 내에서 하나의 중요한 연구 분야는 이른바 저항으로 간주할 수 있는 모든 인간의 활동이었다(Pile and Keith 1997; Sharp *et al*. 1999). 이는 스튜어트 홀(Stuart Hall)의 지도하에 있었던 버밍엄의 현대문화연구소(Centre for Contemporary Cultural Studies)의 영향을 받은 것이다(Hall and Jefferson 1976). 저항에 관해 저술했던 한 가지 이유는 바로 (만약 구조들이 존재한다면) 어떻게 구조들이 결코 완벽하지 않고 항상 경쟁의 대상이 되는지를 보여주기 위해서였다. 저항이라는 주제는 사회적 삶이 구조에 의해 결정될 가능성의 한계를 캐묻는 것이었다. 만약 모든 종류의 저항이 밝혀질 수 있다면 분명히 사회적 삶은 결국 구조에 의해 결정된 것이 아니다. 문화연구와 문화지리학에서의 이런 사고는 개인적으로 또는 집단적으로 사람들이 맹목적으로 구조를 따르지 않고 자주 현실 상황에 맞서는 것처럼 행동하는 다양한 방식들에 관한 다수의 연구를 발생시켰다. 문화적 세계 내의 권력과 저항은 인문지리학의 주요 주제가 되었다.

에드워드 소자(Edward Soja)는 앙리 르페브르(Henri Lefebvre)의 통찰력을 발전시킴에 따라 권력과 저항이라는 주제를 연구에서 분명히 드러내고 있다. 소자는 제1의 공간, 제2의 공간, 제3의 공간의 개념을 제시했다. 계획가의 공간인 제1의 공간은 공간과학으로부터의 공간의 추상적 개념들과 연관되는 반면에, 제2의 공간은 보다 상상적이며 재현적이고, "장소"

와 같은 것이다. 하지만 제3의 공간은

> 다면적이면서도 모순되는, 억압적이면서도 해방적인, 열정적이면서도 일상적인, 알 수 있
> 으면서도 알 수 없는 것으로 묘사되고 있다. 제3의 공간은 급진적 개방성의 공간이며, 저
> 항과 투쟁의 장소이고, 다중성 재현의 공간이며, 이항 대립을 통해 조사될 수 있다. 또한
> 제3의 공간에서는 표출되기를 기다리고 있는 "다른" 공간, 이질적 지세, 역설적 지리가 항
> 상 존재한다. 제3의 공간은 공통 영역이며, 혼성성과 견고한 경계를 넘나드는 장소이고,
> 유대 관계가 절단될 수 있고 또한 새로운 유대 관계가 구축될 수 있는 가장자리다. 제3의
> 공간은 지도화될 수 있으나 전통적인 지도학으로는 결코 완전히 포착될 수 없다. 제3의 공
> 간은 창조적으로 상상될 수 있으나 실천되고 완전히 살게 되었을 때만 의미를 획득한다.
> (Soja 1999: 279)

여기서 강조점은 급진적 개방성, 영속성, 저항, 혼성에 놓여 있다. 제3의 공간은 제3의 공간
과 연관될 수 있는 단일의 정체성을 지닌 분명한 경계가 있는 공간이 아니다. 제3의 공간은
사물들이 분열되는 공간이라기보다 사물들이 합쳐지는 공간에 대한 사고방식이다. 이런 제3
의 공간을 특징짓는 확정성의 부족과 창조적 발전의 의미는 분명히 포스트구조주의적이다.

　소자는 프랑스 도시이론가인 르페브르의 저술들에 의해 특히 영향을 받았다. 소자의 연구
에 중요한 영향을 미친 또 다른 사람은 바로 프랑스 이론가 푸코였다. 포스트구조주의 지리
학에 기여해 온 많은 철학자와 사회이론가들이 있지만, 푸코의 영향력은 인문지리학의 다양
한 하위 분야 전체에 걸쳐 아마도 가장 중요할 것이다. 이후에서는 푸코의 영향력에 대해 살
펴보고자 한다.

푸코의 지리

푸코는 1980년대와 1990년대의 사회과학과 인문학에 걸쳐 가장 영향력 있는 사상가 중
하나였다. 지리학도 예외는 아니었다(Driver 1985; Soja 1989; Philo 1992; Driver 1993;
Gregory 1994). 많은 지리학자들에게 영감을 주기 시작한 것은 푸코의 저서인 『감시와 처벌
(Discipline and Punish)』이었다(Foucault 1979). 이 저서에서 푸코는 어떻게 감옥이 [특히 제
러미 벤담(Jeremy Bentham)이 제시했던 원형 교도소의 이상적 감옥이] 수감자들에게 상시

적으로 감시당한다는 느낌을 심어주는지에 대해 서술하고 있다. 이는 결국 푸코가 "감시"라고 부른 자기 통제의 과정으로 이어진다. 그의 주장에 따르면, 이는 다양한 수단의 고문을 통해 처벌을 신체에 직접적으로 가하는 것을 대신하는 일종의 처벌인 것이다. 특정한 공간적 배치가 감시하기의 과정의 중심에 위치한다는 점은 지리학자들의 관심을 불러일으켰다. 푸코는 공간의 능동적 역할에 주목한 것 같다. 푸코는 정신병원과 병원에 관한 고찰을 다루고 있는 일련의 저서들에서, 특정 형태의 공간뿐만 아니라 특정 형태의 공간과 그 공간에 수용되어 있는 신체의 관계에 초점을 두었다(Foucault 1965, 1975). 아마도 지리학자들의 관심을 계속 불러일으킨 것은 바로 일부 프랑스 지리학자들과의 짧은 인터뷰였을 것이다. "지리학에 관한 질문(Questions on Geography)"이라는 제목으로 출판된 이 인터뷰에서 푸코는 권력에 대한 사고에 있어서의 공간의 중요성을 주장했다.

> 대대로 만연해 온 공간에 대한 평가절하는 비판의 대상이 될 만하다. 그것은 베르그송과 함께 시작되었는가, 아니면 그 전부터였던가? 공간은 죽은 것으로, 고정된 것으로, 비변증법적인 것으로, 부동의 것으로 취급되었다. 이에 반하여 시간은 풍부한 것으로, 생산적인 것으로, 살아 있는 것으로, 변증법적인 것으로 취급되었다. 역사와 진화라는 구식의 도식을 혼동하는 사람들에게는 살아 있는 연속성, 유기적 발달, 의식의 진전 또는 존재의 기획, 공간적 용어의 사용이 마치 반역사적인 것 같다. 만약 어떤 사람이 공간적 측면에서 말하기를 시작한다면, 그것은 그는 시간에 적대적이라는 것을 의미한다. 바보들이 말하는 바에 따르면, 그것은 그가 "역사를 부정하는", "기술관료(technocrat)"임을 의미한다. 이식(移植)의 형태, 목적의 획정, 목록의 양식, 영역의 조직을 추적하는 것은 권력 과정을 (곧, 말할 필요도 없이 역사적 과정을) 뚜렷이 드러내려는 노력임을, 바보들은 이해하지 못했다. 산만한 현실을 공간적으로 서술하는 것은 권력의 효과에 대한 분석이다. (Foucault 1980: 77)

푸코는 위의 인터뷰에서 자신의 연구에서 공간이 중심적인 자리를 차지하도록 한 데에 지리학자들이 기여했다는 점을 애초에는 부정했다. 그러나 결론에 이르러서는 지리가 그의 핵심 관심사임을 인식하고 확신하게 되었다.

권력에 대한 연구에서 공간이 핵심 역할을 한다는 푸코의 인식은, 공간적 권력의 구성에 있어서 공간의 핵심적 역할을 주장했던 지리학자들에게 자극을 주었다. 이들은 공간이 다른 힘들의 수동적인 산물이 아니라 능동적인 행위주체라고 보았다. 푸코는 소자의 포스트모던 지리학 분석과 그 이후 "제3의 공간" 연구에 특별히 중요한 역할을 했다(Soja 1989, 1999).

보다 정확히 이야기하자면 푸코는 감시와 명령을 통한 은유적 형태의 훈육은 물론, 광기와 정신병원의 역사에 대해서도 지리학자들이 연구하도록 영감을 불어넣었다(Philo 1992; Hannah 2000).

처벌에서 훈육으로의 전환과 같은 역사적 전환에 대한 푸코의 대표적인 개념에 있어서 구조주의의 흔적을 엿볼 수 있지만 그는 핵심적인 포스트구조주의 학자로 널리 알려져 있다. 이는 푸코가 삶의 표면에서 일어나는 일들을 설명할 수 있는 숨겨진 심층적인 진실이란 없다고 주장했기 때문이다. 대신 그는 "진실"이란 표면 효과라고 주장했다. 곧 특정한 시간과 공간에서 생산된 사건이라는 뜻이다. **통치성**(governmentality), **헤테로토피아**(heterotopia), **생명정치**(biopolitics) 등 지리학자들이 원용한 푸코의 개념은 여러 가지가 있지만, 아마도 인문지리학의 다양한 하위 분야를 통틀어 가장 핵심적으로 많이 차용된 개념은 **담론**(discourse)일 것이다(Hetherington 1997; Hannah 2000; Braun 2007; Elden 2007).

푸코의 담론 이론은 우리가 무엇을 어떻게 알게 되는지, 그런 지식은 어디서 오는지, 누가 그것을 발언할 권위를 갖는지, 궁극적으로는 어떻게 "진실"이 구축되는지에 대한 인식론적 질문을 던진다.

푸코는 여러 저작을 통해 언어 등의 여러 요소들이 결합해서 어떻게 (광기, 인구, 병리학 등) 새로운 유형의 지식의 대상이 형성되는지, 어떻게 일련의 새로운 개념과 범주가 만들어지는지, 무엇이 말해지거나 말해지지 않고 남겨져야 하는지를 결정하는 새로운 주장이 어떻게 생성되는지, 그리고 새로운 주체(전문가와 심리학자에서부터 광인, 범죄자, 일탈자 등에 이르는)의 위치가 어떻게 만들어지는지를 드러냈다. 이처럼 푸코는 대체로 일관적인 논리에 기초해서 새로운 형태의 진리를 생산하는 말, 행동, 제도, 하부구조를 포괄해서 **담론**이라고 지칭했다.

담론은 푸코의 가장 널리 알려진 책인 『감시와 처벌』에서도 핵심적인 개념이다. 이 책에서 푸코는, 새로운 종류의 범죄 주체를 생산해낸 일련의 법적, 형벌적 담론에 기초한 규율적 사회가 18세기를 통해 발달해 온 여정을 그린다. 이 새로운 유형의 개인은 이런 담론적 발명 이전에는 전혀 상상할 수도 없는 일련의 고유한 특징들을 지니고 있었다. 새로운 형태의 처벌과 감시는 새로운 (과학이나 법이나 정치 등의 영역에서 이루어진) 유형의 실천과 아울러 새로운 유형의 주체와 함께 등장했다. 담론은 단순히 (담론의 의미에 대한 일반적 정의가 제시하는 바처럼) 일련의 구어나 문어의 집합 그 이상이었다. 오히려 담론은 언어와 실천과 (감옥 등의) 제도와 사물의 조합이었다. 또한 담론이 존재하기 이전의 세계를 지시하는 것은 분명 불가능한 것이었다. 오히려 푸코의 담론 개념은 그 반대의 사실을 말해준다. 즉 새로운 "진리"나 존재는 특정한 담론의 구성을 통해 등장한다는 것이다. 따라서 담론은 생각과 말과 실천의 관계를 분명히 하고, 생산하고, 강화하는, 새로운 의미와 실천의 네트워크를 정립하는 것으로 볼 수 있다. 주체와 객체는 이런 과정의 외부에 있는 것이 아니라 전적으로 이런 과정을 통해서 구성되는 것이다.

따라서 푸코주의에서 사용하는 담론이라는 용어는 그 일상에서 사용할 때와는 두 가지 점에서 주요한 차이를 보인다. 첫째, 담론은 구어와 문어보다 그 이상이다. (곧, 담론은 모든 형태의 재현을 포함하는 것으로서 저술, 제도, 대상, 실천까지도 포함할 수 있다.) 둘째, 담론은 그저 (정치, 질병, 실천 등) 무엇에 "관한" 것이 아니라 이런 것이 존재할 수 있게 만드는 것이다. 담론이 실제를 생산한다는 점에서 그것은 수행적이라고 볼 수 있다. 따라서 담론은 참도 될 수 있고 거짓이 될 수도 있는 "실제"의 반영에 불과한 것이 아니라, "실제"를 수행하고 "진리 효과"를 생산해낸다.

푸코의 담론 개념을 보다 구체적으로 이해할 수 있는 (그리고 구조주의와 포스트구조주의의 차이를 보여줄 수 있는) 한 가지 방법은, 담론을 이데올로기라는 개념과 비교하는 것이다. 담론과 마찬가지로 이데올로기도 의미, 권력, 진리 간의 관계를 탐구한다. 대부분의 이데올로기 이론가들은, 이데올로기란 상대적으로 권력을 지닌 자들의 이익에 복무하는 (즉 이미 존재하고 있는 권력 관계를 강화하는) 일련의 의미라고 정의한다. 그러나 담론은 다음과 같은 점에서 이런 정의와 중요한 차이를 보인다. 이데올로기는 그 외부에 (예를 들어 "진실한 이해" 등) 진리와 객관성이 있다는 인식을 토대로 하지만, 담론은 그런 진리란 생산된 것이라고 본다. 푸코적 담론 분석은 진리와 객관성을 나머지와 분리하는 데 관심을 두기보다는, "진리 효과"가 어떻게 역사적으로 담론을 통해 생산되어 왔는지를 보여주는 데 관심을 기울인다. 또한 이데올로기는 (최소한 마르크스주의적 이론화에 따르면) 언제나 인간의 상호작용적 (주로 정치경제적) 영역에 의해 촉발되는 상부구조에 속한다. 그러나 담론은 설명을 위한 토대(base)를 필요로 하지 않는다. 왜냐하면 진리란 다른 어딘가에 있는 것이 아니라 담론 그 자체 내부에 있기 때문이다. 마지막으로 이데올로기는 의지를 지닌 인식 주체를 근간으로 한 개념이다. 곧, 근본적으로 인간 중심적 개념이다. 반면 푸코의 담론 인식은 인본주의, 특히 인간 주체를 우주의 중심에 두는 인간 중심적 인식을 거부한다. 푸코에게 있어서 주체는 통일되고 인식적이기보다는 분열되고 탈중심적이다. 즉 주체화(subjectification)의 과정을 통해 담론적으로 생산되는 것이다. 예를 들어, 자연환경의 구성과 마찬가지로, "장애를 지닌" 주체 또한 여러 의학 서적과 의학적 믿음, 의학적 실천에 의해 특정한 자격으로 한정되고 주변화되어 생산된 존재이다.

담론분석은 **이데올로기**(ideology) 분석과 매우 다르다. 이데올로기 분석이 (그리고 "비판이론" 일반이) 불확실성을 벗겨낸 후 상황의 "진실"을 드러내려고 하지만, 담론분석은 담론에 의해 은폐된 것이 아니라 생산된 것을 드러내려고 한다. 곧, 담론 자체의 규칙과 그 담론이 어떠한 새로운 진리 체계를 형성하는지에 주목한다.

나는 푸코의 담론 인식을 토대로 미국의 남북전쟁 직후에 등장한 방랑자(tramp)[1]에 대한 연구를 수행한 바 있다(Cresswell 2001). 이에 대한 한 가지 글쓰기 방식은 전 세계적으로 이런 현상을 가급적 많이 발견해서 독자들에게 보고하는 것일 터이다. 그러나 내가 택한 방법은 이와 달랐다. 나는 많은 자료를 참조하면서 어떻게 방랑자가 가능하게 되었는지, 곧 어떻게 그들이 존재하게 되었는지를 조사했다.

주의 깊은 관찰자라면 방랑자라는 단어가 1870년대 이후 부쩍《뉴욕타임스》의 지면에 등장하기 시작했다는 것을 눈치챘을 것이다. 사실 1875년 2월 이전에는 방랑자에 대한 어떤 언급도 찾지 못할 것이다. 마치 그전까지는 이들이 존재하지도 않았던 것처럼 말이다. 그로부터 1년 후 최초의 "방랑자 방지법"이 뉴저지에서 통과되었다. 방랑자가 무엇인지에 대한 법조문의 정의와 언론의 보도로부터 방랑자의 이미지가 부상했다. 언뜻 보기에 게으르고 일하지 않으며 두려울 정도의 이동성을 갖춘(그래서 대륙횡단철도의 완공 덕분에 하루는 뉴욕에 있다가 2주 뒤엔 캘리포니아에 있을 수 있는) 사람으로 묘사되었다. 1890년대 초반 뉴잉글랜드의 개혁가 존 맥쿡(John McCook)은, 방랑자들에 대한 방대한 면담과 설문조사를 근거로 이들의 생활에 대한 칼럼을 쓰면서 방랑자에 대한 동정적인 여론을 조성하기 시작했다. 1899년에 이르러서는 거의 모든 분야의 책이 방랑자에 대한 또는 방랑자들이 쓴 것들이었다. 실제로 당시 새로운 학문 분과로 부상했던 사회학은 상당한 시간을 할애하여 이들의 생활을 기록했고, 나아가 이들을 떠돌이와 부랑자와 구별하고 방랑자를 여러 유형으로 범주화하기도 했다. 이런 "사회학자" 중 한 명인 조시아 플린트(Josiah Flynt)는 방랑자와 같은 복장을 하고 이들과 함께 1년을 떠돌기도 했다. 그는 이 모험을 유명한 잡지인《애틀랜틱 먼슬

---

1 방랑자라는 의미를 지닌 "tramp"는 오늘날 더 일반적으로 쓰이는 노숙인(homeless)의 원조 격인 개념으로, 일정한 거처 없이 평생을 여기저기 떠도는 사람을 지칭했다. 미국 독립전쟁 직후 이런 새로운 종류의 인구가 급증하자 이들을 사회문제로 진단하고 법으로 규제하기 시작했다. (역주)

리(Atlantic Monthly)》에 보고했다. 이처럼 이른바 무질서한 사람들에 대한 온갖 이론들이 당시 새롭게 출현하고 있던 시카고사회학파로부터 나타났다. 20세기 초반에는 의료계 종사자들, 특히 우생학자들이 이런 논의에 가세했다. 우생학자들은 방랑자들이 끊임없이 방랑하려는 유전적 성향을 타고났다고 주장했다.

방랑자들은 다른 유형의 지식에도 핵심적이었다. 일간신문의 만화가들은 만화란에 방랑자들을 우스꽝스러운 인물로 빈번하게 묘사하곤 했다. 소극장 공연가들은 방랑자들의 위생과 일 혐오를 우스갯거리로 만들었다. 새롭게 등장한 무성영화는 방랑자들을 무대 중심인물로 내세우기도 했는데, 예를 들어 찰리 채플린(Charles Chaplin)은 작은 방랑자의 캐릭터를 통해 기존 사회를 날카롭게 풍자하기도 했다. 다큐멘터리 사진은 뉴욕 뒷골목의 방랑자들의 모습을 한 폭의 풍경화처럼 담아냈다. (앞서 말했다시피) 주의 깊은 관찰자라면 1875년 이전까지는 방랑자라는 명사를 한 번도 들어보지 못했을 것임을 생각해볼 때, 그토록 많은 말과 이미지와 도표와 영화와 진단과 처방과 처벌이 이전까지 명칭도 없던 이 비가시적 인물상과 관련되어 있다는 사실은 분명 놀라운 점이다. 그런데 사회학, 일간 신문의 만화란, 다큐멘터리 사진, 소극장 공연, 무성영화, 우생학 등이 모두 이 시기에 등장했다는 점도 주목해야 한다. 마치 이들이 방랑자들과 함께 동시에 출현한 것처럼 말이다. 이에 대해서 최소한 두 가지로 생각해볼 수 있다. 기존의 방식대로 생각한다면, (이 세상에 없던) 방랑자라는 새로운 현상이 나타나게 되었고 지식이 이를 설명하게 되었다고 볼 수 있다. 두 번째 방식으로 생각해보자면, (일탈에 대한 사회학, 공연 유머 등) 새로운 담론의 구축과 함께 비로소 방랑자가 존재할 수 있게 되었다고도 볼 수 있다. 두 번째 방식의 사유에서 방랑자는 담론적으로 "만들어진" 것이다. 여기서 중요한 점은, 이 같은 주장이 단순히 방랑자라는 새로운 아이디어와 이미지가 문화적으로 생산되었다는 점(여기에는 논쟁의 여지가 거의 없을 것이다)이 아니라, 방랑자가 문자 그대로 실존하게 되었다는, 다시 말해 비로소 방랑자가 될 수 있었다는 점을 말한다는 사실이다. 방랑자의 등장과 함께 새로운 실천의 가능성들과 새로운 처벌, 새로운 의학적 진단, 새로운 공간과 장소도 출현했다.

그렇다면 담론의 지리학적 함의는 무엇인가? 지리학자들이 담론에 가담하거나 잠재적으로 가담할 수 있는 데는 네 가지 주요 방식이 있다. 첫째, 담론이라는 아이디어는 맥락에 엄청난 중요성을 부여한다. 지식, 텍스트, 진리, 실천, 실제는 전부 특정한 시간과 공간의 결과물이다. 이것들은 보편적이지 않으며 맥락적이다. 그렇다면 담론 역시 특정한 공간적 특징을 지닐 것임이 분명하다. 예를 들어 푸코의 연구는 특정한 시간과 장소에 근거를 둔 경우가 많으며 거기서 나온 지식은 그 맥락에 특수적이다. 광기나 규율에 대한 그의 연구를 예로 들자면, 이 연구들은 분명 프랑스적인 맥락에서 세팅되었으며 이런 세팅은 담론에 영향을 미쳤다. 담론적 지식은 보편적인 것이 아니라 특수한 것이다. 그것의 진리는 일반적이 아니라 구체적이다.

둘째로 더 중요하게는, 담론은 그것이 발생한 매우 구체적인 지점을 지니고 있다. 실험실, 클리닉, 대학, 정신병원 등은 전부 담론의 맥락이자 그 일부가 되는 미시 지리가 된다. 아마도 가장 분명한 사실은 근대적 규율은 벤담의 판옵티콘으로 대변되는 근대적 감옥 없이는 상상할 수도 없을 것이라는 점이다. 그러나 모든 종류의 담론은 누군가가 그것을 사용함에 있어서 권위를 요구하며 진리 효과를 생산한다. 이런 권위의 일부는 담론의 저자가 그것을 생산한 장소로부터 나온다.

셋째, 지리적 지식 그 자체는 담론분석의 대상이 될 수 있다. 지리학과와 사회는 담론 그 자체의 물리적 일부가 될 뿐만 아니라 담론이 생산되는 지점이 된다. 예를 들어 영국왕립지리학회 같은 곳은 지리적 담론이 특정한 종류의 식민주의 및 제국주의 주체를 구성하고 특정한 종류의 식민주의 및 제국주의 진리를 생산한 지점이다. 지리학은 그 자신의 고유한 담론을 가지고 있으며 그중 일부는 역사적으로 강력한 힘을 발휘했다(Driver 1999).

넷째, 담론은 장소의 생산에, 그리고 특히 장소 안에서의 사람들의 실천을 평가하는 데 깊이 관여한다. 예를 들어 받아들일 만하거나 적절한 행위라고 간주되는 것은 장소와 담론의 결합에 의해 결정되는 경우가 많다. 주체는 단순히 아무데서나 구성되는 것이 아니라 특정한 토대 위에서 구성된다. 예를 들어 도시계획 담론은 "게토"의 생산에 관여한다. 그렇게 되면 게토는 특정한 (특히 주로 인종적으로 코드화된) 사람들과 특정한 종류의 실천이 결합된 지점으로 역사적으로 만들어진다.

담론 지리학의 여러 측면들은 1980년대 이래로 지리학의 다양한 하위 분야에서 발전되어 왔다. 문화지리학자들은 텍스트성과 재현에 대해 관심을 두고, 은유나 수사와 같은 문학적 개념과 함께 담론이라는 인식에 점차 주목하기 시작했다. 인문지리학 전반의 "문화적 전환"으로 인해, 특히 푸코주의에 입각한 담론분석은 정치지리학이나 경제지리학과 같은 다른 하위 분야로 확산되었다. 예를 들어 비판 지정학은 대중매체에서부터 공식적인 정부 정책에 이르기까지 광범위한 담론의 분석을 통해 정치적 힘이 국제무대에서 어떻게 작동하는지를 설명했다(Toal 1996). 비판 지정학은 지정학을 세계에 대한 객관적 형태의 지식이라고 이해하기보다는, (이에 대해 말할 수 있는) 권위를 지닌 특정 사람들에 의해 특정 장소에서 구성된 정치적 세계의 담론적 구성물로 간주했다. 따라서 비판 지정학은 공식 문건에서부터 일간지 연재만화에 이르기까지 온갖 방식의 재현적 형태를 정치적 경관을 구성하는 요소로 간주했다.

　역사지리학자인 매튜 한나(Matthew Hannah)는, 미국 센서스 발달에 대한 집중적인 담론 분석을 통해 새로운 통계적 담론의 등장이 어떻게 새로운 범주의 "인구"를 출현시켰는지를 밝혀냈다. 이 분석은 어떻게 특정한 집단이 인구에 대한 통계 담론을 말할 수 있는 권한을 부여받게 되었고 어떤 장소에서 통계가 출현했는지를 이해하고자 했다(Hannah 2000). 담론분석 결과 센서스 통계는 단지 인구에 관한 것만은 아니었다. 오히려 센서스 통계는 인구를 창조해냈다. 일단 인구집단이 발견되고 난 다음에는, 각종 통계적 (그리고 관련된 다른) 실천이 이들 인구집단을 대상으로 그리고 이들 인구집단을 통해 수행된다. 이 모든 것은 매우 지리적이다.

결론
··············

포스트구조주의가 지리학에 미친 영향은 너무 방대해서 이 하나의 장에서 제대로 다루기란 거의 불가능하다. 마르크스주의(특히 깁슨–그레이엄의 연구), 페미니즘, 포스트모더니즘도 포스트구조주의의 영향을 부분적으로 받았지만, 이 장 뒤에 나올 두 장의 내용은 특히나 포스트구조주의에 직접적인 영향을 받았다. 물론 이 장에서는 많은 지리학자들이 지난 몇 년간 참조해 온 데리다나 들뢰즈, 가타리(Doel 1999)에 대해 전혀 언급하지 않았음을 인정한다. 이 장에서는 포스트구조주의의 용어를 사용해서 어떻게 지리적으로 사유하는지를 개괄적으로 소개하고자 했다.

　포스트구조주의에 대한 비판이 없었던 것은 아니었다. 어떤 이들에게는 포스트구조주의가 너무 근본이 없는, 곧 너무 상대주의적이어서 확실성이나 정치적 비판을 위한 근거를 제시하지 못했다. 예를 들어 이런 입장에서 던질 수 있는 중요한 존재론적 질문 중 하나는 과연 "담론이나 텍스트 너머엔 과연 무엇이 존재하는가?"라는 것이다. 정통 포스트구조주의의 독해에 따르면 그 대답은 "아무것도 없다"이다. 어떤 회의론자는 암석의 경도(硬度)나 중력 법칙을 예로 들면서 이는 분명 담론적으로 창출된 것이 아니라고 말할 것이다. 실제로 푸코주의자인 이안 해킹(Ian Hacking 1999)은 "방랑자"와 예를 들어 "폭포" 같은 단어 간에는 중요한 차이가 있다고 지적하기도 했다. 폭포는 우리가 그것을 인지하든 그렇지 않든 간에 존재하는 반면, 방랑자는 그것에 대한 우리의 이해와 재현을 통해서만 언어적으로 구성되기 때문이다. 하지만 폭포조차도 그에 대한 이해가 있어야만 하며, 푸코주의자라면 폭포에 대한 우리의 이해 역시 오로지 담론을 통해서만 일어난다고 주장할 것이다. 상대적으로 온건한 담론 이론은 담론 너머에 무언가가 있다는 것을 인정하면서도 담론 없이 그것을 알 수 있는 방법은 없다고 주장한다.

담론 이론의 비판이 보다 깊은 생각을 유도하는 점은, 만약 모든 대상이 담론에 내재적이라면 (곧 모든 것이 담론에 의해 구성된다면) 담론이 그 대상을 적절하게, 유효하게, 또는 올바르게 구성하는지를 우리가 어떻게 판단할 수 있겠느냐는 문제 제기다. 이를 더 직설적으로 표현하자면, 과연 옳고 그름은 가능한가라는 질문이다. 이런 질문은 존재론적인 것이기도 하고 동시에 윤리적-정치적인 것이기도 하다. 담론은 이데올로기 이론과는 달리 담론의 진실성 여부를 판단할 수 있는 근거는 없는 듯이 보인다. 예를 들어 나치 담론이나 인종차별주의 담론, 또는 동성애혐오 담론이 옳지 않다는 것을 어떤 근거에서 말할 수 있겠는가? 이를 바꾸기 위한 근거는 어디에서 찾을 수 있는가?

페미니즘은 포스트구조주의와 복잡한 관계를 유지해 왔다. 이 장에서는 오랫동안 남성의 목소리가 지배적이었음을 시석했다. 실세로 포스트구조주의는 이론직으로 지나치게 공격적인 언어를 사용할 뿐만 아니라, 포스트구조주의 자체가 **남성중심적**(masculinist)이라는 지적은 어떤 점에서 사실이다. 예를 들어 "젠더"가 담론적으로 구성되었다는 주장은 "여성"이라는 깃발하에 지적, 정치적 투쟁을 해 온 사람들을 무력화하는 행위로 비춰질 수 있다. 제럴딘 프랫(Geraldine Pratt)은 이런 우려를 다음과 같이 명백하게 제시한 바 있다.

> 많은 페미니스트들은 이론과 진실에 대한 이런 시각을 상당히 양면적으로 받아들이고 있다. 한편으로는 많은 이들이 지식의 사회적 구성을 받아들인다. 그러나 다른 한편으로는 대부분이 젠더 억압에 대한 "유일한(the)" 진실을 주장할 것이다. 포스트구조주의의 반근본주의적 입장은 "옳을 수도 있다"는 상대주의적 관점에 활짝 문호를 열어젖힌 듯하다. 이는 이런 입장의 주창자들이 결국 자기 스스로에게 갈채를 보내는 것과 다름 아니다. 이 같은 입장은 전통적으로 권력을 그다지 누리지 못했던 집단에게는 엄청난 위협이 될 수 있을 뿐만 아니라, 긍정적인 사회변화를 일으키기 위해 공유된 규범을 지닌 집단에게는 근본적으로 만족스럽지 못한 것이다. … (Pratt 2008: 55)

그러나 결국 프랫은 담론을 통해 젠더가 (뿐만 아니라 "진실"과 "정의"마저도) 생산된다고 주장하는 이론적 입장으로부터 해방적 가능성을 찾을 수 있다고 보았다. 프랫의 주장에 의하면, 이런 접근이라고 해서 반드시 모든 것이 가능하다거나 어떠한 윤리적, 정치적 판단도 불가능한 무(無)개념적 상대주의에 빠지는 것은 아니다.

> 여성이라는 범주의 설정을 무조건 개인주의로 빠지는 서막이라고 보는 것과 여성들 간의
> 차이를 위치지음으로써 젠더가 얼마나 다양하게 구성되는지를 이해하는 것 간에는 명백
> 하고도 실실적인 차이가 있다. … (Pratt 2008: 56)

포스트구조주의 지리학은 구조를 어떤 불변적인 것으로 미리 결정하는 것에 근본적으로 반대한다. 이런 이유에서 이 장의 전반부에서는 지리학자들이 구조와 행위주체성의 관계를 교섭해 온 방식을 일목요연하게 보여주고자 했다. 포스트구조주의에서는, 구조란 보이지는 않지만 모든 것을 결정한다는 생각들이 완전히 폐기되었다. 포스트구조주의 지리학은 분명히 반(反)본질주의적인 지리학으로서, 사물의 본질과 의미는 역사·지리적으로 생산되는 것이지 "자연적"으로 존재하는 것이 아니라고 주장한다. 포스트구조주의 지리학은 심층적인 "진실"을 파헤치기보다는 삶의 표면에 머무는 것을 반긴다. 그래서 보편적이기보다는 맥락적인 설명의 기초로서 특수한 것을 추구한다. 또한 명시적으로 드러난 공간보다는 흐름, 네트워크, 주름진 공간이라는 관점에서 사유하는 경향이 있다. 또한 (동질성보다는) 차이가 중요한 순간들을 끊임없이 탐색하고 이런 차이를 드러내고자 한다. 무엇보다 지리학자들에게 특히 중요한 것은 포스트구조주의가 사회에 대한 이해에 있어서 공간이 역동적이고 핵심적인 역할을 한다고 주장한다는 점일 것이다. 이 주제는 다음 장에서 계속 다룰 것이다.

참고문헌

* Benko, G. and Strohmayer, U. (1997) *Space and Social Theory: Interpreting Modernity and Postmodernity*, Blackwell, Oxford.

Bhaskar, R. (1986) *Scientific Realism and Human Emancipation*, Verso, London.

Bourdieu, P. (1990) *The Logic of Practice*, Stanford University Press, Stanford, CA.

Bourdieu, P. (1986) From rules to strategies: an interview with Pierre Bourdieu. *Cultural Anthropology*,

1, 110-120.

Braun, B. (2007) Biopolitics and the molecularization of life. *Cultural Geographies*, 14, 6-28.

Cloke, P. J., Philo, C., and Sadler, D. (1991) *Approaching Human Geography: An Introduction to Contemporary Theoretical Debates*, Chapman, London.

Cosgrove, D. E. (1984) *Social Formation and Symbolic Landscape*, Croom Helm, London.

Cosgrove, D. E. and Jackson, P. (1987) New directions in cultural geography. *Area*, 19, 95-101.

Cresswell, T. (1996) *In Place/ Out of Place: Geography, Ideology and Transgression*, University of Minnesota Press, Minneapolis.

Cresswell, T. (2001) *The Tramp in America*, Reaktion, London.

Daniels, S. and Cosgrove, D. (1993) Spectacle and text: landscape metaphors in cultural geography, in *Place/ Culture/ Representation* (eds J. Duncan and D. Ley), Routledge, London, 57-77.

De Certeau, M. (1984) *The Practice of Everyday Life*, University of California Press, Berkeley, CA.

* Dixon, D. and Jones III, J. P. (1996) Editorial: For a supercalifragilisticexpialidocious scientific geography. *Annals for the Association of American Geographers*, 86, 767-779.

* Dixon, D. and Jones III, J. P. (1998) My dinner with Derrida: or spatial analysis and post-structuralism do lunch. *Environment and Planning A*, 30, 247-260.

* Doel, M. A. (1999) *Poststructuralist Geographies: The Diabolical Art of Spatial Science*, Rowman & Littlefield, Lanham, MD.

Driver, F. (1985) Power, space and the body: a critical assessment of Foucault's *Discipline and Punish*. *Environment and Planning D: Society and Space*, 3, 425-446.

Driver, F. (1993) *Power and Pauperism: The Workhouse System*, 1834-1884, Cambridge University Press, Cambridge.

Driver, F. (1999) *Geography Militant: Cultures of Exploration in the Age of Empire*, Blackwell, Oxford.

Duncan, J. S. (1990) *The City as Text: The Politics of Landscape Interpretation in the Kandyan Kingdom*, Cambridge University Press, Cambridge.

Elden, S. (2007) Governmentality, Calculation, Territory. *Environment and Planning D: Society and Space*, 25, 562-580.

Foucault, M. (1965) *Madness and Civilization: A History of Insanity in the Age of Reason*, Vintage, New York.

Foucault, M. (1975) *The Birth of the Clinic: An Archaeology of Medical Perception*, Vintage Books, New York.

Foucault, M. (1979) *Discipline and Punish: The Birth of the Prison*, Vintage Books, New York. 오생근 역, 2020, 『감시와 처벌: 감옥의 탄생』, 나남.

Foucault, M. (1980) Questions on geography, in *Power/ Knowledge: Selected Interviews and Other Writings*, 1972-1977 (ed. C. Gordon), Pantheon, New York, 63-77.

Gramsci, A. (1971) *Selections from the Prison Notebooks* (eds and trans. Q. Hoare and G. Nowell Smith),

Lawrence & Wishart, London.

* Gregory, D. (1994) *Geographical Imaginations*, Blackwell, Oxford.

Gregory, D. (1996) Areal differentiation and post-modern human geography, in *Human Geography: An Essential Anthology* (eds J. A. Agnew, D. Livingstone, and A. Rogers), Blackwell, Oxford, 211–232.

Hacking, I. (1999) *The Social Construction of What?*, Harvard University Press, Cambridge, MA.

Hägerstrand, T. (1967) *Innovation Diffusion as a Spatial Process*, University of Chicago Press, Chicago.

Hägerstrand, T. and Pred, A. R. (1981) *Space and Time in Geography: Essays Dedicated to Torsten Hägerstrand*, CWK Gleerup, Lund.

Hall, S. and Jefferson, T. (1976) *Resistance through Rituals: Youth Subcultures in Post-War Britain*, Hutchinson, London [for] the Centre for Contemporary Cultural Studies, University of Birmingham.

Hannah, M. G. (2000) *Governmentality and the Mastery of Territory in Nineteenth-Century America*, Cambridge University Press, New York.

Hetherington, K. (1997) *The Badlands of Modernity: Heterotopia and Social Ordering*, Routledge, London.

Jackson, P. (1989) *Maps of Meaning*, Unwin Hyman, London.

Lévi–Strauss, C. (1963) *Structural Anthropology*, Basic Books, New York.

Merriman, P. (2012) Human geography without time-space. *Transactions of the Institute of British Geographers*, 37, 13–27.

* Murdoch, J. (2006) *Post-structuralist Geography: A Guide to Relational Space*, Sage, London.

Parkes, D. and Thrift, N. J. (eds) (1980) *Times, Spaces, and Places: A Chronogeographic Perspective*, John Wiley & Sons, Ltd, Chichester.

* Philo, C. (1992) Foucault's Geography. *Environment and Planning D: Society and Space*, 10, 137–161.

Pile, S. and Keith, M. (eds) (1997) *Geographies of Resistance*, Routledge, London.

* Pratt, G. (2008) Reflections of poststructuralism and feminist empirics, theory and practice, in *Feminisms in geography* (eds P. J. Moss and K. F. Al-Lindi), Rowman & Littlefield, Lanham, MD.

Pred, A. R. (1977) The choreography of existence: comments on Hagerstrand's time-geography and its usefulness. *Economic Geography*, 53, 207–221.

Pred, A. R. (1981) Social reproduction and the time-geography of everyday life. *Geografiska Annaler: Series B, Human Geography*, 63, 5–22.

* Pred, A. R. (1984) Place as historically contingent process: structuration and the time–geography of becoming places. *Annals of the Association of American Geographers*, 74, 279–297.

Rose, G. (1993) *Feminism and Geography: The Limits of Geographical Knowledge*, Polity, Cambridge. 성현주 역, 2011, 『페미니즘과 지리학: 지리학적 지식의 한계』, 한길사.

Rose, M. (2002) The seductions of resistance: power, politics, and a performative style of systems. *Environment and Planning D: Society and Space*, 20, 383–400.

Saussure, F. D. and Baskin, W. (1959) *Course in General Linguistics*, Peter Owen, London.

Sayer, A. (2000) *Realism and Social Science*, Sage, Thousand Oaks, CA.

Schwanen, T., Kwan, M. P., and Ren, F. (2008) How fixed is fixed? Gendered rigidity of space-time constraints and geographies of everyday activities. *Geoforum*, 39, 2109–2121.

Sharp, J. P., Routledge, P., Philo, C., and Paddison, R. (eds) (1999) *Entanglements of Power: Geographies of Domination/ Resistance*, Routledge, New York.

Soja, E. W. (1989) *Postmodern Geographies: The Reassertion of Space in Critical Social Theory*, Verso, New York.

Soja, E. W. (1999) Thirdspace: expanding the scope of the geographical imagination, in *Human Geography Today* (eds D. Massey, J. Allen, and P. Sarre), Polity, Cambridge, 260–278.

Thrift, N. (1983) On the determination of social action in time and space. *Environment and Planning D: Society and Space*, 1, 23–57.

Toal, G. (1996) *Critical Geopolitics: The Politics of Writing Global Space*, Routledge, London.

Tuan, Y.-F. (1977) *Space and Place: The Perspective of Experience*, University of Minnesota Press, Minneapolis. 윤영호, 김미선 역, 2020, 『공간과 장소』, 사이.

Werlen, B. (1993) *Society Action and Space: An Alternative Human Geography*, Routledge, New York.

Williams, R. (1977) *Marxism and Literature*, Oxford University Press, Oxford. 박만준 역, 2012, 『마르크스주의와 문학』, 지식을만드는지식.

Williams, R. (1980) *Problems in Materialism and Culture: Selected Essays*, New Left Books, London.

제 11 장

관계적 지리학

- 장소에 대한 관계적 개념
- 스케일의 종말?
- 비재현이론
- 결론

포스트구조주의 지리학에 대해 사유하는 한 가지 방식은 바로 그것을 관계적 지리학으로 사유하는 것이다. 이 세계의 정주공간을 저마다 고유한 본질을 지닌 일련의 분절된 사물들의 조합으로 (예를 들어 이 장소는 저 장소와 다르다는 식으로) 생각하기보다는, 사물들이 서로 관련을 맺는 형태로 이 세계가 구성되어 있다고 생각할 수 있다. 이런 접근 중 잘 알려진 사례가 지형학(topography)[1]과 **위상학**(topology) 간의 차이를 고려하는 접근이다. 지형학이 땅의 분절된 형태를 지칭하면서 때로는 분리된 장소를 지시할 때 사용되는 용어인 반면, 위상학은 사물 간의 연계성을 의미한다. 지형도는 등산을 할 때 유용할 것이다. 위상도의 사례를 하나 들자면 바로 런던 지하철 지도(또는 모든 대중교통 지도)인데 이런 지도는 한 지점이 다른 지점과 어떻게, 그리고 어떤 순서로 연결되는지만 보여준다(그림 11.1 참

---

1 본 역서의 용어해설에서는 'topography'가 '장소학'으로 번역되어 있으나, 여기서는 문맥상 '지형학'으로 번역하였다. (역주)

Geographic Thought: A Critical Introduction, Second Edition. Tim Cresswell.
© 2024 John Wiley & Sons Ltd. Published 2024 by John Wiley & Sons Ltd.

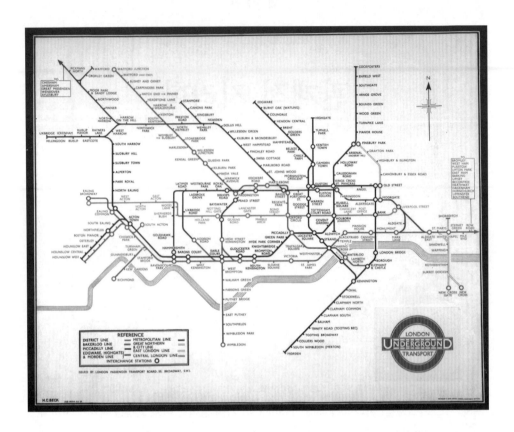

그림 11.1 런던 지하철 지도―위상학적 지도. 출처 : Harry Beck's 1933 London Underground map ©
TfL, London Transport Museum Collection.

조). 이런 지도에서 스케일이나 절대적 위치는 더 이상 중요하지 않다. 어떤 점에서 보자면
관계적 지리학은 이처럼 위상학적이다.

조나단 머독(Jonathan Murdoch)은 『포스트구조주의 지리학(*Post-Structural Geographies*)』
에서 포스트구조주의 지리학의 핵심은 바로 이 관계성과 관련된 주제라고 했다. 그는 핵심
적인 것은 어떤 현상이 일어나는 공간이나 장소가 아니라 그 현상들이 관련되는 방식이라고
주장했다. 그에 의하면 이처럼 공간에 대한 관계적 접근은 사물들이 연관되는 방식과 이것
이 어떻게 **관계적 공간**(relational space)을 생산하는지에 대해 우리의 관심을 유도한다.

공간을 관계적으로 만드는 것은 합의된 과정이면서도 논쟁적인 과정이다. "합의적"인 이
유는 관계가 보통 둘 내지는 복수의 존재들 간에 동의나 조정을 통해서 만들어지기 때문이

다. "논쟁적"인 이유는 한 쌍의 관계를 구축하기 위해서는 다른 존재들을(그리고 그들 간의 관계를) 강제적으로 연루시키거나 아니면 반대로 배제시키는 것을 포함할 수 있기 때문이다. 짧게 말해, 관계적 공간은 "권력으로 가득 찬" 공간으로서 어떤 일련의 관계가 최소한 특정 기간 동안은 지배적이 되기도 하는 반면 다른 관계는 지배당하기도 한다. 따라서 복수의 관계들의 세트가 공존할 수도 있지만 특정한 공간과 장소의 조합을 둘러싸고 이들 간에 경쟁이 발생할 가능성이 높다. (Murdoch 2006: 20)

여기서 머독은 존재들 간 관계가 발생하거나 또는 반대로 발생하는 데 실패하는 방식을 둘러싼 관계성의 정치를 제시한다. 많은 지리학자들에게 공간은 너무 오랫동안 능동적인 과정이 일어나는 데 비활성적인 배경으로 간주되어 왔다. 반면 비판지리학에서 공간은 능동적이고 역동적인 관계로 구성된 것이다. 모든 공간적 연대감이나 영속성은 연관성과 과정들이 함께 결합하여 발생하는 것이다. 도린 매시(Doreen Massey)는 수많은 논문과 책을 통해 관계적 공간 개념은 공간이 상호관계의 산물이고 복수성의 영역이며 항상 과정 중에 있는 또는 **생동**(becoming)임을 천명한다고 주장했다.

매시는 공간이 로컬에서 글로벌에 이르는 여러 스케일 간에 그리고 스케일들을 가로질러 형성되는 상호연관성으로부터 생성되며 계속해서 끊임없이 생성되는 과정으로 만들어질 것임을 주장했다. 공간은 복수성의 영역이다. 그것은 사물들이 서로 다르다는 점을 드러내며 그렇게 인식되도록 만든다. 이런 점에서 공간은 끊임없이 능동적이다. 곧, 죽어 있거나 고정되거나 비활성화된 영역이 아니라는 것이다(Massey 2005). 관계적 공간에 대한 매시의 비전은 흐름과 네트워크에 직면하여 경계지워진 것은 약하게 작동하는 세계이며, 분절된 지리적 단위인 "영토"나 "지역"과 같은 아이디어에 초점을 맞추는 "지도학적" 상상에 의해 공간성이 특징지어지지 않는 그런 세계. 생동으로서의 공간이라는 이와 같은 공간에 대한 관점과 에드워드 소자(Edward Soja)의 르페브르식 개념인 "제3의 공간"(10장 참조) 간에는 많은 유사점이 있다. 마르쿠스 도엘(Marcus Doel)은 머독의 책 리뷰에서 이런 공간에 대한 생각을 끊임없이 생동 중인 상태로 표현했다.

공간은 **끊임없이** 만들어지는 동시에 안 만들어지는 중이고, 상이한 관계들의 쉴 새 없는 움직임에 의해 새로 만들어지므로 공간의 잠재력은 절대로 가두어지지 않으며, 그 활기참은 절대로 진압되지 않는다. 공간이 되는 것은 항상, 그리고 필연적으로 그것을 통제하고자 하는 모든 이들의 의지대로 되지 않는다. 물론 일정 시간 동안 공간이 안정화될 수는 있지만 완전히 길들여지지는 않는다. 관계적이고 생태적이며 이질적인 공간은 본질적으로 불

안정하다. 그것은 공간에 대한 "지형학적" 인식으로부터 "위상학적" 인식으로의 전환에
서 비롯된다. 곧, 질서정연한 지표면에서 길들여지지 않는 복잡다단한 관계 묶음으로, 구
조주의 지리학에서 포스트구조주의 지리학으로의 전환 말이다. (Doel 2007: 810)

도엘이나 머독, 소자, 매시는 의심의 여지없이 이에 대해 논박할 것이 많을 것이다. 그러나
그들 주장의 핵심에는 과정적이고 관계적인 공간의 본질에 대해 공유하는 지점이 있다. 그
들 모두 공간감 내지는 장소감이 결정되어 있거나 단단하게 고정되어 있거나 질서정연하다
는 생각에 반대할 것이다. 그들의 연구에서 공간은 **활성화되어** 있다.

공간에 대한 관계적 인식은 지리학자와 다른 이들이 공간에 대해 생각해 온 온갖 복잡한
양식들에 또 하나의 층을 추가하는 것이다. 개념으로서 "공간"은 공간과학에서 핵심으로 부
상했다. 공간과학자들은 공간을 "절대적"인 것으로 생각하는 경향이 있었다. 그들이 말하는
데카르트식 공간은 현상이 발생하는 추상적 용기로서, 측정하고 모델링할 수 있는 공간이었
다(Forer 1978 참조). 다른 지리학자들은 "상대적" 공간을 강조하고자 했다. 그 공간은 그 안
의 내용물과 독립적으로 존재하지 않으며 그 안에서 발생하는 현상들을 통해서 형성되는 그
런 공간이다. 여기서 공간은 공간이라고 불리는 선험적인 존재라기보다는 사물들 간의 거리
다. 따라서 그 사물들 없이는 (상대적) 공간도 없는 것이다(Sack 1980). 관계적 공간은 그 사
물들과 공간 간의 차이를 허물고 대신 다음과 같이 주장한다. 즉 "공간은 저절로 그 자체적
으로 존재하는 것이 아니며, 물질적 대상과 시공간적 관계 및 그 확장 위에 또는 그것들을 감
싸며 존재하는 것이 아니다"(Jones 2009: 491). 관계적 공간은 공간상에서 일어나도록 되어
있는 사물들과 동시에 **발현된다**. 그것은 사물들 간의 관계를 통해 끊임없이 형성된다. 절대
적 공간과 **상대적 공간**(relative space)은 성격상 지형학적인 특징을 띤다. 그렇다면 지리학사
에서 가장 중요한 두 개념인 공간과 장소를 관계적인 측면에서 살펴보도록 하자.

장소에 대한 관계적 개념

우리는 장소가 이 세계의 독특한 일부이자 인간과 세계에 밀착된 형태라고 생각해 왔다(전자
는 지역지리학이라는 분야에서, 후자는 인본주의 지리학이라는 분야에서 그래 왔다). 장소에
대한 두 가지 개념 모두 장소가 그것을 둘러싼 주변과는 다른 것이며 역사적으로 깊이 뿌리내

린 것이라는 장소감을 표방하고 있다. 그것은 착근성과 경계 그어짐으로 점철된 장소다.

　1990년대에 포스트구조주의가 지리학에 영향을 미치기 시작하면서 장소에 대한 관심이 변화했고 지리학자들은 권력, 배제, 차이 등과 같은 개념을 심각하게 고려하기 시작했다. 그들은 "우리"가 속해 있는 장소를 창조하기 위해서 "타자"들은 어떻게 구성되어 왔는지를 질문하기 시작했다. 여기서 "집"은 핵심적인 논의 대상이 되었다. 특히 인본주의 지리학자들에게 집은 우리가 가장 소속감과 안정감을 크게 느끼는 그런 이상적인 종류의 장소를 대변한다. 이상적으로 말해 집은 이 세상에서 가장 안전하고 의미 있는 장소이다(Blunt and Dowling 2006). 그러나 집은 문제적 장소이기도 하다. 페미니스트 지리학자들은 집이 여성에 대한 억압이 가장 첨예하게 발생하는 곳이라고 지적한다. 예를 들어 집에 있을 때 여성들은 성폭력에 가장 취약하게 노출된다. 집은 또한 질서정연해야 하는 곳으로 간주되면서 아이들을 무질서의 징후로 여기는 곳이기도 하다. 이에 대해 데이비드 시블리(David Sibley)는 다음과 같이 말한다.

> 집 안과 인근의 지역사회에서 사회적, 공간적 질서는 매우 당연하며 항구적인 환경적 특징으로 간주될 것이다. 이에 들어맞지 않는 이들, 예를 들어 지배적인 위치에 있는 어른들과는 사뭇 다른 시공간적 개념을 지닌 아이들이나 백인 중산층 일색인 곳의 노숙자, 유랑자, 흑인들에게 이런 환경은 본연적으로 배타적인 환경이 된다. (Sibley 1995: 99)

시블리는 타자화와 배제를 매우 심각하게 다룬 주요 지리학자 중 한 명이다. 이런 연구에서 장소는 내부인이 외부인을 "우리"와 "그들"로 구분하는 과정의 일부가 된다. 장소는 단순히 그곳에 속한 사람들이 긍정적으로 부여한 의미가 아니다. 장소는 늘 장소를 구성하고 있는 외부와의 관계를 통해 구성된다. 곧 "여기"는 "저기가 아님"이 되는 것이다. 이런 발상은 1980년대 후반과 1990년대 초반에 걸쳐 쓰고 그 이후에 「장소 안에서/장소 밖에서(*In Place/Out of Place: Geography, Ideology and Transgression*)」라는 제목으로 출판된 나의 박사학위 논문에 큰 영향을 미쳤다(Cresswell 1996). 당시 나는 포스트구조주의 이론을 [주로 피에르 부르디외(Pierre Bourdieu)와 미셸 푸코(Michel Foucault)를] 공부하는 지리학자 모임의 일원이었는데, 이들은 장소가 어떻게 규범적인 장소가 되는지, 곧 사람과 사물과 동물과 활동 등이 특정 "장소 안에" 또는 "장소 밖에" 있다고 간주되는 방식을 드러내고자 했다(Sibley 1981; Philo 1987, 1995; Valentine 1993, 1996; Kitchin 1998). 중요한 점은 이 모든 설명들이 장소 바깥을 낱낱이 장소 안과 동일하게 중요하다는 인식에 의존하고 있었다는 것이다. 이는 내부가 외부를 그 안에 포함하고 있음을 의미한다.

이런 인식은 1990년대 초반 매시가 "글로벌" 또는 "진보적" 장소감에 대해 쓴 일련의 논문에서 한발 더 나아간 것이다(Massey 1993, 1997). 지역지리와 인본주의 지리학의 장소 인식은, 매시가 이름붙이길 "반동적(reactionary)"인 것이었다. 이런 장소관은 분명한 경계, 뿌리 깊은 착근성, 동일한 정체성에 기초해서 어떤 특징이 장소 위에 그려질 수 있음을 표방했다. 실제로 이런 장소관은 단일한 국민적(영국인의), 인종적(백인의) 정체성을 분명히 경계 지워진 세계(영국) 위에 지도화하려는 모든 우파 인종혐오주의 선동에도 깊게 배어 있다. 매시는 이런 장소관 대신 장소는 관계적이라는 제안을 했다. 곧 장소는 "그 내부"만큼이나 "그 외부"에 의해서도 구성된다는 것이다. 이후 연구에서 매시는 이런 관계적 전환을 정체성에 대한 주요 연구와 연결했다.

> 그렇다면 공고하게 정착되었지만 매우 다른 사례 한 가지를 들어보자. 최근 "정체성"이라는 주제는 극적인 재개념화를 겪고 있다. 이제 더 이상 정체성을 (광범위한 캔버스 위에 그려지는 "존재"로서) 내부적으로 동일하고 외부와는 단절된 경계를 지닌 것으로 이론화하지 않는다. 오히려 정체성은 내부적(분절과 혼종성과 탈중심화라는 점에서)인 동시에 외부적(연결성의 확장이라는 점에서)이라는 함의를 지닌 채 관계적으로 개념화된다. (Massey 2006: 37)

정체성이 더 이상 외부와는 분절되면서 내적으로 동일한 것이 아니라면, "정체성"을 특정 장소 위에 말 그대로 지도화하는 것은 불가능하게 된다.

장소(그리고 정체성)의 관계성을 보여주는 사례로, 매시는 자기가 살던 런던의 킬번 하이로드(Kilburn High Road)를 따라 걸어가면서 주변을 묘사한 바 있다. 그 거리를 따라 걷다 보면 다양한 정체성이 작동하고 있다고 회고한다. 예를 들어 무슬림 잡지 판매상을 마주치고 사리(sari)를 파는 가게와 아일랜드공화국이라는 포스터를 내 건 아일랜드풍 선술집을 지나치게 된다. 히드로 공항에서 날아오른 비행기들이 머리 위를 지나가는데 런던에서 출발하는 주요 항공로가 바로 지척에 있음을 알 수 있다고 그녀는 말한다.

> 킬번은 내가 엄청난 애정을 가지고 있는 장소다. 나는 그곳에서 여러 해를 살았다. 그 지역은 분명 "그 지역만의 특징"을 가지고 있다. 그러나 앞에서 말했던 정적이고 방어적인(이런 점에서 반동적인) "장소" 인식 없이도 이 모든 것을 느낄 수 있다. 첫째, 킬번이 자신만의 고유한 특징을 가지고 있다 하더라도, 그것이 이음새도 없고, 내적으로 일관된 정체성

을 지녔으며, 모든 사람이 공유하는 단 하나의 장소감을 가지는 것이 절대로 아니다. 그렇게 되기란 거의 불가능하다. 그 장소를 통과해서 다니는 사람들의 이동 경로, 그 안에서 사람들이 자주 가는 곳, 그 사람들이 이곳과 세계 다른 곳을 연결하는 것(전화나 우편처럼 물리적으로나 기억과 상상으로나)은 엄청나게 다양하다. 사람들의 정체성이 복수라는 점이 이제 받아들여진다면, 같은 논리가 장소에 대해서도 만들어질 수 있다. 더구나 그런 복수의 정체성이 풍요로움의 근원이 되거나 갈등의 근원이 될 수 있으며, 둘 다일 수도 있다. (Massey 1993: 65)

이는 장소가 이질성을 특징으로 한다는 것을 생생하게 환기한다. 그녀가 말하기를 이것이야말로 나머지 세계와의 연관성을 통해 구성되는 장소다. 공고한 경계나 흔히들 생각하는 하나의 정체성으로 규정되는 장소가 아니다. 장소의 역사는 연관성의 역사로서 (그녀의 사례에서 아일랜드와 영국과 글로벌 자본주의 경제와의 연관성의 역사로서) 그 모든 연관성들은 킬번에서 독특한 방식으로 함께 접합된 것이다. 매시에게 있어서 이는 장소를 사유하는 보편적인 방식이다. 모든 장소는 수평적인 공간 위에서 장소 상호 간의 연계성과 전 지구적으로 뻗어 있는 네트워크상에서의 역할에 의해 만들어진다. 장소의 외부와 내부는 더 이상 쉽사리 구분하기 어려워졌다.

이런 관찰은 바위나 산과 같은 물리적 경관에도 확장되어 적용될 수 있다. 영국의 레이크 디스트릭트(Lake District)에 있는 스키도(Skiddaw) 산에 대한 통찰력 있는 한 에세이에서 매시는 그 산의 바위들이 남반구라는 엄청나게 먼 곳에서부터 기원하여 오랜 시간 전에 형성되었음을 언급했다. 사람들이 장소의 영속성이나 본질적 특징을 주장하는 한 가지 방식은, 바로 자연에 기초하여 장소를 묘사하는 것이다. 이는 생태지역주의 같은 분야에서 볼 수 있다. 매시는 바위의 이동성에 대해 이야기하면서 이런 주장을 일축했고, 자연경관조차도 궤적들, 곧 내부와 외부의 관계들로 구성되어 있다고 주장했다.

(잠정적인) 주장의 근거를 관계적으로 구축해주는 시간 배태성보다는 또는 그것을 포함하여 역사야말로 우리의 안전성에 대한 인식을 다시금 돌아보게 만든다. 역사는 확실히 그런 근거의 절대성을 제거하는 것으로 읽혀질 가능성이 있어서 결국 우리에게 남겨진 것은 우리의 상호 간 의존성, 곧 인간과 인간 너머의 존재들 간에 지속적으로 만들어지는 일종의 상호의존성밖에 없게 된다. (Massey 2006: 43)

매시의 기여는, 장소를 수직적으로 [즉 태고(太古)에 배태된 것으로] 생각하는 데서 수평적으로 (즉 장소들 간의 관계를 통해 생산된 것으로) 생각하도록 만든 데 있다. 장소라는 개념은 내향적이거나 반동적인 것이 아니라 외향적이고 정치적으로 희망적인 것이다. 앞에서 매시가 언급한 것처럼, 이런 장소관은 우리로 하여금 고립된 정체성보다는 상호의존성이라는 측면에서 장소를 사유하도록 만든다. 이것이 바로 장소에 대한 관계적 개념이다.

　장소를 이론화하는 또 다른 관계적 방법은 **아상블라주**(assemblage)이다(Anderson and Mcfarlane 2011; Woods *et al.* 2021). 아상블라주 개념은 철학자 질 들뢰즈(Gilles Deleuze)와 펠릭스 과타리(Felix Guattari)의 연구에서 비롯되었으며, 데란다(DeLanda 2006, 2016)에 의해 정교화되었다. 데란다의 용어로 아상블라주는 부분 간의 상호 관계로부터 나타나는 전체이다. 개별 부분은 교체할 수 있지만 전체는 그대로 유지된다. 이것은 장소에 대한 훌륭한 설명이다. 다른 곳에서 나는 내 집이라는 장소를 예로 들어 아상블라주의 특성을 설명하였다.

> 익숙한 예이다. 내 집은 하나의 장소이다. 내 집은 붉은 벽돌, 바람막이 블록, 테라코타 타일, 유리창, 구리선, 플라스틱 콘센트, 나무 마루판, 면 커튼, 스테인리스강 요리판과 오븐, 모르타르와 풀, 우리가 먹는 모든 것, 냉장고의 메모 등으로 만들어져 있다. 이 목록은 오랫동안 계속될 수 있다. 이 목록의 전체 내용이 함께 모여 내 집을 만든다. 그것들이 조립되는 방식에 따라 내 집은 슈퍼마켓이나 축구 경기장과 다르며, 적어도 세부적으로는 거리의 다른 집들과도 다르다. 내 집은 냉장고의 음식이 전날과 거의 같지 않고 석고에 균열이 생기고 뒤뜰의 포장 돌 사이로 잡초가 밀려 나오는 등 항상 변화하는 아상블라주이기도 하다. 나는 이 아상블라주의 요소를 꺼낼 수 있다. 한동안은 장판을 떼어내고 새 장판을 깔아볼까도 생각했다. 부분이 바뀌더라도 아상블라주는 그대로 남아 있을 것이다. 내 집은 부분과 부분 사이의 관계와 그 부분으로 하는 일의 종류에 의해 만들어진 불연속적인 것, 즉 아상블라주이다. 아상블라주로서의 장소는 부분들이 연결되는 방식에 의해 만들어진다. 단순히 부분을 무작위로 모아 놓은 것이 아니라 부분들이 모여서 독특한 아상블라주를 형성하여 내 집이 되는 것이다. 모든 장소는 이런 식으로 생각할 수 있다. (Cresswell 2014: 8)

데란다는 아상블라주가 어떻게 생겨나는지 이해하는 데 중요한 두 가지 축을 언급하였다. 한 축은 아상블라주의 물질적 차원과 표현적 차원, 넓게 말하자면 사물과 의미를 연결한다. 다른 축은 아상블라주를 안정화시키는 힘, 즉 영역화(territorialization)의 힘과 아상블라주를 불안정하게 만드는 힘, 즉 탈영역화(deterritorialization)의 힘을 연결한다. 부분들이 어느 정도 영속성을 지닌 전체로 통합되기 위해서는 데란다가 영역화라고 부르는 어떤 통합 과정이 필요하다. 영역화는 구별되는 전체(장소)가 물질적이고 표현적인 부분을 형성하기 위해 필요하다. 데란다에 따르면 "영역화라는 개념은 부분적으로 이 과정에서 생성되는 다소 영구적인 표현을 통해 전체가 부분으로부터 출현하고 일단 출현한 후에는 그 정체성을 유지하기 때문에 종합적인 역할을 한다"(DeLanda 2006: 14). 데란다에게 중요한 것은 아상블라주를 분리하려는 탈영역화 과정이 항상 존재한다는 것이다.

> 하나의 동일한 아상블라주에도 정체성을 안정화시키는 구성 요소와 변화를 강요하거나 다른 아상블라주로 변형시키는 구성 요소가 있을 수 있다. 실제로 하나의 동일한 구성 요소가 서로 다른 역량을 발휘하여 두 프로세스에 모두 참여할 수 있다. (DeLanda 2006: 12)

예를 들어, 내 집이 효과적인 아상블라주로 유지되기 위해서는 지속적인 유지 관리가 필요한 내 집의 모든 엔트로피(entropy)의 힘을 생각해볼 수 있다. 더 큰 스케일에서는 끊임없이 장소를 변화시키는 사회경제적 힘이 작용한다고 생각할 수 있다. 젠트리피케이션 또는 탈산업화의 힘을 예로 들 수 있다.

> 따라서 우선 영역화 과정은 실제 영역의 공간적 경계를 정의하거나 선명하게 하는 과정이다. 또한 영역화는 근린지구의 내부 동질성을 높이는 비공간적 과정을 의미하기도 한다. 공간적 경계를 불안정하게 만들거나 내부 이질성을 증가시키는 모든 과정은 탈영역화로 간주된다. (DeLanda 2006: 13)

아상블라주 이론은 어떻게 장소가 물질적인 것과 표현적인(의미 있고 상징적인) 요소의 집합체인지에 주목한다. 또한 아상블라주 이론은 어느 정도로 장소가 변화하고, 생성되고, 잠재적으로 해체되는지를 강조한다.

『맥스웰 스트리트: 글쓰기와 사고하기 장소(*Maxwell Street: Writing and Thinking Place*)』(Cresswell 2019)에서 나는 시카고 맥스웰 스트리트와 그 주변에 있는 북미 최대 규모의 야외 시장의 모이고 흩어지는 과정을 설명하기 위해 아상블라주 이론을 사용했다. 데란다의 물질적, 표현적 요소 외에도 나는 20세기에 걸쳐 장소의 다른 요소와 함께 우리가 하는 일, 즉 관행이 어떻게 축적되고 흩어졌는지도 추적했다. 시장은 이야기와 상징, 그리고 구매, 판매, 공연의 관행과 함께 사물(음식, 옷, 냄새, 소리)을 활기차게 모으기 때문에 여러 측면에서 아상블라주에 대해 생각하기에 이상적인 장소이다. 시장은 과장된 종류의 장소이다. 존 앤더슨(Jon Anderson)은 아상블라주 이론을 사용하여 매우 다른 종류의 장소, 즉 "서핑하는 파

도"를 고려한다(Anderson 2012). 그는 서퍼들과의 인터뷰를 바탕으로 파도, 서퍼, 서핑보드
의 아상블라주가 어떻게 잠시 응집되었다가 흩어지는 순간적인 장소가 되는지 보여준다.

> 모든 아상블라주와 마찬가지로 각 구성 요소가 어떻게 관계하고 연결되고 상호작용하는
> 지가 특정의 영역화된 또는 수역화된 장소를 형성한다. 바다의 한 근접한 위치에서 여러
> 가지 다른 장소가 차례로 발생할 수 있는데, 처음에는 평평한 잔잔한 장소가 되었다가 파
> 도가 치는 장소, 파도가 휩쓸고 지나간 장소, 파도가 덮친 장소가 될 수 있다. 각각의 아상
> 블라주는 구성 부분이 분리되고 해체되기 전에 서로 다른 관계의 주체, 위험, 경험을 만들
> 어낸다. 이 관점은 한 위치에서 장소의 변화하는 성격을 강조한다. 모든 경우에 구성 요소
> 의 조합이 다르기 때문에 장소는 항상 분해되고 재조립된다. (Anderson 2012: 580)

지리학자들은 아상블라주 이론을 여러 가지 방식으로 사용했는데, 그중에는 주거가 불평등
한 방식으로 재료를 조립하는 행위와 일치하는 도시에서의 주거에 대한 하이데거의 개념을
재고하는 데 사용하는 것도 포함된다. 상파울루와 뭄바이에서의 주거와 조립 행위에 대해
글을 쓴 콜린 맥파레인(Colin Macfarlane)은 "아상블라주 개념은 어떤 집단과 이데올로기가
다른 집단 및 이데올로기보다 도시주의를 특정 방식으로 표현할 수 있는 더 큰 능력을 가지
고 있는지 밝혀내는 역할을 할 수 있으며, 따라서 도시가 어떻게 다르게 조립될 수 있는지 생
각할 근거를 제공한다."(Mcfarlane 2011: 667)고 주장한다. 맥파레인에 따르면 어떤 종류의
도시주의가 출현할 수 있는지에 영향을 미치기 때문에 누가 그리고 무엇이 아상블라주를 실
현할 수 있는 역량을 가지고 있는지를 묻는 것이 중요하다. 파도와 도시는 매우 다른 종류의
장소이지만, 둘 다 집합과 조립의 과정을 통해 장소가 어떻게 출현하고 사라지는지, 그리고
장소가 주변 세계와 어떻게 관련되어 있는지를 보여주는 데 도움이 되는 아상블라주 사고와
연결되는 것으로 입증되었다.

> 세계를 장소의 관점에서 생각한다는 것은 한 가지를 다른 것과 구별하는 것을 의미한다.
> 그것은 이질성에 이름을 붙이고 공간적 차이를 묘사하는 방식이다. 세계는 이질적인 장소
> 로 구성되어 있다. 하지만 장소는 내부적으로 동질적이지 않다. 장소는 서로 다른 사물, 의
> 미, 관행이 모여 구성된다. 차이의 독특한 아상블라주가 장소를 그 장소로 만들고 다른 독
> 특한 아상블라주-장소와 차별화한다. (Cresswell 2019: 175)

스케일의 종말?

관계적 사고는 최근 스케일에 대한 사고의 핵심이기도 하다. 스케일이라는 개념이 최근 논의의 장에 등장한 방식을 한번 생각해보자. 예를 들어 글로벌 스케일에서의 과정은 어떻게 해석될까? 로컬 스케일은 어떠한가? 일반적으로 정치인이나 언론인은 글로벌 스케일에서의 사건에 대해 언급할 때, 그것은 중요하며 더 큰 영향력을 가져온다고 말한다. 만일 그것이 로컬 스케일이거나 지역화된 것이라면 덜 중요하다고 말할 것이다. 여기서 공간적 범위와 중요성 간에는 일종의 위계적인 관련성이 성립된다. 이는 지리학자들이 (그리고 다른 사람들도) 그들의 설명에서 스케일을 다루는 주된 방식이다. (그들은 보통 별 생각 없이 그렇게한다.) 글로벌한 일은 당연히 전 세계적이라고 간주되는 반면 로컬한 일은 특수하다고 한다! 글로벌한 힘들은 우리의 통제를 벗어나는 일로 종종 구조화된다. 정치인들과 기업가들은 전 지구화를 통제를 벗어나는 힘이라고 이야기하기도 한다. 그것은 그저 발생한 일이며 우리는 어찌되었든 간에 익숙해져야 하는 것으로 치부된다. 스케일에 대한 이 같은 사고는 스케일을 "상이한 규모의 닫힌 공간들이 차곡차곡 포개진 위계"로 보는 것이다(Marston *et al.* 2005: 416).

> … 글로벌, 초국가, 국가에서부터 아래로 지역, 메트로폴리탄, 도시, 로컬, 신체에 이르기까지 차곡차곡 포개진 영역적 단위로 이루어진 위계적인 발판에 사회관계가 착근되어 있는 "수직적" 차이다. (Brenner 2004: 9)

글로벌한 모든 사건은 실제로는 문자 그대로 어떤 지역에서 일어나야 함에도 불구하고, 스케일로서 글로벌은 그 아래 스케일보다 항상 더 중요하고 더 많은 일을 하는 것처럼 간주된다. 지역적으로 수많은 일이 일어나지 않고서는 절대로 세계적인 일은 일어나지 않는다. 이는 인간이 실제로 일을 하지 않고서는 (곧 행위주체성이 없이는) 구조도 없다고 보는 앤서니 기든스(Anthony Giddens)나 부르디외와 같은 구조주의자들의 견해와 일맥상통하다.

샐리 마스턴과 존 폴 존스, 키스 우드워드(Sallie Marston, Jonh Paul Jones III, and Keith Woodward, 2005)가 인문지리학에는 스케일이 없다고 문제 제기를 한 논문은 중요하고 논쟁적이다. 이들은 스케일을 당연한 것으로 치부하는 것을 중단하고 사회적 구성물로 사고할 것을 제안하는 일련의 연구들을 탐색했다. 일례로 정치지리학자 피터 테일러(Peter Taylor)는 스케일의 정치를 세 가지 측면으로 정의하고자 했는데, 경험의 스케일로서 로컬이나 도시 (우리 몸은 인접한 환경을 통해 세계와 상호작용한다), 이데올로기의 스케일로서 국가(정치적 주장은 주로 국가적 스케일에서 일어난다), "실재"의 스케일로서 글로벌을 제안했다.

> 이 맥락에서 "실재"라는 것은 정확히 무엇을 의미하는가? 모든 지리학자들이 궁극적으로 "실제 세계"를 연구할 것을 주장하기에 이는 당연히 논쟁적이다. 이 용어를 사용한 데에는 우리의 경험적 신뢰를 강조하는 것이 아니라 "실제로 중요한" 스케일이라는 인식을 강조하는 것이다. (Talyor 1982: 26)

글로벌 스케일을 실재의 스케일로 규정하는 핵심 이유는, 미시적 스케일의 사건을 전체적으로 조망할 수 있는 지점이 바로 글로벌 정치경제이기 때문이다. 이는 마르크스가 우리의 다양한 일상생활은 객관적인 경제적 토대(실제적 조건)에 기초하여 구축된다고 한 주장과 다소 유사하다. 이는 또한 글로벌이 로컬 위에 존재하는 공간(그 지점으로부터 세상을 내려다볼 수 있고 객관적으로 볼 수 있다)임을 상기시킨다. 인간 세계를 굽어보는 신의 장난 같은 이런 관점은 1970년대 이후 지리학자들이 그토록 뒤집고자 한 관점이기도 하다. 이런 관점은 딕슨과 존스(Dixon and Jones)가 일찍이 지칭한 바 있는 "격자 인식론(grid epistemology)"과도 연관된다. 이런 인식론은 영원히 불가능한 객관성을 성취하고자 하는 공간적 시도다 (Dixon and Jones 1998). 잠시만 이에 대해 생각해보자. 당신은 "실재"가 어디에 있다고 생각하는가? 당신의 창문 밖에 있는 정치경제나 권력의 세계에? 테일러의 설명에 의하면, 국민국가는 이데올로기적 공세를 하는 스케일로서 로컬과 도시라는 경험적 수준에서 지구적 경제라는 실재를 은폐한다고 했다. 이런 관점을 이론적으로 보자면, 글로벌 스케일은 가장 크고 세계를 객관적으로 연구하기에 가장 적합한 지점이라는 인식이 녹아 있음을 알 수 있다. 글로벌 스케일은 최적의 설명을 도출해낼 수 있는 스케일이 된다는 것이다. 마스턴 등이 지적한 것처럼 규모(수평적)를 수준(수직적)과 뒤섞음으로써 이런 방식으로 세계를 파악하는 프레임이 도출되었다.

다른 이들은 스케일을 다른 새로운 공간 개념인 **네트워크**와 뒤섞음으로써 스케일을 옹호하기도 했다.

> 스케일의 정치는 영역적 정체(政體)들이 차곡차곡 포개어진 수직적 관계와 관련이 있는 반면, 네트워크는 (이와 대조적으로) 공간을 포함하기보다는 이를 넘어 이런 정체를 구분하고 규정하는 경계를 가로질러 확장된 것을 의미한다. (Leitner, Marston *et al*. 2005: 417

에서 재인용)

여기서 헬가 라이트너(Helga Leitner)는 스케일을 위계적으로 보면서 여러 스케일에 걸쳐 존재할 수 있는 지점들을 연결하는 것으로서 네트워크에 대한 공간적 상상을 스케일 개념과 결합한다. 이는 마치 무수한 연계망이 교차하는 평원이 연속적으로 이어진 것과 같은 상상이다. 마스턴 등은 이런 상상 역시 거부한다. 그들이 옹호하는 것은 스케일 논의 자체를 완전히 중단하는 것이다. 그들은 이런 상상 대신 **편평한 존재론**(flat ontology)을 제안한다.

> 대신 우리는 로컬에서 글로벌이라는 수직적 사고든 중심에서 주변이라는 수평적 사고든 간에, 그 어떤 초월적, 선험적 결정론에도 의존하지 않는 대안을 제시하고자 한다. 편평한 (수평적이라는 의미와 대비되는) 존재론을 통해 우리는 위–아래라는 수직적 상상뿐만 아니라 여기서 저기로 뻗어나가는 수평적 공간성이라는 인식을 가져온 본질주의를 거부한다. (Marston *et al*. 2005: 422)

스케일에 대한 사고의 유익한 점 중 하나는, 스케일이 무엇을 의미하는지에 대해 우리 대부분이 저마다의 생각을 가지게 되었다는 점이다. "로컬"과 "글로벌" 또는 "미시"와 "거시"라는 용어를 사용할 때면 스케일에 대한 어떤 공유된 생각을 가지게 된다. 공유된 생각을 제거하는 것은 매우 어려운 작업이다. 그렇다면 마스턴과 그 동료들은 이를 어떻게 접근했을까? 한 가지 방법은 스케일이나 위계보다는 흐름과 운동에 초점을 둔 존재론과 인식론을 수용하는 것이다. 마스턴 등은 다음과 같이 말한다. "이런 접근은 고정성과 범주화라는 낡은 인식을 절대적 탈영역화와 개방성이라는 인식으로 대체하며, 물질적 세계는 운동과 이동성이라는 개념으로 수렴된다"(Marston *et al*. 2005: 423). 수많은 연구자들이 21세기 세계의 현실이자 이런 세계를 이해하기 위한 개념적 도구로 이동성이라는 이슈를 물고 늘어지고 있다는 점에서 이런 주장은 일리가 있다(Cresswell 2006a; Sheller and Urry 2006). 그러나 마스턴 등은 이를 고무적으로 받아들이지 않았다.

> 그러나 우리는 세계를 단순히 유동성으로 뒤덮어 버리면서 사회적 삶과 공간에서 뒤엉켜 있는 다양한 장애, 고착, 조합(물질적 대상에서부터 행위와 말에 이르기까지 모든 것)을 무시해 버리는 그의 귀납적 시각화를 문제시하고자 한다. 유동적 사고가 해체하고자 한 메타 공간 범주가 아니라 이 같이 무효화된 대상을 내제하는 것을 (만일 있기라도 할 경우) 구분해 내기란 여전히 어렵다. 따라서 글로벌에 부여되는 경향성, 전형적인 범주(여기서

는 "세계도시"와 "세계화")는 슬그머니 빠져 나가버린다. 거의 사라져가는 개념이 그런 범
주들을 무의미하게 만들어야 할 흐름을 오히려 구축하고 고정시킨 것이다. (Marston *et al*.
2005: 423)

스케일에 대한 대안을 무효화시켜 버리면서 마스턴 등은 단일 지점에 고정된 공간적 존
재론을 개발하기에 이른다. 그것은 "위계나 무한함을 미리 결정짓는 것을 피하고자 하는 사
건―공간을 생산하는, 지역화된 동시에 지역화되지 않은 사건―관계"이다(Marston *et al*.
2005: 425). 어떤 점에서 보면 이런 사유 방식은 장거리 자동차 여행에서 언제나 유명한 바
로 그 문구인 "당신이 어디 있든지 그것이 바로 당신이다"와 별반 다르지 않다. 그것은 우리
가 있는 곳이 정확히 우리의 존재가 됨을 주장하는 접근이며, 설명을 구하기 위해 즉각적으
로 뛰어 오르거나 밖으로 나가는 것을 거부하는 것이다. 이 세상은 무한한 일련의 지점들의
연속으로, 그 점들은 관련될 수도 있고 안 될 수도 있다. 이런 지점들은 그 안에서나 다른 장
소에서 (그 역시 똑같이 점이나 지점이다) 발생한 사건이나 사물의 결과물이다. 따라서 무언
가를 가져다줄 거라고 기대할 만한 "글로벌"이란 없다. 오직 점들만 있을 뿐이다. 마스턴 등
에게 있어서 이는 특정한 정치를 수반하는 것이다. 곧 지금 여기 너머 항상 어딘가 위에 있을
것이라고 여겨지는 신비로운 힘 따위를 상정하는 모든 설명을 거부하는 정치다.

이런 접근에서 "글로벌"과 그에서 파생된 담론들은 마치 외주화의 희생자들은 그 누구도
원망할 이유가 없다고, 자신을 원망하는 것이 차라리 더 나은 상황이라는 점을 보증하는
셈이 된다. 더 거시적인 차원의 신비화 역시 같은 담론적 효과를 지닌다. 예를 들어 외주화
에 대한 인터뷰를 할 때 보면 관리자들은 자신들과 자신들의 회사가 져야 하는 사회적 책
임을 덜어주는 방편으로 "지구화"를 옹호한다. 기업이 이와 같은 결정을 내리게 되는 맥락
은 공간적으로 그다지 광범위하지 않다. 실제로 중역 회의실과 같은 사회적 지점은 그에
상응하는 광범위한 사회적 지점들에 기반하고 있는데, 이 지점들은 온갖 종류의 실천과
명령, 근로자와 원장(ledger)등에 그야말로 "다양하게 투사"되어 있다. 그러나 중역 회의실
을 글로벌 기업으로 상상적으로 치환하는 것은 명령을 내리는 지점이 어디인지 모호하게
만든다. 물론 그런 명령을 내리지 않을 수도 있다는 가능성도 말이다. (Marston *et al*. 2005:
427)

마스턴 등이 쓴 논문은 많은 이들을 당황케 했다. 긍정적인 반응도 있었지만 이 논문에 대
한 일련의 반응들은 어떤 식으로든 스케일을 옹호하고자 했다(Collinge 2006; Jonas 2006;

Leitner and Miller 2007). 그러나 스케일에 대항하는 이 같은 주장은 관계적 인식론이라는 더 거시적인 이론 분야의 일부분에 불과하다. 이 분야에 속하는 주장들은 때론 서로 상충하기도 한다. 예를 들어 앞에서 말한 마스턴 등이 주장한 편평한 인식론의 가능성을 정치이론가 제인 베넷(Jane Bennett)이 그녀의 저서『활기찬 물질(*Vibrant Matter*)』에서 한 주장과 비교해볼 만하다. 제인 베넷은 2003년 미국 북동부에서 발생한 광범위한 정전사태를 사례로 들어 소위 말하는 "분산된 행위주체성"을 다음과 같이 설명하고 있다.

> … 전력망은 다음과 같은 행위자들의 역동적 조합으로 이해하는 편이 낫다. 그중 몇 가지 행위자들을 말해보자면 석탄, 땀, 전자기장, 컴퓨터 프로그램, 전류, 이윤창출 동기, 열, 라이프 스타일, 핵연료, 플라스틱, 숙련도에 대한 환상, 고정, 입법, 물, 경제이론, 전선, 나무 등이다. (Bennett 2010: 25)

사물을 구성하는 이런 복잡한 조합이 붕괴될 때 제기되는 한 가지 질문은, 바로 누구에게 (또는 무엇에게) 이 모든 책임을 물어야 하는지다. 그 대답은 매우 복잡하고 행위주체성처럼 여러 곳에 분산되어 있다. 만일 행위를 할 수 있는 능력이 (이 사례에서는 전기를 생산하고 배급하는 능력이) 네트워크상의 여러 행위자들에 걸쳐 분산되어 있다면 붕괴에 대한 책임도 마찬가지로 분산되어 있다.

> 행위주체성 연합이라는 인식은 책임공방을 확실히 희석시키기는 하지만 그렇다고 해서 (아렌트가 말한) 위해한 결과의 원천을 가려내는 작업을 포기하는 것은 아니다. 그와 반대로 이 같은 인식은 그 원천을 찾기 위한 범위를 오히려 확장한다. 사건들의 연결고리를 장기적인 관점에서 살핀다. 예를 들어 이기적인 의도, 공공의 비극을 생산하는 반면 에너지 무역에서는 유리한 기회를 제시하는 에너지 정책, 미국의 에너지 사용과 미제국주의, 반미주의 간의 연결고리를 용인하는 데 대한 심리적 저항을 살펴보기도 하지만, 이와 함께 고도로 소비지향적인 사회 인프라를 구축하는 견고한 방향성, 불안정한 전류, 통제하기 힘들게 번져나가는 들불, 도시외곽으로 확장되는 주택난, 그리고 이런 현상들이 모여서 만들어내는 조합에 이르기까지 광범위한 원인들을 파헤친다 (Bennett 2010: 37)

마스턴 등과 베넷은 매우 유사한 인식론을 옹호하고 있다. 마스턴 등이 편평한 인식론이 외주화의 피해자들에게 비난받을 이가 누구인지를 구체적으로 제시해 준다고 한 반면(무조건 거시적인 스케일의 "글로벌화"를 탓하는 대신), 베넷은 그와 유사한 인식론은 비난을 분산시킨다고 주장함으로써 예를 들어 기업의 욕심을 탓하는 것이 전선을 따라 흐르는 전자를 탓하거나 브룩클린에서 전기를 켜는 그 누군가를 탓하는 것보다 더 유의미하다고 말할 분명한 근거는 없다고 한다. 이런 점에서 베넷이 인지한 바와 같이 분산된 행위주체성이라는 인식은 정치적으로 무력할 수 있다. 일이 잘못되었을 경우 분명하고 명백한 책임 소재를 제시하는 것이 훨씬 더 쉬운 일이다.

　"편평한 인식론"이라는 아이디어는 영역(territory)과 지역(region)에 대하여 비판적인 인식을 발전시켜 온 정치지리학자들에게 특별히 문제시되었다(Jones and MacLeod 2004; Jones 2009). 그중 마틴 존스(Martin Jones)의 연구는 특히 시사하는 바가 많다. 존스는 공간과 스케일에 대한 관계적 사유에 완전히 반대한 것이 아니라 영역과 지역의 특별한 중요성을 주장하고자 했다. 그의 주장에 따르면, 관계적 접근은 영역과 지역을 허수아비처럼 만들어서 대체할 필요가 있는 정적인 개념으로 설정한다. 마틴에 의하면 정치적 행위자는 끊임없이 공간이 영역적으로 형성된다고 가정하고 그렇게 생각한대로 행동한다. 그가 주장하기를, 영역이란 정치, 경제, 문화적 실천을 통해 항상 만들어지는 과정 중이고 재형성된다. 이와 비슷하게 많은 관계적 사상가들이 선호하는 네트워크 역시 항상 유동적이고 역동적인 것만은 아니다. 네트워크 역시 나름대로 고정적 요소나 결절지, 궤도, 계류지점을 가지고 있다. 존스와 다른 이들이 제기한 또 다른 질문은 아직까지 제대로 구체화되지 않았던 공간이나 장소를 구성하는 "관계"의 본질과 결부된다. 이런 관계란 도대체 무엇인가? 관계된다는 것은 구체적으로 무엇을 뜻하는가? 어째서 어떤 것은 (예를 들어 장소는) 관계에 있어서 풍성하나 또 다른 것은 관계적으로 빈약하다고 말하는가? 도대체 누가 관계를 만들어내는가? 비관계적인 것은 없단 말인가? 존스는 어떤 것들은 관계를 맺게 되고 다른 것들은 그렇지 않게 되는지 그 구조적인 이유가 있을 수 있다고 한다. 존스의 주장의 핵심은 관계적 공간과 영역이나 지역의 형태 간의 상호관계를 사유할 때 시간성을 고려해야 할 필요가 있다는 것이다. 그는 물리학에서 빌려온 위상 공간(phase space)이라는 표현을 사용했다. 위상 공간은 공간적 가능성들의 특정한 조합이 미래의 어떤 시점에서 새로운 배열을 유도하는 방식에 대해 설명한다. 존스에 의하면 공간은 "끈적거리며" 사물은 그런 끈적이는 공간에 붙어 있거나 뿌리내리게 된다고 한다. 이는 오랜 시간 동안 (제도, 불가항력 등의) 구조와 (개인적 행위의) 행위주체성 간의 익숙한 상호작용을 거치면서 접혀 있는 형태의 공간과 사회를 만들어낸다.

　　사회공간적 관계는 … 속속들이 과정적이며, 구조적 결정주의나 즉흥적인 자유주의(voluntarism)가 아닌 능동적으로 차별화되며 끊임없이 진화하는 제도, 영역, 규율적 행위

들의 (⋯) 그물망 안에서 기존의 공간적 구조와 새롭게 발생하는 공간적 전략들의 상호변형적
인 진화를 통해 생산된 광범위한 힘들이 취한 전략적 주도의 현실적 결과물이다. 요컨대,
구성되며 항상 새롭게 등장하는 공간은 미래의 궤도를 조형하는 데 중요한 역할을 한다.
(Jones 2009: 497-498)

위상 공간은 현존하는 공간적 배열이 무궁무진하게 다양한 미래의 가능성, 곧 다음번에
일어날 일들의 각종 다양한 버전을 그 안에 내포하고 있다고 설명한다. 또한 관계적 이론가
늘이 그토록 완벽하게 분해하고자 했던 경계 지어진 공간과 영역을 다시금 조명했다.

… 그것은 특정한 투쟁을 통해 제도화되고 정치, 경제, 문화의 영역에서 주변과는 분절된
영역으로 확인되는 실질적인 경계가 둘러진 공간이 분석의 대상으로서 존재할 수도 있음
을 인정하는 것을 포함한다. (Jones 2009: 501)

비재현이론

관계적 사유 중 가장 새로우면서도 논쟁적인 버전은 아마도 **비재현이론**(nonrepresent-
ational theory, NRT)일 것이다(Thrift 2008; Anderson and Harrison 2010b). 관계적 지리는
일반적으로 구조적 힘과 실천을 통해 세계를 반듯하게 잘라진 조각들로 나누는 관점과는 가
능한 최대한의 거리를 두고자 해 왔다. 딱딱한 건축물보다는 연결과 흐름, 네트워크에 대한
지리적 상상이 관계적 지리를 구성해 왔다. 비재현이론 역시 이런 경향의 연장선상에 있다.
"비재현이론"이라는 용어는 약간 부적절한 용어다. 이는 확실히 하나의 이론이 아니다. 이
는 세계에 대한 태도 내지는 나이젤 스리프트(Nigel Thrift)가 말한 것처럼 일종의 스타일이
다. 또한 비재현이론이라는 이름으로 한데 묶인 사람들도 그 강조점과 핵심 내용에 있어서
서로 의견을 달리한다는 점도 분명하다. 이런 점에서 비재현이론은 세계에 대한 여러 가지
공유된 접근을 일컫는다고 볼 수 있다. 그중 가장 중요한 것은 세계를 살아있는 것으로, **생동**
하고 있는 상태로 사유하고자 하는 욕망일 것이다. 비재현이론가들에 따르면, 기존의 접근
은 세계를 죽은 것으로 취급하는 경향이 있다. 곧 이미 완료된 것으로 간주하는 경향 말이다.
어떤 면에서 세계는 이미 완벽한 것처럼 제시된다. 여기서 창조적인 움직임을 위한 공간은

거의 없게 된다. 이 세계를 생생하고 생동감 넘치게 만드는 것이 바로 창조적 움직임이며, 비재현이론가들에 의하면 이는 도처에 존재한다. 이 세계를 죽은 것으로 만드는 것 중 하나가 바로 재현, 또는 문화지리학자들이 강조하는 재현이다.

비재현이론은 포스트구조주의의 결과물이자(Doel 2010) 구조주의의 일부 요소에 대한 비판이기도 하다. 비재현이론은 관계성을 추구하고 구조주의적 결정론에 대한 지지를 거부한다는 점에서 포스트구조주의적이다. 그러나 초기 포스트구조주의 지리학이 치중했던 소위 말하는 세계의 "텍스트성"이라는 측면에 대해서는 비판적이다. 예를 들어 10장에서 살펴본 것처럼 푸코의 담론에 대한 인식은 "진실"을 담론적으로 구성한다. 또 다른 한편 자크 데리다(Jaques Derrida)는 "텍스트 바깥에는 아무것도 없다"(Derrida 1976: 158)고 주장함으로써, 텍스트가 아닌 것은 하나도 없음을, 곧 텍스트를 해석하기 위해 참고할 만한 선험적인 것은 (즉 "현실"이라 불리는 것은) 없을 수도 있음을 지적했다. 설명을 위해 의존할 만한 그 어떤 심층적인 것의 존재도 부정하는 것이야말로 전통적인 포스트구조주의 언설이다. 이에 대해서는 비재현이론의 추종자들 사이에서도 아마 논쟁의 여지가 없을 것이다. 그러나 이들의 심기를 건드리는 것은 바로 "텍스트"라는 용어의 사용이다. 이들은 푸코의 "담론" 구성과 유사한 문제에 봉착했다. "텍스트"와 "담론" 모두 그 용어의 일상적 의미 이상을 내포하고 있다. 둘 다 그저 말이나 글을 의미하는 것이 아니다. 그러나 두 용어의 어원은 각각 글쓰기와 말하기라는 방식에서 발전된 사유에서 유래하고 있다. 두 용어는 언어라는 측면에서 이 세계를 사유하는 특별하고도 상당히 지적인 방식이 중요하다는 것을 강조한다. 세계가 담론적이라거나 텍스트적이라는 발상은 수많은 포스트구조주의 지리학자들의 연구에서 (특히 사회문화지리학에서) 핵심적인 아이디어가 되어 왔다. 이들은 이 세계의 가장 중요한 측면이 바로 "본질"이란 없으며 사회적으로 구성될 뿐이라는 점이라고 보았다. 스리프트도 "후기"라는 글에서 자기 아버지의 죽음을 다음과 같이 성찰한다.

> … 내 아버지는 착한 일을 많이 한 좋은 사람이었다. 아마 최고 중의 최고라고 나는 생각한다. 아버지가 거의 한 번도 한 적이 없는 일이 바로 글을 쓰는 것이었는데, 예전 같았으면 나는 이를 문제라고 여겼을 텐데 지금은 후대의 엄청난 생색으로부터 아버지를 변호하고자 아버지의 인생을 순서대로 문자화하는 것이야말로 어떤 점에서는 또 다른 형태의 생색에 불과할지도 모른다는 생각이 든다. 다시 말해 나는 아버지가 과연 글을 쓸 필요조차 있었을지 의문이다. 다른 표현으로 말하자면 그가 남긴 유산―아버지가 우리에게 물려준 몸에 밴 몸가짐들, 일상의 훈계들, 넓은 아량, 세상을 향한 아버지의 전반적인 태도 등―

을 드러내고 가치를 평가하기 위해 과연 글이라는 형태가 필요하기나 한지 모르겠다. 이런
식으로 보자면 그의 생이 글로 써질 필요성이 줄어든다. (Thrift 2000: 213)

이 글과 다른 글에서 스리프트는 이 현재진행형의 세계에 대한 문자적 재현(또는 그 외의 다
른 형태의 재현) 외에 다른 점들을 고려하는 비재현적 스타일을 촉구한다. 스리프트의 주장
에 따르면, 이 세계는 살아있으며 현재진행형이고 (잠재적으로) 뜻밖의 사건들로 가득 차 있
다. 그는 "텍스트"나 "담론"과 같은 아이디어를 통해 사물의 가치를 매기고 사유하는 것은
일종의 엘리트주의적 지적 자만심이라고 평가한다.

> 예전에 쓴 책과 글에서 … 나는 대안적인 "비재현적" 연구 스타일을 사용할 것을 주장한
> 바 있다. 내가 "스타일"이라는 용어를 의도적으로 사용함에 주목하라. 이는 현재 만들어
> 지고 있는 새로운 이론적 체계가 아니라 일상에서 발생하는 실천적 활동을 평가하고 연구
> 하기 위한 하나의 수단이다. 이런 연구 스타일은 사람과 자아와 세계를 형성하는 공유된
> 실천과 기술을 운문처럼 엮음으로써 개인의 행위라는 관점에서 삶을 고찰함으로써 지배
> 적인 경향에 저항하고자 한다. 이런 점에서 이런 스타일은 반인지주의적이며, 보다 확장
> 해 보자면 반엘리트주의를 추구한다. (Thrift 2000: 215-216)

비재현이론은 (우리는 여전히 "이론"의 세계에서 살고 있다는 스리프트의 주장에도 불구
하고) 세계가 텍스트로 구성되어 있다는 아이디어에 저항하며 대신 세계가 작동하는 방식에
있어서 창조적 순간과 뜻밖의 일을 고찰한다. 중요한 것은 우리가 어떻게 생각하고 글을 쓰
냐가 아니라 우리가 무엇을 하느냐이다. 이런 입장은 기호와 상징, 텍스트가 이 "세계"를 기
표화하고 구조화한다는 입장에 반대한다.

> 세계와 그 의미. 이 이분법에는 대가가 있다. 한편으로 저쪽에는 실재의 "복잡 미묘한" 세
> 계가 있는 반면, 다른 한편으로 이쪽에는 의미와 가치를 부여하는 기호와 재현과 구성물
> 이 있다. 이는 전형적인 유클리드적 이분법이다. 일단 한번 정립되고 나면 이 세상의 실
> 천과 사건들로부터 이미와 가치가 어떻게 출현하는지 알 수 없게 되며, 우리의 지각은 어
> 디로부터 오는 것인지도, 진짜로 구성된 것이 어떻게 현실화되는지도 알 수 없게 된다.
> (Anderson and Harrison 2010a: 6)

비재현이론은 기호, 텍스트, 재현을 조심스럽게 구석으로 몰아내고 다른 이론적 구성물
을 중심으로 가져다 놓는다. 이런 구성물 중 핵심적 개념은 바로 **사건**(event)이다. 사건이란

"잠재성을 생산하는 순간적인 맥락과 궁지"다(Thrift 2000: 214). 세계가 어떻게 작동하는지를 이론화하는 많은 이들은 이런 맥락과 궁지에 대해 거의 주의를 기울이지 않았다(물론 인본주의 지리학은 약간의 주의를 기울였지만 말이다). 스리프트에 따르면, 세계란 현재 진행 중인 사건들의 연속이며 모든 사건에는 제약이 있다. "사건은 정확히 반복성(iterability)을 담보하려고 구성되어 있는 권력 네트워크 속에서 발생할 수밖에 없다. 그러나 내가 주장하려는 바는, 사건이 단순한 사실 그 자체만으로 끝나지는 않는다는 점이다"(Thrift 2000: 217). 여기에는 인생의 작은 순간을 결정하거나 중재하거나 야기하는 체계적 힘을 벗어나려는 분명한 시도가 있다.

비재현이론은 사건에 주목함으로써 이미 완료되었다는 생각을 재고하고 끊임없이 **생동**하는 상태로 다시금 우리의 이목을 집중시키고자 한다. 이런 시도가 가장 잘 드러나는 상황이 아마도 일상의 삶에서 예상하지 못했던 일들로 인해 놀라는 때일 것이다. 그러나 사건이라는 아이디어가 가장 강력한 힘을 발휘하는 경우는 **정말** "끝난 것"처럼 보이는 것에 이 개념을 적용할 때다. 예를 들어 도시공간의 물리적 구조는 일련의 구조적 제약과 결정인 것으로 종종 제시된다. 이것이 바로 미셸 드 세르토(Michel de Certeau)가 걷기의 놀라운 창조성에 대한 설명에서 도시공간을 제시한 방식이다. 그의 설명에 의하면, 걷는 사람을 둘러싼 건축공간은 그 보행인의 행동을 구조화하려는 시도인 반면, 생명으로 충만한 것은 바로 걷기의 전략적 창조성이다. 그러나 만일 그 건축물을 사건으로 본다면 어떻게 될까? 이것이 바로 제인 제이콥스(Jane Jacobs)가 마천루를 (또는 모든 유형의 건축 공간을) 설명한 방식이다.

> … 건물의 물질성은 관계적 효과를 가진다. 그것의 "사물임(thing-ness)"은 연관의 다양한 네트워크의 성취물이다. 이것이 바로 우리가 그 건물을 단순히 건물이 아니라 **건물사건**으로 사유하는 방식이 될 수 있을 것이다. 이런 방식으로 인식하면 건물은 항상 "만들어"지고 있는 중이거나 "만들어지지 않고" 있는 중이며, 항상 여럿을 동시에 묶어주거나 분리하는 작업을 하게 된다. (Jacobs 2006: 11)

이를 가장 잘 보여주는 사례는 아마도 9장에서 논의한 바 있는 세인트루이스의 공공주택 프루이트 아이고일 것이다. 이 사례 말고 제이콥스는 또 다른 거대한 실패 사례에 초점을 맞추었다. 그것은 바로 런던의 22층짜리 건물인 로난 포인트(Ronan Point) 붕괴이다. 이 고층건물은 "완공"된 지 불과 두 달 만에 붕괴되었다. 제이콥스는 고층건물 붕괴라는 큰 사건을 추적하는 한편, 90호 거주자가 가스 스토브를 제대로 잠그지 않았던 사실과 같은 일련의 작은 사건들이 어떻게 연관되어 있는지도 조사했다. 가스 스토브를 제대로 잠그지 않았던 행위는 가스 폭발로 이어졌고 그 폭발은 건물 지지벽을 파괴해서 마침내 건물 전체의 붕괴를 가져왔다. 제이콥스는 어떻게 여러 사건들이 중첩되어서 하나의 큰 사건, 곧 폭발을 만들어내는지를 보여준다. 이 과정 전체에서 핵심 원인은 붕괴 가능성이 있는 취약한 건물 구조였다. 따라서 거대한 고층건물이었던 로난 포인트는 예상을 넘어서는 붕괴를 야기한 여러 겹의 사건들로 볼 수 있다. 드 세르토의 논의로 돌아가서, 이런 사례에서 볼 때 도시의 건축은 견고한 구조와는 매우 거리가 멀며, 건축뿐 아니라 도시의 구석구석이 도시 보행자의 움직임처럼 예상을 할 수 없는 것들로 잠재적으로 채워져 있다. 여기서 말하고자 하는 바는 유동성이나 민첩한 흐름과 대비되는 견고한 정체를 옹호하고자 하는 것이 아니다. 다양한 속도로 발생하는 다양한 잠재성의 조합을 정교화하자는 것이다. 이것이 듀스베리(J. D. Dewsbury)의 제안이다.

> 당신이 통과하는 (또는 당신이 안에 있는) 건물을 예로 들어 보자. 그것을 모여 있도록 만드는 흐름의 속도는 어떠한가? 그 건물은 영구적인 것처럼 보일 것이다. 최소한 당신보다 수명이 더 짧아보이진 않는다. 그럼에도 불구하고 그 건물은 유한하다. 당신이 거기 있는 동안에도 그 건물은 붕괴되고 있는 중이다. (바라건대) 매우 천천히 일어나고 있는 것일 뿐이다. (Dewsbury 2000: 487)

이런 방식의 사유는 "물질적"이라는 용어로 보통 표현되는 개념에 대해 재고해보도록 만든다. 이 용어는 단단한 고체의 느낌을 나타내는 데 자주 쓰인다. "구체적"이라는 용어는 종종 "물질적"이라는 용어가 의미하는 바를 떠올리도록 만든다. 물질적인 것은 보다 유연하고 실체를 결여한 듯한 "비물질적" 세계와 대비되곤 한다. 앨런 라탐(Alan Latham)과 데릭 매코맥(Derek McCormack)은 이런 구분을 반박하면서 대신 초물질적으로 소리와 빛 등의 침투적 물질성(pervasive materiality)을 주장하는 동시에 "무형적인 것의 초과적[2] 잠재력"을 지적했다.

> 이는 특히나 구체적인 것 자체가 또는 실제로 그 어떤 건축 물질도 "무생물"이 아니기 때문이다. 그것은 물질과 에너지의 특정한 총합이다. 그것은 감정, 기분, 정동(affect)과 같은 "무형적인" 것처럼 보이는 것과 마찬가지로 "실제적"이다. 물론 지속기간과 일관성의 한

---

2 초과(excessive)는 재현을 통해 설명할 수 있는 것을 넘어서는 부분을 의미한다. 곧 재현 이전의 또는 재현 너머의 특징을 지칭한다. (역주)

계점이 다르겠지만 말이다. … 따라서 물질성의 중요성을 주창하는 것은 단지 대상에 대한 더 신중한 고려라기보다는 이동과 속도, 느림이 지닌 차별적인 관계와 지속성에 대한 이해를 주창하는 것이다. (Latham and McCormack 2004: 705)

비재현이론을 추종하는 지리학자들에게 있어서 세계란 예상치 못함으로 가득 찬 곳이다. 어떤 일이 발생하건 그 일이 예상을 벗어나서 진행될 잠재성은 항상 있기 때문에, 모든 일은 정말로 결정되어 있지 않다.

비재현이론의 또 다른 핵심 개념은 **정동**(情動, affect)이다(McCormack 2003; Thrift 2004; Anderson 2006). 정동이라는 용어가 정확히 무엇을 의미한다고 말하기는 쉽지 않다. 이 용어는 더 익숙한 개념인 감정이나 기분 등과 혼용되기도 한다. 정신분석학적 연구를 하는 인문학자, 여성학자, 지리학자들은 이 말을 주로 인간의 감정적 능력을 나타낼 때 사용한다(Tuan 1974; Davidson, Bondi, and Smith 2005; Bondi 2008). 벤 앤더슨(Ben Anderson)은 이 정동이라는 개념을 사용함으로써 감정(emotion)이 온전히 개인적인 차원의 개념이라든가 아니면 그 반대로 **사회적 구성물**이라는 관점을 탈피하고자 했다. 그에 의하면 정동은 사물 간의 관계의 산물이다(Anderson 2006). 하나의 몸은 (인간이든 다른 그 무엇이든) 다른 몸에 대응하여 동작한다. 이 몸을 관통하는 그 무엇이 있는데 이것이 바로 정동의 순간이다. 이런 관점에서 볼 때 "세계는 수십억 가지 행복하거나 불행한 조우들로 이루어져 있는데, 그 조우들은 "셀 수 없이 많이 교차하는 경로"로 구성되어 있는 정신과 육체의 결합을 의미한다"(Thrift 1999: 302).

정동은 감정 이전에 느껴진다는 점에서 감정과 차별화된다. 감정은 개별적인 육체가 사회문화적으로 결정된 의미를 정동에 부여함으로써 정동을 이해하는 방식이라고 볼 수 있다. 정동의 사례로는 특정 상황에 처할 때 척추가 전율하는 것 또는 육체적 경험을 통해 느끼는 역겨움 등을 들 수 있다. 이는 감정으로 번역될 때 공포 또는 혐오라고 이해된다. 정동은 관계적이면서 (맞닥뜨림으로써 나타나므로) 동시에 전(前)재현적이다. 매코맥은 춤을 사례로 하여 정동과 감정의 차이를 다음과 같이 설명한다.

당신이 어떤 무도회장에 들어서는 경우를 생각해보자. 그곳은 드럼과 베이스기타가 있는 클럽일 수도 있고 오후의 티 댄스일 수도 있다. 어떤 춤을 추고 있든 간에 몸이 움직이고 있는 그 공간의 정동적 성격은 단순히 개인적인 어떤 것만은 아니다. 그것은 음악과 (물론 음악이 꼭 필요한 건 아니지만) 조명, 음향, 육체, 동작, 어떤 경우는 여러 종류의 향정신성

물질이 뒤섞인 복합적인 결과물이다. … 분명한 것은 이 정동의 강렬함은 느낄 수 있으며 (당신이 이를 좋아하는지 아닌지는 또 다른 문제이다. 어쨌든 당신은 마음 깊은 곳에서부터 이를 느낄 수 있다), 이런 느낌은 앞에서 열거한 요소들의 수준 변화에 따라 조절될 수 있다. 이런 느껴짐이 어느 정도로 감정적인 것인지는 얼마나 잘 표현되는지에 달려 있다. 만일 인터뷰어가 춤을 추고 나서 기분이 어떠냐고 물어본다면 당신은 특정한 감정을 지목함으로써 이 느낌을 표현하려고 할 것이다. 예를 들어 "나는 행복하다." 우리는 행복이라는 감정을 느낀다는 것이 무엇인지에 대한 집단적 이해를 가지고 있으므로 (비록 모호할지라도) 이런 지목이 무엇을 의미하는지 이해할 수 있게 된다. (McCormack 2008: 1827–1828)

사건과 정동은 비재현이론의 핵심을 이루는 두 개념이다. 이 두 개념은 다른 아이디어들과 결합하여 사물의 유동성, 곧 현실적이고 과정적인(완료되고 고정된 것과 반대되는) 측면을, 의미의 생산이 항상 진행 중임을(미리 정립된 시스템과 구조를 통해서가 아니라), 관계적인 인식론을(본질주의가 아니라), 세계와의 습관적인 상호작용을("의식적인" 상호작용이 아니라), 예상 밖의 일이 발생할 가능성을(미리 결정되어 있는 것이 아니라), 인간과 그 너머를 포함하는 넓은 의미의 생명의 정의를(인간 중심적인 정의가 아니라), 모든 것이 "사회적인 것"을 끊임없이 생산한다는 포괄적인 물질성을(이미 결정된 "사회적인 것"이 다른 모든 것을 구성하는 것이 아니라) 주장한다.

그렇다면 비재현이론이 경험적 영역에서는 어떻게 활용되어 왔을까? 여기서는 여러 비재현이론의 적용 영역 중 두 가지 사례에 초점을 두도록 한다. 첫째 사례는 창조적인 잠재성에 초점을 두며, 둘째는 정동 공학(engineering)의 어두운 측면에 초점을 둔다.

스리프트는 춤에 대한 글에서 춤에는 재현 및 그 재현의 의미를 넘어선 무언가가 있다고 주장했다. 그의 주장에 따르면, 춤은 일종의 놀이며 이 놀이에는 생산적인 부분이 있다(Thrift 1997). 그가 주목하는 것은 사회과학에서 춤에 대한 연구가 부재하다는 점인데, 스리프트에 의하면 그 이유는 춤이 놀이의 일종이므로 놀이야말로 중요하지 않고 쓸데없다고 치부되어서 진지하게 받아들여지지 않았기 때문이었다. 스리프트는 놀이는 그 자체 외에는 그 무엇도 기표하지 않는다고 주장한다. 놀이의 규칙은 게임 안에 포함되어 있지 게임 자체를 규정하지 않는다. 스리프트는 지리학자들이 놀이처럼 하찮게 여겨지는 춤을 심각하게 고려할 것을 요청했다.

이듬해 발표된 스리프트의 글은 춤에 대한 비재현적 지리와 재현적 지리를 비교하면서 춤을 지리학자들이 다루는 소소한 주제의 중심적 주제로 부각시켰다(Latham 1999; Nash 2000; McCormack 2003; Revill 2004; Cresswell 2006b; Somdahl-Sands 2006). 매코맥은 이 책에 대한 서평에서 이를 데이비드 시몬(David Seamon)의 현상학적 연구와 해거스트란트의 시간지리학 연구를 포괄하는 전통 속에 위치시켰다. 매코맥에 의하면 춤출 때 몸의 움직임의 정치는 미리 알 수 없으며 미리 결정되지 않는다. 춤추는 맥락을 통해서 설명될 수 있는 것을 초과하는 그 무엇이 항상 있으며, 예상 밖이거나 창조적 순간의 정도는 바로 이런 초과하는 부분에 달려 있다. 매코맥은 탱고의 지리를 고찰한다. 그도 인정하기를 탱고는 아르헨티나에 대한 상상의 지리에 깊이 연루되어 있으며 나아가 남성이 일련의 미리 주어진 동작을 통해 여성을 주도한다는 점에서 매우 젠더화된 실천이라고 볼 수 있다. 그러나 매번 탱고를 출 때마다 드러나는 사실이지만 탱고에 있어서 재현을 통해서는 설명될 수 없는 부분이 항상 존재한다.

> 이는 모든 춤추는 방식이 비슷하게 독창적이라는 뜻이 아니다. 어떤 춤사위는 다른 것에 비해 유독 더 규율적이며 이는 주로 춤이 일어나는 문화적 맥락에 달려 있다. 그렇다고 독창성이 문화적 맥락과 대립적이라는 뜻도 아니다. 오히려 춤추는 몸의 독창성은 그 움직임이 속한 문화적 맥락이 만들어내는 제약에 의해 더 활성화된다. 핵심은 춤이 반드시 주어진 문화적 정체성을 무의식적으로 재생산하는 것은 아니라는 점이다. 춤은 문화적 정체성을 능동적으로 재조정한다. 비록 작은 스케일이긴 하지만 문화적 정체성에 있어서 만져볼 수 있는 육체성 부분을 말이다. (McCormack 2008: 1827)

비재현이론에서 춤은 공간과 행위에 표현과 창조적 힘을 부여하는 방식 중 하나다. 주로 춤은 구조적 결정으로부터 자유로운 인생의 순간을 지칭할 때 사용되며, 환희와 예상 밖의 일들이 넘쳐나는 가능성으로 가득 차 있다. 라탐은 다음의 수려한 문장을 통해 그런 순간을 포착한다.

> 1993년 11월 동베를린. 겨울의 어둠을 뚫고 하늘 높이 쏘아진 한 줄기 빛. 얇게 덮인 눈이 눈부시도록 하얗게 반짝이며 광장을 뒤덮고 있다. 송장처럼 낡은 바르트부르크 (Wartburg)[3] 한 대와 쓰레기 조각들은 사방에 먼지를 흩날리고 있다. 우리 뒤로는 폐허가

3　바르트부르크는 독일 아이제나흐에 있는 성 이름이자 동서 분단 시절 구동독을 대표하는 유서 깊은 자동차 회사 이름이다. (역주)

공간 위로 부드럽게 늘어져 있는데, 그 측면에 나 있는 구멍은 그 연대를 녹여 버리고 있었다. … 나는 호기심으로 가득 찼고 환희에 들떴으며 약간은 두렵기도 했다. 이곳은 그야말로 특별한 장소다. 방향감각을 살짝 잃게 만드는 구 산업지구의 동화와 같은 경관이다. 저 멀리 뒤에서, 쭈글쭈글한 낡은 강철 울타리를 넘어 근처 호텔과 가게에서 뿜어져 나오는 빛은 밤 속으로 희미하게 퍼져 간다. 이 사랑스러운 장소를 배회하는 내 장화 밑에서 눈이 뽀드득 으깨어진다. 내 여자친구와 나, 우리는 나무로 허접하게 만든 무대 위에서 춤을 춘다. 그 무대는 2개의 괴상하게 장식된 강철 기둥(하나는 매표소라고 써 있다. 아무것도 팔 것이 없어 보이지만 말이다) 옆에, 폐허의 그림자 아래에 설치되어 있다. 무대 뒤에는 칠이 다 벗겨진 고물 밴이 지친 야수처럼 눈 위에 입을 벌린 채 쪼그리고 앉아 있다. 그보다 작은 생명체가 그 옆에 앉아 있다. 길고 각진 눈을 가진 그 생명체는 멍하니 나를 뒤돌아본다. 모든 것은 어디론가로부터 온다. 모든 것은 무언가 다른 것이었다. 좀 더 멀리 가보면 뼈대만 앙상하게 남은 오래된 버스 한 대가, 마치 그 무게로 인해 그 아래에 있는 땅이 갑자기 모래 늪으로 변한 것처럼 보이도록 그 후미 부분은 땅 속에 깊이 파묻힌 채, 자유로워지고자 스스로를 곧추세우느라 애쓰고 있다. 우리는 이 버스 주변을 돌며 그 화석화된 장엄함을 찬양한다. 그리고는 우리가 방금 경험한 공간의 경이로움으로 끝없이 수놓아진 저 앞에 있는 도시의 희미한 불빛을 향해 나아간다. (Latham 1999: 161)

라탐은 이 환희와 춤의 경험을 자극을 주는 데 실패하고 부쩍 죽은 공간으로 묘사되는 도시에 대한 글과 대조했다. 라탐은 매우 개인적인 기쁨에 가득 찬 순간을 아름답게 떠올림으로써, 도시공간이 일상적 경이로움과 놀라움을 유발하는 순간을 탐색했다. 도시에 대한 이와 같은 접근은 순진한 낭만주의라고 비판받을 수 있다. 이런 시각은 도시의 불평등과 배제를 생산하는 구조적 힘과 도시의 합리성에 깊이 내재된 것을 가려 버린다. 이는 또한 현대 도시 공간에서 작동하는 감시와 규율이 증가하는 현상에 대해서도 거의 아무 말도 하지 않는다. 그러나 도대체 누가 이런 어두운 힘이 공간을 생동하게 만드는 순간보다 더 중요하고 근본적이라고 말할 수 있겠는가?

캐서린 내쉬(Catherine Nash)는 초기 비재현이론의 대두를 설득력 있게 비판하면서, 춤에 관한 연구에는 사유와 재현된 세계를 한편에 두고 선(前)인식적인, 몸의, 수행된 세계를 다른 한편에 두는 잘못된 이분법이 있다는 점을 지적한다(Nash 2000). 내쉬는 일련의 춤 이론가들의 연구를 추적하면서, 춤으로의 전환은 전인식적 상태로 낭만적으로 전환할 것을 선언하는 가장 최근의 시도에 불과하다고 말한다.

… 세계에 대한 매개되지 않은 진정한 관계로 복귀하려는 열망, 사유라는 짐으로부터 자유로운 "원시적" 타자, 예를 들어 춤추는 여인, "이국적인 사람", 시골의 소작농 등이 되려는 열망, "원시"를 옹호하며 근대를 거부하려는 열망. 다른 종류의 시도를 해보려는 내 꿈이 호소하는 것은, 그들이 제공하는 자아에 대한 초월적인 상실과 춤추기와 땅파기의 리듬을 지닌 사회적인 것으로부터의 고독한 탈출이다. 비인지적으로 체현된 실천이라는 아이디어가 함축하는 비사회적인 함의는, 수행 이론에서 말하는 정체성의 코드화된 수행이라는 속속들이 사회적인 특징과는 매우 다른 것이다. 그러나 사유와 행위의 분리는 또 다른 점에서 문제가 있다. 음악처럼 춤은 주로 인종화된 사람들에게 부여된 본능적인 적성과 "자연적" 리듬이라고 보는 본질주의적 독해에 특별히 딱 들어맞는 문화적 형태이자 실천이다. 이 인종화된 사람들이 지닌 "리듬감 있는 동작이 유전적인 성향이라고 가정하는 것은 움직임과 사유, 정신과 육체 간의 이분법에 근거한다"(Desmond 1997b: 41). 말과 권력이 닿지 않는 세계의 그 어딘가에서 춤추는 사람의 이미지는 효과적인 정치적 전략을 위한 모델을 쉽사리 제시하지도, 유용한 문화정치도 제시하지 않는다. 이는 춤이나 수행에 대한 너무 추상적인 논의가 여러 상이한 물질적 몸이 젠더, 계급, 인종, 민족집단을 상이하게 수행하는 방식을 감지하지 못할 때 특히나 그러하다. "팔, 다리, 몸통, 머리를 재빨리 지나 알 수 없는 또는 알지 못하는 것을 애초에 전제로 하는 이론적 의제"로 옮겨 가면서 "몸은 신비하고 유한한 것으로, 그들의 새로운 이론적 입장을 수용하기에 편리한 대상이 되어 버린다"(Foster, Wolff 1995: 81에서 재인용). (Nash 2000: 657)

비재현이론에 대한 내쉬의 비판은, 비재현이론의 춤에 대한 관심을 비판한 것이 아니라 비재현이론이 춤을 다루는 방식을 비판한 것이다. 내쉬는 춤이 벌어지는 재현적 맥락의 중요성에 대해 지속적으로 관심을 기울여야 한다고 주장함과 동시에, 비재현이론 그 자체도 재현 너머 체현된 공간, 그곳에서는 어떤 종류의 자유를 위치지을 수 있는 그런 곳이 어디인지를 추구해 온 재현적 역사의 일부임을 환기시킨다. 재현적 역사는 체현된 것과 재현된 것의 분리라는 쉽사리 유지하기 어려운 아이디어에 기초하고 있다. 어쩌면 결국에는 강조점을 어디에 두냐의 문제일 수도 있다. 재현의 영향을 완전히 부정하는 비재현이론 지리학자들은 거의 없다. 다만, 그들은 재현에 대한 강조가 그동안 너무 만연했기 때문에, 재현 너머의 (또는 재현 이전의) 세계를 인식할 때가 되었음을 강조했을 뿐이다. 이와 비슷하게 비재현적인 그 무엇이 있다는 사실 자체를 아예 받아들이지 않는 지리학자도 거의 없다. 다만 그 상대적인 중요성에 대해서 회의적일 뿐일 것이다.

비재현이론은 (춤과 같은 상황에서) 창조적이거나 초월적인 순간을 강조하기 때문에, 우리는 비재현이론이 항상 즐겁고 창조적인 증거를 찾고자 하는 장밋빛 스타일의 이론이라고 생각할 수도 있다. 그러나 비재현이론은 보기와 달리 소위 말하는 "어두운 감정"을 설명하기 위한 이론과 결합되는 경우도 많다. 예를 들어 비재현이론을 수용한 연구 중 동물 학살, 홀로코스트, 고문에 관한 연구도 있다(Anderson 2010; Roe 2010). 특히 많은 결실을 본 분야는 건축과 보안에 대한 연구다. 피터 애디(Peter Adey)는 정동의 특징에 대한 관심을 훈육과 생체권력과 같은 푸코적 개념과 접목하여 21세기 공항과 그 이외 지역에서 보안이 어떻게 변화하고 있는지를 고찰했다(Adey 2008, 2009). 애디는 정동이 어떻게 공학 분야에 접목되어 공항 건축에 녹아 있는지를 살피는 것은 물론, 이런 공간에서 더욱 중요해지는 보안 절차에도 어떻게 반영되는지를 설명했다. 애디가 관심을 가진 지점은 정동과 감정이라는 개인적인 것으로 간주되는 영역이 어떻게 공항 공간이라는 곳에서 통제와 규율 과정의 일부로 편입되는지다. 그는 이를 다음과 같이 설명한다.

> 공항 청사를 구성하고 있는 일상적 몸동작은 물론, 공포, 슬픔, 그리고 수많은 다른 정동적 표현은 우리가 생각하는 것만큼 권력과 통제와 거리를 두고 있는 것이 아닐지도 모른다. 사실 이런 표현들 중 어떤 것들은 무의식 내지는 선인지적 부분에서 육체적, 감정적 기질을 흥분시키고자 하므로 권력과 통제를 영속화하는 데 핵심적이다. (Adey 2008: 439)

애디는 서양의 국제공항에서 공항이 어떻게 작동하는지를 알아보기 위한 광범한 인터뷰를 포함하여 문화기술지적 현장 연구를 수행했다. 이 연구에서 그는 건축, 이동성, 안전, 정동에 대한 관심을 접목했다. 한 가지 목적은 "질감, 느낌, 조명과 같은 정동적 효과가 인종적 관용과 정동적 표현의 잠재성을 창출하는 공간 디자인에 어떻게 반영되었는지"를 규명하는 것이었다(Adey 2008: 441). 이런 관심으로 인해 공항 건설과 디자인의 세부 사항에 대해서도 주목하게 되었다.

> 특정 공항에서 바닥재로 사용한 물질은 비행에 대한 두려움을 완화하고자 사람들이 안정감을 느끼며 발을 내딛도록 하는 의도를 지닌 채 선택된다. 그 공항 건축가는 그들이 원했던 바를 다음과 같이 서술했다. "양질의 마감과 자연적 소재 … 바닥재로 쓰인 석회석은 좋아 보였다. 하지만 동시에 단단한 느낌을 주기도 했다"(공항 건축가 인터뷰, 2003). 이를 위해 약 1만 개의 석회석 타일을 이탈리아에서 수입했다. 바닥은 매우 반사가 잘 되는 재질이라 정문 유리문을 통해 늘어오는 자연광을 노노 퉝셔냈나. 바닥이 사아내는 이런 느낌은 공항 터미널 전역에서의 움직임을 자극하도록 의도되었다. 사실 공항 측은 이런 바

닥 시공이 보행객들이 상점가를 지날 때 그들을 유인하는 "노란 벽돌 증후군"을 창출해낼
것으로 기대했다. (Adey 2008: 446)

그러나 정동을 공학적으로 변용한 것은 단순히 공항 건축만은 아니었다. 한편으로는 새로운 프로파일링과 감시 시스템이 당신이 장차 어떤 사람이 될지 또는 무엇을 할지를 추적하고, 다른 한편으로는 공항의 (지문 확인이나 적외선 스캐닝과 같은 생명공학적 절차를 포함하는) 본인 확인 시스템이 당신이 현재 누구인지에 기초한 정보를 수집하고 있음을 애디는 고찰했다. 이제 안전요원은 걷는 방식이나 비자발적인 얼굴표정 등을 통해서 두려움에 찬 몸이 보내는 신호에 집중할 수 있다.

… 행위 프로파일링은 몸이 무엇이 되어 가고 있는지, 따라서 몸이 어떤 위협을 가하게 될지에 대한 전망을 가늠해볼 수 있도록 한다. 그것은 지금 현재 위협적인 존재가 아니라 앞으로 위협적인 존재가 될 것임을 의미한다. 다른 안전장치나 검사 절차가 감지하고자 하는 바는 지금 당장 위협이 되는 것, 엑스레이나 금속탐지기, 신체탐지기 등을 통해 지금 현재의 위협을 감찰한다. 행태 모니터링은 적대적인 행동을 통해 기대하는 것이나 적대감을 가지고 하는 행동이 의도하는 바에서 읽히는 감정을 추적한다. 따라서 감정은 몸이 무엇으로 변하게 될지에 대한 단서로 작동한다. (Adey 2009: 286)

보안은 예상되는 행위에 대한 감시로 점점 옮겨 가고 있다. 곧 정동의 영역에서 기원한 미세한 몸짓이 주는 단서를 통해 무엇이 일어날 것인지를 예측하고자 하는 것이다. 이것이 스리프트가 지리학자들이 현 세계의 역동성에 개입해야 한다고 역설한 이유이기도 하다. 우리의 모든 움직임을 예측하고 감독하고자 하는 어두운 힘이 이미 세계를 장악해 가고 있기 때문이다(Thrift 2011). 이런 세력은 공항 터미널 그 너머에서도 이미 작동하고 있다.

안면 인식 기술과 진실성 신호 탐지 기술의 발달은 몸의 반응을 읽는 것을 점점 더 쉽게 만들고 있다. 얼굴에서부터 몸 전체의 움직임에 이르기까지 실시간으로 말이다. 그 결과는 인간 본성의 신호를 읽고자 했던, 곧 외향적으로 드러나는 인간의 성정과 기질을 읽고자 했던 고대 그리스의 피지오니마스(Physionymas)까지 거슬러 올라갈 수 있는 인간의 오랜 야망이 극히 미세한 것들을 측정할 수 있게 됨에 따라 이제 대규모로 실현되기 시작했다는 사실이다. 몸의 신호에 대한 새로운 교리가 형성되어 문자 그대로 우리를 인식하는 소프트웨어를 통해 우리가 누구인지에 대한 공식적인 증명이 이루어진 것이다. (Thrift 2011: 10)

스리프트는 이 세계를 (곧 우리가 사는 세상을) 우리의 감정과 움직임을 정확하면서도 유연하고 창조적인 방식으로 예측하고자 하는 오락-군사 복합체에 의해 점점 공학화되고 있는 곳으로 묘사한다. 그 세계는 소프트웨어와 하드웨어, 그리고 웨트웨어(wetware, 신체를 지칭)가 전적으로 통합된 곳이다. 스리프트가 사회과학자인 우리들에게 제안하는 것은, 우리도 방법론, 인식론, 세계의 재현 방식에 있어서 이들과 동일하게 실험적이어야 한다는 것이다.

비재현이론은 다수의 이론적, 정치적 혐의의 정곡을 찌르기 때문에 상당히 논쟁적이다. 비재현이론은 대체적으로 권력의 구조적, 비대칭적 배치에 관심을 두는 여러 학자들과 특히 페미니스트들에게 수용되어 수많은 패기 넘치는 비판적 연구를 자극했다(Nash 2000; Thein 2005; Tolia-Kelly 2006; Cresswell 2012).

결론

이 장에서는 광범위하게 포스트구조주의라고 불리는 다양한 갈래의 지리학자들이 "관계성"이라는 아이디어를 받아들여 온 것을 핵심적으로 살펴보았다. 머독에 의하면 포스트구조주의 지리학은 사실상 관계적 지리학이다(Murdoch 2006). 관계적이기 위해서는 본질적인 자아보다는 연관을 형성하는 산물이 있어야 한다. 따라서 관계적 사유는 반본질주의적 사상이다. 연관(관계)이 변함에 따라 연관된 사물도 변한다. 이 장에서는 관계적 사고가 핵심적인 지리적 개념인 공간, 장소, 스케일 등을 생각해보는 방식을 어떻게 변화시킬 수 있을지를 살펴보았다. 또한 비재현이론을 연구하는 (선도하는) 지리학자들이 어떤 새로운 종류의 지리학을 생산해내는지도 살펴보았다. 그 새로운 지리학은 "사건"과 "정동"이 희망찬 창조성의 순간과 감시와 정동공학의 어두운 측면 모두에서 어떻게 관계적으로 창조되는지를 강조한다. 이들 지리학자들이 서로 불일치하는 여러 지점을 가지고 있음은 거의 확실하다. 일부는 관계가 정확히 어떻게 구성되는지를 설명함에 있어서 일정 정도의 구조적 설명을 더욱 선호할 것이다. 나머지 많은 이들은 여기에 수긍하지 않은 채, 다소 고정되고 경계 그어진 영역이라는 구태의연한 인식이 여전히 지배적이라고 주장할 것이다. 그럼에도 불구하고 관계적 지리학은 많은 이들이 공간과 장소의 생산과 실천에 대하여 생각하는 방식을 변화시켜 놓은 네트워크와 관계, 흐름의 새로운 위상학적 지리학을 숨 가쁘게 창조해 왔다. 이런 사고방식은 다음 장에서도 계속 다루어질 것이다. 다음 장에서는 인간에 대한 관심과 자연지리학 간의 관계를 재개하려는 시도에 대해 다룬다.

참고문헌

Adey, P. (2008) Airports, mobility and the calculative architecture of affective control. *Geoforum*, 39, 438–451.

Adey, P. (2009) Facing airport security: affect, biopolitics, and the preemptive securitisation of the mobile body. *Environment and Planning D: Society and Space*, 27, 274–295.

* Anderson, B. (2006) Becoming and being hopeful: towards a theory of affect. *Environment and Planning D: Society and Space*, 24, 733–752.

Anderson, B. (2010) Morale and the affective geographies of the "War on Terror". *Cultural Geographies*, 17, 219–236.

* Anderson, J. (2012) Relational places: the surfed wave as assemblage and convergence. *Environment and Planning D: Society and Space*, 30, 570–587.

* Anderson, B. and Harrison, P. (2010a) The promise of non-representational theories, in *Taking Place: Non-Representational Theories and Geography* (eds B. Anderson and P. Harrison), Ashgate, Farnham. 1–36.

Anderson, B. and Harrison, P. (2010b) *Taking-Place: Non-Representational Theories and Geography*, Ashgate, Farnham.

Anderson, B. and Mcfarlane, C. (2011) Assemblage and geography. *Area*, 43, 124–127.

Bennett, J. (2010) *Vibrant Matter: A Political Ecology of Things*, Duke University Press, Durham, NC.

Blunt, A. and Dowling, R. M. (2006) *Home*, Routledge, London.

Bondi, L. (2008) On the relational dynamics of caring: a psychotherapeutic approach to emotional and power dimensions of women's care work. *Gender, Place and Culture*, 15, 249–265.

Brenner, N. (2004) *New State Spaces: Urban Governance and the Rescaling of Statehood*, Oxford University Press, New York.

Collinge, C. (2006) Flat ontology and the deconstruction of scale: a response to Marston, Jones and Woodward. *Transactions of the Institute of British Geographers*, 31, 244–251.

Cresswell, T. (1996) *In Place/ Out of Place: Geography, Ideology and Transgression*, University of Minnesota Press, Minneapolis, MN.

Cresswell, T. (2006a) *On the Move: Mobility in the Modern Western World*, Routledge, New York. 최영석

역, 2021, 『온 더 무브-모빌리티의 사회사』, 앨피.

Cresswell, T. (2006b) "You cannot shake that shimmie here": producing mobility on the dance floor. *Cultural Geographies*, 13, 55-77.

Cresswell, T. (2012) Nonrepresentational theory and me: notes of an interested sceptic. *Environment and Planning D: Society and Space*, 30, 96-105.

* Cresswell, T. (2014) Place, in *The SAGE Handbook of Human Geography* (eds R. Lee, N. Castree, R. Kitchin, V. Lawson, A. Paasi, C. Philo, S. Radcliffe, S. Roberts, and C. W. Withers), Sage, London, 7-25.

Cresswell, T. (2019) *Maxwell Street: Writing and Thinking Place*, University of Chicago Press, Chicago, IL.

Davidson, J., Bondi, L., and Smith, M. (2005) *Emotional Geographies*, Ashgate, Aldershot.

Delanda, M. (2006) *A New Philosophy of Society: Assemblage Theory and Social Complexity*, Continuum, London, New York. 김영범 역, 2019, 『새로운 사회철학: 배치 이론과 사회적 복합성』, 그린비.

Delanda, M. (2016) *Assemblage Theory*, Edinburgh University Press, Edinburgh.

Derrida, J. (1976) *Of Grammatology*, Johns Hopkins University Press, Baltimore. 김성도 역, 2010, 『그라마톨로지』, 민음사.

Dewsbury, J. D. (2000) Performativity and the event: enacting a philosophy of difference. *Environment and Planning D: Society and Space*, 18, 473-496.

Dixon, D. and Jones, J. P. (1998) My dinner with Derrida: or spatial analysis and post-structuralism do lunch. *Environment and Planning A*, 30, 247-260.

Doel, M. (2007) *Post-Structuralist Geography: A Guide to Relational Space* by Jonathan Murdoch. *Annals for the Association of American Geographers*, 97, 809-810.

Doel, M. (2010) Representation and difference, in *Taking Place: Non-Representational Theories and Geography* (eds B. Anderson and P. Harrison), Ashgate, Farnham, 117-130.

Forer, P. (1978) A place for plastic space? *Progress in Human Geography*, 2, 230-267.

* Jacobs, J. M. (2006) A geography of big things. *Cultural Geographies*, 13, 1-27.

Jonas, A. E. G. (2006) Pro scale: further reflections on the "scale debate" in human geography. *Transactions of the Institute of British Geographers*, 31, 399-406.

* Jones, M. (2009) Phase space: geography, relational thinking, and beyond. *Progress in Human Geography*, 33, 487-506.

Jones, M. and Macleod, G. (2004) Regional spaces, spaces of regionalism: territory, insurgent politics and the English question. *Transactions of the Institute of British Geographers*, 29, 433-452.

Kitchin, R. (1998) "Out of place", "knowing one's place": space, power and the exclusion of disabled people. *Disability and Society*, 13, 343-356.

Latham, A. (1999) Powers of engagement: on being engaged, being indifferent, and urban life. *Area*, 31, 161-168.

Latham, A. and McCormack, D. P. (2004) Moving cities: rethinking the materialities of urban geographies. *Progress in Human Geography*, 28, 701–724.

Leitner, H. and Miller, B. (2007) Scale and the limitations of ontological debate: a commentary on Marson, Jones and Woodward. *Transactions of the Institute of British Geographers*, 32, 116–125.

* Marston, S., Jones III, J. P., and Woodward, K. (2005) Human geography without scale. *Transactions of the Institute of British Geographers*, 30, 416–432.

* Massey, D. (1993) Power-geometry and progressive sense of place, in *Mapping the Futures: Local Cultures, Global Change* (eds J. Bird et al.), Routledge, London.

Massey, D. (1997) A global sense of place, in *Reading Human Geography* (eds T. Barnes and D. Gregory), Arnold, London, 315–323.

Massey, D. (2006) Landscape as a provocation-reflections on moving mountains. *Journal of Material Culture*, 11, 33–48.

Massey, D. B. (2005) *For Space*, Sage, London. 박경환, 이영민, 이용균 역, 2016, 『공간을 위하여』, 심산.

McCormack, D. P. (2003) The event of geographical ethics in spaces of affect. *Transactions of the Institute of British Geographers*, 28, 488–507.

* McCormack, D.P. (2008) Geographies of moving bodies: thinking, dancing, spaces. *Geography Compass*, 2, 1822–1836.

* Mcfarlane, C. (2011) The city as assemblage: dwelling and urban space. *Environment and Planning D-Society and Space*, 29, 649–671.

Murdoch, J. (2006) *Post-Structuralist Geography: A Guide to Relational Space*, Sage, London.

Nash, C. (2000) Performativity in practice: some recent work in cultural geography. *Progress in Human Geography*, 24, 653–664.

Philo, C. (1987) "*The Same and the Other*": On Geographies, Madness and Outsiders. Loughborough University of Technology Department of Geography Occasional Paper.

Philo, C. (1995) Animals, geography, and the city: notes on inclusions and exclusions. *Environment and Planning D: Society and Space*, 13, 655–681.

Revill, G. (2004) Performing French folk music: dance, authenticity and nonrepresentational theory. *Cultural Geographies*, 11, 199–209.

Roe, E. (2010) Ethics and the non-human: the mattering of animal sentience, in *Taking Place: Non-Representational Theories and Geography* (eds B. Anderson and P. Harrison), Ashgate, Farnham, 261–282.

Sack, R. D. (1980) *Conceptions of Space in Social Thought: A Geographic Perspective*, Macmillan, London.

Sheller, M. and Urry, J. (2006) The new mobilities paradigm. *Environment and Planning A*, 38, 207–226.

Sibley, D. (1981) *Outsiders in Urban Societies*, St. Martin's Press, New York.

Sibley, D. (1995) *Geographies of Exclusion: Society and Difference in the West*, Routledge, London.

Somdahl-Sands, K. (2006) Triptych: dancing in thirdspace. *Cultural Geographies*, 13, 610–616.

Taylor, P. J. (1982) A materialist framework for political geography. *Transactions of the Institute of British Geographers*, 7, 15−34.

Thein, D. (2005) After or beyond feeling? A consideration of affect and emotion in geography. *Area*, 37, 450−456.

Thrift, N. (1997) The still point: resistance, expressiveness embodiment and dance, in *Geographies of Resistance* (eds S. Pile and M. Keith), Routledge, London, 124−151.

Thrift, N. (1999) Steps to an ecology of place, in *Human Geography Today* (eds D. B. Massey, J. Allen, and P. Sarre), Polity, Cambridge, 295−322.

Thrift, N. J. (2000) Afterwords. *Environment and Planning D: Society and Space*, 18, 213−255.

Thrift, N. J. (2004) Intensities of feeling: towards a spatial politics of affect. *Geografiska Annaler: Series B, Human Geography*, 86, 57−78.

Thrift, N. J. (2008) *Non-Representational Theory: Space, Politics, Affect*, Routledge, London.

Thrift, N. J. (2011) Lifeworld Inc−and what to do about it. *Environment and Planning D: Society and Space*, 29, 5−26.

Tolia-Kelly, D. (2006) Affect−an ethnocentric encounter? Exploring the "universalist" imperative or emotional/affectual geographies. *Area*, 38, 213−217.

Tuan, Y.-F. (1974) *Topophilia: A Study of Environmental Perception, Attitudes, and Values*, Prentice Hall, Englewood Cliffs, NJ. 이옥진 역, 2011,『토포필리아-환경 지각, 태도, 가치의 연구』, 에코리브르.

Valentine, G. (1993) (Hetero)sexing space: lesbian perspectives and experiences of everyday spaces. *Environment and Planning D: Society and Space*, 11, 395−413.

Valentine, G. (1996) Children should be seen and not heard: the production and transgression of adult's public space. *Urban Geography*, 17, 205−220.

Wolff, J. (1995) Dance criticism: feminism, theory and choreography, in *Resident alien: feminist cultural criticism* (ed. Wolff, J.), Polity Press, Cambridge, 68−87.

Woods, M., Fois, F., Heley, J., Jones, L., Onyeahialam, A., Saville, S., and Welsh, M. (2021) Assemblage, place and globalisation. *Transactions of the Institute of British Geographers*, 46, 284−298.

제 12 장

인간 너머의 지리학

- 동물지리학
- 행위자-네트워크 이론
- 혼성적 지리
- 결론

대부분의 지리학과에서는 (특히 내가 잘 알고 있는 대학교의 경우에는) 인문지리학자들과 자연지리학자들은 지적(知的)으로 따로 분리된 것 같은 삶을 살고 있다. 이들은 함께 커피를 마시고, 날씨에 대해 이야기하고, 스포츠 팀의 성적을 비교하고, 가족에 대해서도 이야기하지만, 지리사상이 대화의 주제가 되는 경우는 거의 없다. 우리는 같은 건물을 쓰고 있고, 각자의 연구실도 바로 옆에 붙어 있다. 연구실 복도에서 잠시 어슬렁거릴 때에는 벽에 게시되어 있는 연구 프로젝트 포스터를 보기도 한다. 우리는 모두 지리학과에 소속되어 있다. 내가 이 책에서 이미 이야기한 것처럼 우리는 지리학이라는 학문의 계보를 공유하고 있으며, 이는 지리학이 에쿠메네를 연구하는 학문으로 시작되었을 때부터 그러했다. 그러나 마치 역사적 우연인 것처럼, 인문학에서부터 자연과학까지를 포괄하는 오늘날의 지리학은 어떠한 통합성도 제시하지 못하고 있는 상태다. 연구하고 저술을 출간하는 일상적인 실천조차 놀라우리만치 다르다. 인문지리학자들은 자연지리학 논문 첫머리에 그렇게 수많은 저자

Geographic Thought: A Critical Introduction, Second Edition. Tim Cresswell.
© 2024 John Wiley & Sons Ltd. Published 2024 by John Wiley & Sons Ltd.

들의 이름이 달려 있는 것을 의아해한다. 자연지리학자들은 인문지리학자들이 논문보다 책을 쓰는 것을 중요시하는 것을 의아해한다. 지리학 전체적으로 가장 중요한 저널은 인문지리학자들이 주도하고 있으며, 인문지리학자들은 이런 저널이 중요한 발언을 하는 영예로운 장이라고 생각한다. 반면 자연지리학자들은 이런 지리학 저널에 논문을 싣는 경우는 매우 드물다. 대신 자신들만의 전공 분야 위주의 저널이나 지구과학과 같이 보다 일반적인 분야의 저널에 발표하는 경향이 있다. 주요 지리학 학회에서도 대부분 인문지리학자들이 압도적으로 많이 참여한다. "이론"이라는 용어는 인문지리학과 자연지리학 사이에 거의 완전히 다른 의미로 사용된다.

이 책의 1~5장에 해당하는 계량 혁명 이전까지의 내용은 인문지리학과 자연지리학에 균등하게 관련되어 있다. 고대 그리스와 로마 시대의 초기 지리학자들, 이슬람 세계의 무슬림 지리학자들, 그리고 19세기의 알렉산더 폰 훔볼트나 표트르 크로폿킨 등은 우리 세계를 구성하는 인문적 요소와 자연적 요소를 자유롭게 넘나들면서 어느 한 분야를 차별하지 않았던 사람들이었다. 예를 들어, 크로폿킨의 경우 핀란드의 빙하나 시베리아의 순록을 연구했고, 이러한 자연 세계에 대한 관찰을 토대로 상호부조라는 인문적 개념을 생각해냈다. 윌리엄 모리스 데이비스와 같은 지형학자는 "어떤 진술이 우리가 발 딛고 살아가는 (조건으로 기능하는) 지구의 비(非)유기체적 요소와 지표 위에 서식하는 (조건에 대한 반응인) 유기체적 생명체의 존재, 성장, 행태 또는 분포 등의 요소 간의 합리적 관계를 포함하고 있다면, 그 진술은 지리학적 특징을 갖고 있다."고 말할 것이다(Davis 1906: 71). 데이비스의 제자였던 엘스워스 헌팅턴이나 엘렌 셈플과 같은 환경결정론자들은 자연환경이 인간 생활의 제 측면을 결정한다는 생각을 토대로 강한 주장들을 제기했다. 20세기 초반의 지역지리학자들의 지리 설명은 우선 기반암에서 시작해서 토양을 다루고 기후를 설명한 다음 인문적 요인들로 넘어갔을 것이다. 계량 혁명의 시기까지만 해도, 어떤 지리적 주장이 과학적이려면 벙기나 셰퍼와 같은 인문지리학자나 스트랄러와 같은 자연지리학자 모두 납득할 수 있어야 했다.

이런 분리의 과정이 반드시 의도적인 것은 아니었다. 예를 들어, 이-푸 투안(Yi-Fu Tuan)은 과감하게도 지리학을 ("글로벌 에쿠메네"라는 고전 시대의 개념과 비슷하게도) "사람들의 집으로서 지구"에 관한 연구라고 정의하면서, 자연지리학은 인본주의적 설명에서 매우 중요한 부분을 차지한다고 주장했다.

어떤 인간 집단도 주변의 환경을 (즉 히포크라테스가 말했던 공기와 물과 장소를) 이해하

지 않고서는 생존할 수 없다. 자연지리학은 이런 기본적인 호기심과 필요가 있기 때문에
성립된다. 자연지리학자들은 지구를 인간이 거주하는 자연적 실체로서 파악하려고 노력
해 왔다. 자연지리학은 인간과 인간의 활동을 거의 언급하지 않는 순수한 자연과학일 수
도 있다. (…) 그러나 자연지리학자들은 자연지리학이 자연과학이라고 주장하지만, 자연
지리학은 근본적으로 인간 스케일에 묶여 있는 과학일 수밖에 없다. (…) 따라서 자연지리
학자들은 지구 전체 또는 지구의 각 부분을 연구하지만, 그들이 연구하는 각 부분이 (예를
들어 광물의 분자구조나 나뭇잎의 형태에 따라 다르게 나타나는 기류와 같이) 미시적인 스
케일까지 이르는 경우는 사실상 거의 없다. 자연지리학자들은 지구의 표면, 곧 지구의 가
장 바깥쪽인 지각(地殼)을 연구하지만, 사람들의 일상 관심사에서 매우 멀리 떨어져 있는
지구의 핵에까지 이르지는 않는다. 자연지리학자들은 지난 200만 년 동안의 지표의 형태,
기후, 생물적 유기체 등을 연구하지만, 아주 오래전의 지질 시대를 연구 대상으로 삼는 경
우는 거의 없다. 자연지리학자들은 제4기로 연구 대상을 국한하며 특히 홀로세에 주목한
다. (…) 왜냐하면 이때가 바로 인류라는 종(種)이 지구를 집으로 삼기 시작했던 시대였기
때문이다. (Tuan 1991: 99-100)

지리학의 핵심에 대한 투안의 인본주의적 설명에는 인간과 자연계 간의 상호작용에 대한
관심이 그 토대를 이루고 있다. 곧 지구가 어떻게 "집"이 되었냐는 것이다. 장소의 구성에서
"자연"의 역할이 무엇인가라는 점은, 장소를 이론화했던 로버트 색(Robert Sack)의 연구에서
도 핵심을 이룬다. 그는 지리학의 핵심 개념인 장소가 마치 다른 분야나 사상의 부산물인 것
처럼 격하되어 왔다고 주장한다. 그는 장소라는 개념에는 세 가지 영역이 통합되어 있다고
말하는데, 이는 곧 의미(meaning), 사회적인 것(the social), 자연(nature)을 가리킨다. 색의 주
장에 따르면 모든 장소에는 항상 위의 세 가지 영역이 언제나 독특한 방식으로 얽혀 있다. 색
의 이런 주장에는, 현대의 이론은 (특히 급진적인 사회이론은) 다른 두 가지 영역에 비해 사
회적인 것을 보다 특권시하고 있다는 비판이 함축되어 있다.

현대 지리학에서 사회적인 것을 특권시하는 것은, 특히 "모든 것은 사회적으로 구성되어
있다"는 환원주의적인 주장은, 환경결정론이 지배하던 시기에 자연적인 것을 특권시하
던 경향이나 인본주의 지리학이 정신적, 지적인 측면에만 집중했던 것과 마찬가지로, 종
합으로서의 지리학 분석을 폄훼하는 것일 따름이다. 특정한 순간과 상황에서는 어떤 한
두 가지가 더 중요할 수 있겠지만, 지리적인 것은 어느 한 가지에 의해 결정되지는 않는다.
(Sack 1997: 2)

색은 제대로 된 지리학이라면 이 세 가지가 어떻게 얽혀 있는지에 초점을 두어야 한다고 주장했으며, 이를 통해 장소가 자연적, 사회적, 문화적 세계의 종합으로서 새롭게 부상해야 한다고 보았다. 색은 지리학이란 이런 것을 모두 아우르는 학문이므로 모든 이론화는 장소에서 출발해야 한다고 보았다.

마르크스주의자들은 투안과 매우 흡사한 지점에서 출발했다. 사람들은 우선 (야생적) 자연에 직면하게 되면 생존을 위해 노동을 통해 이를 변형시켜야만 한다. 이것이 생산력과 생산관계가 발전하는 출발점이다. 브라질의 지리학자인 밀턴 산토스(Milton Santos)도 이와 비슷한 점에서 출발하여 자신의 지리적 공간 개념을 발전시켜 나간다.

> 지리적 공간(geographic space)은 인간이 노동을 통해서 개조한 자연이다. 자연적 자연(natural nature)이라는 개념 속의 인간은 존재하지도 않고 중심적이지도 않다. 인공적, 사회적 자연의 끊임없는 구성이라는 개념, 곧 인간의 공간(human space)에 의해 밀려나게 되었다. (Santos 2021: 88)

이러한 경우 지리적 탐구란 한쪽으로는 "자연"과 다른 한쪽으로는 "인간"이라는 이분법을 토대로 한다. 지리학의 연구 주제는 어느 하나가(곧 인간이) 다른 하나를(곧 자연을) 변형할 때 나타난다.

그동안 인문지리학 내 여러 전공에서는 인간과 자연계를 연결하려는 활발한 시도가 있어 왔다. 예를 들어, 오늘날 많은 연구들은 도시 내에서 자연의 역할이 무엇인지에 주목하고 있다. 그리고 이런 연구는 크게 볼 때 문화지리학이나 정치경제학의 틀 속에서 자리를 잡고 있다. 환경사(環境史) 연구는 고무적인 분야다. 윌리엄 크로논(William Cronon, 그는 오늘날 환경사학자이자 환경지리학자이기도 하다)은 자신의 핵심 저서 『자연의 대도시(*Nature's Metropolis*)』에서 시카고라는 도시의 탄생에 자연의 역할이 어떠했는지를 주목하고 있다. 크로논은 이 책에서 (목재나 옥수수와 같은) 자연의 미세한 작은 부분을 추적해 가면서, 이들이 어떻게 도시의 상품으로 바뀌어 감으로써 시카고라는 대도시를 출현하게 했는지를 기술하고 있다(Cronon 1991). 또한 마르크스주의 정치경제학에서는 많은 지리학자들이 도시환경에서의 물의 정치(politics of water)를 연구한 바 있다(Swyngedouw 1999; Kaika 2005; Loftus and Lumsden 2008). 크로논이 시카고를 연구했던 것처럼, 매튜 간디(Matthew Gandy)는 뉴욕을 사례로 하여 도시에서 자연의 역할을 연구한 바 있다. 간디는 자연의 각 부분을 추적하기보다는, 대도시 내의 자연이 어떻게 (공원이나 상·하수도 체계와 같이) 도시 내 여러 공간과 그 공간이 형성하는 외부와의 관계를 통해 생산되는지에 주목했다. 양자(곧 이런 공간 및 공간 관계)는 하부구조를 통해 도시와 (도시를 만들어내는) 천연자원을 서로 연결한다. 도시와 자연의 이런 연결 체계는, 자본의 순환 그리고 (자연과 도시 생활에서의 자연의 역할에 대한) 사상적 (그리고 심지어 이데올로기적) 발전 속에서 이루어진다(Gandy 2002).

그렇지만 환경결정론이라는 이름표에 경계심을 가진 대부분의 인문지리학자들은 자연 세계를 사회적 세계에 종속시킨다. 자연은 대부분 "사회적으로 구성된" 것이라고들 한다 (Smith 1991; Castree 2005). 최근 지리학에서의 관계적 접근이 이룩하고 있는 가장 놀라운 진전은, 자연과 문화라는 우리 모두가 익숙한 이분법을 둘러싼 학계의 오랜 이론적 논쟁에 기여하고 있다는 점이다. 인문지리학자들은 관계적 사유로의 전환을 통해 자연과 문화의 이분법을 넘어서고자 자연 세계로 되돌아가기 시작했다. 이와 동시에, 이들은 자연을 "실제적인 것"이나 "구성된 것" 중 어느 하나로 간주하는 막다른 골목을 우회하기 위해 다양한 시도를 하고 있다. 이 장에서는 이런 몇 가지 시도에 대해서 살펴봄으로써 지리학 전체적으로 자연과 문화의 두 영역이 어떻게 재결합되고 있는지를 검토한다. 그러나 그에 앞서 인간 너머의 지리학이 태동한 배경의 일부로서 **포스트휴머니즘**(post-humanism)이라는 일반적인 철학적 접근에 대해서 설명하는 것이 유익할 것 같다. 4장에서 보았듯이, 포스트휴머니즘은 인본주의가 인간을 중심으로 삼는 것을 비판하면서 등장했다. 인본주의에서는 인간을 경험되는 세계의 중심으로 보았기 때문에 이성이나 상상력과 같이 인간의 특성이라고 할 만한 것들이 중요하다고 강조했다. 그러나 2000년경부터 포스트휴머니스트들은 어떻게 행위주체성이 인간과 다른 종류의 존재나 사물과의 관계를 통해 형성되는지를 드러냈다. 곧, 이들에 따르면, 이성이나 상상력은 모든 것이 상호 연결된 세계에서 상이한 결과를 일으키는 수많은 속성 중 단 두 가지에 불과한 셈이다. 따라서 포스트휴머니즘은 비인간을 사회 탐구의 적합한 주제에 포함시키고, 이들에게는 세계에서 행위주체성을 (다른 것들과의 관계 속에서) 행할 수 있는 능력이 있다고 인정한다(Braun 2004; Castree and Nash 2006). 포스트휴머니즘은 단순히 인간과 비인간 주체 간에 행위주체성이라는 운동장을 수평화하는 것일 뿐만 아니라, 인본주의라는 라벨이 사언에 가쌉서나 얼등한 인간이라고 낙인찍힌 (득히 어싱, 흑인, 길색인 등과 같은) 사람에 대한 차별을 은폐했다는 인식을 토대로 한다. 카스트리(Castree)와 내쉬 (Nash)는 이를 다음과 같이 말한다.

페미니즘을 비롯한 비판적 전통 내의 많은 연구에 따르면, 인류(humanity)를 자연과 분리

되어 있고 자연을 통제할 수 있는 것으로 범주화하는 방식은 인간을 차이에 따라서 위계화
하는 방식과 역사적으로 관련성을 맺어 왔다. (…) 인본주의의 역사는 인종과 성(性)의 역
사이며, 이는 자연으로부터의 거리를 기준으로 일부 인간을 다른 인간보다 좀 더 인간답
다고 정의하는 데 이용되어 왔다. (Castree and Nash 2006: 501)

이처럼 포스트휴머니즘은 오랜 질문을 새로운 방식으로 제기한다. 곧, 인본주의자와 마찬가
지로 포스트휴머니스트는 무엇이 인간을 인간으로 만드는지를 탐구하고자 한다. 이와 더불
어 브루스 브라운(Bruce Braun)은 다음과 같이 말한다.

인간과 동물, 신체와 기계 사이의 경계는 어떻게 그려지는가? 인간 신체가 어떻게 생산
되고 변형되는가? 비인간이 인간성과 사회에 관한 우리의 이해 속에서 인정받는 것은 무
엇을 의미하는가? 윤리와 정치에서도 그렇게 된다면 어떤 결과가 야기될 것인가? (Braun
2004: 269)

브라운은 인간을 더 인간적인 집단과 덜 인간적인 집단으로 범주화하는 내적 차별화와 더불
어, 인간과 우리 주변의 동물 간의 연계도 고려의 대상으로 포함한다. 그는 고전적인 단일한
인간 주체 대신에 우리의 신체를 스며들고 연결될 수 있는 것으로 착상해야 한다고 주장한다.

미국에서는 저녁 뉴스 방송에서 이러한 범주를 더 혼란스럽게 만든다. "겨우 인간(barely
human)"인 다른 사람들(이라크인, 르완다인, 무슬림)과 "거의 인간(almost human)"인 반
려동물(원숭이, 개, 고양이)이 "종간(inter-species)" 교환(조류독감, SARS)에 관한 설명과
함께 이야기된다. 여기서 인간의 경계는 갑자기 다공성이고 이동성이 있는 것으로 그려진
다. 반대로, 권리 담론의 위계에서는 "인간"을 고정하고 인간에게 결정적인 형태와 내용
을 부여함으로써, 지속적으로 차별화되어 있는 우리의 몸에 재조립, 일관성, 보편성에 대
한 진지한 욕망을 들이댄다. (Braun 2004: 269)

포스트휴머니즘은 역사적으로 일부 인간이 다른 이들보다 더 완전한 인간으로 간주되었고,
인간은 항상 다른 동물 및 사물과의 관계 속에 존재한다고 생각한다. 또한 인간의 몸 자체가
내적으로 다양하게 구성되어 있다는 것을 인정한다. 예를 들어, 우리 몸 안의 다른 생물체들
은 우리 몸의 세포보다 10배 더 많다. 1만 종 이상의 미생물이 우리 몸을 생태계로 차지하고
있고, 그들 없이 우리는 살 수 없을 것이다. 이외에도, 우리 몸은 핵실험에서 나온 플루토늄
과 어머니의 태반에서도 발견되는 미세 플라스틱과 같은 화학물질로 가득 차 있다. 점점 더

우리 몸속으로 금속판, 인공 렌즈, 페이스메이커 등과 같은 기술이 유입되고 있다. 이처럼 우리 몸 역시 전통적으로 인간과 비인간 구성요소라고 생각되는 것들이 결합된 관계적 실체이다. 지리학자들은 "인간 너머의" 지리학을 생산하기 위해서 포스트휴머니즘의 아이디어를 동원하여 " … 인간주의의 오만을 배척하고 다른 것들을 세계의 계산에 포함한다"(Braun 2004: 273). 이 장의 나머지 부분에서는 이러한 "인간 너머의" 지리로서 세 가지 형태를 탐구하는데, 여기에는 동물지리학, 행위자-네트워크 이론, 혼성지리학이 포함된다.

동물지리학

생물지리학은 지리학의 한 분야로서 대개 자연지리학의 하위 분야로 알려져 있다. 생물지리학은 생물권(biosphere)에 살고 있는 비인간 유기체를 연구하는 분야로서, 지리학과 생물학의 교차점에 위치해 있다. 이런 점에서 생물지리학에서는 인문적 영역과 자연적 영역이 함께 이론화될 가능성이 있다. 그러나 1990년대에 들어 생물지리학과는 다소 상이한 이른바 "동물지리학(animal geography)" 분야가 부상하면서, 문화지리학에서 생물지리학에 이르는 넓은 범위를 가로지르며 지리학자들의 관심을 받았다.

　아마도 동물은 인간에게 가장 친숙한 비인간일 것이다. 우리는 동물을 지구 위에서 우리와 함께 살고 있는 (지각을 갖춘) 존재라고 생각한다. 그렇기 때문에 우리는 〈도널드 덕〉이나 〈마다가스카르〉에서와 같은 영화나 만화에서 동물에 인간과 유사한 캐릭터를 부여하곤 한다. 우리는 반려동물과 함께 살아가며, 동물을 구경하려고 동물원에 간다. 동시에 우리는 거대한 산업적 스케일에서 동물에 실험을 하고(왜냐하면 동물은 인간과 유사하지만 결국 인간은 아니기 때문이다), 동물을 사육하고, 동물을 죽이며, 동물을 먹고 산다. 동물은 넓은 차원에서 사회라는 범주에 가장 먼저 포함될 수 있는 자연적 대상물이다. 왜냐하면 동물의 주체성을 언급하는 것은 그렇게 과도한 해석은 아니기 때문이다. 브라운(Braun)은 철학자 자크 데리다(Jacques Derrida)의 통찰력에 주목하면서 인간과 동물의 분리가 임의적이라는 점을 지적한다(Braun 2004).

　이는 인간이 동물의 그런 권한을 거부할 권리가 있는지를 묻는 것이라기보다는, 스스로

"인간"이라고 하는 자들이 엄밀하게 인간에게만 귀속할 수 있는 권리를 갖는지, 곧 인간에
게는 귀속하되 동물에게는 거부할 수 있는 권리가 인간에게 있는지를 묻는 문제이며, 그
리고 인간에게만 그러한 속성을 귀속할 정도로 인간이 순수하고, 엄격하고, 나눠가질 수
없는 개념을 늘 소유하고 있는지를 묻는 문제이다. (Derrida 2003: 138; Braun 2004에서
재인용)

데리다는 인간의 지성(intellect)이 인간과 동물을 구별하는 데 가치 있는 구분선인지에 대해
의문을 제기한다. 그는 단지 비인간 동물들이 나름대로 지성의 형식을 가지고 있을 가능성
을 제기할 뿐만 아니라, 우리의 계층 형성에서 현재와 같이 지성에 우선순위를 부여하고 있
는 것에 대해서 의문을 제기한다.

　지리학자들은 이러한 통찰력에 접근하면서 인문지리학과 동물 세계 간의 접촉면을 탐구
하면서 문화와 자연의 이분법을 문제시하고 해체하고자 해 왔다. 이들은 위에서 데리다가
제기한 철학적 질문의 영감을 받았을 뿐만 아니라, 포스트구조주의, 신문화지리학, 환경윤
리 연구 그리고 동물에 대한 보다 인간적인 대우를 주장하는 정치 운동의 영향도 받아왔다.
사실 이보다 훨씬 더 앞선 연구도 있다. 아마 이 중 가장 주목할 만한 것은 투안의 『지배와 애
정: 반려동물의 탄생(*Dominance and Affection: The Making of Pets*)』이라는 저술인데, 이는 사
람들이 일반적으로 동물과 (그리고 반려동물과) 자연을 대함에 있어서 어떻게 지배라는 부
정적 실천과 애정이라는 긍정적 실천 둘 다를 드러내는지를 (예를 들어 잘 다듬어진 정원수
에서와 같이) 탐구한다(Tuan 1984).

　문화지리학자들은 동물이라는 개념이 시대에 따라 어떻게 변천되어 왔는지를 탐구하면
서, 그리고 이 개념이 (예를 들어, 우리의 동물적 특성에서와 같이) 우리 인간의 일부와 인간
"타자"를 지칭하는 데에도 사용되었음을 드러내면서 인간과 동물의 이분법적 분리를 넘어
서고자 했다. 이런 문화지리학은, 동물과 동물성에 재현에 그리고 이런 재현이 인간으로서
우리의 정체성과 어떤 관계에 있는지에 초점을 두었다(Anderson 1995, 1997). 초기의 연구
들은 인간에 의한 동물의 재현에 초점을 두는 경향이 있었지만, 후기의 연구들은 동물의 행
위주체성과 동물이 인간의 삶에 미치는 영향에 대한 관심으로 이행했다. 초기의 연구들은
동물도 인간과 유사하게 주체성을 드러낼 수 있다고 생각했던 반면, 후기의 연구들은 이런
주체성이나 의도는 동물의 행위주체성을 인정하는 데 그렇게 중요한 측면이 아니라고 보았
다(Wilbert 1999). 몇몇 편저들이 이런 인간과 동물의 새로운 맞물림을 그려내고자 시도했다
(Wolch and Emel 1998; Philo and Wilbert 2000; Gillespie and Collard 2015).

아마 인간과 동물의 접촉면을 연구하는 데 가장 적절한 곳은 (농장과 목장과 보호구역 등이 있는) 시골이라고 생각할지도 모르겠다. 그러나 동물지리학과 관련하여 고무적인 연구의 대부분은 인간과 동물이 함께 공유하고 있는 공간인 도시에 초점을 두어 왔다. 예를 들어 케이 앤더슨(Kay Anderson)은 오스트레일리아 애들레이드에 있는 동물원을 인간들 자신이 지닌 일련의 믿음을 동물들에게 각인해 놓은 곳이라고 보았다. 곧 동물원은 (원주민들이 축출된 후의) 식민 공간으로서 오스트레일리아의 국가적 정체성을 구성하기 위한 곳이라고 보았다(Anderson 1995). 한편 크리스 파일로(Chris Philo)는 이와는 상이한 접근으로서 19세기 런던과 시카고의 우시장과 도축장을 조사한 바 있다. 파일로는 동물을 일종의 사회집단으로 간주할 수 있다고 보면서, 이들은 이따금 도시에서 통용되는 행태적 경계선을 침범하는 존재라고 말했다.

> 나의 관점에서 보자면 … 많은 (가축화되거나 야생 상태에 있는 모든) 동물들은 인간이 만들고 유지하고 있는 사회 · 공간적 질서를 이따금씩 침범하는 것 같다. 그리고 이 과정에서 이런 동물은 "장소에서 어긋난 문제"가 되어 간다. 동물들이 이따금 특정 장소에서 밀려 나오는 것은, 곧 동물들이 그곳에서 자신이 해야 할 것으로 상정되어 있는 역할에서 이탈하는 것은 바로 이런 측면에서다. 그 장소에서의 동물의 역할은 사람들이 동물을 염두에 두고 미리 구상해 놓은 것에 불과하다. (Philo 1995: 656)

파일로의 논문은 도시 지역 내 가축의 존재에 (비교적 최근의 경우까지 포함하여) 초점을 두면서, 19세기 영국에서 가축 시장, 우유 생산 설비, 도축장 등을 대중들의 시선으로부터 제거하려고 취해진 다양한 행위들을 열거한다. 파일로의 해석에 따르면, 이런 과정은 19세기 영국 도시에서 광범위하게 이루어진 일련의 실천인데, 이는 도시와 촌락을 각각 특수한 인간 활동 및 속성과 관련시킴으로써 (예를 들어 도시는 산업화된, 문명화된 곳임에 비해 시골은 농사를 짓고 미개한 곳이라는 식으로) 개념적으로 뚜렷이 분리된 실체로 만들려는 움직임의 일환이었다.

> 단순히 말해 나는 동물이라는 사회집단이 이런 이야기들과 복잡하게 얽혀 있다고 주장한다. 외부에서 유입된 다른 인간 집단들과 마찬가지로 말이다. 이 결과 동물은 독특한 방식으로 상상되기 시작했고 이는 독특한 실천적 결과로 나타났다. 예를 들어, (개나 고양이와 같은) 몇몇 동물들은 도시 세계의 구성요소로 받아들여지면서 반려동물로 변화해 나갔지만, (소, 양, 돼지와 같은) 다른 동물들은 촌락 세계로 축출되어야 하는 대상으로 바뀌게 되

었다. (Philo 1995: 666)

파일로는 (가축은 도시의 출현 이후 줄곧 도시의 일부분으로 존재해 왔음에도 불구하고) 왜 런던과 시카고와 같은 현대의 도시들에서는 가축을 반대하는 움직임이 나타났는지를 납득할 수 있는 여러 이유를 많은 사료 조사를 통해 찾아냈다. 어떤 관리자들은 소떼는 도로에서 사람과 안전하게 섞여서 이동하기 어렵다고 지적하면서, 가축이 인간의 건강과 안전을 위협한다는 이유로 반대했다. 또 어떤 사람들은 보다 문화적인 측면을 지적했는데, 예컨대 동물의 무도덕적 행태는 이를 바라보는 여성이나 아이에게 좋지 않다는 것이었다. 특히 육류 시장과 같은 가축 처리 시설은 무도덕성, 퇴보와 연관된 것으로 보았다. 파일로는 런던의 스미스필드 마켓(Smithfield Market)의 한 관리자였던 노리스(J. T. Norris)라는 사람과 관련하여 다음과 같이 말한다.

> 스미스필드 일대가 런던의 다른 지역만큼 깨끗한지 이 동네의 도덕성에 대해 말해줄 수 있습니까? — 글쎄요. 다른 지역하고는 다른 것 같아요. 길거리에서 사용되는 언어 수준 … 시장 일로 찾아오는 수많은 사람들, 술집 골목, 길거리 싸움, 시끌벅적한 소동, 이런 모든 것을 볼 때 아마 세인트자일스(St. Giles) 지역을 제외하고는 런던의 다른 어떤 곳과 비교하더라도 도덕 수준이 가장 떨어지는 곳일 겁니다. (Philo 1995: 669에서 재인용)

파일로는 이런 과정을 상세하게 설명함으로써 인문지리학의 이론적 구성 내에 동물을 다시 포함시키고 이를 통해 새로운 동물지리학의 가능성을 열어젖히고자 했다.

파일로가 설명하는 배제의 과정은 결코 완전하지 않다. 도시는 사람들이 동물과 공유하는 공간이다. 반려동물에서부터 뒷마당에서 기르는 닭, 그리고 도시나 도시 주변부 공간에서 사람들이 남기고 버린 음식물을 먹고 서식하는 야생동물에 이르기까지 말이다. 특히 후자의 경우에는 여우, 코요테, 사슴, 퓨마 등이 포함된다(Gullo *et al.* 1998). 도시는 완전한 인간의 공간도 아니고, 사회적 공간 중에서 가장 사회적이지도 않다. 도시는 비인간 동물이 언제나 배회하고 서식하고 있는 공간임에 틀림없다.

> … 도시는 다리, 날개, 더듬이, 꼬리 등을 지닌 생기 넘치고 지각력이 있는 존재로 충만하다. 사람들은 이런 존재를 동물이라 일컫는다. 자연과 인간 사회의 관계를 설명하는 것은 (최소한 표면적인 측면에서라도) 지리학 연구의 가장 일차적 목적이다. 그럼에도 불구하고 도시지리학 연구에서 동물을 찾아보기란 거의 불가능하다. 우리는 동물을 도시 생태계

의 일부로서, 산업 도시의 성장에 동력을 불어넣는 천연자원으로서, 그리고 도시의 대중
문화의 상징으로서 이해할 필요가 있다. 도시지리학은 (특히 지난 25년 이상에 걸친) 인문
지리학의 큰 흐름을 반영해 옴에 따라, 그동안 동물을 진지한 학술적 연구의 대상으로 삼
는 것을 대체로 간과해 왔다. (Wolch 2002: 722)

　　오스트레일리아의 경우, 주머니여우(possum)는 사람들이 살고 있는 집 내부나 주변을 자
신의 집으로 삼고 살아간다(그림 12.1 참조). 엠마 파워(Emma Power)는 오스트레일리아의
주택소유지에 대한 문화기술지 연구를 통해 어떻게 주머니여우가 집이라는 가사 공간과 야
생 공간 사이의 경계를 파열시키는지를 보여준 바 있다. 이 연구에 따르면 주머니여우는 집
이라는 관념을 불안정하게 만들고 주택소유자들에게 적잖은 근심을 야기한다. 주머니여우
는 주택 간 경계지대(예 : 벽 속과 같은 곳)에 구멍을 파고 살아간다. 연구 참여자들은 주머니
여우의 존재가 (특히 이들의 냄새와 소리가) 성가시다고 생각했다. 즉 주머니여우의 존재는
집에 대한 사람들의 관념을 훼손했던 것이다. 동시에 이들 중 많은 사람들은 주머니여우가

그림 12.1　오스트레일리아 태즈메이니아에 서식하고 있는 주머니여우. 출처 : J. J. Harrison, CC-BY-SA-2.5.
http://en.wikipedia.org/wiki/File:Trichosurus_vulpecula_1.jpg (2012년 5월 29일에 취득)

자신들이 이 땅에 거주하기 훨씬 전부터 살고 있었다는 점도 (그리고 어떤 의미에서는 이곳에 "속한 존재"였다는 점도) 인정했다. 그러나 역설적이게도, 많은 사람들은 주머니여우는 도시환경에는 속하지 않는 존재라고 생각했다.

> 연구 참여자들과 주머니여우와의 관계에 관한 논의는, 과연 주머니여우가 연구 참여자들이 살고 있는 도시나 교외 지역에 속하는가 아니면 속하지 않는가라는 문제로 귀결되었다. 주머니여우가 이런 환경에 속하는가 아니면 속하지 않는가에 대한 각 참여자들의 믿음은, 이런 공간에 있어서 (즉 집으로서 자신들의 주택에 있어서) 각자가 지니고 있는 (아늑한) 집다움(hominess)에 대한 관념을 형성했다. 전통적인 측면에서 도시환경은 인간만이 점유하고 있는 공간으로 도식화되었지만, 연구 참여자들은 토착성, 침입, 식민주의, 현대 도시개발 등에 대한 의견을 제시하면서 주머니여우의 소속 여부와 관련하여 보다 복잡한 생각을 표출했다. (Power 2009: 38)

주머니여우의 도시환경에의 소속을 둘러싼 참여자의 반응이 역설적이라는 것은 다른 측면에서도 드러난다. 예를 들어 어떤 참여자는 주머니여우가 자신의 주택 내부나 근처에 서식하는 사실이 때로는 함께 거주한다는 (곧, 아늑한 "집다움"이라는) 느낌을 갖게 한다고 말했다. 또한 주머니여우의 존재는 인간과 비인간이 함께 공간을 공유한다는 느낌도 강하게 했다.

> 재래종 야생동물인 주머니여우는, 사람의 집을 자연으로 확대하고 자연을 자신의 집으로 불러들임으로써 주택을 좀 더 아늑한 집답게 만들었다. 이런 경험은 집을 인간의 공간이라고 이해하는 관점과 상충하는 것으로서, 집으로서의 주택 내부에 야생과 집다움이 함께 공존할 수 있다는 것을 예시한다. 주머니여우의 사례는 의도적으로 기획된 생활공간이 사실 그 내부와 외부 간의 경계가 흐릿하다는 것을 보여준다. 이런 흐릿함은 집 내부의 예기치 못한 파열의 산물이며, 인간의 계획을 넘어 주머니여우의 행위주체성이 집과 가사에 미치는 독특한 영향을 반영하는 것이다. (Power 2009: 45)

파워의 연구는 이런 동물이 어떻게 도시생활의 일부를 구성하는지, 그리고 어떻게 "주머니여우-행위주체성(possum-agency)"을 갖는지를 보여준다.

이런 측면은 도시 내에서 동물의 행위주체성을 탐구했던 제니퍼 월치(Jennifer Wolch)의 연구에서 잘 드러난다. 월치는 과연 도시 생활에 있어서 동물을 도덕적, 정치적 행위주체로 간주할 수 있는지를 묻는다. 만약 동물 종이 도시 공간의 생산에 있어서 (일정한 통제를 통해) 하나의 행위주체로서 용인된다면, 과연 어떤 일이 나타날 것인가? 우리가 동물을 진지하게 받아들인다면, 우리는 어떠한 도시를 만들어 나가야 할 것인가?

> 만약 동물에게 주체성(subjectivity), 행위주체성(agency) 그리고 심지어 문화까지도 부여한
> 다면, 우리는 도시에서 동물의 생존 기회에 대해 어떻게 결정을 내려야 하는가? 도시 내의
> (주택, 사업체, 도로, 공원, 오픈스페이스, 레스토랑, 슈퍼마켓 등) 많은 무대에 대한 우리
> 의 도덕적 나침반은 어디를 지향해야 하는가? 이런 장소에 대한 우리의 도덕적 시선을 훈
> 련시키는 것은 엄청난 의미를 내포한다. 예를 들어, 연방정부의 법률은 모든 운하에 대해
> 일정한 수질(水質) 기준을 정하고 있지만, 이런 기준은 인간을 위해 고안된 것일 따름이다.
> 인간이 견딜 수 있는 수준은 (예를 들어) 개구리가 견딜 수 있는 수준과 같지 않다. 그렇다
> 면 미국환경보호청(USEPA)은 도시 운하에 있어서 양서류에 적합한 수질 기준을 만들어
> 야 하는 것일까? (Wolch 2002: 733)

월치의 대답은 "그렇다"이다. 그리고 만약 그렇다는 것이 받아들여진다면, 분명 동물의 삶
과 도시의 규제 간의 상호작용을 연구하고 이를 이론화할 필요가 있다. 월치는 우리로 하여
금 도시란 사람들이 동물과 공유하는 공간이라는 것을 인식할 것을 주문한다. 그리고 이런
인식을 도시의 정치적 의사결정과 도시 계획에 중요 요인으로 반영함으로써, 대도시를 동물
도시(zoöpolis) 측면에서 바라볼 수 있도록 해야 한다고 주장한다(Wolch 1996). 도시를 "인간
그 이상의" 공간으로 이해하려는 이런 관점은, 동물의 삶과 행위주체성에 초점을 둘 뿐만 아
니라 (우리가 동물을 진지하게 받아들여야 하는 중요한 이유로서) 동물을 지각력을 갖춘 존
재라는 점을 강조한다.

　　인도 첸나이의 길거리 개에 관한 크리시카 스리니바산(Krithika Srinivasan 2019)의 연구도
도시에서의 인간-동물 상호작용에 관한 또 다른 사례이다. 반려동물로서가 아니라 자유로
운 생활을 하는 개는 인도의 도시에서 흔한 일상이다. 스리니바산은 이러한 길거리 개를 통
해 더 인간 너머의 지리학의 윤리적 복잡성을 고민한다. 그녀는 길거리 개들이 순수한 야생
도 아니며 그렇다고 완전히 길들인 것도 아니라고 주장하면서, 인간에 의해 만들어진 공간
에 의도치 않게 사는 비인간 동물로서 자발적이고 비의도적 경관의 일부로 살아간다고 설명
한다. 이 개들은 인간의 쓰레기를 먹고 차량과 같은 인간익 물건을 은신처로 사용한다. 이런
면에서 이들은 쥐나 포장도로의 잡초와 마찬가지이고, 자동차 도로에서 로드킬 당할 동물의
사체를 기다리며 하늘 위를 떠도는 가마우지와 같다. 야생이 아니지만 완전히 도시적이지도
않다. 스리니바산은 길거리 개가 어떻게 인간과 함께 공존하고 살아가는지를 추적한다. 개

는 동물출생통제(Animal Birth Control) 법률 덕분에 살처분되지 않고 도시 거리에 거주할 권리가 있으므로 [법적인 용어로 거주권(denizenship)이라고 알려진] 일종의 로컬 시민권을 부여받는다. 물론 이는 일반 인간 시민의 권리와는 다르다. 예를 들어, 광견병 예방을 위해서 개들은 면역주사를 맞아야 한다. 마찬가지로 개체 수 통제를 위해 불임시술을 받아야 한다. 그럼에도 불구하고 이들의 생존은 법이 보장하고 있으므로, 이는 비인간의 차이를 허용하는 일종의 확장된 범세계주의(expanded cosmopolitanism)를 보여준다고 할 수 있다. 개들은 때로는 성가시기도 하고 물어뜯기 같은 사건도 일으키지만, 일부 개는 인근 주민들로부터 먹이를 받아먹는 등 절반쯤 입양되어 있기도 하다. 개들은 주민과 함께 동물도시(zoöpolis)를 이루며, 심지어 개를 특별히 좋아하지 않는 사람들이더라도 도시 공간이 인간의 공간인 만큼 개의 공간이기도 하다는 점을 인정하기도 한다.

스리니바산은 길거리 개들의 존재와 인간과의 불편한 동맹이 자연/사회 이분법의 제 측면에 도전한다고 주장한다. 그녀의 주장에 따르면, 근대 국가는 제멋대로의(unruly) 자연을 단속함으로써 만들어낸 정화된 인간의 공간을 토대로 하므로, 쥐나 첸나이의 길거리 개와 같은 전이적 위치에 있는(liminal) 동물은 이러한 모더니티의 경계에 도전한다. 앞에서 파일로가 도시에서 도축장의 점진적 배제를 모더니티 작동의 일부로 보았던 것과 달리(Philo 1995), 스리니바산의 사례는 이에 도전한다. 그녀가 제시한 개의 범세계주의(canine consmopolitanism)의 사례는 안전하고 위생적인 도시성에 대한 요구와 공존하고 갈등하며 균형을 이루고 있다.

스리니바산이 첸나이의 길거리 개를 통해 제시하려는 것은, 비인간 동물에 대한 인간의 윤리를 고려하게 하려는 목적을 지니고 있다. 인간은 개에 거주권을 부여할 수 있지만, 개는 이에 반대할 능력이 없다. 설령 개들이 가끔 인간을 공격할 수 있지만, 인간은 개에게 훨씬 더 나쁜 일을 할 수 있다.

> 한편, 길거리 개는 여전히 사회적 폭력의 대상이 되고 있지만, 이는 거의 문제시되고 있지 않다. 게다가 인도의 법정에서는 길거리 개의 안전한 거주를 보장하는 법률이 논란이 되고 있다. 어떤 면에서는 길거리 개는 너무 사회적이기 때문에, 다른 비인간 유기체들이 자연으로 간주됨으로써 받을 수 있는 윤리적 지위와 보호를 받지 못하기도 하며, 인간에게 부여되는 윤리적 지위 역시 가지고 있지 않다. (Srinivasan 2019: 387)

여기에서 스리니바산은 길거리 개의 사이적 본질(in-between nature)을 드러낸다. 길거리 개는 사회적이지만 충분히 사회적이지는 않기 때문에, 인도에서 인간으로서 가지는 모든 권리를 얻지는 못한다. 또한 그들은 자연적이지만 충분히 자연적이지는 않기 때문에 희귀한 호랑이와 같이 보호되거나 숭배되지 못한다. 이는 순수성과 불순성 개념 너머의 비인간을 어떻게 대할 것인지에 관한 윤리적 문제를 제기한다.

> 이와 대조적으로, 충분히 "자연적인" 존재로 간주되지 않는 비인간인 사회-자연 혼성체 (hybrids of socio-nature)는, 순수하게 사회적인 존재(인간)나 순수하게 자연적인 존재(야생동물)에 비해 훨씬 열등한 윤리적 시위를 지니고 있다. 떠돌이 개, 비둘기, 쥐, 마귀벌레, 잡초와 같이 인간의 생활 속에서 자신의 서식지를 만드는 유기체들은, 인간이나 귀한 야생동물에게 바람직하지 않거나 위험하다고 간주되기 때문에 박멸되고 통제되며 뿌리뽑힌다. 또한 특정 지역을 침범한 외래종처럼 인간에 의해 "더럽혀진" 것으로 개념화되는 유기체들 또한 인간에 의해 도입되었기 때문에 근절의 대상이 된다. 다시 말해, 사회적이고 인간적인 것들과의 물질적, 개념적 뒤엉킴은 일부 비인간에 대한 "비자연화 (denaturalisation)"와 그와 관련된 윤리적 불이익을 유발한다. 이 모든 사례는 윤리적 이분법이 어떻게 작동하는지를 보여준다. 따라서 자연과 인간 너머의 지리학에 관한 연구는 단순히 비(非)이분법적이라는 라벨링을 넘어서 사회-자연 상호작용에 만연한 윤리적 이분법을 더욱 명시적으로 다루는 것이 중요하다. (Srinivasan 2019: 387)

스리니바산도 동물에 대한 인간 너머의 접근이 자연/사회 분리를 토대로 하는 다양한 유형의 이분법적 사고를 해체하는 데에 부분적으로 성공해 왔다는 것을 인정한다. 그럼에도 불구하고 그녀의 핵심 주장은 우리가 이를 윤리의 영역에서 하지 않았다는 것이며, 이 점은 인간이 동물을 (비)윤리적으로 대하는 데에는 여전히 뿌리 깊은 믿음이 지속되고 있음을 보여준다는 것이다. 달리 말해, 자연/사회 이분법과 이에 동반되는 동물/인간의 이분법이 여전히 인간-동물 관계에 관한 윤리를 이끌고 있다. 예를 들어, 스리니바산이 지적한 대로 "외래 침입종"에 대한 우리의 이해는 그들과 우리 인간과의 연관성으로 인해 "더럽혀져" 있다. 동물과 인간의 윤리적 관계는 여전히 이분법적 토대에 의해 움직이고 있다.

한편, 비인간을 지향하는 주장들은 행위자-네트워크 이론이라는 보나 서시석인 프로젝트를 통해서 인간-동물 관계 너머로 더욱 확장될 수 있는데, 이에 따르면 비인간 세계의 행위주체성과 관련해서 쾌고(快苦)감수능력(sentience)과 주체성은 어떤 특별한 특성도 아니다.

행위자-네트워크 이론

1980년대 이후 지리학자들은 다양한 방식으로 이분법적 사고의 문제와 씨름해 왔다. 이런 이분법의 (이분법 자체는 구조주의적 사유의 핵심이자 그 결과다) 대표적인 세 가지 양상은 구조와 행위주체성, 문화와 자연, 그리고 실재론과 사회구성주의다. 서두에서 우리는 구조와 행위주체성의 문제가 공간과학에 대한 인본주의적, 급진주의적 반응에 핵심적이라는 것을 살펴보았다. 또한 구조화이론의 다양한 시도는 개인의 행동과 구조적 제약 사이의 제3의 길을 지도화하기 위함이었다는 것도 살펴보았다. 문화와 자연의 이분법은 이 책 전체의 이론적 접근을 관통하고 있다. 실재론과 사회구성주의 간의 구별은 ("실재"라고 통용되는 지배적 관점은 사회적 힘의 산물이라고 간주하는) 사회과학으로부터 (외부 세계는 독립적으로 존재하고 있다는 것을 당연시하는) 자연과학을 구별하기 때문에 또 다른 중요한 논쟁이 되고 있다. 이는 자연지리학과 인문지리학 간의 관계를 지도화하는 데도 그대로 통용될 수 있다. 대체로 자연지리학은 뚜렷하고 확실한 실제의 세계가 저기 밖에 존재하며, 과학의 임무는 그것을 더욱 더 정확하게 설명하는 것이라는 생각에 몰두해 왔다(Inkpen 2005). 한편, 지난 30년 동안 인문지리학자들은 해양에서부터 자연 그 자체에 이르는 모든 것이 인간의 창의적인 역량에 의해 생산되어 왔다는 설명에 흡족해 왔다(Smith 1991; Steinberg 2001). 그동안 양자 간 대화가 어려웠다는 것이 그리 놀랍지도 않다. 그러나 최근 인문지리학에서 철학적 실재론으로 회귀하려는 움직임이 일어나고 있다. 과거의 실재론은 실증주의적 틀에 갇혔기 때문에 본질주의적인 성격을 보였지만, 최근 부상하는 새로운 실재론은 스스로를 반(反)본질주의적이고 "추론적(speculative)"이라고 주장하고 있다. 아마도 이런 이론적 전환에서 가장 중요한 것이 바로 **행위자-네트워크 이론**(actor-network theory)의 출현일 것이다.

행위자-네크워크 이론(ANT)은 지리학계의 경우 1990년대 후반부터 부상하기 시작했다(Bingham 1996; Murdoch 1997a, b; Hinchliffe 2002, 2010; Greenhough 2006). 자연지리학에서도 이 이론의 도입을 시도한 바 있다(Allen and Lukinbeal 2010). ANT는 프랑스의 사상가 브뤼노 라투르(Bruno Latour)의 과학사 연구, 특히 실험실이라는 위치에 대한 연구에서 시작되었다(Latour 1993, 2005). 이 장의 내용과 관련하여 ANT가 제시하고 있는 중요한 통찰력은, 세계의 생산에 있어서 인간의 행위주체성은 비인간(non-human) 세계와 짝을 이룸으로써 비인간 세계의 행위주체성에 의해 능력을 부여받는다는 주장에 있다. 이때의 비인간 세계는 동물뿐만 아니라 심지어 바위와 나무까지도 포함한다. 그리고 비인간 행위주체성을 가진 것은 단지 "자연"만이 아니다. 책, 시험관, 점화플러그와 같이 제조된 사물의 세계도 마찬가지다. 라투르는 실험실 공간이 사람, 생각, 사물과 더불어 어떻게 (예를 들어 항생제나 대중교통 체계와 같은) 어떤 사물을 실제로 존재하는 것으로 만드는지를 보여주는 데 초점을 둔다. 라투르는 (사람이나 동물과 같은) 개별 행위주체가 그 자체로서 그리고 스스로 어떤 것을 성취할 수 있는 능력을 갖고 있다든가 반대로 어떤 총체적인 구조가 특정한 결과를 발생시킨다는 생각을 받아들이지 않는다. 대신 그는 행위주체성이란 네트워크에 소속된 (사람들과) 사물들의 성취물이라고 단언한다. 행위주체성은 이런 연결성의 산물이지, 어떤 원자적인 인간이나 체계적인 구조는 아니라는 것이다.

부르디외가 [현상학이나 민족방법론(ethnomethodology)과 같은] 주관주의와 (구조주의나 마르크스주의와 같은) 객관주의라는 양극단을 넘어서는 것이 자신의 의도였다고 피력했던 것처럼, 라투르 또한 로컬한 것과 글로벌한 것 사이의 (또는 미시적인 것과 거시적인 것 사이의) 길을 찾아내고자 했다.

> 민족방법론이 옳다는 것을 받아들이자. 오직 국지적(local) 상호작용만이 존재하며, 이런 상호작용이 현장의 사회질서를 생산한다는 것을 받아들이자. 주류 사회학자들이 옳다는 것도 받아들이자. 원거리에 있는 행위가 운송되어 로컬 상호작용에 영향을 미칠 수도 있다는 것을 받아들이자. 이런 상이한 위치가 어떻게 조화를 이룰 수 있을까? 아주 멀리 떨어진 장소에서의 아주 오래전 과거의 (지금은 존재하지 않는 어떤 행위자의) 행위는 여전히 현존할 수 있다. 만약 그 행위가 다른 형태의 (내가 줄곧 비인간이라고 명명해 온) 행위소들(actants)로 변환되고, 번역되고, 대표되고, 치환된다고 한다면 말이다. (Latour 1994: 50)

달리 말해서, 개별 인간의 행위와 같은 로컬 행위는 항상 그 내에 멀리 떨어진 그리고 아주 오래전의 어떤 것들을 포함하고 있다. 그리고 로컬 행위는 어떤 중요한 하나의 행위로 연결되어 영향력을 발휘할 수 있다. 그러나 대부분의 구조적 설명은 (경제나 사회와 같은) 거시적 스케일의 현상이 "어떻게" 미시적이고 로컬한 행위에 도달하거나 그에 영향을 미치는지에 대해서는 거의 언급하지 않는다.

> 거시적 사회질서 하에서 모든 것은 비인간의 등록(enrolment)으로 말미암은 것이다. … 심지어 (사회적 힘의) 지속(duration)이라는 단순한 효과마저도 (인간의 로컬 상호작용이 변환된 결과물인) 비인간들의 내구력 없이는 발생할 수 없다. (Latour 1994: 51)

지속에 대한 이런 주장을 고려할 때, 우리는 개인이나 집단의 의도가 지속되기 위해서는 건축물, 책, 규제, 실천의 규약, 전체 경관 등이 얼마나 필요한지를 깨달을 수 있다. 라투르에게 있어서, 사회는 세계에 앞서서 존재하면서 세계를 지속적으로 생산하는 어떤 대상물이 아니다. 오히려 사회는 (또는 사회적인 것은) 사람과 사물 간의 관계 속에서 언제나 생성 중에 있는 것이다.

ANT를 발전시킨 라투르의 기획은 미시와 거시, 구조와 행위주체성, 주체와 객체라는 이분법을 횡단함으로써 우리로 하여금 어떻게 사물들이 상호 연결되어 행위주체성을 생산하는지를 탐구하도록 이끄는 것이다. 이런 의미에서 (점화플러그, 시험관, 안내책자, 미생물 등 모든) 대상물은 "사회적인 것"으로서 집단적인 인간 행위의 "생산물"이 아니라, 세계를 현재 진행형으로 구성해 나가는 능동적인 행위주체들이다. 행위주체성 그 자체는 인간에게 부여된 어떤 것이 아니라, 이질적 사물들이 네트워크 관계를 성립하는 과정에서 나타난 결과물일 따름이다. 라투르의 주장에 따르면, 사물들은 "행위주체성"과 "사회적인 것"을 생산하는 데 있어서 인간과 동일한 수준에 있는 완전한 참여자들이다.

> 대상물을 일련의 정상적인 행위 수준을 따라 되짚어보는 것이 처음에는 아무렇지도 않을 것이다. 그러나 결국에는 주전자가 물을 "끓인다"거나, 칼이 고기를 "썬다"든가, 바구니가 물품을 "담고 있다"든가, 망치가 못을 "때린다"든가, 난간이 아이들의 추락을 "막는다"든가, 자물쇠가 의도치 않은 방문자로부터 문을 "잠근다"든가, 비누가 때를 "없앤다"든가, 일정표가 수업 시간을 "기록한다"든가, 가격표가 사람들의 계산을 "도와준다"든가 등을 거의 아무런 의심의 여지 없이 받아들이게 된다. 이런 동사 자체가 행위를 나타내는 것은 아닌가? 이처럼 시시하고 현실적이며 도처에서 일어나는 활동들을 소개하는 것이 사회과학자에게 어떻게 새로운 뉴스거리가 될 수 있을까? (Latour 2005: 70-71)

여기에서 라투르가 말하는 핵심 주장은 사물은 아무런 논쟁의 여지도 없이 행위주체성을 갖는다는 것이다. 그러나 사회과학의 관점에서 보자면 이는 매우 논쟁적인 주장이다. 예를 들어 망치를 생각해보자. 망치가 못을 박는다는 것은 오류다. 왜냐하면 못을 박는 것은 (망치를 사용해서) 사람이 하는 행위이기 때문이다. 비판이론의 입장에서 보자면, 사물에 행위주체성을 부여하는 것은 **물신론**(fetishism)과 **물화**(reification)에 골몰해 있는 것이다. 물신(物神, fetish)은 원래 인류학에서 유래한 용어로서 어떤 대상물이 (실제로 그렇지는 않지만) 자체적으로 어떤 힘을 가지고 있다는 믿음을 말한다. 부두교의 인형이나 레인스틱(rain stick)[1]이 그 사례라 할 수 있다. 오늘날 이 용어는 사회이론에서 어떤 것에 (실제로 그렇지는 않지만) 행위주체성을 부여하는 오류를 표현하는 데 사용된다. 지리학에서 물신화로 가장 많은 비판을 받았던 것은, 공간은 그 자체로서 그리고 그 자체에 의해 행위주체성을 갖는다고 주장하는 (곧 공간을 물신화하는) 사람들과 관련되어 있다. 비판이론가들의 주장에 따르면, 행위주체성을 갖는 것은 공간이 아니라 공간을 사용해서 어떤 행위를 하는 사람 또는 사회집단인 것이다. 곧, 행위주체성을 갖는 것은 사회라는 주장이다. 위에서 라투르가 제시한 모든 사례에 있어서, 목록에 있는 사물들이 인간이나 인간의 의도성 없이는 어떤 것도 할 수 없다고 주장할 수도 있을 것이다. 그러나 라투르는 우리들로 하여금 인간의 의도성이라는 점에서 한 걸음 빠져나오도록 한 후 다음과 같이 묻는다. "(인간 이외의) 다른 행위주체의 행동에서도 이런 주장을 마찬가지로 할 수 있을까?"(Latour 2005: 71) 곧, 어떤 사물이 네트워크에서 제거된다면, 그 사물은 어떤 차이를 발생시킬까 아니면 발생시키지 않을까? 라투르의 대답은 다음과 같다.

> 이에 대한 상식적인 대답은 "그렇다"임이 분명하다. 액면 그대로, 망치를 갖고 그리고 망치 없이 못질을 해보라. 주전자를 갖고 물을 끓여보고 주전자 없이 물을 끓여보라. 바구니를 갖고 물품을 담아보고, 바구니 없이 물품을 담아보라. … 장부를 갖고 회사를 경영해보고 장부 없이 회사를 경영해보라. 만일 여러분이 이런 행위가 모두 똑같은 활동이라는 주장을 여전히 유지할 수 있다면, 만일 여러분이 이런 현실상의 평범한 도구들이 어떤 과업을 실현하는 데 "어떠한 중요한" 변화도 만들어내지 않는다는 주장을 여전히 유지할 수 있다면, 여러분은 이 세속적 세계를 떠나서 "사회라는 머나먼 땅(Far Land of the Social)"으로 날아갈 준비가 되어 있는 셈이다. (그러나 아마 일부를 제외한) 다른 모든 사회의 구성원에게 있어서 이런 작은 변화는 큰 차이를 만들어낸다. 결국 앞에서의 정의를 따르자면, 이런 도구는 행위자이다. 아니, 보다 정확하게 말하자면, 이들은 작동을 기다리는 행위를 하고 있는 "참여자들"이다. (Latour 2005: 71)

라투르의 주장에 따르면, "인간의 의도적 행위"와 "인간의 완전한 무관련성"이라는 양 극단 사이에는 다양한 유형의 행위들이 있기 때문에, 중요한 것과 중요하지 않은 것 사이에 뚜

1　아스텍(Aztec)인들이 처음으로 발명한 것으로 알려진 남아메리카 원주민들의 전통 악기로서, 이들은 레인스틱의 소리가 비바람을 몰고 온다고 믿으며 기우제(祈雨祭)에 사용했다. 원통형의 긴 선인장 줄기 속을 비우고 그 안에 직은 돌가루나 씨앗들을 넣었기 때문에, 레인스틱을 세우면 돌가루나 씨앗들이 나선형으로 돋아 있는 내부의 가시들을 타고 떨어지면서 빗소리를 낸다. (역주)

렷한 경계선을 긋는 것은 불가능하다. ANT가 지리학자들에게 제시하는 중요한 함의는, 우리가 자연세계나 인문세계의 어떤 대상을 다룰 때에는 구체적인 현장 수준에서 사고해야 한다는 점이다.

> 라투르의 주장에 따르면, 우리가 사회적인 것과 물질적인 것 사이의 속성들의 교환에 초점을 두게 되면, "사회적" 그리고 "사회"라는 지배적 관념들은 오직 전통적인 이분법 중한 측면만을 (곧, 인간 주체와 사회적 상호작용이라는 세계만을) 다룰 따름이며 생생한 대상물과 물질은 제외해 버린다는 것을 깨닫게 된다. 따라서 라투르는 "행위자-네트워크"와 같은 새로운 개념을 사용함으로써 주체와 객체 그리고 행위자와 사물을 "대칭적으로" 분석해야 한다고 주장한다. (Murdoch 1997b: 329)

조나단 머독(Jonathan Murdoch)은 ANT란 본질적으로 지리적이라고 주장한다. 왜냐하면 인간이 비인간 자원이라는 행위자-네트워크의 구성요소들에 의존하고 있다는 사실은, 사회생활에 대한 현행의 분석에 있어서 공간과 시간을 온전하게 반영해야 한다는 것을 의미하기 때문이다. 동시에, ANT는 공간적 스케일을 위계적인 시각에서 이해하는 것에 반대함으로써 기존의 지리학에 도전하고 있다. 왜냐하면 스케일에 대한 기존의 위계적 관념 속에서는, 어떤 (거시적) 위계는 다른 (미시적) 위계보다 더 중요하며 하위 수준의 위계를 "결정한다"고 보기 때문이다.

> … 로컬한 것과 글로벌한 것 또는 미시적인 것과 거시적인 것의 구별은, 오직 공간과 시간을 가로질러 존재하는 비인간들의 동원에 의한 것이다. 결국 이론은 공간을 "원래의 장소로" 복원시킨다. 어떠한 순수한 공간적 과정이란 존재하지 않는다. 왜냐하면 원거리에서 어떤 행위를 촉진하기 위해 비인간 자원을 이용한다면, 이는 공간을 사회적, 자연적, 기술적 과정으로 결합하는 것일 뿐만 아니라 이 행위를 역사적인 것으로 만드는 (곧 영구적이고 지속적이게 만드는) 방식이기 때문이다. (Murdoch 1997b: 329)

ANT에 있어서 이질적 실체들은 (언제나 공간적일 수밖에 없는) 네트워크를 통해 상호 간에 지속적인 연합(association)을 형성한다. 네트워크가 형성되면 구체적 공간도 (곧 장소도) 함께 동원된다. 대부분의 ANT는 과학에 초점을 두기 때문에, 우리가 ANT에서 발견하는 공간들은 실험실 [이는 "계산의 중심(centers of calculation)"이기도 하다] 또는 "현장(field)"인 경우가 많다(Greenhough 2006). 지리학 및 다른 여러 분야의 행위자-네트워크 이론가들은,

어떻게 과학적 지식과 권력이 (훨씬 거시적이고 더욱 중요한 "다른 어떤 곳"으로부터 — 이른바 사회로부터 — 부여되는 것이 아니라) 네트워크 내부에서 부상하는지를 설명해 오고 있다. 네트워크의 구성요소는 (과학자와 같은) 사람들뿐만 아니라 어떤 일을 발생시키도록 네트워크에 등록되는 모든 대상물까지도 포함한다. 따라서 행위주체성은 분산되어 있으며 인간뿐만 아니라 사물에게도 부여되어 있다. 행위의 가능성은 언제나 인간과 비인간 사이의 연결로부터 나타난다.

　　이런 측면에서 ANT는 명백히 "실재론적" 존재론을 지향하다 대부분의 포스트구조주의나 사회구성주의 입장과는 달리, 행위자-네트워크 이론가들은 우리가 세계를 구성한다는 점을 넘어서 실제의 현실 세계에 주목한다. 모든 (미생물, 동물, 바위 등의) 사물들은 인간의 창조물로 환원될 수 없다는 것이다. 곧 이들은 사회적 구성물 그 이상이라는 것이다. 그러나 동시에 사물들은 반드시 네트워크에 등록된(enrolled) 상태에서만 능동적일 수 있다. 그렇기 때문에 ANT는 사회구성주의이기도 하다. ANT는 세계를 이론화함에 있어서, "사회"란 결코 설명 요인이 될 수 없다고 본다. 곧, 사회는 가정(假定)될 수가 없다. 반대로 사회는 언제나 연결에 의해서 생성 중에 있다.

> … 사회과학자가 어떤 현상에 대해 "사회적"이라는 형용사를 사용할 때는 어떤 안정화된 상태 또는 어떤 관계의 묶음을 가리키는데, 이는 결코 어떤 다른 현상을 설명할 수 없다. … 우리가 "나무로 된", "철로 된", "생물적인", "경제적인", "정신적인", "조직적인", 또는 "언어적인"이라는 형용사를 사용하는 것과 거의 동일한 수준에서 "사회적"이라는 표현을 사용한다면, 달리 말해서 만일 "사회적"이라는 용어가 어떤 대상물의 유형을 의미하는 것이라고 한다면, 이는 문제적일 수밖에 없다. 우리가 "사회적"이라는 형용사를 그렇게 사용하는 순간 "사회적"이라는 의미는 붕괴되어 버리고 만다. 왜냐하면 "사회적"이라는 용어는 완전히 다른 두 가지를 지시하기 때문이다. 우선 "사회적"이라는 표현은 결합(assembling) 과정에서의 움직임을 가리키기도 하지만, 동시에 다른 물질과는 구별되는 특정 유형의 구성요소를 가리키는 것이기 때문이다. (Latour 2005: 1)

　　ANT는 모든 일은 단일한 표면 위에서 발생한다고 주장한다. 따라서 무엇을 설명하기 위해서 상이한 스케일을 넘어설 필요가 없다. 단지, 네트워크가 닿아 있는 범위까지 그리고 네트워크를 통해 설명할 수 있는 범위까지 네트워크를 추적하기만 하면 될 따름이다. 이런 의미에서 ANT는 이론적 구성 방식에 있어서 매우 경험주의적이다. 라투르는 철도가 글로벌한 것인가 아니면 로컬한 것인가라는 물음을 던지면서 이 점을 명확히 한다.

> … 철도는 모든 지점에서 로컬하다. 왜냐하면 철도는 어디에나 침목들이 놓여 있고 철도
> 노동자들도 있으며, 철도를 따라 철도역과 매표소 기계들이 도처에 흩어져 있기 때문이
> 다. 그러나 철도는 글로벌하다. 우리는 철도를 통해 마드리드에서 베를린까지 또는 브레
> 스트에서 블라디보스토크에까지 이동할 수 있기 때문이다. 그러나 철도는 우리를 모든 곳
> 들로 데려다줄 수 있을 만큼 충분히 보편적이지는 않다. 기차를 타고 오베르뉴 주의 작은
> 마을인 말피나 스태퍼드셔 주의 작은 마을인 마켓 드레이턴에 도달하는 것은 불가능하다.
> 간선에서 지선으로 갈아 탈 때에 돈을 지불하기만 한다면, 로컬에서 글로벌에 이르는, 부
> 수적인 것에서 보편적인 것에 이르는, 우연한 것에서 필연적인 것에 이르는 모든 경로는
> 연속적이다. (Murdoch 2006: 71에서 재인용).

철도 네트워크를 (그리고 이와 유사한 다른 네트워크들을) 이해하고 설명하려고 인접한
로컬한 것을 내버려두고 다른 곳에서 (예를 들어, "경제"와 "사회"와 같은 추상적 구조에서)
해답을 찾으려고 나설 필요는 없다. 대신 라투르가 제시하는 바와 같이, 우리는 로컬에 착목
(着目)하되 로컬은 오직 다른 "로컬"들과의 넓은 네트워크 속에서만 의미를 지닌다는 점을
인식하고 있어야 한다.

> 따라서 모든 주어진 상호작용에는, 이미 다른 시간과 다른 장소에서 유래한 그리고 이미
> 다른 행위주체에 의해 생겨난 상황 속에 존재하는 요소들로 충만하다. 이런 강력한 직관
> 은 사회과학 자체만큼이나 오래된 것이다. … 행동이란 언제나 이탈해 있고, 접합되고, 대
> 리되며, 번역된다. 따라서 만약 어떤 관찰자가 이런 충만함이 제시하는 방향을 좇는다면,
> 그는 어떤 주어진 상호작용을 떠나서 **다른 장소**, **다른 시간**, 그리고 (그런 장소와 시간을 형
> 성해 놓은 것처럼 비칠) 다른 행위주체성으로 이끌릴 것이다. 이것은 마치 강한 바람 때문
> 에 어떤 사람이 제자리를 지키지 못하고 구경꾼들이 멀리 날려가는 것과 같다. 마치 강한
> 해류로 인해 우리가 언제나 로컬 장면을 놓쳐버리는 것과 같이 말이다. (Latour 2005: 166)

분명 ANT는 실재론적이며, 하향식의 절대적 시선이 개입할 여지가 거의 없다. ANT는 언제
나 특수한 것에 몰두하면서도, 여러 특수한 지점들이 네트워크를 구성하기 위해 상호 연결
되는 것을 중요시한다.

ANT에 대한 비판이 없는 것은 아니다. 오히려 ANT에 대해서는 많은 비판이 존재한다.
아마도 이런 비판 중 가장 설득력 있는 것은 **행위주체성**(agency)을 둘러싼 문제이다. ANT는

행위주체성을 실제 어떤 사건이나 일이 진행되고 있는 현장에서 다룬다. 이런 이유로 ANT 는 의도성과 주체성에 기반을 둔 인간의 (그리고 어쩌면 동물의) 행위주체성과 의지와 무관한 물질성에 기반을 둔 행위주체성을 구별하지 않는다. 따라서 과연 이런 상이한 행위주체성을 구별할 필요가 있는가라는 문제가 발생한다. 라투르가 네트워크에서 제시하는 핵심 질문은, 과연 네트워크 내에서 어떤 요소가 제거될 경우 이는 어떤 차이를 만들어내는가라는 것이다. 만약 이에 대한 대답이 "그렇다"라고 한다면, 그 요소가 행위주체성을 가진 것으로 간주된다. 제한적 의미에서이기는 하지만 대부분의 사람들은 이에 동의할 것이다. 그러나 이와 관련해서 또 다른 질문을 할 수 있다. 과연 "네트워크 내에서 제거될 수 있는 요소는 어떤 것이며, (반대로) 어떤 요소가 이 요소를 대체할 수 있는 권력을 가지고 있는가?"라는 질문이다. 망치와 못의 사례를 생각해보자. 나의 경우에는 집에서 망치를 어디에 두었는지 찾지 못하는 경우가 종종 있다. 이 경우 벽돌, 드라이버 손잡이, 나무 방망이, 신발 등으로 망치의 역할을 대체하곤 한다. 이런 사물들은 나에 의해 네트워크에 등록되어 특정한 행위주체성을 생산하는 것이다. 이 경우, 나라는 인간 행위주체가 없다면 이런 사물로 망치를 대체하는 것이 불가능할 것이다. 이런 질문은 분명히 인간의 (그리고 어쩌면 동물의) 행위주체성을 겨냥한 것이다. 결국 네트워크 내에는 다양한 권력과 행위주체성이 존재하고 있음이 분명하다. 이 점에 대해서는 라투르나 그 외의 행위자-네트워크 이론가들이 쉽게 반박하기는 어려울 것이다.

혼성적 지리[2]

관계적 지리(relational geography)를 연구하는 지리학자들은 이분법적 사유가 세계를 양분하고 있고 사물 간의 관계성을 간과한다는 생각에서 출발한다. 이들에 따르면, 세계는 이런 식으로 양분되어 있지는 않다. 대신 세계는 매끈하며 다중석으로 연결되어 있나. 우리는 이분법의 두 구성요소가 서로 연결되어 있다는 사실을 간과하기도 하지만, 이와 아울러 "동일하다"고 생각하는 범주 내의 여러 차이를 간과하기도 한다. 예를 들어, 문화와 자연이라는 이분법에 있어서, "자연"이라고 불리는 세계 내에의 차이는 "자연"과 "문화" 간의 차이만큼이나 크다. 예를 들어 같은 자연이라고 할지라도 코끼리와 폭포는 과연 어느 정도의 동일성을 갖고 있는가? 이런 측면에서 볼 때, 지리학자들은 (그리고 다른 학자들 또한) "혼성적인", "섞인", "네트워크화된" 등 일련의 새로운 용어를 사용해서 관계적 사유를 추구한다. 행위자-네트워크 이론의 영향을 강하게 받은 일부 지리학자들은, 엄밀한 자연과학과 사회구성주의 사이에서 양자와는 뚜렷이 구별되는 제3의 경로를 따라 생각하고 글을 쓴다. 곧, 사회적인 것을 넘어선 그리고 동시에 자연적인 것을 넘어선 지리학을 추구한다.

> 관계적 사상가들은 현상이란 그 자체로서 속성을 갖고 있는 것이 아니라, 항상 다른 현상들과의 관계 덕분에 속성을 나타낸다고 주장한다. 따라서 이런 관계는 외적인 것이 아니라 "내적인" 것이다. 왜냐하면 외적인 관계는 (현상이 형성하고 있는) 관계보다 현상이 선행한다는 것을 전제로 하기 때문이다. (Castree 2005: 224)

대부분의 지리학은 사회나 자연이라 (또는 환경이라) 불리는 것이 어떤 사건을 (또는 일을) 일으킨다는 생각에 기초하고 있다. 관계적인, "인간 그 이상의" 지리를 연구하는 지리학자들은 세계를 **연결의 윤리**(ethics of connection)라고 할 수 있는 새로운 윤리관에 입각해서 설명하려고 한다. 우리는 "사회"나 "자연"이라고 이름 붙여진 덩어리들보다는 연결에 초점을 둠으로써, 오랫동안 지속되어 온 이분법을 어떻게 넘어설 수 있는지를 가늠할 수 있다.

이런 접근을 토대로 할 때 우리에게 익숙한 "자연"이라는 것에 대한 생각이 어떻게 달라질 수 있을지 알아보자. 옐로스톤이나 요세미티와 같은 미국의 국립공원에 대해 생각해보자. 이 장엄한 경관에 대한 접근 중 하나는 자연에 대한 실재론이다. 이 관점에 따르자면, 국립공원은 훌륭하고 유일무이한 자연의 일부이므로 사회로부터 보호받을 필요가 있다. 자연지리학자들은 이 공원을 생태계, 생물지역(bioregion), 유역권(catchment area)과 같은 생물

---

2 "혼성적(混成的, hybrid)"과 "혼성성(混成性, hybridity)"은 호미 바바(Homi Bhabha), 로버트 영(Robert Young), 스튜어트 홀(Stuart Hall) 등의 포스트식민 이론가들이 서양의 식민적 지식 생산의 폭력성을 비판하는 데 적극적으로 활용하는 정치적 용어다. 서양의 식민주의자들은 원주민들의 토착 지식 시스템을 붕괴시키는 대신 자신들이 재정의한 "종(種)"의 구분을 통해 이를 재영역화하여 식민 공간을 통치해 왔다. 이 용어는 흉내내기(mimicry)라는 용어와 마찬가지로, "종"이라는 범주적 구분에 균열을 일으키고 그 권위를 불능화, 무효화하는 효과를 지닌다. 곧, 모든 대상물에는 성격이나 성질이나 속성이 있을 따름이지 정형화된 "종"이란 존재하지 않기 때문이다. 한국에서는 일부 학자들이 이런 포스트식민주의적 맥락을 이해하지 않고 위 용어들을 문자 그대로 단순히 "종(種)의 혼합(混合)"이라는 뜻에서 "혼종적(混種的)" 또는 "혼종성(混種性)"이라고 번역하곤 하는데 이는 적절하지 않다. 왜냐하면 "혼종성"은 여전히 "종"이라는 개념에 의지하고 이를 재생산하는 표현이기 때문이다. 이는 포스트식민 정치의 본질을 이해하지 못하고 서양의 식민주의적 사고를 그대로 물려받는다는 점에서 문제적이다. 모든 존재는 본질적으로 혼성적인 까닭에 "혼종"이라는 범주화는 "종"이라는 범주화와 마찬가지로 폭력으로부터 자유로울 수 없다. (역주)

적, 생태적 용어를 사용해서 기술할 수 있다. 또한 이 지역의 생태적 다양성을 얘기하거나 각 공원의 독특한 자연적 속성에 주목할 수도 있다. 이때 사회구성주의자도 끼어들 수 있다. "잠깐만!"이라고 말하면서, "이 공원은 야생성에 대한 역사적 관념을 통해 인간의 영향을 배제하고 있기 때문에 존재하고 있을 따름이야. 그리고 이 공원을 다른 용도로 개발한다고 해도 경제적으로는 자본주의의 생산력에 크게 도움이 되지 않기 때문이겠지. 공원은 자연에 대한 인간의 이미지며, 언제나 사회적인 것일 따름이야."라고 논평한다. 반면, 관계적 지리학자는 이 공원을 이질적이 부분득의 수많은 연계망으로 구성되어 있는 "네트워크"라고 파악한다. 이 모든 각각의 부분들은 서로 복잡한 관계를 형성하고 있는 (나무, 폭포, 법률, 순찰 대원, 관광객, 예술가, 안내책자 등과 같은) "행위소(actants)"일 따름이다. 각각의 존재와 역량은 다른 것들과의 관계가 있기 때문에 가능한 것이다. "자연"이나 "사회"라는 거대한 개념에 의지할 필요가 없다. 각각의 행위소는 서로에 대한 원인이자 결과이다. "사물"은 사람과 마찬가지로 효과를 지니고 있으며, 이들은 빈번하게도 "사회적" 의도를 벗어난다.

이런 주장은 실험실에서 생산된 사물에 대해서도 제기된다. 이의 대표적 사례가 온코마우스(oncomouse)이다(Castree 2005). 온코마우스는 유전자 변형 쥐로서 암 실험에 널리 사용된다. 온코마우스는 자연의 일부인가? 분명 온코마우스는 쥐털과 한 개의 꼬리와 DNA를 갖추고 있으며, 다른 동물과 (특히 쥐와) 동일한 속성을 갖고 있다. 그러나 이 쥐는 공학에 의해 의도적으로 탄생한 쥐이다. 따라서 이 쥐는 시험관이나 MRI 스캐너와 마찬가지로 과학자들에 의해 탄생한 물적 구성물이다. 카스트리(Castree)에 따르면, 우리는 관계적 사유를 통해 온코마우스를 인간 행위소와 "정교한 실험실 장비, 쥐의 유전자를 변형시키는 방법이 담긴 과학 논문, 온코마우스 생산 프로젝트에 연구비인 자본의 전자적 흐름"과 같은 비인간 행위소의 관계적 산물로 착상할 수 있다(Castree 2005: 231). ANT에서 볼 때 온코마우스는 네트워크의 일부이며, 이런 네트워크상에서 각 부분의 역할은 자기 자신의 속성뿐만 아니라 (네트워크에 속한) 다른 "행위소"에 대한 상대적 위치에 의해 결정된다. 온코마우스는 요세미티 국립공원과 마찬가지로 철저하게 관계적이다.

자연과 문화에 대한 이런 관계적 관심과 관련하여 가상 영향력 높은 서술은 사라 와트모어(Sarah Whatmore)의 저술 『혼성적 지리(*Hybrid Geographies*)』일 것이다(Whatmore 2002). 이 책에서 와트모어는 문화-자연(culture-natures)이라는 개념을 코끼리에서 콩에 이르는 일련의 사례를 통해 상당히 복잡한 방식으로 발전시켜 나간다. 예를 들어 와트모어는 콩의 오랜 역사를 최근 영국에서의 식품 공포 현상이라는 맥락에서 설명한다. 영국에서의 식품 공포는, 최근 광우병이나 구제역같이 악명 높은 질병뿐만 아니라 대장균, 리스테리아, 살모넬라 등의 창궐을 포함한다. 이런 공포는 우리에게 문화/자연에 대한 질문을 제기한다.

> 원래 "불량" 박테리아와 단백질이 우유, 육류, 닭고기, 계란의 생산과 유통 과정에서 출현한 것처럼, 이들은 처음에는 우연히 나타난 것들이다. 그러나 이들은 점차 의도적인 실수가 되고 있다. 식량과 가축으로서의 식물과 동물은 과학적, 경제적 합리화의 과정 속에서 단지 인간의 식품에 불과한 것으로 변해 가고 있기 때문이다. (Whatmore 2002: 121)

온코마우스와 요세미티의 경우, 사회적인 것과 자연적인 것을 구분한다든지 아니면 둘 중어느 하나가 다른 하나의 원인이라고 말하기는 어렵다. 영국에 유전자변형(GM) 콩이 도입되었을 때에는 이처럼 식품에 대한 공포가 나타나던 무렵이었다. 많은 "전문가들"은 GM 식품의 안전성을 주장했지만, 사람들은 그 말을 신뢰하지 않았다.

와트모어는 지난 3,000년 동안의 인류 문화사에서 콩이 인류의 중요한 단백질 공급원이었을 뿐만 아니라 토양 내에 질소를 조정하는 데 도움이 되었다는 점을 기술한다. 미시적 스케일에서의 유전공학이 도래하기 훨씬 이전에, 사람들은 오랜 기간에 걸쳐 다양한 환경에서콩을 재배해 왔다(그림 12.2 참조).

> 오랫동안 아시아에서 누적되어 온 식물과 농부, 토양, 박테리아 간의 치밀한 사회−물질적관계로 인해 유전학적으로 수천 가지에 달하는 … 다양한 종류의 콩이 생겨날 수 있었다. 이 콩은 경제성이 높았을 뿐만 아니라 … 다양한 환경에서 서식할 수 있었고 많은 질병을 이겨낼 수 있었다. (Whatmore 2002: 126)

이처럼 콩 재배의 오랜 역사, 사회적 네트워크로 콩을 등록해 온 과정, 그리고 중국인 농부의실천적 지식은, 오늘날 콩의 아종(亞種)인 대두(大豆, Glycine Max)가 탄생할 수 있었던 밑거름이 되었다.

수 세기에 걸친 이런 콩 재배의 과정과 더불어, 콩은 무역, 과학, 요리 문화의 네트워크에서 중요한 부분을 차지했다. 1880년 프랑스에서는 콩이 영양학적으로 가치가 높다는 것을실험실에서 증명해냈다. 또한 1930년에 이르는 동안 중국인의 콩 요리법은 다른 지역으로전파되어 나갔고, 미국의 대학은 미국에서 가장 성공할 수 있는 종류의 콩을 밝혀내기 위한실험을 수행했다. 20세기 중반 미국의 농산업체들은, 특정 환경에서 최적의 생산 수준을 갖춘 제1세대 교잡종(F1 hybrids) 옥수수를 대량으로 생산하고 있었다. 이 옥수수는 유전학적

그림 12.2 콩. 출처 : Annie Mole, CC-BY-2.0. http://commons.wikimedia.org/wiki/File:Edamame_
Annie_Mole.jpg (2012년 5월 30일에 취득)

으로 다른 2개의 종을 교배한 교잡육종(交雜育種, cross-bred)이었다. 이 옥수수는 생산량이
균일하고 예측 가능했기 때문에 기계화된 농법에 이상적인 품종이었다. 반면, 이 옥수수는
종자로서 땅에 다시 심기에는 부적절했으므로 종자를 구입하는 비용은 상대적으로 비쌌다.
당연히 이 품종은 농산업체들에게 유익했다. 왜냐하면 매년 농부들이 이 종자를 구입해야만
하기 때문이다. 반면 콩은 옥수수에 비해 교잡육종을 생산하는 것이 훨씬 어렵다는 것이 판
명되었다. 콩은 마음대로 조작하기 어려운 종자였다.

　1970년대에는 (교배를 통제하는) 유성생식의 방법에서 세포를 개조하는 방식으로의 전환
이 이루어졌고, 이는 이후 유전자변형으로 발전하게 되었다. 미국에서 1970년에 식물종보
호법(Plant Varieties Protection Act)이 제정됨에 따라 식물종에 대해서도 특허를 확보하는 것
이 가능해지게 되었다. 우리는 대개 특허라고 한다면 (살아있는 유기체보다는 반도체나 수
확용 기계와 같은) 어떤 새로운 발명품에 대한 소유권을 떠올린다. 이 법은 문화와 자연을 뒤
섞어 버렸다. 이 법은 이와 같이 점차 복잡해지는 네트워크에 있어서 중요한 행위소가 되었
다. 기술이 더욱 발전하게 되면서, 이 법으로 인해 콩 종자의 개량이 가속화되었고, 종국적
으로는 콩 생산량이 막대하게 증가했고 콩을 사용한 다양한 가공식품이 출현하게 되었다.

농업에서 사용되는 콩이 점차 등질화되고 유전학적으로 단순화됨에 따라, 콩은 점차 질병에 취약해지고 있다. 또한 잡초는 콩의 단일경작에 큰 위협이 되고 있다. 이로 인해 제초제에 친화적인 콩을 재배함으로써 잡초에 대한 저항력을 높이려는 유전학적 개량 시도가 출현했다. 이 결과 농부들은 제초제를 사용하더라도 잡초만을 제거할 수 있게 되었다. 몬산토사(Monsanto Corporation)는 이른바 "라운드업 레디(Roundup Ready)"라는 콩을 개발했는데, 이는 "라운드업"이라는 이름의 제초제를 살포해도 괜찮은 품종이라는 뜻을 지닌 것이었다. 이 품종은 원래 담배 DNA의 도움으로 생산되었던 것인데, 콩의 생산량을 늘리기 위해서 개발된 것이 아니라 "라운드업" 제초제를 간편하게 뿌릴 수 있도록 고안된 것이었다. 따라서 몬산토사는 농부들로 하여금 종자와 제초제 모두 자신의 회사에 더욱 의존하게 만듦으로써 수익을 크게 늘릴 수 있게 되었다. 와트모어는 "라운드업 레디 콩은 기업 과학의 혼성적인 행위주체이며, 그 종자에는 기술적, 사업적 실천들이 통합되어 있다."고 말한다(Whatmore 2002: 132).

콩과 같은 GM 작물이 영국에 도입되었을 때, 이는 식품 안전 전문가를 더 이상 신뢰하지 않는 많은 소비자의 거센 저항을 받았다. 당시 식품 공포와 관련된 이야기들이 신뢰를 제거했던 것이다. 활동가들은 콩과 기타 GM 작물을 "프랑켄슈타인 식품"이라고 이름을 붙였으며, 이로 인해 (와트모어가 일컫는 바와 같이) "콩에 대한 반(反)학술적 연합"이 형성되었다(Whatmore 2002: 141). 달리 말해서 콩은 상이한 유형의 네트워크 속으로 등록되었던 것이다.

콩에 관한 와트모어의 이야기는 특정한 문화-자연이 얼마나 다양한 행위, 사물, 관계에 의해 생산되는지를 보여주고 있다. 콩은 그 자체 내에 농부, 활동가, 법률 체계, 몬산토사, 과학자, 소비자 그리고 그 외의 많은 행위자를 포함하고 있다.

> … 작물 재배와 식품 섭취라는 불안정한 사업에 있어서, 콩은 엄청나게 다양한 행위를 아우르고 있을 뿐만 아니라 권력과 지식의 복잡한 유통을 내재하고 있는 생생한 현존으로서 부상하고 있다. … 콩은 다양한 모습으로 여행을 하면서, 멀리 떨어져 있으면서도 동시적인 순간들 사이의 간극을 풍요롭게 만든다. 또한 생산과 소비, 로컬과 글로벌, "인간"과 "사물"의 위상학적 수행에 있어서 틈새와 주름, 그리고 흐름과 마찰을 추적할 수 있게 한다. (Whatmore 2002: 142)

와트모어의 **혼성적 지리**(hybrid geographies) 개념은 우리로 하여금 문화-자연에 대해 다시 생각해보게 한다. 초기 지리학자들의 경우 자연에 대한 문화적 역할을 이해함에 있어서 어느 하나가 항상 다른 하나를 결정한다고 보았던 반면, 이후의 급진적 지리학자들은 "2차적 자연"의 사회적 생산을 주장했다. 그리고 이제 와트모어와 같은 학자들은 우리가 문화와 자연의 구분선을 어디에 그어야 하는지에 대해 질문을 제기하고 있다. 콩의 경우 자연과 문화는 (또는 사회는) 과연 어디에서 시작되는 것일까? 이런 복잡한 이야기를 고려할 때, 우리는 자연과 문화라고 이름 붙여진 뚜렷한 두 덩어리를 넘어설 수 있는 새로운 사고를 필요로 한다. 혼성적, 관계적 접근은 우리로 하여금 세계의 다양한 대상물 간의 관계를 추적할 것을 촉구한다. 이런 접근에서는, 전체란 그것을 구성하는 부분들로 환원될 수 없고 단순히 문화와 자연 중 어느 하나로 명명하는 것도 불가능하다. 최근 와트모어의 연구는 (그리고 그 동료들의 연구는) 전보다 확장되고 있는데, 홍수의 위험 관리에 있어서 "인문 너머의" 세계의 복잡성을 그려 내고자 하고 있다. 이 연구에서 와트모어는 홍수의 영향을 받는 지역에 있어서 주민들의 로컬 의견과 전문가들의 과학적 의견을 함께 등록하고 있고, 이를 통해 홍수 위험 및 관리에 있어서 광범위한 인간 및 비인간 행위소들을 아우를 수 있는 새로운 길을 모색하고 있다(Lane *et al.* 2011).

결론

이 장에서 우리는 오늘날 지리학자들이 지리학 내에서 인간과 비인간을 모두 아우르기 위해서 어떠한 시도를 하고 있는지를 살펴보았다. 이런 시도는 우리가 인문지리학과 자연지리학이라고 알고 있는 구분을 넘어서려는 노력이기도 하다. 인문지리학이 (인문적 과정과 자연적 과정을 서로 유사하게 유추했던 공간과학에 내재한) 실증주의를 비판했던 다양한 이론적 접근을 포용하면서 이런 이분법적 분리가 뚜렷해졌다. 그러나 우리는 최근 인문지리학자들과 자연지리학자들이 어떻게 상호 개입의 노력을 보이고 있는지 그리고 동물지리학이 어떻게 (생물지리학의 한 영역인) 동물의 세계를 자신의 영역 내부로 포함시키려고 하는지에 대해 살펴보았다. 이 장의 후반부에서는, 행위자-네트워크 이론과 혼성적 지리학이 인간과 비인간으로 분리된 (또는 지각력이 있는 것과 지각력이 없는 것으로 분리된) 세계를 중단시키기 위해서 어떻게 이론적으로 접근하고 있는지를 살펴보았다. 공간과학에서와 마찬가지로 이 이론에서는 인간과 비인간이 대체로 동등한 존재로 간주되며 이성, 상상, 주체성과 같은 인간의 특징을 인본주의자들이 구축해 놓은 인식의 토대에서 풀어 놓고 있다. 많은 경우, 행위자-네트워크 이론이나 혼성적 지리학을 주장하는 학자들이 과연 인문학과 자연과학 중 어디에 속하는지를 말하는 것은 쉽지 않다. 이런 분리는 그렇게 분리된 세계 내에서만 유의미할 따름이다. 아마 우리는 훔볼트나 리터가 인식했던 세계로 되돌아가고 있는지도 모르겠다. 그들의 인식에서는 자연과 문화가 동일한 지식 영역에 속한 것이었다. 그러나 행위자-네트워크 이론을 실천하고 있는 대부분의 지리학자들은 과거에 인문지리학자라고 알려진 사람들이다. 자연지리학자들은 다시금 (물론 몇몇 예외가 있기는 하지만) 토양채취기를 손에 쥐려 할 것이다. 그럼에도 불구하고 이 장에서 논의했던 이론적 맞물림은 "인문 너머의" 그리고 "자연 너머의" 지리학의 가능성을 열어젖히고 있으며, 이런 가능성 속에서 우리는 연구실 복도에서 단순한 스포츠나 날씨나 가족에 관한 이야기 그 이상을 나눌 수 있을 것이다. 고무적인 신호들이 나타나고 있다.

참고문헌

Allen, C. D. and Lukinbeal, C. (2010) Practicing physical geography: an actor-network view of physical geography exemplified by the Rock Art Stability Index. *Progress in Physical Geography,* 35, 227-248.

Anderson, K. (1995) Culture and nature at the Adelaide Zoo: at the frontiers of "human" geography. *Transactions of the Institute of British Geographers*, 20, 275-294.

Anderson, K. (1997) A walk on the wild side: a critical geography of domestication. *Progress in Human Geography,* 21, 463-485.

Bingham, N. (1996) Object-ions: from technological determinism towards geographies of relations. *Environment and Planning D: Society and Space,* 14, 635-657.

Braun, B. (2004) Querying posthumanisms. *Geoforum,* 35, 269-273.

Büscher, B. (2022) The nonhuman turn: critical reflections on alienations, entanglement and nature under capitalism. *Dialogues in Human Geography,* 12, 54-73.

Castree, N. (2005) *Nature,* Routledge, London.

Castree, N. and Nash, C. (2006) Posthuman geographies. *Social and Cultural Geography,* 7, 501-504.

Clifford, N. J. (2001) Physical geography-the naughty world revisited. *Transactions of the Institute of British Geographers,* 26, 387-389.

Cronon, W. (1991) *Nature's Metropolis: Chicago and the Great West*, Norton, New York.

Davis, W. M. (1906) An inductive study of the content of geography. *Bulletin of the American Geographical Society*, 38(1), 67–84.

Derrida, J. (2003) And say the animal responded, in *Zoontologies: The Question of the Animal* (ed. C. Wolfe), University of Minnesota Press, Minneapolis, MN.

Gandy, M. (2002) *Concrete and Clay: Reworking Nature in New York City*, MIT Press, Cambridge, MA.

Gillespie, K. and Collard, R.-C. (eds) (2015) *Critical Animal Geographies: Politics, Intersections, and Hierarchies in a Multispecies World*, Routledge, London.

Greenhough, B. (2006) Tales of an island-laboratory: defining the field in geography and science studies. *Transactions of the Institute of British Geographers,* 31, 224–237.

Gullo, A., Lassiter, U., and Wolch, J. R. (1998) The cougar's tale, in *Animal Geographies: Place, Politics, and Identity in the Nature-Culture Borderlands* (eds J. R. Wolch and J. Emel), Verso, London.

* Hinchliffe, S. (2002) Inhabiting—landscapes and natures, in *The Handbook of Cultural Geography* (eds K. Anderson et al.), Sage, London.

Hinchliffe, S. (2010) Working with multiples: a non-representational approach to environmental issues, in *Taking Place: Non-Representational Theories and Geography* (eds B. Anderson and P. Harrison), Ashgate, Farnham, 303–320.

Inkpen, R. (2005) *Science, Philosophy and Physical Geography,* Routledge, London.

Kaika, M. (2005) *City of Flows: Modernity, Nature, and the City,* Routledge, New York.

Lane, S. N., Odoni, N., Landstrom, C., Whatmore, S. J., *et al.* (2011) Doing flood risk science differently: an experiment in radical scientific method. *Transactions of the Institute of British Geographers*, 36, 15–36.

Latour, B. (1993) *We Have Never Been Modern,* Harvester Wheatsheaf, New York. 홍철기 역, 2009, 『우리는 결코 근대인이었던 적이 없다』, 갈무리.

Latour, B. (1994) On technical mediation-philosophy, sociology, genealogy. *Common knowledge*, 4, 29–64.

Latour, B. (2005) *Reassembling the Social: An Introduction to Actor-Network-Theory*, Oxford University Press, New York.

Loftus, A. and Lumsden, F. (2008) Reworking hegemony in the urban waterscape. *Transactions of the Institute of British Geographers*, 33, 109–126.

Murdoch, J. (1997a) Inhuman/nonhuman/human: actor-network theory and the prospects for a nondualistic and symmetrical perspective on nature and society. *Environment and Planning D: Society and Space*, 15, 731–756.

*Murdoch, J. (1997b) Towards a geography of heterogeneous associations. *Progress in Human Geography*, 21, 321–337.

*Murdoch, J. (2006) *Post-Structuralist Geography: A Guide to Relational Space*, Sage, London.

Philo, C. (1995) Animals, geography, and the city: notes on inclusions and exclusions. *Environment and Planning D: Society and Space,* 13, 655–681.

Philo, C. and Wilbert, C. (eds) (2000) *Animal Spaces, Beastly Places: New Geographies of Human-Animal Relations,* Routledge, New York.

Power, E. R. (2009) Border-processes and homemaking: encounters with possums in suburban Australian homes. *cultural geographies,* 16, 29–54.

Sack, R. D. (1997) *Homo Geographicus,* Johns Hopkins University Press, Baltimore.

Santos, M. L. (2021) *For a New Geography*, University of Minnesota Press, Minneapolis, MN

Smith, N. (1991) *Uneven Development: Nature, Capital, and the Production of Space,* Blackwell, Oxford.

* Srinivasan, K. (2019) Remaking more-than-human society: thought experiments on street dogs as "nature". Transactions of the Institute of British Geographers, 44, 376–391.

Steinberg, P. E. (2001) *The Social Construction of the Ocean,* Cambridge University Press, Cambridge.

Swyngedouw, E. (1999) Modernity and hybridity: nature, regeneracionismo, and the production of the Spanish waterscape, 1890–1930. *Annals for the Association of American Geographers,* 89, 443–465.

Tuan, Y.-F. (1984) *Dominance and Affection: The Making of Pets,* Yale University Press, London.

Tuan, Y.-F. (1991) A view of geography. *Geographical Review,* 81, 99–107.

* Whatmore, S. (2002) *Hybrid Geographies: Natures, Cultures, Spaces,* Sage, Thousand Oaks, CA.

Wilbert, C. (1999) Anti-this-against-that: resistances along a human non-human axis, in Entanglements of Power: Geographies of Domination/Resistance (eds J. P. Sharp, P. Routledge, C. Philo, and R. Paddison), Routledge, London, 238–255.

Wolch, J. R. (1996) Zoöpolis. *Capitalism Nature Socialism,* 7, 21–48.

* Wolch, J. R. (2002) Anima urbis. *Progress in Human Geography,* 26, 721–742.

Wolch, J. R. and Emel, J. (1998) *Animal Geographies: Place, Politics, and Identity in the Nature-Culture Borderlands,* Verso, New York.

제 **13** 장

자연 너머의 지리학

- 인문지리학과 자연지리학의 재결합
- 자연지리학자에게 이론과 철학이 왜 중요할까?
- 지형학의 접근 방식
- 비판적 자연지리학과 인류세
- 결론

우 리는 12장에서 인문지리학자들이 제기한 인간 너머의 지리학이 인문지리학과 자연지리학 사이의 분리뿐만 아니라 자연과 사회의 이분법을 허무는 노력을 살펴봤다. 이 장에서는 이론과 자연지리학의 얽혀 있는 문제와 함께, 자연지리학자와 인문지리학자가 어떻게 자연지리학 및 지질학과 같은 연계 학문의 관점에서 이러한 오랜 단절에 의문을 제기하기 위해 함께 노력해왔는지 살펴볼 것이다. 그 출발점은 이론과 철학에 대한 자연지리학자들의 오랜 반감(反感)이다. 우리는 12장에서 1950년대를 넘어서면서 지리학자들이 인문지리학과 자연지리학으로 좀 더 전문화되었고, 지리학자들은 서로 다른 길을 가게 되었다는 것을 알게 되었다. 이 책 전반에 걸쳐 살펴본 것처럼, 인문지리학자들은 이론적, 철학적 논쟁에 집착하는 반면, 자연지리학자들은 전혀 그렇지 않다. 1994년 로드와 손(Rhoads and Thorn)은 다음과 같이 썼다.

Geographic Thought: A Critical Introduction, Second Edition. Tim Cresswell.
© 2024 John Wiley & Sons Ltd. Published 2024 by John Wiley & Sons Ltd.

> 지형학자들은 학부나 대학원 수준에서 철학적 주제에 대해 공식적인 교육을 거의 받지 않
> 는다. 게다가 그들은 대부분 인문지리학자들로부터 교육받는 경우가 많으며, 이들은 단순
> 히 자신이 경험주의자라는 사실을 알게 된 다음, 인문지리학의 무수한 철학적 관점을 연
> 구하는 데 그친다. (Rhoads and Thorn 1994: 91)

지형학자를 자연지리학자로 일반화한다면 내가 피하고자 하는 문제는 바로 이 점이다. 자연
지리학자라고 생각하는 독자들에게도 인문지리학자와 그들의 동료들이 그러하듯 이론과 철
학이 중요한 부분이라는 점을 설득하는 것이 바로 내 역할이다.

인문지리학과 자연지리학 재결합하기

도린 매시(Doreen Massey)는 인문지리학과 자연지리학을 재결합하려는 통합적 시도를 한 바
있다. 그녀는 공간과 시간에 대한 새로운 사유를 기반으로 지리학계의 큰 내적 단절을 초월
하고자 했다. 매시의 주장에 따르면, **공간-시간**(space-time)에 대한 지리적 상상력은 지리학
내의 세부 전공 분야들을 초월하는 공통분모를 제공한다. 그리고 그녀가 제안하는 시간-공
간 상상력은 철저하게 관계적이다.

> 간단히 말해서, 많은 인문지리학자는 공간을 근본적으로는 공간-시간으로 새롭게 사유함
> 으로써 공간-시간을 (공간-시간 "내부에" 실체가 있다는 측면에서) 상대적인 것으로, (사
> 회관계의 작동을 통해서 실체와 공간-시간이 모두가 구성된다는 측면에서) 관계적인 것
> 으로, 그리고 실체 그 자체의 구성에 있어서 (실체는 국지적인 시간-공간이라는 점에서)
> 필연적인 것으로 개념화하려고 한다. (Massey 1999: 262)

물론 매시가 공간과 시간이 지리학의 재통합을 위한 토대가 되어야 한다고 처음으로 주장한
지리학자는 아니지만(Unwin 1992 참조), 그녀가 주장하는 상대적 공간 개념은 최근 물리학
에서 진전된 논의를 참조한 것이다. 특히 이런 점에서는 매시를 정교하게 이해할 필요가 있
다. 우리가 살펴본 바와 같이, 공간과학은 외부의 방법론을 도입해 옴으로써 엄격한 과학이
라는 인증을 받고 싶어 했다. 그렇지만 공간과학자들만이 물리학으로부터 정당성을 찾으려
고 시도한 것은 아니었다. 매시는 "문화지리학자들도 카오스 이론을 인용할 수 있고, 도시

이론가들도 양자역학의 공식들을 원용할 수 있으며, 지식의 본질에 대해 논의하는 사람이라면 하이젠베르크의 사상에 기댈 수 있는 것이다."라고 말한다(Massey 1999: 263). 매시는 자신이 "과학에의 선망(science envy)"에 개의치 않는다는 것을 분명하게 밝힌다.

> 예를 들어, 인문지리학이나 이와 관련된 분야에 있어서 양자역학이나 카오스 이론에 호소한다는 것은 정확히 어떤 지위를 갖는 것일까? 프랙탈 이론을 원용할 수 있는 **진정한 근거**는 무엇일까? 인문지리학에서 이런 이론을 원용하는 것은 상상력에 대한 자극으로서 매우고무적일 수도 있고, 인문지리학이 스스로를 정당화하기 위한 단일한 존재론을 은연중에선언할 수도 있으며, 인문지리학이 깊게 의심하고 있는 보다 고차원적이고 참된 과학에호소하는 것일 수도 있다. (Massey 1999: 264)

매시가 제기하는 문제의 핵심은, 지리학은 고도로 복잡한 체계를 다루고 있는 학문인 반면에 고전 물리학은 (보편적 진술을 찾기 위해서) 단순한 체계를 다루고 있다는 점이다. 많은 사람에게 이런 진술이 사뭇 새로울 수도 있겠다. 물리학에 과학의 정점이라는 수식어가 붙는 주요 이유는 물리학이 어렵다는 것에 기인한다. 중력이나 양자역학 등은 화려한 방정식을 통해서 우리에게 제시될 뿐만 아니라, 크기도 엄청나게 크고 값도 어마어마하게 비싼 장비의 도움을 동반한다. 그러나 지리학자들은 글로벌 도시에서 사막의 침식경관에 이르는 특수한 장소들을 다룬다. 이런 장소는 뚜렷한 논리와 정교함을 찾을 수 없을 정도로 엄청나게 복잡한 체계다. 장소는 계산을 넘어선다. 과학적으로 말하자면, 장소는 뚜렷한 이유 없이 갑작스럽고 설명하기 어려운 방식으로 변형되는 일종의 "개방 체계"인 것이다. 바로 이것, 곧 지리적 세계를 단순하게 다루는 것이 바로 공간과학의 실수다. 매시는 인문지리학과 자연지리학같이 복잡한 체계를 다루는 분야야말로 바야흐로 주도권을 잡아야 한다고 주장한다. 매시는 인문지리학과 자연지리학 모두 "복잡한 것에 대한 과학이자 역사적인 것에 대한 과학임에도 불구하고, 물리학 모델을 (…) 선망함에 따라 스스로 지리학을 열등한 것으로서 등한시해 왔다."(Massey 1999: 266)고 주장했다.

> … 거기에는 여러 가지의 궤적들이 있다. 거기에는 여러 차이들이 공존하고 있다. 거기에는 분명 공간이 있으며, 거기에는 여러 궤적들이 있을 수밖에 없는 공간이 있다. 따라서 나는 다음과 같이 주장하고 싶다. 우리 시대에 있어서 공간을 좀 더 적절하게 이해하려면, 거기에는 한 가지 이상의 이야기가 있다는 것을 인정해야만 한다고 말이다. 그리고 이 이야기들은 최소한 상대적인 자율성을 갖고 있다는 것을 말이다. (Massey 1999: 272)

매시는 다른 걸출한 지리학자들과 마찬가지로 지난 몇십 년 동안 사회사상에 있어서 공간이 중요하다는 것을 피력해 왔다. 매시의 주장에 따르면, 19세기 이래로 사회사상과 철학에서는 시간이 공간을 압도해 왔다. 시간은 살아 숨 쉬고 있고, 가능성으로 가득한 것으로 간주되었던 반면, 공간은 시간의 변화와 무관하게 공간 내 모든 것들이 그 장소를 유지하고 있는 고정된 평면처럼 간주되어 왔다. 매시의 주장에 따르면, 이론가들은 주로 시간적 측면에서 사유했기 때문에 "차이"를 시간적 연속선상에 나타나는 일련의 점으로 다루어 왔다. 세계를 선진국과 개발도상국으로 나누는 것이 이의 가장 좋은 사례일 것이다. 이런 의미에서 볼 때, 모든 국가는 각각 다른 지점에 위치하고 있을 따름이지, 근본적인 의미에서는 모두 동일한 (시간적) 경로상에 존재한다. 또한 이는 마르크스주의에도 동일하게 적용될 수 있다. 왜냐하면 마르크스주의 역사 이론은 봉건주의에서 자본주의로 그리고 사회주의로 이어지는 필연적인 진보의 과정이 있다고 생각하기 때문이다. 이런 사유는 공간적 차이의 가능성을 고려하지 못한다. 곧, 오히려 장소들 간에 현존하는 실질적 차이가 상이한 시간적 가능성을 만들어내는 것이다. 국가는 다양하게 발전할 수도 있다. 이는 "경로의존성(path dependence)"이라는 용어로 요약될 수 있다.

> … 시간이 정말로 열려 있는 상태라고 한다면, 공간은 차이와 다중성이 존재하는 가능성의 영역으로 상상될 수 있다. 이런 공간은, 상이한 이야기들이 공존하고, 회합하고, 서로에게 영향을 미치고, 경합과 협력을 형성하는 영역이다. 이런 공간은 정적이지 않고, 시간을 가로지르지도 않는다. 오히려 공간은 복잡하고, 능동적이고, 생산적이다. 공간은 닫힌 체계가 아니다. 오히려 공간은 항상 공간-시간으로 존재하면서 끊임없이 생성 중에 있는 것이다. (Massey 1999: 274)

공간-시간에 대한 이런 이론화는, 바로 매시가 인문지리학자들과 자연지리학자들 간의 새로운 대화가 가능할 것이라고 보는 지점이다. 즉 인문지리학자들과 자연지리학자들은 (다른 장소들과는 구분되는) 특정 장소에서 역사적인 것과 지리적인 것 사이의 관계에 대해 공통의 관심사를 가질 수 있다. 또한 이들은 (쉽사리 경계를 긋거나 닫을 수 없는) 개방적이고 복잡한 체계와 씨름함으로써 현실성(actuality)에 대해 폭력을 행사하지 않을 수 있다. 예리한 독자들이라면, 결국 이런 시도는 지표 위에서의 삶의 독특성을 이론화하려는 지리학의 핵심적인 관심으로 되돌아가는 것이라는 점을 (다시 한 번) 알아차릴 것이다.

인문지리학과 자연지리학 간에 점차 넓어지는 격차를 줄이고 이를 연결하려는 시도는 대부분 인문지리학자들이 주도해 왔다(Demeritt 1996; Massey 1999, 2006). 그러나 자연지리학자들 또한 (전통적으로 인문지리학자들이 이론이라고 부르는 것에 대해 반감을 가지고 있음에도 불구하고) 자신의 전공 분야를 출발점으로 해서 이런 문제와 본격적으로 씨름하고 있다(Sugden 1996; Clifford 2001; Phillips 2004; Inkpen 2005). 예를 들면, 자연지리학자 조나단 필립스(Jonathan Phillips)에 따르면, 많은 자연지리학자는 본질적으로 "측정"의 문제에 해당되는 것에 엄청난 시간과 노력을 들인다. 필립스가 볼 때 이는 그렇게 긴박한 문제가 아니다. 왜냐하면 새로운 측정 기술들이 계속해서 발전하고 있기 때문이다.

> 예를 들어 새로운 연대 측정 기술이 발전함에 따라, 우리는 이제 장기간의 경관 진화와 관련된 일부 가설들까지도 (예를 들어 어떤 지형이 지속적인 평형 상태를 유지하고 있는지 없는지를) 검증할 수 있게 되었다. 또한 미토콘드리아의 DNA 분석이 가능해짐에 따라 생물지리학자들은 생물지리의 진화 과정을 새로운 방식으로 조사할 수 있게 되었다. 또한 빙하 시추 기술의 발달로 빙하코어(ice-core) 시료를 분석할 수 있게 됨에 따라 우리는 지구 기후 변화와 관련된 가설도 검증할 수 있게 되었다. (Phillips 2004: 38)

새로운 방법들이 계속 발전되고 있기 때문에, 정작 자연지리학의 발전에 중요한 것은 얼마나 새로운 문제들을 제기할 수 있느냐에 달려 있다. 필립스는 "가까운 미래에 이론적인 자연지리학을 발전시키려는 노력이 이루어져야 할 것이며, 이는 알고리즘이나 실험 기술에 관한 것이라기보다는 토양, 생태계, 기후 등에 대한 '새로운 견해의 창출'과 관련되어 있다."라고 주장한다(Phillips 2004: 38). 필립스가 볼 때 이런 새로운 견해들이 생성될 수 있는 지점이 바로 인문지리학과 자연지리학의 경계다. 그럼에도 이 경계에 대한 정교한 이론화는 상대적으로 거의 이루어지지 않고 있다. 인문적 과정과 자연적 과정이 상호 관계되어 있다는 것은 널리 받아들여지는 사실이지만, 이론의 발전에 있어서는 이런 인식을 찾아보기 어렵다. 필립스는 전통적인 인문지리학과 자연지리학의 영역들이 서로 밀접하게 얽혀 있다는 것을 강력하게 피력하면서, "심지어 인간 활동이나 행태에 대해서는 아무런 전문적 관심도 없이 오직 산사면, 생태계, 증발산량에만 관심이 있는 사람에게 있어서도, 인간 행위주체성이 문제는 여전히 개입되어 있다. 왜냐하면 산사면이든 생태계든 증발산량이든 인간의 행위주체성을 고려하지 않고서 이를 이해할 수 있는 방법은 없기 때문이다."라고 말한다(Phillips 2004: 39). 필립스는 이런 상호작용이 가장 활발한 지식 분야로서 지질고고학과 문화생태학의 연구를 언급하면서도, 여전히 우리는 "예를 들어 하도(河道) 변화 연구에 수류력(stream power)

과 정치권력(political power) 모두를 고려할 수 있는 하천 연구 프로젝트를 수행할 수 있기 위해서는 아직도 먼 길을 가야 한다."고 말한다(Phillips 2004: 39). 필립스는 지형학자로서 수류력을 이해하는 데 (인문지리학자의 영역인) 정치의 문제까지도 고려해야 한다고 주장하고 있는 것이다. 이는 그 반대의 측면에서 볼 때에도 마찬가지다. 인문지리학자인 브루스 브라운(Bruce Braun)의 글을 살펴보자. 그는 정치생태학에 대한 인문지리학자들의 다양한 문헌을 검토하면서 다음과 같이 쓴다.

> 많은 정치생태학 문헌에서 물에 대해서 말하고 있지만, 물의 "속성"에 대한 그리고 이런 속성이 도시의 사회·공간적 발전에 미치는 영향에 대한 문헌은 거의 찾아볼 수 없다. 물은 흐른다. 물은 화학물질과 반응을 일으키고 용해시킨다. 물에 용해된 화학물질들은 대개 눈으로 볼 수 없지만, 통제 불가능할 정도의 빠른 속도로 확산된다. 물은 따뜻해지면 증발하고 차가워지면 응축한다. 그리고 미니애폴리스의 모든 주택 소유주들이 알고 있는 것처럼 물은 얼음이 되면 팽창한다. 물은 이동을 방해하기도 하고 이동을 가능하게 하기도 한다. 물은 바이러스와 박테리아의 주요 이동 통로지만, 동시에 물은 세척을 위해서 사용되기도 한다. 물은 다공질(多孔質)의 물질을 투과하지만, 투수성(透水性)이 없는 물질들은 우회한다. 물의 이런 속성들은 물의 흐름을 통제하고 있는 기술적 네트워크와 관료주의에 그리고 물을 둘러싼 서술과 희망과 공포에 과연 얼마나 중요한가? 물은 또 다른 종래의 방식대로 "동원될 수 있는" 대상인가? 도시 정치생태학에 있어서 실제의 행위자들이 항상 그리고 이미 사회적이라는 것은 틀림없는가? (Braun 2005: 645–646)

이 인문지리학자는 물에 대한 인문지리학자들의 저술이 왜 물의 물리적 속성에 대해서는 말하지 않는지를 묻고 있다. 만일 우리가 필립스와 브라운의 비판을 함께 받아들인다면, 잠재적으로 인문지리학과 자연지리학을 연결할 수 있는 연구가 가능할 것이다.

필립스의 주장으로 되돌아가자. 그는 자연지리학 분야의 동료들에게 특수성(particularity)이라는 과거의 예민한 문제와 다시 부딪힐 것을 제안한다. 앞서 살펴본 바와 같이, 과학은 전통적으로 보편적인 것 그리고 **법칙추구적인**(nomothetic) 것과 관련되어 왔다. 계량혁명을 주장하며 박차를 가한 사람들은 **개성기술적인**(ideographic) 지역지리학이 열등하다고 생각했기 때문이었다. 특수한 것이 중요하다는 생각은 인문지리학의 여러 사조에서 늘 공통적으로 발견할 수 있다. 그러나 자연지리학은 대부분의 경우 법칙과 같은 확실성을 도출하는 데 관심을 두어 왔다. 따라서 특수성을 (심지어 "장소"라는 인문지리학의 개념까지도) 포용해야 한다는 필립스의 주장은 매우 놀랄 만한 것이다(Allen and Lukinbeal 2010 참

조). 필립스는 역사적, 지리적 우연성들은 이제 바야흐로 자연과학 전반에 걸쳐 중요한 고려
사항으로서 (심지어 보편적인 법칙만큼이나 중요한 사항으로서) 떠오르고 있다고 주장한다.
특수성은 모델을 정교하게 만드는 과정에서 삭제되어야 할 대상이 아니다. 오히려 우연성과
특수성은 자연적, 인문적 과정에 대한 이론적 설명을 구성하는 한 부분이 되어야 한다.

> 지구 시스템의 작동은 이따금 우연적 요인들을 특징으로 하는데, 이런 우연성은 시스템의
> 상태와 결과에 중요한 (그리고 심지어 지배적인) 영향력을 행사할 수도 있다. 곧, 우연성은
> 일반 법칙의 설성에 따른 패턴상에 나타나는 노이즈도 아니고, 일반 법칙에 의해 결국 실
> 명 가능하게 될 복잡성도 아니다. 오히려 우연성은 장소-의존적 또는 시간-의존적 요인
> 이라고 단순하게 환원할 수 없는 것들이며, 심지어 세계의 작동 방식을 결정하는 일반 법
> 칙보다 훨씬 더 중요하다. (Phillips 2004: 40)

필립스의 이런 주장의 핵심부에는, 자연지리학의 고유한 특징은 법칙추구적 접근과 개성
기술적 접근의 종합이라는 과업에 부응하는 것이라는 믿음이 자리 잡고 있다. 사실, 자연지
리학이 이런 문제와 씨름할 수 있는 이유는, 자연지리학이 오랫동안 인문지리학과 깊은 관
계를 맺어 왔을 뿐만 아니라 지역지리학의 가치에 대한 오래된 논쟁들이 (이런 논쟁은 항상
자연지리학적 내용을 포함했다) 있었기 때문이다. 또한 특수성을 포용한다는 것은 자연세계
와 인문세계 간의 상호 뒤엉킴도 포용한다는 것을 의미한다.

> 우리는, 예를 들어 생태계 복원은 환경 요인만큼과 아울러 (또는 그 이상으로) 문화적 가치
> 와도 관련되어 있다는 사실 또는 수자원 시스템이 하천의 흐름에 미치는 영향은 강수량만
> 큼이나 크다는 사실 등의 현실을 이해하고 이 현실과 씨름하면서 나아가야 할 것이다. 이
> 런 과정 속에서, 우리는 법칙추구적 과학을 역사적, 해석적 연구와 (두 접근에 따른 정보와
> 통찰력을 유지하는 속에서) 통합할 수 있는 새로운 길을 발견할 수 있을 것이다. (Phillips
> 2004: 42)

지금까지 우리는 자연지리학자가 지리사상사에서 가장 중요하면서도 일관되게 이어져 왔던
두 가지의 문제, 곧 자연 세계와 인간 세계의 관계 그리고 일반적인 것과 보편적인 것의 관계
와 씨름하고 있는 것을 살펴봤다. 최근들어 인문지리학자와 자연지리학자들 사이에 더 활발
한 이론적 대화들이 늘어나고 있다. 오늘날 정치생태학 분야의 연구들은 인문지리학과 자연
지리학 간의 생산적인 관계성을 보여주고 있다(Blaikie and Brookfield 1987; Peet *et al.* 2010;
Robbins 2012).

자연지리학자에게 이론과 철학이 왜 중요할까?

자연지리학자 리처드 촐리는 "누군가 지형학자에게 이론을 언급할 때마다, 그는 본능적으로 자신의 토양 오거[1]를 꺼내 들었다."는 유명한 말을 남겼다(Chorley 1978: 1). 촐리는 여기서 자신을 생각하지 않았다. 자신의 연구는 분명히 이론과 관련이 있었다. 그는 개념보다는 실천적으로 생각하는 동료들을 떠올렸다. 촐리의 동료 지형학자들은 세계를 기록을 기다리는 존재로 여겼고, 그러한 증거는 경사면과 프로파일, 빙하의 흐름, 하상(河床)에 있다고 생각했다. 연구는 현장 속에서 일어나는 것이지, 책상에 앉아서는 이루어지지 않는다. 자연지리학자들은 전통적으로 스스로를 경험적 형식의 탐구를 실천하는 사람으로 여겨왔고, 경험적이지 않은 탐구는 의심해야 한다고 생각하고 있었다. 이러한 이론의 세계에 대한 거부감은 인문지리학자들이 압도적으로 다수 저술한 지리학 이론과 철학에 관한 책에 반영되어 있다. 하지만 촐리의 동료들이 어떻게 생각하든지, 자연지리학의 실천에는 인문지리학만큼이나 이론을 담고 있다. 토양 오거를 비롯한 다른 어떤 장비로 무작정 현장에 나가서 측정하는 것은 불가능하다.

철학과 이론은 어떤 과학에도 필요하다. 과학자가 신화적 관점을 지닌 중립적인 관찰자가 아니라 사회 세계의 일부라는 점을 상기시켜주기 때문이다. 철학과 이론은 세계에 대한 타당하고 확실한 지식을 추구하는 실천으로써, 과학의 강점과 약점으로 탐구하게 한다. 이론은 확실성과 진리에 대한 환상을 경계하면서 지식에 대한 주장의 토대를 제공한다. 철학과 이론은 자연지리학을 포함한 모든 과학에서 가장 중요한 기초가 된다.

자연지리학의 실제를 이해하는 데 도움이 되는 과학에도 수많은 철학적 접근 방식이 있다. 20세기 초, 과학을 지배했던 **논리실증주의**(Logical Positivism)는 형이상학적인 것을 제외하고, 직접적이고 중재되지 않는 경험, 즉 관찰할 수 있는 경험에 기반한 지식을 장려하도록 했다. 경험적 지식은 이론에 중립적이라고 주장했고, 이는 아마도 지형학자가 자신의 토양 오거를 꺼내들려는 열망의 철학적 토대가 되었다. 논리실증주의는 "수용된 관점(received view)"으로 알려질 정도로 널리 퍼졌다. 이러한 성공에도 불구하고 1960년대에는 다른 과학철학의 도전에 부딪히면서, 논리실증주의는 대체로 인정받지 못하게 되었다.

1 　토양 조사 현장에서 토양 시료를 채취하거나 천공을 실시하기 위하여 사용되는 기구로 검토장이라고도 한다. (역주)

논리실증주의라는 철학적 스펙트럼의 극단에는 **구성주의**(constructionism, constructivism)가 있다. 구성주의에서는 관찰은 항상 이론에 의존한다고 주장한다. 구성주의는 종종 특정 유형의 연구를 타당하고, 다른 종류의 연구는 타당하지 않도록 만드는 광범위한 사회구조뿐만 아니라 개인의 신념과 의견을 동시에 연결했다. 구성주의는 과학자들의 가치 판단을 인정하고, 덜 공식화되고 수학적인 버전의 "이론"을 사용한다. 구성주의는 발견의 맥락과 정당화의 맥락이 서로 연관되어 있다고 주장한다. 즉, 과학적 정당성은 가치와 유리된 순수한 것이 아니라 가치에 철저하게 포섭되어 있다. 논리실증주의는 과학적 견해가 어떤 의미에서 객관적일 때 받아들여질 수 있다고 말하지만, 구성주의는 이론이 객관성 때문이 아니라 과학자들 간의 합의에 의해 받아들여질 수 있다고 말한다. 과학은 **진리**를 향해 나아가는 것이 아니라 **합의**를 향해 나아간다.

세 번째 과학 철학의 접근 방식은 **과학적 실재론**(scientific realism)이다. 실증주의와 마찬가지로 과학적 실재론은 개인적 또는 사회적 관념을 넘어선 세계의 실재(reality)를 주장한다. 그러나 실증주의와는 달리, 세상에서 다루는 우리의 이론과 저 밖에 존재하는 진리가 불완전하게 일치한다는 것을 인정한다. 과학적 실재론자들은 이론은 진리를 향해 나아가고, 과학적 이론이 거의 사실일 때 경험적으로 성공하는 경향이 있다고 주장한다.

리처드 촐리의 지형학자와 토양 오거로 돌아가보자. 누군가 그의 연구에서 철학을 언급하자, 자연지리학자는 토양 오거를 꺼내들고 야외로 향한다. 오거로 무엇을 하려고 할까? 나는 자연지리학자가 일반적으로 토양 오거를 사용하든 사용하지 않든, 분류하고 측정하는 두 가지 측면에 초점을 맞춰보고자 한다. 먼저 분류부터 알아보자. 지형학은 지형을 연구하는 학문이다. 이는 분류 행위에 기반을 둔다. 그러나 지형은 무엇일까? 우리는 하나의 지형이 사라지고, 다른 지형이 만들어지는 때를 어떻게 알 수 있을까? 지형은 발견되기를 기다리는 자연(자연종)에 존재할까? 아니면 과학자들이 만들어낸 인공물일까? 자연적일까? 아니면 명목적일까? **자연종**(natural kinds)[2]에 대한 탐구는 세계의 진정한 본질을 발견하려는 시도이고, 인식론적으로는 특권적인 것이다.

바나나는 컴퓨터와 비슷할까? 그렇지 않다! 바나나와 컴퓨터는 공유되는 게 전혀 없다. 그러나 "단단한 것" 또는 "우리 집에서 찾을 수 있는 것"과 같이 바나나와 컴퓨터가 모두 포함될 수 있는 목록이 있다. 하지만 이러한 범주화는 중요한 것에 기반을 두고 있을까? 아니

---

2 자연종에 대한 논의는 최성호, 2021, 노인이란 무엇인가, 철학사상, 82, 159−200.를 참고하길 바람. (역주)

면 얕고 피상적인 유사성에 기반을 두고 있을까? 우리집에서 찾을 수 있는 사물들의 범주는 확실한 사물들의 범주이지만, 그 연결은 임의적이고 사소하게 보일 뿐이다. 그러나 우리가 이 모든 것을 과일이라고 말한다면, 과일에는 식물의 씨앗이 들어있다는 더 깊고 중요한 것을 말하게 된다. 우리는 원하는 방식으로 현실을 구분할 수 있지만, 어떤 구분은 더 자연스러워 보이기도 한다. 화학 원소는 자연종의 좋은 사례다. 전자의 수와 원자량 등 원소를 구분하는 논리가 있고, 이를 통해 우리는 이 범주를 구성하는 모든 것들의 속성을 추측할 수 있다. 수소 원자 하나에 대해 무언가를 발견한다면, 모든 원자 또한 마찬가지가 될 것이다. 수소 원자는 실재(reality)의 일부이자, 세계의 일부로 간주된다. 이탈리아 치즈와 요리용 채소와 같은 범주는 이해가 되지만, 이러한 범주화는 인간의 관심을 반영하고 있다. 자연종은 아니지만 납득이 가능하다.

지형학(그리고 좀 더 일반적으로 자연지리학)에 대한 한 가지 질문은 "그 종(kinds)은 자연스러운가?"이다. 한 가지 주장은 절벽, 하천, 빙하, 화산과 같은 지형들은 그 형태나 모양, 프로세스에 대한 연구에 의해 정의되는 본질을 지니지 않는다는 것이다. 그 대신에 물리학과 화학 분야에서 좀 더 미시적 수준의 본질적인 결과가 된다. 그러면 자연지리학은 물리학과 화학을 응용한 것일까? 그게 중요할까? 경관의 스케일에 대한 설명이 원자 수준의 설명으로 축소될 수 있을까? 아니면 다른 종으로 경관의 축적 또는 집합체를 설명해야 할까? 자연지리학자들은 세계를 서로 다른 것들로 구분하는 특유의 분류 프로세스에 관여한다. 다음은 블루와 브리얼리(Blue and Brierley, 2016)가 제시한 사례다. 하천 지형학자들은 망류 하천과 분합류 하천(anastomosing rivers)을 구분한다.[3] 망류 하천은 소규모이자 일시적인 하중도나 사주로 둘러싼 수많은 지류로 이루어져 있다. 분합류 하천에는 다수의 하도가 포함되지만, 안정된 범람원 일부에 둘러싸여 있다. 망류 하천과 분합류 하천은 수소와 헬륨처럼 별개가 아니다. 어떤 의미에서 유로가 분리되어 있거나 연속적인가에 대한 것이다. 분명히 다른 것이지만 명확한 구분은 없다. 사실, 하천 과학자들이 소위 과도기적 형태의 또 다른 하천 유형을 발명했다. 예를 들어 중국 서부 다리(Dari)에 있는 황허강 상류는 망류 하천과 분합류 하천의 과도기적 형태이다. 이러한 두 하천의 형태는 서로 다른 프로세스와 관련된다. 소위

---

3 분합류 하도는 망류 하도와 유사한 형태를 가지지만, 유량의 변화와 관계없이 유수의 분·합류 지점이 변하지 않고 고정되어 있는 하도를 말하며, 안정 망류하도라고도 한다. 분합류 하도는 기반암이나 안정적인 충적층에 의해 대체로 같은 지점에서 하도가 나뉘어졌다가 합쳐지기를 반복하여 분류 하도의 형식을 띠면서 안정 및 고정된 유로 체계를 가진다. (이광률, 2021, 이미지로 이해하는 지형학 2판, 가디언북, p. 208)(역주)

제3의 과도기적 형태 하천은 일반적인 하천의 하도 분류 경계와 일치하지 않는다. 이 하천은 자연종이 아니다. 어떤 유형은 "자연스럽지" 않지만, 느슨하고 편하게끔 범주화한다. 자연지리학의 거의 모든 "종(kinds)"이 이에 해당한다. 이러한 종은 적어도 부분적으로는 세계의 근본적인 구조라기보다는 인간의 관심과 인식의 산물이다. 자연종에 대한 개념은 과학 법칙과 원리가 세계를 있는 그대로 설명한다는 과학적 실재론 사고의 근간을 이루기 때문에 중요하다. 과학적 실재론은 이론과 독립적인 현상을 성공적으로 재현한다. 자연지리학의 종에 대해 확신할 수 없다면, 우리는 구성주의와 전통주의(conventionalism)와 같은 다른 접근 방식으로 전환할 수 있다. 다들 알겠지만, 이러한 종은 우리가 자연계에서 도입할 목적으로 가지고 왔지만, 인간의 발명품으로 취급될 것이다. 요리사도 종을 가지고, 지형학자 또한 종을 가진다. 이러한 종은 모두 동등하게 실재한다(또는 비실재한다). 극단적인 형식으로 구성주의자들은 모든 종은 인간의 관심과 담론의 산물이라고 주장한다. 실제로 존재하지 않고 우리와 무관하지만, 우리는 목적에 맞게 유용하게 사용하고 있다. 구성주의자들은 종이 실재하는지에는 관심이 없다. 단지 어떤 의미에서 유용하다는 점에만 관심을 갖는다.

분류와 종의 문제에 대한 세 번째 접근 방식은 **다원주의적 실재론**(promiscuous realism)으로 알려져 있다(Dupre 1993). 다원주의적 실재론은 세계의 실재를 믿지만, 세계를 무수히 많은 방식으로 분류하고 범주화할 수 있으며, 우리의 관심에 따라 달라진다고 주장한다. 과일에 대한 상식적인 정의는 생물학적 과일 분류와는 다르다. 재배된 바나나는 씨앗을 지니지만 멸균 처리되고 매우 작다. 이 말은 더 이상 과일이 아니라는 뜻일까? 토마토는 생물학적으로는 과일이지만, 일반적으로 토마토를 과일이라고 생각하지 않는다. 토마토가 과일이라는 것을 아는 것은 지식이지만, 토마토를 과일 샐러드에 넣지 않는 것은 지혜이다. 각각의 사고 방식은 동등하게 정당하다.

종에 대한 이러한 철학적 사색은 자연지리학에서 중요하다. 자연지리학자와 인문지리학자들 사이의 대화에서는 자연지리학자는 종종 사회 문화적 탐구라는 유연한 논리에 대항하는 과학자의 역할을 수행한다. 과학으로서의 지위는 1950년대 이후 인문지리학자들이 계량혁명에서 잦던 바로 그 지위를 부여한다. 그러나 물리학사와 화학자에 비해 자연지리학은 피상적인 종에 초점을 맞춘 연성 과학처럼 보이고, 일부에서는 물리학 및 화학의 자연종이라는 경성 과학으로 환원해야만 실제로 연구할 수 있다고 주장한다. 자연지리학의 종이 자연적인 것이 아니라면, 어떤 의미에서는 맥락에 따라 달라지는 인간의 구성물이다. 이는 폐쇄적인 시스템 과학으로서 자연지리학의 특권적 위치를 약화시킨다.

촐리의 지형학자와 토양 오거로 돌아가서, 그가 토양 샘플을 채취할 때 어떤 종류의 토양을 조사할지 결정해야 할 것이다. 토양학자들은 점토질, 사질, 미사질(silt)을 구분하는 매우 정교한 분류법을 가지고 있다. 토양은 수소나 헬륨과 같은 자연종이 아니라 복잡한 혼합물이기 때문에 점토, 모래, 실트가 혼합된 미사질 양토(silt loam)와 같은 중간 유형이 있다. 그리고 수백 개의 하위 분류가 있다. 토양 분류법은 어렵고, 과학자의 관심사에 꽤나 의존하게 된다. 러시아인들은 토양을 분류하는 데 매우 능숙하고, 실제로 체르노젬, 포드졸과 같이 많은 토양 명칭이 러시아어로 되어 있다. 러시아 지리학자 바실리 V. 도쿠차예프(Vasily V. Dukuchev)는 토양학의 아버지로 널리 알려져 있다. 미국인들도 토양에 이름을 붙이는 데 능숙했기 때문에 토양에 새롭게 이름을 붙였다. 미국 농무부는 토양의 다양한 특성에 따라 완전히 다른 토양 유형을 만들어냈다. 미국 사람들은 러시아어로 이름이 붙어 있는 토양을 원하지 않았다. 미국의 토양 분류 체계에 따르면, 체르노젬은 몰리졸[4]과 거의 동일하다. 이는 구성주의 철학이 여기서 어느 정도 의미가 있음을 보여준다. 토양 유형의 명명(命名)이 어떤 측면에서는 지정학적(geopolitical)이다. 또한 다원주의적 실재론이 유용할 수 있음을 시사한다. 이 세계에 토양은 무수히 많고, 우리가 토양을 분류하는 방식은 현실적으로 어느 정도 근거가 있지만, 어떤 의미에서는 자의적이기도 하다. 우리는 우리의 관심과 분류가 얼마나 유용한지에 따라 토양을 다르게 분류할 수 있고 실제로도 그렇게 하고 있다.

일단 분류와 종에 대한 문제를 다루고 나면, 두 번째로 직면하게 될 질문은 바로 측정이다. 촐리의 자연지리학자가 철학에서 도망쳐 나가, 현장에서 측정하고 있다고 가정해보자. 그들은 몇몇 토양 샘플의 무게, 토양 층위의 깊이, 토양 개별 입자 크기를 측정할 수도 있다. 측정이라는 주제에 대하여 블루와 브리얼리(Blue and Brierley 2016)에 따르면 과학이 사회의 높은 위치를 차지하고 있다는 관찰에서 출발하며, 이는 부분적으로 측정과 정량화에 기반하고 있는데, 이러한 실천은 객관성, 공정성, 그리고 지적 논의와 동등하게 간주된다. 정량화는 정확성, 정밀성, 신뢰성, 복제가능성(replicability)을 제공한다. 이것은 어떤 것을 알려지게 만든다. 블루와 브리얼리에 따르면, 악의 없는(innocent) 정량화가 지식 생산의 맥락적 특성을 어떻게 모호하게 만들 수 있는지를 보여준다. 그들은 하천 수로에 대해 논의하고, 중국의 황허강을 사례로 든다. 우리는 하천 유로가 유수에 의한 퇴적물의 운반으로 형성된다는 것을 알고 있다. 그들은 완벽한 지식이 하천 수로 형태가 입자 수준까지 기계적으로 이

----

4 몰리졸은 라틴어 mollis에서 유래되었으며, 이는 "부드러운"이라는 뜻이다. (역주)

해할 수 있도록 해준다고 주장한다. 우리는 이 지식을 활용하여 인간이 거주하는 지역을 통과하는 하천의 흐름을 관리할 수 있다. 하지만 우리는 완벽한 지식을 가지고 있지 않기 때문에, 통계 기법을 사용하여 모델을 만들어야 한다. 그러나 물과 같은 유체를 연구하는 과학자들은 아무리 노력한다고 하더라도 우연과 우발성에 따라 변화하는 난류[5]를 완전하게 설명할 수 없다. 하천은 실험실이 아니라 실세계에 존재하기 때문에, 우리는 복잡한 실세계에 선을 긋는 것처럼 어디까지 연구 범위를 정할지 결정해야만 한다. 이것이 측정하기 전에 해야 하는 또 다른 분류 행위다. 우리가 측정하기로 결정한 것은 무엇인지에 대한 판단, 즉 사회적·정치적 맥락에서 내린 판단을 반영한다. 이러한 결정은 화석화된 지식(fossilized-accepted)이 되어 하천 시스템에 대한 관리 계획의 일부가 될 수 있다. 하천 관리는 대체로 생태적 조건의 개선을 목표로 하고, 이는 다양한 자연 서식지 조성을 의미한다. 그렇다면 당신은 다양성을 어떻게 측정할까? 우리가 측정하기로 선택한 것은 미래의 관리 실천으로 이어진다. 따라서 무엇을 측정할지 선택하는 것은 과학적이면서 동시에 정치적인 문제이다. 무엇을 측정할지 결정할 때는 연구자의 지식, 경험, 사고방식은 물론 연구자를 둘러싼 사회구조가 반영된다. 이 모든 것은 우리가 채택한 이론, 사용하는 언어, 이용가능한 모델과 장비(토양 오거를 포함)의 영향을 받는다. 블루와 브리얼리에 따르면, 측정은 사회적 세계와 물리적 세계의 공동 생산을 포함하며, 측정 행위는 이러한 선택을 하는 사람들의 가치를 내재화함으로써 경관의 일부가 된다고 주장한다.

> 특정한 형태를 규정하고, 명명하면 하천이 어떻게 "있어야 하는지", 시간이 지남에 따라 어떻게 변해야 하는지 또는 변하지 않아야 하는지에 대한 규범적 기대(normative expectations)가 설정된다. 이후에 하천이 조정되기 시작하면, 원인이 무엇이든 환경 "악화"에 대한 인식은 하천 및 주변의 토지 이용에 대한 특정한 개입을 정당화하여, 그것에 "어울리지 않는" 사물이나 인간을 제거하는 것처럼 보일 수 있다. 오히려 이러한 개입은 지리적 다양성을 보호하기보다는, 의도치 않게 그리고 아이러니하게도 특정한 이름을 붙이는 것을 제한하거나 쉽게 측정할 수 있는 특정한 것(particular sets)을 제한하는 역할을 할 수 있다. (Blue and Brierley 2016: 193)

하천이 어떠한 모습이어야 하는지에 대한 규범적 기대는 쉽게 측정 가능한 다양성을 보호한

---

5 난류(亂流, turbulent flow)는 유체의 각 부분이 시간적이나 공간적으로 불규칙한 운동을 하면서 흘러가는 것을 말한다. (역주)

다는 미명 아래 인간과 사물을 제거하는 특정한 개입으로 이어질 수 있으며, 따라서 우리의 분류와 측정은 모두 경관의 일부가 될 수 있다.

토양 오거를 사용하는 촐리의 자연지리학자는 이론과 철학을 벗어날 수 없다. 토양 오거로 무엇인가를 시작하자마자, 그들은 철학적·이론적 퍼즐에 빠져들게 된다. 토양을 분류하는 방법과 측정 대상은 모두 이론적 결정에 기반을 두며, 사회적 세계와 다시 연결된다.

지형학의 접근 방식

이 절에서는 우리는 자연지리학의 과학적 본질에 대한 철학적 추측에서 벗어나고자 한다. 대신에 물리적 세계의 동일한 요소가 다양한 접근 방식으로 어떻게 변화해 왔는지 보여주기 위해 모학문에서 다루는 개념의 역사에 주목하고자 한다. 이제 지형학에 초점을 맞춰보려고 한다. 우리는 윌리엄 모리스 데이비스(William Morris Davis)와 그로브 칼 길버트(Grove Karl Gilbert)가 제기한 지형학의 두 가지 다른 접근법을 살펴볼 것이다.

미국지리학회장인 윌리엄 모리스 데이비스(1850~1934)는 20세기 초 지형학 분야를 선도한 인물이다. 우리는 데이비스와, 다윈에게 영향을 받은 그의 연구를 3장에서 소개했다. 데이비스 연구의 핵심은 침식윤회설이다. 데이비스의 지형학 연구는 주로 지형의 진화에 초점을 맞춘 역사적 접근 방식이었다. 그는 노년기에 접어들면서, 경관이 한 형태에서 다른 형태로 질서정연하게 진화하는 것에 초점을 맞췄다. 이러한 접근 방식은 과학으로서의 지형학이 관찰, 설명, 일반화에 기반을 두어야 한다는 데이비스의 신념에 기반을 두고 있다. 데이비스는 하버드대학의 지리학자였고, 이 분야에서 영향력 있는 학자로 성장한 많은 학생을 지도했으며, 1934년 그가 사망한 이후에도 그의 사상은 오랫동안 영향력을 발휘했다.

데이비스의 지형학은 데이비스와 동시대를 살았던 그로브 칼 길버트(1834~1918)에 의해 도전을 받게 되었다. 그러나 길버트는 대학에서 공식적인 직책을 맡지 않았고, 학생들을 지도하지도 않았다. 그의 아이디어는 20세기 후반까지도 수면 아래에 있었다. 길버트는 경관이 역사 진화적인 방식으로 형성된다고 보지 않았다. 그는 관찰된 경관 형성 이면에 어떠한 형성 과정(process)이 작용했는지 파악하기 위해 가설 검증이라는 과학적 방법을 사용하여 프로세스 관점에서 경관에 접근했다. 따라서 그는 하천 주변의 경관을 이해하기 위해서 물의 역학을 이해하려고 노력했다. 충적 지형에 대한 데이비스의 접근 방식과 길버트의 접근 방식의 차이는 다음 두 가지 인용문으로 설명할 수 있다.

> 구조와 속성(attitudes)이 결정된 힘(forces)은 지리적 탐구의 범위에 속하지 않지만, 힘의 작용에 의해 만들어진 구조는 지리적 형태의 유전적 분류에 필수적인 기초가 된다. (Davis 1899: 482)

> 하도의 벽이 침식된(wearing) 첫 번째 결과는 범람원이 형성되는 것이다. 가속도 효과로 하천에서는 항상 하도 곡선 바깥쪽에서 가장 빠르게 흐르며, 침식이 이루어지고, 하도 곡선의 안쪽에서는 유속이 느려 하중(load)의 퇴적이 이루어진다. 이러한 방식으로 하도의 위치가 변경되는 동안 하도의 너비는 동일하게 유지된다. (Gilbert and Dutton 1877: 126)

첫 번째 인용문에서 데이비스는 구조를 이끄는 힘에 대해 생각하는 것은 지리학이 아니며, 지리학은 지리적 형태로 분류할 수 있는 구조 자체의 형태(morphology)에 초점을 맞춰야 한다고 구체적으로 설명한다. 1877년에 글을 쓴 길버트는 데이비스가 지리적 탐구의 범위를 벗어난다고 말한 바로 그 "힘"에 초점을 맞춰 매우 다른 주장을 펼쳤다. 데이비스는 형태에 초점을 맞춘 반면, 길버트는 형성 과정에 더 미시적인 초점을 맞추자고 주장했다.

지리학자 도로시 색(Dorothy Sack)은 데이비스의 견해가 오랫동안 영향력을 발휘할 수 있었던 이유를 다음과 같다고 주장했다. 첫째, 생물학, 특히 다윈의 생애 주기 비유를 통해 "거대한 이론(big theory)"과 당시 다윈을 도입했던 다른 모든 분야와 연결되는 정보를 얻었다. 둘째, 전문적인 과학 지식에 의존하지 않고, 당시 많은 사람이 이해할 수 있는 방법이었다. 셋째, 데이비스는 하버드대학에서 가르쳤고, 그의 연구 방법을 따르는 많은 학생들에게 영향을 주었지만 길버트는 그렇지 않았다. 이처럼 과학은 사회적이다!(Sack 1992).

길버트의 형성 과정 접근 방식은 1950년대 지리학을 휩쓸었던 실증주의 과학의 흐름인 "거대한 이론"과 연결되며 영향력을 갖게 되었다. 길버트는 스트랄러에게 영향을 미쳤다. 스트랄러는 1950년대에 통계 기법을 적용한 경험적 수치 데이터와 합리적인 수학 모델링을 결합해야 하며, 시간이 지나면 이 두 가지가 수렴할 것이라고 주장했다. 길버트의 접근 방식은 그가 사망한 지 한참이 지난 1950년대에 이르러서야 대중화되었다. 자연종이 무엇인지에 대한 논의로 돌아가면, 스트랄러는 길버트에 이어 물리학, 화학, 수학의 수준에 근접하여 자연종으로 명확하게 정의할 수 없는 형태의 역사적 진화론에서 벗어나, 과학적 대상으로서 제대로 된 과학적 지리학을 만들고자 했음을 알 수 있다. 이 관점은 시간이 훨씬 지나고, 남극 동부의 빙상(氷床, ice-sheet)을 탐사하는 과정의 자연지리학에서 나타나게 된다.

매시는 인문지리학과 자연지리학 간의 대화를 촉진하고자 하면서(위에서 다루었던 것처럼), 지형학자인 데이비드 서그덴(David Sugden)의 연구에 대해 논의한다. 서그덴은 남극 동부의 빙상의 역사에 대한 여러 설명이 어떻게 상충하는지를 소개한다. 어떤 과학자들은 이 빙상이 지난 1,400만 년에 걸쳐 역동적인 변화를 겪어 왔다고 주장하는 반면, 어떤 과학자들은 큰 변화 없이 상대적으로 안정된 상태를 유지해 왔다고 주장한다. 이것은 중요한 사안이다. 왜냐하면 남극의 빙상은 지구 기후 체계에서 가장 중요한 부분을 차지하고 있으므로, 빙상의 규모가 어떻게 변화하는지에 따라 해수면, 기온, 해류 등 관련된 모든 것이 변동하기 때문이다. 서그덴의 논문에서 가장 핵심적인 점은, 이 두 이론이 동일한 증거를 각각 다른 방식으로 바라보기 때문에 그 결과가 다르다는 것이다. 서그덴은 지형학자들이 빙상과 같은 지형의 오랜 역사를 설명하는 것이 중요하다고 주장한다. 다른 자연지리학자들과는 달리, 서그덴은 자신의 주장을 피력하기 위해서 과학 철학에 의존한다. 그의 주장에 따르면, 지형학은 물리학과 비슷하게 보이기 위해서 경관의 장기적인 진화의 과정보다는 단기적인 프로세스에 초점을 두어 왔다.

> 지형학은 이런 관점 그리고 과학적인 것처럼 보이려는 열망을 갖고 있기 때문에, 지식에 이르는 최적의 경로로서 환원주의, 단기적 과정, 실험을 강조하는 것 같다. 반대로 장기적 연구는 검증 불가능할 뿐만 아니라 추론에 의해 지배되는 경향이 있다. 경관 진화는 비과학적인 것처럼 보이기 때문에 항상 막다른 골목에 있을 수밖에 없으며, 바로 그렇기 때문에 쉽게 무시당하곤 한다. (Sugden 1996: 451-452)

서그덴의 주장에 따르면, 인문지리학이 물리학을 흉내 내는 것이 부적절한 것처럼 자연지리학의 경우도 마찬가지다. 지형학이 이런 흉내 내기를 계속한다면, 지형학은 점차 중요성도 낮아지고 불완전한 과학으로 전락하게 될 것이다. 오히려 서그덴은 지형학과 자연지리학이 **해석적**(interpretive) 과학이 되어야 한다고 주장한다.

> 이런 측면에서 보자면 경관 진화에 대한 연구는 지형학의 중요한 과학적 강령이며, 이는 실험을 희생하더라도 반드시 해석에 방점을 찍어야 한다. 지형학을 해석적 과학으로 사고하는 것은 물리학에 굴복하는 것이 아니라 물리학을 보완하는 길이다. (Sugden 1996: 452)

여기서 서그덴은 데이비스와 길버트의 논쟁을 반복하고 있다. 여러 측면에서 변화론자들

(dynamists)은 규조류와 화분 입자의 미시적 스케일을 증거로 삼아 길버트의 프로세스 모델을 따르고 있다. 반면 안정론자들(stabilists)은 더 넓은 스케일의 역사를 가진 경관을 바라보는 데이비스주의자에 가까웠다. 서그렌은 실험이나 실험실 기반의 과학에서 찾아볼 수 없고, 변화론자의 관점에서도 찾기 힘든, 해석과 역사에 초점을 두는 **해석지형학**(hermeneutic geomorphology)의 필요성을 강력하게 피력한다. 여기서 얻을 수 있는 교훈은 사실 그 자체만으로 설명할 수는 없고, 항상 해석의 층위가 존재한다는 것이다. 남극 동부 빙상도 다른 곳과 마찬가지로, 다른 이론은 다른 사실과 우리가 만드는 것과 관련이 있다. 자연지리학자는 실제로 확실성과 변증(falsification)를 기반으로 하지 않는다. 그런 유형의 과학이 아니다.

> 구조, 형성 과정, 시간을 기반으로 하는 지리적 분류 체계는 고도로 연역적이어야 한다는 것이 분명하다. 현재 사례는 의도적이고 명백하다. 결과적으로 이러한 상황(scheme)은 다른 모든 과학과 달리 지리학은 주로 관찰, 설명, 일반화와 같은 특정 정신 능력만을 사용하여 발전해야 한다는 일부 지리학자들이 좋아하지 않을 매우 "이론적인" 풍미를 갖게 된다. 그러나 지리학이 이미 상상력, 발명, 추론 및 잘 검증된 설명을 얻는 데 기여하는 다양한 정신 능력을 너무 오랫동안 사용하지 않았다는 사실보다 더 분명한 것은 없는 것 같다. 한 발로 걷거나 한 눈으로 보는 것은 지리학에서 다른 과학이 요구하는 두뇌 능력의 "이론적" 절반과 "실천적" 절반을 배제하는 것과 같다. 실제로 모든 건전한 과학적 연구에서와 마찬가지로 지리학에서 이론과 실천, 이 두 가지가 가장 우호적이고 효과적으로 함께 증진하기 때문에, 이론과 실천 사이에 반감이 내포되어 있다는 것은 오해일 뿐이다. 지리학의 완전한 발전은 어떤 식으로든 지리학의 함양과 관련된 모든 정신 능력이 잘 훈련되고 지리적 조사에서 발휘될 때까지는 이루어지지 않을 것이다. (Davis 1899: 483–484)

남극 동부 빙상을 둘러싼 논의에서 얻을 수 있는 또 다른 주요 시사점은 자연지리학이 인문지리학처럼 특정 공간적 맥락에서 법칙과 같은 일반화를 찾는 것이 아니라, 특정한 인과적 상황을 해석하는 연구라는 점이다.

비판적 자연지리학과 인류세

인문지리학과 자연지리학을 구분하는 것은 서구 문화에 뿌리 깊게 자리잡은 자연과 사회의 이분법을 반영한다. 지리학자들은 이러한 사고 방식을 넘어서고자 여러 분야에서 노력하고 있다. **비판적 자연지리학**(Critical Physical Geography, CPG)이 그중 하나다.

> 우리는 이러한 통합적 지적 실천을 비판적 자연지리학(CPG)이라고 부른다. 사회적–생물리학적 경관은 수문학, 생태학, 기후변화만큼 불평등한 권력 관계, 식민주의의 역사, 인종 및 젠더 격차의 산물이므로 자연지리학 또는 비판적 인문지리학에만 근거한 설명에 의존해서는 안 된다는 점이 핵심 교훈이다. 따라서 CPG는 이 공동 산물을 가독성 있게 만드는 데 필요한 세심한 통합 연구를 기반으로 한다. (Lave *et al.* 2014: 3)

우리는 12장에서 "인간 너머의 지리학"이라는 기존의 접근 방식을 살펴봤다. 어떤 의미에서 CPG는 자연–인문지리 연속체의 다른 극단에서 시작한다는 점에서 비슷한 기획(enterprise)이다. 또한 우리는 이를 "자연 너머의 지리학"이라고 부르려고 한다. CPG의 가장 큰 시도(prompt)는 아마도 새로운 지질 시대, 즉 인류세의 선언일 것이다. 인류세란 지질학자들과 인류가 지질학적 변화의 원동력이라고 믿는 사람들이 현 시대를 일컫는 명칭이다. 인류가 농경과 정착 생활을 시작한 약 8,000년 전부터 1600년경 아메리카 대륙의 식민지화, 1750년경부터 시작된 산업혁명의 도래, 1940년대 최초의 핵실험에 이르기까지 인류세가 시작된 정확한 시점을 놓고 논쟁을 벌이고 있다. 어쨌든 미래의 지질학자나 지형학자는 탄소 농도 증가나 원자 폭발로 인한 방사성 동위원소 등 미래의 기록에서 지구 표면에 인간이 미친 영향의 증거를 분명히 발견하게 될 것이다. 인류세라는 일반적인 명칭은 운석 충돌과 같은 자연적인 힘이 아니라 인간 활동으로 인한 6차 대멸종과 함께 1850년 이후 지구 온난화로 연결되는 현재의 시대와 함께한다. 현재 생물 종의 멸종 속도는 인간이 없을 때보다 약 1,000~10,000배 더 높다. 또한 "인류세"라는 명칭이 적절한지에 대한 논란도 있다. 이 명칭은 인간이 지구와 상호작용해 온 무책임한 방식을 지적하며, 인간은 우리 스스로의 권리로 지질학적 힘(force)이 되어가고 있다. 한 가지 문제는 인간의 시대를 명명함으로써 우리(인간)가 처음부터 우리를 이 지경에 이르게 한 오만이라는 실수를 반복하고 있다는 점이다. 인간이 지질학적 변화의 원동력이라고 주장하는 것은 어쩌면 인간의 중요성을 과대평가하는 것일 수도 있다. 결국 지구는 우리가 더 이상 지구에서 살 수 없게 되더라도 상관하지 않을 것이다. 또한 많은 비판적 학자들은 현재의 다층적 환경 위기에 대해 모든 인간을 똑같이 비난하는 것은 오해의 소지가 있다고 지적한다. 이는 압도적으로 글로벌 북부의 부유한 주민들과 식민지 강대국의 인구에 의해 야기된 문제이기 때문이다. 예를 들어, 일반적으로 인간의 삶보다는 자본주의 체제에 책임이 있다는 것을 의미하는 **자본세**(Capitalocene), 플랜테이션 농업, 인종 차별, 노예제도 중심의 역할을 나타내기 위해 만들어진 **플랜테이션세**(Plantationocene) 등의 용어도 있다(Haraway 2016; Davis *et al.* 2019).

  인류세 개념에 대한 중요한 비판적 설명 중 하나는 지리학자 캐서린 유소프(Kathryn Yusoff)의 저서 『10억 개 혹은 0개의 흑인 인류세(*A Billion Black Anthropocenes or None*)』이다.[6] 그녀는 인류세라는 개념이 현재 상태의 원인인 동시에 그 영향으로 고통을 겪게 될 보편적 자유주의 주체에 대한 사유에 기반하고 있다고 주장한다. 이러한 인간 주체는 물론 신화에 불과하며, 실제 인격은 여러 가지 방식, 특히 인종 측면에서 분열되어 있다. 보편적인 인류에 대한 이러한 호소는 인류세라는 명칭이 붙게 된 과정의 실제 역사와 동시에 지질학의 실제와 모학문의 역사를 모두 무시한다.

> 인류세가 백인 자유주의 공동체에 대한 환경 피해의 노출에 대해 갑자기 우려를 표명한다면, 이는 이러한 피해가 문명, 진보, 근대화, 자본주의라는 명목하에 흑인과 갈색인 공동체에 고의로 수출되어 온 역사의 여파로 발생한 것이다. 인류세는 세계의 종말을 한탄하는 디스토피아적 미래를 제시하는 것처럼 보이지만, 제국주의와 현재 진행 중인 (정착민) 식민주의는 인류가 존재하는 한 오랫동안 세계를 종식시켜왔다. 정치적으로 주입된 지질학 및 과학/대중 담론으로써의 인류세는 이제 막 근대성과 자유를 만들기 위해 지속적으로 간과해온 멸종에 주목하고 있다. (Yusoff 2018: xiii)

여기서 유소프는 세계 종말의 지속적인 본질에 대해 말한다. 인류세라고 불리는 전 지구적이고 과학적인 세계 종말이 있지만, 많은 **흑인과 갈색인**들에게 세계는 식민주의의 출현과 인종이라는 개념이 발명된 이래로 계속해서 종말을 거듭해 왔다. 유소프에 따르면 지질학이라는 멀게만 느껴지는 딱딱한 과목이 역사적으로 금과 석탄과 같은 지질학적 물질과 흑인의 신체가 동등하게 교환될 수 있었던 채굴 식민주의와 인종차별의 역사와 어떻게 얽혀 있고, 연루되어 있는지를 보여준다. 과학으로서의 보편성은 이러한 복잡성을 지워버린다.

> 인류세는 보편적인 지질학적 공유지를 통해 인류라는 종의 생명 언어를 선포하면서 지질학적 관계의 규제 구조를 통해 배양된 인종차별의 역사를 깔끔하게 지워버린다. 흑인이라

---

6 유소프에 대한 내용은 이성미, 2023, 캐서린 유소프의 「10억 개 혹은 0개의 흑인 인류세」로 본 근대 지질학의 인종주의 정치학, 현상과 인식, 185–209를 참고. (역주)

는 인종적 분류는 초기 식민주의의 물질적 원동력이었던 신대륙 개척과 그 태생적 배경을 같이 한다. (Yusoff 2018: 2)

유소프는 "백인 지질학"이 흑인의 발명과 함께 탄생했지만, 과학으로써 중립적인 휴머니스트인 척했던 과정을 추적한다. 예를 들어 대서양 노예 무역은 1441년 브라질 광산에서 원주민을 대체하기 위해 리스본에서 처음으로 노예가 거래되면서 시작되었다. 유소프는 한 지질 시대와 다른 지질 시대의 시간적 경계에 붙여진 명칭으로, 지구 역사의 새로운 국면을 나타내는 **황금 못**(Golden Spike)이라는 개념에 대해 고려했다. 지금까지 살펴본 것처럼, 인류세의 기점으로 여러 가지 잠재적인 "황금 못"이 거론되고 있다. 여기에는 1610년에 동식물이 처음으로 "교환"된 신대륙과 구대륙의 "충돌"이라는 완곡한 표현으로 부르는 시기를 포함한다. 유소프는 "충돌"과 "교환"이라는 단어가 식민 지배의 실제 역사를 지워버린다고 지적한다. 한편 1800년(영국에서 산업 혁명이 시작된 시점)은 백인 탐험가 콜럼버스의 역할을 영국의 백인 기업가들의 활동으로 대체한다. 다시 한 번 유소프는 이러한 움직임이 영국에서 노예제 폐지 이후 노예가 아닌 노예 소유주에게 지급된 보상금을 포함해 자본주의를 가능하게 한 플랜테이션에서의 노예 흑인들의 "자본주의 이전(pre-capitalist)" 노동을 어떻게 은폐하고 있는지를 보여준다. 이러한 배상금은 새로운 화석 연료 기반 산업에 자금을 도달하는 자본의 중요한 부분이 되었다. 마지막 잠재적 황금 못은 1945년 앨라모고도(Alamogordo)의 첫 핵실험에서 시작된 1950년대 거대한 가속(great acceleration)으로, 전 세계 토양과 암석 지층에 플루토늄 흔적을 남겼다. 핵 시대는 미국 남서부(핵실험장과 우라늄 채굴 장소)와 비키니 환초와 같은 태평양 섬에서 원주민을 쫓아내고 흩어진 후 수년간 방사선에 노출된 태평양 원주민의 말살에 기반을 두고 있다.

지질학자들이 어느 지점을 황금 못으로 결정하든, 흑인과 원주민의 흔적은 지워진 채로 남을 것이다. 유소프는 최근 지질학이 식민주의의 핵심인 채굴 과정의 중심에 있으면서도 지질학 자체의 과학적 중립성을 주장해 온 역사의 연장선상에 놓여있다고 주장한다. 지질학은 비사회적이고, 중립적이며, 암석의 특성에 뿌리를 둔 척하면서 동시에 자원 추출 기술의 역할을 수행했다.

지질학적 분류를 통해 영토를 가독성 높은 자원 지도로 변화시키고, 추출이 어려운 영토와 추출 가능한 영토의 지정을 체계화할 수 있었다. 지질학은 물질 강탈의 과학인 동시에 자연화의 사회적 기술(technology)이었다. 식민주의의 동기는 채굴 프로젝트였다. 이러한

> 비인간적 유물론 형성의 결과는 추출 가능한 영토와 주체의 형성에 지도화되고, 고정되는
> 인종화 논리의 조직화로 이어졌다. (Yusoff 2018: 83)

유소프 주장의 핵심은 인류세에 대해 책임 있고, 대규모 환경 재앙의 부정적인 결과를 경험
할 것으로 예상되는 인본주의적이고 자유주의적이며 보편적인 "우리"에게 질문을 던질 필
요가 있다는 것이다.

> 지구의 위험에 대한 상상력이 "우리"라는 이상을 강요한다면, 그것은 후기 자유주의의 덫
> 에 걸려 위협을 받을 때만 가능하다. 이 "우리"는 원주민 학살과 말살, 노예와 감금 노동
> 의 하위 지층에서 그 지질학의 부가 어떻게 구축되었는지에 대한 모든 책임을 부정하고 있
> 다. 지질학의 경제가 여전히 지정학 및 귀화, 공식화, 강탈의 조직화와 지속적인 정착민 식
> 민주의를 규제하고 있다는 사실을 잊어버리지 않기 위해 그 부의 축적이 현재에도 여전히
> 이루어진다는 점을 회피하고 있다. (Yusoff 2018: 106)

지질학은 다른 과학과 마찬가지로 순수하고 중립적인 것이 아니라 현재에서 살아 숨쉬는 분
열된 과거와 새로운 지질시대의 명칭을 붙이고 연대를 정하려는 시도와 연루되어 있다.

어떻게 정의되거나 구성되든, 인류세라는 개념은 이분법적 사고 방식의 극단을 형성하는
인간과 물리적 세계의 얽힘을 강조한다. 인류세(그리고 자본세, 플랜테이션세 등)는 자연지
리학의 대상(암석, 하천, 얼음, 날씨 등)이 인문지리학의 대상(정치, 경제, 사회, 문화 시스템
그리고 공간)과 철저하게 얽혀 있는 시대를 일컫는 말이다. CPG는 과학이 역사적, 지리적
맥락에서 공간과 시간 속에서 생산되는 지식으로 이해되어야 한다는 점을 인식함으로써 인
류세에 직접적으로 대응하는 자연지리학의 접근 방식이다(Lave et al. 2014; Biermann et al.
2018). 과학이 종종 가장해 온 것은 어디선가 갑자기 생겨난 실체 없는 지식이 아니다.

위에서 분류와 측정에 대한 철학적 함의를 고려했을 때, 우리는 이미 CPG가 실제로 행동
하는 것을 보았다. CPG의 도입 측면에서 레베카 레이브(Rebecca Lave)와 동료들은 사바나
와 열대 우림과 같은 기존의 생물군계에 대한 정의가 지구 표면의 일부에 대한 순수한 설명
과는 거리가 멀다고 지적하며 분류의 문제로 돌아간다. 망류 하천과 분합류 하천과 마찬가
지로, 관리 실천의 범주로 사용할 때 CPG는 정치적 이슈가 된다. 레이브 등에 따르면, 정책
이 이러한 분류를 동원하는 순간, 생물군계는 경관의 일부가 되고 생물군계 사이의 경계는
사회적으로 구성된 선(line)에서 사회를 구성하는 역할을 하는 선으로 이동한다. 열대 우림에
서는 허용, 권장 또는 금지되지 않는 일부 인간 활동이 사바나에서는 허용, 권장 또는 금지된

다. 레이브 등은 "거버넌스 및 보존 계획은 이러한 변화하는 특징을 중심으로 조직되기 때문이다. 다양한 경계, 정책 영역에서의 (잘못된) 사용, 사회 정의와 생태적 건강에 대한 결과를 재평가하기 위해서는 새로운 협력 지점이 필요하다."고 말한다(Lave et al, 2014: 5).

생물군계의 사례뿐만 아니라 레이브와 동료들은 페루 안데스 산맥의 빙하가 공급하는 하천에 대한 기후변화의 영향을 고려하면서, 실제로 하천이 마르고 있다는 것을 보여주기 위해 과학을 수행하는 것도 중요하지만(기존의 자연지리학), "누가 그 물을 관리하는지, 이해관계자들의 목표와 권력이 어떻게 다른지, 지금까지의 수문 연구가 농민보다 수력 발전 회사에 어떻게 도움이 되었는지"를 인식하는 것 또한 "더 정확하고 실천적이며 관련성 높은 지식을 생산하는 데 중요한 단계"라고 지적한다(Lave et al. 2014: 6).

CPG는 환경 관련 질문을 하는 방법과 이유, 그리고 중요한 것은 누가 이러한 질문을 할 수 있는지에 주목함으로써 인문지리학과 자연지리학의 구분을 넘어서는 시도를 한다. 객관성과 "중립적 관점(view from nowhere)"이라는 개념에 기반한 전통적인 과학은 대체로 과학자의 입장에 대한 질문을 피한다. 대부분의 경우, 이러한 과학자들은 전통적으로 정교한 실험실, 장비 및 기술자에게 필요한 자금이 있는 글로벌 북부에 거주하는 백인 남성이었다. CPG는 환경 지식을 생산할 때 이러한 사실이 중요하다는 점을 인식하고 있었다. 자연지리학에서 지식의 정치를 다루는 한 가지 방법은 **심층기술지형학**(ethnogeomorphology)이라고 하는데, 이는 데르드러 윌콕, 개리 브라이얼리, 리처드 호잇에 의해 시작되었다. (Wilcock et al. 2013). 이 논문에서는 인문지리학과 자연지리학의 구분을 넘어서는 것이 어떻게 집과 의미에 대한 인간의 질문과 함께 물리적 경관의 형태, 과정, 진화적 변화에 대한 물리적 질문을 고려할 수 있을 지에 대해 설명한다. 이를 위한 한 가지 방법은 인간과 자연의 총체성(human-physical totality)을 주장하는 원주민의 경관에 대한 접근 방식을 탐구하는 것이다. 이들이 탐구하는 사례 중 하나는 브리티시 컬럼비아 내륙의 전통적인 키요(keyohs, 토지 소유)를 보유한 스튜어트 다켈 호수[Stuart Lake Dakelh, 캐리어(Carrier)라고 알려진] 소유자와 그 주변의 카르스트 지형 사이의 관계이다. 전통적인 지형학 용어로 빙하, 화산, 카르스트 지형으로 이루어진 이 경관은 지하 수로를 통해 지표 호수를 연결하는 복잡한 배수로가 특징적이다. 지형학에서는 일반적으로 캐나다의 원주민(First Nation)이 지하 수로와 평행하거나 수직으로 이어지는 산책로를 따라 살아가고, 걸어가는 이야기와 실천이 어떻게 경관에 내재되어 있는지는 고려하지 않는다. 윌콕과 동료들은 선주민과 조상들이 걸었던 길을 연결하면서 경관을 걷는 것이 여러 시공간을 어떻게 얽어매는지를 보여준다. 다음 인터뷰에서 인간, 대지, 과거와 현재 사이의 이러한 관계를 살펴볼 수 있다.

> 진행자 : 대지는 당신과 조상들과 함께 한 시대를 정의하는군요. 땅의 위치, 즉 호수와 산
> 책로가 연결되는 곳이 중요한가요?
>
> 짐 : 네. 일부분에 불과합니다. 당신은 한 가지 관점으로만 볼 수는 없을 겁니다. 모든 것이
> 서로 연결되어 있죠. 모든 것이 연결되어 있죠. 모든 면에서요.
>
> 진행자 : 시간, 공간. 모든 것이요?
>
> 짐 : 네 모든 것이요. 래리나 케니 그리고 빅터(다른 키요 부유자)는 마치 길을 잃은 것 같
> 아요. 숲의 한 블록을 더 자르면 매번 더 길을 잃는 것처럼요. 단순히 육체적으로만 사라
> 지는 것이 아니라 정신적, 육체적으로 다 사라집니다. 단순히 숲이 사라지고 흔적이 없어
> 지고 기준점이 없어지는 것이 아니에요. 영적으로도 다 사라집니다. (Wilcock et al. 2013:
> 588)

이 땅의 원주민들에게 자연지리학과 인문지리학의 단절의 핵심인 자연과 사회가 분리되는
것은 상상할 수 없는 일이다. 윌콕과 동료들은 생물물리학과 문화적 실체가 어떻게 상호 구
성되는지 인식하고, 지식의 형태 간에 권력 위계가 형성되고 배제되는 과정을 탐구하기 위
해 다른 형태의 지식을 지형학으로 도입하는 것이 유익하다고 생각했다.

  CPG 학자인 마크 캐리(Mark Carey), M. 잭슨(M. Jackson), 알레산드로 안토넬로
(Allessandro Antonello), 재클린 러싱(Jaclyn Rushing)은 최근 페미니스트 빙하학을 주장했다
(Carey et al. 2016). 얼음과 같은 지구의 대상은 이데올로기 영역 밖에 있다고 믿어왔기 때문
에, 이러한 주장은 즉시 이상하게 느껴진다. 얼음은 그저 얼음이라고 생각할 수 있다. 캐리
등은 얼음과 빙하가 지구 온난화의 증거를 제공하기 때문에 얼음이 어떻게 여러 가지 의미
와 내러티브를 가지고 있는지를 주의 깊게 보여준다. 캐리 등은 기존의 빙하학 연구에서 거
의 다루지 않았던 빙하에 관한 네 가지 질문을 던진다.

1. 지식 생산자의 젠더 정체성은 빙하학에 어떤 영향을 미치나요?
2. 과학으로서의 빙하학은 어떻게 젠더화되었나요?
3. 권력, 지배, 식민수의가 빙하학을 어떻게 만들어왔나요?
4. 빙하학자들은 민속 빙하학(folk glaciologies) 등 빙하에 대한 대안적인 재현과 지식의 형태
   를 어떻게 받아들일 수 있을까요?

빙하학의 지식 생산자는 대부분 남성이었다. 빙하학은 접근하기 어려운 외딴 지역의 험난한

환경 연구와 관련된다. 빙하 연구의 실천은 극한 기후와 종종 산을 오르는 남성적인 영웅적 모험에 대한 생각으로 포장되어 있다. 캐리 등은 다양한 곳에서 나오는 지식을 포함하기 위해 빙하에 대한 지식을 생산하는 주체를 다양화할 필요가 있다고 주장한다. 남극과 같은 연구 현장은 기후적인 이유뿐만 아니라 성별에 따른 이유로도 안전하지 않다는 점이 여성 연구자가 참여하기 어려운 이유가 된다. 최근 오스트레일리아에서는 오스트레일리아 남극과학기지 연구소에서 일하는 여성들이 성희롱, 음란물 전시, 부적절한 음주 문화, 부적절한 생리 시설, 동성애 혐오 문화에 지속적으로 노출되어 왔다는 뉴스가 보도된 바 있다.[7] 이렇게 끔직한 보도는 누가 빙하학을 연구하느냐의 문제만이 중요한 것이 아님을 보여준다. 심지어 여성이 빙하학 연구에 참여할 때에도 일반 과학의 전통적인 "중립적 관점"과 대담한 신체적 업적에서 오는 존경심, 여성에 대한 비하적인 시각이 결합된 남성중심적 기대에 따라야만 한다.

위에서 캐리 등이 제기한 세 번째 질문은 지배 체계에 대한 것이다. 빙하학 또한 대부분의 과학과 마찬가지로, 자원 채굴 산업 및 군대와 연계되어 있으며 종종 자금을 지원받기도 한다. 미국의 빙하학은 1950년대에 그린란드를 통한 공격 가능성에 군이 경각심을 가지면서 자금이 크게 증가했다. 북극과 남극 지역 모두 빙하학은 냉전 기간 동안 더 큰 지정학적 힘의 논리에 휘말렸다. 빙하학은 유소프가 말했던 "백인 지질학"과 동일한 프로세스의 일부이다. 캐리 등은 자연과학 자체가 기술에 의존하는 과학을 수행할 수 있는 자금과 자원이 있는 글로벌 북부에 집중되어 있다고 주장한다. 빙하학의 현장 연구, 특히 글로벌 북부에서 이루어지는 빙하학 현장 연구는 이전 시대의 식민지 착취와 의심스러울 정도로 닮아 있다. 이러한 이유로 캐리 등은 빙하학자들이 빙하 주변에 사는 원주민의 다감각적 지식과 같은 "민속 빙하학"에 주목할 것을 제안한다. 이것은 위에서 논의한 심층기술지형학에 대한 주장이다 (Wilcock *et al.* 2013).

> 빙하학자들이 빙하가 말을 듣는다고 믿도록 강요하거나 원주민들이 과학자들의 수학 방정식과 컴퓨터로 만드는 모델(의미, 영성, 인간과 자연의 호혜적 관계는 배제된)을 전적으로 믿게 만드는 것이 목표가 아니다. 오히려 환경 지식은 항상 권력 불균형과 불평등한 사

---

7 Josh Butler, Measures to Stamp out Sexual Harassment on Australia's Antarctic Stations After Damning Report, *The Guardian* 30 September 2022. https://www.theguardian.com/world/2022/sep/30/measures-to-stamp-out-sexual-harassment-on-australias-antarctic-stations-after-damning-report (역자 접속 : 2024년 3월 12일)

회적 관계 체계에 기반을 두고 있다. 이러한 격차를 극복하기 위해서는 다양한 지식이 존재하고 각자의 맥락에서 유효하다는 것을 인정해야 한다는 것이 목표가 된다. (Carey *et al.* 2016: 782)

이것이 캐리 등이 네 번째로 제시했던 것이다. 즉, 얼음과 빙하를 단순히 연구하는 것이 아니라 얼음과 함께 살아가는 사람들의 현지 지식에서 파생된 대안적 재현이 중요하다. 이들은 스토리텔링, 내러티브, 시각 예술은 얼음을 자연 너머인 것 이상으로 이해하는 데 도움이 되는 지식을 나타내는 유효한 방식이라고 주상한다. 스고들랜드 출신 작가 케이티 패터슨(Katie Paterson)은 2007년 작품 "랑요쿨(Langjökull), 스나이펠스외쿨(Snæfellsökull), 솔헤이마요쿨(Sólheimajökull)"에서 작품의 이름을 딴 빙하의 소리를 녹음한 후 빙하의 얼음으로 만든 LP에 옮긴 사례를 들었다. 이 LP는 10분 동안 얼음이 녹는 동안 레코드 플레이어에서 동시에 재생되었고, 그 결과 소리도 함께 녹아 사라졌다.

> 빙하 코어의 기후 자료는 기후 모델로 가져오는 경우가 많지만, 연간 녹아내리는 빙하 소실 속도는 보통 액면 그대로 받아들이며 정책적 함의가 있다. 빙하 코어와 빙하 소실 측정은 모두 패터슨의 작품에서 나타나는 얼음과의 감정적, 감각적 상호작용이 부족한 빙권(cryosphere)에 대한 다소 제한된 시각으로 빙하를 균질화하려는 글로벌 내러티브에 힘을 실어준다. 따라서 패터슨과 다른 예술가들은 의도적으로 부정확한 사회적·과학적 방법론과 작품을 제시함으로써 이러한 "진실(truths)"에 개입한다. (Carey *et al.* 2016: 784-785)

패터슨과 다른 사람들의 연구는 주로 서구, **백인**, 남성중심적인 빙하학에 대한 지식을 분산시킨다. 캐리 등은 다음과 같이 대안적 방식을 제시한다.

> … 완전히 다른 접근 방식, 상호작용, 관계, 지각, 가치, 감정, 지식, 변화하는 환경을 알고 상호작용하는 방식을 드러낸다. 이들은 기존의 자연과학의 중심을 흐트러뜨리고, 남성중심주의와 내재된 권력을 해체한다. 빙하에 대한 동질적이고 남성중심적 서술에서 벗어나고, 빙하를 보며, 상호작용하고, 재현하는 다양한 방식에 고양하고 통합하는 등 페미니스트 빙하학의 핵심 목표를 달성한다. (Carey *et al.* 2016: 786)

결론

이 장에서는 촐리의 저명한 지형학자가 토양 오거로 무장한 채 철학에서 벗어나는 것이 얼마나 불가능한지를 지적하면서 자연지리학과 이론 사이의 곤란한 관계를 다루었다. 자연지리학자들은 일반적으로 분류하고 측정하는데, 철학적 가정을 포함하지 않는 방식으로는 이러한 연구를 수행할 수 없다. 또한 물리적 세계에 대한 우리의 지식과 지형학자가 속한 사회적, 문화적, 정치적 세계 사이와의 피할 수 없는 연관성을 인정하지 않는 방식으로는 불가능하다. 우리는 데이비스와 길버트의 제자들 사이에서 지형학의 본질을 둘러싼 논쟁을 통해 이론적 전제가 어떻게 진행되었는지 살펴봤다. 이 두 접근법의 상대적 성공이 지식이 생산되는 사회적 상황과 어떻게 연관되는지, 그리고 이러한 접근법이 현대 과학자들이 남극 동부 빙상을 연구하는 방식에 어떻게 영향을 미쳤는지 살펴봤다. 또한 캐서린 유소프와 함께 인류세라는 지질학적 명칭이 환경 변화의 원인과 실제 피해자와 잠재적 피해자를 모두 잘못 보편화하는 순진한 명칭이 아닌지도 살펴봤다. 다시 한 번 언급하자면, 자연지리학과 지질학은 사회적, 정치적 권력 위계와 얽혀 있어 쉽게 떼어놓을 수 없는 관계다. 이러한 인식이 CPG의 출현으로 이어졌다. 과학을 연구하는 기존의 방식에 의문을 제기하는 것은 위험한 일이 될 수도 있다. 객관성에 대한 생각과 자연과 사회가 분리되어 있다는 서구 문화에 깊게 뿌리내린 신념이 결합하여 강력한 규범으로 자리 잡았다. 많은 사람, 특히 과학자들에게는 상식처럼 보인다. 상식에 의문을 제기하는 것은 언제나 위험이 따르는 일이다. 캐리 등의 페미니스트 빙하학에 대한 논문은 유명 인사들과 보수 언론으로부터 엄청난 수준의 조롱을 받았다. 얼음이 단순한 얼음이 아닐 수도 있으며, 과학이 인문학과 사회과학과의 접촉을 통해 이익을 얻을 수 있다는 점을 제시함으로써 그들의 신경을 건드린 것이다. 캐나다 내셔널 포스트 기사에 따르면, 수족관과 부화장의 바이오필터 연구자인 달라스 위버(빙하학자가 아니다!)는 "사회과학과 인문학이 기능적으로 미쳐버렸다."고 말하면서, 일부 과학자들은 이 논문을 "헛소리(gobbledygook)"라고 불렀다.[8] 지리학 저널에 실린 논문이 이렇게 주목을 받는 것은 매우 드문 일이다. 이 글을 쓰고 있는 현재(2023년 1월) 이 논문은 16,000회 이상 조회

----

8   https://nationalpost.com/news/world/heres-why-an-article-about-feminist-glaciology-is-still-the-top-read-paper-in-a-major-geography-journal (역자 접속 : 2024년 3월 12일)

되고 다운로드되었다. 이는 문화 전쟁의 일부가 되었다. 먼저 여전히 비평가들에게 극단적인 반응을 일으키는 "페미니스트"라는 꼬리표 때문이기도 하다. 다른 하나는 제목이 암시하는 자연과 사회의 구분이 무너지고, 과학과 과학자들이 연구하는 것이 필연적으로 정치적이고 이데올로기적이라는 생각 때문이다. 이 장에서 언급된 다른 연구뿐만 아니라 자연 너머의 지리학의 사례에서 제시한 비판은 서구 학자들과 다른 사람들이 상식이라고 여겨왔던 것에 의문을 제기하기 때문에 독자들에게도 위반적이고 이단적으로 보일 수 있다. 이러한 비판과 분노는 저자의 주장이 가진 힘에 대한 직접적인 반응이다.

참고문헌

Allen, C. D. and Lukinbeal, C. (2010) Practicing physical geography: an actor-network view of physical geography exemplified by the rock art stability index. *Progress in Physical Geography*, 35, 227–248.

Biermann, C., Lane, S. N., and Lave, R. (eds) (2018) *The Palgrave Handbook of Critical Physical Geography*, Springer International Publishing: Imprint: Palgrave Macmillan, Cham.

Blaikie, P. M. and Brookfield, H. (1987) *Land Degradation and Society*, Methuen, London.

* Blue, B. and Brierley, G. J. (2016) "But what do you measure?" Prospects for a constructive critical physical geography. *Area*, 48, 190–197.

Braun, B. (2005) Environmental issues: writing a more-than-human urban geography. *Progress in Human Geography*, 29, 635–650.

* Carey, M., Jackson, M., Antonello, A., and Rushing, J. (2016) Glaciers, gender, and science: a feminist glaciology framework for global environmental change research. *Progress in Human Geography*, 40, 770–793.

Chorley, R. J. (1978) Bases for theory in geomorphology, in *Geomorphology: Present Problems and Future Prospects* (eds C. Embleton, D. Brunsden, and D. K. C. Jones), Oxford University Press, Oxford, 1–13.

Clifford, N. J. (2001) Physical geography – the naughty world revisited. *Transactions of the Institute of British Geographers*, 26, 387–389.

Davis, W. M. (1899) The geographical cycle. *The Geographical Journal*, 14, 481–504.

Davis, J., Moulton, A. A., Van Sant, L., and Williams, B. (2019) Anthropocene, capitalocene, … plantationocene?: a manifesto for ecological justice in an age of global crises. *Geography Compass,* 13, e12438.

Demeritt, D. (1996) Social theory and the reconstruction of science and geography. *Transactions of the Institute of British Geographers*, 21, 484-503.

Dupré, J. (1993) *The Disorder of Things: Metaphysical Foundations of the Disunity of Science*, Harvard University Press, Cambridge, MA.

Gilbert, G. K. and Dutton, C. E. (1877) *Report on the Geology of the Henry Mountains*, Govt. Print. Off., Washington.

Haraway, D. J. (2016) *Staying With the Trouble: Making Kin in the Chthulucene*, Duke University Press, Durham. 최유미 역, 2021, 『트러블과 함께하기: 자식이 아니라 친척을 만들자』, 마농지.

* Inkpen, R. (2005) *Science, Philosophy and Physical Geography*, Routledge, London.

* Lave, R., Wilson, M. W., Barron, E. S., Biermann, C., Carey, M. A., Duvall, C. S., Johnson, L., Lane, K. M., Mcclintock, N., Munroe, D., Pain, R., Proctor, J., Rhoads, B. L., Robertson, M. M., Rossi, J., Sayre, N. F., Simon, G., Tadaki, M., and Van Dyke, C. (2014) Intervention: critical physical geography. *Canadian Geographies / Les géographies canadiennes*, 58, 1-10.

* Massey, D. (1999) Space-time, science and the relationship between physical geography and human geography. *Transactions of the Institute of British Geographers*, 24, 261-279.

Massey, D. (2006) Landscape as a provocation -reflections on moving mountains. *Journal of Material Culture*, 11, 33-48.

. Peet, R., Robbins, P., and Watts, M. (2010) *Global Political Ecology*, Routledge, Milton Park, Abingdon, Oxon, England; New York.

* Phillips, J. (2004) Laws, contingencies, irreversible divergence and physical geography. *The Professional Geographer*, 56, 37-43.

Rhoads, B. L. and Thorn, C. E. (1994) Contemporary philosophical perspectives on physical geography with emphasis on geomorphology. *Geographical Review*, 84, 90-101.

Robbins, P. (2012) *Political Ecology: A Critical Introduction*, John Wiley and Sons, Chichester, West Sussex; Malden, MA. 권상철 역, 2008, 『정치생태학: 비판적 개론』, 한울.

Sack, D. (1992) New wine in old bottles: the historiography of a paradigm change. *Geomorphology*, 5, 251-263.

* Sugden, D. E. (1996) The East Antarctica ice sheet: unstable ice or unstable ideas? *Transactions of the Institute of British Geographers*, 21, 443-454.

Unwin, P. T. H. (1992) *The Place of Geography*, Longman Scientific & Technical, Harlow.

Wilcock, D., Brierley, G., and Howitt, R. (2013) Ethnogeomorphology. *Progress in Physical Geography: Earth and Environment*, 37, 573-600.

* Yusoff, K. (2018) *A Billion Black Anthropocenes or none*, University of Minnesota Press, Minneapolis, MN.

제 **14** 장

포스트식민, 탈식민, 반식민의 지리

- 포스트식민주의와 지리
- 탈식민성의 정의
- 탈식민 지리와 반식민 지리
- 결론

앞 장에서 분명하게 드러난 바와 같이, 지리학이라는 학문은 전체적으로 서양 식민주의와 제국주의의 역사와 밀접하게 연관되어 있다. 심지어 지리학이 가장 급진적이었던 때에도, 이러한 역사의 흔적은 서양에서 지리학을 가르치고 배우는 방식 속에 여전히 남아 있었다. 지리 이론으로 통용되는 지식과 그렇지 못한 지식 간의 관계성은, 수 세기에 걸쳐 형성된 권력관계가 떠받치는 체계적 배제의 과정이라 할 수 있다. 이 책처럼 지리사상에 관한 검토 대상으로 포함되는 지식과 그렇지 못하고 무시되는 지리 이론은 상호 직접적인 관계가 있다. 서양 이론은 식민 프로젝트의 일환으로서 다른 종류의 지식을 말살하는 데에 공모해 왔다. 곧, 우리가 지리학의 규범처럼 가르치는 이론 너머에는 전체 지리 이론을 아우르는 세계가 존재한다.

Geographic Thought: A Critical Introduction, Second Edition. Tim Cresswell.
© 2024 John Wiley & Sons Ltd. Published 2024 by John Wiley & Sons Ltd.

이 장은 포스트식민(postcolonial), 탈식민(decolonial), 그리고 반식민(anticolonial)이라는 일련의 이론적 접근에 초점을 두고 지리학과 같은 학계의 틀 속으로부터의 배제의 과정을 심문해보자. 이는 분명 식민주의에 기원을 둔 학계에 속하면서도 동시에 이를 비판해야 하는 긴장된 작업이다.

이 논의를 시작하기 위한 첫걸음은, 식민주의의 물질적, 인식론적 폭력에도 불구하고 다른 종류의 앎의 방식과 지리가 여전히 존재한다는 것을 인식하는 것이다. 캐나다의 원주민 학자인 (아니쉬나베 족과 호데노쇼니 족에 속하는) 바네사 와츠(Vanessa Watts)는 문자 그대로 원주민 지식의 장소-사상(place-thought)으로 우리를 이끌어 이 점을 설득력 있게 주장한다(Watts 2013). 와츠는 서양 학자들이 토착민 지식 체계를 어떻게 장소 기반의 토지 체계로부터 끄집어내어 단순한 이야기나 신화로 전락시켰는지에 대해 기술한다. 이는 하늘에서 거북 등 위에 떨어진 하늘-여자(Sky-Woman)에 관한 상세한 설명에서 시작된다.

> 호데노쇼니 족에 의하면 하늘-여자는 하늘 구멍에서 떨어졌다. 존 모호크(John Mohawk, 2005)는 물을 향한 그녀의 여행에 대해 글을 썼다. 하늘-여자는 구름과 공중을 통과하여 아래의 물로 떨어졌는데, 새들은 그녀가 떨어지는 모습을 보면서 그녀가 날 수 없다는 것을 알았다. 새들은 하늘-여자에게 천천히 다가와서 물 위에 사뿐히 내려앉을 수 있게 도와주었다. 새들은 거북에게 그녀가 올라설 곳이 필요하다고 말했다. 왜냐하면 그녀에게는 물 다리(water legs)가 없었기 때문이었다. 거북이 일어나 수면 위로 올라온 덕분에 하늘-여자는 거북 등에 올라타게 되었다. 그 순간 하늘-여자와 거북은 땅을 만들기 시작했고, 그들의 몸은 계속 연장(延長)되어 육지가 되었다. (Watts 2013: 21)

이 이야기에 대해서 많은 다양한 반응이 있을 수 있다. 하나는 이를 그냥 사실이 아니라고 치부하고, 과학이 지구의 형성 과정을 보다 설득력 있게 설명한다고 주장하는 것이다. 또 다른 반응은 이를 신념 체계(우리가 원주민이냐 아니냐에 따라 이에 속할 수도 있고 아닐 수도 있다)에 관한 이야기로 보는 것으로, 이 이야기에는 가치가 있으며 "자연"과의 관계 속에서 우리 자신을 어떻게 생각할지에 관한 중요한 통찰력이 담겨 있다. 마지막으로 우리는 이를 정말로 믿을 수도 있다. 와츠는 자신의 논문에서 이를 비롯한 다른 이야기들이 문자 그대로 사실이라고 주장하면서, 이를 정말로 일어난 일이라고 생각하는 것이 식민주의에 대한 저항을 실천하는 데 얼마나 중요한지를 강조한다. 그녀는 "나는 이 두 사건이 실제로 일어났다는 점을 강조하고 싶다. 이는 상상되거나 공상적인 것이 아니다. 이는 민담도, 신화도, 전설도 아니다. 이 역사는 '결국 이 이야기의 교훈은 … 입니다'라고 말하려는 긴 이야기가 아니다. 이는 정말로 일어난 일이다."라고 쓴다(Watts 2013: 22). 와츠는 존재론과 인식론을 분리하는 유럽-서양의 사상을 원주민의 "장소-사상(place-thought)"과 비교한다. 그녀에 따르면, "장소-사상"은 "장소와 사상을 절대로 분리하지 않는 비구별적 공간(non-distinctive space)이다. 장소와 사상은 분리될 수도 없고 분리할 수도 없기 때문이다. 장소-사상은 땅(land)이 살아있고, 생각하며, 장소-사상의 확장을 통해 인간과 비인간이 행위주체성을 얻는다고 전제한다"(Watts 2013: 21). 와츠는 유럽-서양 전통 속에도 얼마나 다양한 이론들이 (브루노 라투르의 행위자-네트워크 이론도 이의 하나일 것이다) 비인간 행위자에 행위주체성을 부여하는지를 추적한다. 나아가 그녀는 행위주체성에서 앎의 의지(knowing will)를 제거함으로써 행위주체성을 새롭게 정의한다. 그녀에 따르면 행위주체성이란 단순히 어떤 것(things)이 (그녀는 토양을 사례로 든다) 독립적으로 또는 다른 것들과의 관계 속에서 갖는 효과일 뿐이다. 이는 와츠가 문자 그대로 받아들였던 원주민의 지식 체계의 장소-사상과는 매우 다르다.

　와츠에 따르면, "외래의 인식론-존재론 분리"가 어떻게 장소-사상을 이야기나 신화로 묘사하는지 그리고 이를 통해 원주민의 앎과 존재 방식에 폭력을 행사하는지를 밝힘으로써 식민성(coloniality)을 드러낼 수 있다. 하늘-여자를 문자 그대로 받아들인다는 것은 앎과 현실의 분리 그리고 존재론과 인식론의 분리를 거부하고 이론과 프락시스의 불가분성을 주장하는 것을 의미한다.

> 하늘-여자가 하늘에서 떨어져서 거북 등에 누웠을 때, 그것은 단지 땅을 창조할 뿐만 아니라 그 자체로 영토가 되었다. 따라서 장소-사상은 그녀가 처한 환경, 그녀의 욕망, 그리고 그녀와 물과 동물과의 의사소통의 연장, 곧 그녀의 행위주체성의 연장이다. 하늘-여자는 이러한 의사소통을 통해서 모든 미래의 사회를 떠받치는 토대인 땅(Land)이 될 수 있었다. (Watts 2013: 23)

하늘-여자가 땅(Land)이 되어 가면서, 행위주체성은 모든 생명체와 무생물 사이로 퍼져 나갔다. 이 결과 "… 비인간 존재들은 어떻게 서처하고 상호작용하며 다른 비인산과 관계를 형성해나갈지를 선택한다. 이처럼 자연의 모든 구성요소에는 행위주체성이 있으며, 이는 비단 타고난 행동이나 인과관계에만 국한되는 것이 아니다"(Watts 2013:23). 이러한 행위주체성은 행위자-네트워크 이론에서 논의하는 분산된 행위주체성(distributed agency)에 관한 설

명과 상당한 공통점이 있으면서도, 유럽-서양의 세계관에서 통상 인간에게 부여하는 행위
주체성에 대한 관점을 견지한다는 점에서 이를 넘어선다. 와츠의 주장에 따르면, 유럽-서양
의 신념체계는 원주민의 지식 형태를 오염시켰지만 이를 완전히 파괴하거나 제거하거나 근
절시키지는 못했다. 원주민의 지식은 (원주민과 마찬가지로) 500년 이상의 식민주의 폭력을
견디어냈다.

> 원주민의 우주론(cosmology)이 유럽-서양적 과정을 통해 번역될 때에는, 장소와 사상의
> 구별이 반드시 필요했다. 이러한 구별은 장소와 사상에 대한 식민화된 해석으로 귀결되
> 는데, 여기에서 땅은 단순한 흙일 따름이고 사상은 오직 인간만이 소유한 것으로 여겨진
> 다. 만일 우리가 이러한 구별을 인정한다면, 원주민으로서 우리는 우리 자신에 대한 불신
> (disbelief)의 위험에 빠질 것이다. 땅과 말할 수 있는 우리의 능력이 단지 신화적 이야기나
> 도덕적 교훈의 일부가 아니라 현실이라는 것을 우리 자신조차 쉽게 망각하게 될 것이다.
> (Watts 2013: 32)

원주민들은 세계가 사실상 의미와 의지적인 행위주체성으로 채워진 생명체라고 믿는다. 서
양 세계의 대부분에서 "우리"는 단지 신성 공간(sacred space)만이 일상적 또는 세속적 공간
으로부터 분리된 독특한 공간이라고 생각한다. 이는 사회학자 에밀 뒤르켐이 "신성" 개념을
분리(division)와 경계성(boundedness)을 토대로 설명했던 방식이기도 하다(Durkheim 2008).
이처럼 우리는 교회나 사원과 같은 공간을 "신성한" 곳이라고 간주한다. 그러나 원주민의
세계관에서 이러한 뚜렷한 구별이란 존재하지 않으며, 경관은 신성한 의미로 가득 채워져
있다.

오스트레일리아의 맥락에서는 영토, 재산, 지도화에 대한 식민적 관점이 땅을 소유하고
거래할 수 있는 대상으로 만들었다. 이는 나라(Country)에 대한 애버리지니들의 존재 방식
과 뚜렷이 구별되어 있다. 북아메리카 원주민의 전통에서 땅(Land)이 세계 내 존재의 중요성
을 함축한다면, 나라(Country)는 애버리지니들의 지리에서 살아있고 호흡하는 것들을 나타
내는 용어다. 오스트레일리아의 인류학자인 데보라 버드 로즈(Deborah Bird Rose)는 이를 다
음과 같이 표현한다.

> 애버리지니 영어로 "나라(Country)"는 공통명사이자 고유명사이다. 사람들은 마치 어떤
> 사람에 대해 이야기하듯 "나라"에 대해 말한다. 그들은 나라와 이야기하고, 나라에 노래
> 를 들려주며, 나라를 방문하고, 나라에 대해 걱정하고, 나라를 위해 추도하며, 나라를 그

리워한다. 사람들은 나라가 알고, 듣고, 냄새를 맡고, 주목하고, 돌보고, 미안해하거나 행복해한다고 말한다. 나라는 어제와 오늘과 내일이 있는, 의식과 행동과 삶에 대한 의지를 지닌, 살아있는 실체이다. 나라는 이러한 풍요로운 의미 덕분에 집이자 평화이다. 몸과 정신과 영혼의 자양분이며 마음의 평온이다. (Rose 1996: 7)

이처럼 나라와의 관계성은 땅에 대한 식민주의적 이야기와 매우 다르다. 애버리지니 학자 질 밀로이(Jill Milroy)와 비원주민 학자 그랜트 레벨(Grant Revell)은 식민주의 세계관과 애버리지니 세계관의 충돌을 상이한 "이야기"의 충돌이라고 본다.

> 식민지배자는 "새로운" 땅을 조망하면서 자신이 이루려는 장소와 이야기를 본다. 이는 곧 자신이 창조하려는 식민주의적 허구이다. 따라서 그것은 재산과 가치에 관한 이야기이지 땅과 정신에 관한 이야기가 아니며, 다가올 "국가(nation)"에 관한 이야기이지 "나라(Country)"에 관한 이야기는 아니다. 식민의 이야기는, 비록 여성이 공모자이자 적극 가담할지언정, 대개 남성이 만들어낸 이야기이다. 이 "새로운" 이야기는 외래어로 전래될 것이다. (Milroy and Revell 2013: 3)

식민 이야기는 새로운 땅에 관한 것이지만, 애버리지니의 이야기는 선조들의 여행을 나라와 연결한다. 드림타임은 선조들이 노랫길(songlines)을 통해 세계를 창조했던 시대로서, 노랫길은 땅과 바다와 하늘을 사람과 네트워크로 연결한 경로와 이야기를 가리킨다. 애버리지니 문화에서 이러한 이야기는 아카이브화의 과정을 통해서가 아니라 훨씬 생기 넘치는 실천적인 감각을 통해서 살아 있어야 한다. 밀로이와 레벨은 구라라부루(Goolarabooloo) 사람들의 예를 들었다.

> 노랫주기(Song Cycle)는 구전으로 전래되는 지도이다. 그 노래에는 땅과 사람의 균형과 안녕을 유지하는 데 필수적인 행동 규범이 담겨져 있으며 오늘날까지도 불러지고 있다. … 노랫주기에는 출생지가 있고 종착점이 있으며, 길이와 넓이가 있는 물리적인 땅덩어리를 갖고 있되 단순한 경로만이 아니라 여러 "위치(sites)"로 이루어져 있다. 곧, 장소, 지표면, 서식지, 제례장소, 계절 음식의 장소, 제례를 위한 식생, 나무, 관목, 식물, 황토, 대지, 물이 노랫길의 땅에 포함되어 있으며, 이는 인간과 동물의 생명을 유지하는 데 필요한 모든 것을 제공한다. (http://www.goolarabooloo.org.au/songcycle.html accessed January 29, 2023)

식민주의자들과 애버리지니 주민들은 단지 서로 다른 이야기를 가졌을 뿐만 아니라, 식민

주의자들은 식민화 과정의 일부로서 애버리지니의 이야기를 적극적으로 제거하려고 시도
했다는 사실이 중요하다. 밀로이와 레벨은 오늘날 퍼스(Perth) 인근 지역이자 오래전 눙아
(Noongar) 족의 땅이었던 곳에서의 식민화의 역사를 상세히 설명한다. 가령 눙아 족이 더발
예리간(Derbarl Yerrigan)이라고 부르는 강은 와우갈 뱀(와우갈은 "무지개"를 뜻함)이 남긴
흔적으로서, 사람들이 선조를 만나러 찾아가는 영혼의 본향이다. 이는 오늘날 스완 강(Swan
River)으로 개명되었다.

> 그 이후 100년 동안 탐험가들과 측량사들은 식민화의 선봉이 되었고, 이들은 땅에 굶주린
> 정착민, 목축업자, 광부, 투기꾼을 위해 새로운 영토를 지도화했다. 핵심은 수자원을 찾는
> 것이었으며, 캐닝스톡루트(Canning Stock Route)의 지도화는 … . 탐험가들과 식민주의자
> 들이 전진해감에 따라 영어도 함께 나아갔고, 나라(Country)는 "발견"되면 그에 맞게 "이
> 름"이 지어졌다. 나라의 이름을 바꾸는 것은 그 성격을 은폐하고, 그 의미를 흐리게 만들
> 고, 그 목소리를 훔치는 데 사용되었다. 새로운 지도에는 나라의 의미나 그에 내재된 고대
> 의 이야기 중 아무것도 나타나지 않았다. 원주민들과 그들의 나라는 서양 지도학의 허구
> 적인 경계와 테두리 속에 갇혀버렸다. 이는 다른 장소와 사람으로부터 복사된 많은 이름
> 을 지닌 허구적 장소가 되었고, 상상력이나 독창성이 없이 십중팔구 영어로 불리는 곳들
> 이 되었다. (Milroy and Revell 2013: 4)

원주민의 이야기를 지워버리고 식민주의자의 이야기로 대체하려는 시도의 결과는 심각했
다. 밀로이와 레벨은 이러한 이야기가 정신적, 육체적 건강과 자존감과 어떻게 연관되어 있
는지를 보여주었다. 이야기의 부재, 곧 "자신의 나라를 알지" 못하는 것은 슬픔과 상실이라
는 경험으로 나타났다.

이러한 세계관의 차이는 애버리지니의 지리적 상상이 어떤 경관이 보존되어야 하고 유
산으로 간주되어야 하는가에 대한 식민 정착민의 시각과 접촉할 때 분명히 드러난다(Gelder
and Jacobs 1998). 포스트식민 국가에서 애버리지니들의 신성한 것에 대한 요구는 종종 "근
대" 국가와 접촉하게 되며, 이는 상이하고 상반된 지리들의 복잡한 상호 얽힘으로 귀결된다.
1998년 『기이한(언캐니)[1] 오스트레일리아(*Uncanny Australia*)』에서 겔더와 제이콥스(Gelder

---

1 한국어로 "기이한", "기괴한" 정도로 번역될 수 있는 "uncanny"는 원래 독일어인 "unheimlich"를 영어식으로 표현한
것이다. 독일어 "heim"은 "집"을 뜻하므로 "heimlich"라고 하면 "익숙한", "친밀한"이라는 뜻인데, 정신분석학의 맥
락에서 "unheimlich"라고 하면 "친숙하지만 낯설고 두려운", "익숙하지만 으스스하고 섬뜩한" 감정을 지칭한다. 어
떤 대상에 대한 섬뜩함이나 공포감은 평범하고 익숙하고 친숙한 대상에 약간의 기이함이나 일그러짐을 더할 때 극대

and Jacobs)는, 원주민들의 유산을 수집하고 묘사하는 데에서의 박물관의 역할이나 광산에 대한 원주민들의 반대 등 다양한 분야에서 이러한 얽힘을 탐구한다. 저자들은 이러한 사례를 통해 원주민의 "전통적인" 지식과 정착민의 "근대적" 지식이라는 이분법적 관점을 복잡하게 만듦으로써 원주민은 먼 과거에 갇혀 있는 것이 아니라 오히려 변화무쌍하고 혼성적인 현재의 일부라는 것을 보여준다.

　대부분의 경우 오스트레일리아 애버리지니의 지리 이론은 서양에서 가르치는 전통적인 지리학을 구성하는 이론의 부류로 나아가지는 못했다. 그러나 그렇게 나아가는 듯할 때도 있다. 가령 『혼성적 지리』에서 사라 와트모어(Sarah Whatmore)는 오스트레일리아에서 서양 식민주의의 영토성이 갖는 관행의 변동을 원주민의 지리 이론을 동원해서 설명한다(Whatmore 2002). 지리학 외부에서는, 슈네판 뮈커(Stephen Muecke)가 왜 "원주민의 철학"은 철학적 지식의 지위를 갖지 못하고 "역사"나 인류학적 "문화"로만 치부되는가를 문제 제기하면서 애버리지니들의 공간 관념을 언급한 바 있다(Muecke 2004). 뮈커는 노래길을 들뢰즈와 가타리의 생기론(生氣論, vitalist philosophy)의 핵심인 유목민이나 리좀(rhizome)과 관련시킨다. 이 두 연구에서 애버리지니의 사유는 환영받기는 하지만, 그 가치를 평가받는 대목은 이들의 지리사상이 (행위자-네트워크 이론이나 생기론과 같이 옳다고 인정되거나 새롭게 떠오르고 있는) 서양의 이론과 닮았다거나 이를 입증한다는 측면에서만 그럴 따름이다. 이는 하늘-여자를 문자 그대로 인정하는 것과 같지는 않다. 이는 원주민의 장소-사상이 아니다. 원주민의 지식과 실천을 계속 붙잡고 버티는 것도 학계의 원주민 지리학자들에게 쉬운 일이 아니다. 원주민(콰콰카와쿠) 지리학자인 사라 헌트(Sarah Hunt)는 원주민이면서도 지리학자로서의 이중적 정체성이 어려운 공간을 차지한다는 것에 대해 면밀하게 고찰했

화되는 경향이 있다(피부 같은 가면을 쓰거나 광대 분장을 하거나 스모키 화장을 한 사이코패스, 사람과 구별하기 어려운 밀납인형이나 마네킹으로 찬 방, 인간답지만 종국에는 인간이 아닌 AI로봇 등은 공포영화에서 빈번히 사용하는 소재이다). 지리학을 비롯한 사회과학에서는 2000년대 들어 포스트식민주의나 페미니즘을 토대로 하는 일부 정신분석 접근의 연구들이 "언캐니" 개념을 차용, 사용해왔다. 이들은 이숙하고 친밀하거나 토착적인 공간과 장소의 변동으로 인해 느끼는 소외나 이질감을 포착하거나, 반대로 지배적 담론 속에서 당연시되는 공간과 장소를 낯설게 보고 전복하려는 탈중심화의 전략으로서 언급되어 왔다. 이 책이 언급하는 『기이한 오스트레일리아』는, 오스트레일리아에 대한 사람들의 익숙하고 지배적인 지식과 이해방식을 원주민의 신화와 역사, 그리고 그들의 독창적인 세계관과 자연관을 통해서 낯설게 하고 탈중심화함으로써 오스트레일리아를 새로운 시각에서 (다양한 타자의 목소리와 관점을 통해서) 바라보고 이해하려는 작품이라는 점에서 후자에 가깝다. 익숙하고 친숙한 곳에서 느끼는 낯설거나 기이한 감정의 본질은 무엇이며 이는 어디에서 기인하는 것일까? 이런 맥락에서 "언캐니" 개념은 "정동(affect)" 개념과 연관되어 있기도 하다. (역주)

다. 그녀는 시애틀에서의 첫 학술대회 참여 경험을 어린 시절 처음 경험했던 (태평양 북서부 해안지역 원주민들의 전통 의식인) 포틀래치(potlatch)와 비교한다(Hunt 2014). 헌트는 학계 지리학이 얼마나 원주민의 지식에 대한 "인식론적 폭력(epistemic violence)"을 드러냈는지에 관해 기술하면서, 북아메리카 원주민은 격자(grids), 보호구역, 재산의 논리에 끊임없이 종속당해 왔고 이는 원주민의 논리가 아니라 식민주의의 지리적 상상의 산물이라고 비판했다. 헌트는 자기 고유의 앎의 방식을 올바르게 나타내되 학술대회의 맥락에 맞게 이를 어떻게 제시할 것인가를 모색했다. 게다가 그러한 앎의 방식은 유동적이고 관계적이기 때문에, 과거의 토착성(indigeneity)을 로맨틱하게 이상화하는 것이어서는 안 되었다. 그녀는 "원주민의 권리와 정치적 투쟁의 미래"는 "식민법에 의해 식민주의자와의 접촉점에 박혀있는 고정성을 넘어 원주민의 지식이 얼마나 능동적, 이동적, 관계적 본질을 유지할 수 있는가에 달려 있다."고 말한다(Hunt 2014: 30). 첫 포틀래치에 대한 그녀의 기억은 다른 유형의 학습과 연관되어 있었다. 그녀는 처음 춤에 참여할 때 기뻐서 웃음을 띠었지만, 웃지 말고 다시 춤추어 보라는 말을 들었던 것을 상기한다.

> 이러한 학습 방식에는 생산적인 혼돈이 있었다. 포틀래치에서 어떻게 춤을 추는지를 일방적으로 배웠다면 아마도 불가능했을 것이다. 어떤 안내 책자나 파워포인트로도, 어떤 글이나 교육용 비디오로도 이러한 종류의 지식을 얻지는 못했을 것이다. 비록 그 후로 나는 포틀래치에 관해서 많은 책과 논문을 읽었지만, 그 어느 것도 내가 포틀래치를 알고 있는 바를 제대로 포착하지는 못했다. 이들 간의 존재론적 차이를 설명하기란 어려운 일이다. 다만 그 차이는 그들의 권력이 놓여 있는 곳이며, 토착성의 지적인 표현과 삶을 통한 표현 사이의 공간일 것이다. 나는 지식 레짐 간의 이러한 간극이야말로 존재론적 변동을 가능케 하는 위치를 제공해준다고 생각한다. 그렇다면 이러한 간극을 더 잘 드러내고 탐구할 수 있는 방법은 무엇일까? (Hunt 2014: 30)

헌트는 이 두 가지 세계와 이 두 가지 존재론 및 인식론 사이에서 어떻게 살아갈지를 고민한다. 이는 지리학을 비롯한 학계 전반의 역사 속에서 과연 원주민 지리학자는 어떠한 존재인가라는 문제이기도 하다.

> 원주민 지식의 상황성과 장소-특수적 성격은 새로운 종류의 이론화와 새로운 인식론으로 나아갈 것을 요구한다. 이는 상황적이고 관계적인 원주민 지식을 설명할 수 있으면서도, 이와 동시에 좀 더 넓은 지리학계의 이론적 논의와 맞닿을 수 있어야 한다. 원주민의 지리

지식을 "타자의" 것이나 일종의 호기심으로서 게토화하는 위험에 빠져서는 안 된다. 오히
려 개별 분야와 광범위한 전체 학계 모두의 여러 권력관계 사이를 항행하면서, 지리학을 적
극적으로 탈식민화하려는 노력과 원주민의 지식을 연계해야 할 것이다. (Hunt 2014: 31)

　세상에는 자신이 교육받아 온 전통에서 무시되는 여러 지리적 사고가 있다. 중국의 예술/
과학인 **풍수**(Feng Shui)도 이처럼 무시되어 온 대안 지리학의 한 사례라고 할 수 있다. 1990
년대에 서양에서는 실내 디자인의 규칙으로 풍수가 큰 인기를 끌었다. 뉴욕 맨해튼 아파트
에서 가구를 배치할 때 **풍수**를 어떻게 적용할지를 다루는 전용 잡지도 있었다. 많은 중국인
에게 있어서 풍수란 자연 세계와 그 속에 거주하는 사람의 장소에 관한 깊은 신념을 드러낸
다. 홍콩이나 상하이의 찬란한 현대식 고층 건물은 풍수지리적 사상을 토대로 계획된 것이다.
　풍수를 적용한 드문 사례 연구 중 하나로서, 데이비드 라이(Chuen-Yan David Lai)는 캐나
다 브리티시컬럼비아주의 빅토리아에 있는 오래전 중국인 묘지의 위치를 찾아내려는 시도
에 대해 상술한 바 있다. 일부 중국인 주민은 그런 곳이 없다고 주장했지만, 19세기 후반 그
묘지의 존재를 언급했던 기록이 남아 있었다. 라이는 당시 중국인 주민이 고인을 매장하기
에 가장 적합한 장소를 찾아내기 위해 사용했을 지식으로서 풍수를 활용하는 것이 그 묘지
의 위치를 찾아내는 가장 좋은 방법이라고 생각했다.

> **풍수**는 고대 중국인들이 설명하거나 통제할 수 없었던 강풍, 태풍, 폭풍, 홍수, 가뭄과 같
> 은 대자연의 힘에 대한 두려움에서 발원하는 것으로서, 기후학과 지형학에 견줄 수 있는
> 의사(擬似)자연과학이라고 할 수 있다. 또한 이는 대자연이 침식, 바람, 물과 같은 매개물
> 을 통해 만들어 놓은 (중국 대륙의 상당한 부분을 차지하는 높은 산맥과 언덕과 같은) 장엄
> 한 작품에 대한 경외심에서 비롯된 것이기도 하다. (Lai 1974: 507)

　전통적인 중국인의 신앙에서는 조상을 자연과 조화를 이루는 올바른 곳에 매장하는 것이
중요했다. 그렇게 해야 조상의 영혼이 안식할 수 있고 자손이 번성한다고 믿었다. 풍수는 자
연 세계도 숨을 쉰다는 생각을 토대로 한다.

> 이 모델의 세 번째 변수는 **풍수**의 개념과 관련되어 있다. 풍수 사상에서 자연은 끊임없이
> 살아 숨 쉬는 유기체이다. 자연이 움직일 때는 남성의 에너지인 양(陽, Yang)을 생산하며,
> 반대로 자연이 쉴 때는 여성의 에너지인 음(陰, Yin)을 생산한다. 자연의 숨은 양과 음의 이
> 중 요소로 구성되어 있으며, 이 두 에너지는 계속 상호작용하면서 지구상의 온갖 형태의
> 존재를 생성한다. 이 두 생명 에너지의 지표가 바로 산맥이다. 양에너지는 높은 산맥으로

나타나는데 이는 "청룡"으로 상징된다. 음에너지는 "백호"라고 불리는 낮은 산등성이로
나타난다. 풍수에서 가장 길한 곳은, 이 두 에너지가 모여 왕성하게 상호작용하며 주변이
산과 시내로 둘러싸여 풍요와 조화를 이루는 조용한 지점이다. (Lai 1974: 508)

이러한 지점을 발견한 다음에는 추가적으로 해야 할 일이 있다. 사체는 남사면에서 남쪽
을 바라보도록 두는 것이 이상적인데, 왜냐하면 남쪽은 생명 및 안녕과 관련된 방위이기 때
문이다. 또한 매장 지점은 산꼭대기나 낮은 평지여서는 안 된다. 이처럼 풍수적 세계는 (이를
지형학적 용어를 사용해서 설명할 수도 있지만) 특수한 의미를 담고 있으며 풍수에 따른 묘
지의 입지 선정은 일련의 지리적 함의를 내포한 복잡한 일인 것이다.

단지 이러한 "전통적" 형태의 지식만이 지리학 이론의 서사적 구성에서 배제되어 온 것은
아니다.

모든 인간 집단, 모든 로컬 공동체, 모든 민족은 각기 나름대로 지리 지식의 진화적 역
사를 갖고 있으며, 지성사(知性史)의 맥락에서도 각기 고유의 지리사상사를 갖고 있다.
(Takeuchi 1980: 246).

케이치 타케우치(Keiichi Takeuchi)가 지적한 것처럼, 대부분의 국가에서는 학문으로서의 지
리학을 가르치는 대학과 학교가 있음에도 불구하고 지리학에 대한 우리의 서사는 대개 앵글
로아메리카와 (이보다는 조금 약하지만) 유럽의 전통에 관한 것이다. 서양의 지리학자로서
는 일본이 제국주의로 팽창하기 이전 시기의 풍부한 역사지리적, 지역지리적 전통에 대해서
많은 것을 설명하기 어렵다(Takeuchi 1980).

인도의 지리학도 그동안 간과되어 온 지리학 전통이다. 지리학자인 라나 싱(Rana Singh)
은 서양 사상의 "엄밀성"과 힌두교의 전통적인 지리적 상상력이 결합되어야 한다는 것을 강
조하면서 다음과 같이 주장한다.

인도의 지리학 연구를 더 풍요롭게 만들기 위해서는, 서양 학계의 학술적 패러다임인 엄
밀성을 고유한 문화적 맥락 내에서 인도의 지리적 사상과 결합하고 문화적 뿌리와 적절성
을 동시에 지닌 개념을 보다 널리 적용해 나가야 한다. 우리는 이를 통해 동양과 서양이 모
두 보다 쉽게 공유하고 협력하게 함으로써, 지리학이 상호 이해와 깨우침과 단결의 길로
함께 전진해 나갈 수 있다. (Singh 2009: 11)

싱은 인간과 자연에 대한 힌두 사상을 통해 우리가 보다 생태-윤리적 생활을 할 수 있다

고 주장한다. 또한 그는 이러한 사상이 지구를 돌보는 데 크게 신경을 쓰지 않았던 서양에 많은 점을 제시할 수 있다고 말한다. 그는 자신이 주창하는 사상이 서양의 지리사상에서는 그동안 부재했었음을 잘 인식하고 있다. 가령 싱은 문화지리학 영역에서 가장 핵심적인 (아마 당신이 다양한 지리적 사유를 고찰하기에 훌륭하다고 생각할지도 모르는) 다섯 권의 편저를 분석하면서 다음과 같이 지적한다.

> 이 책 중에 인도의 풍부한 문화적 유산에 관한 내용이 조금이라도 들어 있는 것은 한 권도 없다. 서양의 헤게모니는 (특히 앵글로아메리카와 영국은) 인도를 자신의 이론을 검증하는 데 활용하지만, 결코 교육과정의 일부로 편입할 만큼 존중하지는 않는다. (Singh 2009: 163-164)

포스트식민주의와 지리

포스트식민주의(postcolonialism) 이론은 지리학 이론 내부에서 작동하고 있는 배제와 말살의 과정을 설명하는 데 도움이 된다. 대체로 말해 포스트식민주의는 식민주의를 비판하는 지식 분야라고 할 수 있다. 포스트식민주의는 식민주의가 과거와 현재에 그리고 과거의 식민지였던 곳들과 제국의 심장부인 식민 본국의 공간에 미친 여러 영향을 설명하고자 한다. 이런 의미에서 런던은 델리만큼이나 포스트식민적이다. 포스트식민주의 사상은 마르크스주의와 (특히 제국주의에 대한 마르크스주의적 비판과) 포스트구조주의의 영향을 많이 받아 왔다. 이 책에서 소개된 많은 이론과는 달리, 포스트식민주의 사조에 영향을 미친 핵심적인 인물들은 대개 백인이 아니다. 팔레스타인계의 문화이론가인 에드워드 사이드(Edward Said), 인도계 문예이론가인 호미 바바(Homi Bhaba), 인도계 이론가인 가야트리 스피박(Gayatri Chakravorty Spivak) 등이 이에 해당된다(Said 1979; Bhabha 1994; Spivak 1999). 물론 이때 "팔레스타인계"나 "인도계"와 같은 어구는 그 자체로서 문제적이다. 왜냐하면 어떤 "계"라고 하는 표현은 어떤 안정적이고 고정된 의미로서의 혈통이나 기원이 있음을 가정하고 있기 때문이다. 포스트식민 이론가들은 혼성성(混成性, hybridity)이라는 (특히 바바의 저술과 연관된) 용어를 사용하면서 이러한 가정을 해체하고자 한다. 혼성성은 정체성에 대한 본질주의적 관념을 무너뜨리기 위해 (인종이나 민족집단의) 섞임을 중요시하는 개념이다. 그렇다고 하더라도, 포스트식민주의 이론에서 유색인 학자들이 핵심적이라는 것은 여전히 중요하다. 왜냐하면 이론에 대한 논의에서 배제되어 온 이들의 목소리를 포스트식민주의를 통해 들을 수 있기 때문이다.

포스트식민주의는 두 가지 (때때로 상호모순적이기도 한) 생각에 기초하고 있다. 포스트모더니즘과 마찬가지로 포스식민주의에는 우선 시간적인 의미가 있다. 포스트식민주의는, 초기에는 식민주의의 "이후"라는 상대적으로 단순한 의미에서 사용되었다. 이런 의미에서 볼 때, 포스트식민주의는 인도나 싱가포르와 같이 과거에는 서양(런던과 같은 식민 본국)의 식민지였지만 지금은 독립된 곳들을 이해하려는 것이다. 곧, 오늘날 인도, 싱가포르, 런던은 모두 포스트식민적이라 할 수 있으며, 이 정의는 제국주의와 식민주의에 기초하고 있다. 제국주의는 식민 본국이 지리적으로 멀리 떨어져 있는 영토를 지배하는 것을 말한다. 반면, 식민주의는 특히 식민 본국이 이러한 멀리 떨어져 있는 영토에 정착하는 것을 말한다. 따라서 식민주의는 제국주의에 따른 것이며, 양자의 경우 모두 불균등한 권력관계 속에서 특정 사람들과 영토가 지배 권력에 종속된다.

포스트식민주의를 식민주의의 이후라고 정의하는 것에는 많은 문제가 있다. 우선 이러한 정의에 따르면 식민주의는 엄밀한 의미에서 이미 끝났다고 하지만, 실제 많은 사람들은 전 세계에 걸친 식민주의가 여전히 현재 진행 중이라고 주장한다. 가령 웨일스민족당인 플라이드컴리(Plaid Cymru)는 여전히 웨일스가 영국에 식민화된 상태에 있다고 주장할지도 모른다. 푸에르토리코 주민들은 자신들이 미국 식민지에 살고 있다고 충분히 생각할 수 있다. 또한 이미 공식적으로 식민화가 끝난 곳들에서조차 지배와 종속 관계를 형성하는 새로운 국제 관계들이 나타나고 있다. 예를 들면 국민국가의 활동뿐만 아니라 거대한 초국적 기업의 활동들은 신식민주의적이라고 할 수 있는 지속적인 불평등을 낳고 있다. 데릭 그레고리(Derek Gregory)는 "식민적 현재(colonial present)"라는 상당히 설득력 있는 용어를 사용하면서 오늘날 이라크, 아프가니스탄, 팔레스타인의 사례를 논의한 바 있다(Greogry 2004). 한편, 보다 관념적인 측면에서 볼 때 식민 또는 포스트식민 세계라고 지속적으로 명명하는 것은, 식민주의라는 사실이 (따라서 서양의 지리적 팽창이) 모든 장소의 역사에서 가장 핵심적인 국면이었던 것처럼 보이게 만든다. 이는 서양을 세계의 역사에서 어떤 "행위자" 또는 "행위주체"인 것처럼 설정하는 한편, 다른 나머지 세계는 단순히 그냥 그대로 머물러 있는 것처럼 설정한다. 따라서 이러한 개념화는 지적인 수준에서 세계를 식민화하는 역설적인 효과를 갖는다. 또한 식민주의는 실제 지리적으로는 매우 복잡한 양상을 띤다는 측면도 있다. 가령 같은 "내부 식민주의"라고 할지라도 영국에 의한 웨일스의 식민화와 중국에 의한 티베트의 식민화는 그 경우가 상이하다. 미국이야말로 이러한 측면에서 볼 때 가장 드라마틱한 사례라고 할 수 있는데, 왜냐하면 미국은 원래 "식민지"로 시작된 영토였지만 그 이후 식민주의적, 신식민주의적 실천을 동반한 세계의 권력이 되었기 때문이다. 가령 앨리슨 블런트(Alison Blunt)와 셰릴 맥이완(Cheryl McEwan)이 무어-길버트(Moore-Gilbert)의 작품을 중심으로 설명하고 있는 캐나다의 사례를 보자. 이들의 주장에 따르면, 캐나다에서는 적어도 다섯 가지의 시민적/포스트식민적 맥락이 잔존한다.

> 이러한 맥락은 다음의 다섯 가지와 같은데, 여기에는 (1) 영국에 대한 의존적 관계의 잔존, (2) 미국에 의한 북아메리카의 문화적, 전략적, 경제적 지배, (3) 퀘벡주의 문제, (4) 원주민과 (퀘벡 주민 및 앵글로계와 같은) 백인 정착민과의 관계, (5) 아시아 이민자의 유입, 역할 및 지위가 그것이다. (Blunt and McEwan 2002: 21)

이러한 상황에서 누가 식민 지배자이고 누가 피식민인인지, 그리고 무엇이 식민적이고 무엇이 포스트식민적인지를 뚜렷하게 식별하는 것은 불가능하다.

둘째로 포스트식민주의라는 용어는 식민주의의 실제적 과정을 지칭하지만, 이보다 훨씬 깊은 이론적 토대를 갖고 있다. 이러한 의미에서의 포스트식민주의는, 다양한 형태의 식민주의 일반에 대한 비판을 통해 제국주의와 식민주의를 "극복하려는" 시도라고 할 수 있다. "이 경우 '포스트식민주의'에서 '포스트'라는 용어는 시간적인 의미를 갖는다기보다는 비판적이라는 뜻에 더 가깝다. 따라서 포스트식민주의 관점은 식민주의적, 신식민주의적 권력과 지식을 탐구하고 이에 저항하려는 시도라고할 수 있다"(Blunt and Wills 2000: 170). 포스트식민 지리학은 다음과 같은 많은 목적을 아우르고 있다.

> … 공간에 대한 식민 지배에 지리학이 어떻게 관여했는지를 파헤치는 것, 식민 담론에 있어서 지리적 재현의 특성을 설명하는 것, 식민 본국의 이론 및 전체론적 재현 체계와 로컬 지리에서의 식민주의적 실천 간의 단절을 드러내는 것, 식민 하위 계급들의 은폐되어 왔던 공간을 복원하고 그 자신의 공간적 의미를 회복시키는 것. (Jonathan Crush; Blunt and McEwan 2002: 2에서 재인용)

지리학의 경우 포스트식민주의는 지리학이 다른 여러 지식을 멸절하는 데 공모해 왔다는 인식에 기초를 두고 있다. 위에서 크러쉬(Crush)가 야심 차게 제시한 일련의 목적은 지리학의 이러한 공모 관계를 바로잡기 위한 것이다. 이를 위해서, 포스트식민주의 지리학은 한동안 침묵을 강요받아 왔던 피식민 주체들의 목소리를 드러낼 뿐만 아니라 "중심부"는 이러한 침묵에 어떻게 관여하고 있는지를 폭로하고자 한다. 상당히 많은 연구가 지리학과 지리사상이 식민주의의 과정에 어떻게 관련되었는지에 초점을 두고 있다. 이렇게 보자면, 제임스 시더웨이(James Sidaway)가 논문에서 지적한 바와 같이 포스트식민주의 지리사상에는 약간의 아이러니가 있다.

> 포스트식민 지리의 "탐구"는 … 의도적으로 모순적이고 역설적인 전망을 갖는다. 따라서 지리학이 철학적으로나 제도적으로나 서양의 식민주의적 과학으로서 발전해 왔다는 것을 피할 수 없다면, 포스트식민 역사학뿐만 아니라 (…) 모든 포스트식민 지리학도 "그 자체로 자신의 실현 불가능성을 깨달아야 한다." 서양의 지리학 속에는 타자들의 지식의 흔적이 스며들어 있지만, 지리학의 나선형 교육과정, 교육과정상의 규범과 정의와 (포함과 배제 등의) 폐쇄성, 그리고 그 구조는 유럽의 철학적 개념인 현존, 질서, 이해 등과는 결코 분리될 수 없다. 페미니스트들과 포스트구조주의자들은 이를 그 내부에서부터 붕괴시키고자 하지만, 이러한 (지리학을 "서양의" 인식론을 주도했던 선도적 학문 중 하나로 만들고 식민주의적, 제국주의적 권력에 깊이 연루되도록 만들었던) 제도나 가정을 뚜렷하게 벗어난 외부에 자신들이 서 있다고 납득시키기란 절대로 불가능할 것이다. (Sidaway 2000: 592 -593)

이러한 한계는 우리를 무기력하게 하는 듯하다. 우리는 자기비판에 의해 갇힐 수도 있다(물론 이러한 비판이 광범위한 문제는 아니겠지만 말이다). 포스트식민 세계를 말하는 것이 (현재 진행 중인 식민주의와 신식민주의를 고려할 때) 아직은 너무 이른 것과 마찬가지로, 포스트식민 이론에 대해서 글을 쓰는 것도 아직은 (현재로서는 이러한 시도가 포스트식민 이론을 마치 또 다른 서양의 헤게모니 몸짓인 것처럼 보이게 하므로) 너무 이르다. 머지않아 "우리"가 "그들"에게 포스트식민주의를 가르치게 될 것이며, 결국 이는 식민주의의 한 형태로서 서양에 영구적인 헤게모니를 부여하는 것과 같을 것이다. 이러한 자가당착에도 불구하고, 시더웨이는 포스트식민 이론의 급진적 잠재력은 지리학에서 배제되어 온 것들을 폭로하고 전복시키는 데 도움을 줄 것이라고 주장한다.

> 그러나 훌륭하고 급진적인 포스트식민 지리학이라면 제국주의라는 지속적인 사실에 대해 경계할 뿐만 아니라, 기존의 가정과 도식과 방법을 불안정하게 만들고 분열을 일으킨다는

측면에서 철저히 어떤 틀에 갇히기를 거부한다. "우리의" 지리를 새롭게 사고하고, 새롭게 작업하고, 새롭게 맥락화하려는 (혹은 일부 사람들이 선호하는 용어를 따르자면 "해체하려는") 용기와 이처럼 완전히 새롭게 생산된 지리학이란 (그리고 서양의 "계보"로부터 벗어나서 포스트식민주의의 약속된 땅에 도착하는 것은) 애당초 불가능하다는 인식 사이에는, 적어도 친숙하며 당연하게 간주하던 지리적 서사를 새롭게 위치시킬 수 있는 여러 방향과 형식이 있다. (Sidaway 2000: 606–607)

탈식민성의 정의

탈식민성(decoloniality)과 탈식민 지리에 관한 연구 작업은 차츰 포스트식민주의의 한계를 드러내 왔다. 일반적으로 탈식민 연구는 포스트식민 연구에 비해 정치적으로 훨씬 단호하다. 왜냐하면 이들은 특히 원주민의 지리나 흑인의 지리에 주목하여(15장 참조) 백인 우월주의(White Supremacy)와 모든 형태의 식민주의에 대항하기 때문이다. 지리학 및 기타 분야에서 탈식민 연구는 식민주의적 공간성과 상상을 비판함과 동시에 식민주의로 귀속되거나 식민주의가 설명하지 못하는 상이한 공간성을 확인한다. 탈식민성이라고도 불리는 탈식민 비판은, 포스트식민주의가 그 비판적 의도에도 불구하고 식민주의와 식민 권력을 여전히 그 중심에 두고 해석하거나 추측한다고 비판한다. 대신 탈식민 비판은 어떻게 지식–만들기의 실천이 물질적, 담론적으로 사람, 장소, 사고를 주변화하는 데에 복무하는지 그리고 결과적으로 어떻게 서양의 "보편적인" 지식과 제도가 지닌 규범과 특권을 재생산하는지를 심문한다.

탈식민 이론은 식민화된 사람들의 사고에서 기원하며, 특히 라틴아메리카와 원주민과 연관되어 있다. 곧, 실제 식민주의가 사라지지 않았기 때문에 포스트식민주의를 논하기 매우 어려운 상황에 특히 잘 들어맞는다. 이는 정착민 식민주의(settler-colonialism)를 특징으로 하는 장소, 곧 제국의 중심부가 더 이상 통치하지 않고 그 지역의 원주민이 아닌 외래 정착민이 지배하는 곳에서 가장 분명하게 나타난다. 미국, 캐나다, 오스트레일리아, 뉴질랜드가 가장 대표적인 사례일 것이다. 탈식민성을 이해하기 위한 핵심 개념은 **식민성**(coloniality)이다. "식민성"은 권력의 식민성(coloniality of power)의 줄임말로 키하노(Quijano, 2000)의 연구에서 유래한다. 이 개념은 주로 라틴아메리카와 원주민 커뮤니티에 속해 있거나 이와 관련된 여러 분야의 학자들이 채택하고 발전시켜 왔다(Schiwy and Ennis 2002; Mignolo and Walsh 2018). 여기에서는 무엇보다 식민성 개념이 유럽-서양 세계의 밖에서 출현했다는 점이 중요하다. 자본주의, 모더니즘, 포스트모더니즘과 같은 아이디어는 모두 식민주의의 역사적 중요성을 제한하거나 주변화하기 때문에, 이 점에서 식민성 개념은 다르다. 식민성은 (그리고 결국 탈식민성은) 아메리카와 같은 식민화된 세계에 살고 있는 사람들의 체험(lived experiences)에서 비롯되었기 때문에 결과적으로 그들의 관심사를 논의한다. 식민성은 현재에도 지속되는 식민주의의 영향과 잔재를 지칭하는데, 이는 사회적, 문화적, 인종적 위계를 기반으로 일부 사람과 물건은 가치 있게 여기고 나머지는 무가치하게 여기는 사고와 행동 양식으로 나타난다. 식민성은 자본주의와 모더니즘과 연계되어 있지만 그것으로 환원되지는 않는다. 월터 미뇰로(Walter Mignolo)는 모더니티를 식민성과 연관 짓는다. 곧, 모더니티는 미래 지평을 향한 진보의 유럽적 자화상을 그린 것인 반면, 식민성은 그 반대의 어두운 이면인 "제3세계"로서 진보를 향한 제1세계의 진격에 따른 부정적인 결과가 잔존하는 곳이다. 미뇰로는 모더니티가 식민성 없이는 이해될 수 없다고 주장한다. 이 책 내용의 대부분도 식민성의 사례이다. 왜냐하면 이 책이 설명하고 있는 지리학은 고대 그리스와 로마에 뿌리를 둔 유럽에서 출현한 과학이기 때문이다.

> 모든 현존하는 학문의 어휘는 조사 분야를 나타내는 단어이거나 그 분야에 접근하는 데 이용하는 개념이다. 이는 두 가지 의미론적 차원을 지닌다. 첫째, 이들은 그리스와 라틴어에서 유래한 것들이다. 둘째, 우리가 학계에서 사용하는 (심지어 일상대화에서 사용하는) 거의 모든 단어와 개념은 16~17세기 무렵에 유럽으로 번역되거나 새롭게 정의된 것이다. (Mignolo and Walsh 2018: 113)

탈식민주의 학자들은 식민 권력으로부터 독립하는 탈식민화의 과정이 식민성을 (곧 지식의 식민성을) 그대로 남겨두었다고 주장한다. 그들은 이 과정을 묘사하기 위해서 **식민 권력 매트릭스**(colonial matrix of power)라는 용어를 사용한다.

> 식민 권력 매트릭스(CMP)는 범위(domains), 수준 및 흐름으로 구성된 복잡한 관리·통제 구조이다. 지그문트 프로이트의 무의식이나 카를 마르크스의 잉여가치와 마찬가지로, CMP는 맨눈으로는 (곧 비이론적인 시각으로는) 볼 수 없던 것들을 보이도록 돕는 이론적인 개념이다. 그러나 CMP는 프로이트의 무의식이나 마르크스의 잉여가치와는 달리 제3세계에서 (특히 남아메리카의 안데스에서) 만들어졌다. 유럽이나 미국의 학계에서 만들어

진 개념이 아니다. (Mignolo and Walsh 2018: 142)

탈식민 이론은 이론 생산의 입지(locatedness)를 주장하기 때문에 부분적으로 CMP를 해체한다. 이는 앞서 사고와 땅의 연계성을 주장하면서 와츠가 일컬었던 장소-사상 개념과 맞닿아 있다. 탈식민 이론가들은 **빙꿀라리다드**(vincularidad, 존재의 상호연결성 또는 상호관계성을 뜻함) 개념도 사용한다. 이는 안데스의 원주민 사상가들의 작업에서 등장한 개념으로서 생명체들과 그들이 속한 땅과 결합을 가리킨다. 이 또한 장소-사상 개념과 비슷하다. 미뇰로와 왈쉬(Mignolo and Walsh)는 빙쑬라리다드 개념을 수용하면서, 이론석 실천이 장소 특수적이어서 사상과 행동을 보편화하려는 충동에 대항하는 일종의 이론의 **다원세계**(pluriverse)에 진입한다고 주장한다. 이론을 이런 식으로 생각함으로써 우리는 유럽-서양 이론의 보편적 충동과 추상화에 대항할 수 있다. 더욱 중요한 점은 탈식민 이론만이 장소 특수적인 것은 아니라는 것이다. 유럽-서양의 이론 또한 보편적인 것처럼 보이지만, 제국주의와 식민주의 시스템의 중심부에서 만들어졌다는 점에서 이와 마찬가지로 장소 특수적이다. 미뇰로와 왈쉬는 존재, 시간, 장소의 철학자인 마르틴 하이데거를 사례로 들어 이 주장을 펼친다.

> 어떤 사람도 마르틴 하이데거의 책이 독일의 연구라고 주장하지는 않을 것이다. 그는 독일인이었고, 그가 생각했던 많은 것들은 그의 개인사나 언어와 밀접히 관련되어 있다. 그러나 그는 그가 살았던 시대와 장소에서 생각되던 것을 생각했다. 우리에게도 이는 마찬가지다. 하이데거가 자기 문화의 상징이 아니었던 것처럼 우리도 그러하다. 우리는 우리가 생각하는 곳에 있고, 우리의 사고는 근대 식민주의의 패턴(곧 식민성)이 등장한 16세기부터 (미국을 포함한) 아메리카와 카리브해의 역사가 추동한 것이다. (Mignolo and Walsh 2018: 2)

하이데거의 사고가 그 고장의 산물이라는 주장은 독일에만 해당하는 것이 아닌 것처럼, 탈식민 이론 또한 일부 라틴아메리카에 국한된 것이다. 유럽-서양의 사상가들은 특정 이론은 "타자의" 장소에 위치시키려고 하면서도, 유럽-서양의 사상 또한 특정한 위치에 있다는 점 그리고 다른 사상들도 여러 곳으로 여행할 수 있다는 점을 부인했다. 어떠한 사고노 그 보편성을 가장하지 않더라도 여행할 수 있다. 이처럼 탈식민 이론은 장소 특수적이고, 관계적이며, 언제나 실천적이다. 이론은 실천이고, 실천은 이론이다.

> 우리에게 있어서 이론은 행동이고 행동은 사고다. 우리가 개념을 이론화하거나 분석할 때

무언가를 행하는 것이 아닌가? 어떤 프락시스를 행하는 것이 아닌가? 그리고 우리는 프락
시스, 곧 사고-성찰-행동 그리고 그 행동에 대한 사고-성찰의 과정을 통해서 우리는 이
론을 구축하고 사고를 이론화하지 않는가? 먼저 이론화를 한 다음 적용해야 한다거나 이
론적 분석이나 통찰 없는 맹목적인 프락시스에 참여한다는 오랜 믿음을 위반함으로써,
우리는 우리의 사고하기/행동하기를 다른 터전에 위치시킬 수 있다. (Mignolo and Walsh
2018: 7)

이론과 실천의 이분법을 붕괴하려는 탈식민 주장은, 1500년경부터 형성된 유럽-서양의 사
상이 보다 종합적이었던 그 이전의 사상들로부터 단절된 이분법적 사고에 대한 비판을 반영
한다. 미뇰로와 왈쉬에 따르면 인종, 계급(caste), 인간/비인간을 기초로 하는 다른 이분법 또
한 이 시기에 형성되었다. 따라서 행동하기와 사고하기의 분리에 대한 거부는, 장소-사상에
서의 땅(Land)이나 애버리지니의 나라(Country) 이야기에서 일컫는 생명체들과 땅의 상호
얽힘을 드러낸다. 탈식민 이론에서는 인간이 (보다 하위에 있는) 비인간과의 관계 속에서 창
조되었다고 보지 않으며, 이러한 이분법적 사고는 인종차별주의, 성차별주의, 자연에 대한
지배로 이어진다고 주장한다.

　미뇰로와 왈쉬에 따르면, 탈식민성은 식민 권력 매트릭스를 벗어나려는 끊임없는 실천이
어야 한다. 그들은 탈식민화의 작업이 완료되는 손쉬운 종착점이 있다고 생각하지 않는다.
다양한 사고하기/행동하기의 방식들이 식민성과 나란히 가능해질 수 있는 탈식민 다원세계
의 작업을 주장한다.

탈식민성은 … 식민주의의 부재를 함의하기보다는, 오히려 다른 양식의 존재하기, 사고하
기, 인식하기, 감지하기, 생활하기가 가능한 방향으로 끊임없이 요동치는 운동을 의미한
다. 이는 곧 다원적인 대안을 의미한다. 이러한 의미에서 탈식민성은 선형적으로 달성될
수 있는 어떠한 상태를 지칭하는 것이 아니다. 왜냐하면 우리가 알고 있는 탈식민성은 아
마도 영원히 사라지지 않을 것이기 때문이다. (Mignolo and Walsh 2018: 81)

탈식민 지리와 반식민 지리

터크와 양(Eve Tuck and K. Wayne Yang)의 「탈식민화는 은유가 아니다」는 필자가 탈식민성

과 탈식민화를 공부할 때 가장 먼저 읽었던 글이다. 캐나다 원주민의 관점에서 작성된 이 논문은, 탈식민화가 캐나다의 학계에서 어떻게 사용되어 왔는지를 원주민의 삶의 경험을 통해 고찰한다. 두 저자는 탈식민화에 관한 모든 기존의 이론화가 정착민 식민주의가 벌인 잔인한 사실에 아무런 또는 거의 영향을 미치지 못한다는 점을 상세히 설명한다.

> 은유가 탈식민화를 침범하면 탈식민화의 가능성 그 자체를 없앤다. 왜냐하면 은유는 또다시 백인성을 중심으로 삼고, 이론을 (식민지에) 재정착시키며, 정착민에게 무죄를 선고하며, 정착민의 미래를 위로한다. "탈식민화하다"라는 동사와 "탈식민화"라는 명사는, 설령 그것이 비판적이고 인종차별에 반대하며 정의롭다고 할지라도 기존의 담론이나 틀에 쉽사리 접목되거나 이식될 수 없다. 탈식민화를 손쉽게 흡수, 채택, 이전하는 것은 (정착민에 의한) 전유의 또 다른 형태일 뿐이다. 우리가 탈식민화에 대해 글을 쓸 때, 우리는 이를 은유로 제시하는 게 아니다. 그것은 억압의 경험을 적당히 뭉뚱그린 것이 아니다. 탈식민화는 우리의 사회와 학교를 개선하려는 다른 과업들의 대체어가 아니다. 탈식민화의 동의어는 없다. (Tuck and Yang 2012: 3)

터크와 양에게 있어서 탈식민화는 매우 구체적인 것을 의미하는데, 이는 다름 아닌 원주민의 땅과 삶의 송환(복원, repatriation)이다. 지리학자들인 (원주민인) 사라 헌트(Sarah Hunt)와 (정착민인) 사라 드 레오(Sarah de Leeuw)는 터크와 양의 도전적인 주장을 토대로 다음과 같이 말한다.

> 원주민 전문가나 이론가 없이 지리학을 탈식민화하려는 프로젝트의 한계는 무엇일까? 원주민과 그들의 장소가 탈식민화를 추구하는 정착민 지리학자들의 학술업적 속에 계속 "주제"로 남아 있다고 해서, 과연 그것이 실제로 어떤 탈식민화를 이루고 있는 것일까? 우리의 대학이 위치한 땅에 살고 있는 원주민들과의 의미 있는 관계없이 탈식민화에 대해 읽고, 쓰고, 가르치는 것은 무엇을 의미하는 것일까? (De Leeuw and Hunt 2018: 10)

터크와 양의 주장은 강력하지만, 탈식민화에 관한 유일한 주장은 아니다. 정착민 식민주의의 맥락 외부에 있는 (가령 잉글랜드와 같은) 많은 전공과 학과에서도, 이 책과 같은 출판물이나 오랫동안 식민 지배국의 백인 남성에 초점을 두었던 교육과정에서 지식을 탈식민화를 위해서 노력하고 있다. 이러한 탈식민 활동은 캐나다 원주민에게 땅(Land)을 돌려주는 것은 아니지만, 우리에게 익숙한 지식을 찾을 수 있는 여러 장소가 있다는 인식을 가질 수 있다. 사라 래드클리프(Sarah Radcliffe)와 이자벨라 라드허버(Isabella Radhuber)에 따르면, 탈식민성은

서양 지식의 규범이 보편적인 것으로 재생산되듯이 지식 생산의 방식에 대한 비판의 토대를
제공한다. 그리고 아마 더욱 중요한 것은 다음과 같다.

> 식민성은 유럽 중심의 지식 및 권력관계와의 연결을 끊음으로써, 보편적이거나 유럽 중심
> 적이지 않은 관점을 제공하는 다양한 공간, 시간 및 존재에 대해 배우면서 세계를 재이론
> 화하고 재구성하려고 하며, 식민주의와 근대성을 토대로 한 세계-만들기의 관계를 해체
> 하고자 한다. 탈식민주의 렌즈를 통해 특정 공간-권력 구성체를 분석함으로써, 핵심적인
> 하위분야의 개념, 틀, 목표를 덜 배타적인 방향으로 재보정할 수 있는 범위와 경로를 밝힐
> 수 있다. (Radcliffe and Radhuber 2020: 2)

따라서 탈식민성은 지배적인 식민 지식에 대한 포스트-식민 비판을 지속하면서도, 또 다른
형태의 지리적 지식을 찾기 위해 다른 장소를 살펴보고 그러한 앎의 방식에 초점을 두어 분
석한다는 점에서 포스트식민주의를 넘어선다. 강력하게 보이는 모든 형태의 식민적 지식은
이런 방식을 통해 급진적으로 탈중심화되고 완전히 상대화될 수 있다. 이런 점에서 탈식민
사상은 흑인 연구, 퀴어 이론, 페미니즘, 원주민의 지식 형태 등 이론을 추구하는 여러 분야
에서 매우 광범위하게 접목될 수 있다. 중요한 점은 "탈식민적 전환은 라틴아메리카, 아프리
카, 원주민 지역, 글로벌 남부의 주변화된 학계 등을 출발점으로 삼아 세계를 다시 생각하도
록 고무한다"는 것이다(Radcliffe, 2017: 329).

타리크 자질(Tariq Jazeel)이 주장한 것처럼, 탈식민적 사고는 학문의 규범을 생산하는 공
식 학계와의 연결을 끊고자 하는 욕망과 긴장 관계에 있다. 당신이 읽고 있는 지금의 이 책도
불가피하게도 그 과정의 일부라 할 수 있다(Jazeel 2017). 물론, 역설적이지만 탈식민 사상은
규범을 생산하는 학계에 받아들여짐에 따라 그 외부에 머물고자 했던 것의 한 부분이 되어
가고 있다. 탈식민 사상은 "주류화"되고 있다. 자질의 논문은《Transactions of the Institute of
British Geographers》에서 개최한 탈식민 지리에 관한 특별 포럼의 일부였고, 이 포럼에서 발
표된 모든 논문은 2017년 왕립지리학회(RGS)와 영국지리협회(IBG)가 개최한 연례 학술대
회의 주제로 반영되었다. 다시 말해, 서양의 식민주의 사고의 규범 밖에서의 지식 생산을 촉
진하는 사고 체계가 지리학의 식민주의 사고의 가장 중심부라 할 만한 곳에서 토론된 것이
다. 이 점이 자질을 다소 불편하게 만든 것은 분명하다.

> 우리가 더욱 전 지구적인 학문적 규범에 직면함에 따라, 이제 우리는 세계적인 지리학을
> 실천하고 있고 이전에는 듣지 않았던 사람들의 말을 듣기 때문에, 우리 자신에 대해 더

나은 느낌을 갖게 되었다"고 생각하면서 만족할는지도 모르겠다. 임무 수행 완료. (Jazeel 2017: 336)

탈식민 사고의 생생한 실사례로, 식민성과 탈식민성을 사용해서 기후 변화와 기후 정의를 고찰한 파라나 설타나(Farhana Sultana)의 연구를 들 수 있다. 그녀는 2021년 글래스고에서 열린 제26차 UN기후변화협약 당사국총회(COP26)를 고찰하면서 눈에 띄게 많은 논란이 있었다고 지적했는데, 왜냐하면 이 회의가 기업과 정부 엘리트에게는 (그리고 화석 연료 로비스트 군단을 포함하여) 의기소침한 일상 사업과 딿있던 반면, 회의에서 배제된 원주민집단, 청년, 유색인 등은 떠들썩하고 희망찬 저항을 펼쳤기 때문이다. 그녀는 이 경험을 토대로 전 지구적 현재진행형의 식민성(곧, 공식적인 의미에서 식민주의는 종료되었으나 여전히 존속하고 작동하는 식민주의의 구조) 시스템에서 기후 변화가 얼마나 불균등하게 경험되고 설명되고 있는지를 밝혀냈다.

> 식민성은 적극적인 식민주의 시기 동안에 확립된 인종적 지배와 계층화된 권력관계와 식민 권력 매트릭스가 지속되는 현행의 포스트–식민 시공(時空)에 의존한다. 따라서 기후 식민성(climate coloniality)은 유럽 중심의 헤게모니, 신식민주의, 인종적 자본주의, 불균등한 소비, 군사적 지배가 공동–구성하고 있는 기후 영향으로 나타나며, 이는 극도로 취약하고 쉽게 사라질 수 있는 여러 인종 집단에 의해 경험된다. (Sultana 2022: 4)

설타나는 흑인과 갈색인이 자본주의적 환경 파괴와 기후 변화에 대응하는 주류세력의 식민주의적 논리의 일방적 수용자가 되어 기후 식민성이 계속 재생산되는 방식을 열거한다. 이 논리는 세계 인구 대다수의 지식과 경험을 무시하는 것이다. 또한 그녀는 기후 변화를 탈식민화하는 데 필요한 물질적 변화를 나열하는 것 외에도, 인식론적 변화를 일으키는 데 집중해야 한다고 주장한다. 그녀에 따르면, 이 과정은 "단순히 탁자에 자리를 갖는 것(가령 COP26에 참여하는 것)이 아니라 탁자가 무엇인지 결정하는 것(곧 논의의 조건이나 대화 방식을 정하고 의사 결정력을 갖는 것)"이다(Sultana, 2022: 8). 설타나는 기후를 탈식민화한다는 것은 기후를 식민성의 렌즈만을 통해서 바라보는 인식론적 폭력에 대한 대안을 제시하는 것이라고 주장한다. 그녀가 주장하는 탈식민 지식과 실천의 포용은 매우 폭넓은 것으로서 특히 예술과 민간 지식까지도 포괄한다.

> 예술, 문학, 구전 전통, 시, 무용 등의 문화적 실천의 부활을 축하하는 것은 행위주체성, 욕

망, 미래성(futurity), 정신을 주장하는 것이다. 전통 민요와 춤, 연극과 길거리공연, 시와 문학 낭송, 미술과 공예품 전시, 계절 축제와 꽃 기념식, 꼭두각시 공연과 연설 낭송, 집단 요리와 음식 공유, 방랑 음악가와 성자들에 대한 보시(布施), 기도식과 기우제의 춤 등은 많은 사람에게 있어서 대항적인 메커니즘이자 거부이고 저항이며 탈식민적 행동이다. 여기에는 집단적 기억과 실천을 되살리기 위한 회상과 해방적 행위가 포함되어 있다. 그러나 전통의 역사를 얼어붙은 시간이나 문화로 물신화하여 체계적인 억압에 대한 마법의 해결책으로 간주해서는 안 된다. 그 대신 어떻게 이러한 전통이 더욱 탈식민화를 추동하여 혁명적 저항으로 나아가게 할지를 인식해야 한다. 또한 이들은 문화예술, 관습 및 언어에 대한 식민주의적 포식(捕食)을 상쇄하는 대항적인 평형추로 작용한다. 이는 빈곤 포르노와 피해자-유일 서사(only-victim narratives)를 거부하는 것이며, 이론에 살을 붙여 근본적인 개념들을 발전시키는 것이다. 이는 억압된 자들의 인간성을 긍정하고 급진적인 평등을 촉진하는 것이다. 이와 동시에 이는 해악의 영속화에 대한 우리의 공모 관계를 이해하는 것이며, 일상적인 프락시스와 재교육을 통해 이를 시정하려는 적극적인 작업이기도 하다. (Sultana 2022: 9)

설타나는 기후 변화에 관한 주류적 논의가 매우 기술지배적(technocratic)이고 자연과학 기반이라는 문제점을 갖고 있을 뿐만 아니라, 재정 및 경제 문제에 집착하는 경향이 있다고 주장한다. 사람과 자연 생태계와의 관계를 어떻게 새롭게 사고할 것인지의 문제, 곧 어떻게 하면 우리가 땅(Land)의 개념을 동원해서 비인간 세계와의 인간의 관계를 재조직할 수 있을지의 문제는 이들의 논의에서 제외되었다. 그녀는 "탈식민화한다"는 말은 "식민 구조와 담론을 드러내고 재평가하고 해체함으로써 이를 보편적이지 않은 것으로 만들고, 인종화된 식민주의적 실천을 통해서 역사적으로 전개되어 온 이들의 헤게모니를 드러내어, 억압과 제국 만들기를 위한 일상의 전략들을 폭로하는 것이다."라고 말한다(Sultana 2022: 10).

설타나가 요구하는 그런 작업을 찾아볼 수 있는 곳으로, 지리학자 맥스 리부아론(Max Liboiron)이 참여하는 캐나다 뉴펀들랜드의 "환경 행동 연구를 위한 시민연구소(Civic Laboratory for Environmental Action Research, CLEAR)"를 들 수 있다. 리부아론과 CLEAR의 작업은 탈식민화와 반식민주의적 사고와 실천이라고 해서 반드시 주로 식민주의나 포스트식민주의에 초점을 맞출 필요가 없다는 것을 보여준다. 가령 대서양에 서식하는 대구의 내장에서 발견되는 플라스틱 오염에 주목할 수 있다. 어류의 내장 속 플라스틱의 문제는 얼핏 과학의 영역에 해당하는 듯하다. 대서양 대구에는 플라스틱이 얼마나 들어 있는가? 얼마나 해로운가? 이러한 질문은 체계적인 실험실 과학을 통해 대답을 구할 수 있으며, 이러한 실험실 과학은 식민주의나 탈식민주의 또는 반식민주의와는 아무 관련이 없다고 생각할 수 있다. 그러나 이는 잘못된 생각이다. 리부아론의 책 『오염은 식민주의다(*Pollution is Colonialism*)』와 CLEAR의 보다 광범위한 작업을 통해서 우리는 반식민주의적 작업을 볼 수 있다. 리부아론은 플라스틱 오염을 연구하는 메티스/미치프(Métis/Michif)[2] 지리학자이다. 리부아론과 공동연구자들은 CLEAR를 탈식민 실험실이 아니라 **반식민**(anticolonial) 실험실이라고 부른다. 리부아론은 터크와 양의 작업에 빚지고 있다는 점을 밝히면서, 탈식민화에 대한 자신들의 이해는 뉴펀들랜드라는 특정한 맥락에 기인한다고 말한다. "동사로서의 탈식민화하다(decolonize)라는 용어는 주로 대학의 교육과정, 강의 계획서, 토론 및 기타 학술적 명사들을 떠올리게 만든다. 그러나 이 모든 '탈식민화'에도 불구하고 식민주의적 땅(Land)의 관계는 그대로 유지된다. 원주민의 잔존(survivance)이나 소생(resurgence)이라는 용어를 전유하는 것은 탈식민화와 마찬가지로 식민주의적이다."라고 말한다(Liboiron 2021: 16). 이들은 CLEAR를 탈식민 실험실이라기보다는 반식민적이라고 부른다.

> … 과학에서 반식민주의 방법들은, 땅(Land)과 원주민의 문화, 개념, 지식[토종지식 (Traditional Knowledge)을 포함] 그리고 생활세계에 대한 정착민의 식민적 권리를 얼마나 재생산하지 않으려고 노력하는지를 특징으로 한다. 반식민주의 실험실은 정착민과 식민주의적 목표를 전면으로 내세우지 않는다. 반식민주의 과학은 다양한 방법으로 실천할 수 있다. 원주민의 과학뿐만 아니라, 퀴어, 페미니즘, 아프로퓨처리즘(Afro-futurism), 땅(Land)과의 영적(spiritual) 관계 또한 반식민주의적이다. (Liboiron 2021: 27)

CLEAR의 반식민주의적 성격은 어패류의 내장에 플라스틱이 얼마나 들어 있는지를 계산하는 프로세스의 세부 사항까지 이어진다. 리부아론에 따르면, 그의 연구팀은 테스트를 위해 어부로부터 어류의 내장을 수집하려고 할 때 뒤늦게서야 일부 사람들이 내장을 식재료로 사용한다는 것을 깨달았다. 연구팀은 자신들에게는 폐기물처럼 보이는 것이 사실 폐기물이 아닐 수 있다는 것을 알았고, 내장을 사용해도 되는지 허락을 받기로 했다. 어패류 내부에 얼마나 많은 플라스틱이 들어 있는지 알아내는 유일한 방법은 이를 수산화칼륨(KOH)에 용해하는 것인데, 문제는 이 과정에서 유해 폐기물을 생성하기 때문에 이를 처리해야 한다는 점이다. 리부아론은 유해 폐기물을 처분하는 것이 얼마나 쉬웠는지를 회고하면서, "서류 빈칸 작

---

2   주로 캐나다 서부에 거주하는 메티스인은, 17세기 중반 이후 캐나다로 이주해 온 프랑스계 이민자들과 크리(Cree)족 등 북미 원주민 사이에서 태어난 혼혈인을 가리킨다. 이들이 사용하는 미치프어는 프랑스어와 크리어가 혼합되어 있다.

성하고 일꾼 불러! 쾅! 사라져! (어딘가로!)"라고 적는다(Liboiron 2021: 66). 결과적으로 연구팀은 위험 물질을 사용하지 않는 것으로 실험실의 정책을 바꾸었고, 조개류 연구 작업을 중단하기로 했다. 이들의 결정은 단순히 그 물질이 오염을 일으키기 때문은 아니었다. 대신 그 오염물질의 마지막 종착점이 될 그 "어딘가"는, (뉴펀들랜드와 래브라도의 맥락에서 보자면) 정착민에 의해 식민화된 땅이어서 그들이 어떤 용도로도 사용할 수 있는 잠재된 보류지(standing reserve)와 같은 곳이었기 때문이다. 『오염은 식민주의다』라는 책 제목은 이러한 도전의 작은 단면을 보여준다. 그러나 이마저도 그리 간단하지는 않다. 식민주의와 반식민주의 작업은 항상 진행 중이기 때문이다. 이는 연구팀의 결정을 부연하는 다음의 각주에 나타난다.

> 수산화칼륨(KOH)의 문제를 토대로 우리는 실험실의 지침에 한 가지 조항을 신설했다. 그것은 유해 폐기물의 발생 과정은 금지한다는 것이었다. 이는 곧 우리가 어패류, 갑각류 및 기타 무척추동물의 플라스틱 섭취를 연구할 수 없음을 의미한다. 왜냐하면 수산화칼륨이 이들을 "해부"할 수 있는 유일한 방법이기 때문이다. 나는 이 조항을 기쁘게 받아들였다. 그렇지만 그로 인해 일이 복잡해졌다. 왜냐하면 나의 이누이트 동료들은 전통적인 식품 망(food web)에서 조개류 내의 플라스틱을 연구하길 원하기 때문이다. 이누이트 인의 목표를 위해 사용되는 식민지 기술은 … 무엇일까? 비록 식민주의가 아니라고 할지라도 여전히 문제는 남아 있다. 후속편을 기대하시라 … (Liboiron 2021: 66)

리부아론의 책은 오염이 식민주의라고 주장한다. 왜냐하면 식민주의에서 생각하는 이용 가능한 땅(land)이란 (특히 캐나다와 같은 정착 식민지 맥락에서는) 실제 그곳에서 거주하고 먹으며 소속되어 있는 원주민에게는 훨씬 풍요로운 땅(Land)이기 때문이다. 정착민의 입장에서는 이처럼 땅(Land)이 지닌 풍요로운 의미들이 기껏해야 사용할 자원이거나 의사결정의 대상으로 축소된다. 심지어 실험실 운영과 같이 얼핏 보기에 미시적인 스케일의 과정도 땅과 자원이라는 거대한 문제들에 대한 특정 계획을 수립할 수 있다. "수산화칼륨은 언제라도 주문할 수 있다. 이를 사용하고 유해 폐기물로 처리할 인프라는 이미 갖추어져 있다. … 이런 점에서, 겉보기에는 단순하고 상당히 일반적인 과학 연구 방법이라고 할지라도, 만일 그것이 유해 폐기물을 생성하는 것이라면 식민주의적 땅(Land) 관계와 관련되어 있다. 설령 그 방법의 사용자가 환경(친화)상품(environmental goods)을 애용하고 자신을 원주민의 동맹군이라고 생각하거나 심지의 그 자신이 원주민 과학자라고 할지라도 말이다."(Liboiron 2021:

66). 정착민 식민주의는 오랫동안 원주민들에게 정체성, 안녕, 생계의 원천이었던 땅에 대해 현행의 접근을 기초로 한다. 그 땅이 오염을 목적으로 사용될 수 있다고 기대한다면, 오염은 식민주의이다. 리부아론은 자신의 책에서 수산화칼륨과 같은 예시들을 많이 제시하면서, 이를 통해 반식민주의적 과학 실험실을 운영하는 것이 얼마나 복잡한 일인지를 보여준다. 이것은 어렵고도 부단한 작업이다. 반식민주의 과학을 행하는 것은 다른 유형의 반헤게모니적 과학과 같지는 않다. 가령 과학은 페미니즘적이지만 여전히 식민주의적일 수 있다. "반식민주의"라는 용어를 사용하는 것은 땅(L/land)과의 좋은 관계에 대한 헌신을 드러내는 것이다. 땅은 계산의 중심에 있다. 리부아론과 CLEAR가 실천하는 반식민주의 과학의 또 다른 중요한 측면은, 자신들의 과학이 "장소–기반적"이고 보편적인 척을 하지 않는다는 점이다. 이는 페미니즘 입장 이론에서도 공유하지만 같지는 않다. 왜냐하면 이는 세계에 대한 원주민의 앎의 방식 및 장소–사상과 연결되어 있기 때문이다. 리부아론은 CLEAR의 고문이자 쿠메야아이(Kumeyaay) 장로인 릭 샤볼라(Rick Chavolla)의 말을 회고한다.

> 무엇을 과학적으로 발견하면, 그것은 어디에나 어느 곳에서나 적용된다. 세계 어디를 가더라도 "그래! 역시 맞군! 진실이라면 그래야지! 여기에서 옳았다면 다른 곳에서도 옳아야지."라고 말할 수 있어야 한다. [그러나] 우리에게 이것이 진실이 되기에는 너무 요원하다. 우리 원주민의 지식과 너무 멀다. 지식을 추구하는 사람이라면 자신이 어디에 있는지를 "반드시" 알아야 한다는 것을, 우리는 안다. (Rick Chavolla; Liboiron 2021: 151–152에서 재인용)

결론

나는 2019년에 에든버러대학에 도착했을 때, 지구과학대학 소속 지리학자들의 연구 건물인 (드럼몬드 가의) 지리연구소(Institute of Geography)를 "탈식민화"하려는 비공식 모임에 참여했었다(그림 14.1 참조). 이 모임의 활동은 지리학 커리큘럼을 탈식민화하고 에든버러대학 전체를 탈식민화하려는 큰 사업의 일환이었다. 그 당시 나는 탈식민 사고에 대해 대략적으로만 알고 있었지만, 이를 기회로 삼아 이 과정에 대해 더 많이 배우기 위해서 자원했었다. 건물을 탈식민화하려면 먼저 건물이 "식민화된" 방식을 구체적으로 고려해야 한다고 생

그림 14.1 에든버러대학 지리연구소. 출처 : kim traynor/Wikimedia Commans/CC-BY-SA 2.0

각했기 때문이었다. 이 건물에는 흥미로운 역사가 있었다. 이 건물과 그 이전에 같은 자리에 있었던 건물은 원래 에든버러의 병원이었다. 이 병원은 1725년 조지 2세 왕으로부터 칙허장(Royal Charter)을 받았고, 1848년부터 1853년까지 오늘날의 형태 대부분이 설계, 건설되었다. 지금도 여전히 건물 지하에는 피를 흘려보낸 배수구를 볼 수 있다. 이 건물은 1879년까지 200여 개의 침상을 보유한 "왕립 병원(Royal Infirmary)"으로 사용되었다. 에든버러대학은 1903년에 이 건물을 매입하여 자연철학과(지금은 물리학과로 불림) 건물로 개조되었다. 이 건물은 (역사적 보존 가치가 인정된) 등록건축물이다. 이는 이 건물 자체의 특징 때문이기도 하지만, 이를 설계한 데이비드 브라이스(David Bryce)가 스코틀랜드 전역에 여러 유명한 건물을 설계한 건축가이기 때문이다. 모임 중 관심 있는 몇몇 대학원생들의 주도로 현 건물에 대한 감사(audit)를 실시했다. 이들은 벽면을 장식하고 있는 다양한 지도와 특히 구 도서관 벽면에 걸린 지리학과의 역사와 연관된 (거의 대부분) 고인이 된 백인들의 사진에 특히 주목했다. 대부분의 벽면은 흰색과 크림색의 벽이었고 최소한의 장식만 되어 있었다. 우리가 계획한 작업에는 적어도 하나 이상의 성중립 화장실 만들기, 이 건물에 있었던 사람들과 그들의 작업을 다양한 아카이브로 구축한 후 일반 방문객이 잘 볼 수 있게 공개하는 것, 현재 이 건물에서 연구하고 있는 사람들의 다양성을 시각적으로 재현하는 것, 그리고 지리학과의 과거 중에서 현재 드러나지 못한 역사적 요소를 (특히 지난 40년간 이 건물을 다녀갔을 일련의 페미니스트 학자들을) 올바로 드러내는 것 등이 계획되었다. 이 모든 작업이 중요하기는 하지만, 이 중 탈식민적이라고 할 만한 작업은 거의 없다. 식민주의와는 거의 관련이 없는 평등, 다양성, 포용의 작업이다. 이 건물이 위치한 에든버러는 설령 제국의 심장부까지는 아닐지라도 중요한 기관임은 틀림없다. 에든버러는 스코틀랜드 계몽주의와 관련되어 있으며, 이 건물의 병원은 18세기 후반과 19세기 초반에 노예제도 폐지 운동에서의 역할 때문에 널리 칭송을 받아 왔다. 그러나 보다 최근에 이 병원은 노예무역에 부분적으로 연루되었었다는 점을 뒤늦게 인정하여 비판받기도 했다. 이 건물이 식민주의에 의한, 특히 노예화된 아프리카인의 거래를 통한 경제적 혜택을 입어 건축되었다는 점은 의심할 바 없는 사실이다. 최근 지역보건당국인 로디언(Lothian) 주 국립보건원(NHS)은 이 건물이 에든버러 왕립 병원이었을 때 식민주의와 어떤 역사적 연계가 있었는지를 조사한 바 있다. 이 연구에 따르면 왕립 병원과 노예제도는 직접적인 관련이 있었다. 1729년부터 이 병원에 후원했던 사람들은 노예주였거나 노예제도와 연관된 사람들이었다. 심지어 이 왕립 병원은 자메이카에 레드힐 농장(Red Hill pen)이라는 이름의 대토지를 (그리고 노예와 계약 노동자들을) 소유했고, 이는 1892년까지 존속되었다. 이 연구는 노예제도로 생긴 소득이 1808년부터 1817년까지 1,390명의 건강을 관리하는 데 사용되었다고 결론을 내렸다(Buck 2022). 내가 일하고 있는 건물에는 분명히 어두운 역사가 있지만, 과연 우리가 참여한 작업 과정을 "탈식민화(decolonizing)"라고 부를 수 있는지 아니면 그저 건물을 더 환영받는 곳으로 만드는 것뿐인지에 대한 의문이 여전히 남아 있다. 드럼몬드 가의 "건물 탈식민화" 연구 모임이 원주민에게 땅과 삶을 송환(복원, repatriation)하는 (터크와 양의 용어를 빌리자면) 작업에 참여하지 않을 것임은 분명했다. 이 건물이 원주민의 땅에 있는 것도 아니고, 원주민이 이 작업에 관여한 것도 아니다. 따라서 우리가 해야 할 중요한 작업을 "탈식민화"라고 부르는 것이 과연 올바른 용어인지에 관한 질문을 제기해야 한다.

　이 질문은 유럽-서양 세계의 학자들이 어떻게 하면 탈식민성에 적절히 참여할 수 있는지에 관한 더욱 거시적인 질문과 어깨를 나란히 한다. 영국 출신의 백인 시스젠더 지리학자인 사라 래드클리프(Sarah Radcliffe)는 저서『지리학의 탈식민화: 개론(*Decolonizing Geography: An Introduction*)』에서 자신의 위치를 서문에서 밝히고 있다(Radcliffe 2022). 래드클리프는 자신의 정체성과 그에 동반된 특권을 인정하고 "유색인 지리학자들은 지리학의 탈식민화라는 긴급한 과제가 단순히 소수인종에만 의지해서는 안 된다."고 말하면서, "백인 동맹군으로서 백인 지리학자들이 탈식민화와 반인종주의에 대해 학습하는 것이 중요하다는 것을 인식하고 있다."고 강조했다. 그녀는 탈식민 사상의 어휘를 사용해서 "탈식민 다원-지리-학(pluri-geo-graphy) 또는 달리 말해 많은 세계들의 세계(a world of many worlds)"를 구축하는 것이 중요하다고 강조하면서, 이를 위해서는 백인 지리학자들이 "인종화된 배제와 가정을 전복해야 한다."고 강조했다(Radcliffe 2022: ix-x). 래드클리프는 오랫동안 글로벌 남부 출신의 학자 및 관계자들과 함께 일해 왔다. 그러나 나는 그렇지 않았다. 따라서 자기교육에 대한 필요성은 내가 래드클리프보다 훨씬 더 크다. 영국 출신의 백인 시스젠더 남성 학자인 내가 탈식민성에 대해 글을 쓰는 것은 위험할 수 있다. 어쩌면 이에 참여하지 않는 것이 더 큰 위험이 될 수 있다. 다른 비판적 이론의 관점과 마찬가지로, 나와 매우 흡사한 지리학자들이 탈식민 연구를 인용하면서도 탈식민화 작업을 행하지 않고 학술 자본(academic capital)을 축적할 때 또는 평등, 다양성, 포용의 작업을 탈식민화로 오인할 때, 탈식민성 그 자체는 식민화될 가능성이 있다. 많은 학자들은 지속적인 전진의 정신으로 무장하고 "탈식민적인 것들 너머로" 나아가려고 노력하고 있다(Sidaway 2023). 터크와 양이 주장한 바와 같이, "탈식민화는 우리의 사회와 학교를 개선하려는 다른 과업들의 대체어가 아니다"(Tuck and Yang 2012: 3). 지리학계의 포스트식민, 탈식민 및 반식민 이론 모두는 특정한 권력 매트릭스를 식민주의의 역사와 그 이후 현행의 삶 속에 위치시킨다. 이러한 이론은 서로 다르지만 식민 역사와 지리를 비판하고 되돌리려고 노력하고 있고, 이와 동시에 이러한 역사와 지리가 쉽사리 사라지지는 않을 것이라는 점도 인식한다. 이러한 이론은 세계에 이론적, 정치적 다원성을 창조, 유지하려는 노력이다. 이는 식민주의가 강제하려고 했던 보편에 대한 도전이다.

참고문헌

Bhabha, H. K. (1994) The *Location of Culture, Routledge*, London; New York.

Blunt, A. and McEwan, C. (2002) *Postcolonial Geographies*, Continuum, New York, N.Y.; London.

Blunt, A. and Wills, J. (2000) *Dissident Geographies: An Introduction to Radical Ideas and Practice*, Longman, Harlow.

Buck, S. (2022) *Uncovering Origins of Hospital Philanthropy: Report on Slavery and Royal Infirmary of Edinburgh*, Lothian Health Services Archive/Centre for Research Collections | University of Edinburgh, Edinburgh.

*De Leeuw, S. and Hunt, S. (2018) Unsettling decolonizing geographies. *Geography Compass*, 12, e12376.

Durkheim, E. (2008) *The Elementary Forms of Religious Life*, Oxford University Press, Oxford.

Gelder, K. and Jacobs, J. M. (1998) *Uncanny Australia: Sacredness and Identity in a Postcolonial Nation*, Melbourne University Press, Carlton South, Vic., Australia.

Gregory, D. (2004) *The Colonial Present: Afghanistan, Palestine, and Iraq*, Blackwell Publication, Malden, MA; Oxford.

*Hunt, S. (2014) Ontologies of indigeneity: the politics of embodying a concept. *Cultural Geographies*, 21, 27-32.

Jazeel, T. (2017) Mainstreaming geography's decolonial imperative. *Transactions of the Institute of British Geographers*, 42, 334-337.

Lai, C. Y. D. (1974) Feng-Shui model as a location index. *Annals of the Association of American Geographers*, 64, 506-513.

*Liboiron, M. (2021) *Pollution is Colonialism*, Duke University Press, Durham.

Mignolo, W. and Walsh, C. E. (2018) *On Decoloniality: Concepts, Analytics*, Praxis, Duke University Press, Durham.

Milroy, J. and Revell, G. (2013) Aboriginal story systems: re-mapping the west, knowing country, sharing space. *Occasion: Interdisciplinary Studies in the Humanities*, 5, 1-24.

Mohawk, J. (2005). *Iroquois Creation Story*. Mohawk Publications.

Muecke, S. (2004) *Ancient & Modern: Time, Culture and Indigenous Philosophy*, UNSW Press, Sydney.

Quijano, A. (2000) Coloniality of power and eurocentrism in Latin America. *International Sociology*, 15, 215-232.

*Radcliffe, S. A. (2017) Decolonising geographical knowledges. *Transactions of the Institute of British Geographers*, 42, 329-333.

Radcliffe, S. A. (2022) *Decolonizing Geography: An Introduction*, Polity Press, Medford.

Radcliffe, S. A. and Radhuber, I. M. (2020) The political geographies of D/decolonization: variegation and decolonial challenges of/in geography. *Political Geography*, 78, 102128.

Rose, D. B. (1996) *Nourishing Terrains: Australian Aboriginal Views of Landscape and Wilderness*, Australian Heritage Commission, Canberra, ACT.

Said, E. W. (1979) *Orientalism*, Vintage Books, New York.

Schiwy, F. and Ennis, M. (eds) (2002) *Special Dossier: knowledges and the known: Andean perspectives on capitalism and epistemology: introduction. Nepantla: Views from South* 3.1 1–14

*Sidaway, J. D. (2000) Postcolonial geographies: an exploratory essay. *Progress in Human Geography*, 24, 591–612.

Sidaway, J. D. (2023) Beyond the decolonial: critical Muslim geographies. *Dialogues in Human Geography*, 0, 1–22.

Singh, R. P. B. (2009) *Geographical Thoughts in India: Snapshots and Visions for the 21st Century*, Cambridge Scholars, Newcastle.

Spivak, G. C. (1999) *A Critique of Postcolonial Reason: Toward a History of the Vanishing Present*, Harvard University Press, Cambridge, MA.

Sultana, F. (2022) The unbearable heaviness of climate coloniality. *Political Geography*, 99, 102638.

Takeuchi, K. (1980) Some remarks on the history of regional description and the tradition of regionalism in modern Japan. *Progress in Human Geography*, 4, 238–248.

*Tuck, E. and Yang, K. W. (2012) Decolonization is not a metaphor. *Decolonization: Indigeneity, Education & Society*, 1, 1–40.

*Watts, V. (2013) Indigenous place-thought and agency amongst humans and non-humans (first woman and sky woman go on a European World Tour!). *Decolonization: Indigeneity, Education & Society*, 2, 20–34.

Whatmore, S. (2002) *Hybrid Geographies: Natures, Cultures, Spaces*, SAGE, London; Thousand Oaks, CA.

제 **15** 장

흑인 지리학

- 지리학, 흑인성 그리고 흑인 지리학
- 전 지구적 흑인 지리학
- 흑인의 공간 사상
- 흑인의 삶의 지리
- 결론

이 책의 첫 번째 판에서, 나는 "지리학에서의 배제"라고 불리는 마지막 장을 포함시켰다. 나는 포스트식민주의와 반식민주의(de-colonialism)에 대한 짧은 설명과 함께 "흑인(Black)[1] 지리학"이란 소절을 포함시켰다. 나는 지리사상에 대한 12만 개의 단어들 끝부분에 이 소절을 포함하는 것에 대해, 적절치 못한 제스처를 취하는 잘못을 저지를 수 있다는 점을 우려하기도 했다.[2] 지금은 첫 번째 판을 쓴 이래로 10년이 지났고, 이전에 비해 나의 무지가 보완되었다. 이러한 이유로 이번 개정판에서는 흑인 지리학을 하나의 장으로 구성했고

---

1   여기서 나는 Noxolo(2022) 등을 따라서, 정치적 정체성을 나타내기 위해 "흑인(Black)"을 대문자로 표현했다. 나는 "갈색인(Brown)"과 "백인(White)"도 대문자로 표현했는데, 갈색인과 백인을 소문자로 표현하게 되면 대문자로 표현된 흑인성과의 관계에서 이들 갈색인과 백인이 어떤 면에서 "정상적"이라는 의미를 띨 수 있기 때문이다.

2   실제로 초판에서 저자는 이 주제를 다룬 소절 제목에 "?"를 넣어 "흑인 지리학?"으로 정했을 정도로 이 주제를 설정하는 문제에 대해 탐색적 입장을 취했다. (역주)

Geographic Thought: A Critical Introduction, Second Edition. Tim Cresswell.
© 2024 John Wiley & Sons Ltd. Published 2024 by John Wiley & Sons Ltd.

이 책 전체에 걸쳐 흑인 지리학자들의 연구(그리고 구조적으로 주변적 집단 출신의 지리학자들의 연구)를 다루려고 했다. 나 같은 **백인 중견 학자들이 자신의 책이나 논문에 일종의 다양성의 할당량을 채우기 위해 흑인 학자들의 연구 목록을 약간 포함시키는, 학술연구에서의 인용의 정치학을 알기 때문에 나 역시 그렇게 한다. 다른 한편으로 백인 학자들이 흑인 학자들을 인용할 때, 단순히 인용하는 행위를 넘어 자신의 연구에 흑인 학자의 연구를 실제로 활용하지는 않을 것이다(Mott and Cockayne 2017; McKittrick 2021). 캐서린 맥키트릭(Katherine McKittrick)은 소유권과 식민주의 형태를 보여주는 인용 실천―독자들에게 저자가 얼마나 많이 알고 있는지 (또는 저자가 그들이 알고 있는 것에 대해 얼마나 많이 생각하는지) 보여주기식 인용―과 저자가 인용하고 있는 학자들과 진짜로 협업을 하고 대화를 나누었다는 것을 보여주는 참고문헌 달기를 구분한다. 이 같은 텍스트에서 학문 전체가 가진 가치 있는 사고를 알고 또 알릴 가능성을 위해서, 어떤 인용은 불가피하다. 나는 참고한 모든 문헌을 내 연구와 긴밀히 관련시키지는 않았다. 그러나 나는 지리학자들이나 지리적 주제를 다룬 연구에서 다뤄진 흑인의 학문이 우리 학문인 지리학에 근본적인 도전과 기회를 줄 것이라고 믿으며, 여기서 나는 흑인의 학문과 흑인 학자들을 공정하게 다루려고 한다. 나는 이 책의 독자들에게 흑인 지리학자들에 의해 이루어진 흑인 지리학에 대한 연구물를 읽을 것을 강력히 권고하는데, 이 연구들은 이 장 외에도 나의 탐구에 많은 영향을 주었다(Bledsoe and Wright 2019; Hawthorne 2019; Noxolo 2020, 2022).

많은 일들이 지리학의 세계에서 일어났고, 특히 흑인 지리학은 2012년 이래로 생겨났는데, 이 해는 이 책의 초판이 출판된 때다.[3] 그러나 흑인 지리학에 대한 학문적 연구는 모든 이론이 그런 것처럼, 이를 둘러싼 맥락을 통해 형성되고 영향받는 것으로 이해될 필요가 있다. 이 책의 초판이 출판되었을 때는 "흑인의 생명도 중요하다(Black Lives Matter)" 운동[4]이 없었다. 마이클 브라운(Michael Brown),[5] 에릭 가너(Eric Garner),[6] 조지 플로이드(George Floyd),[7]

---

3 이 책의 초판은 2013년에 출판되었다. (역주)

4 2012년 미국에서 흑인 소년을 죽인 백인 방범요원이 무죄판결을 받아 풀려나자 이에 대한 반발로 이 구호가 온라인 해시태그 운동(#BlackLivesMatter) 등으로 확산되었는데, 줄여서 BLM이라고도 한다.

5 2014년 8월 9일 미국 미주리주 퍼거슨에서 경찰의 공권력 남용에 의한 총격으로 사망한 18세의 흑인 소년이다. (역주)

6 2014년 7월 17일 미국 뉴욕 스태튼아일랜드에서 경찰에게 불법 담배 판매 혐의로 체포당하는 과정에서 목이 졸려 숨진 43세의 흑인이다. (역주)

7 2020년 5월 25일 미국 미네소타주 미니애폴리스에서 경찰에게 위조 지폐 사용 용의자로 체포당하는 과정에서 목이 졸려 숨진 46세의 흑인이다. (역주)

그 외에도 많은 흑인들이 경찰에게 죽임을 당하기 전이었다. 마이클 브라운이 사망한 미주리주의 퍼거슨에서는 어떤 항의도 없었다. "흑인의 생명도 소중하다" 운동은 3명의 흑인 여성, 아요 토메티(Ayo Tometi), 패트리스 쿨로스(Patrisse Cullors), 알리샤 가자(Alicia Garza)가 설립한 느슨하고 분산적인 조직으로, 흑인들이 대부분 백인인 경찰들에 의해 죽임당하는 일에 대응하기 위해 만들어졌다. "흑인의 생명도 소중하다" 운동을 즉각적으로 상기시켜주는 단어는 살해, 살인인데, 이런 살인이 대변하는 이슈들, 즉 인종주의와 **백인 우월주의**(White supremacy)는 매우 오랜 역사를 가진 것들이다. 최근 몇 년 동안의 살인으로 인해 백인 우월주의와 제도적 인종주의의 문제를 백인들도 주목하게 되었다. 이는 미국과 그 외 다른 곳의 흑인이나 갈색인에게 전혀 새로운 일이 아닌데, 이들은 이 같은 사고와 행동의 구조가 초래한 일상적 상처를 직접적으로 경험해 왔을 것이다.

지금 당면한 경찰 손에 죽은 흑인들의 죽음에 초점을 맞춘다고 해서 이들의 죽음이 노예의 역사에서 린치,[8] 짐 크로법[9]으로 이어지는 긴 역사의 일부라는 사실을 간과해서는 안된다. 그럼에도 불구하고 미국, 영국, 그 외 다른 나라들에서 백인과 흑인, 갈색인 간에 실제로 존재하는 기회의 불공정한 차별은 여전히 너무도 강력하다. 2019년 기준 영국에서 흑인 가구의 46%가 빈곤에 처해 있는 반면, 백인 가구는 20% 이하만 빈곤에 처해 있다.[10] 2021년에 흑인 가구는 백인 가구보다 대략 2배 이상 높은 비율로 코로나 진단을 받았다. 코로나 감염으로 인한 입원 및 사망 위험도 흑인들이 의미 있는 수치로 높게 나왔다.[11] 영국에서는 코로나로 인한 첫 번째 봉쇄 기간에 2만 명의 젊은 흑인 남성들이 경찰에 의해 저지당하고 추격당했다. 이 수치는 런던의 15~24세 전체 흑인 남성의 25% 이상에 해당한다. 2018~2019년 동안 영국에서 경찰에 의해 저지당하고 추격당한 사람이 흑인일 가능성은 백인일 가능성의 10배에

---

8 백인 우월주의 단체 KKK의 만행으로 대표되는 흑인에게 가해진 사적인 폭력을 말한다. (역주)

9 1876년부터 1965년까지 미국 남부에서 시행된 법으로, 공공장소에서 흑인과 백인의 분리와 차별을 규정해 놓은 법이다. 법의 명칭인 짐 크로(Jim Crow)는 1830년대 미국 코미디 뮤지컬에서 백인 배우가 연기해 유명해진 바보 흑인 캐릭터 이름에서 따온 것인데 흑인에 대한 경멸의 의미를 담고 있다. 1954년 공립학교에서의 불평등한 인종 분리 교육은 위헌이라는 연방대법원의 판결을 시작으로, 1955년 미국 앨라배마주 몽고메리에서 흑인 여성 로자 파크스가 백인 승객에게 좌석을 양보하라는 요구를 거부해 체포된 사건을 계기로 흑인 민권 운동이 촉발되었고 이후 1965년 짐 크로법은 완전히 폐지되었다. (역주)

10 Social Metrics Commission, http://socialmetricscommission.org.uk/wp-content/uploads/2019/07/SMC_measuring-poverty-201908_full-report.pdf.

11 Public Health England, http://assets.publishing.service.gov.uk/geovernment/uploads/system/uploads/attachment_data/file/908434/Disparities_in_the_risk_and_outcomes_of_COVID_August_2020_update.pdf.

가깝다.[12] 약물 소지 혐의로 체포될 경우 흑인이나 소수민족 남자들은 백인보다 투옥될 확률
이 훨씬 높았다.[13] 미국에서는 1966년 흑인 남성이 평균적으로 백인 남성 소득의 59% 정도의
소득을 얻었다. 2018년에는 이 수치가 62%로 나타났다. 2018년 기준 미국에서 전체 흑인 가
구 중 빈곤 가구 비율이 20.7%로 전체 백인 가구 중 빈곤 가구 비율이 8.1%인 것과 대비된다.
2016년 기준 전체 백인 가구 중에서 중위자산 가구의 자산은 41,800달러인 데 비해, 전체 흑
인 가구 중에서 중위자산 가구의 자산은 3,550달러였다. 미국에서는 코로나바이러스로 인한
팬데믹 기간 동안, (미국 전체 인구의 18%를 차지하는) 흑인 인구가 전체 입원 환자의 33%를
차지했다. 미국에서 흑인 남성이 감옥에 갈 확률은 백인 남성이 감옥에 갈 확률보다 5배 이상
높다.[14]

이 모든 것은 오늘날에도 외면할 수 없는, 역사적 뿌리를 가진 사실들이다. 예를 들어 미
국 가구들의 평균 자산에 대한 통계를 보자. 2016년 백인의 평균 자산이 41,800달러인 데 비
해 흑인의 평균 자산은 3,550달러인 이유를 이해하기 위해,[15] 우리는 미국에서 백인과 흑인
간의 자가 소유 비율이 30%의 격차를 보인다는 점도 알아야 한다. 부동산은 대부분의 사람
들에게 가장 큰 부의 원천이다. 이 격차는 흑인들이 모기지(mortgage) 시장에서 고의적으로
배제되는 문제로 거슬러 올라간다. 미국에서는 1968년 공평주거관리법(Fair Housing Act) 이
전까지만 해도, 모기지 공급지와 부동산업체가 흑인들에게 서비스 제공을 거부하는 것이 불
법이 아니었다. 이는 흑인들이 주택시장에 진입하는 것을 막았고 따라서 많은 백인 가구들이
했던 방식으로 세대에서 세대로 이어지는 부를 생산할 기회를 거부당했다. 타네히시 코츠
(Ta-Nehisi Coates)의 중요한 에세이 "배상금 소송(The Case for Reparations)"(Coates 2014)에
서 그는 주택시장에서 백인 우월주의로부터 추동된 역사적 불평등이 어떻게 오늘날의 미국
에서 더 많은 불공평과 불평등을 낳았는지에 대해 상세한 사례로 보여주었다. 백인들이 도시

---

12 Jamie Grierson, "Met carried out 22,000 searches on young Black men during lockdown" *The Guardian* 8 July 2020.
http://www.theguardian.com/law/2020/jul/08/one-in-10-of-londons-young-Black-males-stopped-by-police-in-may.

13 Owen Bowcott and Frances Perraudin, BAME offenders "far more likely than others" to be jailed for drug offences *The Guardian* 15 January 2020. http://www.theguardian.com/uk-news/2020/jan/15/bame-offenders-most-likely-to-be-jailed-for-drug-offences-research-reveals.

14 26 simple charts to show friends and family who aren"t convinced racism is still a problem in America. *Business Insider*, http://www.businessinsider.com/us-systemic-racism-in-charts-graphs-data-2020-6?r=US&IR=T.

15 저자가 위 문단의 중위자산(median wealth)과 평균자산(average wealth)을 동일시해서 기술한 것으로 보이는데, 엄밀히 말하자면 중위자산과 평균자산은 다른 개념이다. (역주)

전체 구역에 걸쳐 "레드 라인을 그어서" 그 구역에 거주하는 대다수 흑인 주민들이 주택을 구입할 수 없게 만들자, 흑인들은 그 안에서 상대적 빈곤을 (글자 그대로) 생산했을뿐만 아니라 빈곤에 반드시 따라올 수밖에 없는 사회적이고 문화적인 짐도 함께 생산했다.

흑인 지리를 고려할 때 설명이 필요한 용어가 "백인 우월주의"이다. 이 백인 우월주의는 백인들이 선천적으로 다른 인종 집단에 비해 우수하다는 믿음을 말한다. 선천적 우수성이란 이 믿음은 다시 불평등과 불공평을 정당화하는 데 쓰인다. 백인 우월주의라는 개념은 백인들과 다른 사람들이 경험하는 삶의 기회에서의 차이뿐 아니라 지배와 착취를 설명한다. 백인 우월주의라는 용어는 KKK단의 일원이나 인종주의적 스킨헤드 갱단을 떠올리게 하지만, 이 용어는 실제로 보다 뿌리깊은 정서 구조를 말한다. 루스 윌슨 길모어(Ruth Wilson Gilmore)의 표현에 따르면, 이것은 "조기 사망에 대한 집단별로 차별화된 취약성 ─ 이는 뚜렷하고 밀도 있게 상호연관된 정치지리의 모습을 띤다 ─ 의 생산과 이용을 국가가 승인하고 초(超)법적 방식으로 자행되는 것"으로 정의되는 인종주의를 단단하게 뒷받침한다(Gilmore 2007: 247). 여기서 핵심은 "조기 사망"인데, 이는 일반화된 기대 수명부터 경찰의 잔혹성이라는 특정한 사례에 이르는 모든 것에서 발견되는 사실이다. 길모어가 우리에게 상기시키는 것처럼, 백인 우월주의는 그 자체의 지리를 가지고 있다. 길모어의 연구에서는 지리라는 학문, 식민주의적 기획, 근대성에서 시각적인 것의 강조 간의 관계에 주목하면서 백인 우월주의 기획들을 지리와 연결시킨다.

> 시각적으로 확연히 구분되는 차이로 간주되는 것이 다른 종류의 차이에 대한 설명으로 구현되고 이렇게 구현된 설명에 대한 예외들이 불평등에 대한 지배적인 인식론의 기반을 약화시키기보다 강화한다(Gilroy 2000). (생물분류학자인) 린네를 계승한 지리학자들은 인종을 우리가 알 수 있는 대상으로 생산하는 데 중심적인 역할을 해왔는데, 이렇게 된 데에는 역사적으로 지리학의 원동력 중 하나가 눈에 보이는 세계를 기술하는 것이었기 때문이기도 했다…. (Gilmore 2022: 108-109)

길모어는 "길고 살인적인 20세기"(Gilmore 2022: 108) 내내 이루어진 인종과 지리학의 결합을 추적하는데, 시각성의 논리와 백인 우월주의 간의 연계에 기여한 것으로 추정되는 후보군 중 가장 명백해 보이는 것은 환경결정론이지만, 이보다 명백하진 않지만 지역 차이론, 사회적 구성주의론의 역할도 주목한다. 그녀는 인종이 어떻게 사회공간적 과정이 아닌, 세량화되고 지도화될 수 있는 "사물(thing)"이 되었는지, 그리고 이런 수치화와 지도화가 어떻게 필연적으로 인종주의의 형태를 지도화하는 일이 되었는지 기술한다.

> 부(富)를 기준으로 측정되는 근대성의 기본적인 특징들 — 성장, 산업화, 명료한 표현
> (articulation), 도시화, 불평등 — 을 지도화한 어떤 지도든 결국 역사적-지리적 인종주의
> 를 지도화하게 될 것이다. 그런 지도는 지구화, 다섯 세기에 걸친 사람과 상품의 이동 — 여
> 기서 사람은 상품으로서의 사람이다 — 을 가능케 한 각종 라운드들의 산물인데, 이는 항
> 상 테러와의 융합, 휴전, 때때로 사랑이 뒤섞인 이데올로기적이고 정치적 형태를 띠었다.
> (Gilmore 2022: 113)

길모어의 용어로, 흑인 지리학 기획은 인종의 지리학이나 인종 관련 여러 지리학의 특정 영
역에만 한정되지 않고, 지구화의 역사적 과정과 그 외의 많은 것들에 대한 이해에 기초가 되
는 논리들의 뒷받침을 받고 있다. 우리가 소급해서 "흑인 지리학"으로 부르는 연구는 오랜
시간 동안 존재해 왔지만, 맥키트릭과 우즈가 편집한 책『흑인 지리학과 장소의 정치학(*Black
Geographies and the Politics of Place*)』(2007)은 아예 제목에 이를 명시했다는 점에서 매우 주목
할 만하다. 이 책의 서문에서 편집자들은 흑인 지리학의 오랜 역사를 언급한다.

> 흑인 문화에 대한 많은 지리적 연구는 문화기술지적, 인구학적, 계량적 연구에 토대한 경
> 험적 증거에 초점을 맞추게 한다. 이 연구들은 흑인들이 어디서 살고 있는지 정확히 찾아
> 낸다. 이 연구들은 노동 시장에서의 차별, 주거 유형, 민족집단의 이주, 인종화된 게토가
> 어떻게 도시 환경에 기여하는지 (또는 훼손하는지) 드러내준다. 이런 종류의 연구는 인종
> 과 인종주의의 물질성을 고려하긴 하지만, 장소 안에서 인종적 차이를 자연화하는 것으로
> 읽힐 수도 있다. (McKittrick and Woods 2007: 6)

맥키트릭과 우즈는 계속해서, 흑인성의 "위치(where)"에 대한 고전적 연구는 흑인성을 실
증주의적 틀 안에서 관찰가능한 사실로 환원할 뿐, 흑인들을 자기 삶의 행위주체로서, "공
간의 생산에 투쟁하고, 저항하며, 의미 있는 기여를 하는 공동체"로 보지 않는다고 말한다
(McKittrick Woods 2007: 6). 흑인 지리학은 흑인 연구에서 흑인성을 중심에 놓고 흑인이 장
소를 생산하는 방식, 즉 "단순히 예속되고, 끊임없이 게토화되거나 비(非)지리적인 위치보
다는 권력, 저항, 역사, 일상의 네트워크와 관계에 초점을 맞춰" 탐구할 가능성을 열어준다
(McKittrick and Woods 2007: 7). 이 책『흑인 지리학과 장소의 정치학』이 출판된 지 11년이
지나고 미국지리학회는 뉴올리언스에서 개최되는 연례학술대회의 핵심 주제로 흑인 지리학
을 선택했다. 그리고 2016년에는 학회 내에 흑인 지리학 특별 그룹을 만들었다. 이때 이래로

지리학 프로그램들은 강의 구성과 포스트닥터 펠로십에 포함된 흑인 지리학에 대한 초점을 홍보하기 시작했다(다트머스대학, 러거스대학, 에든버러대학 등이 이 사례에 포함된다). 흑인 지리학을 핵심 주제로 지정한 결정은 인종과 모빌리티 간에 얽힌 복잡한 관계의 긴 역사가 정점에 달했음을 보여준다.

지리학, 흑인성, 그리고 흑인 지리학

흑인 지리학이라는 라벨을 붙인 연구들이 부상하기 전에도, 맥키트릭과 우즈가 언급한 인종의 지리학에 대한 백인 지리학자들의 연구의 역사는 매우 길다. 예를 들어 사회지리학에서는 인종적 격리 이슈가 연구의 핵심에 있었다(Ley 1974; Peach *et al.* 1981; Western 1981; Jackson 1987). 백인 지리학자들은 우리에게 인종이 생물학에 토대하지 않고 다양한 방식을 통해 사회적으로 구성된다는 것에 대해 이야기해주느라 바빴다(Jackson 1987; Mitchell 2000). 백인 지리학자들은 아메리카 원주민 보호구역, 도시 내부의 빈민지역(inner city), 국경지대 같은 "인종"과 관련된 다양한 공간과 장소들을 탐구했다. 그러나 델라니(Delaney)는 "바깥쪽의 도시(outer city)", "심장부", "별도로 분리되지 않은 공간"[16]에도 언제나 인종이 있음을 주장했다(Delaney 2002). 백인 지리학자들은 인종에 대한 사고가 어떻게 합법적인 담론 내에서 공간과 장소의 더 광범위한 구성에 영향을 미칠 수 있는지 신중하게 보여주었다(Delaney 1998). 백인 지리학자들은 경관이 어떻게 흑인들의 삶을 보이게 또는 안 보이게 만드는 데 선택적으로 영향을 미쳤는지에 대해 비판적으로 평가했다(Schein 2009; Alderman and Inwood 2013). 백인 지리학자들은 스스로를 들여다보기조차 했으며, 인종으로서의 백인성을 비판적으로 분석했다(Bonnett 1997). 이처럼 인종과 관련된 연구는 인종이 공간의 배치에 어떻게 반영되어 있는지, 그리고 공간이 인종의 구성에서 어떻게 중심적인 역할을 하는지 이 둘 다에 관심을 가졌다. 그러나 맥키트릭과 우즈가 우리에게 상기시키는 것은, 흑인 지리학의 초점은 인종의 지리학에 대한 것이 아니라는 점이다. 흑인 지리학이란 이름은 백인 우

---

16 바깥 쪽의 도시(outer city), 심장부, 별도로 분리되지 않은 공간(unreserved space)은 바로 위에서 언급한 도시 내부의 빈민지역(inner city), 국경지대, 아메리카 원주민 보호구역(the reservation)에 각각 대비되는 공간들이다. (역주)

월주의의 실증적 경험 또는 인식론적으로 백인의 이론화에 대한 대응으로 환원될 수 없는, 흑인 학자들에 의한 이론화뿐만 아니라 흑인의 정치적이고 일상적인 경험에 뿌리를 둔 지리학에 대한 이론적이고 활동가적인 접근을 가리키기 위한 것이다.

　　대부분 백인 지리학자들에 의해 이루어진 인종 연구의 풍부한 역사가 존재하지만, 지리학 내에서 흑인 지리학자들의 역사 또한 분명히 존재한다. 하지만 이들의 연구는 감춰져 있거나 주변화되어 있다(Kobayashi 2014). 예를 들어 우리는 중세 시기의 이븐 바투타와 이븐 할둔 같은 지리학자들의 신박한 연구에 의해 어떻게 지리학이 유지되어 왔는지 살펴보았다(2장 참조). 이들이 탐구하고 저술했을 당시에는 지금 우리가 알고 있는 "인종" 개념이 없었고 "흑인"과 "백인" 같은 인종적 범주가 적실성을 거의 갖지 않았을 것이다. 그럼에도 불구하고 지리학의 역사에서 현재 흑인 (그리고 무슬림) 지리학자들로 언급할 수 있는 오랜 계보에 주목하는 것은 중요하다. 서구 지리학의 전통에서 흑인 지리학자들의 상대적 비가시성에 대한 지적이 아프리카, 브라질, 그리고 기타 지역에 많은 수의 지리학자들이 있었다는 명백한 사실—이들 지리학자들은 흑인성 같은 것에 초점을 맞추지 않고 흑인들의 삶의 특징을 연구했다—을 모호하게 한다는 것도 명백히 사실이다. 대표적 사례에는 나이지리아의 지리학자 아킨 마보군지(Akin Mabogunji),[17] 브라질의 지리학자 밀턴 산토스(Milton Santos)가 포함된다. 아킨 마보군지는 나이지리아의 이바단 칼리지(나중에 이바단 대학이 되었다)에 근거를 둔 지리학자이다. 아프리카에서는 흔히 그렇듯이, 대학이 식민지 시대에 설립되었고(이바단 칼리지는 1948년) 대개는 영국을 모델로 운영되었으며, 백인들로 이루어진 영국학계에 의해 주도되었다(Craggs and Neate 2020). 여기에는 지리학과도 포함되었다. 이 식민지 유산이 "제3세계" 대학에 대해 썼던 마보군지에게서 사라진 것은 아니었다. 따라서 그는 "이 제3세계에 속하는 나라들 대부분에서 공통적인 한 가지는 현재의 교육 시스템의 근원이 서구 유럽, 특히 프랑스와 영국에 있다"고 썼다(Mabogunji 1975: 288). 마보군지는 프랑스 및 영국의 지리학과 상업 및 식민주의의 작동 간의 연계를 추적하여, 지리학이 어떻게 식민주의 기획의 핵심에 위치하는지를 보여주었다. 그는 지리학이 어디에서 발생하는가가 중요하다고 주장한다. 그 이유는 나이지리아 같은 장소에서 상속받은 피식민지 지리학자들은 식민지 개척자의 경험에 토대하기 때문인데, 식민지 개척자들은 식민지로부터 자원을 뽑아낼 필요가 있다는 데만 초점을 맞춘다. 그의 주장에 의하면, 이같은 식민지적 관점은 또한 여전히 대다

17　국제지리연맹(International Geographical Union) 회장으로 선출된 최초의 아프리카 지리학자이기도 하다. (역주)

수가 농촌 인구인 아프리카에서는 도저히 이해하기 어렵게도 도시생활을 특권화시켜서 식량 공급과 물 공급 같은 긴급한 농촌의 문제들에 무지하게 만들었다. 크랙과 니트(Craggs and Neate)는 또 다른 나이지리아 지리학자 오울세군 아레오라(Olusegun Areola)의 경험에 대해 이야기하는데, 그는 나이지리아의 맥락에서 토양을 연구하는 것이 분명 훨씬 유용했을 텐데도 어쩔 수 없이 영국 웨일스의 토양을 연구해야만 했다.

> 아레오라가 캠브리지대학에서 그루브(A. T. Grove) 교수의 지도하에 박사학위 논문으로 나이지리아의 토양을 연구하기를 원했을 때, 불행히도〔이바단 대학의 학과장인〕 바버(Barbour) 교수는…. 다음과 같이 말했다. "돈이 없어요. 당신이 나이지리아로 돌아가 장소를 물색해서 현장연구를 할 수 있도록 해줄 돈이 없어요. 당신이 무엇을 원하든지 영국에서 하세요."
>
> 아레오라는 자신의 미래의 경력에 부정적인 영향을 줄 수 있는데도 결국 웨일스에서 토양 연구를 하게 되었다.
>
> 당신이 해외 박사학위자라면, (학위가 끝나고 귀국해) 새로운 연구 지역을 설정하려고 할 때 일정한 조정 시기가 존재하고, 이는 또한 당신의 글쓰기에 영향을 준다. 이쪽에서는 온대의 땅인 웨일스의 몽고메리셔의 토양에 관심 있는 사람이 많지 않다. 따라서 열대의 토양을 연구하려니 모든 것을 새로 시작하는 것과 같았다. (2017년 인터뷰) (Craggs and Neate 2020: 904)

마보군지 주장의 핵심은 지식 생산의 장소가 어떤 지식이 생산되는가만큼 중요하다는 사실을 인정하는 것이다. 지리학의 식민지적 형태는 피식민지인들의 요구를 다루는 데 가장 적절한 형태일 것 같지 않다.

밀턴 산토스는 1970년대 후반부터 그가 사망한 2001년까지 브라질의 지리학을 선도한 학자였다. 그의 연구는 급진적 학술지인「대척지(Antipode)」에 산발적으로 영어로 게재되었으나(Santos 1975), 그의 주요 연구는 죽은 뒤 20년이 지나서인 최근에야 번역되었다(Santos 2021a, b). 산토스는 마보군지가 인지했던 것만큼 "흑인 지리학"이라는 라벨을 인지하지는 못했을 것이다. 그럼에도 불구하고 그의 연구는 브라질에서 가장 빈곤한 지역 출신 흑인 브라질인―이 사실은 그의 성공을 훨씬 주목할 만하게 한다―으로서의 자신의 정체성에 뿌리내리고 있었다. 산토스의 연구는 1970년대 후반 글로벌 북부 지역에서 이루어진 연구를 거울처럼 잘 비춰주었는데, 그의 연구는 계량 혁명을 비판했고 공간을 핵심 연구 대상으로 보는 지리학을 발전시키려고 했다. 산토스의 주장에 따르면 지리학은 식민주의적 기획의 일부였으며, 이 주장과 같은 맥락의 글은 산토스 이후로도 많이 나왔다.

> 지리학은 공식적 과학의 세계에 늦게 진입했기 때문에, 학문 초기 단계부터 강력한 이해
> 관계로부터 스스로를 끊어내려고 분투했다. 지리학의 거대한 개념적 위업 중 하나가 사회
> 및 공간의 조직화에서 국가—그리고 계급—의 역할을 숨기는 것이었다. 그리고 다른 하
> 나는 식민주의적 기획을 정당화하는 것이었다. (Santos 2021a: 12)

산토스는 자본주의적이고 식민주의적 유산의 껍질을 떨쳐 버리기 위해 새로운 지리학을 원
했는데 그것은 비판 지리학이 되었다. 그는 공간과학이 "새로운 지리학"이라는 데에 반대했
고 이 새로운 지리학의 자리에 공간의 생산 및 정치학에 초점을 맞춘 "새로운 지리학"을 제
안했다.

> 나는 이 새로워진 지리학의 목적이 생산의 많은 사례들에 걸쳐, 이전 세대로부터 상속받
> 은 공간을 영원히 재구성하는 과정 속에 있는 인간 사회를 연구하는 것이어야 한다고 제안
> 한다. (Santos 2021a: 150)

영어 말고는 익숙하게 읽을 수 있는 언어가 전혀 없는 앵글로 아메리카 지리학자의 관점에
서 지금 산토스의 글을 읽으면, 산토스 연구의 많은 부분이 1980년대 후반 이래로 널리 논의
되었던 생각과 맥을 같이 하고 있으며, 많은 경우 그 전조였다는 사실을 깨닫게 된다. 그의
책 『새로운 지리학을 위하여: 지리학 비판에서 비판 지리학으로(*Por uma Geografia Nova: Da*
Critica da Geografia a uma Geografia Critica)』는 1978년 브라질에서 포르투갈어로 출판되었
는데, 2021년에 이 책의 영어 번역서 『새로운 지리학을 위하여(*For a New Geography*)』가 출판
되었다. 르페브르의 책 『공간의 생산』은 1991년까지 영어로 번역되지 않았었다.

> 제2차 세계대전 이후 30년 이상 지났는데, 많은 지리학자들은 의식적으로든 아니든, 제3
> 세계에서 이루어지고 있는 자본주의의 팽창과 모든 형태의 불평등과 억압에 협력해 왔다.
>   우리 스스로는 정반대 방향으로 갈 수 있도록 준비를 갖춰야 한다. 오늘날의 상황에서
> 지리적 공간의 재구성을 위한 기초를 닦는다는 이 목표를 달성하기 위해서는, 행동에 나서
> 는 데 필요한 용기만큼이나 연구하는 데에도 그만큼의 용기가 필요하다. 여기서 우리가 추
> 구하는 지리적 공간은 일부의 사람들에게만 봉사하기 위한 공간도 아니고 자본의 공간도
> 아닌, 진정으로 인간을 위한 공간, 모든 사람들을 위한 공간일 것이다. (Santos 2021a: 168)

1978년에 산토스는 자본주의와 식민주의에서의 지리학의 역할을 비판했고 공간의 문제에 초점을 맞춘 미래 지향적 지리학을 제안했다. 다른 사람들도 주목했듯이, 그만이 드물게 지리학에서의 인종의 역할을 반성했는데, 당시 "제3세계"라고 불리던 곳에서 비판의 위치를 잡을 수 있다는 점을 그는 다행스러워했다. 그는 글로벌 북부와는 뚜렷이 구분되는 글로벌 남부의 관점에서 자본주의와 식민주의라는 두 개의 힘을 꽤 분명히 비판했고, 그의 연구는 지금은 흑인 지리학으로 불릴 수 있는 것의 선도자로서 브라질 내에서 채택되었다(Prudencio Ratts 2022).

8장에서 우리는 페미니스트 지리학이 지리학이라는 학문 내에서 여성들이 과소대표되고 있다는 점을 인식한 데서 출발해 어떻게 성장해 왔는지 살펴보았다. 1970년대 이래로 지리학 내에서 여성의 숫자와 가시성을 늘리는 데 일정 정도 성공했다. 진보는 느리고 현 상황은 여전히 공정으로부터 거리가 멀지만, 지리학에서 학위 과정을 밟고 있는 대부분의 학생들은 강사나 교수로서의 여성들과 조우하게 될 것이다. 그런데 우리가 주의를 인종으로 돌린다 해도, 이와 똑같은 일이 생기지는 않는다.

서구 세계에서 지리학은 일반적인 인구보다 훨씬 더 **백인적 색채**가 강하다. 데이비드 델라니는 이를 다음과 같이 표현했다.

> 지리학은 연구 분야이다. 또한 지리학은 사회 제도이자 일터이기도 하다. 나는 제도로서의 지리학은 컨트리 음악이나 서구 음악만큼, 프로 골프만큼, 미국의 대법원만큼이나 백인적인 산업에 가깝다는 인상을 가지고 있다. 다른 학문과 비교할 때도, 내게는 지리학과 유색인종이 서로에 대해 특별히 관심이 없는 것처럼 보인다. (Delaney 2002: 12)

델라니의 관찰은 지리학에서 종종 간과되어온 흑인 및 **갈색인** 지리학자들의 오랜 역사(Kobayashi 2014)를 무시하고 있으며, 현재의 대법원이 그동안 인적 구성에 대해 진행된 연속적인 변화로 인해 지리학 분야보다 백인적인 색채가 약화되었을 것이라는 사실을 언급하고 있지 않다. 그럼에도 불구하고 그의 관찰은 넓게 보면 확실히 그리고 여전히 정확한 관찰이다. **흑인 지리학자들**의 상대적 부재 때문에, 보다 최근에는 파트리샤 녹솔로(Patricia Noxolo)가 흑인 지리학자들의 상대적 부재와 흑인 지리학자들에 의해 쓰여진 **흑인 지리학**의 필요성 간의 연계성을 분명히 보여주고 있다.

> 왜 그런가? 내가 제시해온 것처럼, 흑인 지리학이 제기하는 주요 비판은 지리적 지식이 역사적으로 흑인의 공간적 사고와 행위주체성에 대해 배제적이었다는 것이다. 이에 대한 대

응으로, 흑인 지리학은 흑인의 공간적 사고와 행위주체성을 중심에 둔다. 그러므로 지리학이라는 학문이 실제로 "흑인 지리학"이라고 명명된 영역을 유지할 수 있을 만큼 충분한 수의 흑인 지리학자들을 채용하고 유지하지 않는다면, 지리학이라는 학문명은, 사실은 흑인의 삶을 감독하고 흑인의 공간적 행위주체성을 지워버리는 일을 일상적으로 수행하는 식민주의적 사업을 지속하는 백인의 학문이라는 치부를 숨기기 위한 우스꽝스러운 이름이 될 것이다. (Noxolo 2022: 6)

흑인 지리학자 캐서린 맥키트릭(Katherine McKittrick)은 자신의 책 『악마적 토대(*Demonic Grounds*)』에서 이 주제를 보다 급진적인 방식으로 다루고 있다(McKittrick 2006). 이 책에서 맥키트릭은 인문지리학과 흑인 연구 간의 단절에 대해 설명하면서 다음과 같이 주장한다.

> ⋯ 만약 지리학 연구에서 흑인들이나 흑인 커뮤니티들이 제외되거나 단순히 대상으로만 머무른다면, 이 연구는 반드시 유용하지 못하거나 신뢰할 수 없는 지리적 주제가 된다. 즉 흑인의 지식, 경험, 지도는 다른 전통적인 지리학 연구에 종속돼 있거나 외부에 존재할 따름이다. (McKittrick 2006: 11)

맥키트릭은 지리 이론에서 나타나는 또 다른 배제 과정을 지적하고 있다. 백인 지리학자들, 특히 급진적인 백인 지리학자들은 인종 문제를 인식하고 있다는 표시를 위해 종종 흑인 학자들이나 이론가들의 문헌 목록을 자신의 연구물 안에 올려 놓는다. 이는 국제적 명성을 쌓은 극소수의 유색인 학자들을 향해 손짓하는 방식으로 이루어지는 경향이 있다. 맥키트릭은 그 사례로 흑인 페미니스트 이론가인 벨 훅스(bell hooks), 영국의 흑인 문화 이론가인 스튜어트 홀(Stuart Hall), "검은 대서양"[18]의 이론가인 폴 길로이(Paul Gilroy), 그리고 흑인 정신과 의사이자 철학자인 프란츠 파농(Frantz Fanon)을 든다. 이런 이름들은 인문지리학자들의 글에서 자주 나타나는 이름들로서, 일부 글에서는 이들 흑인 학자들의 저술 속에 나타나는 풍부한 지리적 함의를 잘 인식하고 있다. 맥키트릭은 이 흑인 학자들의 중요성을 폄하하려는 것은 아니지만, 백인 지리학자들이 이들의 저술을 활용하는 것은 많은 경우 "이봐 ⋯ 우리가 흑인 학자들의 연구까지도 섭렵하고 있는 걸 보라구!"라는 일종의 제스처나 주장을 나타내기 위함이라고 주장한다. 맥키트릭은 특히 훅스의 연구가 어떻게 이용되는지에 주목하면서

---

18 영국의 사회학자, 역사학자, 문화연구자 폴 길로이가 쓴 책 제목 『검은 대서양: 근대성과 이중 의식(*The Black Atlantic: Modernity and Double Consciousness*)』(1993)을 가리킨다. (역주)

다음과 같이 말한다.

> 훅스의 주변, 집, 백인성, 적대적 정치에 대한 논의는 특히 (일종의 지리이자 육체적 스케일
> 로서의) 훅스 자신만큼이나 대중적이다. 그리고 나는, 흑인성과 흑인 문화에 대한 이런 지
> 리적 연구들 중 일부가 훅스에서 끝나고 더는 나아가지 않는다고 주장해 왔다. 이렇게 개
> 념적 논의가 끝나면 지리적 연구에 해를 끼친다. 왜냐하면 이는 흑인의 지리, 흑인 페미니
> 즘의 지리, 그리고 아마도 훅스 자신까지도 일종의 투명한 가시적 환영(幻影)으로 환원시
> 키기 때문이다. 이 결과 우리는 차이라는 문제에 대해 (다른 사람을 거론하지 않더라도 이
> 문제에 대해 잘 알 수 있고, 잘 알고 있는) 흑인 여성의 신체(즉, 훅스)로부터 충분히 대답을
> 얻을 수 있다고 생각하게 되며, 흑인에 대한 수많은 다양한 이론적 접근을 고려할 필요가
> 없게 만든다. (McKittrick 2006: 19)

맥키트릭은 훅스를 이렇게 다루는 것이 인문지리학이 가진 광범위한 문제, 특히 "흑인 주체"
와 흑인 여성을 다루는 문제를 전형적으로 보여준다고 주장한다. 그녀의 주장에 따르면, 지
리학자들은 차이와 타자성에 대한 주장의 일부로 흑인의 신체를 활용하면서도, 흑인성의 의
미를 충분히 이해해 이를 지리학의 일반적인 수준에서 이론화하려고 하지는 않는다.

> 흑인 주체(항상은 아니지만 종종 흑인 여성으로 표현된다)는 이런 상징적-개념적 위치짓
> 기(positioning)를 통해 (인간 주체나 지리적 주체라기보다는) 일종의 개념으로서 이론화되
> 며, 이 결과 흑인 주체는 추상적 공간의 폭력을 보여주는 일시적 증거, 투명한 공간에서의
> 방해물, (흑인 주체의 존재가 없었더라면) 차별적이지 않았을 지리에 대한 상이한 (신체 전
> 체의) 대답으로 제시된다. 공간적, 개념적으로 볼 때, 흑인 여성 주체는 "차이와 다양성에
> 대한 주장"을 지지하기 위한 그리고 전통적인 지리적 패턴에 대한 어떤 "고통스런 질문"
> 을 제기하기 위한 한두 문장으로 간략히 취급된다. (McKittrick 2006: 19-20)

맥키트릭은 자신의 책 전반에 걸쳐서, 학계의 지리학자들이 보통은 잘 접하지 않는 문헌
들까지도 포괄하여 광범위하게 흑인 지리의 세계를 추적해 나간다. 그녀가 주목하는 어떤
지점들은 이론 지향적인 지리학자들의 일반적 토대와 밀접하다. 뚜렷한 카리브해인이 관
점을 문화 및 문학 이론에 가져온 마르티니크의 작가이자 시인인 에두아르 글리상(Édouard
Glissant)의 저작은 특히 중요하다. 글리상의 저작은 분명 포스트식민주의적 의도를 뚜렷
이 내포하고 있지만, 소속과 정체성에 대한 문제 제기의 일환으로 이동적 혼성성(mobile
hybridity)이 지니는 생생한 감흥을 불러일으킨다. 이 외에도 맥키트릭으로부터 우리가 그

동안 간과해 온 많은 흑인 지리학을 찾아볼 수 있다. 여기에는 다양한 형식을 지닌 창의적 작품들이 포함되어 있는데, 캐나다의 흑인 작가 디온 브랜드(Dionne Brand)의 소설, 자메이카의 시인이자 비평가 실비아 와인터(Sylvia Wynter), 시인이자 이론가 마를린 필립(Marlene Nourbese Philip)을 예로 들 수 있다.

예를 들어 맥키트릭은 필립의 작품에서 신체의 공간과 장소가 흑인과 여성에 대한 억압과 저항이라는 보다 거시적인 지리와 어떻게 연결되고 있는지를 탐구했다. 맥키트릭은 필립의 수필 작품 중 하나인 "전위(轉位)-사이 공간(Dis Place-The Space Between)"에 대해서 언급했다(Philip 1994). 이 작품에서 필립은 "다리 사이의 신체적 공간"을 플랜테이션 농장, 국가, 거리, 그 외에도 인문지리학의 보다 관습적인 요소들로 구성된 물질적 지리학의 긴 역사와 연결시켰다. 성적 욕망과 학대의 사실은 신대륙에서의 **흑인 여성들**의 상황을 분명히 보여주며 따라서 신체 공간을 강력한 방식으로 다른 공간들과 연결시킨다.

> 그녀는 흑인의 장소와 공간에 대한 본질주의적 관점을 탈자연화하기 위해서, 신체라는 경험적 스케일을 통해 젠더가 얼마나 다양한 삶으로 경험되는지를 강조한다. 흑인 여성들은 성적(性的) 기술(記述)의 대상이라는 위치를 부여받지만, 이들은 부단하게 지리를 생산하고 재생산하며, 정교화함으로써 지배의 실천을 횡단한다.
>
> …
>
> 신체죽은신체살해된신체수입되고양육되고불구가된신체유럽인간의거래에의해팔려나간신체사들여진신체남자에대해그리고식민본국의산업화에연료를주입하는것에대해그토록많은것을이야기해주는신체부와자본을창조하고산업혁명을살찌우며계속해서계속해서반복되는신체 …
>
> 다리 사이의   공간
> /자궁 속의   공간
> 장소와 공간처럼 식민화된
> 다리
> 사이공간
> 의침묵
> 자궁
> 내의공간
> 의침묵… (Philip 1994; McKittrick 2006: 48-49에서 재인용)

맥키트릭은 필립이 수필과 시를 통해 "다리 사이의 공간"을 사용함으로써 어떻게 도시화, 산업화, 식민화의 경관들 사이에서 이동 중인 흑인 신체의 지리를 기록하고 있는지 보여준다.

맥키트릭은 지리학 내에서 그리고 지리학을 넘어선 학계라는 세계에서 흑인 지리학의 가시성을 키우는 데 주도적인 목소리를 냈다. 이 기획의 핵심은 흑인성 개념을 광범위한 공간적 주제들과 결합시키는 것이다. 이것은, 지리적 상상력이 진지하지만 이제까지와는 반대로 다뤄질 때 흑인성(그리고 더 넓히면 "인종")에 대한 사고에 무슨 일이 생길 것인가? 그리고 흑인성이 진지하게 다뤄질 때 지리학에는 무슨 일이 생길 것인가?라는 질문을 던지는 것이다. 이 주제는 이 분야에 대한 리뷰에서 다음과 같이 카밀라 호손(Camilla Hawthorne)이 명확히 밝힌 바 있다.

> …지리학이라는 학문에 일종의 급진적인 도발을 돕기 위해, "흑인 지리학"이라는 문구에서 "흑인"이라는 용어를, 부분적으로라도 의도적으로 사용했다. 지리적 탐구의 주류로부터 체계적으로 배제되었던 이 주체들, 이들의 목소리와 경험을 중심에 두어야 한다는 외침이다. 이는 또한 공간, 장소, 권력에 대한 분석에서 흑인성과 인종주의에 대한 질문을 전면에 배치하게 되면 어떤 변화가 생기는지 숙고해보자는 초대이기도 하다. 또 다른 방식으로, 흑인 지리학은 비판적 인문지리학의 분석적 도구가 흑인성의 공간 정치와 실천에 어떻게 관여하는지, 그리고 다시 이같은 흑인성에 대한 질문이 자본, 스케일, 국가, 제국 같은 기본적인 지리적 범주를 어떻게 복잡하게 만드는지에 대해 질문한다. 흑인 지리학은 지리적 탐구에서의 이 많은 핵심적 개념들을 단단히 뒷받침해주었던 식민주의적이고 인종주의적인 가정들을 드러낸 다음, 이 지리적 탐구들이 왜 궁극적으로 실패했는지 그 원인을 찾는 길을 알려줄 수 있다. (Hawthorne 2019:8-9)

전 지구적 흑인 지리학

이 책의 다른 이론적 접근 방식과 마찬가지로 흑인 지리학은 단일한 이론이나 접근법이 아니다. "흑인 지리학들"이라는 문구에서부터 그 복수성이 명확히 드러난다. 미국의 경우, 아담 블레드소(Adam Bledsoe)와 윌리 사말 라이트(Willie Jamal Wright)는 소위 "흑인 지리학의 다원성"을 추적하기도 했다(Bledsoe and Wright 2019). 이들은 미국에서 흑인 사상가와 활동가들이 백인 주류 사회 바깥에서 흑인 영토성과 장소 만들기를 주장하고 일부는 제정하는 데 성공한 세 가지 정치적/이론적 순간을 다음과 같이 제시했다. 아프리카계 후손들이 아프리카로 돌아가서 주권 국가를 건설하자고 제안한 마커스 가비(Marcus Garvey)의 "백투 아프리카" 운동, 미국 흑인 공동체 자치를 위해 조직한 블랙 팬서 자위당(Black Panther Party for Self -Defense), 미국 내에서 흑인 주권 국가 건설을 추구했던 "뉴아프리카 공화국 임시 정부"가 그 예이다. 이들 사례는 서로 연관되어 있지만 각기 다른 흑인 투쟁을 나란히 제시함으로써 "흑인, 그리고 흑인 정치 운동이 반흑인주의의 본질에 대해 서로 다른 진단을 내리고 있으며, 흑인 해방의 모습과 이를 달성할 수 있는 방법에 대한 처방도 서로 다르다는 사실을 강조"하고 있다(Bledsoe and Wright 2019: 421).

북미의 노예제 역사를 감안할 때 흑인 지리학의 많은 원동력이 북미에서 비롯되었다는 것은 의심의 여지가 없다. 블레드소와 라이트가 강조한 미국 흑인 지리학 간의 차이뿐만 아니라 다른 곳의 흑인 지리학들에 대해서도 생각해볼 필요가 있다. 레니 에도-로지(Reni Eddo-Lodge)는 그녀의 인기 저서인 『나는 왜 더 이상 백인들과 인종에 대해서 이야기하지 않는가(Why I'm no Longer Talking to White People About Race)』에서 영국에서 인종과 인종차별의 문제 및 흑인의 경험이 어떻게 미국의 경험과 인권운동에서 교훈과 영감을 얻었는지를 성찰한다(Eddo-Lodge 2017).

> 나는 초중고를 다니면서 미국 중심의 교육 전시와 수업 계획을 통해서만 흑인 역사를 접해왔다. 로자 파크스(Rosa Parks)와 해리엇 터브먼(Harriet Tubman)의 지하철도, 마틴 루터 킹 주니어 등 미국 민권 운동의 대명사들만 중요하게 다루어졌는데 이들은 런던 북부에서 자란 어린 흑인 소녀였던 나의 삶과는 100만 마일이나 떨어져 있었다. (Eddo-Lodge 2017: 1)

이 책을 통해 에도-로지는 영국의 오랜 노예제 역사와 영국 흑인들이 일상생활을 영위하기 위해 직면해야 했던 수많은 부정의를 독자들에게 상기시켜준다. 영국의 흑인 지리학은 미국의 경험과 물론 연결되어 있지만 분명히 다르기도 하다.

제국의 중심부에 있는 흑인의 지리적·역사적 특수성, 특히 영국과 미국에서의 흑인 경험의 차이를 인식한 지리학자들은 영국 흑인 지리학을 촉구했다(Noxolo 2020). 패트리샤 녹솔로는 영국 흑인 문화의 특징을 제국의 결절지로서 카리브해와 아프리카에 연결된 영국 도시의 특수성과 연관시킨다.

영국 흑인 지리학은 영국 흑인 문화의 많은 부분에 대한 지리적 맥락으로 영국 도시를 인식할 뿐만 아니라 (킹스턴, 라고스 및 기타 세계적으로 영향력 있는 도시들의 지속적인 초국가적 존재감을 잊지 않는다면) 영국 흑인 문화와 영국 도시가 상당 부분 상호 구성적이라는 점에도 주목한다. 영국 도시가 흑인 영국인의 몸을 어떻게 형성하는지뿐만 아니라 흑인 영국인의 몸이 영국 도시를 어떻게 구성하고 생산하는지를 보여주는 것이 이제 우리의 과제가 되고 있다. (Noxolo 2020 : 510)

녹솔로는 흑인 지리학 연구에 대한 최근 리뷰에서 흑인의 대다수, 따라서 흑인 지리학의 대다수가 미국과 영국 이외의 지역에도 존재한다는 사실을 인정하는 전 지구적 흑인 지리학의 출현에 대해 설명한다(Noxolo 2022). 백인 우월주의와 같이 치명적인 논리를 포함하여 모든 흑인 지리학이 공유하는 지점이 많지만, 흑인 지리학이 맥락적이라는 점도 마찬가지로 중요한 공통점이다. 예를 들어, 흑인들의 삶의 특징적인 공간과 장소는 그들의 위치에 따라 다르다—"미국에서 흑인들에게 친밀한 장소인 허름한 집과 흑인 소유 사업장이 흑인 담론과 저항의 핵심 공간이자 상징이라면 (⋯) 카리브해, 캐나다, 오스트레일리아에서는 다른 친밀한 공간인 라쿠(lakou), 길모퉁이, 쇼핑몰, 카페에 대한 연구가 춤과 놀이를 통해 또 다른 감시와 저항의 정치적 현장을 드러낸다"(Noxolo 2022: 1236). 이처럼 전 지구적인 흑인 지리학의 성격에도 불구하고, 녹솔로는 "그렇게 명명된 흑인 지리학은 미국 중심의 흑인 지식 생산이라는 강력한 진원지에 뿌리를 두고 있으며 그곳에서 차차 다른 흑인 커뮤니티 중심지로 뻗어가고 있다."고 설명한다(Noxolo 2022: 1233). 그러나 동시에 흑인 지리학이 흑인 경험에 기반하고 있다는 점은 "보다 세계화되고 다양한 흑인 비전에 뿌리를 두고/경유하는 것으로 흑인 지리학을 다시 읽음"(Noxolo 2022: 2)으로써 미국 중심성에 필연적으로 저항하도록 만든다.

흑인 공간 사상이 삭제되어 왔다고 주장하는 데 머무는 대신 흑인 공간 사상을 중심에 놓음으로써 흑인 지리학이 이룬 가장 급진적인 효과는 흑인 지리학자들을 배타적인 조건으로만 대화에 포함시키려 했던 포스트식민적인 자유주의 충동에서 마침내 지리학을 벗어나게 한 것일 수 있다(Hawthorne and Heitz 2018). 즉 흑인 지리학은 "인종에 대한 윤리적 분석이 고통이 아니라 인간의 삶에 기반을 둔 것이라는 역사적 순간으로 지리학을 나아가게 할 수 있다." (McKittrick 2011 : 948)

가빌라 호손은 흑인 지리학 연구에 대한 리뷰 말미에 "지금까지 흑인 지리학 연구의 내부분이 북미에서, 그리고 그보다는 적지만 상당수가 카리브해에서 수행되었다는 점을 간과해서는 안 된다."고 지적하면서 "다른 지리적 맥락에서 인종과 **흑인의 공간 정치를 고려하고 흑인 지리학의 '고유한 다원성'에 주목하는 흑인 지리학 연구가 절실히 필요하다.**"(Hawthorne 2019: 8)고 주장한다. 그녀는 흑인 지리학의 글로벌 순환, 아프리카 대륙의 참여 필요성, 지중해에 대한 자신의 작업을 포함하여 바다와 해양의 역할에 초점을 맞출 필요성을 제안한다 (Hawthorne 2017). 엠마누엘 치디 남디(Emmanuel Chidi Nnamdi)의 살인 사건에 대한 논평에서 그녀는 이탈리아에서 살해된 다른 흑인들의 슬픈 사연뿐만 아니라 아프리카에서 지중해를 건너는 필사적인 이주를 통해 등장하고 있는 흑인 지리와 새롭게 인식되고 있는 아프리카계 이탈리아인의 특수한 정체성에 대해 성찰한다. 아프로 또는 **흑인 이탈리아인이 된다는** 것이 무엇을 의미하는지에 대한 논쟁은 이들의 정체성이 아프리카계 미국인과 어떻게 다른가를 포함한다. 호손은 "부드러운 아프리카 식민권력"이라는 이탈리아의 자의식과 최근 이민 역사에서 흑인에게 필연적으로 따라붙는 "이민자"라는 꼬리표 및 그에 수반되는 이미지 (지중해를 건너는 위험한 항해를 시도하는 항해 불가능한 과적 선박)가 이탈리아의 흑인성 구성과 연결된다고 한다.

> 그렇다면 지금 이 순간 이탈리아에서 흑인에게 부여되고 있는 새롭고 때로는 모순적인 의미는 무엇일까? 이탈리아 흑인들의 새로운 투쟁은 가령 디아스포라의 다른 쪽 끝인 아프리카계 미국인의 역사 및 동원과 어떤 관련이 있을까? 인종적 피지배의 범주로서, 자기 정체성의 한 형태로서, 심지어 급진적 해방 정치의 기초로서 이탈리아에서 흑인의 지리적, 역사적 구성 요소는 무엇일까? 물론 엄청난 질문이지만, 여기서는 다양한 인종화 경험의 특수성 속에서 디아스포라 동질성 형성의 시련과 고난, 그리고 폭력적이고 불안정한 현재 유럽의 반흑인 정서에 대한 저항가능성을 성찰해보고자 한다. (Hawthorne 2017: 162)

호손의 작업은 이탈리아뿐만 아니라 "흑인 지중해"라는 유동적인 공간에서 흑인 디아스포라 정체성의 또 다른 현장을 제공한다. "검은 대서양"(Gilroy 1993)에 대한 폴 길로이의 잘 알려진 토론을 바탕으로 호손은 이탈리아가 오랫동안 교차로이자 더 큰 지중해 세계의 핵심을 차지했던 방식을 추적한다(Hawthorne 2022). 이러한 역사는 인종 및 민족동질성에 대한 그 어떤 주장도 거짓으로 만든다. 분명한 것은 이탈리아는 아프리카에서 바다 건너편에 위치하고 있으며, 오랫동안 사하라 이남 지역민들의 이주 목적지였으며 무어 제국 시대 스페인과 시칠리아 일부가 식민화되었다는 사실이다. 하지만 지중해는 고대 로마와 그리스 고전의 세계에서 유럽과 바다 건너 아프리카의 경계로 작동하면서 상상 속의 백인 유럽 세계가 탄생한 장소이다. 지속적인 경계 짓기에도 불구하고 호손은 세드릭 로빈슨(Cedric Robinson)을 인용하여 **흑인** 지중해가 인종 자본주의의 전제 조건이었다는 주장을 펼친다. 인종 자본주의는 아프리카 노예 거래를 위한 대서양 무역이 등장하기 전부터 존재한 새로운 형태의 인종주의이자 노예 노동에 대한 일종의 시범 케이스였다.

흑인 공간 사상

흑인 지리학 프로젝트의 핵심은 **흑인** 공간 사상의 창의적이고 비판적인 역량에 초점을 맞추는 것이다. 물론 흑인의 공간 사유가 실제로 적용된 사례는 많다. 지리학 바깥에서는 폴 길로이, 스튜어트 홀, 벨 훅스, 프란츠 파농의 작업이 비교적 잘 알려져 있다(Fanon 1969, Hall 1978, Gilroy 1993, Hooks 2014). 맥키트릭(Mckttrick) 등의 최근 연구는 실비아 윈터와 에두아르 글리상(Wynter 1971; Glissant 1997)을 포함하여 지리학자들이 참조하는 흑인 사상가의 고전을 확장했다. 인종 자본주의에 대한 세드릭 로빈슨의 이론도 중요한 토대가 되었다(7장 참조)(Robinson 1983). 하지만 흑인의 공간 사상은 흑인 이론가와 작가들의 글에만 존재하는 것이 아니다. 민속과 대중문화, 예술에서 공간적 사고를 수용하는 것이 흑인 지리학 연구의 중요한 구성 요소가 된다. 이 장의 나머지 부분에서는 지리학을 비롯한 다양한 분야에서의 흑인 공간 사상을 살펴볼 것이다.

문학연구가 크리스티나 샤프는 『인 더 웨이크(*In the Wake*)』에서 흑인성을 웨이크(물결)의 특정한 공간적 형태, 선박 화물칸, 날씨와 관련하여 사유하는 지극히 지리적인 사고방식을 제시한다(Sharpe 2016: 42). 이 모든 것은 항해 중인 노예선에서 파생되었다. 물결은 배의 물결, 즉 배가 지나가면서 물속에 남기는 흔적을 가리키는 중심 단어이다. 웨이크는 장례 행렬, 깨어 있다는 느낌, 총의 반동선 등을 의미하기도 한다. 샤프는 이 다의적인 단어를 사용하여 노예 해방 후 해야 할 일, 즉 "웨이크 워크(wake work)" 선언문을 설명한다. 화물칸은 화물처럼 노예를 가득 채운 배의 갑판 아래 어두운 공간을 일컫는다. 샤프는 흑인들이 기형적으로 가득 수감되어 있는 미국의 현대 교도소에 대한 비유로 이 화물칸이라는 용어를 사용한다. 배의 배경이 되는 날씨는 흑인 사망 사건의 배경이 되는 총체적인 반 흑인 정서이나. 노예제의 여파(wake)에는 길모어의 노예제 정의의 핵심인 "조기 사망"이 포함되는데, 이는 종종 국가가 승인하거나 비합법적인 조기 사망을 말한다. 샤프는 그 여파를 받는다는 것을 이렇게 정의한다. "아직 해결되지 않은 노예 제도의 지속적이고 변화하는 현재를 점령하고 또한 그에 잠식당하는 것"(Sharpe 2016: 13-14)이라고 말이다.

인종 일반, 특히 흑인을 우리 사고의 중심에 놓음으로써 노예선에 대한 지리적 재조명이 이론의 생산을 근본적으로 변화시킬 수 있는 다른 방법도 있다. 현대 사회에서 감시의 이론화를 떠올려 보자. 미셸 푸코의 연구는 감시에 대한 핵심적인 비판 이론이 되어 왔다. 그의 저서『감시와 처벌(Discipline and Punish)』에서 푸코는 규율을 항상 감시당하고 있다는 감각을 통해 개인의 신체에 코딩되는 것으로 정의했다(Foucault 1979). 이 개념을 구축하기 위한 원형적 공간이 파놉티콘이었다. 푸코의 책에서 파놉티콘은 영국의 공리주의 철학자 제레미 벤담의 발명품으로 묘사된다. 파놉티콘은 1786년 벤담이 고안한 감옥 설계도로, 감시탑을 둘러싼 원형의 감방으로 구성되어 있다. 각 감방은 단단한 벽으로 다른 감방과 구분되지만 전면은 금속 창살로 되어 있어 원 중앙의 감시탑에서 죄수를 볼 수 있게 설계되었다. 망루에 있는 사람은 이론적으로는 모든 죄수를 볼 수 있지만, 감시자 자신은 죄수들에게 보이지 않는 존재였다. 이론상 망루가 비어 있어도 죄수들은 여전히 감시당하고 있다고 느끼고 그에 따라 행동할 수밖에 없다. 파놉티콘은 특정 종류의 시선은 허용하고 다른 종류의 시선은 차단하는 건축적 감시 장치였다. 푸코 주장의 핵심은 파놉티콘에서 시행되고 내면화된 **규율**이 개인의 신체에 가해지는 극심한 고문인 **형벌**을 대체하고 있다는 것이다. 이 모델을 기반으로 지어진 감옥은 거의 없었지만, 파놉티콘이라는 개념은 CCTV, 생체 인식, 얼굴 인식 및 기타 여러 감시 기술을 사용하는 현대 사회에서 감시 기술의 증가에 대한 일종의 공간적 은유가 되었다. 이제 은유적/이론적 파놉티콘에 대해 이야기하는 것은 흔한 일이 되었다. 그러나 규율과 파놉티콘에 대한 푸코의 설명은 규율과 형벌 체제에서 인종의 중요성을 제대로 다루지 않았다. 이러한 주장은 흑인 페미니스트 학자인 시몬 브라운(Simone Browne)이 그녀의 저서『피부색의 중요성: 흑인성에 대한 감시(Dark Matters: On the Surveillance of Blackness)』(Browne 2015)에서 자세히 다루었다.

브라운은 푸코가 주장한 대중 고문의 감소에 대해 문제 제기를 하며 논의를 시작한다. 즉 흑인됨을 진지하게 생각해본다면, 노예제와 노예제 이후에 가해진 린치와 백인 폭도의 폭력으로 인한 흑인의 공포를 조금이나마 느껴본다면 적어도 푸코의 이러한 주장은 의문시되어야 한다고 말이다. 로빈슨과 우즈와 마찬가지로, 그녀는 감시를 논의할 때 파놉티콘이 아닌 노예선의 선실이라는 매우 다른 장소로 눈을 돌린다. 브라운은 "노예선을 통해 파놉티시즘에 선을 긋는 것은 규율, 형벌, 감옥의 탄생에 대한 푸코의 독해를 방해하는 또 다른 수단"이라고 주장한다. 왜냐하면 "마커스 레디커(Marcus Rediker)가 말했듯이 노예선은 '근대 감옥이 육지에 설치되지 않았던 시기 이동식 해상 감옥'이었기 때문이다"(Browne 2015: 42). 세드릭 로빈슨이 플랜테이션이라는 공간에 초점을 맞춤으로써 영국 공장에 초점을 맞추면서 시작된 마르크스주의자들의 자본주의에 대한 설명을 어떻게 변화시킬 수 있는지 드러낸 것처럼(7장 참조), 샤프와 브라운은 노예선에서 시작하여 공간적 상상을 재구성한다.

캐롤린 피니(Carolyn Finney)는 저서 『검은 얼굴, 하얀 공간(*Black Faces, White Spaces*)』에서 아프리카계 미국인이 자연이라는 야외 공간과 맺는 관계를 재구성한다. 그녀는 흑인 시인 루실 클리프턴(Lucille Clifton)의 시 "자비"의 한 구절에서 논의를 시작한다.

> 확실히 나는 시를 쓸 수 있습니다
> 초록을 찬양하며 하늘의 푸른색이 어떻게
> 초록색이나 빨간색으로 변하고
> 물은 마치 익숙한 것처럼 체사피크 해안에 맞닿아 있는지를
> 자연과 풍경에 관한 시
> 확실히 그러나 내가 시를 지을 때마다
> "나무들은 매듭이 있는 가지를 흔들고
> 그리고…" 왜
> 그 시 아래에는 항상
> 다른 시가 있는지요?
>
> (Lucille Clifton, Finney 2014: 1에서 재인용)

북미 문화에서 야생(wilderness)은 새 나라에 대한 하나님의 축복을 증거하는 신성한 공간으로서 중요한 역할을 한다. 생태 철학과 환경 보존을 선도한 많은 사상가들이 미국인이었다. 한 예로 시에라 클럽의 창립자인 존 뮤어(John Muir)는 옐로스톤과 같은 국립공원의 형성에 중요한 역할을 한 인물이다. 그러나 국립공원이 국가적인 공공 공간이었음에도 불구하고 흑인들은 법과 폭력적인 인종차별 행위의 만연으로 인해 이러한 야생 공간에 접근하는 데 필요한 이동성에서 배제되었음을 피니는 보여준다. 그녀는 이러한 배제가 다소 역설적임을 주장한다. 즉 흑인은 아메리카 원주민과 마찬가지로 인종차별적인 방식으로 자연과 야생을 상징하도록 만들어졌고, 경멸과 가짜 경외심을 받았다고 말이다. 흑인은 자연 속에서 완전히 인간이 아니거나 원시적인 존재로 묘사되었고 때로는 여전히 그런 방식으로 묘사되고 있다.

오랫동안 흑인들은 자연사 박물관과 동물원에서도 전시되었다. 피니는 1904년 세인트루이스에서 열린 박람회와 1906년 브롱크스 동물원에서 콩고 음부티(피그미족)인 오타 벤가(Ota Benga)가 어떻게 전시되었는지에 대해 이야기한다. 그는 순회 전시를 다니며 대부분 백인 구경꾼들에게 과학적 호기심과 구경거리의 역할을 했다. 브롱크스 동물원에서는 그를 영장류와 인간 사이의 "잃어버린 고리"라고 표현했다. 피니는 인종이라는 개념 자체가 사회 집단 간의 사회적 차이와 불평등을 정당화하는 근거로 종종 제시되는 자연과 자연에 대한 (잘못된) 생각에 뿌리를 두고 있다고 설명한다. 국립공원 운동은 백인이 새로운 국가 정체성과 연결되고 흑인이 국가에 위협이 되는 존재로 여겨지던 시기에 일어났다. 이는 인종차별적인 방식으로 흑인을 재현하고 쿠 클럭스 클랜(KKK)의 등장을 기념하는 영화 〈국가의 탄생(Birth of a Nation)〉(1915)에서도 잘 드러난다.

> "야생"과 공공 토지(공원과 숲)의 조성은 처음부터 미국인 정체성을 정의하는 국가 건설 프로젝트의 핵심사업이었다. 이 땅은 우리의 성지이자, 우리가 누구이며 어떤 사람이 될 수 있는지에 대한 최선의 재현이었다. 처음부터 아프리카계 미국인과 백인이 아닌 사람들은 이 프로젝트에 참여할 수 없었다. 그리고 참여하더라도 언제, 어디서, 어떻게 참여할지는 법률, 정치 수사, 과학, 대중의 인식을 통해 주류 문화에 의해 결정되었다. (Finney 2014: 50)

피니는 이러한 역사가 오늘날 환경과 환경론에 대한 흑인의 태도를 복잡하게 만드는 요인이라고 지적한다. 루실 클리프턴의 시에서 알 수 있듯이 흑인들이 전통적인 서정적인 방식으로 자연과 소통할 수 있는 방법이 있어야 하지만, 그러한 시도 뒤에는 빌리 홀리데이의 노래로 유명해진 〈이상한 과일(Strange Fruit)〉의 가사처럼 피니가 묘사한 역사가 존재한다.

> 용감한 남부의 목가적 풍경
> 부풀어 오른 눈과 비틀린 입
> 달콤하고 신선한 목련의 향기
> 그리고 갑자기 살타는 냄새

"목가적"이라는 용어의 순수함과 목련의 자연스러운 아름다움(전형적인 시적 소재)은 포플러 나무에 매달려 있는 죽은 흑인 시체로 인해 반감된다. 피니는 나무는 흑인과 백인에게 같은 의미가 아니라고 말한다.

흑인의 삶의 지리

플랜테이션과 노예선의 공간은 모두 흑인 조기 사망의 역사와 현재 진행 중인 지리에 초점을 맞추고 있다. 하지만 흑인 지리학 및 흑인의 공간적 사고의 중요한 구성 요소는 반흑인주의라는 일반적인 경향에도 불구하고 흑인의 삶과 흑인의 경험의 지속적인 창의성에 초점을 맞춰야 한다는 것이다. 노스캐롤라이나의 그레이트 디스멀 스웜프(Great Dismal Swamp)는 역사적으로 접근이 불가능한 지역이었다. 늪지의 일부가 배수되기 전까지 이 늪지는 가로지르는 길이 없었으며, 2,000제곱마일이 넘는 면적을 지니고 있었다. 이 늪지는 고인 물속에서 자라는 고무나무와 편백나무 사이의 섬들을 배회하는 모기, 독사, 방울뱀, 곰, 살쾡이, 늑대의 보금자리였다. 즉, 이 늪지는 백인 식민지 개척자들에게 중요한 장벽이었다. 노예 제도 시대에 자유로운 흑인들이 살았던 곳이자 도망친 노예들이 사회를 형성한 곳이 바로 이 공간이었다. 피니는 자체적인 거버넌스 형태에 따라 생활하는 흑인 장소의 예로 이 늪지 공간을 사용하고 있다(Finney 2014). 하지만 피니는 이 늪지가 완전히 자율적이지 않았거나 백인 우월주의 경관과 분리되지 않았음을 지적하고 있다. "늪지에서 삶을 살아가는 흑인들 역시 발각될 것에 대한 지속적인 두려움 속에 살고 있었다. 노예 소유자는 인간 재산에 대한 소유권을 그렇게 쉽게 포기하지 않았다"(Finney 2014: 122). 노예 소유자는 도망친 노예를 사냥하기 위해 개를 훈련시켰고, 이 늪지는 살기 위험한 곳이었다. 그럼에도 불구하고 이 늪지는 흑인들에게 일종의 안식처를 제공했으며, "이 늪지에서의 일상생활의 어려움에도 불구하고 이 늪지에 대한 두려움은 백인, 노예제, 지배적 문화에 내재된 흑인성에 대한 부정적 관념에 대한 더 지속적인 두려움으로 완화되었다. 이 늪지는 흑인들에게 피난처이자 가능성의 장소가 되었다"(Finney 2014: 122). 피니는 그레이트 디스멀 스웜프를 흑인의 창조적 문화가 살아 있고 흑인이 번성할 수 있는 상대적 자율성의 흑인 경관으로 묘사했다. 그녀는 백인 우월주의에 대한 반응이나 대응으로 축소될 수 없는 흑인의 삶을 확인하고자 이 늪지를 흑인의 창조적 표현의 다른 공간과 연결하고 있다.

적응력, 복원력, 두려움 없음, 용기는 이상이 아니라 현실이었다. 백인 우월주의와 억압의 부산물인 두려움은 확실히 많은 아프리카계 미국인들이 살아가는 현실의 일부였지만, 두려움에만 초점을 맞추는 것은 현실을 창조하고 구성하려는 흑인 상상력의 유연성을 부정

하는 것이다. 흑인 상상력의 유연성은 두려움에 기반을 두는 것이 아니라 인간의 독창성과
삶의 리듬과 흐름에 기반을 둔다. (Finney 2014: 123)

그레이트 디스멀 스웜프에 대한 피니의 관찰은 흑인 지리학의 중요한 부분, 즉 흑인 삶에 대
한 확인과 맥을 같이 한다. 『흑인 마르크스주의(*Black Marxism*)』에서 세드릭 로빈슨(Cedric
Robinson)은 흑인 삶에 대한 확인을 인종 자본주의라는 자신의 논제의 핵심으로 삼았다. 그
는 흑인 혁명 문화가 다음과 같다고 주장하였다.

> … 흑인 혁명 문화는 아프리카인들이 그들의 문화적 소유물로서 신세계에 가져온 의미를
> 통해 형성되었다. 아프리카인들이 그들의 문화적 소유물로서 신세계에 가져온 의미는 유
> 럽인들이 계속해서 언급했던 서구 사상의 기초와 충분히 구별되는 의미이며, 노예제도에
> 서 살아남아 정반대의 기반이 될 만큼 지속적이고 강력한 의미이다. (Robinson 1983: 5)

길모어의 관점에서 인종차별은 흑인이 조기에 사망한다는 사실에 달려 있지만, 흑인성을 조
기 사망이라는 용어로만 정의한다고 생각하는 것은 잘못된 것이다. 보통 아프리카에 뿌리를
둔 흑인의 삶에 대한 확인도 동등하게 중요하다.

흑인 문화와 관련된 또 다른 공간은 노예가 플랜테이션 내에서 자신의 야채를 재배할 수
있도록 주어진 작은 토지이다. 자메이카 소설가이자 이론가인 실비아 윈터는 자신의 에세
이 「소설과 역사, 작은 대지와 플랜테이션(Novel and History, Plot and Plantation」(1971)에
서 작은 대지의 중요성을 언급하고 있다. 그녀는 담배, 설탕과 같은 수출용 상품 작물을 생
산하기 위해 고안되고 사회 및 인종 계층의 유럽 모델로 특징지어지는 단일 재배 체계인 플
랜테이션과 노예가 된 아프리카 사람들이 생계를 위해 식량으로 재배한 얌과 카사바와 같이
아프리카에서 유래한 여러 작물로 특징지어지는 작은 대지를 대비시키고 있다. 윈터는 작은
대지를 플랜테이션의 교환 가치 기반 체계에 대한 게릴라 저항의 장소로 설명하고 있다.

> 아프리카의 전통 사회가 창조한 모든 가치 구조를 작은 대지에 이식한 아프리카 농민들에
> 게 땅은 지구로 남아 있었고 지구는 여신이었다. 인간은 땅을 이용해 식량을 조달했고, 첫
> 열매를 땅에 바쳤고, 인간의 장례식은 땅과의 신비로운 재회였다. 이러한 전통적인 개념
> 으로 인해 사회 질서는 기본적으로 유지되었다. 생존을 위한 식량인 얌을 재배하는 과정
> 에서 인간은 300년 만에 사회 질서의 기초가 되는 민속 문화를 작은 대지에 창조하였다.
> (Wynter 1971: 99)

원터는 작은 대지를 아프리카에 기반을 둔 전통적인 사용 가치의 장소로 보는 반면, 지리학자 클라이드 우즈는 그가 **블루스 인식론**(blues epistemology)이라고 지칭한 플랜테이션에 반대되는 지식의 형태를 창출하였다. 『개발 중단: 미시시피 삼각주에서의 블루스와 플랜테이션 권력(*Development Arrested: The Blues and Plantation Power in the Mississippi Delta*)』(2017)에서 우즈는 인구의 60%가 흑인인 미국에서 가장 가난한 지역인 미시시피 삼각주로 알려진 지역의 지역화를 연구하였다. 우즈는 미시시피 삼각주 지역에서의 두 가지 인식론 간의 상호 작용을 기록하였는데, 하나의 인식론은 플랜테이션의 살인적 논리에서 파생된 것이고, 다른 하나의 인식론은 흑인 인구의 삶에서 파생된 블루스 인식론이다. 우즈는 **인종 자본주의**(racial capitalism)에 관한 세드릭 로빈슨의 주장을 더 진전시켰다(7장 참조). 로빈슨과 달리 우즈는 노예제도와 플랜테이션을 봉건주의의 잔재로 생각해서는 안 된다고 주장한다. 오히려 우즈는 플랜테이션의 공간적 현실과 상상이 미국 자본주의의 기초라고 주장한다. 미시시피 삼각주의 사회적 조건은 자본주의가 너무 작은 결과가 아니라 자본주의가 너무 많은 결과라고 우즈는 주장하고 있다. 로빈슨처럼 우즈도 플랜테이션/노예 복합체를 자본주의 설명의 주변에 두지 않고 중심에 두고 있다. 우즈는 플랜테이션의 논리 내에서 반 헤게모니 집단의 출현, 즉 미시시피 삼각주의 흑인들 사이에서 블루스 인식론의 출현에 초점을 두고 있다.

플랜테이션의 공간성은 지속적인 감시와 계층적 질서로 특징지어지는 반면, 블루스 인식론은 구전 전통, 리듬, 아프리카 경로에 기초하여 플랜테이션 인식론에 대한 비판에 뿌리를 두고 있다. 블루스 인식론은 "블루 노트(blue note)"라는 발상을 통해 가장 잘 표현될 수 있다. 우즈는 다음과 같이 블루 노트에 대한 매리 엘리슨(Mary Ellison)의 설명을 인용하고 있다.

> 서양 음계로 불러야 했기 때문에 음 바로 아래에서 불러지는 블루 노트 또는 내림음은 거의 블루스의 특징이 되어 왔다 … 블루 노트는 곡조에 안 맞게 연주되는 음이 아니라 특정 방식으로 연주되는 음이다. 블루 노트는 노예들이 아프리카의 음계를 유럽의 음계에 맞추려고 했을 때 만들어졌다. (Ellison 1989: 4)

블루 노트가 서양 음계에 맞지 않기 때문에 곡조에 맞지 않는다는 제안에 주목할 필요가 있다. 이는 다른 역사와 지리 환경에서 태어나 다른 학습된 리듬을 지닌 흑인의 삶에서 태어난 인식론이 어떻게 자신의 공간적 상상을 통해 지배적인 형태의 이해로 압착될 수 없는지를 보여준다. 서양 음계는 소리를 조직하는 균등하게 분할된 간격의 공간적 배열로 생각될 수 있다. 블루 노트는 서양 음계를 사용하지만 완전히 맞지는 않는다.

> 검열, 억압, 박해의 새로운 시대에 탄생한 블루스는 아프리카계 미국인에게 닥친 개인적
> 이고 집단적인 비극에 대한 슬픔을 전달했다. 또한 블루스는 일상적인 모욕에 직면하는
> 사람들에게 자부심을 심어줄 뿐만 아니라 민간 지혜, 삶과 노동에 대한 서술, 여행기, 저
> 주, 개인과 기관에 대한 비판을 전달하는 데에도 사용되었다. (Woods 2017: 17)

플랜테이션의 논리를 넘어서 존재하는 인식론으로서의 블루스에 대한 우즈의 설명은 피니
의 그레이트 디스멀 스웜프에 대한 설명과 원터의 작은 대지에 대한 설명과 유사하다. 우즈
는 노예제와 플랜테이션 논리 이전에 있었던 아프리카 문화 요소를 플랜테이션 경제와 백인
우월주의의 구체적인 맥락과 연결시키고자 하였다. 우즈에게 블루스는 일상생활에서 발생
하는 지식의 한 형태이며, 지배적인 지식 방식의 논리에서 벗어난다.

> 이 지역의 다른 권역과 마찬가지로 삼각주와 블랙벨트(Black Belt) 남부의 노동계급 아프리
> 카계 미국인은 일상생활, 조직 활동, 문화, 종교, 사회 운동에 대한 정보를 제공하는 설명
> 체계를 구축해 왔다. 그들은 자신들만의 민족-지역적 인식론을 만들어냈다. 다른 해석 전
> 통과 마찬가지로 민족-지역적 인식론은 하나의 단일체가 아니다. 가지, 뿌리, 줄기가 있
> 다. (Woods 2017: 16)

우즈가 블루스를 일상생활에 뿌리를 둔 이론의 현장으로 바라볼 때, 그는 흑인 지리학 전통
의 학자들이 반복적으로 찾는 현장인 일상의 창조적 문화에서 긍정을 찾는다. 예를 들어 피
니는 흑인 예술가와 음악가들이 흑인 환경주의(Black environmentalism)를 창조해내는 창의
적인 방식을 인식하라는 외침과 함께 그녀의 책을 끝맺고 있다.

> … 나는 학계와 같은 보다 전통적인 공간에 대한 존중과 함께 지리학이 지식 생산의 비학
> 술적 공간에 참여하는 것을 보고 싶다. 특히 인종과 차이에 관한 연구를 할 때 대중문화,
> 예술, 음악 등 다양한 형태의 문화 작업에 참여하는 것이 필수적이라고 생각한다. 왜냐하
> 면 문화 작업의 공간 속에서 서로 다른 사람들은 전통적인 지식 방식으로는 전달할 수 없
> 는 자신의 목소리를 억제할 수 있는 경계와 규칙 없이 자신에 대한 작품을 생산할 수 있기
> 때문이다. (Finney 2014: 133)

맥키트릭(McKittrick)의 저서 『친애하는 과학 및 기타 이야기(*Dear Science and Other Stories*)』
(2021)는 흑인의 삶, 특히 흑인의 장소에 대해 학문적으로 구체화하였다. 이 저서는 피니와
우즈가 서술한 "지식 생산의 비학문적 공간"을 활용할 뿐만 아니라 학문적 글쓰기의 성문화

된 체계가 특권을 부여하는 경향이 있는 경계와 규칙을 넘어서는 연구의 전형적인 예이다. 이 저서는 창조적인 지리 연구이면서 동시에 창조적인 비학문적 지리를 소재로 삼은 연구이기도 하다. 이 저서의 "친애하는 과학" 부분에서 맥키트릭은 북미 등에서 흑인성과 관련하여 계속 문제가 되는 조기 사망을 부정하지 않으면서 흑인성의 감소를 죽음의 이야기로 모면하는 학제 간 이야기를 전하고 있다. 그녀는 생물학적 결정론에 뿌리를 둔 흑인성에 대한 논의로부터 탈출구를 제공하고 있다.

> 나는 해방을 추구하고 흑인성에 대해 규범적으로 부정적인 개념을 벗어나 흑인 삶에 대한 용어를 재창조하는 것이 어떻게 번거롭고 즐겁고 어려운지에 대해 그리고 무한한 흑인의 삶에 대해 주목한다. 내 심장이 내 머리를 헤엄치게 만든다. (McKittrick 2021: 3)

맥키트릭은 기록물들이 인종차별과 폭력에 대한 이야기를 반복하는 경향이 있으며 흑인의 기쁨에 대해서는 이야기를 거의 반복하지 않는 경향이 있는 점에 주목하고 있다. 따라서 기록물들은 "백인 우월주의의 비인간적 논리"(McKittrick 2021: 105)의 일부가 된다. 대조적으로 맥키트릭은 "우리의 분석 프레임이 망연자실하게 하는 인종적 폭력에서 나오지 않고, 대신에 흑인 삶에 대한 다양한 진술에서 나올 때 흑인 인간성에 대한 우리의 이해는 어떻게 될까?"(McKittrick 2021: 105)라고 질문하고 있다. 이를 위한 그녀의 전략은 그녀가 일종의 이론이자 실천의 종류로 이론화한 시, 미술, 음악 등 학계 외부의 지식 생산의 현장들을 찾는 것이다. 흑인 삶의 이러한 현장들은 반인종주의적 의도로 수행될 때마저도 흑인성을 죽음의 낙인이 찍힌 대상으로 복제하는 경향이 있다고 그녀는 주장하고 있다.

> 흑인 연구와 반식민지적 사고는 해방적 실천에 기반한 다양한 시간성, 장소, 글, 생각을 가로질러 우리가 읽고, 살고, 듣고, 리듬을 타고, 창조하고, 집필하는 방법론적 실천을 제공한다. 그리고 흑인 연구와 반식민지적 사고는 불편하게 관대하고 임시적이며 실용적이면서도 부정확하고 실현되지 않은 세상을 살아가는 방식을 추구할 수 있는 방법론적 실천을 우리에게 제공한다. (McKittrick 2021: 5)

맥키트릭의 작업을 돋보이게 만드는 것은 그녀가 활용하는 연구 자료뿐만 아니라 더 나아가 저서가 표현에 있어서 창의적이라는 것이다. 그 저서에는 투명한 페이지, 음악 재생 목록, 서로 말하고 반대하는 글, 시적 용어 등이 포함되어 있다. 각주는 단순히 저작의 인용이 아니라 다른 학자들과의 대화이다. 몇몇 군데에서는 각주가 본문보다 길다. 『친애하는 과학』은 여전히 학문적 저서이지만 그녀의 중심 주제인 생동감과 일치하게 창의적인 방식으로 형식을 파괴하고 있다. 아마도 이 모든 것을 통합하는 중심 전략은 저서의 장들이 이야기로 구성되어 있다는 그녀의 주장일 것이다. 그녀는 이야기가 흑인 삶의 중요한 부분이라고 지적하고 있다. 흑인 삶과 마찬가지로 이야기는 과학에 의해 불신을 받고 있다. 맥키트릭은 이야기를 이론으로 사용하고 있다.

> 이야기와 스토리텔링은 이론의 허구를 보여준다. 나는 이론으로부터 이야기와 스토리텔링으로의 변화가 학문적 작업의 복잡함을 순간적으로라도 폭로하기를 바라며, 내러티브, 줄거리, 설화가 사실 조사, 실험, 분석, 연구로 인정되기를 바란다. 이론은 허구적 지식이며, 분석적 호기심과 연구를 위해서는 흑인의 상상력이 필요하다. 이야기는 춤, 시, 소리, 노래, 지리, 정동, 사진, 그림, 조각 등을 포함한다. 어쩌면 그 이야기는 흑인의 삶을 표현하고 사랑에 빠지는 한 가지 방법일지도 모른다. 어쩌면 그 이야기가 우리의 몰락을 위장하고 있을지도 모른다. (McKittrick 2021: 8)

맥키트릭은 종종 실험적인 방식으로 흑인 삶의 다양한 창의적인 순간을 언급하면서 그녀의 이야기를 전하고 있다. 한 가지 예를 들자면, 그녀는 흑인 음악 형식을 실제 이론의 현장으로 본다. 특히 그녀는 흑인 음악에서 (가사보다는) 리듬과 음에 주목한다. 물론 이는 맥키트릭이 자주 관여하는 연구인 블루스 인식론에 대한 우즈의 논의와 흑인 이론가이자 소설가인 실비아 윈터의 연구를 반영하는 것이다.

> 열정은 근본적으로 지배적인 질서에 도전하고 전복함으로써 행복을 느끼게 한다. 열정은 필연적으로 지식의 한 형태로 나타나고 흑인의 기쁨과 사랑을 인용하고 위치시킨다. 인종적 경제 및 역사와 교차하는 운율, 리듬, 음향, 분위기, 진동수와 같은 음악의 파형의 형태로 반항성은 삶으로서의 흑인 문화에 대한 활동적(신경학적, 생리학적) 애정으로 표현된다. (McKittrick 2021: 166-167)

특히 리듬과 그루브, 그리고 일반적으로 흑인 삶에 대한 맥키트릭의 논의는 피니의 그레이트 디스멀 스웜프 및 우즈의 블루스 인식론에 대한 논의를 떠올리게 한다. 또한 맥키트릭의 논의는 학계 너머의 지식 생산의 현장을 백인 우월주의의 공간 및 시대와 동시에 존재하지만 정의되지 않는 반란적 형태의 창의적 표현과 연결시키고 있다.

결론

흑인 지리학은 오늘날 우리가 살고 있는 세계와 역사적으로 어떻게 현재까지 왔는지에 대해 사고하는 데 있어서 풍부한 이론을 제공한다. 흑인 지리학은 흑인의 공간적 사고를 통한 흑인성의 생산과 경험에 초점을 둔다. 플랜테이션, 작은 토지, 무도장 등의 장소는 백인 우월주의의 영향을 설명하고 흑인 삶의 창조적 잠재력을 확인하는 데 사용된다. 물론 이 마지막 장에서만 지리학에 대한 흑인 지리학의 기여를 한정하는 것은 위험이 있다. 나는 이 책 전체에 걸쳐 흑인 지리학자의 기여뿐만 아니라 흑인 지리학과 관련된 사상들을 포함함으로써 위험을 완화하려고 노력했다. 그러한 예로는 지역에 대한 논쟁과 관련된 클라이드 우즈의 기여(3장), 마르크스주의에 대한 루스 윌슨 길모어와 세드릭 로빈슨의 기여(7장)가 있다. 반대로, 이 장에서 언급된 연구가 페미니즘(8장)이나 탈식민주의(14장)를 다룬 장에 있을 수도 있다. 사실은 지리적 사고가 별도의 장에서 적절하게 조사될 수 있는 패러다임에 깔끔하게 들어맞지 않는다는 것이다. 이 장에서의 이론 및 개념은 다른 장에서의 이론 및 개념과 항상 서로 연결되어 있다. 그럼에도 불구하고 흑인 지리학에서 흑인성에 초점을 두는 것은 지리적 사고에 있어서 중요한 기여이며, 더 중요하게는 "흑인들이 강탈에 의해 억압되어 짓눌려 있기 때문에 어디에서 그리고 어떻게 해방을 상상하고 실천하는지를"(McKittrick 2021: 74) 이해하는 데 중요한 기여를 한다. 흑인 지리학은 백인 우월주의가 어떻게 공간화되었는지, 그리고 흑인의 삶이 플랜테이션과 노예선의 논리를 넘어서 어떻게 고유한 지리를 갖고 있는지를 이해하는 데 도움이 된다. 중요한 것은 흑인 지리학은 지리학 분야가 과거의 인종차별적 감옥에서 벗어날 수 있는 방법도 지적한다는 것이다.

참고문헌

Alderman, D. H. and Inwood, J. (2013) Street naming and the politics of belonging: spatial injustices in the toponymic commemoration of Martin Luther King Jr. *Social & Cultural Geography*, 14, 211–233.

* Bledsoe, A. and Wright, W. J. (2019) The pluralities of black geographies. *Antipode*, 51, 419–437.

Bonnett, A. (1997) Geography, "race" and Whiteness: invisible traditions and current challenges. *Area*, 29, 193–199.

Browne, S. (2015) *Dark Matters: On the Surveillance of Blackness*, Duke University Press, Durham.

Coates, T.-N. (2014) *The Case for Reparations*, The Atlantic.

Craggs, R. and Neate, H. (2020) What happens if we start from Nigeria? Diversifying histories of geography. *Annals of the American Association of Geographers*, 110, 899–916.

Delaney, D. (1998) *Race, Place and the Law*, University of Texas Press, Austin, TX.

Delaney, D. (2002) The space that race makes. *Professional Geographer*, 54, 6–14.

Eddo-Lodge, R. (2017) *Why I'm No Longer Talking to White People About Race*, Bloomsbury Circus, London.

Ellison, M. (1989) *Extensions of the Blues*, Riverrun Press, New York.

Fanon, F. (1969) *The Wretched of the Earth*, Penguin Books, Harmondsworth. 남경태 역, 2010, 『대지의 저주받은 사람들』, 그린비.

Finney, C. (2014) *Black Faces, White Spaces: Reimagining the Relationship of African Americans to the Great Outdoors*, The University of North Carolina Press, Chapel Hill, NC.

Foucault, M. (1979) *Discipline and Punish: The Birth of the Prison*, Vintage Books, New York. 오생구 역, 2020, 『감시와 처벌: 감옥의 탄생』, 나남출판.

Gilmore, R. W. (2007) *Golden Gulag: Prisons, Surplus, Crisis, and Opposition in Globalizing California*, University of California Press, Berkeley, CA.

Gilmore, R. W. (2022) *Abolition Geography: Essays Towards Liberation*, Verso, London; New York.

Gilroy, P. (1993) *The Black Atlantic: Modernity and Double Consciousness*, Harvard University Press, Cambridge, MA.

Glissant, E. D. (1997) *Poetics of Relation*, University of Michigan Press, Ann Arbor, MI.

Hall, S. (1978) *Policing the Crisis: Mugging, The State, and Law and Order*, Macmillan, London.

Hawthorne, C. (2017) In search of black Italia. *Transition*, 123, 152–174.

* Hawthorne, C. (2019) Black matters are spatial matters: black geographies for the twenty-first century. *Geography Compass*, 13, e12468.

Hawthorne, C. A. (2022) *Contesting Race and Citizenship: Youth Politics in the Black Mediterranean*, Cornell University Press, Ithaca, NY.

Hooks, B. (2014) *Black Looks: Race and Representation*, Routledge, New York.

Jackson, P. (ed.) (1987) *Race and Racism: Essays in Social Geography*, Allen & Unwin, London.

Kobayashi, A. (2014) The dialectic of race and the discipline of geography. *Annals of the Association of American Geographers*, 104, 1101–1115.

Ley, D. (1974) *The Black Inner City as Frontier Outpost: Images and Behavior of a Philadelphia Neighborhood*, Association of American Geographers, Washington, DC.

Mabogunji, A. (1975) Geography and the problems of the third world. *International Social Science Journal*, 27, 288-302.

McKittrick, K. (2006) *Demonic Grounds: Black Women and the Cartographies of Struggle*, University of Minnesota Press, Minneapolis, MN; London.

McKittrick K (2011) On plantations, prisons, and a black sense of place. *Social & Cultural Geography* 12(8): 947-963.

* McKittrick, K. (2021) *Dear Science and Other Stories*, Duke University Press, Durham.

McKittrick, K. and Woods, C. A. (2007) *Black Geographies and the Politics of Place*, South End Press, Cambridge, MA.

Mitchell, D. (2000) *Cultural Geography: A Critical Introduction*, Blackwell Pub., Malden, MA. 류제헌, 진종헌, 정현주, 김순배 역, 2011, 『문화정치 문화전쟁: 비판적 문화지리학』, 살림.

Mott, C. and Cockayne, D. (2017) Citation matters: mobilizing the politics of citation toward a practice of "conscientious engagement". *Gender, Place & Culture*, 24, 954-973.

* Noxolo, P. (2020) Introduction: towards a black British geography? *Transactions of the Institute of British Geographers*, 45, 509-511.

Noxolo, P. (2022) Geographies of race and ethnicity 1: black geographies. *Progress in Human Geography*, 46 (5), 1232-1240.

Peach, C., Robinson, V. and Smith, S. (1981) *Ethnic Segregation in Cities*, Croom Helm, London.

Philip, M. N. (1994) Dis place- the space between, in *Feminist Measures: Soundings in Poetry and Theory* (eds L. Keller and C. Miller), University of Michigan Press, Ann Arbor, MI, 287-316.

Prudencio Ratts, A. J. (2022) Milton Santos: from new geography to black geography. *Dialogues in Human Geography*, 12, 470-472.

Robinson, C. J. (1983) *Black Marxism: The Making of the Black Radical Tradition*, Zed, London.

Santos, M. (1975) Geography, Marxism and underdevelopment. *Antipode*, 6, 1-9.

Santos, M. L. (2021a) *For a New Geography*, University of Minnesota Press, Minneapolis, MN.

Santos, M. L. (2021b) *The Nature of Space*, Duke University Press, Durham; London.

Schein, R. H. (2009) Belonging through land/scape. *Environment and Planning A: Economy and Space*, 41, 811-826.

Sharpe, C. E. (2016) *In the Wake: On Blackness and Being*, Duke University Press, Durham.

Western, J. (1981) *Outcast Cape Town*, University of Minnesota Press, Minneapolis, MN.

* Woods, C. A. (2017) *Development Arrested: The Blues and Plantation Power in the Mississippi Delta*, Verso, London; New York.

Wynter, S. (1971) Novel and history, plot and plantation. *Savacou*, 5, 95-102.

가능론(possibilism) 환경결정론과 대비되는 주장으로, 동일한 환경 조건에서도 서로 다른 생활양식이 가능하다는 것을 말한다. 프랑스의 지리학자 폴 비달 드 라 블라슈와 관련된다.

가부장주의/가부장제(patriarchy) 남성의 우월성과 그에 따른 여성의 종속에 기반을 둔 사회 질서

개성기술적(idiographic) 일반적이고 보편적인 것보다 특수하고 고유한 것에 초점을 두는 접근 방식이다.

거대서사(메타서사, metanarratives) 어떤 역사나 경험을 거시적으로 설명하려는 거대한 사고방식. 대개 메타서사는 현존하는 사회적 질서를 유지하는 이데올로기로 존재한다.

거주(dwelling) 마르틴 하이데거와 관련된 철학적 개념이다. 사람들이 세계 내에서 자신의 집을 만드는 과정 및 실천을 뜻한다. 이는 인본주의적 장소 개념에서 중요한 용어다.

경관(landscape) 특정 지점에서 공간을 조망할 때 보이는 땅의 물질적 지세(地勢)를 뜻한다. 경관은 물질성과 가시성에 초점을 두는 개념이지만, 최근의 지리학자들은 물질적 세계에 내포된 인간의 생활과 경험을 강조하고 있다.

경험주의(empiricism) 관찰과 실험을 이론보다 우선시하는 접근 방식을 말한다.

계급(class) 마르크스주의에 있어서 생산관계에서 특정 지위를 갖는 사회집단을 말한다. 보다 일반적으로는 동일한 사회적, 경제적, 교육적 지위를 가진 사람들을 가리킨다.

공간과학(spatial science) 1960년대에 등장한 계량적이고 실증주의적인 지리학을 설명하는 용어이다.

공간성(spatiality) 공간이 존재에 미치는 영향력. 이는 공간이 모든 사회생활과 밀접히 얽혀 있기 때문에, 공간은 언제나 사회적이고 사회는 언제나 공간적이라는 주장을 함의한다.

공간적 상호작용 이론(spatial interaction theory) 주어진 공간들이 어떻게 상호작용하는지를 법칙적으로 일반화하려는 공간과학의 사고 체계. 공간 간의 이동은 각 공간의 특성의 산물이라고 이해한다.

공간적 조정(spatial fix) 자본주의가 어떤 (더 이상 이윤을 내지 않는) 공간을 포기하고 다른 새로운 공간을 생산함으로써 자본주의에 내재

된 모순을 일시적으로는 해결한다는 마르크스주의 지리학의 개념이다.

과학적 실재론(scientific realism) 과학적 지식의 대상은 마음과 독립적으로 존재한다는 신념이다. 과학적 실재론자들은 좋은 이론이 실제 세계에 대한 진실에 근접한다고 믿는다.

관계적 공간(relational space) 공간이란 사물들 간 관계의 산물이라고 보는 관점. 이에 따르면 공간은 어떤 사물이 공간을 점유함과 동시에 나타난다. 이는 절대적 공간 개념과 대비된다. 포스트구조주의 지리학자들, 특히 영국의 지리학자 도린 매시의 주장과 관련되어 있다.

관념론(idealism) 실재(實在)는 근본적으로 또는 일차적으로 정신적 산물이라는 철학적 주장. 특히 임마누엘 칸트와 관련이 있다.

구성주의(constructionism/constructivism) 과학적 지식이 자연계에서 비롯된 것이 아니라 과학자들에 의해 구성된다는 사상이다. 실증주의의 핵심인 객관주의적 사상과는 반대되는 개념이다.

구조(structure) 일상에서 어떤 행동을 발생시키거나 결정하는 심층 구조나 질서. 생산관계나 가부장제가 대표적인 구조의 사례이다.

구조주의(structuralism) 세계의 현상은 표면적으로는 다양한 것처럼 보이지만, 실제로는 생산양식이나 문법체계 같은 심층적, 비가시적 구조에 의해 발생하거나 결정된다고 보는 이론적 접근이다.

구조화이론(structuration theory) 구조와 행위주체가 상호 구성적이라고 보는 이론. 행위주체는 구조에 의해 권한을 부여받으며, 반대로 구조는 행위주체의 반복적 행위를 통해 생산된다고 본다. 영국의 사회학자 앤서니 기든스와 프랑스의 사회학자 피에르 부르디외와 관련이 있다.

국가(state) 국제법상 인정받는 주권을 가진 정치적 공동체. 어떤 사회의 정부 또는 공공 부문을 가리키기도 한다.

국민국가/민족국가(nation-state) 국가적 정당성을 단일한 민족(국민)과 그 영토의 존재에 두고 있는 국가이다.

귀납적 추론(inductive reasoning) 구체적인 사례에서 출발하여 일반적 이론과 가설을 세워나가는 추론 형식을 말한다.

근린효과(neighborhood effect) 국지적 지역의 특정한 특성이 개인의 행동, 신념, 사회적 결과에 직간접적인 영향을 미친다는 개념이다.

남성우월주의/남성중심적(masculinist) 위계화된 젠더 질서하에서 남성의 지배를 강화하고 재생산하는 데 기여하는 신념, 가치, 실천을 말한다.

논리실증주의(logical positivism) 직접 관찰이나 논리적 증명을 통해 검증할 수 있는 진술만이 진리와 관련하여 의미가 있다는 철학적 입장으로, 비엔나 학파와 관련이 깊다.

다원세계(pluriverse) 유럽 중심적이고 식민주의 사고와 행동 체계의 보편성을 넘어, 다양한 장소 기반 사고와 행동 방식의 공존을 인정하는 탈식민주의 이론에서 나온 개념이다.

다원주의적 실재론(promiscuous realism) 세상을 종류로 분류하는 방법은 무수히 많으며, 우리가 분류하는 방식은 이론적 관심사에 따라 달라진다는 주장이다.

담론(discourse)　세계를 특정한 방식으로 바라보게끔 하는 의미, 추론, 실천의 집합 체계이다. 우리는 담론을 통해 여러 가지 진실을 소통하고 타협해 나간다. 담론은 특정 진술과 실천을 유효하고 받아들일 만한 것으로 만든다. 미셸 푸코의 사상과 관련된 용어.

마르크스주의(marxism)　자본주의를 이해하고 이를 변혁하려고 했던 칼 마르크스의 이론이다.

마파문디(mappa mundi)　중세의 세계 지도이다.

맥락적 설명(contextual explanation)　특정한 맥락하에서만 유효한 설명 방식으로, 이때 맥락은 특정 장소나 입지를 지칭하기도 한다.

모더니즘(modernism)　근대적 사유와 실천을 총칭하는 용어. 어디에나 적용할 수 있는 이성(理性) 및 추상화를 특징으로 한다.

목적론(teleology)　어떤 사건이 발생하기 전에 이미 그 목적이 예정되어 있다고 보는 순환론적 주장. 모든 주장에는 논리적으로 이미 특정 목적이 내재되어 있다고 본다.

무장소성(placelessness)　정체성이 결여된 장소를 지칭할 때 사용하는 용어. 이런 장소에서는 실존적 내부자가 되는 것이 어렵거나 불가능하다. 캐나다의 지리학자 에드워드 렐프와 관련이 있다.

무정부주의(anarchism)　국가와 같은 제도화된 위계에 반대하는 사회정치 철학으로, 지리학자 엘리제 르클뤼와 표트르 크로포트킨의 저작과 관련되어 있다.

물신론(物神論, fetishism)　사물이 힘을 가지고 있다고 생각하는 사고방식. 일부 지리학자들은 어떤 힘이 ('사회'에서 유래했음에도 불구하고) 사회가 아닌 '공간'에서 유래한다고 주장했는데, 이런 사고가 '공간 물신론'이라고 비판받은 바 있다.

물화(物化, reification)　어떤 추상을 실재하는 대상으로 간주하는 것을 말한다.

민족(nation)　어떤 문화를 공유하고 있다고 믿는 사람들의 공동체이다. 대체로 민족은 일정한 영역을 차지한다.

반본질주의적(anti-foundational)　어떤 사건의 이면에는 심층적인 (근본적인) 원인이 있다는 주장을 반대하는 철학적 또는 이론적 특징이다.

백인 우월주의(White supremacy)　백인이 우월한 인종이며 다른 인종 집단에 해를 끼치면서까지 정당하게 사회를 지배해야 한다는 생각에 기반한 일련의 신념과 행동을 말한다.

법칙추구적(nomothetic)　보편적 설명과 법칙 도출을 지향하는 설명 방식을 말한다.

본질주의(essentialism)　모든 존재는 그 정체성을 구성하는 필연적인 특징을 가지고 있다는 철학적 신념. 그 특징을 '본질'이라고 일컫는다. 본질은 영구적이고 변하지 않으며 대개 '자연'이 부여한 특징이라고 본다.

불균등 발전(uneven development)　경제발전 과정은 공간상에서 불균등하게 나타나며, 더 발전한 공간과 덜 발전한 공간을 연계하는 자본주의 논리가 있다는 생각이다. 이 불균등한 과정은 자본주의의 생존에 필연적이다. 지리학자 닐 스미스가 이를 연구한 바 있다.

블루스 인식론(blues epistemology)　블루스에 뿌리를 둔 흑인 지리학자 클라이드 우즈가 주장했다. 플랜테이션에서 노예로 일한 아프리카계 미국인의 경험에 뿌리를 두며, 플랜테이션에 반대되는 지식의 형태이다.

비재현이론(nonrepresentational theory) 재현보다 실천을 강조하는 연구 유형. 사회생활에서 이미 성취된 것보다 되어 가는 과정을 강조한다. 영국의 지리학자 나이젤 스리프트의 연구와 관련이 있다.

비판이론(critical theory) 문화와 사회를 비판적으로 탐구하는 학파. 일반적으로 사회를 단순히 설명하고 기술하기보다는 사회를 변혁하여 해방시키고자 한다. (신)마르크스주의와 프랑크푸르트 학파(테오도르 아도르노, 발터 벤야민 등)와 관련이 있다.

비판적 실재론(critical realism) 실재(實在)의 객관적 세계란 존재하지만 그 세계가 반드시 경험적으로 관찰 가능한 것은 아니라는 철학적 입장이다. 곧, 어떤 결과를 가져오는 구조적 메커니즘이 '실재'하며, 이는 구체적으로 관찰 가능한 현상을 생산함으로써 작동한다고 본다. 로이 바스카 및 앤드류 세이어와 관련이 있다.

비판적 자연지리학(critical physical geography, CPG) 사회 권력에 대한 비판적 설명을 자연계에 적용하는 학문 분야이다. 자연환경에 대한 깊은 지식과 사회 시스템 및 불평등한 권력관계에 대한 인식을 결합한 이론적 접근 방식이다.

비판적 지역주의(critical regionalism) 로컬 및 글로벌과의 관계에 의해 지역이 어떻게 형성, 조직되는지를 설명하고, 지역 간의 관계를 강조하는 데 초점을 둔다. 여기서 지역이란 본질이라기보다 구성물이다. 건축 이론가인 케네스 프램턴의 저술에 큰 영향을 받았다.

비판적 합리주의(critical rationalism) 과학 이론에 대한 비판은 합리적이어야 하며 어떤 이론의 경험적 내용은 그 이론을 반증(反證)하는 방식으로 검증되어야 한다는 주장이다. 칼 포퍼의 철학과 관련되어 있다.

비판적 현상학(critical phenomenology) 보편적인 인간의 경험을 가정하기보다는 차이, 소외, 권력의 경험을 전면에 내세우는 현상학의 한 형태이다.

빙꿀라리다드(vincularidad) 모든 생명체가 대지 및 우주와 상호 관계적으로 연결되어 있다는 안데스의 원주민 사상가들의 연구에서 유래한 탈식민주의적 개념이다.

사건(the Event) 포스트구조주의와 비재현이론에서 사용하는 개념으로 어떤 전체적인 구조나 결정력으로 환원될 수 없는, 삶에 내재되어 있는 놀라움과 과잉의 가능성을 가리킨다.

사회구성주의(social constructionism) 사물이나 범주는 어떤 본질적 특성을 가진 자연물이라기보다 특정한 사회적 교섭의 산물이라고 주장하는 관점. 대개 '본질주의'와 대비되어 사용된다.

사회이론(social theory) 사회현상을 기술하고 설명하려는 이론. 대체로 사회이론은 규범적, 전통적 사회 사상을 비판하고자 한다.

상대적 공간(relative space) 어떤 공간이 다른 대상에 대해 상대적으로 존재한다고 보는 관점. 예를 들어, A와 B 사이의 거리는 A와 B에 의해 생산된 공간이므로, A나 B의 위치가 변하면 거리도 변한다.

상호부조(mutual aid) 무정부주의 지리학자인 표트르 크로포트킨의 연구에서 파생된 개념으로, 인간은 서로 협력을 이루는 자연적 경향이 있음을 지칭한다. 이는 경쟁을 강조하는 다윈의 전통적 견해에 도전한다.

상황적 지식(situated knowledge) 지식이란 그 지식이 생산되는 장소와 시간의 결과물이라는 (곧, 그것에 영향을 받는다는) 것을 지칭할 때 사용된다. 지식을 '다른 어디에선가로부터 바라보는' 객관적인 것으로 간주하는 관점과 대비된다.

생명정치(biopolitics) 미셸 푸코의 사상과 관련된 용어로서, 생체과학적인 사고를 인간의 행태에 정치적으로 적용하는 방식을 지칭한다. 이는 단순히 사람에 관한 사고일 뿐만 아니라 사람을 구성하고 조정한다는 의미도 내포한다.

생물지역주의(bioregionalism) (보통 유역권으로 정의되는) 자연적인 지역이 존재한다는 믿음으로, 대개 녹색 운동과 관련되어 있다. 대체로 이 주장은 인간 생활이 이처럼 자연적으로 주어진 지역에 일치하도록 조직되어야 한다는 주장을 동반한다.

생산관계(relations of production) 생산을 위해 조성되는 인간의 사회적 배치로, 생계를 꾸리고 유지하려면 모든 사람들은 주어진 역사적 조건하에서 이런 배치에 편입되어야 한다.

생산력(productive forces) 특정한 사회 발전 단계에서 노동의 기술(지식, 도구, 공간배치 등)과 노동력을 합친 마르크스주의 용어. 생산력은 생산관계를 형성하며, 생산력과 생산관계는 역사 발전의 원동력인 생산양식을 형성한다.

생활공간(lebensraum) 문자 그대로 '살아 있는 공간'을 뜻한다. 독일 지리학자 프리드리히 라첼이 주장한 이 개념은, 강한 국가는 보다 넓은 공간을 필요로 하므로 자연히 약한 국가의 영토를 향해 뻗어나갈 수밖에 없음을 뜻한다. 이 개념은 나치 이데올로기와 관련이 있다.

생활양식(genres de vie) 프랑스 지리학자 폴 비달 드 라 블라슈가 창안한 개념으로서 생활 방식을 뜻한다. 이는 지역이나 고장(pays)마다 독특한 특징을 띤다.

세계-내-존재(being-in-the-world) 인간의 존재는 항상 어디에인가 위치할 수밖에 없다는 현상학적 사고. 따라서 '존재'란 항상 '거기에 있음'이다. 특히 이는 하이데거 및 메를로 퐁티와 관련이 있다.

시간-공간(공간-시간)[time-space(space-time)] 시간과 공간은 서로 필연적으로 얽혀 있음을 강조하는 개념. 공간은 언제나 시간적이며, 시간은 언제나 공간적이다. 우리가 살아가는 4차원의 공간은 이를 토대로 한다.

식민 권력 매트릭스(colonial matrix of power, CMP) 권력의 식민지성이라고도 한다. 권위, 경제, 젠더/섹슈얼리티, 지식의 영역을 통한 서구의 지속적인 식민지 지배 과정을 설명하는 개념이다. 탈식민주의 학자 아니발 퀴하노와 관련 깊다.

식민성(coloniality) 식민주의가 공식적으로 종식되었음에도 지식, 문화, 경제, 관행을 계속 정의하는 식민주의에서 비롯된 권력이 유지되는 것을 말한다.

식민주의(colonialism) 어떤 곳을 외부의 사람들이 장악하여 일정한 영토를 차지하고 유지하는 것을 뜻한다. 식민지배국이 식민지에 대해 주권을 주장해 나가는 과정을 말한다.

실증주의(positivism) 진정한 지식을 창출하는 데 있어서 직접적인 감각 경험과 수학적 논리의 역할을 강조하는 철학적 접근이다. 오귀스트 콩트의 저작들과 관련이 있으며 공간과학에 많은 영향을 끼쳤다.

실천(practice) 인간 활동, 즉 사람들이 하는 일을 지칭하는 이론적 용어다. 종종 재현과 대비되는 개념으로 사용된다.

심층기술지형학(ethnogeomorphology) 지형학에 대한 새로운 접근 방식으로, 공동체가 자연환경에 대해 가지고 있는 지식을 강조하고, 사회 집단이 토지와 어떻게 관계를 맺고 관리하는지를 탐구한다.

아비투스(habitus) 사회의 광범위한 규범들이 어떤 육체적 습관이나 움직임에 스며든 것으로, 프랑스의 사회학자 피에르 부르디외의 사상과 관련되어 있다.

아상블라주 이론(assemblage theory) 마누엘 데란다와 관련된 사고로서, 각각의 전체(assemblage)가 어떻게 이질적인 부분들 간의 맥락적인 관계들로부터 만들어지는가를 탐구하려는 사고이다.

에코페미니즘(ecofeminism) 여성주의와 생태학의 연관성을 탐구하는 사상적 접근으로, 여성과 자연의 연계성을 탐구하는 페미니즘을 말한다. 가부장제하에서는 양자 모두 평가절하되어 있음을 강조한다.

에쿠메네(오이쿠메네)[ecumene(oikoumene)] 그리스/로마 시대에 사용된 용어로서, 세계에서 인간이 거주하는 지역을 뜻한다.

역사유물론(historical materialism) 역사는 생산력의 발전으로 필연적으로 봉건제에서 공산주의로 나아갈 수밖에 없다고 주장하는 마르크스주의 이론이다.

연역적 추론(deductive reasoning) 일반적 가설이나 설명에서 출발해서 구체적 결론을 추론하는 과정을 말한다.

영역/영토(territory) 명확하게 경계가 정의된 공간. 이는 경계의 내부와 외부 간 행동의 차이를 결정한다. 일종의 통제된 공간.

위상 공간(phase space) 영국의 지리학자 마틴 존스가 물리학에서 도입해 들여온 개념으로서, 미래의 가능성은 현존하는 공간적 형태에 잠재하고 있다는 주장을 골자로 한다.

위상학(topology) 수학과 기하학에서 차용된 용어. 관계적 지리학 이론들에 있어서 위상학 또는 위상적인 것은, 어떤 공간적 형태나 형식이 아니라 연결과 네트워크에 의해 정의된 공간을 지칭한다.

위치성(positionality) 우리가 사물을 이해하는 방식은 우리가 누구인가에 토대를 두고 있다는 것을 의미하는 용어. 달리 말해 이는 각자의 특수한 성장 과정 및 계급, 젠더, 인종 등 사회 구조에서의 위치에 달려 있다고 본다.

이데올로기(ideology) 권력 구조를 (재)생산하고 권력의 이익을 위해 복무하는 관념을 의미한다.

이동성/모빌리티(mobility) 사람, 사물, 아이디어의 이동을 말한다. 모빌리티는 사회적 산물로서 최근 '새로운 모빌리티 패러다임(new mobilities paradigm)'과 '모빌리티 전향(전환, mobility turn)'에 있어서 핵심 개념이다.

인류세(anthropocene) 인류가 자연환경 변화의 지배적인 주체라고 여기는 현 시대를 의미한다.

인본주의 지리학(humanistic geography) 의미의 철학, 현상학, 실존주의에 의존하는 지리학의 접근으로, 세계에 대한 인간의 이해에 있어서 경험과 주체성을 핵심적인 것으로 간주한다.

인본주의(humanism) 세계에 대한 인식의 토대로서 신이나 다른 외부의 행위주체보다는 인간을 중심에 두는 인간중심적 세계관이다. 이는 르네상스 시기의 유럽에서 출현했다.

인식론(epistemology) 지식에 대한 이론, 또는 우리가 아는 것을 어떻게 알 수 있는가에 대한 이론이다.

인종 자본주의(racial capitalism) 자본주의가 소외된 인종적 정체성을 가진 사람들, 특히 흑인으로부터 가치를 추출하는 데서 비롯된다고 보는 관점이다. 세드릭 로빈슨과 루스 윌슨 길모어의 연구와 관련 있다.

입장이론(standpoint theory) 한 개인이 처한 특수한 맥락에 근거한 특정한 지식을 가치 있게 평가하는 이론. 이 이론은 개인의 특수한 관점을 인지하는 것은 전통적인 과학에서 말하는 객관적 진리보다 더욱 심오한 진리를 생산

할 수 있다고 주장한다. 페미니스트 이론가들이 이를 크게 발전시켰다.

입지/위치(location) 위도와 경도로 표현되며 다른 입지(위치)로부터 특정한 거리에 있는 공간상의 객관적인 한 지점. 장소를 구성하는 특징 중 하나이다.

자본세(capitalocene) 인류세의 대안으로 일컬어지며, 모든 인간이 아닌 자본주의를 현재 자연환경 변화의 주체로 간주해야 한다고 주장한다.

자연종(natural kinds) 인간의 이해관계의 산물이라기보다는 자연 속에 존재한다고 할 수 있는 사물의 종류 또는 부류를 말한다.

장소(place) 위치, 로케일, 장소감이 결합되어 의미를 지닌 특정 공간을 말한다.

장소감(sense of place) 어떤 장소에 부여된 개인적이거나 공유된 주관적 의미. '장소'를 정의할 때 구성요소 중 하나이다.

장소학(topography) 땅의 모양이나 형태를 기술하는 것이다.

재현(representation) 다른 무언가를 대표하기 위해 기호들을 이용하는 것. 가장 명백한 사례는 언어다. 말은 그것이 지칭하는 바를 대표한다.

절대적 공간(absolute space) 공간은 그 공간을 차지하고 있는 것과는 별개로 존재한다는 관점. 공간은 그 속에 모든 것이 존재해야 하므로 사실상 무한한 연장(延長)이라고 이해한다. 아이작 뉴턴과 관련이 있다.

정동(affect) 어떤 사람이나 대상을 대할 때 그것을 인지하기 이전에 느끼는 감각이다. 과거

에는 종종 이를 정서 또는 감정으로 이해했다.

정치생태학(political ecology) 환경의 변화를 사회, 경제, 정치 체제와의 관계 속에서 이해하는 연구 분야이다.

제국주의(imperialism) 국가 간의 (경제적, 사회적, 문화적 측면에서) 불평등한 권력 관계를 형성하고 유지하는 것. 지배적 국가는 제국의 형태를 띠고 다른 국가들을 지배한다.

젠더(gender) 성적인(sexual) 차이에 대한 사회적 규정. 여성성과 남성성에 대한 실천과 사고 방식을 의미한다.

존재론(ontology) 존재의 본질을 연구하는 철학. '무엇이 존재하는가?'라는 질문을 던진다.

중력 모델(gravity model) 두 장소 간의 상호작용(이주나 교역 등)의 정도를 예측하려는 모델. 중력 모델은 뉴턴의 중력법칙을 토대로 하는데, 대체로 장소들 간의 상호작용은 장소의 규모에 비례하고 장소들 간의 거리에 반비례한다고 가정한다.

중심지이론(central place theory) 취락의 수, 규모, 배치를 설명하고 예측하기 위한 이론으로, 독일의 지리학자 발터 크리스탈러와 관련이 있다.

지관념론(geosophy) 지리적 지식과 상상력에 대한 연구로, 미국 지리학자 존 커틀랜드 라이트의 저작과 연결되어 있다.

지리정보과학(GIScience) 지리정보시스템(GIS) 사용을 지원하고 정보를 제공하는 학문적 이론이다.

지역(region) 일정 면적의 땅. 보통 로컬과 글로벌 사이에 위치하는 중간적 스케일을 보인다.

지역 차(areal differentiation) 인문 및 자연 현상이 지표면에 얼마나 다양하게 나타나는지를 연구하는 용어다.

지역학(chorology) 특정 지역 내에 위치한 대상들 간의 관계에 대한 연구이다. 미국의 지리학자 리처드 하트숀과 관련이 있다.

지정학(geopolitics) 로컬 스케일에서 글로벌 스케일에 걸쳐 정치와 공간(영토)의 관계에 대하여 설명하는 일련의 이론으로. 국제적 맥락에서 실제 정치적 전략을 위해 자주 활용된다. 비판 지정학은 이런 실천을 분석하고 비판하는 분야다.

지지/지역지(地誌/地域誌, chorography) 지역에 대한 지리적 기술을 말한다.

지향성(intentionality) 의식은 항상 무언가를 대상으로 하는 의식이라는 개념이다. 현상학에서 중심적인 개념이다.

철폐주의 지리학(abolition geography) 루스 윌슨 길모어가 제시한 개념으로, 감옥이 존재하지 않기 위해 필요한 세계, 즉 이미 존재하는 희망의 공간과 장소에 기반한 세계에 대한 주장이다. 급진적 장소 만들기의 한 사례이다.

초국가주의(transnationalism) 사람들의 초국경적인 연계와 이동성이 증가함에 따라 생겨난 사회적, 지리적 현상. 초국가주의는 사회적, 문화적 삶을 이해하는 데 있어서 여전히 국가 간의 경계가 중요한지에 대해 질문을 던진다.

최소노력(least effort) 최소한의 노력으로 가능한 한 최대한의 결과를 달성하려는 움직임. 이는 공간과학의 핵심을 이룬다.

코라(chora) 플라톤에서 유래하는 용어로서 어떤 사물이 존재가 되어가는 곳 또는 구역을 지칭. 그 이후 대체로 '지역'을 의미하는 것으로 통용된다. 한편 줄리아 크리스테바와 관련하여 페미니즘에서는 물질적 신체와 관련된 원초적(미분화된) 공간을 지칭한다.

탈식민성(decoloniality)　토착민과 라틴아메리카의 사상가들로부터 생겨난 학파이자 이론으로, 유럽 서구와 식민지 시대의 사고와 존재 방식에서 벗어나 식민지성에 의해 결정되지 않는 다른 사고와 존재 방식을 창조하고자 한다.

토대-상부구조 모델(base-superstructure model)　마르크스주의가 주창하는 모델로서, 생산력과 생산관계로 구성된 경제적 토대가 문화나 신념과 같은 상부구조적 현상을 결정한다는 것을 일컫는다.

토포스(topos)　그리스어로 장소를 가리킨다. 아리스토텔레스는 생성의 과정에서 공간에서 잉태된 장소를 지칭하는 데 사용했다.

통치성(governmentality)　통치의 기술로, 정부가 스스로 통치 가능한 인구를 만들어 내려는 시도이다. 미셸 푸코의 사상과 관련되어 있다.

페미니스트 경험론(feminist empiricism)　페미니즘의 목표와 목적을 달성하기 위해 계량적 방법을 포함한 경험주의 및 실증주의 방법론을 사용하는 접근 방식이다.

페미니즘(feminism)　사회생활의 구성에서 젠더의 역할을 중심에 놓는 정치 및 사회철학이자 실천이다. 주요 초점은 남성성과 여성성의 위계적 이원론을 비판하는 데 있다.

편평한 존재론(flat ontology)　상이한 수준(스케일)이 계층화되어 있다는 것을 부정하는 존재론. 어떤 상위의 수준은 언제나 최하위의 수준으로 환원될 수 있다는 주장을 담고 있다. 모든 존재는 최하위의 수준에 존재하는 일차적 속성들의 총합으로 설명될 수 있다. 예를 들어 글로벌이라는 스케일은 로컬 스케일의 총합에 불과할 따름이다.

포스트구조주의(poststructuralism)　구조주의에 반대하는 광범위한 철학적, 이론적 접근 및 사유. 특히 구조주의적 접근을 대표하는 이원론적 논리에 반대한다. 대개는 20세기 프랑스 사상가인 미셸 푸코, 자크 데리다, 질 들뢰즈, 줄리아 크리스테바와 관련되어 있다.

포스트모더니즘(postmodernism)　모더니즘 이후에 대한 사고를 지칭하거나 모더니티(특히 과학, 계획, 구조주의 같은 경직된 확실성)를 반대하는 사고를 가리킨다.

포스트식민주의(postcolonialism)　식민주의의 종식 이후의 시대를 지칭하거나, 모든 형태의 식민주의에 대해 비판적인 입장을 견지하는 이론적 접근을 가리킨다.

포스트현상학(postphenomenology)　인간과 기술을 모두 포함하는 관계적 방식으로 경험을 고려하는 현상학에 대한 수정 및 비판이다. 포스트현상학은 인간을 아는 주체에서 벗어나 경험을 인간과 인간이 아닌 대상의 관계적 산물로 본다.

포스트휴머니즘(posthumanism)　세계를 이해하는 데 있어 인간과 인간의 행위주체성을 탈중심화해야 한다고 주장하는 철학적 입장이다. 포스트휴머니즘은 개인의 주관성을 과대평가하는 것에서 벗어나, 인간과 비인간 동물 및 사물 사이에 행위주체성이 어떻게 분산되는지에 초점을 맞추고 있다.

플랜테이션 블록(plantation bloc) 미국 남부에서의 플랜테이션 경제 및 그 여파와 관련된 신념과 실천의 지속을 중심으로 하는 장소 기반 개발 동맹이다. 클라이드 우즈의 연구에서 유래한 개념이다.

플랜테이션세(plantationocene) 인류세의 대안으로 제시되는 또 다른 형태로, 노예제를 기반으로 한 플랜테이션 경제의 도래를 현재 지질 시대의 출발점으로 가정한다. 플랜테이션세는 지구 환경 변화에 대한 우리의 이해에서 식민주의, 자본주의, 지속적인 인종 차별을 중심에 두고 있다.

해석학(hermeneutics) 모든 형태의 텍스트를 해석하는 이론과 실천을 총칭하는 말이다.

행위주체성(agency) 행위주체가 세계에서 행동할 수 있는 역량. 자유롭게 행동할 수 있는 능력을 지칭하기도 한다.

행위자-네트워크 이론(actor-network theory) 브루노 라투르와 존 로 등의 학자들이 주창한 이론으로서, 네트워크에 속한 사물들 간의 상호관계를 통해 행위주체성이 어떻게 생산되는지를 설명하는 데 초점을 둔다. 비인간 행위자의 행위주체성을 주장한다는 점이 특징이다.

헤게모니(hegemony) 무력이나 직접적 억압을 통해서가 아니라 무엇이 상식으로 간주되는지 정의함으로써 통치하는 방식. 이탈리아의 공산주의 이론가 안토니오 그람시가 제시한 용어다.

현상학(phenomenology) 사물의 본질적 특성이란 인간의 경험을 통해 접근되는 것이라고 설명하려는 철학적 방법. 철학자 에드문트 후설, 모리스 메를로 퐁티와 관련이 있으며 이-푸 투안과 데이비드 시먼 같은 인본주의 지리학자들에 의해 지리학계에 소개되었다.

현장/로케일(locale) 사회적 관계가 펼쳐지는 소규모의 지역적, 물질적 맥락, 장소의 한 측면이기도 하다.

혼성적 지리(hybrid geographies) 행위자-네트워크 이론에 바탕을 둔 지리적 접근으로서, 세계는 인간 및 비인간 행위자가 구성하는 네트워크 연합들로 이루어져 있다는 주장을 골자로 한다.

환경결정론(environmental determinism) 19세기 말과 20세기 초의 지리학에서 지배적이었던 사고로서, 환경적(자연적, 기후적) 조건이 인간의 생활과 그 한계를 결정한다고 주장한다. 엘렌 샘플, 엘스워스 헌팅턴, 그리피스 테일러와 관련이 있다.

황금 못(golden spike) 인류세의 지질학적 시대의 시작을 표시하기 위해 선택한 고유한 기준점 또는 표식이다.

찾아보기

【기타】

인명별

【ㄱ】

【ㄴ】

【ㄷ】

【ㄹ】